本书获国家自然科学基金项目“冷弯型钢-微硅粉高强泡沫混凝土组合剪力墙破坏机理与设计方法研究”（项目编号：51908341）和“装配式冷弯格构型钢-高强泡沫混凝土带翼缘剪力墙抗震性能与设计方法研究”（项目编号：52078120）资助。

装配式冷弯型钢-高强泡沫混凝土剪力墙及结构：

试验、理论与技术

徐志峰 陈忠范 著

东南大学出版社
SOUTHEAST UNIVERSITY PRESS
·南京·

内容提要

本书结合冷弯型钢空心墙结构的安全性和舒适性需求，考虑轻钢轻质混凝土组合剪力墙及结构的构造特点，提出了集承重-围护-节能-装饰一体化的装配式冷弯型钢-高强泡沫混凝土剪力墙及结构，符合国家"十四五"建筑业发展规划提出的发展绿色宜居工业化结构建筑要求，然而对该剪力墙抗震机理研究尤为重要。本书系统阐述了装配式冷弯型钢-高强泡沫混凝土剪力墙及结构的结构理论、力学性能、设计方法及工程应用等创新性研究成果。内容主要包括：首先在材料层次上，介绍了自主研制的高强度、低导热的新型泡沫混凝土承重-保温材料，并将新型混凝土与冷弯型钢界面的黏结性能和内填充新型混凝土冷弯型钢立柱轴压性能作为提升剪力墙及其结构抗震性能的首要问题；然后，在构件层次上，系统阐述了装配式冷弯型钢-高强泡沫混凝土剪力墙的轴压性能、抗剪性能和抗弯性能及其受力机理和设计方法；最后，在结构层次上，介绍了装配式冷弯型钢-高强泡沫混凝土剪力墙结构的抗震性能及其性能评估、工程示范。

本书填补了《轻钢轻混凝土结构技术规程》JGJ 383 中 C 型冷弯型钢剪力墙及其结构设计方法的空白，可供从事建筑组合结构领域的科研人员、工程设计及高等院校土建专业师生参考。

图书在版编目(CIP)数据

装配式冷弯型钢-高强泡沫混凝土剪力墙及结构：试验、理论与技术 / 徐志峰，陈忠范著. — 南京 ：东南大学出版社，2023.7

ISBN 978-7-5766-0742-0

Ⅰ.①装… Ⅱ.①徐… ②陈… Ⅲ.①钢筋混凝土结构-剪力墙结构 Ⅳ.①TU398

中国国家版本馆 CIP 数据核字(2023)第 078420 号

责任编辑：丁 丁 **责任校对**：韩小亮 **封面设计**：王 玥 **责任印制**：周荣虎

装配式冷弯型钢-高强泡沫混凝土剪力墙及结构：试验、理论与技术

Zhuangpeishi Lengwanxinggang - Gaoqiang Paomo Hunningtu Jianliqiang Ji Jiegou：Shiyan、Lilun Yu Jishu

著 者 徐志峰 陈忠范
出版发行 东南大学出版社
社 址 南京市四牌楼 2 号(邮编：210096 电话：025 - 83793330)
经 销 全国各地新华书店
印 刷 江苏凤凰数码印务有限公司
开 本 787 mm×1092 mm 1/16
印 张 21.5
字 数 510 千字
版 次 2023 年 7 月第 1 版
印 次 2023 年 7 月第 1 次印刷
书 号 ISBN 978-7-5766-0742-0
定 价 98.00 元

本社图书若有印装质量问题，请直接与营销部调换。电话(传真)：025 - 83791830

序
PREFACE

混凝土材料的发展推动了型钢-混凝土结构工程的蓬勃发展，在现有轻质混凝土材料基础上对其性能进行优化挖潜可显著提升型钢-轻质混凝土结构的抗震性能。对于冷弯型钢和泡沫混凝土两种典型传统建筑材料，如何通过合理组合技术使两者各自的性能优势得到更充分的发挥，一直是国内外研究冷弯型钢结构的学者们所关注的热点问题之一。随着《乡村振兴战略规划(2018—2022年)》和《中华人民共和国国民经济和社会发展第十四个五年规划和2035年远景目标纲要》的贯彻落实，装配式钢结构住宅体系将会得到大力发展。目前，冷弯型钢-轻质混凝土结构体系已逐步融入多层、中高层住宅建筑中并实现了工程应用，其中冷弯型钢-轻质混凝土组合剪力墙是多层、中高层住宅建筑结构承担抗震性能的主体，故提升其抗震性能是多层、中高层城镇建筑结构抗震设计亟需解决的关键技术问题。

本书是徐志峰副教授及其博导陈忠范教授对自主研发的集承重-围护-节能-装饰于一体的装配式冷弯型钢-高强泡沫混凝土剪力墙及高效抗震结构的十余年科研成果的总结归纳。该书结合多层、中高层城镇建筑组合结构的安全性和抗震设计需求，并考虑装配式冷弯型钢-高强泡沫混凝土剪力墙及结构的构造特点，提出了以下观点：在材料层面，研发的新型泡沫混凝土材料具有较高强度和较低导热特性，对提高传统冷弯型钢墙体的热工、承重和抗震性能具有重要价值；在构件层面，将具有不同受力特性的冷弯薄壁型钢和高强泡沫混凝土材料组合成整体，得到热工和隔音性能佳、力学性能强的高性价比效果；在结构层面，单层墙体通过合理的装配整体式连接方式组装成整体性强的多层剪力墙，实现了具有高效抗震性能的剪力墙结构。该书从新型材料-基本构件-单层墙体-多层墙体-房屋结构-工程应用等方面，采用试验研究、数值模拟和理论分析相结合的方法，系统阐述了装配式冷弯型钢-高强泡沫混凝土剪力墙及结构抗震性能研究成果，并对其装配式施工关键技术进行研究，提出了具有科研价值的剪力墙受压、抗剪和抗弯承载力理论分析模型，恢复力模型，列出了具有实用价值的剪力墙正截面受压、斜截面受剪和正截面受弯承载力计算方法，给出了房屋结构的适用层数及其构造方式。

该书研究思路清晰、内容条理清楚、结果特色鲜明、强调理论与工程的结合，对装配式冷弯型钢-轻质混凝土组合剪力墙结构的深入研究与工程应用具有重要参考价值。同时，该书为我国从事冷弯型钢-轻质混凝土墙体结构抗震性能研究的科研、教学和设计等有关人员提供了一定的学术和实用参考，有助于推动我国绿色宜居多层、中高层生态化住宅建筑的发展。

教育部长江学者
东南大学教授
2023 年 1 月

前　言

INTRODUCTION

随着我国新型城镇化进程的加快和绿色建筑的推广，房屋建筑业已进入绿色城镇化时代。我国住房和城乡建设部、科学技术部等部委出台了相应的规划政策，以推动房屋建筑业从“量”的扩张转向“质”的提升的新发展之路，并促进在传统的村镇住房建筑结构基础上采用绿色节能的新技术、新产品、新工艺，以及装配式建筑技术，特别是采用绿色建材、钢结构和装配式建筑，实现走生态优先、绿色低碳的高质量发展道路。冷弯型钢墙体结构作为一种密肋型空心结构，具有自重轻、装配化程度高和绿色环保等优点，是绿色建筑的最佳结构形式之一，但其抗震性能和保温隔声性能难以满足当今多层绿色宜居村镇生态化住宅发展的要求。因此，对冷弯型钢墙体及结构的安全可靠性与舒适性进行提升已成为当前需要面对和解决的问题之一。

基于传统冷弯型钢墙体结构和轻质混凝土材料的各自特点，作者采用将高强泡沫混凝土灌入冷弯型钢结构的空腔的新技术，并应用秸秆板新产品代替传统板材作为墙面板，提出了一种集承重-围护-节能-装饰于一体的新型工业化绿色轻质剪力墙及结构抗震体系，即装配式冷弯型钢—高强泡沫混凝土剪力墙及结构。通过对墙体构造的合理优化，融合了传统冷弯型钢墙体结构自重轻、装配化程度高、建筑垃圾少的优点，以及自主研发的新型泡沫混凝土的轻质、抗压强度高、保温隔热、隔音耐火和整体性能好的特点，并充分发挥秸秆板废物利用、节能环保、保温隔热佳和经济性好的优点，不仅可以提高冷弯型钢剪力墙的力学性能及其结构的抗震防灾能力，而且符合国家提倡的房屋建筑业绿色环保和可持续高质量发展的战略要求，因此该新型墙体结构在绿色宜居村镇生态化住宅中具有广阔的发展应用前景。

全书共分为 9 章。第 1 章介绍了装配式冷弯型钢-高强泡沫混凝土剪力墙结构的特点、优越性，以及相关墙体结构的研究现状和本书的研究内容；第 2 章介绍了新型轻质高强泡沫混凝土材料的研制方法及材料性能；第 3 章介绍了冷弯型钢与高强泡沫混凝土的界面黏结性能、受力机理和本构模型；第 4 章介绍了矩形冷弯型钢-高强泡沫混凝土立柱的轴压性能、受力机理和轴压承载力计算方法；第 5—7 章分别介绍了装配式冷弯型钢-高强泡沫混凝土剪力墙的轴压性能、抗剪性能和抗弯性能，给出了相应的受力机理、承载力理论分析模型和承载力计算公式；第 8 章介绍了装配式冷弯型钢-高强泡沫混凝土剪力墙结构房屋的抗震性能与典型农房抗震性能评估；第 9 章介绍了该新型装配式剪力墙结构应用的示范工程案例。

书中的研究成果是自2014年以来在作者及团队成员的共同努力下取得的。感谢山东科技大学王来教授的建议。同时感谢先后参与系列课题研究的朱松松、刘吉、李振远、张婧、王君霞等硕士研究生，他们对书中所述的部分试验和理论研究的完善工作做出了重要的贡献。感谢王文杰和王淑亚硕士研究生、陈海涛实验师、彭志明博士，他们为本书的编辑排版做了大量工作。

本书的研究工作得到了国家自然科学基金青年基金项目“冷弯型钢-微硅粉高强泡沫混凝土组合剪力墙破坏机理与设计方法研究”(项目编号:51908341)、国家自然科学基金面上项目“装配式冷弯格构型钢-高强泡沫混凝土带翼缘剪力墙抗震性能与设计方法研究”(项目编号:52078120)、“十二五”国家科技支撑计划项目“绿色农房适用结构体系和建造技术研究与示范”(项目编号:2015BAL03B02)、山东省高等学校青创人才引育计划(海洋土木工程材料与结构创新研究团队)、东南大学混凝土及预应力混凝土结构教育部重点实验室开放课题“面向绿色村镇建筑的新型开孔冷弯型钢-高性能混凝土组合剪力墙力学性能与设计方法研究”(课题编号:CPCSME2019－03)、江苏省结构工程重点实验室开放课题“填充SCC-高强泡沫混凝土材料的开孔冷弯型钢组合剪力墙破坏机理与设计方法研究”(课题编号:ZD1902)、北京工业大学城市与工程安全减灾教育部重点实验室开放课题“内置双层冷弯型钢端柱-新型冷弯型钢高强轻质混凝土组合剪力墙受力机理与设计方法研究”(课题编号:2020B02)的资助和大力支持，在此表示衷心的感谢。

限于作者的水平和认识局限性，书中难免存在不足之处，恳请同行和读者批评指正。

作者
2022年4月22日

目 录
CONTENTS

第1章
绪　论

1.1　引言

作为我国国民经济的重要支柱产业，建筑行业是国民经济的重要物质生产部门，与整个国家经济的发展、人民生活的改善有着密切的关系。近年来，随着我国新型城镇化进程的加快和绿色建筑的推广，建筑业已进入绿色城镇化时代，2021年建筑业总产值达到29.3万亿元，同比增长了11.04%，其中房屋竣工面积达40.83亿m^2，同比增长6.11%，表明建筑业处在持续高速增长期[1]。然而，房屋建筑行业仍处于粗放型发展阶段，在房屋建设和使用期间存在科技含量不高、能源和资源消耗较高、建筑垃圾较多、环境污染较严重、劳动力密集和施工效率偏低等不满足绿色低碳、节能环保和可持续发展要求的诸多核心问题。此外，目前能源和资源日益匮乏，劳动力成本增加人们的环保意识增强，以上这些因素逐渐促进了当今房屋建筑行业在建筑材料和建造技术方面的革新。

为了将房屋建筑业从追求高速增长转向高质量发展，国家有关部门相继发布了一系列政策和规划，进一步推动房屋建筑业实现绿色化可持续高质量发展。《建筑业发展"十三五"规划》明确指出到2020年城镇绿色建筑占新建建筑比重达到50%，重点发展绿色建材和钢结构建筑[2]。住建部发布的《"十四五"建筑业发展规划》中明确提出，建筑业从追求高速增长转向追求高质量发展，走上从"量"的扩张转向"质"的提升的新发展之路，同时明确推动村镇住房建设采用绿色节能的新技术、新产品、新工艺，探索装配式建筑技术，加强传统建造方式的传承和创新，实现在传统基础上应用现代建造方式，走生态优先、绿色低碳的高质量发展道路[3]。此外，科技部在全面贯彻《乡村振兴战略规划(2018—2022年)》中明确指出，重点发展绿色宜居村镇生态化结构体系，特别是绿色建材、钢结构和装配式建筑[4]。钢结构作为绿色宜居建筑结构已被提升到新高度，因此对钢结构性能的研究具有重要现实意义。

冷弯型钢组合墙结构作为钢结构体系范畴中的一种，是按照一定的模数和间距布置冷弯型钢龙骨，并在钢骨架两侧安装墙面板，形成可靠的"密肋型空心结构"[5-6]，如图1.1所示。该结构具有结构构件自重轻、预制装配化程度高、施工简单、施工周期短、施工噪声小、建筑垃圾少、综合经济效益高和可实现工业化生产等特点，已应用于美国、澳大利亚、日本等国及欧洲等地区的三层以下的别墅住宅、公寓和其他民用建筑房屋。然而，冷弯型钢组合墙结构房屋在实际使用过程中始终存在承载能力低、抗侧刚度弱和耗能能力不足的问题，同时伴有保温隔热性能、隔声降噪性能和耐久性能差的缺点，这些缺点严重影响了冷弯型钢组合剪力墙结构建筑的抗震性能和舒适性，减少了冷弯型钢组合墙结构体系的使用寿命且制约了其使用范围，在我国冷弯型钢组合墙结构主要适用于单层或双层建筑，已不能满足当今城镇中多层绿色宜居建筑发展的要求。

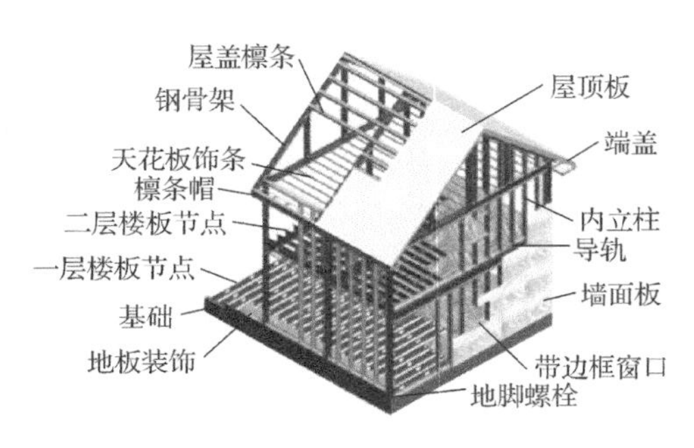

(a) 组合墙结构构造

(b) 结构破坏现象

图 1.1 冷弯型钢组合墙结构

针对冷弯型钢组合墙结构存在的上述问题，中国建筑技术集团以建筑工业化和绿色建筑为目标研发了一种新型组合结构——轻钢轻混凝土剪力墙结构[7]，如图 1.2 所示。该轻质剪力墙结构是以冷弯薄壁型钢、轻质混凝土和轻质板材为主要材料，以快速拼装的冷弯型钢骨架为基础，采用墙体和楼盖免拆模板技术，对工厂化生产的冷弯型钢组合墙体进行现场装配施工，并将其与轻质混凝土现浇相结合。因此，该剪力墙结构是将轻质混凝土材料和冷弯型钢结构结合起来，融合了轻质混凝土技术和冷弯型钢组合墙结构技术，具有两者的优点，弥补了两者结构体系的不足。相比于传统的冷弯型钢结构，轻钢轻混凝土结构体系具有良好的保温隔热、隔声降噪和防火性能等特点，同时具有较高的整体性、抗侧刚度和抗震能力，提高了结构安全性和舒适性，符合绿色建筑和建筑工业化高质量发展的要求和方向。

此外，通过与村镇建筑的传统结构形式的相关性能的对比分析可以看出，轻钢轻混凝土剪力墙结构同样具有显著的优势，如表 1.1 所示。为了促进该新型结构在实际工程中的应用和推广，国家住房和城乡建设部颁布了相应的规范《轻钢轻混凝土结构技术规程》[8]，用于该轻质剪力墙结构的设计、施工及验收工作。

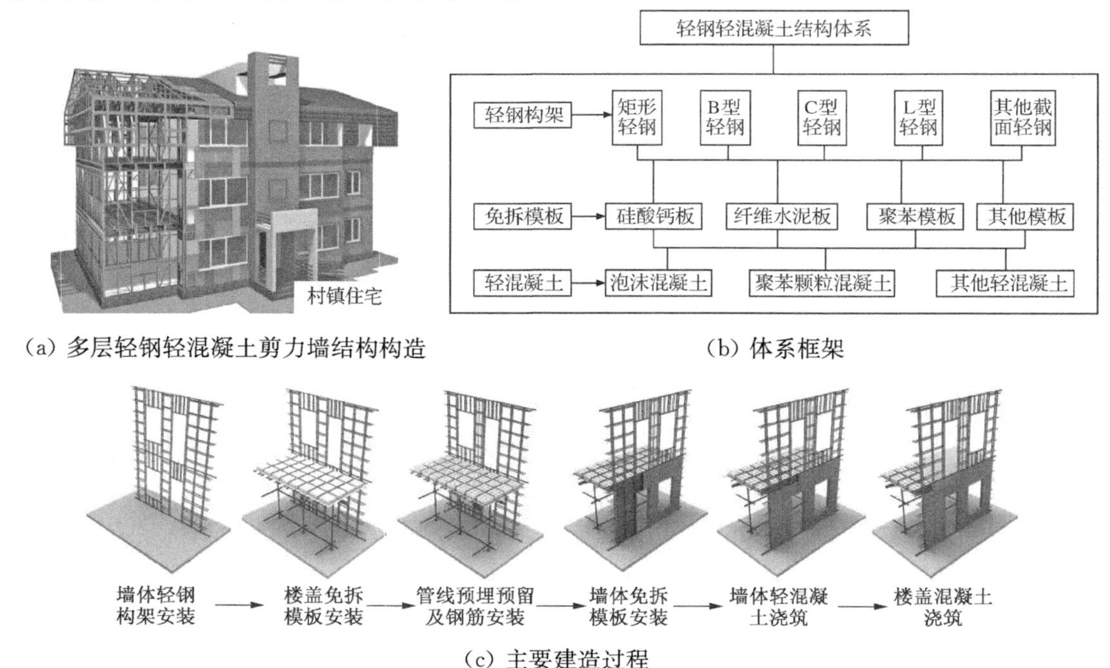

(a) 多层轻钢轻混凝土剪力墙结构构造

(b) 体系框架

(c) 主要建造过程

图 1.2 轻钢轻混凝土剪力墙结构及体系框架与建造过程

表 1.1　多种住宅结构体系相关性能的比较

结构形式	墙体比重	对地基要求	抗震性能	外墙是否做保温层	防火性	施工快捷性	环保可回收性	符合产业化的程度	国家政策支持力度	造价	综合性能
砖混结构	很重	高	很差	需要	好	很差	差	否	差	较低	很差
混凝土框架结构	较重	高	差	需要	好	很差	差	否	一般	较低	差
木结构	很轻	低	好	需要	差	较好	较好	是	限制	很高	差
混凝土框架墙板结构	较轻	较低	很差	需要	差	较好	较好	是	一般	较低	较好
传统钢结构	较轻	较高	好	需要	差	较好	较好	是	不反对	高	较好
冷弯薄壁型钢结构	最轻	最低	较差	需要	差	很好	较好	是	一般	高	较好
轻钢轻混凝土结构	轻	低	好	不需要	好	很好	很好	是	支持	适中	最好

1.2　装配式冷弯型钢-高强泡沫混凝土剪力墙及结构

1.2.1　冷弯型钢-高强泡沫混凝土剪力墙特点与结构装配建造方式

本书论述的装配式冷弯型钢-高强泡沫混凝土组合剪力墙及结构(如图 1.3 所示),是作者研发的一种集承重-围护-节能-装饰于一体的新型工业化绿色轻质剪力墙及结构抗震体系,是轻钢轻混凝土剪力墙结构范畴中重要的进一步发展方向之一,其目的是进一步提升冷弯型钢-轻质混凝土结构的抗震性能和工业化程度以满足人们日益增长的城镇绿色低层和多层生态化住宅需求。

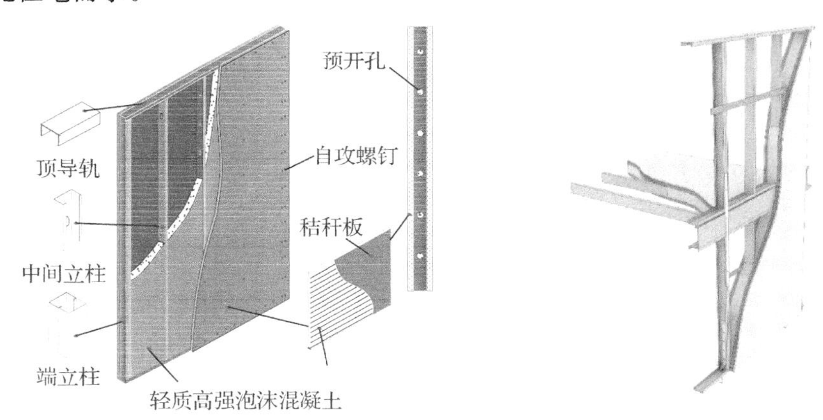

图 1.3　装配式冷弯型钢-高强泡沫混凝土剪力墙及结构

本书系统性地介绍了作者团队对装配式冷弯型钢-高强泡沫混凝土剪力墙及结构抗震性能的试验研究、理论分析和构造措施研究,并介绍了该结构的部分关键技术与示范工程应用案例。除此之外,本书首先对该新型组合剪力墙所采用的自主研发的高强泡沫混凝土进行了力学、热工和工作性能研究,然后对剪力墙中冷弯型钢与泡沫混凝土间的黏结滑移性能和端立柱轴压性能进行了试验研究、有限元分析和理论研究。

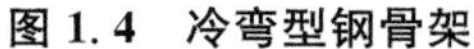

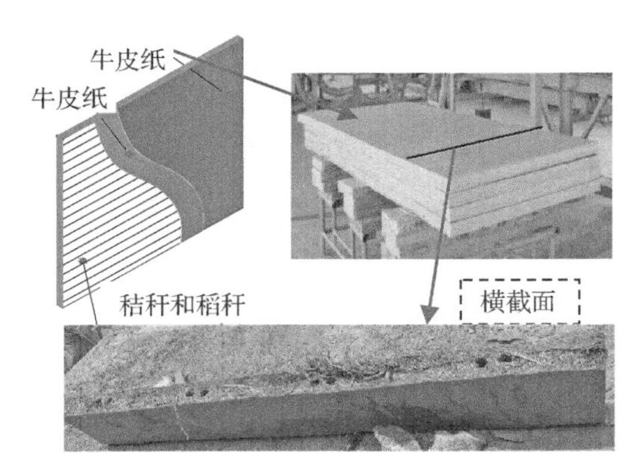

图 1.4　冷弯型钢骨架

图 1.5　秸秆纤维墙面板

装配式冷弯型钢-高强泡沫混凝土剪力墙结构是采用冷弯薄壁型钢骨架作为剪力墙和楼屋盖构件的主要受力钢骨架，外侧覆盖秸秆墙面板并作为免拆模板，在构件空腔内浇筑轻质高强泡沫混凝土，硬化后混凝土与冷弯钢骨架、秸秆板形成墙体和楼屋盖等结构构件，并在现场经各种形式连接件装配形成的住宅建筑结构。对于冷弯型钢-高强泡沫混凝土剪力墙构件，冷弯型钢骨架是由C型、箱型和U型冷弯薄壁型钢通过L型钢连接件和自攻螺钉连接成整体的受力骨架，其中C型冷弯薄壁型钢作为钢骨架的内立柱，由双拼C型钢组成的箱型立柱作为钢骨架的端立柱，U型冷弯薄壁型钢作为钢骨架的导轨，如图1.4所示。墙体中立柱型钢的腹板上开有圆孔，便于使墙体空腔内灌注的泡沫混凝土分布均匀，同时增强了冷弯型钢与泡沫混凝土间黏结强度，避免了传统轻钢轻质混凝土墙体中黏结滑移对抗震性能的不利影响。所用泡沫混凝土是由作者团队自主研发的一种新型轻质高强泡沫混凝土，具有密度低、热工性能佳和强度等级高等特点。此外，秸秆板是一种新型绿色墙板，由整根稻草或麦秸秆通过机械高温单向压缩成型为板材(如图1.5所示)，具有保温隔热、环保和经济等优点。

装配式建筑作为建筑工业化中的重要组成部分，以绿色和快速的生产方式高度契合了绿色建筑对节能环保的要求，成为绿色建筑的必然选择。根据受力构件间不同的连接方式，装配式混凝土结构可分为全预制装配式混凝土结构和装配整体式混凝土结构。本书论述的装配式冷弯型钢-高强泡沫混凝土剪力墙结构采用两种形式的结合，充分吸收两种装配形式的优点，即分别采用“干连接方式”和“湿连接方式”。其中，同一楼层内，纵横墙体采用全预制装配式连接，即采用干法连接方式；住宅建筑中所有一字形剪力墙构件在工厂完成骨架拼装和混凝土浇筑，然后在施工现场通过L型连接件进行可靠连接，如图1.6所示，其目的是快速完成同楼层内所有墙体安装。对于上下楼层墙体，考虑到楼屋盖与墙体的连接可靠性，上下层墙体采用装配整体式连接，即采用湿法连接方式；在工厂内完成型钢骨架拼装和覆板、泡沫混凝土浇筑，然后在施工现场通过连接件完成立柱连接后，在立柱连接处浇筑泡沫混凝土，完成上下层墙体与楼盖的相互连接，如图1.7所示。

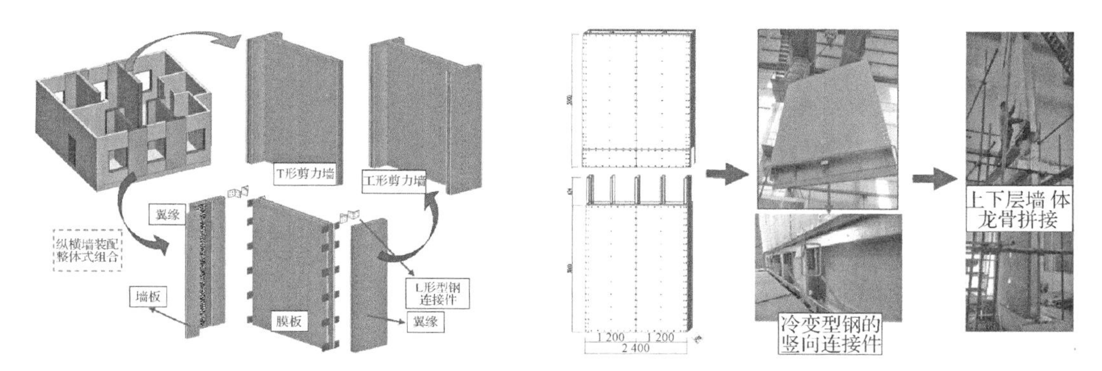

图 1.6 装配式冷弯型钢-高强泡沫混凝土剪力墙结构　　图 1.7 上下层剪力墙与楼盖的连接

1.2.2 装配式冷弯型钢-高强泡沫混凝土剪力墙结构特性

与现有的冷弯型钢组合墙体结构相比，由于装配式冷弯型钢-高强泡沫混凝土剪力墙结构采用轻质高强泡沫混凝土材料和秸秆墙面板，墙体在环保性能、热工性能、耐久性能、力学性能和抗震性能等方面均有不同程度的提高，其主要优点如下：

(1) 构造合理。在冷弯型钢-高强泡沫混凝土剪力墙中：纵向 C 型腹板开孔冷弯型钢相当于普通钢筋混凝土剪力墙中的纵向钢筋，同时具有固定秸秆墙面板的作用，其腹板冲孔便于灌注时泡沫混凝土的横向流动，促使其在墙体空腔内分布均匀，同时增强了冷弯型钢与泡沫混凝土间的黏结强度；横向纤维秸秆墙面板相当于普通钢筋剪力墙中的横向钢筋，同时作为浇筑泡沫混凝土的模板且具有保温隔热的作用；轻质高强度泡沫混凝土相当于普通钢筋混凝土剪力墙中的普通混凝土，同时具有保温隔热的作用。冷弯型钢-高强泡沫混凝土剪力墙构造如图 1.8 所示。

图 1.8 冷弯型钢-高强泡沫混凝土剪力墙构造

图 1.9 上下层墙体立柱的连接构造

(2) 结构整体性。在墙体和楼屋盖构件的拼接处，浇筑高强度泡沫混凝土可使得该装配式结构体系拥有与现浇结构体系相同的整体性和抗侧刚度。同时，泡沫混凝土与冷弯型钢和秸秆板的协同工作，不仅有效地避免了现有冷弯型钢空心墙体结构体系中墙面板与冷弯型钢骨架连接所用的自攻自钻螺钉出现剪切破坏，而且提高了墙体的延性和耗能能力等抗震性能。其次，对于装配式冷弯型钢-高强泡沫混凝土剪力墙结构，冷弯型钢骨架中立柱穿过楼盖结构使得上下层墙体中立柱在距离楼盖 300 mm 位置处采用钢连接件进行直接相连(如图 1.9 所示)，提高了剪力墙结构的上下层整体性，避免了传统冷弯型钢组合墙体结构中因仅采用螺栓或钢连接片的弱连接方式而造成的上下层立柱在楼盖处断开的现象(如图 1.10 所示)。现有研究表明，该弱连接方式削弱了楼盖处上下层墙体的连接性能，造成墙体结构在楼盖处出现破坏，降低了建筑结构整体性[9]。

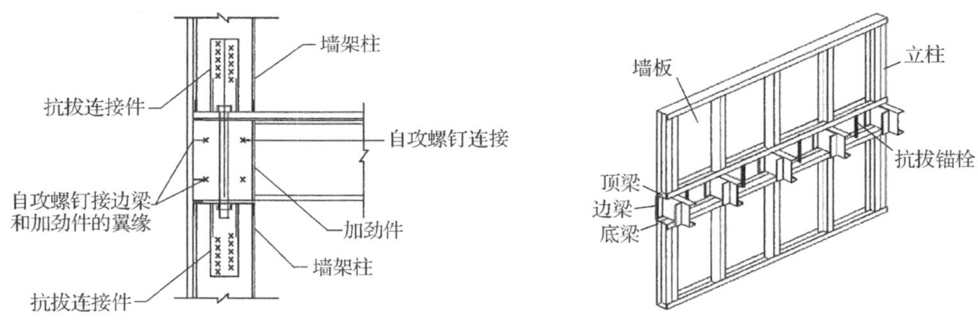

图 1.10　传统冷弯型钢组合墙体的上下层连接方式

（3）抗侧刚度与抗震性能强。干密度等级为 FC03-FC07 的泡沫混凝土抗压强度达到 3.0～5.0 MPa，与传统砌体材料强度值相当，因此该泡沫混凝土作为剪力墙的内填充材料可以参与承担作用于剪力墙上的竖向荷载、地震作用和风荷载。同时，泡沫混凝土对冷弯型钢骨架的变形约束作用提高了冷弯型钢骨架的承载能力，进而提高了剪力墙的抗震性能，如图 1.11 所示。

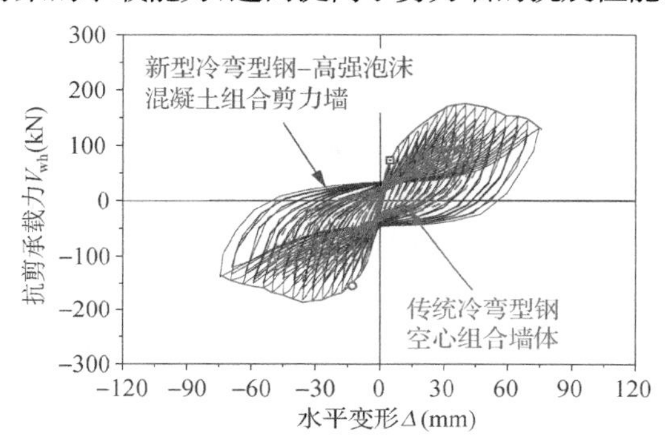

图 1.11　冷弯型钢组合墙体与冷弯型钢-高强泡沫混凝土剪力墙的滞回性能对比

（4）保温隔热性能佳，舒适性良。泡沫混凝土材料属于气泡状绝热材料，其内部均匀分布了大量的封闭微小气孔，因此具有良好的热工性能，导热系数仅为 0.14 W/(m·K)；秸秆板是由秸秆纤维组成并在表面覆盖牛皮纸，具有天然的保温隔热性能。测试报告表明厚度仅为 205 mm 的冷弯型钢-高强泡沫混凝土剪力墙的传热阻仅为 1.92 m²·K/W，已满足我国夏热冬冷地区建筑节能 65%的标准[10]，夏季阻止了外界的大部分热气进入建筑内部并使室内绝大部分冷气不溢出建筑之外（如图 1.12），在冬季则正好相反，保障建筑内部湿度在一年四季都比较稳定，最终实现建筑居住的舒适性与能源消耗节约。此新型墙体的热工性能高于其他常规建筑材料建造的墙体，例如砌块、混凝土、钢结构等。

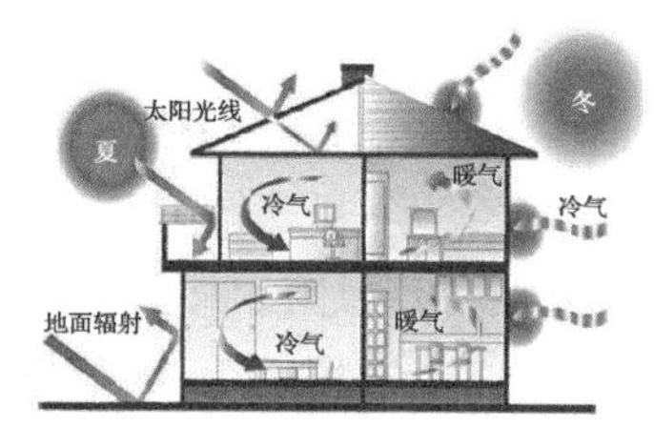

（a）建筑的保温隔热示意图

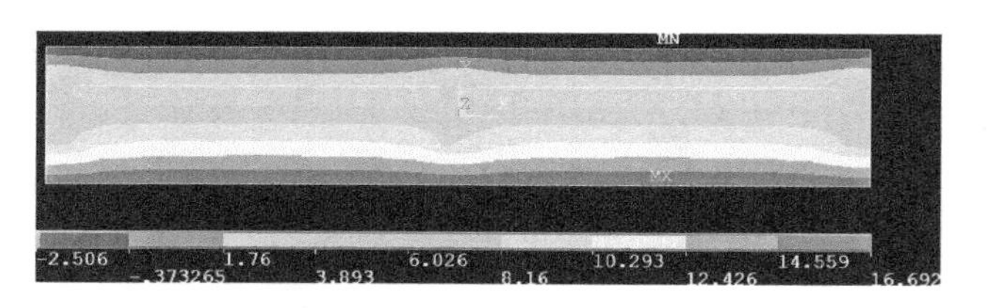

（b）冷弯型钢-泡沫混凝土组合墙体的热工性能分析图

图 1.12　高热组墙体建筑的热工性能

(5) 隔声降噪性能优。泡沫混凝土作为多孔性轻质材料,填充到冷弯型钢骨架的空腔内,消除了空心冷弯型钢墙体的敲击空鼓声。同时,58 mm 厚的秸秆板有助于降低剪力墙两侧的声音的传递,检测报告表明空气声计权隔声量仅为 31 dB。因此,该新型轻质剪力墙能够满足国家建筑隔声标准的要求。

(6) 耐久性好。高强泡沫混凝土属于无机材料,作为冷弯型钢骨架的内填充材料,包裹了冷弯型钢立柱(如图 1.13),可以有效避免冷弯型钢在潮湿环境中锈蚀和在火灾中强度快速退化,使得该新型剪力墙具有良好的耐久性和耐火性能,远优于现有冷弯型钢组合墙体结构。同时,秸秆板属于难燃性建筑材料(属 B1 级),具有良好的防火性能。

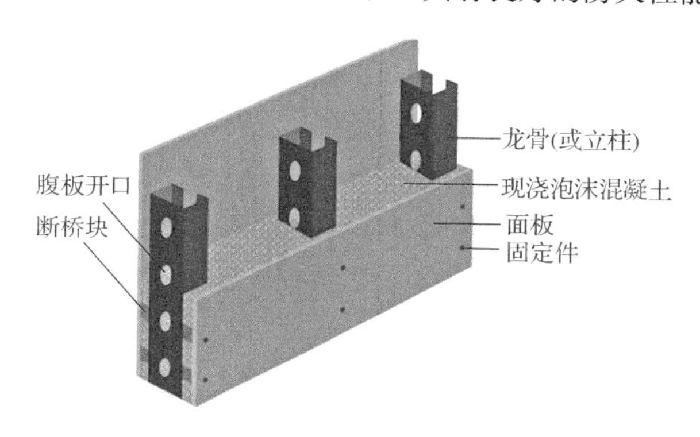

图 1.13 泡沫混凝土对冷弯型钢立柱的握裹形式

(7) 废物利用,节能环保,经济性好。秸秆板由在农田里常被焚烧的稻草或麦秸秆制备而成,不仅可有效地防止焚烧带来的雾霾现象和环境污染,而且变废为宝,制备成的冷弯型钢墙体的墙面板为建筑业绿色化可持续发展带来了良好的社会与经济效益,如图 1.14 所示。

(a) 制作材料

(b) 压缩制备

(c) 墙板成品

图 1.14 秸秆墙面板的制作流程

(8) 装配式建造。冷弯型钢-泡沫混凝土剪力墙构件和楼屋盖构件,均经工厂标准化高精度生产,在现场通过连接件和现浇高强混凝土完成装配连接,最终形成装配式剪力墙结构,如图 1.15 所示。该新型剪力墙结构所采用的“干法”和“湿法”相结合的装配建造方式,区别于传统冷弯型钢组合墙体的现场拼装施工,如图 1.16 所示。

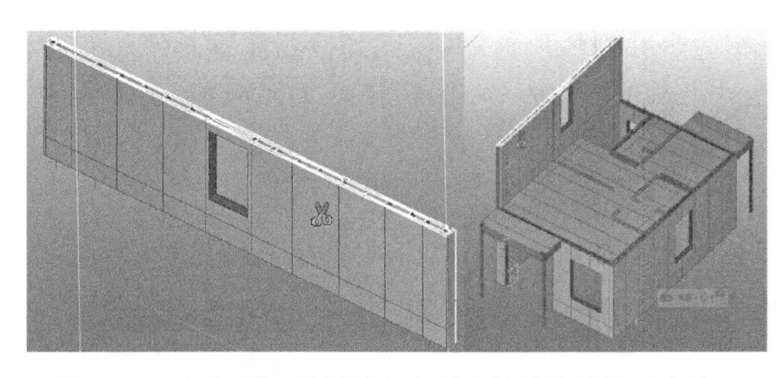

图 1.15　冷弯型钢-泡沫混凝土剪力墙结构的装配式施工

图 1.16　冷弯型钢墙体结构现场拼装施工

与现有行业标准[11]规定的轻钢轻混凝土剪力墙结构相比，本书提出的装配式冷弯型钢-高强泡沫混凝土剪力墙在构造形式、热工性能和建造方式等方面均有不同，具体如下：

(1) 采用轻质高强泡沫混凝土。本书提出的新型剪力墙采用本课题组自主研发的密度等级为 A05 和 A07，对应强度等级为 FC3 和 FC7.5 的轻质高强泡沫混凝土。在相同密度等级下，该新型泡沫混凝土的抗压强度是传统泡沫混凝土的 3.6～4.5 倍[11-13]，故在相同地震作用下，装配式冷弯型钢-高强泡沫混凝土剪力墙结构具有比相同质量的轻钢轻质混凝土剪力墙结构更高的承载性能。

(2) 采用传统 C 型冷弯薄壁型钢。相比于规范[11]的轻钢轻混凝土结构所采用的非常规两管柱、四管柱、B 型柱和 W 型轻钢拼合柱，本书提出的新型剪力墙中钢框架采用常规的 C 型冷弯薄壁型钢作为中立柱、双拼 C 型冷弯型钢作为端立柱，其材料直接来源于现有的冷弯薄壁型钢结构体系中的轻钢框架，有利于材料的采购和墙体结构的推广应用。

(3) 采用秸秆板作为墙板。相比于轻钢轻混凝土结构采用的硅酸钙板、纤维水泥平板和聚苯板等传统板材，本书提出的新型剪力墙免拆墙板，采用节能环保、保温隔热性能佳和经济性好的秸秆板，符合我国《乡村振兴战略规划(2018—2022 年)》提倡的绿色建筑和建材的发展要求。

(4) 采用装配整体式建造方式。相比于传统的轻钢轻混凝土结构采用的工厂制品装配施工与现场浇筑轻质混凝土的建筑工艺，本书提出的新型剪力墙的建造工艺采用的构件在工厂装配加工，然后在现场通过连接件并在构件连接部位现浇高强泡沫混凝土完成空间结构拼装，即装配整体式建造工艺，如图 1.17 所示。这种建造方式更加符合当今建筑业提出的装配式建造方式，具有工业化水平高、建造周期短、施工质量佳、施工扬尘少和噪声污染少等优点，满足绿色建筑的发展要求。

 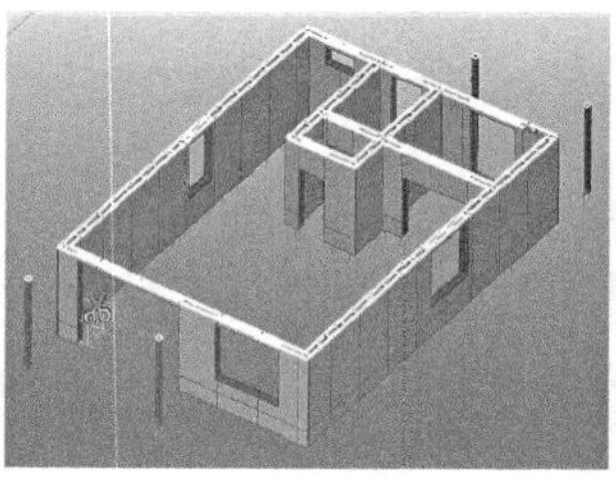 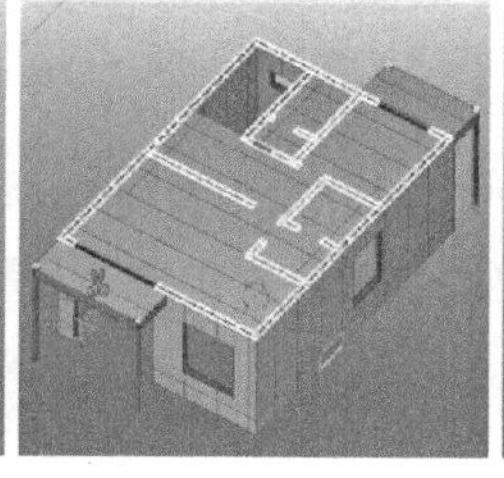 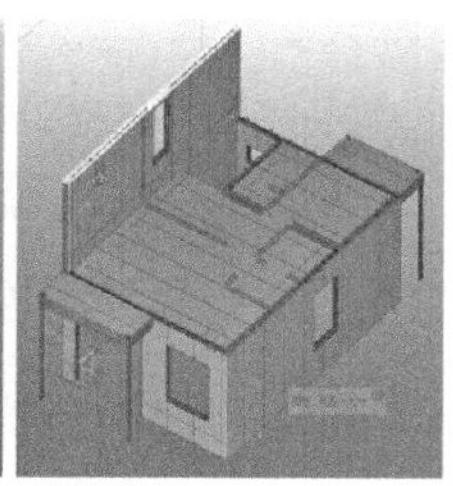

图 1.17　新型剪力墙装配整体式建造流程

本书提出的装配整体式秸秆板轻钢高强泡沫混凝土剪力墙及结构，不仅具有冷弯型钢组合墙体的优点，而且集承重、抗风抗震、维护、装饰、保温于一体，有效地解决了传统冷弯型钢空心墙体敲击空鼓、防火防腐和隔热隔声差等问题，具有实用性、经济性和舒适性强等优点。相比于现有的轻钢轻质混凝土剪力墙及结构，装配式冷弯型钢-高强泡沫混凝土剪力墙及其结构具有良好的热工性能和抗震性能，以及更符合当今建筑业发展方向的装配式建造方式，故是未来轻钢轻质混凝土剪力墙结构的主要发展方向之一。因此，对装配整体式秸秆板轻钢高强泡沫混凝土剪力墙及结构进行抗震性能的研究将对其推广应用具有重要的理论和工程意义。

1.3　冷弯型钢-轻质混凝土剪力墙结构研究现状

冷弯型钢-轻质混凝土剪力墙的主要材料包括冷弯型钢、免拆模板和轻质混凝土。冷弯型钢主要有矩形钢管，B 型、C 型和 W 型轻钢等，采用镀锌或镀铝锌的钢带冷弯或高频焊制而成，厚度为 1.0～2.5 mm。由于本书提出的装配式冷弯型钢-高强泡沫混凝土剪力墙及结构的冷弯型钢采用 C 型钢制作而成，因此本节重点介绍 C 型冷弯型钢-轻质混凝土剪力墙的抗震性能研究现状。

1.3.1　冷弯型钢-轻质混凝土剪力墙抗震性能研究

(1) 在试验研究方面。目前国内学者（何保康[14]、周绪红等[15]、李元齐等[16]、苏明周[17]、叶继红[18]、周天华[19]、石宇[20]等）对冷弯型钢组合墙体的抗震性能进行了大量的拟静力试验研究，但对冷弯型钢-轻质混凝土剪力墙的研究相对较少，特别是冷弯型钢-高强泡沫混凝土剪力墙。国外学者 Prabha 等[21]对 4 个冷弯型钢-泡沫混凝土组合墙体进行了拟静力抗剪性能试验，结果表明：墙体破坏模式主要为泡沫混凝土开裂和轻钢局部屈曲，泡沫混凝土提高了墙体抗剪承载力和延性。Wasim K 等[22]对 3 个内填充聚苯颗粒（EPS）混凝土冷弯薄壁型钢剪力墙进行了低周反复加载试验，发现墙体破坏模式主要为泡沫混凝土开裂和轻钢局部屈曲，EPS 混凝土提高了墙体承载力，但减少了其侧向变形。

郝际平和刘斌等[23-24]对喷涂式保温轻质砂浆一冷弯薄壁型钢组合墙体进行了拟静力抗剪性能试验，结果表明型钢骨架与轻质砂浆间的相互作用显著提高了墙体的承载力、刚度、延性和耗能能力。潘鹏和郁琦桐等[25]也设计了 3 个轻钢龙骨玻化微珠保温砂浆墙体并进行了拟静力往复加载试验，发现保温砂浆能够抑制轻钢立柱的整体失稳和局部屈曲破坏，并且与轻钢龙骨的协同工作可显著提高墙体的承载力、抗侧刚度和耗能能力。黄强、李东彬和崔成臣[7,26]完成了 9 个轻钢 EPS 混凝土剪力墙的低周往复荷载试验，结果表明：EPS 混凝土为轻钢框架提供了斜向支撑作用，约束了墙体变形并提高了墙体承载力，增加轴压比提高了墙体延性和耗能能力，增加剪跨比改变了剪力墙破坏模式，从受剪破坏到弯剪破坏到弯曲破坏。基于上述研究，袁泉等[27-28]设计了分别填充 EPS 混凝土和发泡混凝土的轻钢墙体并对其进行了抗剪试验，结果表明轻质混凝土能大幅度提高墙体的承载力、抗侧刚度和耗能能力，而墙板是通过抑制混凝土开裂使得墙体抗剪承载力得到有效提高。刘殿忠等[29]进一步对轻钢与泡沫混凝土组合墙体进行抗剪性能研究，发现墙体破坏形态为竖向型钢与混凝土间竖向裂缝的剪切破坏，但竖向裂缝提高了墙体的变形能力。吴函恒等[30-31]对轻质脱硫石膏改性材料填充冷弯型钢组合墙体进行抗震性能研究，结果表明：填充墙体内填石膏分块形成斜向受压带，可发挥抗侧力功能，最终以各块填充物与墙架立柱之间的黏结滑移破坏以及轻质石膏块角部的受压破坏为主要破坏特征。王静峰等[32]对内填充轻聚合物材料 LPM 的冷弯型钢剪力墙进行抗震性能研究，墙体的破坏模式主要表现为内立柱的畸变变形、端立柱的局部屈曲、石膏板或水泥纤维板的脱落、自钻螺钉的倾斜以及 LPM 的破碎；内填充轻聚合物材料 LPM 显著且全面提高了冷弯型钢的抗震性能。

由上述研究可知，目前对于冷弯型钢-轻质混凝土剪力墙的研究主要集中于轻质保温砂浆、EPS 混凝土、轻质脱硫石膏和轻聚合物材料 LPM 作为轻质混凝土的剪力墙，该轻质混凝土抗压强度主要集中于 1.0～3.0 MPa，偏向保温性的非结构性材料，而对于抗压强度为 3.0～7.0 MPa 的高强泡沫混凝土作为结构性填充材料的冷弯型钢-高强泡沫混凝土剪力墙抗震性能研究相对较少。此外，对于高强泡沫混凝土增强效应下冷弯型钢-高强泡沫混凝土剪力墙性能的研究大都只限于认识层面，并未给出该剪力墙在水平地震作用下的损伤演变、受力机理和应力分布分析。

(2) 在数值模拟方面。随着计算机性能的提升，专家学者倾向于采用大型通用有限元软件对剪力墙结构进行仿真模拟，取得了准确的抗震性能模拟结果，如闫维明[33]、薛建阳[34]、童根树[35]、张长[36]、童乐为[37]、何明胜[38]和李忠献[39]等。马恺泽[40]采用 ABAQUS 有限元软件对型钢高性能混凝土剪力墙进行了非线性分析，其中有限元模型采用 Embed 功能将型钢与混凝土进行刚性连接，结果表明该有限元模型是合理的，作者进一步对剪力墙进行了变形能力分析。许坤[41]采用上述建模方法对发泡混凝土帽钢组合墙体抗剪性能进行了数值模拟。初明进[42]采用 ABAQUS 有限元软件对冷弯型钢混凝土剪力墙进行了抗剪性能分析，但模型采用弹簧单元 Spring2 模拟型钢与混凝土的接触性能，结果表明该模型能较好地模拟剪力墙的分缝破坏特征。刘殿忠等[29]采用同样的建模方法对轻钢与泡沫混凝土组合墙的抗震性能进行了数值模拟，其模拟结果能够反映墙体在压剪作用下的局部和整体受力和变形响应。高立[28]和石宇[20]对填充 EPS -石膏基轻质材料的冷弯型钢组合墙体的影响因素进行了参数化分析，其有限元模型采用 Radial-Thrust 约束模拟钢骨架与墙面板间的螺钉连接，采用接触对模拟钢骨架、墙面板与填料间的接触性能。随后，杨逸[43]、刘云霄[44]、崔成臣[26]均采用相同的建模方式对填充 EPS 混凝土和石膏基轻质材料的轻钢剪力墙进行了有限元分析。

综上所述，目前主要采用 ABAQUS 有限元软件对冷弯型钢-轻质混凝土剪力墙的抗震性能进行数值模拟，但模拟结果的准确性主要取决于有限元模型的合理性。此外有限元模拟主要是对剪力墙进行参数化分析，并未对墙体的内力传递机制和受力机理进行深入研究。

1.3.2 冷弯型钢-轻质混凝土剪力墙承载力计算方法研究

目前国内外对于不同构造形式剪力墙承载力的计算方法已开展了一定量的研究，根据剪力墙受力特征可将承载力计算分为两类：

(1) 正截面压弯承载力的计算方法。根据平截面假定和材料单轴应力-应变关系已建立了一个普遍被认可的普通混凝土剪力墙截面承载力模型，进而基于力平衡条件得到计算公式。对于 EPS 混凝土剪力墙，崔成臣[26]提出忽略 EPS 混凝土对受弯承载力的贡献，建立了只考虑轻钢端立柱作用的正截面压弯承载力计算公式。

(2) 斜截面受剪承载力的计算方法。主要分为两种:一种是根据试验结果,经数值拟合得到含有主要抗剪成分的半经验半理论性计算公式[45],目前我国规范GB 50011[46]、JGJ 138[47]和美国规范ACI 318[48]均采用此偏保守的方法确定受剪承载力计算公式,以避免不重要因素对受剪承载力的影响,计算结果具有较大的离散性;另一种是基于力学分析模型的计算方法,经理论推导得出受剪承载力计算公式。随着对混凝土剪力墙受剪承载力理论分析模型的不断研究,相继出现了经典桁架模型、修正压力场理论(简称MCFT)、软化桁架模型和软化拉-压杆模型等。其中Ritter[49]和Morsch[50]提出了力学概念简单清晰且计算简便的斜裂缝角度为45°的经典受剪破坏桁架模型,但未考虑受压区的混凝土贡献和斜裂缝间的混凝土骨料咬合作用。在此基础上,Vecchio和Collins[51]基于固体力学理论建立了修正压力场理论,引入了拉-压应力状态下受压混凝土的应力-应变曲线,并考虑了平衡方程、相容方程和物理方程。徐增全[52]基于受剪作用下混凝土的软化现象,提出了理论体系较为完备的混凝土结构软化桁架模型,包括转角软化桁架模型(简称RA-STM)和定角软化桁架模型(简称FA-STM),其中RA-STM不能预测混凝土对结构构件抗剪承载力的贡献,故基于混凝土初始裂缝方向角α_1和破坏时裂缝方向角α_2不相同的特点提出FA-STM,充分考虑了开裂混凝土传递的剪力且明确了混凝土的贡献V_c。基于上述软化桁架模型,Hwang[53-54]等通过假定剪力墙中压应力沿压杆集中分布,提出了软化拉-压杆模型,但该模型计算参数繁多且计算流程复杂,随后Hwang提出了软化拉-压杆模型的简算法。吴函恒[55]基于上述破坏模式,考虑墙面板蒙皮作用和填充材料支撑作用的影响,根据极限平衡理论,提出了基于叠加法的受剪承载力计算模型,建立了受剪承载力计算公式。王静峰[32]基于拉压杆模型原理,建立了内填充轻聚合物材料LPM的冷弯型钢剪力墙的等效拉压杆模型并给出了受剪承载力计算公式。

以上研究可知,对于钢筋/型钢普通混凝土剪力墙正截面压弯承载力计算方法的研究,国内外已基本形成共识并建立了合理的计算模型和设计方法,但对于冷弯型钢-轻质混凝土剪力墙的研究较匮乏。由于该新型剪力墙的破坏机理、传力机制和抗弯因素有所不同,计算模型和设计方法是否适用于冷弯型钢-轻质混凝土剪力墙,特别是冷弯型钢-高强泡沫混凝土组合剪力墙,有待进一步检验。

对于钢筋/型钢普通混凝土剪力墙斜截面受剪承载力的计算方法,国内外学者正在不断完善该计算方法及其力学分析模型,但对于冷弯型钢-轻质混凝土剪力墙的研究同样相对较少,特别是冷弯型钢-高强泡沫混凝土剪力墙需要进一步研究。此外,针对高强泡沫混凝土与轴压力耦合作用下剪力墙截面最小主应力分布问题,业界目前还尚未研究。

1.4 本书研究内容

本书通过试验研究、有限元模拟分析、理论研究和示范工程相结合的研究方法,以装配式冷弯型钢-高强泡沫混凝土剪力墙及结构为研究对象,首先研究了新型剪力墙所采用的自主研发的高强泡沫混凝土材料性能,然后研究了剪力墙中存在的冷弯型钢与泡沫混凝土间的黏结滑移性能和端立柱轴压性能,紧接着研究了新型剪力墙的力学性能,最后研究了组合剪力墙结构的抗震性能及示范工程应用。主要研究思路和内容如图1.18所示。

(1) 轻质混凝土材料研制与性能研究,为本书的第2章。

研究密度等级为A05的低密度泡沫混凝土的最优配合比、制备工艺、力学性能和本构关系、热工性能。基于此，进一步研究密度等级为A09和A15的中密度泡沫混凝土的最优配合比、制备流程和力学性能。

(2) 冷弯型钢-泡沫混凝土剪力墙中部件性能研究，为本书的第3、4章。

研究冷弯型钢与泡沫混凝土的界面黏结滑移性能，分析黏结滑移的受力机理、破坏特征和影响因素，进而建立特征黏结强度和位移计算公式，提出冷弯型钢-高强泡沫混凝土黏结滑移本构模型。研究单层冷弯型钢-高强泡沫混凝土立柱的轴压性能，分析单层立柱的破坏特征、受力机理、承载力及其影响因素，提出单层冷弯型钢-高强泡沫混凝土立柱轴压承载力计算模型及其计算公式。研究双层冷弯型钢-轻质混凝土立柱的轴压性能，分析双层立柱的破坏特征、受力机理、承载力及影响因素，提出双层立柱的轴压承载力计算公式。

(3) 装配式冷弯型钢-高强泡沫混凝土剪力墙构件的力学性能研究，为本书的第5、6、7章。

研究冷弯型钢-高强泡沫混凝土单层剪力墙的轴压性能，分析单层墙体的破坏特征、受力机理、承载力和变形能力及其影响因素，进而提出单层剪力墙的轴压承载力计算模型及其计算公式。研究冷弯型钢-高强泡沫混凝土单层剪力墙的抗剪性能，分析单层墙体的破坏特征、滞回性能、延性、抗侧刚度和耗能能力，并分析剪力墙的受力机理和传力路径，进而建立单层剪力墙的抗剪承载力理论分析模型并提出剪力墙斜截面受剪承载力计算公式，最终建立符合冷弯型钢-高强泡沫混凝土单层剪力墙的恢复力模型及其计算方法。此外，给出符合规范格式要求的剪力墙受剪承载力计算公式。研究装配式冷弯型钢-高强泡沫混凝土双层剪力墙抗剪性能，分析双层剪力墙的破坏特征、滞回性能、延性、抗侧刚度和耗能能力，并分析剪力墙的受力机理和传力路径，进而建立双层剪力墙的承载力理论分析模型及其计算方法，最后提出双层剪力墙正截面受弯承载力计算公式。

(4) 装配式冷弯型钢-高强泡沫混凝土剪力墙结构的抗震性能研究，为本书的第8章。

研究装配式剪力墙结构在水平地震作用下的破坏特征，分析剪力墙的动力特性、加速度反应、位移反应和应变反应等抗震性能，以及剪力墙结构房屋的动力时程特性，进而提出剪力墙结构在水平地震作用下的抗震承载力计算公式，最后对多层剪力墙结构乡镇房屋进行抗震性能评估，提出合理的建造层数。

(5) 装配式冷弯型钢-高强泡沫混凝土剪力墙结构的示范工程应用，为本书的第9章。

介绍了装配式冷弯型钢-高强泡沫混凝土剪力墙结构两层农房建筑的建筑结构设计和抗震构造措施，详细介绍了农房建筑的建造流程，并分析了农房建筑的经济性。

1.5 本章小结

本章从国内房屋建筑业发展情况和绿色宜居村镇建筑发展背景出发，首先介绍了冷弯型钢组合墙体的结构特点，然后阐述了目前轻钢轻质混凝土剪力墙的结构构造形式与优点。基于此，提出了一种新型组合结构——装配式冷弯型钢-高强泡沫混凝土剪力墙及结构，分析了冷弯型钢-轻质混凝土剪力墙抗震性能的研究现状，对本书的主要研究内容进行了概述。

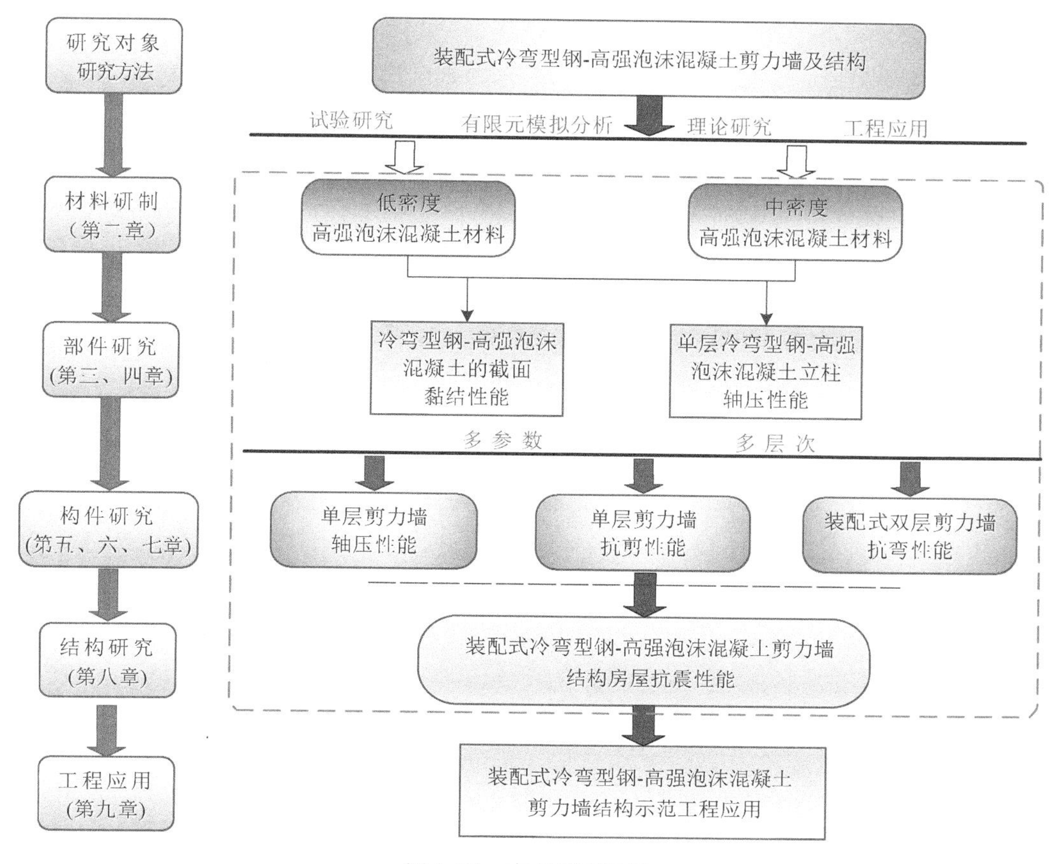

图 1.18　本书研究思路

参考文献

[1] 中国建筑业协会. 2021 年建筑业发展统计分析[Z]. 2022.

[2] 中华人民共和国住房和城乡建设部. 建筑业发展“十三五”规划[Z]. 2017.

[3] 中华人民共和国住房和城乡建设部. 关于全面开展农村住房建设试点工作的通知[Z]. 2019.

[4] 中华人民共和国国务院. 乡村振兴战略规划(2018—2022 年)[Z]. 2018.

[5] 叶继红. 多层轻钢房屋建筑结构:轻钢龙骨式复合剪力墙结构体系研究进展[J]. 哈尔滨工业大学学报，2016，48(6)：1 - 9.

[6] 高宛成，肖岩. 冷弯薄壁型钢组合墙体受剪性能研究综述[J]. 建筑结构学报，2014，35(4)：30 - 40.

[7] 黄强，李东彬，王建军，等. 轻钢轻混凝土结构体系研究与开发[J]. 建筑结构学报，2016，37(4)：1 - 9.

[8] 中华人民共和国住房和城乡建设部. 轻钢轻混凝土结构技术规程:JGJ 383—2016[S]. 北京:中国建筑工业出版社，2016.

[9] Chu Y，Hou H，Yao Y. Experimental study on shear performance of composite cold-formed ultra-thin-walled steel shear wall[J]. Journal of Constructional Steel Research，

2020，172:106168.

[10] 中华人民共和国住房和城乡建设部. 夏热冬冷地区居住建筑节能设计标准:JGJ 134—2010[S]. 北京:中国建筑工业出版社,2010.

[11] 中华人民共和国住房和城乡建设部. 装配式混凝土结构技术规程:JGJ 383—2016[S]. 北京:中国建筑工业出版社,2016.

[12] 中华人民共和国住房和城乡建设部. 泡沫混凝土:JG/T 266—2011[S]. 北京:中国建筑工业出版社,2011.

[13] 中华人民共和国住房和城乡建设部. 泡沫混凝土应用技术规程:JGJ/T 341—2014[S]. 北京:中国建筑工业出版社,2014.

[14] 何保康，郭鹏，王彦敏，等. 高强冷弯型钢骨架墙体抗剪性能试验研究[J]. 建筑结构学报，2008，29(2)：72－78.

[15] 周绪红，石宇，周天华，等. 冷弯薄壁型钢结构住宅组合墙体受剪性能研究[J]. 建筑结构学报，2006，27(3)：42－47.

[16] 李元齐，刘飞，沈祖炎，等. S350 冷弯薄壁型钢龙骨式复合墙体抗震性能试验研究[J]. 土木工程学报，2012，45(12)：83－90.

[17] 苏明周，黄智光，孙健，等. 冷弯薄壁型钢组合墙体循环荷载下抗剪性能试验研究[J]. 土木工程学报，2011，44(8)：42－51.

[18] Ye J H，Wang X X，Jia H Y，et al. Cyclic performance of cold-formed steel shear walls sheathed with double-layer wallboards on both sides [J]. Thin-walled Structures，2015，92：146－159.

[19] 周天华，石宇，何保康，等. 冷弯型钢组合墙体抗剪承载力试验研究[J]. 西安建筑科技大学学报(自然科学版)，2006，38(1)：83－88.

[20] 石宇. 水平地震作用下多层冷弯薄壁型钢结构住宅的抗震性能研究[D]. 西安：长安大学，2008.

[21] Prabha P，Palani G S，Lakshmanan N，et al. Behaviour of steel-foam concrete composite panel under in-plane lateral load [J]. Construction and Building Materials，2017，139：437－448.

[22] Wasim K，Ahmed M. Shear capacity of cold-formed light-gauge steel framed shear-wall panels with fiber cement board sheathing [J]. International Journal of Steel Structures，2017，17(4)：1404－1414.

[23] 刘斌，郝际平，李科龙，等. 喷涂式轻质砂浆-冷弯薄壁型钢组合墙体抗剪性能试验研究[J]. 土木工程学报，2015，48(4)：31－41.

[24] Liu B，Hao J P，Zhong W H，et al. Performance of cold-formed-steel-framed shear walls sprayed with lightweight mortar under reversed cyclic loading [J]. Thin-Walled Structures，2016，98：312－331.

[25] 郁琦桐，潘鹏，苏宇坤. 轻钢龙骨玻化微珠保温砂浆墙体抗震性能试验研究[J]. 工程力学，2015，32(3)：151－157.

[26] 崔成臣. 轻钢 EPS 混凝土剪力墙抗震性能研究[D]. 北京：清华大学，2016.

[27] 袁泉，杨逸，吕东鑫，等. 轻钢聚苯颗粒泡沫混凝土组合墙体受剪性能试验研究[J]. 建筑结构学报，2018，39(11)：104 - 111.
[28] 高立. 填充EPS-石膏基轻质材料的冷弯型钢组合墙体轴压性能研究[D]. 西安：长安大学，2018.
[29] 李红现，刘殿忠，武丝莹. 冷弯薄壁型钢-泡沫混凝土组合墙体的承载性能研究[J]. 工业建筑，2020，10(50)：160 - 169.
[30] 吴函恒，周天华. 轻质脱硫石膏改性材料填充冷弯型钢组合墙体抗震性能试验研究[J]. 建筑结构学报，2020，41(1)：42 - 50
[31] Wu H H, Zhou T H. Cold-formed steel framing walls with infilled lightweight FGD gypsum Part Ⅰ：Cyclic loading tests[J]. Thin-Walled Structures，2018，132：759 - 770.
[32] Wang W Q，Wang J F，Yang T Y，et al. Experimental testing and analytical modeling of CFS shear walls filled with LPM[J]. Structures，2020,27:917 - 933.
[33] 贾蓬春，闫维明，虞诚. 考虑重力荷载的冷弯薄壁型钢组合墙抗震性能研究[J]. 工业建筑，2017，47(5)：137 - 143.
[34] 高亮，薛建阳，汪锦林. 型钢再生混凝土框架-再生砌块填充墙结构抗震性能有限元分析[J]. 建筑结构学报，2015，36(S1)：80 - 86.
[35] 杨嘉胤，童根树，张磊. 竖向闭口加劲钢板剪力墙在非均匀压力下的弹性稳定性研究[J]. 工程力学，2015，32(11)：132 - 139，159.
[36] 张长. 钢板混凝土组合剪力墙弹塑性有限元分析模型研究[D]. 重庆：重庆大学，2013.
[37] 武晓东，童乐为，薛伟辰. 双钢板-混凝土短肢组合剪力墙抗震性能试验[J]. 同济大学学报(自然科学版)，2016，44(9)：1316 - 1323.
[38] 何明胜. 型钢混凝土边框柱密肋复合墙体试验分析及抗震设计方法研究[D]. 西安：西安建筑科技大学，2008.
[39] 李忠献，吕杨，徐龙河，等. 强震作用下钢-混凝土结构弹塑性损伤分析[J]. 天津大学学报(自然科学与工程技术版)，2014，47(2)：101 - 107.
[40] 马恺泽，梁兴文，白亮. 基于变形的型钢高性能混凝土剪力墙非线性有限元分析[J]. 建筑结构，2010，40(7)：103 - 105，111.
[41] 许坤. 外包发泡混凝土帽钢组合墙体抗侧力性能试验研究及分析[D]. 武汉：武汉理工大学，2015.
[42] 初明进. 冷弯薄壁型钢混凝土剪力墙抗震性能研究[D]. 北京:清华大学，2010.
[43] 杨逸. 轻钢灌浆墙体抗震性能试验与设计方法研究[D]. 北京：北京交通大学，2017.
[44] 刘云霄. 轻钢结构墙体内填石膏基轻质材料设计与墙体受压性能研究[D]. 西安：长安大学，2018.
[45] Wood S L. Shear strength of low-rise reinforced concrete walls [J]. ACI Structural Journal，1990，87(1)：99 - 107.
[46] 中华人民共和国住房和城乡建设部，国家质量监督检验检疫总局. 建筑抗震设计规范：

GB 50011—2010[S]. 北京：中国建筑工业出版社，2010.

[47] 中华人民共和国住房和城乡建设部. 组合结构设计规范：JGJ 138—2016[S]. 北京：中国建筑工业出版社，2016.

[48] ACI. Building code requirements for structural concrete and commentary：ACI 318—14[S]. American Concrete Institute，2014.

[49] Ritter W. Die bauweise hennebique [J]. Schweizerische Bauzeitung，1899，33(7)，59 - 61.

[50] Morsch E. Concrete-steel construction [M]//Goodrich E P. Translator. New York：McGraw-Hill，1909.

[51] Vecchio F J，Collins M P. The modified compression-field theory for reinforced concrete elements subjected to shear [J]. ACI Journal，Proceedings，1986，83(2)：219 - 231.

[52] Hsu T T C. Unified Theory of reinforced concrete (New directions in civil engineering) [M]. Oxford：Taylor & Francis Ltd，1992（中译本，《钢筋混凝土结构统一理论》，哈尔滨建筑工程学院钢筋混凝土教研室，1933 年）.

[53] Hwang S J，Fang W H，Lee H J，et al. Analytical model for predicting shear strength of squat walls [J]. Journal of Structural Engineering，ASCE，2001，127(1)：43 - 50.

[54] Hwang S J，Lee H J. Strength prediction for discontinuity regions by Softened Strut-and-Tie Model [J]. Journal of Structural Engineering，2002，128(12)：1519 - 1526.

[55] 吴函恒，隋璐，聂少锋，等. 填充石膏基轻质材料的冷弯型钢复合墙体受剪承载力分析[J]. 工程力学，2022，39(4)：177 - 186.

第 2 章
新型高强泡沫混凝土研制与材料性能研究

2.1 引言

为了满足装配式冷弯型钢-高强泡沫混凝土剪力墙及其结构对材料性能的要求，本章研制了低密度和中密度泡沫混凝土结构材料。首先，配制不同密度级别的泡沫混凝土，通过综合考虑抗压强度、密度及保温性能，确定适用于冷弯型钢-泡沫混凝土剪力墙的泡沫混凝土密度级别；然后，通过试验结果分析影响因素对混凝土强度的影响规律和混凝土材料导热系数，确定泡沫混凝土的最优配合比，进而确定材料本构关系计算公式以及制备流程。

2.2 低密度泡沫混凝土材料研制与材料性能研究

冷弯型钢组合墙体结构具有自重轻的优点，因此组合墙体内需填充的泡沫混凝土要具有轻质高强、保温隔热佳的特点。故本节研制了干密度等级为 A05 和 A07 级的泡沫混凝土，并提高了其抗压强度，远超现行行业标准 JG/T 266—2011《泡沫混凝土》规定的同等级抗压强度。

2.2.1 方案设计

1. 正交方案

泡沫混凝土是一种以胶凝材料为基料，采用化学发泡或物理发泡工艺所制作的含有大量均匀分布的微小独立气孔的轻质多孔混凝土材料[1]。泡沫混凝土主要由胶凝组分、辅助胶凝组分、发泡剂或外加剂、功能辅料组分、水等组成。因此，影响泡沫混凝土性能的因素较多，且每种影响因素的变化量较多。对材料性能进行正交试验设计，采用一套规格化的正交试验表，科学合理地从试验中挑选出部分有代表性水平组合的点进行试验。本节采用此方法对具有低密度、高强度、低导热的新型泡沫混凝土进行试验方案设计。

泡沫混凝土配合比设计以名义水灰比、纤维掺量和粉煤灰掺量作为因素进行正交试验，其中水灰比取 0.25、0.30、0.35、0.40 四个水平。文献[2]指出泡沫混凝土的水泥净浆流动度控制在(150±20) mm 时，泡沫混凝土中的泡沫分散均匀、流动性好、强度较高，故名义水灰比对泡沫混凝土性能的影响实质是考虑了减水剂作用的综合影响。文献[3]指出水泥净浆中掺入聚丙烯纤维，流动性大幅度下降，聚丙烯纤维合理掺量应控制在 0.8%，故纤维掺量取 0、0.3%、0.6%、0.9%四个水平。本书主要研究低掺量粉煤灰[4]对泡沫混凝土性能的影响，故粉煤灰掺量取 0、10%、20%、30%四个水平。表 2.1 中掺量皆为胶凝材料总质量的百分比。名义水灰比(A)、纤维掺量(B)、粉煤灰掺量(C)代表的因素水平如表 2.1 所示。

表 2.1　正交试验因素-水平表

水平	因素		
	名义水灰比(*A*)	纤维掺量(*B*)(%)	粉煤灰掺量(*C*)(%)
1	0.25	0	0
2	0.30	0.3	10
3	0.35	0.6	20
4	0.40	0.9	30

由表 2.1 可知，本次正交试验为三因素四水平，根据因素水平，正交试验方案取四因素四水平 L16(4^4)正交试验表前三列，共计 16 种试验方案。

2. 干密度级别

目前常见的泡沫混凝土干密度在 300～1 200 kg/m³，导热系数在 0.08～0.30 W/(m・K)，抗压强度在 0.5～10 MPa。随着密度的增加，泡沫混凝土的强度不断提高，但导热系数相应增加，保温性能降低。为了提高冷弯型钢-高强泡沫混凝土的自保温剪力墙承载能力，同时保证墙体的保温性能达到我国夏热冬冷地区建筑节能 65%的要求，所需泡沫混凝土抗压强度应达到 3～4 MPa。国内部分学者研制的泡沫混凝土强度如表 2.2 所示。可看出由于使用材料不同，不同学者研制出的泡沫混凝土强度相差较大。

表 2.2　国内学者研制的泡沫混凝土强度

泡沫混凝土种类	干密度(kg/m³)	抗压强度(MPa)
水泥-砂泡沫混凝土[5]	810～840	1.9～3.1
水泥-粉煤灰泡沫混凝土[6]	595～625	2.78～3.1
大掺量粉煤灰泡沫混凝土[7]	800	3.2～4.0
聚丙烯纤维大掺量粉煤灰泡沫混凝土[8]	680	4.2
粉煤灰高强微珠泡沫混凝土[9]	584～613	5.43～6.03

JG/T 266—2011《泡沫混凝土》根据干密度将泡沫混凝土分为 A03～A16 等十四个等级，以干密度等级 A04 为例，该等级对应干密度大于 300 kg/m³但不大于 400 kg/m³的泡沫混凝土(容许误差 5%)。在试验初期，分别制作了干密度等级为 A04、A05、A06 和 A07 四个级别的泡沫混凝土试块，实测结果和基于现有经验公式的泡沫混凝土强度如表 2.3 和表 2.4 所示。表中数值为每组三个试块的平均值，采用的配合比为名义水灰比 0.4，粉煤灰掺量 10%，纤维掺量 0%。由表 2.3 可知，A05 级泡沫混凝 28 天抗压强度均值为 2.67 MPa，故选取干密度 A05 级泡沫混凝土作为研究对象，通过配合比的优化使抗压强度达到 3～4 MPa。

表 2.3　不同密度泡沫混凝土强度

干密度均值(kg/m³)	抗压强度均值(MPa)	干密度均值(kg/m³)	抗压强度均值(MPa)
425	1.87	592	3.90
503	2.67	654	5.06

表 2.4　基于现有经验模型的泡沫混凝土抗拉强度研究

序号	现有的经验公式		泡沫混凝土抗拉强度(MPa)		
	公式	注解	参考文献	A05 级	A07 级
1	$f_t=0.20(f_c)^{0.7}$	f_c为 28 天抗压强度,MPa	[10]	0.42	0.68
2	$f_t=0.23(f_c)^{0.67}$	f_{cu}为 28 天立方体抗压强度,MPa	[11]	0.47	0.65
3	$f_t=0.23(f_c)^{2/3}$		[12]	0.47	0.65
4	$f_t=0.26(f_{cu})^{2/3}$		[13]	0.60	0.70
5	$f_t=0.581(f_{cu})^{0.666}$		[14]	1.15	1.75
			平均值	0.62	0.89

3. 配合比计算

李应权[15]等基于大量试验和生产实践,提出了基于泡沫混凝土干密度的配合比物料计算方法。对于以水泥、粉煤灰、泡沫和水作为基本原料体系的泡沫混凝土,其计算步骤如下所示:

第一步,确定水泥和粉煤灰质量:

$$M_c+M_{fa}=K_a\times\rho_d \tag{2-1}$$

式中 M_c和 M_{fa}分别为 1 m^3泡沫混凝土的水泥和粉煤灰的用量(kg);K_a为水化反应前胶凝材料与反应后干物料的质量之比,对于普通硅酸盐水泥取 0.833;ρ_d表示泡沫混凝土的干密度。

第二步,确定用水质量:

$$M_w=\varphi(M_c+M_{fa}) \tag{2-2}$$

式中 M_w为 1 m^3泡沫混凝土的名义用水量(kg);φ 为名义水灰比。

第三步,确定泡沫的体积:

$$V=K\left(1-\frac{M_c}{\rho_c}-\frac{M_{fa}}{\rho_{fa}}-\frac{M_w}{\rho_w}\right) \tag{2-3}$$

式中 V 为 1 m^3泡沫混凝土的所需泡沫体积(m^3);ρ_c为水泥密度(kg/m^3),取 3 100 kg/m^3;ρ_{fa}为粉煤灰密度(kg/m^3),取 2 600 kg/m^3;ρ_w为水密度(kg/m^3),取 1 000 kg/m^3;K 为富余系数,主要考虑泡沫加入浆体中再混合时的损失,本书采用稳定性较好的发泡剂,K 取 1.2。

第四步,确定发泡剂质量:

$$M_p=V\cdot\rho/(1+\beta) \tag{2-4}$$

式中 M_p为 1 m^3泡沫混凝土所需发泡剂质量(kg);ρ 为实测泡沫密度(kg/m^3);β 为发泡剂稀释倍数。

4. 材料性能

试验主要原材料包括水泥、发泡剂、减水剂、纤维、粉煤灰和水。水泥选用海螺牌 42.5 级普通硅酸盐水泥,其性能参数见表 2.5。发泡剂选用裕健牌微生物蛋白发泡剂,经天津市建筑材料产品质量监督检测中心检测,该发泡剂按三十倍稀释时,性能满足行业标准 JG/T 266—2011《泡沫混凝土》(附录 A)中的要求,检测编号:AA12-6-537,检测结果如表 2.6 所示。

减水剂采用江苏苏博特新材料有限公司生产的聚羧酸高性能减水剂,该减水剂对于水泥颗粒有很强的分散作用，同时可释放出由水泥颗粒包裹的水分，从而减少混凝土用水量并提高其流动性，最终增强混凝土的强度性能。

纤维选用聚丙烯砂浆/混凝土纤维。聚丙烯纤维具有直径小、比表面积大、在水泥基料中分散性好、抗化学腐蚀能力强、熔点高、无毒素等优点，其主要物理性能参数如表 2.7 所示。

粉煤灰采用江苏华电某热电厂生产的干排Ⅰ级粉煤灰，该粉煤灰是一种具有较强活性的火山灰材料，能够降低混凝土材料的初期水化热、减少干缩、改善和易性、增加后期强度，其性能见表 2.8。

表 2.5　水泥性能参数

水泥抗压强度(MPa)		水泥抗折强度(MPa)		凝结时间(min)		安定性
3 d	28 d	3 d	28 d	初凝	终凝	合格
25.0	51.0	4.6	8.9	144	274	

表 2.6　裕健牌微生物蛋白发泡剂检测结果

	单位	标准要求	实测值	单项结论
发泡倍数		＞20	49	符合
沉降距	mm	＜10	0	符合
泌水量	mL	＜80	21	符合

表 2.7　聚丙烯纤维物理性能参数

抗拉强度(MPa)	弹性模量(MPa)	纤维直径(μm)	燃点(℃)	断裂延伸率(%)
300～450	3 000～3 500	18～30	580	≥16

表 2.8　粉煤灰性能参数

细度(＜45 μm)	需水量比	烧失量	游离氧化钙	安定性
10.5%	89%	4.5%	3.53%	合格

2.2.2　制作工艺

现浇泡沫混凝土采用物理发泡的形式，在混合物料水泥浆中加入了泡沫，通过混入不同体积的泡沫，使泡沫混凝土的密度在 300～1 200 kg/m^3。发泡机如图 2.1 所示。图 2.2 为发泡机的泡沫制备流程。

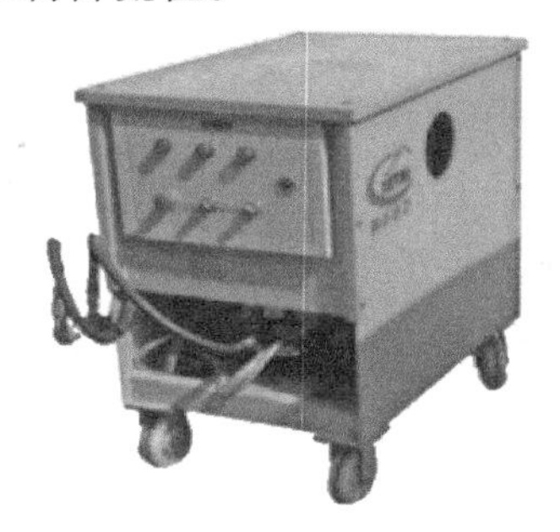

图 2.1　小型发泡机

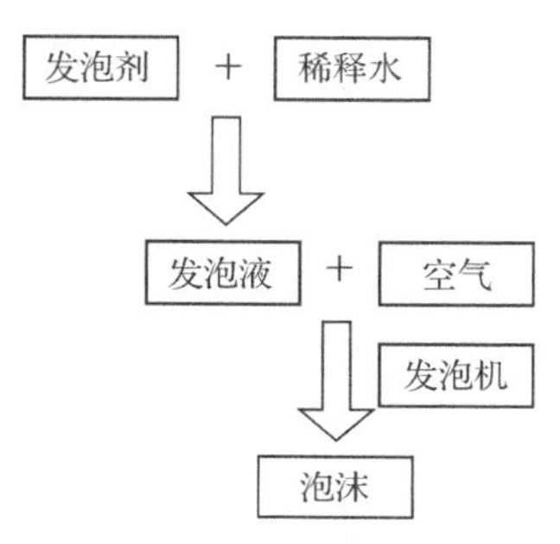

图 2.2　泡沫制备流程

根据原材料的品种和质量、产品的不同用途和品质要求、设备的工艺特性、参考相关生产技术[16]，本书的泡沫混凝土制作流程可分为四大部分，即计量配料、搅拌制水泥浆、发泡混泡以及泵送浇筑，具体如图 2.3 所示。具体制备过程：先按照配合比将水泥、粉煤灰、减水剂和水混合，使用高速搅拌器搅拌 90～120 s，在形成的水泥净浆中加入纤维，继续搅拌60 s。将发泡剂稀释 30 倍形成发泡液，发泡液引入发泡机，生成泡沫，将泡沫注入水泥浆混合料，再搅拌 40～50 s 形成泡沫混凝土料浆。将制备完成的泡沫混凝土料浆迅速一次性浇筑入模，在实验室环境条件下覆盖塑料薄膜养护 24 h 后脱模。泡沫混凝土试块采用标准养护室养护，养护环境湿度为 100%(雾室)，温度为 25 ℃。

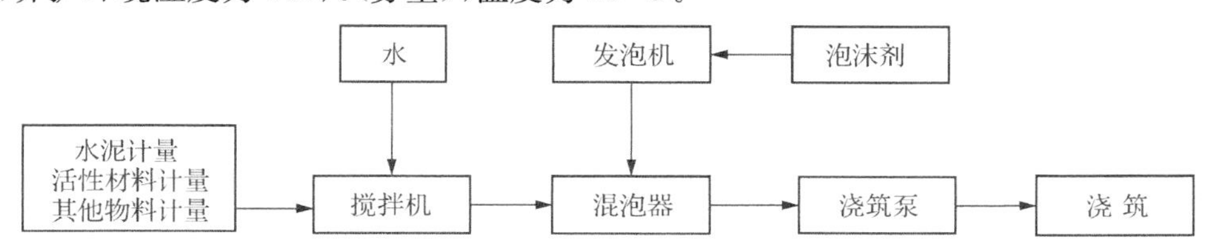

图 2.3　泡沫混凝土制备浇筑流程

2.2.3　试验现象

1. 立方体试件

根据 JG/T 266—2011《泡沫混凝土》规定，标准养护 28 天后取出 100 mm×100 mm×100 mm的泡沫混凝土立方体试块测定抗压强度。试块晾干后采用 TYE-300B 型压力试验机测量其强度[图 2.4(a)]，加载速率宜控制在 0.03～0.05 MPa/s。试块破坏主要为角部出现破角、裂纹或脱落，同时沿压力方向出现贯通裂缝[图 2.4(b)]。泡沫混凝土试块的破坏特点是裂而不散，且无明显爆裂。沿纵向裂缝将试块敲开，从试块内部破坏界面[图 2.4(c)]可以看到泡沫混凝土内部存在大量细密的气孔。对于掺有纤维的泡沫混凝土，在破坏截面可以看到大量外露的纤维[图 2.4(d)]。

(a) 试验加载装置

(b) 试块裂缝

(c) 试块破坏断面

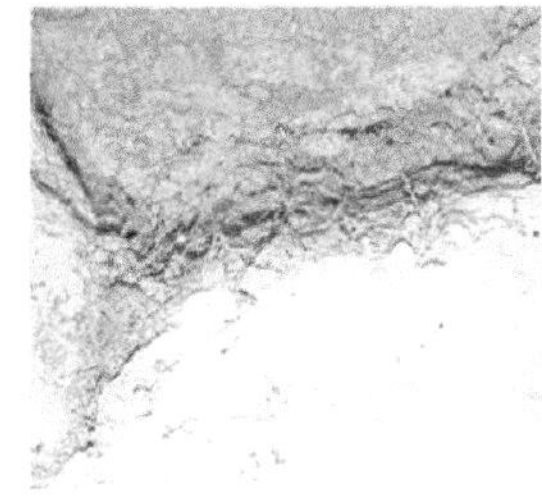

(d) 破坏断面纤维

图 2.4　泡沫混凝土试块抗压强度试验

2. 棱柱体试件

采用 50 吨 MTS370.50 型电液伺服试验机对干密度 A05 级 100 mm×100 mm×300 mm 泡沫混凝土棱柱体进行单轴受压试验，如图 2.5(a)所示。试验按位移控制加载，加载速率为 0.005 mm/s。试件在角部出现短裂缝，随着施加位移的增大，裂缝不断向下扩张，形成一道贯穿上下的主裂缝，在此过程中伴随有“嗞嗞”的响声，试件应力基本随应变呈线性增加。达到峰值应力时，随着“嘣”的一声，应力陡降后数值趋于稳定。继续加载，裂缝宽度不断增加，试件被劈裂，但由于纤维的存在，试件各个部分仍然被连在一起，如图 2.5(b)(c)和(d)所示。

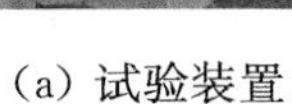
(a) 试验装置

(b) 裂缝发展到中部

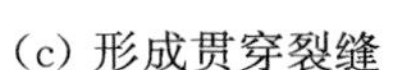
(c) 形成贯穿裂缝

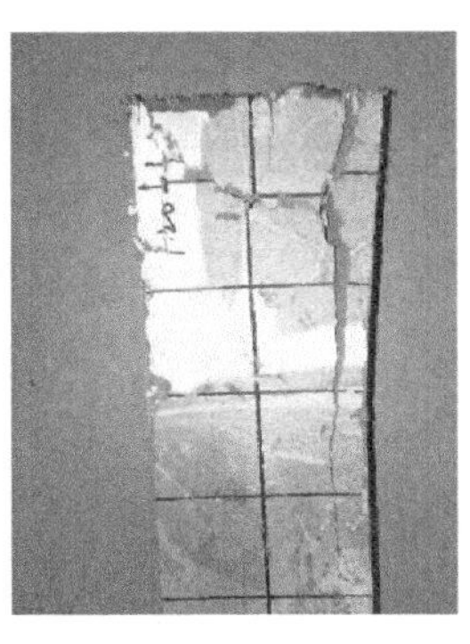

(d) 试件被劈裂

图 2.5　棱柱体试件破坏现象

2.2.4　受压性能试验结果及分析

1. 立方体抗压强度

对 16 组 48 个泡沫混凝土试块进行抗压强度试验，试验结果如表 2.9 所示，其中空列 D 用于后续分析考虑误差的影响。对正交试验结果采用极差分析，将各因素对混凝土抗压强度的影响从大到小进行排列，如表 2.10 所示。

表 2.9　泡沫混凝土抗压强度正交试验结果

试件编号	名义水灰比(A)	纤维掺量(%)(B)	粉煤灰掺量(%)(C)	空列(D)	抗压强度(MPa)
N1	1(0.25)	1(0)	1(0)	1	3.61
N2	1(0.25)	2(0.3)	2(10)	2	4.01
N3	1(0.25)	3(0.6)	3(20)	3	3.99
N4	1(0.25)	4(0.9)	4(30)	4	3.77
N5	2(0.30)	1(0)	2(10)	3	3.79
N6	2(0.30)	2(0.3)	1(0)	4	3.92
N7	2(0.30)	3(0.6)	4(30)	1	3.86
N8	2(0.30)	4(0.9)	3(20)	2	3.46
N9	3(0.35)	1(0)	3(20)	4	3.57
N10	3(0.35)	2(0.3)	4(30)	3	3.61
N11	3(0.35)	3(0.6)	1(0)	2	3.28
N12	3(0.35)	4(0.9)	2(10)	1	3.15
N13	4(0.40)	1(0)	4(30)	2	2.43

续表

试件编号	名义水灰比 (A)	纤维掺量(%) (B)	粉煤灰掺量(%) (C)	空列 (D)	抗压强度 (MPa)
N14	4(0.40)	2(0.3)	3(20)	1	2.89
N15	4(0.40)	3(0.6)	2(10)	4	2.73
N16	4(0.40)	4(0.9)	1(0)	3	2.58

表 2.10　泡沫混凝土抗压强度正交试验结果极差分析

因素	名义水灰比 (A)	纤维掺量 (B)	粉煤灰掺量 (C)	空列 (D)
I_j	15.38	13.4	13.39	13.41
II_j	15.03	14.43	13.68	14.02
III_j	13.61	13.86	13.91	13.49
IV_j	10.63	12.96	13.67	13.73
K_j	4	4	4	4
I_j/K_j	3.85	3.35	3.35	3.35
II_j/K_j	3.76	3.61	3.42	3.51
III_j/K_j	3.40	3.47	3.48	3.37
IV_j/K_j	2.66	3.24	3.42	3.43
极差 D_j	1.19	0.37	0.13	0.15
主次顺序	$A>B>C$			
最优组合	$A1B2C3$			

注：I_j、II_j、III_j、IV_j分别表示第 j 列因素"1""2""3""4"水平所对应的试验指标的数值之和；K_j表示第 j 列因素同一水平出现的次数，等于试验的次数 n 除以第 j 列的水平数；I_j/K_j、II_j/K_j、III_j/K_j、IV_j/K_j分别表示第 j 列"1""2""3""4"水平所对应的试验指标的平均值；第 j 列极差 D_j等于第 j 列各水平对应的试验指标平均值中的最大值减最小值，即 $D_j=\max\{\mathrm{I}_j/K_j、\mathrm{II}_j/K_j、\mathrm{III}_j/K_j、\mathrm{IV}_j/K_j\}-\min\{\mathrm{I}_j/K_j、\mathrm{II}_j/K_j、\mathrm{III}_j/K_j、\mathrm{IV}_j/K_j\}$。

方差分析将数据的总变异分解成因素引起的变异和误差引起的变异两部分，构造 F 统计量，做 F 检验，可判断因素作用是否显著。该试验 16 种方案的计算结果总变异由 A 因素、B 因素、C 因素及误差变异 D 组成，各因素偏差平方和与自由度的关系为：

$$SS_T=SS_A+SS_B+SS_C+SS_D$$

$$df_T=df_A+df_B+df_C+df_D$$

矫正数：$CT=(\mathrm{I}_4+\mathrm{II}_4+\mathrm{III}_4+\mathrm{IV}_4)^2/16$

总的偏差平方和：$SS_T=\Sigma X^2-CT$

计算第 i 列因素偏差平方和：$SS_i=(\mathrm{I}_i^2+\mathrm{II}_i^2+\mathrm{III}_i^2+\mathrm{IV}_i^2)/4-CT$

总自由度：$df_T=n-1=16-1=15$

A、B、C 因素自由度：$df_A=df_B=df_C=m-1=4-1=3$

误差自由度：$df_E=df_T-df_A-df_B-df_C=6$

根据以上计算，进行显著性检验。$F > F_{0.01}(m,n)$，说明影响高度显著；$F_{0.01}(m,n) > F > F_{0.05}(m,n)$，说明影响显著；$F_{0.05}(m,n) > F > F_{0.10}(m,n)$，说明影响一般；$F < F_{0.10}(m,n)$，说明影响不显著[14]。泡沫混凝土试块抗压强度正交试验方差分析如表 2.11 所示。

表 2.11　泡沫混凝土抗压强度正交试验结果方差分析

变异来源	平方和	自由度	均方	F 值	临界值	显著水平
A	0.219 0	3	0.073 0	62.06	$F_{0.01}(3,6)=9.78$	高度显著
B	0.018 6	3	0.006 2	5.27	$F_{0.05}(3,6)=4.76$	显著
C	0.002 1	3	0.000 7	0.60	$F_{0.10}(3,6)=3.29$	不显著
误差 D	0.003 5	6	0.001 2			
总变异	0.243 3	15				

2. 棱柱体抗压强度

表 2.12 列出了单轴受压应力-应变全曲线试验的主要结果，峰值应变取峰值应力点所对应的应变，残余应力均值 f_s 取峰值应变到 3 倍峰值应变区间应力的平均值，弹性模量取应力-应变曲线上升段原点至 40%峰值应力点对应的割线模量，R 表示应力形变曲线上升段应力与应变的线性相关系数，通过 Origin 线性拟合得到。图 2.6 给出了试件无量纲化的应力-应变曲线。

表 2.12　单轴受压应力-应变全曲线试验结果

配合比	试件编号	峰值应力 f_c(MPa)	峰值应变 $\varepsilon_c(\times10^{-9})$	残余应力均值 f_s(MPa)	弹性模量 (GPa)	f_s/f_c	线性相关系数 R
10%,0.3,0.3%	A1	3.38	9.085	1.79	0.32	0.53	0.969
	A2	3.48	8.529	1.66	0.21	0.48	0.924
10%,0.3,0.6%	B1	3.11	5.309	1.02	0.48	0.33	0.992
	B2	2.88	4.995	0.91	0.57	0.32	0.998
0%,0.3,0.3%	C1	3.47	5.773	1.32	0.57	0.38	0.993
	C2	3.50	5.512	1.50	0.52	0.43	0.989
0%,0.3,0.6%	D1	2.86	5.343	1.37	0.52	0.48	0.999
	D2	2.88	5.166	1.40	0.73	0.49	0.996
0%,0.25,0.3%	E1	3.68	4.535	1.69	0.72	0.46	0.989
	E2	3.56	9.792	1.50	0.30	0.42	0.976
0%,0.25,0.6%	F1	3.26	7.054	1.76	0.44	0.54	0.992
	F2	3.49	4.303	1.77	0.67	0.29	0.989

注：10%,0.3,0.3%表示粉煤灰掺量 10%，名义水灰比 0.3，纤维掺量 0.3%，以此类推。

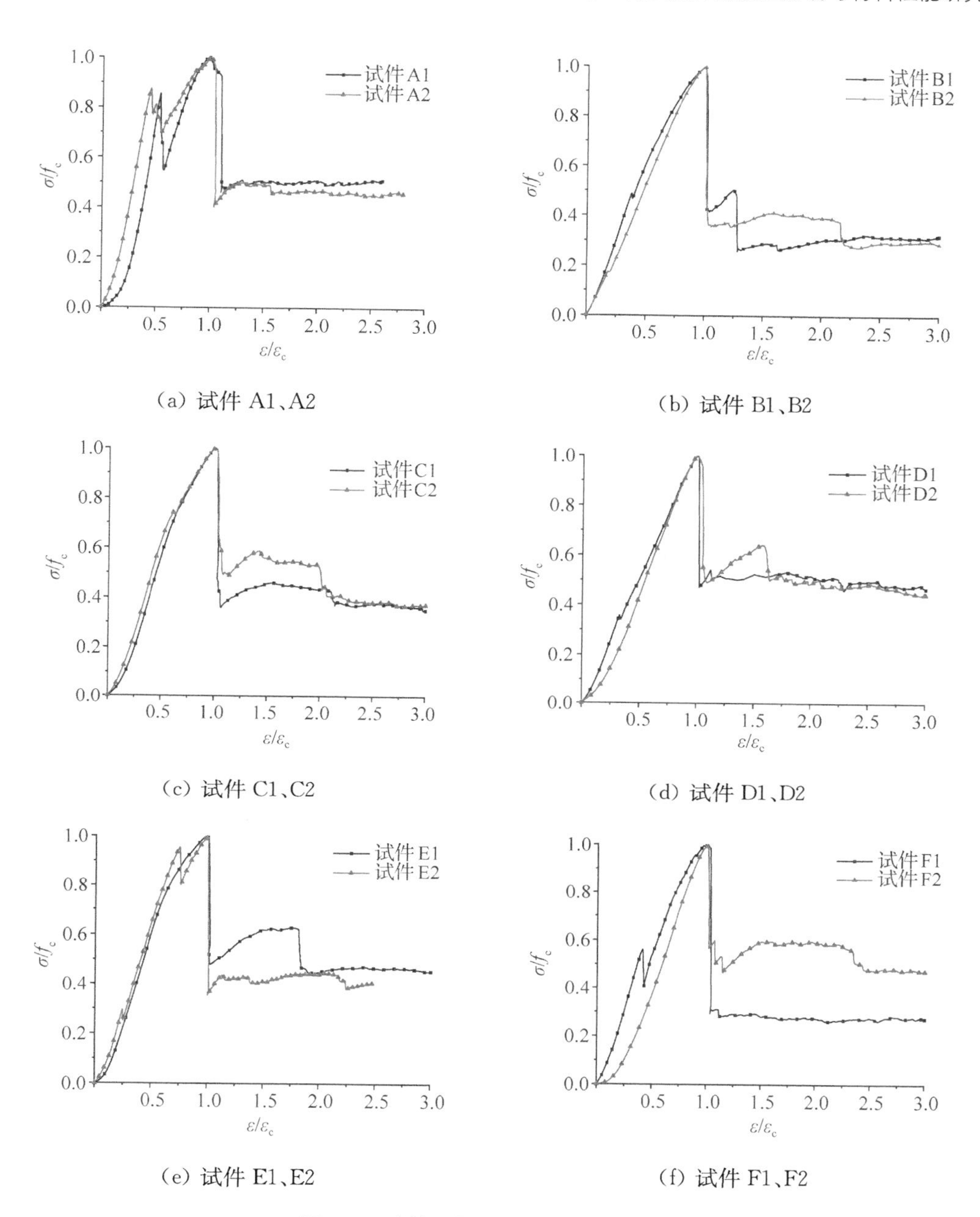

(a) 试件 A1、A2

(b) 试件 B1、B2

(c) 试件 C1、C2

(d) 试件 D1、D2

(e) 试件 E1、E2

(f) 试件 F1、F2

图 2.6　试件无量纲化应力-应变曲线

当粉煤灰掺量、名义水灰比相同时，纤维掺量增加降低了泡沫混凝土的单轴受压承载力；当粉煤灰掺量、纤维掺量相同时，降低水灰比能提高泡沫混凝土的单轴受压承载力；当名义水灰比、纤维掺量相同时，粉煤灰掺量变化对混凝土单轴受压承载力影响较小。泡沫混凝土试件的峰值应变在 4 500～5 500 $\mu\varepsilon$ 之间，但是试件 A1、A2、E2、F1 的最大峰值应变达到 10 000 $\mu\varepsilon$。

从图 2.6 可知，试件在达到峰值应力之前均出现了应变增加而应力降低的卸载现象。其原因是试件内部存在缺陷，卸载的过程实际是缺陷闭合的过程；缺陷一旦闭合，上下层泡沫混凝土间将继续有效传力，应力水平继续上升。在应力-应变关系曲线的上升段，试件应力随着应变呈线性增加，表 2.12 中的线性相关系数 R 基本接近 1，充分说明应力-应变线性相关。从表 2.12 可知,泡沫混凝土试件的残余应力均值与峰值应力的比例基本在 0.3～0.5 之间。故本课题研制的 A05 级泡沫混凝土的应力-应变曲线可以用如下简化公式表示:

$$\sigma=\begin{cases}E_c\varepsilon, 0<\varepsilon\leqslant\varepsilon_c\\ kf_c, \varepsilon>\varepsilon_c\end{cases} \tag{2-5}$$

式中 ε_c 为泡沫混凝土的峰值应变;E_c 为泡沫混凝土的弹性模量,其值为 0.21～0.73 GPa;k 为泡沫混凝土的残余应力系数,取值为 0.3～0.5。

2.2.5 导热系数试验结果及分析

根据 GB/T 10294《绝热材料稳态热阻及有关特性的测定 防护热板法》,采用 IMDRY3001-Ⅱ型双平板导热系数测定仪(图 2.7)测定试件的导热系数,每组试件(图 2.8)为两块,尺寸为 300 mm×300 mm×30 mm,分别放置于冷箱和热箱之中。表 2.13 给出了九组泡沫混凝土试件的导热系数。

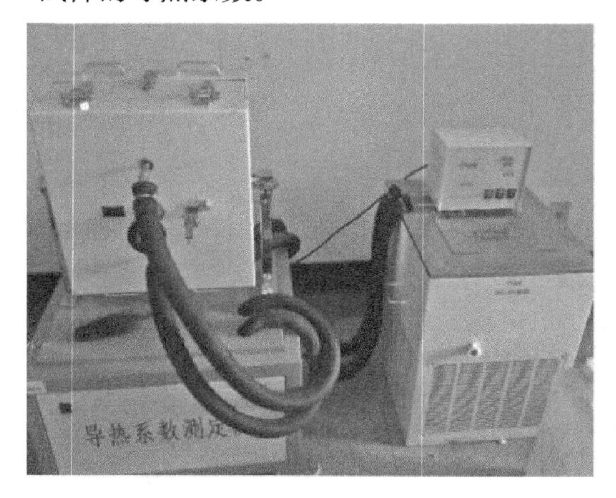

图 2.7 双平板导热系数测定仪

图 2.8 导热系数测定试件

表 2.13 泡沫混凝土导热系数正交试验结果

试件编号	粉煤灰掺量(A)	纤维掺量(B)	名义水灰比(C)	导热系数[W/(m·K)]
N1	1(0)	1(0)	1(0.25)	0.143
N2	1(0)	2(0.3)	2(0.3)	0.143
N3	1(0)	3(0.6)	3(0.35)	0.143
N4	2(10)	1(0)	2(0.3)	0.139
N5	2(10)	2(0.3)	3(0.35)	0.144
N6	2(10)	3(0.6)	1(0.25)	0.140
N7	3(20)	1(0)	3(0.35)	0.140
N8	3(20)	2(0.3)	1(0.25)	0.139
N9	3(20)	3(0.6)	2(0.3)	0.141

从表 2.13 可知,不同泡沫混凝土配合比下,试件的导热系数基本在 0.14 W/(m·K)左

右，各个因素对泡沫混凝土的导热系数影响较小。其中，干密度是泡沫混凝土导热系数的最大影响因素。

2.3　中密度泡沫混凝土材料的研制与材料性能研究

为了提高冷弯型钢-泡沫混凝土组合墙体的力学性能及结构抗震性能，一个有效措施为提高墙体内填充的泡沫混凝土力学性能，因此本节研制了干密度为 LWC09 和 LWC15 级的中密度泡沫混凝土，其抗压强度高于现行行业标准 JG/T 266—2011《泡沫混凝土》规定的同等级混凝土力学性能。

2.3.1　配合比设计

制备高强泡沫混凝土，其配合比设计需要考虑密度和强度等性能的统一。本书基于低密度泡沫混凝土配合比，经过不断调整配合比参数得到密度等级为 LWC09 和 LWC15 两种强度等级的泡沫混凝土，如表 2.14 所示。

表 2.14　泡沫混凝土的配合比

强度等级	湿密度范围 (kg/m^3)	材料用量(kg/m^3)					
		水泥	粉煤灰	减水剂	纤维	泡沫	水
LWC09	950～1 100	640	160	2.75	6.4	36	225
LWC15	1 550～1 700	1000	250	4.3	10	19	351

2.3.2　材料性能

试验材料为水泥、粉煤灰、聚丙烯纤维、聚羧酸减水剂、发泡剂和水，其中水泥、粉煤灰、聚羧酸减水剂、水四种原材料与 2.2 节材料相同。

1. 聚丙烯纤维

聚丙烯纤维采用短纤维级聚丙烯为原料，如图 2.9 所示。泡沫混凝土中掺入一定量的聚丙烯短纤维起到抑止微裂缝形成和扩展的作用，犹如钢筋能提高混凝土的抗压抗剪性能，因此聚丙烯短纤维具有“混凝土钢筋”的美称，其相关性能见表 2.15。

图 2.9　聚丙烯纤维

图 2.10　发泡剂

表 2.15　聚丙烯纤维相关指标

长度(mm)	直径(μm)	密度(g/cm³)	弹性模量(GPa)	抗拉强度(MPa)	拉伸极限(%)	熔点(℃)
12	29	0.91	>3.5	>458	>150	>165

2. 发泡剂

目前市场上发泡剂种类繁多，性能参差不齐，筛选出一种合适的发泡剂是制备泡沫混凝土的前提。本次选择安徽合肥百乐有限公司生产的一种高分子复合的微黄色弱碱性液体发泡剂用于制作泡沫，如图 2.10 所示。

2.3.3　制备流程

泡沫混凝土的制备首先采用机械方法预先将发泡剂制成泡沫，然后将其与胶凝材料浆体搅拌均匀后制成泡沫混凝土拌合物，其中泡沫的制备和将泡沫引入水泥浆是制备过程中两个最重要的步骤。泡沫混凝土的具体制备工艺流程见图 2.11 所示。

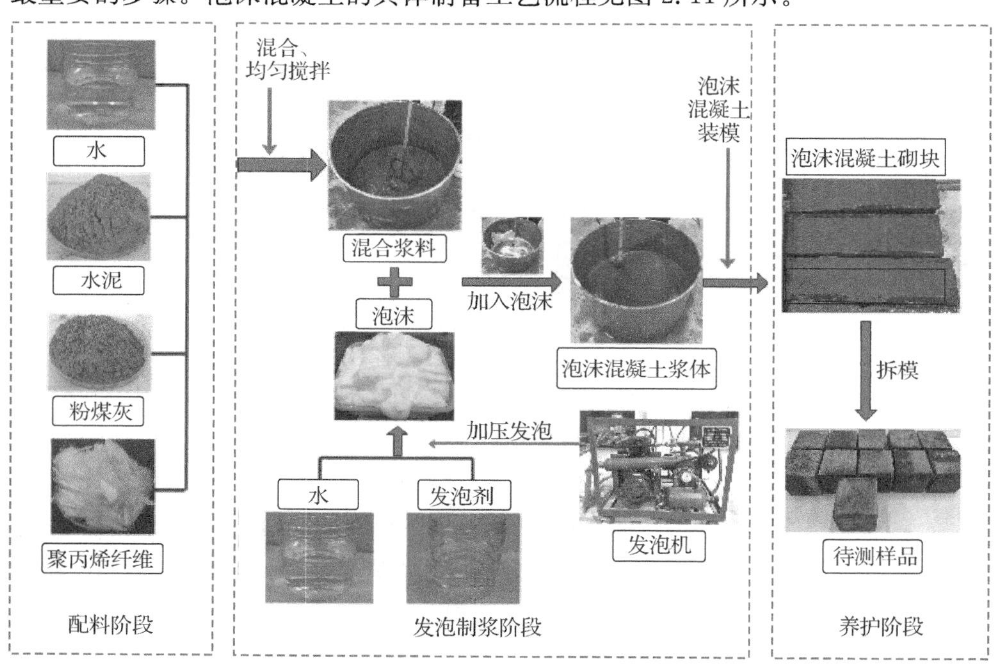

图 2.11　泡沫混凝土的制备工艺流程

2.3.4　试验结果及分析

根据 GB/T 11969—2008《蒸压加气混凝土性能试验方法》[17]中的规定，对两种强度等级混凝土，各预留出三个 100 mm×100 mm×100 mm 的立方体试块和九个 100 mm×100 mm×300 mm 的棱柱体试块，用于测定泡沫混凝土的抗压强度、轴心抗压强度以及静力受压弹性模量。按照标准试验方法进行试验，保持连续均匀加荷，加荷速度约 0.5 MPa/s。LWC09 试块外观与相关强度试验如图 2.12 所示，其力学性能如表 2.16 所示。

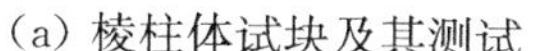
(a) 棱柱体试块及其测试

(b) 立方体试块及其测试

图 2.12　LWC09 泡沫混凝土试块外观及强度试验

表 2.16　泡沫混凝土材料性能

强度等级	干密度 (kg/m³)	立方体抗压强度 f_{cu}(MPa)	轴心抗压强度 f_c(MPa)	弹性模量 E_c(MPa)
LWC09	850～950	7.9	7.0	8 000
LWC15	1 450～1 550	14.0	13.5	15 600

当水胶比一定时，泡沫混凝土抗压强度随干密度增加而提高，其实质是泡沫混凝土的抗压强度受内部气孔孔隙率的影响较大[18]。泡沫混凝土主要是由水泥浆体和气孔体系组成，往浆体中掺入泡沫即引入了大量气泡，经水泥凝结硬化后浆体内部会形成很多气孔，因此泡沫掺量是决定泡沫混凝土孔隙率的主要因素，同时决定了泡沫混凝土的体积密度。此外，泡沫加入量越多，由于泡沫之间的消泡现象会造成气孔不规则和孔径变大，因此形成孔隙率越大、体积密度越小、强度越低的现象。

除形成的气孔的孔隙率外，孔径分布大小、孔结构形状对泡沫混凝土的抗压强度也能造成影响[19]。图 2.13 为泡沫混凝土的断面图，从中可看出 LWC09 等级和 LWC15 等级泡沫混凝土各自的孔径分布和孔径大小都比较均匀，但 LWC09 等级泡沫混凝土的气孔孔径普遍大于 LWC15 等级泡沫混凝土，与上述泡沫混凝土密度越小，大气孔所占比例越大，抗压强度越小相符合。

(a) LWC09

(b) LWC15

图 2.13　泡沫混凝土断面图

2.4 本章小结

基于材料性能试验，研究密度等级为A05的低密度泡沫混凝土的最优配合比、制备工艺、力学性能、热工性能，进一步研究密度等级为A09和A15的中密度泡沫混凝土的最优配合比、制备流程和力学性能。具体研究结果如下：

(1) 通过正交试验，确定了密度等级为A05级的泡沫混凝土力学性能达到最优的配合比及其制备方法，最优配合比为名义水灰比为0.25，纤维掺量为0.3%，粉煤灰掺量为20%。标准养护条件下，该配合比的立方体和棱柱体抗压强度分别达到了4.01 MPa和3.68 MPa，弹性模量为0.73 GPa，导热系数为0.14 W/(m·K)。此外，建立了泡沫混凝土棱柱体应力-应变曲线简化计算公式。

(2) 通过材料性能试验，确定了密度等级为A09和A15级的泡沫混凝土最优的配合比及其制备方法，其立方体抗压强度分别为7.9 MPa和14.0 MPa，轴心抗压强度分别为7.0 MPa和13.5 MPa，弹性模量为8.0 GPa和15.6 GPa；其强度均高于《泡沫混凝土应用技术规程》中所规定的值。

参考文献

[1] 闫振甲，何艳君. 高性能泡沫混凝土保温制品实用技术[M]. 北京：中国建材工业出版社，2015.

[2] 管文. 减水剂对泡沫混凝土性能的影响[J]. 新型建筑材料，2011,38(5):46 - 49.

[3] 陈兵，刘睫. 纤维增强泡沫混凝土性能试验研究[J]. 建筑材料学报，2010,13(3):286 - 290.

[4] 刘文永，付海明，张金涛. 高掺量粉煤灰绿色建筑材料的开发应用[J]. 岩石矿物学杂志，2001,20(4):500 - 503.

[5] 潘志华，程麟，李东旭，等. 新型高性能泡沫混凝土制备技术研究[J]. 新型建筑材料. 2002,29(5):1 - 5.

[6] 方永浩，王锐，庞二波. 水泥 - 粉煤灰泡沫混凝土抗压强度与气孔结构的关系[J]. 硅酸盐学报，2010(4):621 - 626.

[7] 朱红英. 泡沫混凝土配合比设计及性能研究[D]. 杨凌：西北农林科技大学，2013.

[8] 郑念念，何真，孙海燕. 大掺量粉煤灰泡沫混凝土的性能研究[J]. 武汉理工大学学报，2009,31(7):96 - 99,119.

[9] 杨久俊，李晔，吴洪江，等. 粉煤灰高强微珠泡沫混凝土的研究[J]. 粉煤灰，2005(1):21 - 24.

[10] Amran Y, Farzadnia N, Ali A. Properties and applications of foamed concrete: a review[J]. 2015(101):990 - 1005.

[11] Falliano D, De Domenico D, Ricciardi G, et al. Experimental investigation on the compressive strength of foamed concrete: Effect of curing conditions, cement type, foaming agent and dry density[J]. Construction & Building Materials, 2018(165):

735 - 749.

[12] Nambiar E, Ramamurthy K. Models relating mixture composition to the density and strength of foam concrete using response surface methodology[J]. Cement & Concrete Composites, 2006, 28(9): 752 - 760.

[13] Nambiar E K K, Ramamurthy K. Influence of filler type on the properties of foam concrete, Cement & Concrete Composites, 2006, 28(5): 475 - 480.

[14] Jones M R, Ozlutas K, Zheng L. High-volume, ultra-low-density fly ash foamed concrete[J]. Magazine of Concrete Research, 2017, 69(22): 1146 - 1156.

[15] 李应权,朱立德,李菊丽,等. 泡沫混凝土配合比的设计[J]. 徐州工程学院学报(自然科学版),2011,26(2):1 - 5.

[16] 闫振甲,何艳君. 泡沫混凝土实用生产技术[M]. 北京:化学工业出版社,2006:39 - 40.

[17] 中华人民共和国国家质量监督检验检疫总局,中国国家标准化管理委员会. 蒸压加气混凝土性能试验方法:GB/T 11969—2008[S]. 北京:中国标准出版社,2008.

[18] 王少华. 保温轻质混凝土的制备技术与机理[D]. 南京:东南大学,2016.

[19] 张艳锋. 聚丙烯纤维增强粉煤灰泡沫混凝土的工艺研究[D]. 西安:长安大学,2007.

第3章 冷弯型钢-高强泡沫混凝土界面黏结性能研究

3.1 引言

对于冷弯型钢-高强泡沫混凝土组合剪力墙,冷弯型钢与高强泡沫混凝土两种材料之间的良好界面黏结性能,使得这两种不同性能的材料在剪力墙承受地震作用时能够协同工作,避免了整体性剪力墙形成若干个分缝墙体,如图 3.1 所示,进而提高了剪力墙的抗震性能。因此,冷弯型钢-高强泡沫混凝土的界面黏结性能研究是深入研究装配式冷弯型钢-高强泡沫混凝土剪力墙结构抗震性能的基础,是提高该新型装配式剪力墙性能的关键科学问题之一。

本章基于冷弯型钢-高强泡沫混凝土黏结滑移推出试验,确定了界面黏结滑移破坏形态和荷载位移曲线,研究了不同影响因素对界面黏结性能的影响规律,结合有限元模型分析了黏结滑移的受力机理,进而提出了特征黏结强度计算方法和黏结滑移本构模型,为下一步的装配式冷弯型钢-高强泡沫混凝土剪力墙的抗震性能研究奠定了基础。

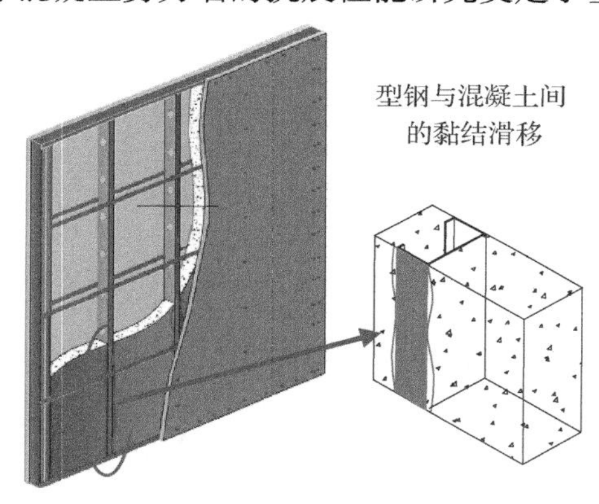

图 3.1 冷弯型钢-高强泡沫混凝土剪力墙及其黏结滑移表现图

3.2 冷弯型钢-高强泡沫混凝土的界面黏结滑移试验

目前,型钢与混凝土的界面黏结滑移性能试验主要采用梁式和柱式试验。其中,梁式试验所需试件在试验过程中存在测量量程受限制的问题,而且绝大多数的型钢混凝土组合结构在实际工程中主要应用于柱式和墙式结构,故柱式试验使用相对较多。根据试验形式柱式试验主要分为剪切试验、压入试验、短柱试验、反复荷载试验、拔出试验等五种试验方案,如图 3.2 所示。

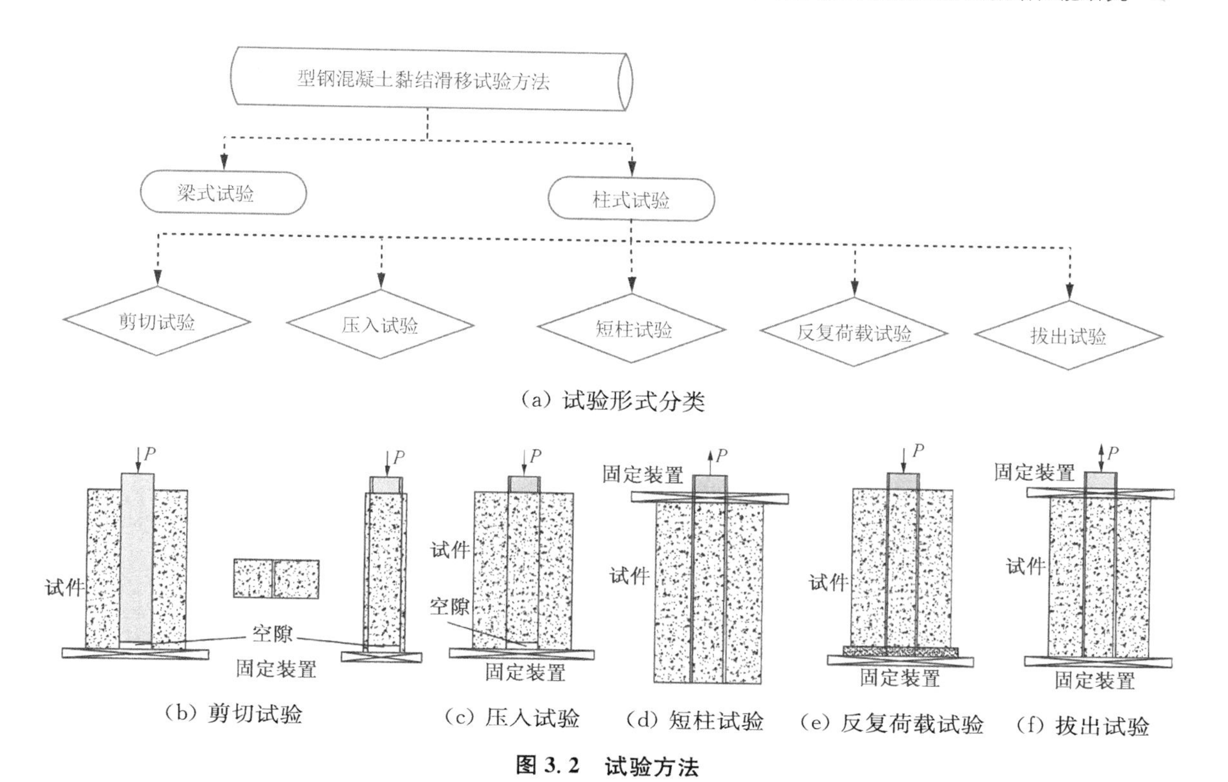

图 3.2　试验方法

其中，压入试验是目前研究型钢与混凝土界面黏结滑移性能最常用的方法之一。该方法能够较准确地确定冷弯型钢在高强泡沫混凝土中埋置长度方向的应变分布规律和相对滑移量的分布规律，进而明确冷弯型钢与高强泡沫混凝土之间的黏结滑移刚度及强度，便于后期较好地模拟冷弯型钢-高强泡沫混凝土剪力墙承受水平和竖向荷载作用时墙内型钢与混凝土之间的受力形态。因此，本章在试验方案上采用压入试验对冷弯型钢-高强泡沫混凝土的界面黏结性能进行试验研究。

3.2.1　试件设计与制作

本次压入试验共设计制作了 16 个试件，各试件设计参数如表 3.1 所示。为了全面且深入地研究冷弯型钢-高强泡沫混凝土的界面黏结性能，主要考虑了泡沫混凝土密度（500 kg/m^3、700 kg/m^3、900 kg/m^3）、冷弯型钢型号（C90 型、C140 型）、型钢锚固长度（200 mm、300 mm、400 mm）、拼接形式（单拼、双拼箱型、双拼工字型）、型钢腹板开孔个数（0、1、2）等 5 个主要因素对界面黏结滑移性能的影响。为了避免试件顶部冷弯型钢在加载过程中过早发生屈服破坏，在试件的加载端，冷弯型钢高出泡沫混凝土顶面的高度仅为 40 mm。冷弯型钢-高强泡沫混凝土界面黏结性能试件如图 3.3。

表 3.1　压入试验试件设计

试件编号	冷弯型钢锚固长度 L (mm)	泡沫混凝土干密度 (kg/m^3)	冷弯型钢		
			开孔个数	型钢型号	拼接形式
A1	400	500	0	C90	单

续表

试件编号	冷弯型钢锚固长度 L (mm)	泡沫混凝土干密度 (kg/m³)	冷弯型钢		
			开孔个数	型钢型号	拼接形式
A2	400	500	1	C90	单
A3	400	500	2	C90	单
A4	400	500	0	C140	单
A5	400	500	1	C140	单
A6	400	500	2	C140	单
A7	400	700	0	C140	单
A8	400	900	0	C140	单
A9	400	500	0	C90	箱型
A10	400	500	0	C90	工字型
A11	400	500	1	C140	箱型
A12	400	500	1	C140	工字型
A13	200	500	0	C140	单
A14	300	500	0	C140	单
A15	400	700	2	C140	单
A16	400	900	2	C140	单

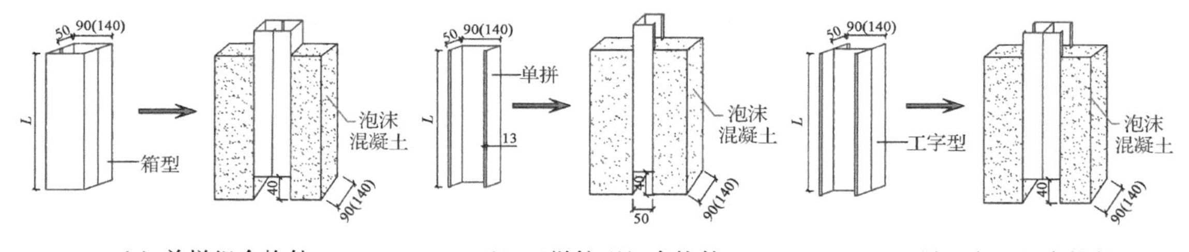

(a) 单拼组合构件　　(b) 双拼箱型组合构件　　(c) 双拼工字型组合构件

图 3.3　立柱示意图(单位：mm)

试验试件主要由冷弯型钢和高强泡沫混凝土组成，其中冷弯型钢立柱的单元截面类型均为 C 型。该型钢强度等级均选用 Q345 钢材，其规格为 C90×50×13×1.0 与 C140×50×13×1.2，其材料性能见表 3.2。冷弯型钢立柱的单拼形式是指单独的 C 型冷弯型钢嵌入泡沫混凝土中；双拼形式是指两个 C 型钢经拼接形成的立柱嵌入在泡沫混凝土中，包括双拼箱型和双拼工字型两种形式，具体截面形式如图 3.4 所示。

表 3.2　冷弯型钢材料性能

试件名称	厚度 t(mm)	屈服强度 f_y(MPa)	抗拉强度 f_u(MPa)	弹性模量 E_s(GPa)	泊松比 ν
C90 型冷弯型钢	1.0	365.8	450.5	211.2	0.3
C140 型冷弯型钢	1.2	384.2	468.9	215.7	0.3

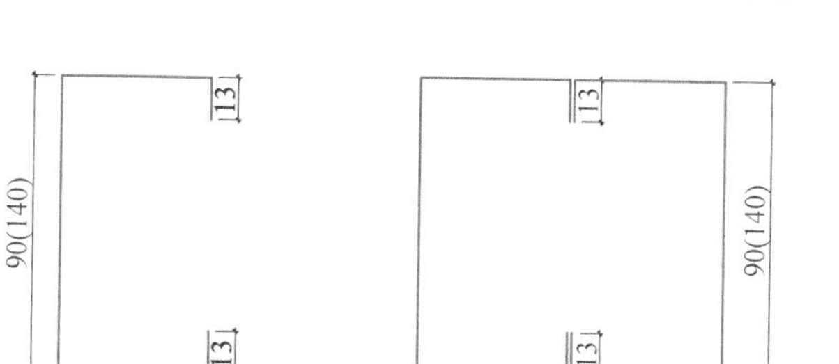

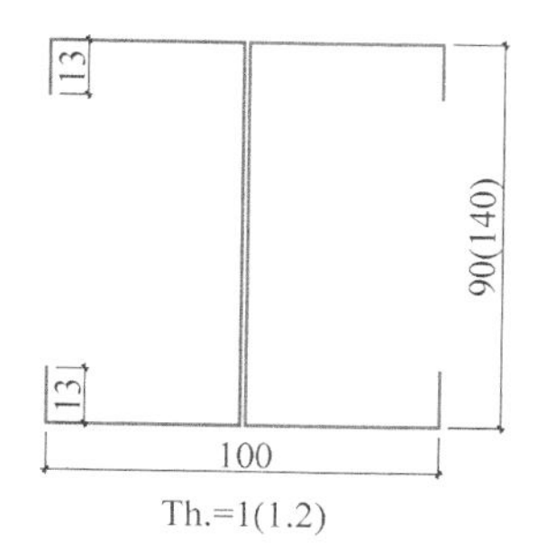

(a) 冷弯薄壁 C 型钢截面　(b) 空心冷弯薄壁型双拼箱型截面　(c) 冷弯型钢双拼工字型截面

图 3.4　立柱横截面(单位:mm)

为了研究泡沫混凝土强度对冷弯型钢-高强泡沫混凝土界面黏结性能的影响,试件所浇筑的泡沫混凝土的干密度等级分别为 A05 级、A07 级和 A09 级,对应的强度等级为 FC3、FC7.5 和 FC10,其材料性能见表 3.3。

表 3.3　泡沫混凝土材料性能

干密度等级	实测平均密度 (kg/m³)	立方体抗压强度 f_{cu}(MPa)	棱柱体抗压强度 f_c(MPa)	弹性模量 E_c(GPa)
FC3	526	3.43	2.80	0.34
FC7.5	718	6.35	5.56	0.61
FC10	922	11.26	8.50	1.03

注:FC3、FC7.5、和 FC10 具体含义见文献[1]的相关规定。

3.2.2　试验装置、加载方案及测点布置

3.2.2.1　试验装置

本次压入试验采用 2 000 kN 电液伺服压力试验机,如图 3.5 所示。为使试验过程中试件均匀受力不发生失稳破坏,防止由于型钢顶面不平整导致力加载时出现的偏心情况,将冷弯型钢立柱顶部截面进行打磨平整,且在其顶部放置厚度和刚度都较大的钢板,使得立柱加载端均匀受力。此外,为了避免试件产生斜压破坏等其他破坏形式,在泡沫混凝土底部应放置刚度较大的垫板,且该垫板应紧贴泡沫混凝土底部内侧,不影响冷弯型钢立柱与泡沫混凝土的相对滑移,如图 3.5 所示。

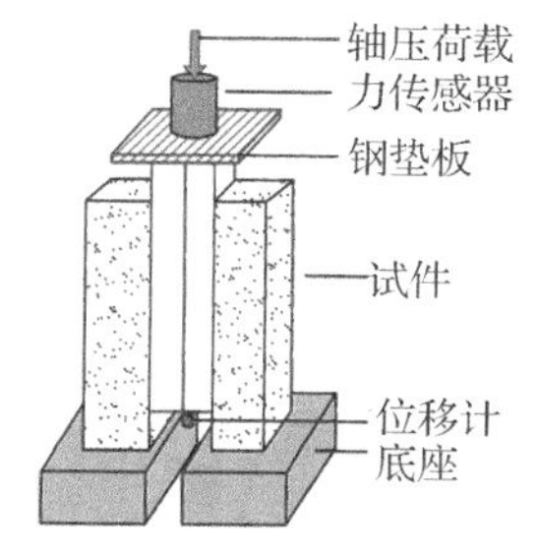

(a) 试验装置简图

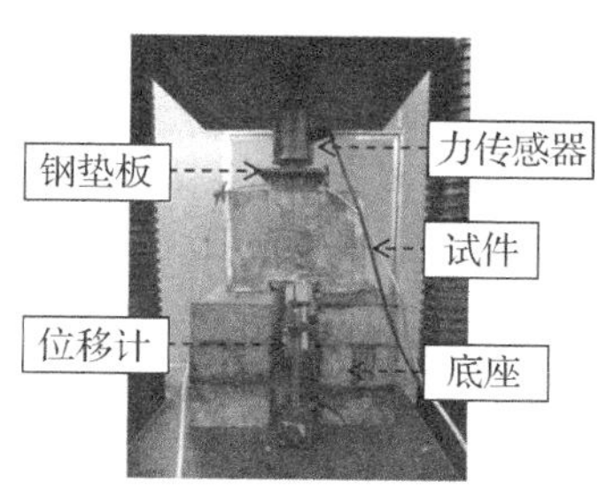

(b) 试验装置示意图

图 3.5　试验装置

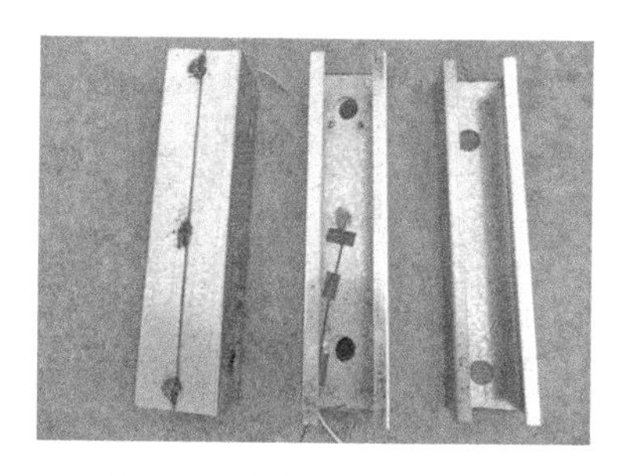

图 3.6　应变片测点位置图

3.2.2.2 测点布置

试件的竖向荷载由 2 000 kN 电液伺服压力试验机的控制系统直接记录，且通过力传感器记录的数据对其进行校核，如图 3.5 所示。试件的竖向相对滑移位移由位移传感器测量并记录，其目的是获得相对滑移的变化规律，其测点位置如图 3.6 所示。为了测量试验过程中冷弯型钢立柱应变变化规律，在竖向冷弯型钢立柱的腹板上粘贴应变片，具体布置如图 3.6所示。试验所有力、位移和应变数据均通过动静态数据采集仪 TST-3826 完成采集。

3.2.2.3 加载方案

本试验仅施加单调竖向荷载作用，在正式加载前首先对其进行预加载，荷载为 1～2 kN，以检验立柱加载端和泡沫混凝土支座处的平稳度，且使试件与仪器之间挤压紧密，然后卸载到荷载为零。同时，调试仪表设备，检查仪器与加载装置工作是否正常。预加载完成后，开始慢速单调连续正式加载，并记录数据和试验现象。在加载初期，每级加荷为 1 kN，加载速度为0.1 kN/s，达到拟定荷载后持续 1 min，观察试验现象并记录数据。当冷弯型钢立柱与泡沫混凝土间出现明显的非线性滑动，且荷载-位移曲线出现斜率变化时，开始采用位移加载代替力加载模式，缓慢连续加载直至荷载达到最大值，继续加载至出现试件承载力下降稳定后的破坏现象。

3.2.3 试验现象及破坏特征

试验初始阶段，随着竖向荷载的增大，两者接触面暂时无裂缝出现，位移计的数据变化幅度较小，表明冷弯型钢与泡沫混凝土两者之间并未发生明显的相对位移。随着荷载增加，两者的接触面出现裂缝且发生相对滑移，位移计读数增大，表明相对滑移量在逐步增加。其中，接触面的泡沫混凝土裂缝在加载端不断朝向立柱末端发展，最终裂缝沿立柱与泡沫混凝土接触面贯通，此时竖向承载力达到最大值。随后，荷载突然下降 10%～20%，在泡沫混凝土顶部出现细裂缝并不断斜向下发展。由图 3.7(a)(b)可知，裂缝出现在型钢握裹的核心混凝土表面，且开始于冷弯型钢的自由端。裂缝出现的原因是冷弯型钢握裹的部分核心混凝土随冷弯型钢共同被推出，从而在泡沫混凝土中出现劈裂裂缝，表明冷弯型钢内侧与泡沫混凝土的黏结性能较强，而外侧与泡沫混凝土的黏结性能较弱。当位移计基本不再变化时，荷载基本保持在一个恒定的数值或者缓慢下降，此时冷弯型钢两侧泡沫混凝土开始产生剥落，冷弯型钢连同核心泡沫混凝土被明显推出[见图 3.7(c)(d)]，试验结束。

试验加载结束后，结合对冷弯型钢应变片采集数据的分析，可以得出冷弯型钢并未出现屈曲破坏，整个试件(特别是双拼箱型截面立柱的试件)仅发生由于冷弯型钢与泡沫混凝土接触界面间黏结力不够而产生的黏结滑移现象。对于 C 型截面和双拼工字型截面立柱，C 型内层钢表面与其握裹的核心泡沫混凝土间的黏结强度远高于 C 型外侧钢表面与外侧泡沫混凝土间的黏结强度。

通过观察破坏试件可知，部分试件的泡沫混凝土出现明显可见的斜裂缝，大多分布在试件的自由端，即试件的底部位置。泡沫混凝土裂缝主要出现于型钢开口方向的泡沫混凝土，与冷弯型钢呈约 30°并向自由端方向延伸，产生这些现象的原因是核心泡沫混凝土随冷弯型钢被共同推出，而核心混凝土与型钢开口方向的外部混凝土浇筑在一起，推出时核心泡沫混凝土与外部泡沫混凝土由于受剪开裂而产生斜裂缝，如图3.7(e)和(f)。

(a) 加载端泡沫混凝土裂缝

(b) 加载端泡沫混凝土裂缝

(c) 冷弯型钢与核心混凝土被推出

(d) 冷弯型钢与核心混凝土被推出

(e) 泡沫混凝土竖向和斜裂缝

(f) 自由端泡沫混凝土斜裂缝

图3.7　试件破坏现象

3.2.4　试验结果与分析

3.2.4.1　荷载位移曲线及其特征

图3.8给出了试件的荷载-自由端滑移曲线。通过对曲线的分析，确定了曲线的特征及试件的剪切破坏特征，进而初步分析了泡沫混凝土密度、冷弯型钢型号、型钢锚固长度、拼接形式、型钢腹板开孔个数等5个主要因素对冷弯型钢-高强泡沫混凝土界面黏结滑移性能的影响规律。

荷载-滑移位移曲线整体分为上升段、下降段和残余段三部分。在曲线上升段中，曲线出现较为明显的转折点，故上升段可分为线性上升段和曲线(即非线性)上升段。当试件达到峰值承载力后，曲线出现显著的快速下降段，最后形成近似水平的承载力残余段。因此，冷弯型钢-高强泡沫混凝土黏结性能的荷载-滑移位移曲线分为四个阶段，如图3.9所示。根据曲线特点及四个不同阶段，可以将四个阶段衔接的部分定义为特征点，即A点为转折点、B点为极限点、C点为残余点。

1. 线性上升段(OA)

此阶段的荷载-滑移曲线基本呈现线性递增趋势。在荷载的初期，冷弯型钢与高强泡沫混凝土界面主要依靠化学胶结力承担竖向荷载。随着竖向荷载的不断增大，化学胶结力开始出现破坏并急速下降，加载端开始出现冷弯型钢与泡沫混凝土接触面的相对滑移现象。但是，冷弯型钢与泡沫混凝土的相对滑移使得冷弯型钢与泡沫混凝土接触界面产生摩擦阻力，与未完全丧失的化学胶结力共同承担竖向荷载作用。

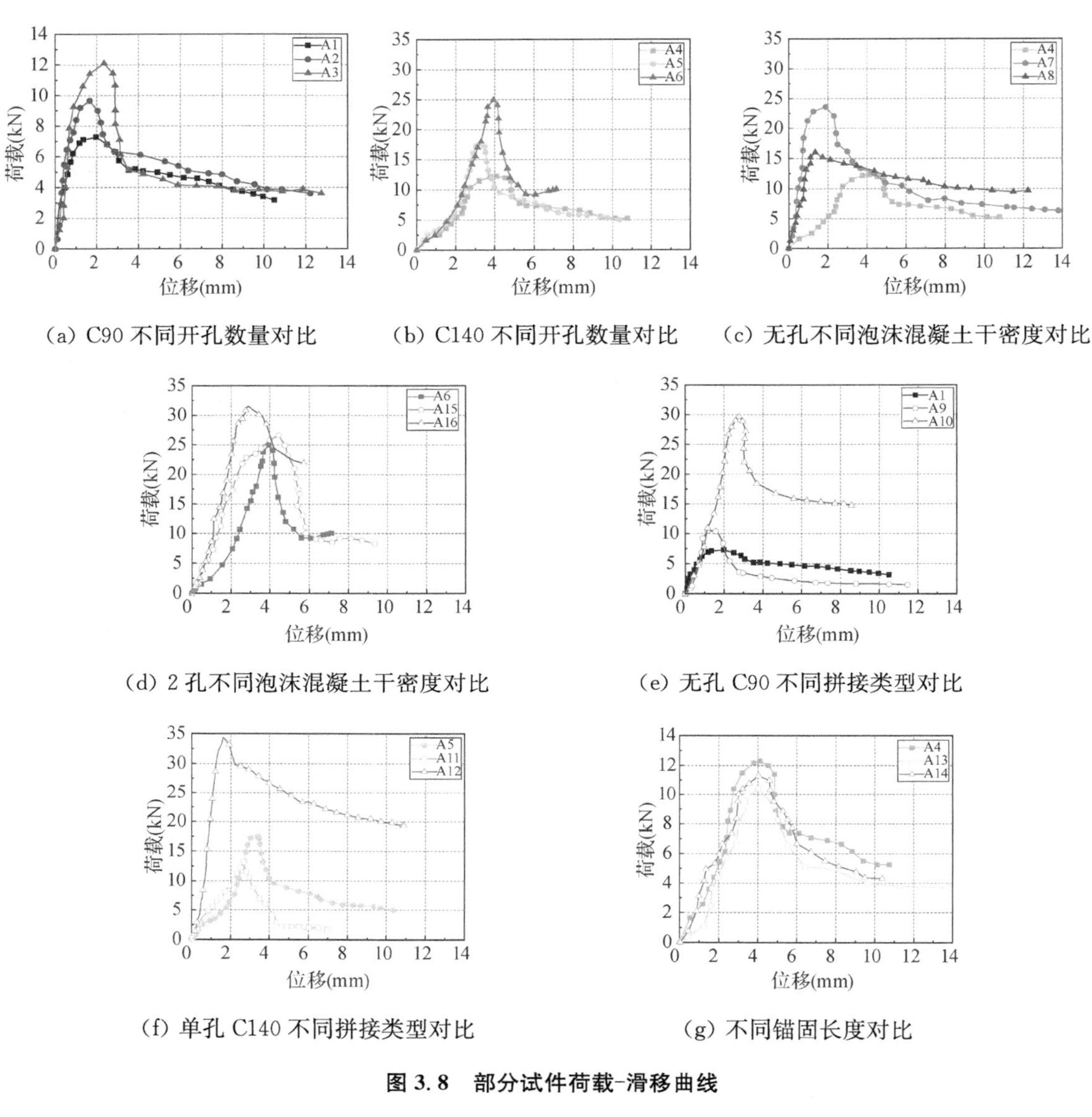

(a) C90 不同开孔数量对比　(b) C140 不同开孔数量对比　(c) 无孔不同泡沫混凝土干密度对比

(d) 2 孔不同泡沫混凝土干密度对比　(e) 无孔 C90 不同拼接类型对比

(f) 单孔 C140 不同拼接类型对比　(g) 不同锚固长度对比

图 3.8　部分试件荷载-滑移曲线

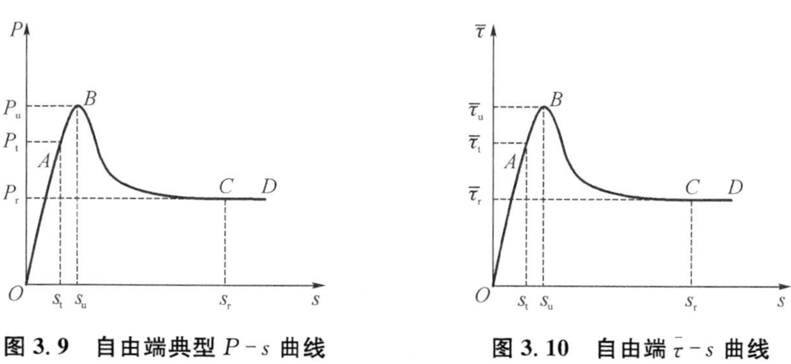

图 3.9　自由端典型 $P-s$ 曲线　**图 3.10　自由端 $\bar{\tau}-s$ 曲线**

2. 曲线上升段(AB)

此阶段的荷载-滑移曲线呈现曲线性递增趋势。当荷载值超过 P_t 值后,竖向荷载的增加使得冷弯型钢与泡沫混凝土的相对滑移量持续增大,且相对滑移周围的泡沫混凝土不断产生裂缝，从而降低了界面处机械咬合力和摩擦阻力的增长速率。因此，荷载-滑移曲线的斜率出现不断减小的趋势，并表现出明显的上凸性，试件内部黏结裂缝从加载端快速发展至自由端，此时，竖向荷载施加至最大荷载值 P_u，称为极限荷载。

3. 下降段(BC)

此阶段的荷载-滑移曲线呈现曲线性递降趋势。当荷载超过极限荷载 P_u后，冷弯型钢腹板外侧与泡沫混凝土之间的界面出现明显相对滑移，界面化学胶结力完全丧失。且随着相对滑移量的增加，泡沫混凝土与冷弯型钢腹板外侧接触部分趋于光滑，造成接触面的摩擦阻力不断降低。随着竖向位移荷载的增加，冷弯型钢腹板开孔处的泡沫混凝土"销键"作用不断降低，混凝土圆柱销键被剪断，导致机械咬合力丧失，使得试件的荷载承载力快速降低，黏结承载力迅速下降至极限荷载的70%左右。以上现象表明，当冷弯型钢-高强泡沫混凝土界面间的化学胶结力破坏后，摩擦阻力和机械咬合力发挥作用，但随着黏结滑移的不断增大，接触面上的泡沫混凝土晶体被不断地压碎破坏，摩擦力和机械咬合力快速下降，导致承载力快速降低。

4. 残余段(CD)

此阶段的荷载-滑移曲线呈现近似水平的趋势。随着竖向位移荷载的增加，试件泡沫混凝土裂缝的长度和宽度发展趋于稳定，试件接触界面的泡沫混凝土表面在冷弯型钢与泡沫混凝土的相对滑移过程中逐渐被磨平，摩擦阻力与机械咬合力在发展过程中逐渐趋于定值，因此曲线近似表现为一条水平线。此时，试件中冷弯型钢被推出，试件被破坏。

3.2.4.2　特征黏结强度的影响因素分析

黏结强度是推出试验过程中冷弯型钢与泡沫混凝土之间力学性能的一个重要指标。通过第3.3.3节的冷弯型钢-高强泡沫混凝土黏结性能的有限元分析可以看出，实际界面黏结应力沿锚固长度方向近似呈指数分布。然而，在黏结滑移的试验研究中，由于构件内的实际黏结应力较难测定，且各个试件的横截面尺寸、锚固长度、开孔数量均有所不同，因此采用平均黏结强度来分析各个影响因素的关系。根据实际试验情况，可以采用以下简化公式计算平均黏结强度，计算公式如式(3-1)所示：

$$\bar{\tau}=\frac{P}{S_s} \tag{3-1}$$

式中，$\bar{\tau}$ ——平均黏结强度；

P ——外加荷载值；

S_s——C型钢与泡沫混凝土的接触面积。

基于以上公式，确定了荷载-滑移曲线上的三个特征点处的平均黏结强度，并绘制出特征点平均黏结强度与滑移值的曲线关系，即$\bar{\tau}-s$ 曲线，如图3.10所示。图中$\bar{\tau}_t$，$\bar{\tau}_u$，$\bar{\tau}_r$ 分别表示试件的转折点、极限、残余黏结强度，s_t、s_u和 s_r分别表示转折点、极限和残余黏结强度对应的相对滑移位移。

1. 泡沫混凝土抗压强度对特征黏结强度的影响

根据图3.8(c)和(d)中A4、A7、A8及A6、A15、A16等六个试件的试验结果，绘制泡沫混凝土抗压强度与特征黏结强度的关系曲线，如图3.11所示。

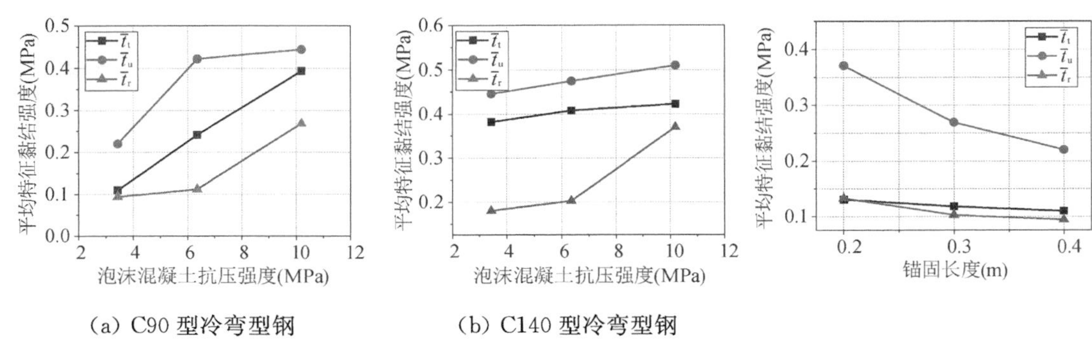

(a) C90 型冷弯型钢 (b) C140 型冷弯型钢

图 3.11 泡沫混凝土强度的影响

图 3.12 锚固长度的影响

从图中可以看出，三个特征点的特征黏结强度随着泡沫混凝土抗压强度的增加呈现递增趋势，这说明增强泡沫混凝土材料抗压性能提高了冷弯型钢-高强泡沫混凝土间界面的黏结性能。其主要原因是在养护过程中泡沫混凝土材料水泥浆体产生结晶，进而硬化形成化学胶结力，提高了与冷弯型钢腹板的黏结强度。但是，现有研究表明化学胶结力仅存于与局部且在滑移量较小的界面区域起作用，当接触界面发生相对滑移，化学胶结力在水泥晶体被剪断、压碎或拉碎后将丧失，因此转折点和极限点的黏结强度相差较小。

已有的研究表明[2]，持续提高泡沫混凝土密度并不能持续地大幅度增强黏结强度，而合理地控制泡沫混凝土密度的提高范围才能发挥出最佳的效果。使用 Origin 软件对上述曲线进行拟合，可以得到泡沫混凝土抗压强度与特征黏结强度的关系，如下所示：

$$\bar{\tau}_t = -0.031 + 0.042 f_{cu} \qquad R^2 = 0.971 \tag{3-2}$$

$$\bar{\tau}_u = 0.151 + 0.032 f_{cu} \qquad R^2 = 0.760 \tag{3-3}$$

$$\bar{\tau}_r = -0.018 + 0.026 f_{cu} \qquad R^2 = 0.764 \tag{3-4}$$

2. 冷弯薄壁型钢锚固长度对特征黏结强度的影响

根据图 3.8(g)中 A4、A13、A14 试件的试验结果绘制锚固长度与特征黏结强度关系曲线，如图 3.12 所示。从图中可以看出，冷弯型钢锚固长度对转折点和残余黏结强度影响很小，可忽略不计，但能显著提高冷弯型钢与泡沫混凝土间界面黏结承载力。同时，冷弯型钢锚固长度的增大能够提高极限点的黏结强度。其主要原因是界面黏结应力沿冷弯型钢锚固长度方向呈现指数分布，且冷弯型钢锚固长度的增大提高了界面滑移时相对粗糙接触面的有效面积，故界面的极限点的黏结强度随着冷弯型钢锚固长度的增加而提高。

对上述 $\bar{\tau}-s$ 曲线进行回归分析，可以得到冷弯型钢锚固长度与特征黏结强度的关系，如下所示：

$$\bar{\tau} = 0.151 - 0.105L \qquad R^2 = 0.974 \tag{3-5}$$

$$\bar{\tau} = 0.154 - 0.756L \qquad R^2 = 0.920 \tag{3-6}$$

$$\bar{\tau} = 0.168 - 0.194L \qquad R^2 = 0.815 \tag{3-7}$$

其中，L 为锚固长度，单位为 m。

3. 冷弯薄壁型腹板开孔数量对特征黏结强度的影响

根据图 3.8(a)和(b)中 A1、A2、A3 和 A4、A5、A6 两组试件的试验结果，绘制冷弯薄壁型钢腹板开孔数量与特征黏结强度关系曲线，如图 3.13 所示。

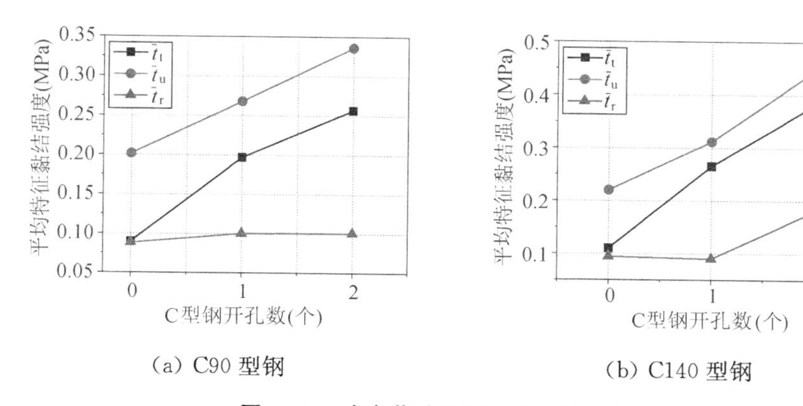

（a）C90 型钢　　（b）C140 型钢

图 3.13　冷弯薄壁型钢开孔个数的影响

由图可以看出，在相同的冷弯型钢锚固长度条件下，对于 C140 截面型号的冷弯型钢，型钢腹板开 1 孔和 2 孔的试件，其极限黏结强度比未开孔试件分别增强了 41.8%和 102.6%；对于 C90 截面型号，型钢腹板开 1 孔和 2 孔的试件，其极限黏结强度比未开孔试件分别增强了 33.0%和 66.7%。这表明冷弯型钢的腹板开孔能够明显增强冷弯型钢-高强泡沫混凝土的界面黏结强度和承载力，其原因是冷弯型钢腹板开孔处的泡沫混凝土作为“销键”，具有较强的抗剪承载能力，提高了冷弯型钢与泡沫混凝土间界面的机械咬合力，进而提高了界面黏结性能。

根据 $\bar{\tau}-S$ 曲线，拟合出 C90 型和 C140 型的冷弯型钢开孔数与特征黏结强度的关系，如下式所示：

（1）C90 型钢：

$$\bar{\tau}_t=0.098+0.084N \qquad R^2=0.949 \tag{3-8}$$

$$\bar{\tau}_u=0.201+0.067N \qquad R^2=0.994 \tag{3-9}$$

（2）C140 型钢

$$\bar{\tau}_t=0.116+0.136N \qquad R^2=0.980 \tag{3-10}$$

$$\bar{\tau}_u=0.213+0.113N \qquad R^2=0.977 \tag{3-11}$$

其中，N 为 C 型钢开孔个数。

4. 冷弯薄壁型钢截面型号对特征黏结强度的影响

根据 3.8(a)和(b)A1 和 A4、A2 和 A5、A3 和 A6 三组试件的试验结果，绘制型钢型号与特征黏结强度的关系曲线，如图 3.14 所示。

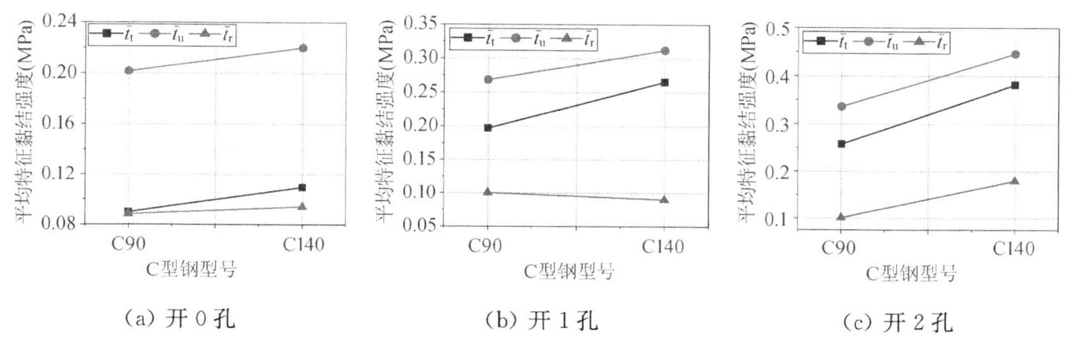

（a）开 0 孔　　（b）开 1 孔　　（c）开 2 孔

图 3.14　型钢截面型号的影响

从图中可以看出，在混凝土强度和冷弯型钢锚固长度相同的情况下，对于冷弯型钢未开孔的试件，型钢截面尺寸的增大对特征黏结强度影响较小；对于冷弯型钢开孔的试件，型钢截面尺寸的增大提高了特征黏结强度，其主要原因是C140型钢的腹板开孔尺寸大于C90型钢，即开大孔处的泡沫混凝土的“销键”作用使其具有较强的抗剪承载力，提高了冷弯型钢与泡沫混凝土间界面的黏结承载力和强度。此外，型钢截面尺寸的增大增加了其与泡沫混凝土的有效接触面积。

5. 冷弯薄壁型钢拼接方式对特征黏结强度的影响

根据图3.8(e)和(h)中A1、A9和A10以及A5、A11和A12两组试件的试验结果绘制冷弯型钢拼接方式与特征黏结强度的关系曲线，如图3.15所示。

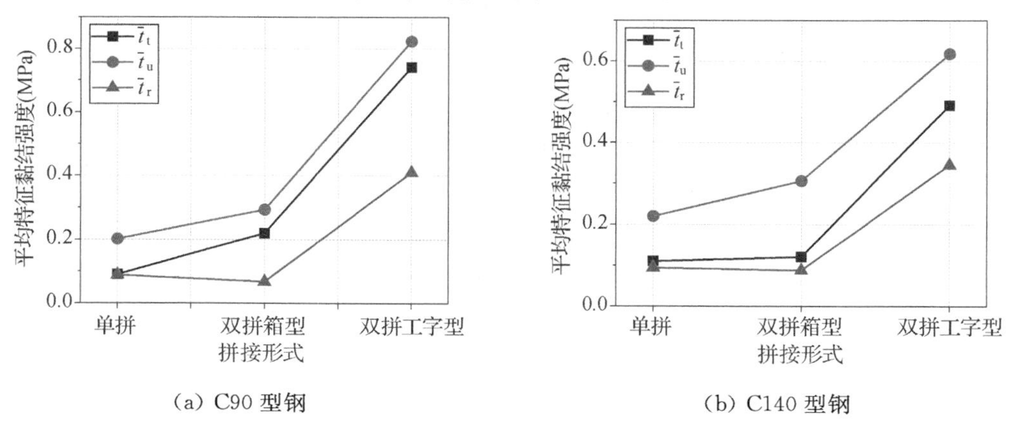

(a) C90型钢　　(b) C140型钢

图3.15　型钢拼接形式对特征黏结强度的影响

相比于单拼C90型冷弯型钢，采用双拼箱型和双拼工字型冷弯型钢的试件的极限黏结强度分别提高45.4%和308.4%。对于C140型钢，双拼箱型和双拼工字型试件的极限黏结强度比单拼C型试件分别提高了39.1%和180.9%。主要原因是双拼工字型冷弯型钢C型内侧的“握裹”效应，使其与C型内侧的核心泡沫混凝土间的黏结强度得到显著增强；对于双拼工字型冷弯型钢立柱，立柱两侧均为C型截面形式，增强了型钢与泡沫混凝土的黏结强度。因此，采用双拼工字型截面冷弯型钢最有利于提高冷弯型钢与泡沫混凝土间界面的黏结性能。

3.3　冷弯薄壁型钢-泡沫混凝土黏结滑移有限元分析

本书采用ABAQUS有限元软件对冷弯薄壁型钢-泡沫混凝土的黏结滑移性能进行有限元分析。基于本章第3.2节中冷弯薄壁型钢-泡沫混凝土试件的构造特征，建立了考虑材料非线性、几何非线性、冷弯型钢与泡沫混凝土非线性弹簧接触的有限元计算模型，通过数值模拟计算结果与试验结果的对比分析验证了该计算模型的合理性。

基于上述正确合理的冷弯薄壁型钢-泡沫混凝土黏结滑移有限元计算模型，对冷弯薄壁型钢-泡沫混凝土试件在竖向荷载作用下的受力全过程进行了有限元分析，并结合试验结果，揭示了界面黏结滑移的破坏模式和受力机理，为后续第3.4节的冷弯薄壁型钢-泡沫混凝土黏结滑移性能本构模型的建立奠定了基础。

3.3.1 有限元计算模型的建立

冷弯型钢-高强泡沫混凝土试件主要由冷弯薄壁型钢立柱和泡沫混凝土组成。采用 ABAQUS 有限元分析软件对冷弯型钢-泡沫混凝土黏结滑移性能的研究，主要考虑三种模拟方案：第一种是应用软件中的连接器进行模拟，第二种是应用软件中的黏结单元（cohesive element 或 cohesive surface）进行模拟，第三种是利用软件中的 Springs 单元进行模拟。

对于第一种方法，主要采用 ABAQUS 软件中的连接单元（connector elements）模拟黏结滑移性能，其主要分为 Basic type、Assembled type、Complex types 和 MPC types 四种类型。其中 Basic type 中的 Axial 主要用于研究型钢混凝土界面黏结应力，表示连接两点并且方向沿着两点沿线延伸。该方法的优点是可直接在软件中进行非线性关系的输入，操作便捷，模拟分析效果较好，但缺点在于没办法进行高密度布置，对于面与面之间相互作用力的模拟操作较为困难。对于第二种方法，采用 ABAQUS 软件中的黏聚力模型，采用黏结单元进行两个面之间的黏性设置，进而模拟材料的断裂效果。该模型实际上是一种应力-位移关系，即应力随着两个面之间相对位移的增加呈现线性增长的趋势，材料的损伤在应力达到极限值时开始出现，随后模型的刚度随着位移增加速率的减小开始降低，直至应力以及刚度都下降为 0。然而，应用黏聚力模型需要确定刚度 K_{nn}、K_{ss} 和 K_{1} 的值，但是基于现有的试验数据，无法精确地确定上述三个刚度的取值。

对于第三种方法，采用 ABAQUS 软件相互作用模块中的弹簧单元，能够直接定义结构在节点上的受力与两种不同材料之间相对位移的关系。因此，弹簧单元可以更为方便地进行两种不同材料界面接触特性的处理，本书采用弹簧单元模拟冷弯型钢-高强泡沫混凝土的界面黏结滑移性能。

3.3.1.1 单元类型

冷弯型钢与高强泡沫混凝土的界面黏结性能试件与第六章冷弯型钢-高强泡沫混凝土剪力墙试件所用的冷弯型钢和泡沫混凝土材料均相同，因此，其材料的单元类型可以完全采用第六章中单层剪力墙的单元类型，具体介绍见第 6.3.1.1 节。

3.3.1.2 材料本构关系

如上所示，本章界面黏结性能试件所用冷弯型钢和泡沫混凝土的材料本构关系均采用第六章中单层剪力墙的材料本构关系，具体介绍见第 6.3.1.2 节。

3.3.1.3 部件的装配及相互作用

冷弯型钢-高强泡沫混凝土界面黏结性能试件主要由冷弯型钢立柱和高强泡沫混凝土组成，如图 3.16 所示。

冷弯型钢与泡沫混凝土之间的连接约束采用 ABAQUS 软件中的弹簧单元进行模拟。软件中的弹簧单元包括线性（Linear）和非线性（Nonlinear）两种。在建立非线性弹簧时需要先确定弹簧的本构关系，即 $F-D$ 本构曲线，如图 3.17 所示，其中 F 表示力，D 表示位移，该本构关系是依据试验得到的各试件的平均黏结强度本构关系确定的。

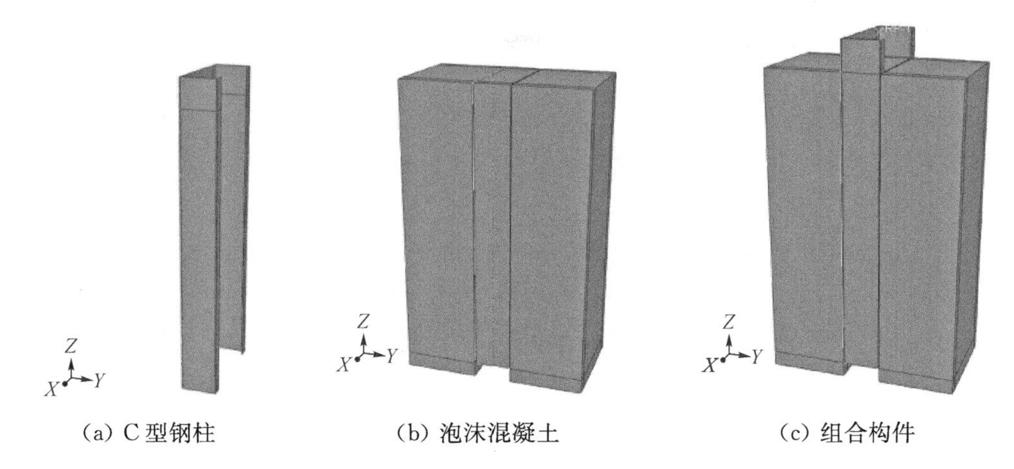

(a) C 型钢柱　　(b) 泡沫混凝土　　(c) 组合构件

图 3.16　黏结滑移性能试件的有限元模型

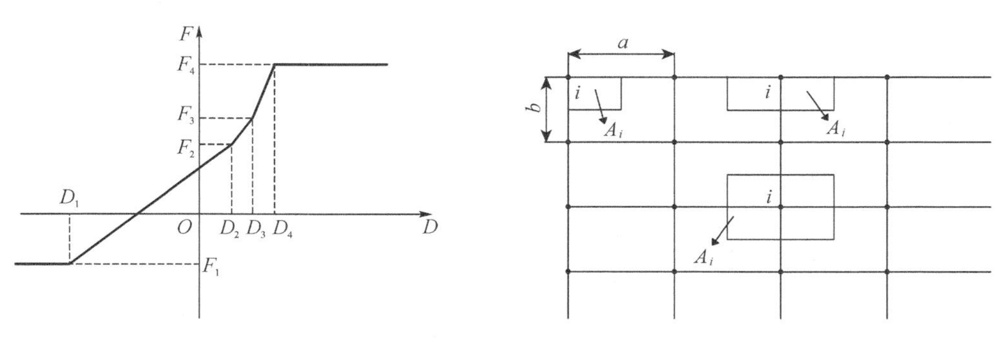

图 3.17　弹簧单元的 F-D 曲线　　**图 3.18　A_i 计算方法示意图**

在 ABAQUS 软件中,按照弹簧的几何特点和弹簧力的作用方向,弹簧单元又可分为接地弹簧(Spring 1)、结点弹簧(Spring 2)和轴向弹簧(Spring A)[3]。这三种非线性弹簧均主要通过更改 inp 文件进行设置,通过力-位移关系来确定,但三种弹簧类型应用的条件不同。其中,Spring 1 是接地弹簧类型,表示弹簧单元含有一个隐藏的与大地相连的结点,该结点一般是默认的,无须进行定义,另一个结点可根据约束情况定义,并设置弹簧的自由度。Spring A 表示轴向弹簧单元,这种类型的弹簧单元由两节点之间的连线确定弹簧作用力的方向,但是无法约束转角。Spring 2 为两结点弹簧单元,表示在两节点之间定义弹簧单元,且两个结点均需要设置弹簧的自由度,适用于定义冷弯型钢与泡沫混凝土之间结点的黏结强度,能够有效地进行黏结滑移的数值模拟。

1. 非线性弹簧单元 Spring 2 的 F-D 关系的确定

ABAQUS 分析软件中,非线性弹簧单元 Spring 2 表示两点在一个方向上的运动,因此,为了准确模拟薄壁型钢与泡沫混凝土之间的黏结滑移,需要在两点之间分别设置代表法向和切向的弹簧单元,并设定刚度。弹簧刚度依据试验现象进行分析确定。

法向刚度:通过试验得知,当冷弯薄壁型钢与泡沫混凝土的接触面发生相对滑移时,法向方向上发生的变形较小,切向方向上的变形较大。因此,在法向方向上可以近似地设定为较大刚度的弹簧单元,本书采用文献中[4]提出的方法进行取值。

切向刚度:此方向即薄壁型钢的埋置方向,该方向上发生的黏结滑移现象表现为弹簧单元的变形。由试验现象可以看出，冷弯型钢与泡沫混凝土间的界面黏结滑移现象具有强烈的非线性特征，因此需要通过试验获得的黏结滑移本构关系来描述弹簧单元切向的刚度，以下为确定弹簧单元本构关系的方法。

根据第 3.2 节中试验得到的荷载-黏结滑移位移曲线可以确定每个弹簧相应位置的力-位移关系。在试验中没有测量冷弯型钢与泡沫混凝土间每个界面的黏结滑移量，仅测量了自由端的总黏结滑移量。因此，在界面的每个位置均采用平均黏结应力-滑移曲线，即 $F-D$ 曲线。由此确定弹簧单元的 $F-D$ 曲线的数学描述为：

$$F=\tau\times A_i \tag{3-12}$$

式中：A_i 为弹簧连接面所占的面积，根据弹簧节点位置进行区分，如图 3.18 所示。计算公式如式(3-13)(3-14)和(3-15)：

$$\text{内部弹簧：}A_i=a\times b \tag{3-13}$$

$$\text{侧边弹簧：}A_i=a\times\frac{b}{2},A_i=\frac{a}{2}\times b \tag{3-14}$$

$$\text{顶点弹簧：}A_i=\frac{a}{2}\times\frac{b}{2} \tag{3-15}$$

2. 非线性弹簧单元 inp 文件修改

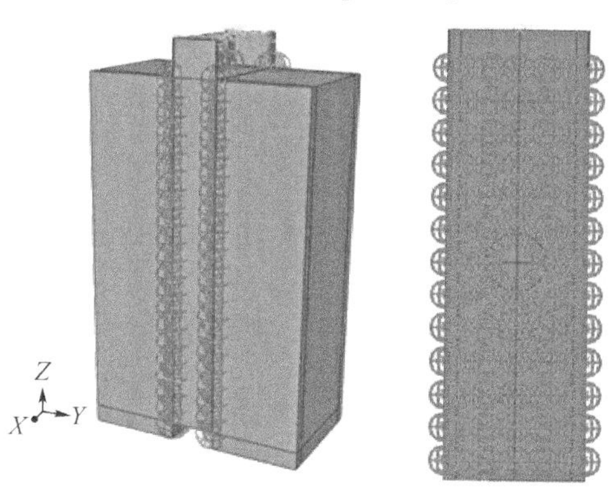

图 3.19　有限元模型弹簧单元图

图 3.20　有限元模型边界条件和荷载施加

在 ABAQUS 有限元分析软件中对非线性弹簧单元进行添加并设置，需要修改并定义相关的 inp 文件，主要有两种操作方法：第一种是在建模完成后输出 inp 文本文件，根据关键字自行在 inp 文件中编写非线性弹簧相关数据；第二种是在用软件建模时，先在各节点添加线性弹簧，并输出 inp 文件，然后将线性弹簧的本构关系修改为非线性的。本节采用第二种方法，其原因是该方法可以降低出现语法错误的概率。修改后的 inp 文件不能再重新导入 CAE 中，而是直接应用 abaqus command 进行运算。下面以试件 A1 为例，说明非线性弹簧部分的 inp 修改过程：

```
* Spring, elset=Spring/Dashpots-1-spring, nonlinear
1,1
非线性本构关系
* Element, type=Spring2, elset=Springs/Dashpots-1-spring
序号，部件一.节点一，部件二.节点二
```

为了更加直观地展示 inp 文件的修改过程，将其中的非线性本构关系和对应的节点暂时以文字的形式代替。上文中各部分表示的含义为："Dashpots-1-spring"为弹簧集合，可以在 ABAQUS 软件的前处理模块进行设置，输出 inp 文件时已经产生，但是需要注意的是，需要在该段数据后添加"，nonlinear"，表示该集合下的所有弹簧类型都修改为非线性。然后，"1，1"表示 1 方向上弹簧两节点的自由度，也可以设置成"2，2""3，3"，根据试件模型具体情况进行设置。随后，添加非线性弹簧单元的本构关系，添加本构关系时需要注意两点：一是非线性弹簧单元本构曲线需要经过原点；二是力在前，位移在后，并且中间以"，"隔开，比如"26.11，2.085"中"26.11"表示力为 26.11 kN，"2.085"表示 2.085 mm。后面按顺序添加序号节点，避免重复添加导致弹簧单元添加失败。

在本书中，采用第二种添加非线性弹簧单元的方法，划分好网络后先在冷弯型钢与泡沫混凝土相同的节点上布置线性弹簧，随后导出 inp 文件，最后修改 inp 文件进行非线性弹簧的设置。弹簧单元的建立如图 3.19 所示。

3.3.1.4 边界条件和荷载工况

为了保证本书进行的有限元模拟分析能够尽可能真实地反映试件的受力性能，在建立模型时，边界条件的设置和荷载的施加需尽量与试验的实际情况相吻合。因此，在试件顶部中心偏上位置建立参考点 RP－1，用来代表试验中的钢垫片，将试件中冷弯型钢的上表面与 RP－1 参考点进行耦合，并在该参考点进行荷载的施加。

对试件中两侧的混凝土底面进行边界条件的设置，根据试验及实际情况设置为 U1＝U2＝U3＝UR1＝UR2＝UR3＝0，如图 3.20 所示。

3.3.1.5 网格划分

冷弯型钢-高强泡沫混凝土试件完成装配，并施加界面相互作用及边界荷载条件后，需对试件进行网格划分。此环节将直接影响后续非线性弹簧的建立，故首先对冷弯型钢与泡沫混凝土的接触面进行网格划分。为了接触面弹簧单元的成功设置，需将冷弯型钢与泡沫混凝土接触面划分为共节点的网格，故冷弯型钢的网格尺寸为 25 mm×20 mm，泡沫混凝土的网格尺寸为 20 mm×20 mm×20 mm，如图 3.21 和 3.22 所示。

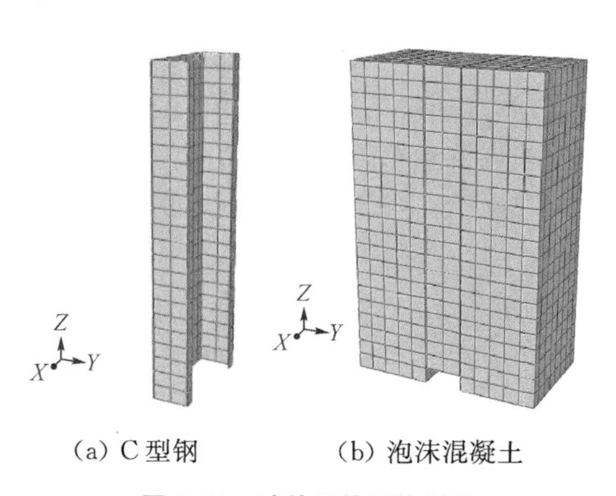

(a) C 型钢　　(b) 泡沫混凝土

图 3.21　试件组件网格划分

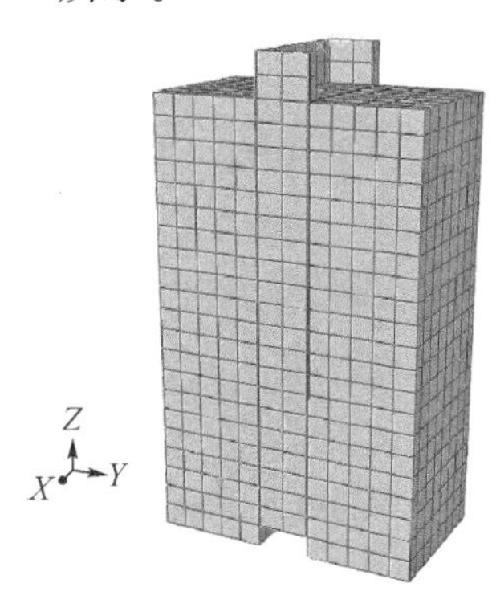

图 3.22　黏结滑移试件有限元模型网格划分

3.3.2 黏结滑移有限元计算模型的验证

3.3.2.1 破坏模式的对比分析

选取A5和A7、A11、A10试件的试验结果与其有限元应力云图进行对比，分析试件在不同构造形式下的破坏特征。

1. 单拼C型冷弯型钢-高强泡沫混凝土试件

单拼C型冷弯型钢-高强泡沫混凝土试件A5的试验破坏模式和有限元等效Mises应力云图破坏特征，如图3.23所示。

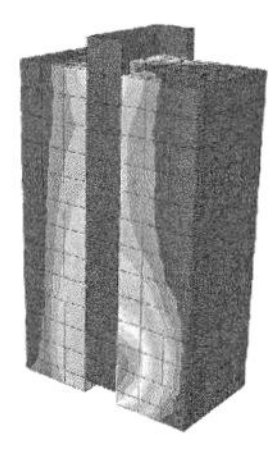

(a) 试件立面破坏图

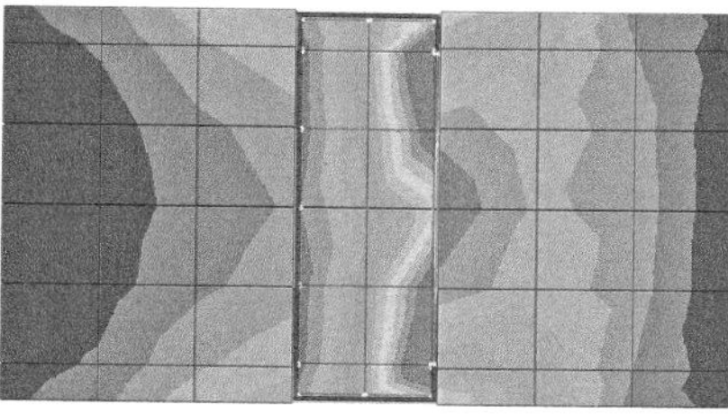

(b) A5试件底部截面破坏图

图3.23 A5试件破坏特征对比图

由应力图可以看出，在试件的底部，冷弯型钢卷边位置的冷弯型钢和泡沫混凝土均呈现局部较大的应力，表明此处泡沫混凝土出现较为严重的局部挤压破坏和斜裂缝破坏。泡沫混凝土与冷弯型钢接触面的应力相对较大，表明泡沫混凝土与冷弯型钢间出现局部黏结滑移或分离破坏。上述分析表明有限元分析结果中应力云图所反映的破坏特征基本上与试验现象相吻合。

图3.24为A7试件顶部截面以及底部截面的应力云图和试验破坏图。在试件顶部截面，冷弯型钢翼缘与核心泡沫混凝土的接触面以及冷弯型钢腹板与外侧泡沫混凝土的接触面均出现较大的应力；在试件底部截面，冷弯型钢自由边与核心泡沫混凝土接触面的应力较大。这均表明上述位置的泡沫混凝土均出现较为严重的局部挤压破坏和斜裂缝破坏，且与冷弯型钢之间出现黏结滑移或分离破坏。因此，有限元分析结果中应力云图所反映的破坏特征基本上与试验现象相吻合。

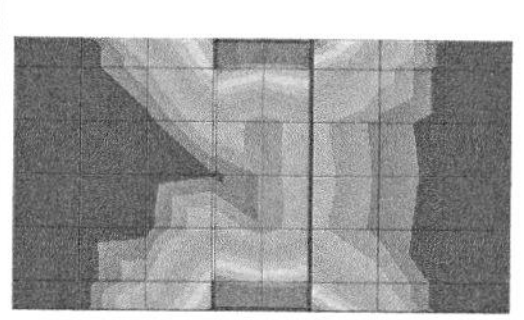

(a) 试件顶部截面破坏图

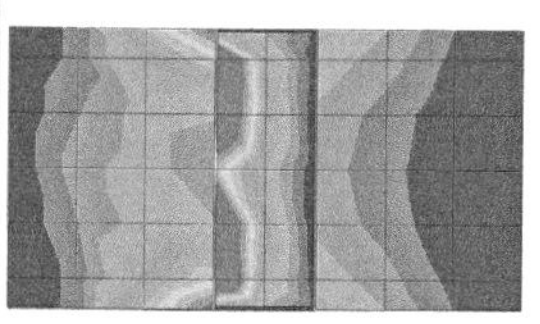

(b) 试件底部截面破坏图

图3.24 A7试件破坏特征

2. 双拼箱型的冷弯薄壁型钢-泡沫混凝土试件

双拼箱型冷弯型钢-泡沫混凝土试件A11的应力云图和试验破坏特征的对比如图3.25所示。

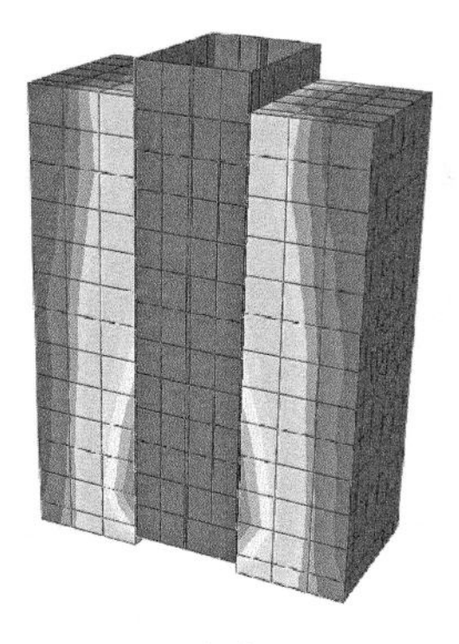
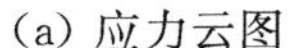
(a) 应力云图

(b) 立面破坏图

(c) 分离图

图 3.25　A11 试件破坏特征

从图中可以看出，试件在冷弯型钢腹板与外侧泡沫混凝土接触面具有较大的应力，表明该位置的泡沫混凝土与冷弯型钢间出现局部黏结滑移及分离现象，且裂缝不断向冷弯型钢自由端延伸，最后呈现出冷弯型钢与外侧泡沫混凝土全部分离的现象。上述有限元分析结果中应力云图所反映的破坏特征基本上与试验现象相吻合。

3. 双拼工型冷弯薄壁型钢-泡沫混凝土试件对比

双拼工型冷弯型钢-泡沫混凝土试件 A10 的试验破坏特征和应力云图的对比如图 3.26 所示。

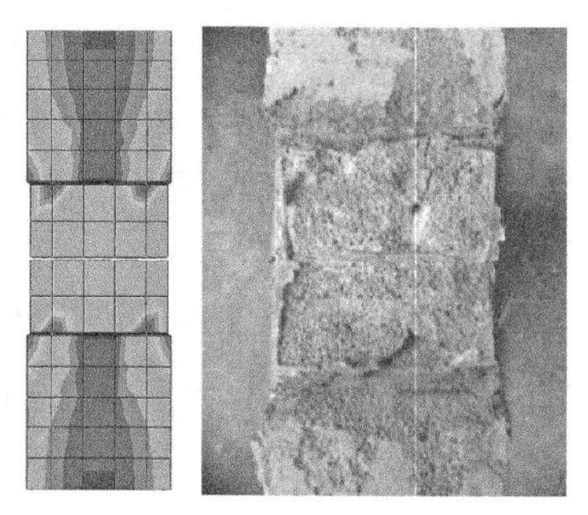
(a) A10 试件底部截面破坏及 Mises 应力云图

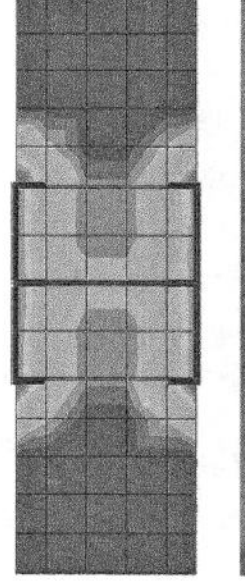
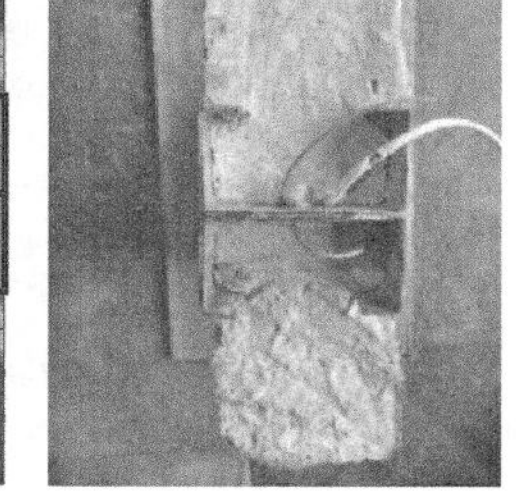
(b) A10 试件顶部截面破坏及 Mises 应力云图

图 3.26　A10 试件破坏特征

由应力云图可看出，试件的底部截面和顶部截面处冷弯型钢与泡沫混凝土的所有接触面均呈现出较大的应力，表明泡沫混凝土与冷弯型钢出现局部黏结滑移和分离现象。上述有限元分析结果中应力云图所反映的破坏特征基本上与试验现象相吻合。

3.3.2.2　荷载-位移曲线的对比分析

图 3.27 显示了有限元计算模型的模拟结果与试验曲线的对比。从黏结强度-滑移变形曲线的对比可以看出，各试件的模拟曲线基本上与试验曲线具有相同的趋势且吻合良好，特别是三种强度特征值吻合较好。但个别试件的黏结强度吻合度存在略微误差，误差基本控制在±0.2 MPa 范围内，属于合理范畴，可以满足有限元模拟结果的精度要求。

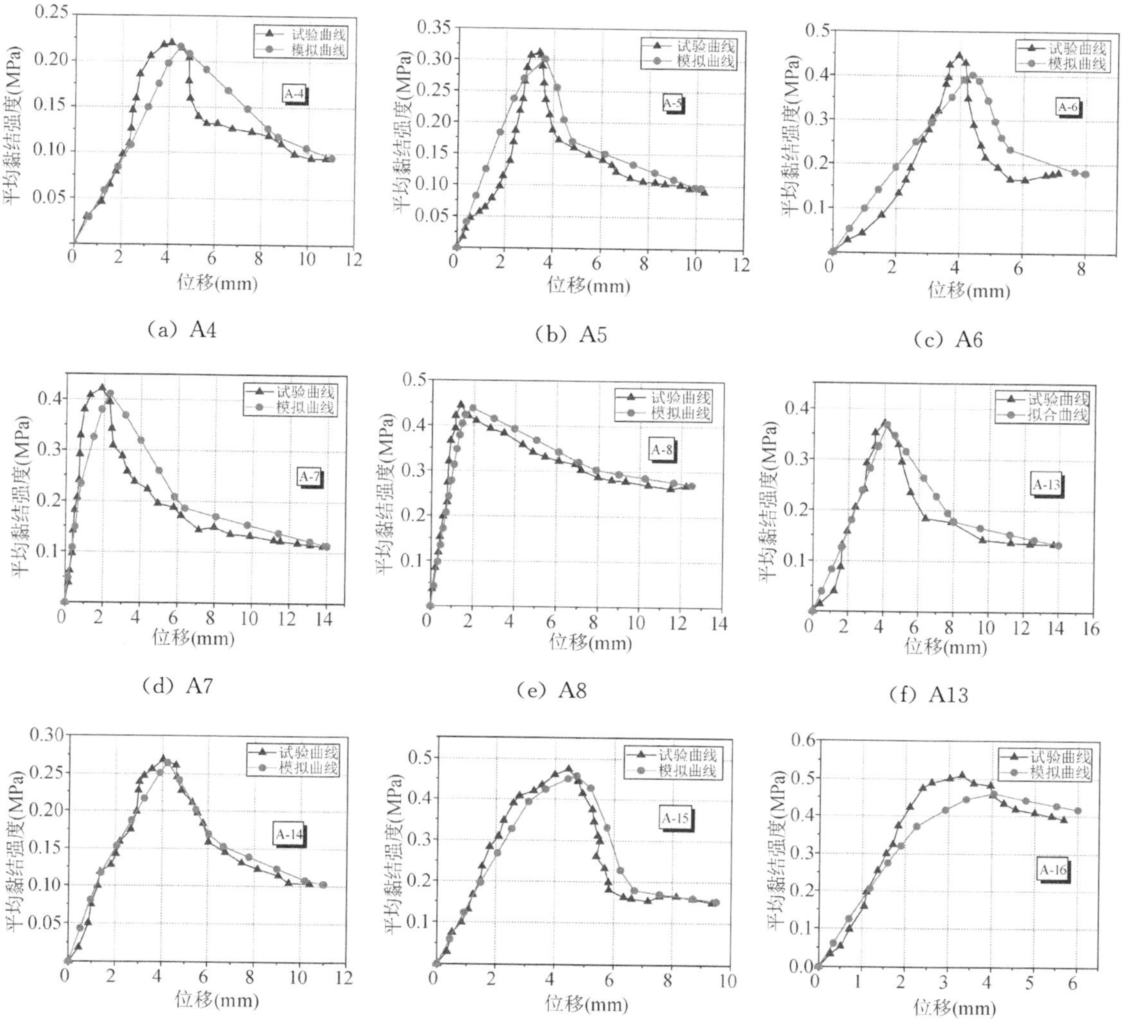

(a) A4　(b) A5　(c) A6

(d) A7　(e) A8　(f) A13

(g) A14　(h) A15　(i) A16

图 3.27　各试件模拟与试验 $\bar{\tau}-s$ 曲线

3.3.2.3　特征黏结强度的对比分析

为了更加清楚地观察数值模拟结果与试验结果的对比情况，现将数值模拟结果与试验结果的转折点、极限和残余状态时的特征黏结强度列表分析，如表 3.4 所示。

表 3.4　特征黏结强度模拟计算值与试验值对比

试件编号	转折点黏结强度 τ_t			极限黏结强度 τ_u			残余黏结强度 τ_r		
	试验值(kN)	计算值(kN)	试验值/计算值	试验值(kN)	计算值(kN)	试验值/计算值	试验值(kN)	计算值(kN)	试验值/计算值
A4	0.110	0.108	1.016	0.220	0.216	1.018	0.094	0.095	0.990
A5	0.265	0.270	0.982	0.312	0.302	1.035	0.090	0.097	0.928
A6	0.382	0.294	1.299	0.403	0.378	0.921	0.180	0.181	0.998

续表

试件编号	转折点黏结强度 τ_t			极限黏结强度 τ_u			残余黏结强度 τ_r		
	试验值(kN)	计算值(kN)	试验值/计算值	试验值(kN)	计算值(kN)	试验值/计算值	试验值(kN)	计算值(kN)	试验值/计算值
A7	0.241	0.234	1.028	0.422	0.411	1.026	0.112	0.114	0.987
A8	0.393	0.424	0.928	0.444	0.438	1.013	0.268	0.271	0.990
A13	0.131	0.126	1.038	0.371	0.369	1.007	0.133	0.133	1.000
A14	0.118	0.117	1.008	0.269	0.265	1.016	0.103	0.103	1.000
A15	0.408	0.393	1.037	0.475	0.459	1.036	0.149	0.152	0.976
A16	0.422	0.372	1.135	0.510	0.461	1.107	0.370	0.417	0.886
误差分析	平均值		1.052	平均值		1.02	平均值		0.973
	标准差		0.108	标准差		0.043	标准差		0.039
	离散系数		0.102	离散系数		0.042	离散系数		0.040

由图3.27和表3.4可以看出,各试件在各个阶段的特征黏结强度的模拟值与试验值较为接近,误差范围在3.8～5.2%,标准差为0.039～0.212,且两个曲线具有相同的发展趋势,因此有限元计算模型的模拟结果能够与试验结果吻合良好。

通过对等效应力云图与试验的破坏特征对比、荷载-位移曲线的对比、特征黏结强度的对比结果可以得出:冷弯型钢-泡沫混凝土黏结滑移性能的有限元计算模型的建立方法具有较强的合理性,且该计算模型具有较好的有效性,能够较为准确地得到冷弯型钢-泡沫混凝土的黏结滑移性能,即破坏形式和荷载-位移曲线。同时,对比结果表明本节建立的本构模型能够较为准确地计算平均黏结强度,证明了运用ABAQUS有限元软件中的Spring 2单元建立的模型可以有效地模拟冷弯型钢与泡沫混凝土之间的界面黏结作用,验证了本构曲线及非线性弹簧单元 $F-D$ 曲线的准确性,为下一节冷弯型钢-高强泡沫混凝土黏结滑移性能的受力机理分析奠定了基础。

3.3.3 冷弯型钢-泡沫混凝土界面黏结性能受力机理分析

3.3.3.1 界面黏结性能工作机理分析

以试件A4为例,分析了冷弯型钢-高强泡沫混凝土界面黏结滑移的工作机理,冷弯型钢与泡沫混凝土试件的Mises应力云图如图3.28所示。

从图中可以看出,冷弯型钢部件加载端的应力最大,自由端应力最小,但泡沫混凝土部件却与之相反,其底部与冷弯型钢腹板接触位置处的应力最大。产生这个现象的原因是,冷弯型钢顶部首先直接承受竖向荷载,并将荷载逐渐向型钢自由端和型钢混凝土界面进行传递。泡沫混凝土的加载端与冷弯型钢之间通过非线性弹簧进行连接,承担竖向剪切荷载,而泡沫混凝土部件的底端则通过耦合设置成固定边界。因此,泡沫混凝土的底端承担了冷弯型钢-泡沫混凝土界面上剪切荷载的总和,所以泡沫混凝土所受的正应力由顶部向底端逐渐增大。

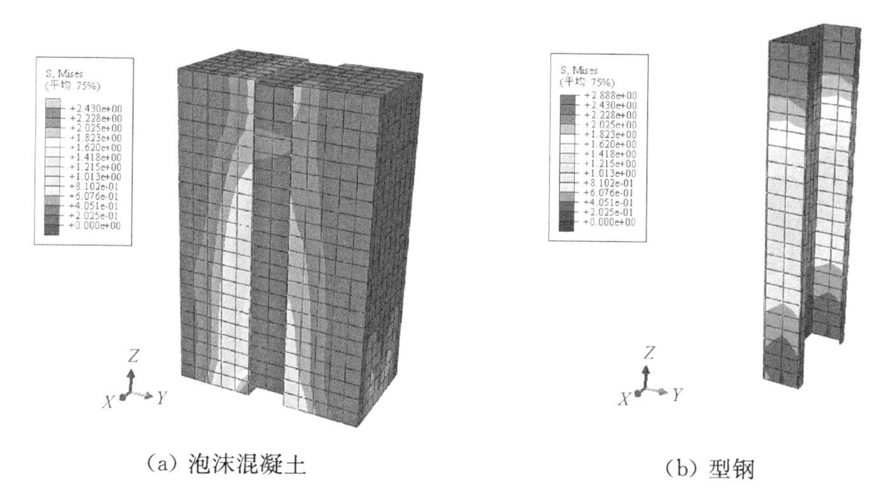

(a) 泡沫混凝土　　　　(b) 型钢

图 3.28　A4 试件 Mises 应力云图

此外，冷弯型钢-高强泡沫混凝土组合构件的黏结作用主要来自三个部分，即化学胶结力、摩擦阻力和机械咬合力。对于试件 A4 而言，界面黏结作用主要是加载初期起主要作用的化学胶结力和加载后期起主要作用的摩擦阻力，因冷弯型钢腹板较为光滑且型钢承受荷载期间尚未发生较大变形，使得其承载能力很小，固冷弯型钢与泡沫混凝土之间的机械咬合力可忽略不计。但是，当冷弯型钢腹板开孔后，外侧泡沫混凝土穿过空洞与冷弯型钢内侧的泡沫混凝土连为一体，形成“销键”，其抗剪承载力远大于化学胶结力和摩擦阻力，因而大幅度提高了冷弯型钢-高强泡沫混凝土的机械咬合力，最终提升了其界面黏结滑移性能，如试件 A5 和 A6 应力云图所示(见图 3.29 和图 3.30)。

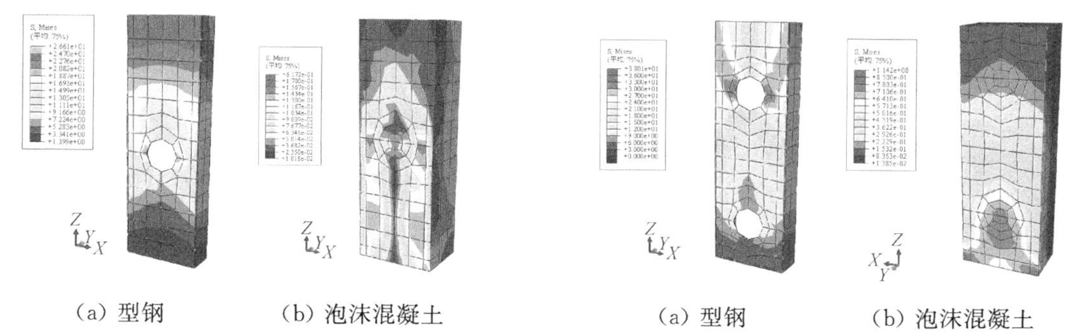

(a) 型钢　　　　(b) 泡沫混凝土

图 3.29　A5 试件等效 Mises 应力云图

(a) 型钢　　　　(b) 泡沫混凝土

图 3.30　A6 试件等效 Mises 应力云图

图 3.29 为带单开孔的冷弯型钢试件 A5 的等效 Mises 应力云图。从图中可以看出，相比于未开孔的试件 A4 而言，开孔导致冷弯型钢的应力呈现不均匀分布，其中孔边缘应力较大，且对应的外侧泡沫混凝土的剪切应力增大。这表明冷弯型钢的开孔使泡沫混凝土形成了水平方向“栓钉”，其较强的抗剪作用提高了泡沫混凝土的承载力并降低了相对滑移位移量，进而提高了冷弯型钢-高强泡沫混凝土的界面黏结性能。增加冷弯型钢腹板的开孔数量，试件 A6 的冷弯型钢上部区域孔边缘处的应力明显大于下部区域的孔的应力，但型钢立柱的应力分布趋于均匀。相反，外侧泡沫混凝土底端的剪切应力面积明显增大，且上部区域的应力也相应增大。这表明冷弯型钢开孔形成的泡沫混凝土的“栓钉”作用在界面黏结承载

力上起到重要作用，且开孔数量增加有利于冷弯型钢和泡沫混凝土材料性能的发挥和相互协同工作能力的提升，进而提高了界面的黏结滑移性能。

3.3.3.2 界面黏结性能受力过程分析

基于第3.2节的试验研究结果和本节有限元模拟分析，本节对冷弯型钢-高强泡沫混凝土界面黏结滑移性能的受力过程和机理进行分析。根据试件的破坏过程和荷载-位移曲线的特征，定义了试件加载阶段的四个特殊点（如图3.31所示），并提取了四个阶段的冷弯型钢与泡沫混凝土的应力云图，对界面的黏结性能受力过程和机理进行分析，如图3.32～3.35所示。

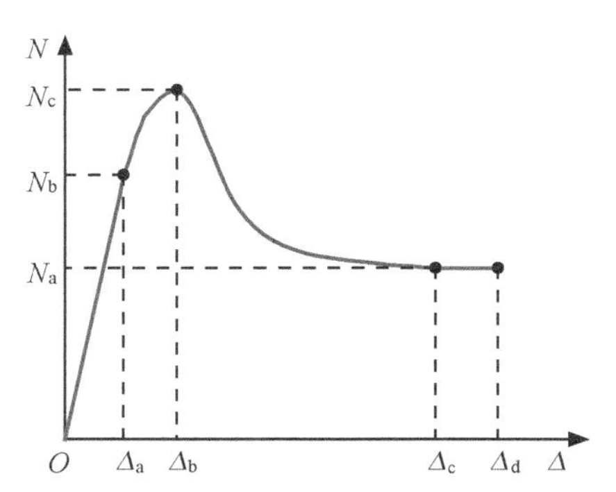

图3.31 冷弯薄壁型钢-泡沫混凝土组合构件受力过程及阶段

以试件A4为例，根据冷弯型钢与高强泡沫混凝土的各加载阶段的应力情况，受力过程如下：

1. 弹性局部滑移阶段（$0 \sim \Delta_a$）

在加载初期，试件处在弹性阶段，冷弯型钢与泡沫混凝土界面的非线性弹簧单元未发生拉伸现象，表明两部分的界面主要依靠化学胶结力承担竖向荷载，故两者之间并未出现明显的相对滑移。此时，冷弯型钢的顶部和泡沫混凝土底部区域所受应力较大。随着竖向荷载的增加，冷弯型钢加载端与泡沫混凝土的界面出现弹性相对滑移变形，此时界面处的非线性弹簧单元出现拉伸现象，化学胶结力开始降低，但冷弯型钢自由端处非线性弹簧未出现拉伸，表明此处界面未出现明显的相对滑移现象，因此该阶段为局部滑移阶段。

2. 塑性滑移阶段（$\Delta_a \sim \Delta_b$）

随着竖向荷载的增加，冷弯型钢与泡沫混凝土间相对滑移区域向型钢自由端发展，且相对滑移量和黏结强度不断增大，此时冷弯型钢加载端的轴压应力和泡沫混凝土底端的剪切应力不断增加，且高应力范围不断增大。竖向荷载的增加使得整个界面的非线性弹簧均出现拉伸且发生相对滑移变形（即被拉伸的非线性弹簧单元随加载方向从加载端依次向自由端延伸），导致界面处的化学胶结力沿着加载方向逐渐丧失。此时，竖向荷载逐步由冷弯型钢与泡沫混凝土界面的摩擦阻力和机械咬合力承担，特别是对于冷弯型钢腹板开孔的试件，其极限承载力主要由孔洞处的圆形“栓钉”泡沫混凝土的抗剪承载力组成。此外，泡沫混凝土的底部固定端出现斜裂缝，且裂缝区域不断向加载端扩展。此阶段主要由冷弯型钢与泡沫混凝土的界面摩擦阻力和机械咬合力共同承担竖向荷载，极限承载力主要包括化学摩擦阻力和机械咬合力，该阶段为塑性滑移阶段。

3. 下降滑移阶段($\Delta_b \sim \Delta_c$)

随着竖向位移荷载的进一步增大，冷弯型钢与泡沫混凝土的接触界面出现明显的滑移现象，型钢立柱顶部与泡沫混凝土开始出现全分离现象且应力逐渐变小，泡沫混凝土底部裂缝增加且应力降低。对于带孔冷弯型钢-泡沫混凝土试件，孔洞处的圆形“栓钉”泡沫混凝土相继被脆性剪切破坏，机械咬合力逐渐丧失，使得试件竖向承载力快速下降，此阶段后期的黏结应力转化为界面摩擦阻力。

4. 全滑移阶段($\Delta_c \sim \Delta_d$)

随着荷载的增加，试件破坏主要集中于冷弯型钢与泡沫混凝土界面处，表现为显著的相对滑移。此时，界面黏结应力主要由摩擦阻力提供，形成了较为稳定的动态摩阻力，该阶段可视为全滑移阶段。

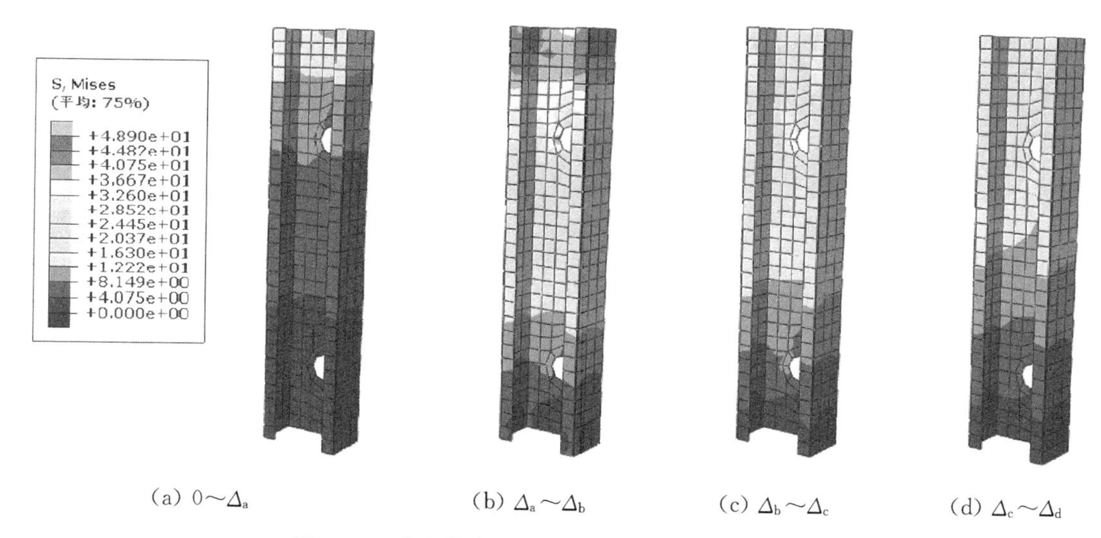

(a) $0 \sim \Delta_a$　(b) $\Delta_a \sim \Delta_b$　(c) $\Delta_b \sim \Delta_c$　(d) $\Delta_c \sim \Delta_d$

图 3.32　冷弯薄壁型钢不同时刻 Mises 应力分布图

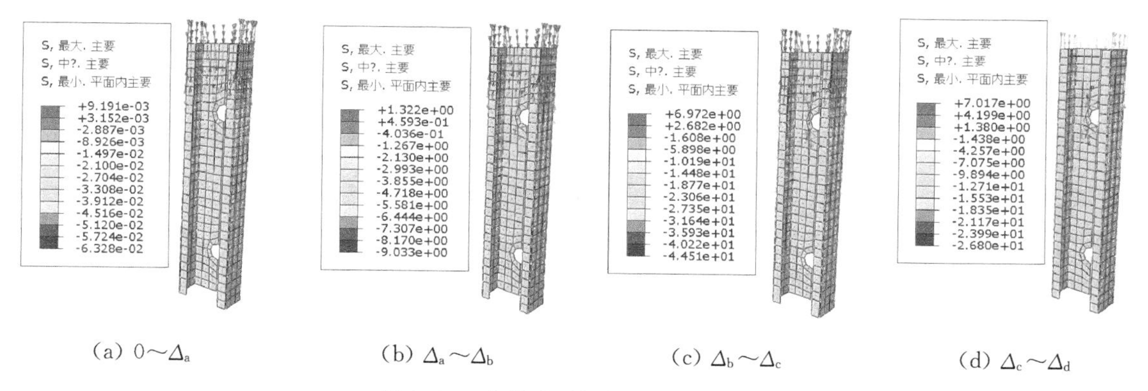

(a) $0 \sim \Delta_a$　(b) $\Delta_a \sim \Delta_b$　(c) $\Delta_b \sim \Delta_c$　(d) $\Delta_c \sim \Delta_d$

图 3.33　冷薄壁型钢各阶段应力分布

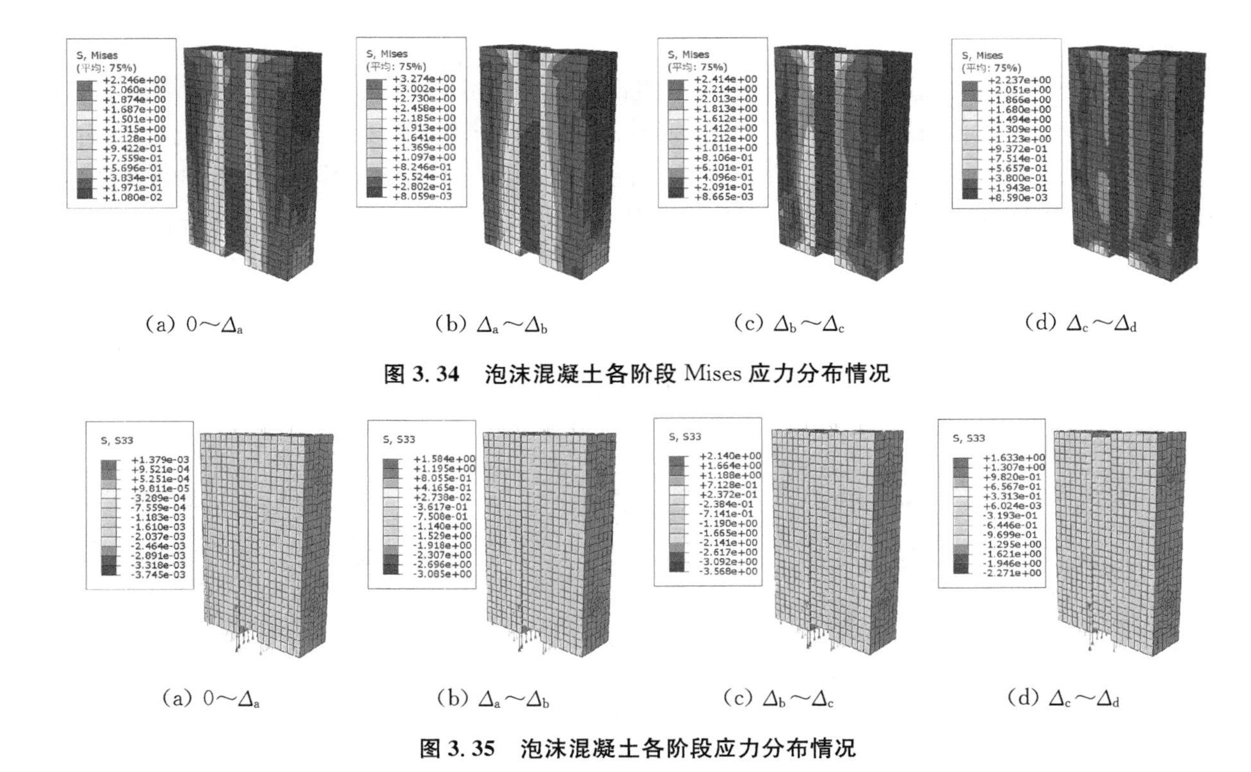

(a) $0\sim\Delta_a$　(b) $\Delta_a\sim\Delta_b$　(c) $\Delta_b\sim\Delta_c$　(d) $\Delta_c\sim\Delta_d$

图 3.34　泡沫混凝土各阶段 Mises 应力分布情况

(a) $0\sim\Delta_a$　(b) $\Delta_a\sim\Delta_b$　(c) $\Delta_b\sim\Delta_c$　(d) $\Delta_c\sim\Delta_d$

图 3.35　泡沫混凝土各阶段应力分布情况

3.4　特征黏结强度和位移计算公式

通过试验研究和有限元模拟分析，对冷弯型钢-高强泡沫混凝土界面的黏结滑移性能进行了研究，并基于试验特征黏结强度-滑移位移曲线得到了特征黏结点的强度和位移值。为了能够较为准确地确定不同构造形式的冷弯型钢-泡沫混凝土界面黏结强度和位移值，需建立特征黏结强度和位移值计算公式，这样有利于建立 $\bar{\tau}-S$ 黏结滑移本构模型，进而提高冷弯型钢-高强泡沫混凝土剪力墙抗震性能研究的精度。

3.4.1　特征黏结强度计算公式

基于第 3.2.4 节提出的各个因素对试件黏结强度的影响计算公式，采用统计回归分析理论，提出考虑泡沫混凝土的抗压强度、冷弯型钢锚固长度和腹板开孔数量等因素的冷弯型钢-高强泡沫混凝土界面特征黏结强度计算公式。下列公式是运用 Origin 软件拟合出的 C140 型钢三个特征黏结强度的回归公式：

$$\bar{\tau}_t=0.08N+0.259L+0.024f_{cu} \tag{3-16}$$

$$\bar{\tau}_u=0.061N-0.377L+0.024f_{cu}+0.344 \tag{3-17}$$

$$\bar{\tau}_r=0.037N-0.352L+0.029f_{cu}+0.107 \tag{3-18}$$

3.4.2　特征滑移位移计算公式

为了建立 $\bar{\tau}-s$ 黏结滑移本构模型，基于第 3.2.4 节特征强度-滑移位移曲线及其特征点滑移位移值，采用统计回归分析理论，运用 Origin 软件拟合出特征滑移值的计算公式，见式

(3－19)～(3－21)：

$$s_t = 0.744N + 2.261L - 0.183f_{cu} + 1.653 \quad (3-19)$$

$$s_u = 0.695N - 5.133L - 0.228f_{cu} + 6.002 \quad (3-20)$$

$$s_r = -2.269N - 3.405L - 0.004f_{cu} + 13.414 \quad (3-21)$$

式中，s_t——转折点滑移值；

s_u——极限滑移值；

s_r——残余滑移值。

3.4.3　公式计算与试验结果对比分析

为了确定拟合公式的准确性，将公式计算值与试验试件的特征黏结强度和相应滑移值进行对比，结果见表 3.5 和表 3.6。

表 3.5　特征黏结强度计算值与试验值对比

试件编号	转折点黏结强度 τ_t			极限黏结强度 τ_u			残余黏结强度 τ_r		
	试验值(kN)	计算值(kN)	试验值/计算值	试验值(kN)	计算值(kN)	试验值/计算值	试验值(kN)	计算值(kN)	试验值/计算值
A4	0.110	0.171	0.642	0.220	0.276	0.798	0.094	0.066	1.434
A5	0.265	0.251	1.057	0.312	0.337	0.927	0.090	0.103	0.878
A6	0.382	0.331	1.153	0.446	0.398	1.122	0.180	0.140	1.291
A7	0.241	0.241	0.999	0.422	0.346	1.221	0.112	0.150	0.746
A8	0.393	0.333	1.180	0.444	0.438	1.015	0.268	0.262	1.024
A13	0.131	0.119	1.097	0.371	0.351	1.058	0.133	0.136	0.977
A14	0.118	0.145	0.815	0.269	0.313	0.859	0.103	0.101	1.020
A15	0.408	0.401	1.017	0.475	0.468	1.016	0.149	0.224	0.663
A16	0.422	0.493	0.856	0.510	0.560	0.911	0.370	0.336	1.101
误差分析	平均值		0.980	平均值		0.992	平均值		1.015
	标准差		0.176	标准差		0.133	标准差		0.244
	离散系数		0.180	离散系数		0.134	离散系数		0.240

表 3.6　特征滑移计算值与试验值对比

试件编号	转折点滑移值 s_t			极限滑移值 s_u			残余滑移值 s_r		
	试验值(mm)	计算值(mm)	试验值/计算值	试验值(mm)	计算值(mm)	试验值/计算值	试验值(mm)	计算值(mm)	试验值/计算值
A4	2.325	1.930	1.205	4.093	3.167	1.292	10.753	12.038	0.893
A5	2.787	2.674	1.042	3.402	3.862	0.881	10.346	9.769	1.059
A6	3.542	3.418	1.036	3.941	4.557	0.865	7.136	7.500	0.951
A7	0.697	1.395	0.500	1.883	2.501	0.753	13.793	12.027	1.147

续表

试件编号	转折点滑移值 s_t			极限滑移值 s_u			残余滑移值 s_r		
	试验值（mm）	计算值（mm）	试验值/计算值	试验值（mm）	计算值（mm）	试验值/计算值	试验值（mm）	计算值（mm）	试验值/计算值
A8	1.119	0.693	1.616	1.359	1.625	0.836	12.231	12.011	1.018
A13	1.656	1.478	1.121	4.015	4.193	0.957	13.713	12.719	1.078
A14	1.347	1.704	0.791	4.031	3.680	1.095	10.389	12.379	0.839
A15	2.780	2.883	0.964	4.441	3.891	1.141	9.356	7.489	1.249
A16	2.102	2.181	0.964	3.297	3.015	1.093	5.678	7.473	0.760
误差分析	平均值		1.026	平均值		0.991	平均值		0.999
	标准差		0.302	标准差		0.175	标准差		0.155
	离散系数		0.294	离散系数		0.177	离散系数		0.155

通过表 3.5 和 3.6 中拟合公式计算值与试验值的对比，发现公式计算值的误差在 5%之内，最大标准差为 0.30，表明特征强度和位移计算值与试验值吻合良好。计算公式能够较为准确地预测冷弯型钢-高强泡沫混凝土界面的黏结强度和位移，且计算结果的稳定性较好。同时发现，由于本试验已有的冷弯薄壁型钢-泡沫混凝土组合试件个数较少，无法对更多构造形式的构件进行全面校核，在后期的研究中应增加试件数量和构造形式，提高计算公式的通用性。同时，在制作试件时存在制作工艺等问题，试验结果曲线中各特征点的界定也较为模糊，因此公式计算结果与试验值相比存在一定的误差。

3.5 冷弯型钢-高强泡沫混凝土黏结滑移本构模型

3.5.1 $\bar{\tau}-s$ 曲线模型的建立

基于第 3.2.4 节的试验结果和第 3.4 节的特征强度和位移计算公式，建立冷弯型钢-高强泡沫混凝土界面 $\bar{\tau}-s$ 黏结滑移本构模型，如图 3.36 所示，并对曲线各个阶段进行数学描述[5]。

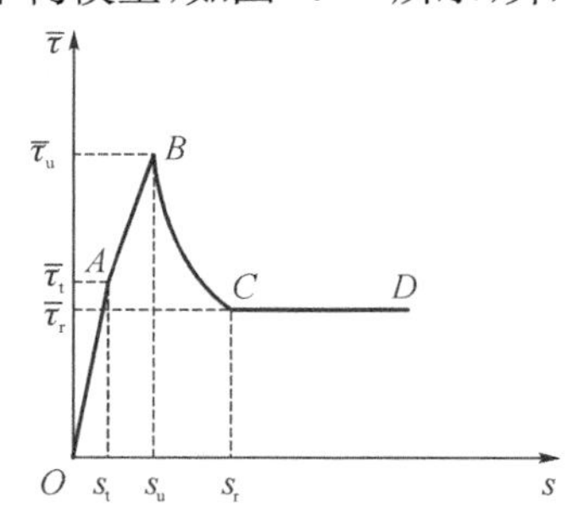

图 3.36 $\bar{\tau}-s$ 本构关系模型

1. 线性上升段(*OA*)

从第 3.2.4.1 节对试验曲线的分析可知，此阶段冷弯型钢-高强泡沫混凝土界面黏结强度处于弹性阶段，其特征强度和位移呈线性上升趋势，其数学表达式如下：

$$\bar{\tau}=\frac{\bar{\tau}_t}{s_t}s \quad (0<\bar{\tau}<\bar{\tau}_t) \tag{3-22}$$

2. 曲线上升段(AB)

从第 3.2.4 节对试验曲线的分析，以及第 3.3.3 节的有限元模拟结果分析可知，此阶段冷弯型钢-高强泡沫混凝土界面黏结强度处于塑性阶段，其强度和位移呈曲线上升趋势。但由于该阶段曲线的曲率较小，为了便于计算可简化为直线进行描述，其数学表达式如下：

$$\bar{\tau}=\frac{\bar{\tau}_u-\bar{\tau}_t}{s_u-s_t}s+\bar{\tau}_u-\frac{\bar{\tau}_u-\bar{\tau}_t}{s_u-s_t}s_u \quad (\bar{\tau}_t<\bar{\tau}<\bar{\tau}_u) \tag{3-23}$$

3. 下降段(BC)

从第 3.2.4 节对试验现象和结果的分析，以及第 3.3.3 节的有限元模拟受力过程分析可知，此阶段由于化学胶结力完全丧失，界面机械咬合力和型钢孔处的圆形“栓钉”泡沫混凝土相继被脆性剪切破坏，故界面黏结强度出现快速下降趋势。且随着滑移位移增加，下降趋势由较快的速率逐渐趋于平缓，因此采用如下数学表达式进行描述：

$$\bar{\tau}=\frac{a}{s}+b \quad (\bar{\tau}_r<\bar{\tau}<\bar{\tau}_u) \tag{3-24}$$

其中，$a=\frac{\bar{\tau}_u-\bar{\tau}_r}{s_r-s_u}s_u s_r$，$b=\frac{\bar{\tau}_r s_r-\bar{\tau}_u s_u}{s_r-s_u}$。

4. 残余段(CD)

通过对试验结果和有限元模拟结果的分析，得知此阶段的黏结强度主要由摩擦阻力构成。由试验得到的 $\bar{\tau}-s$ 曲线可知，此阶段曲线基本为一条水平线，因此采用式 3-25 对其进行描述：

$$\bar{\tau}=\bar{\tau}_r \quad (s>s_r) \tag{3-25}$$

3.5.2　$\bar{\tau}-s$ 曲线模型的验证

为了检验建立的 $\bar{\tau}-s$ 本构关系模型的拟合程度，对部分试件的试验曲线与拟合曲线进行对比，如图 3.37 所示。

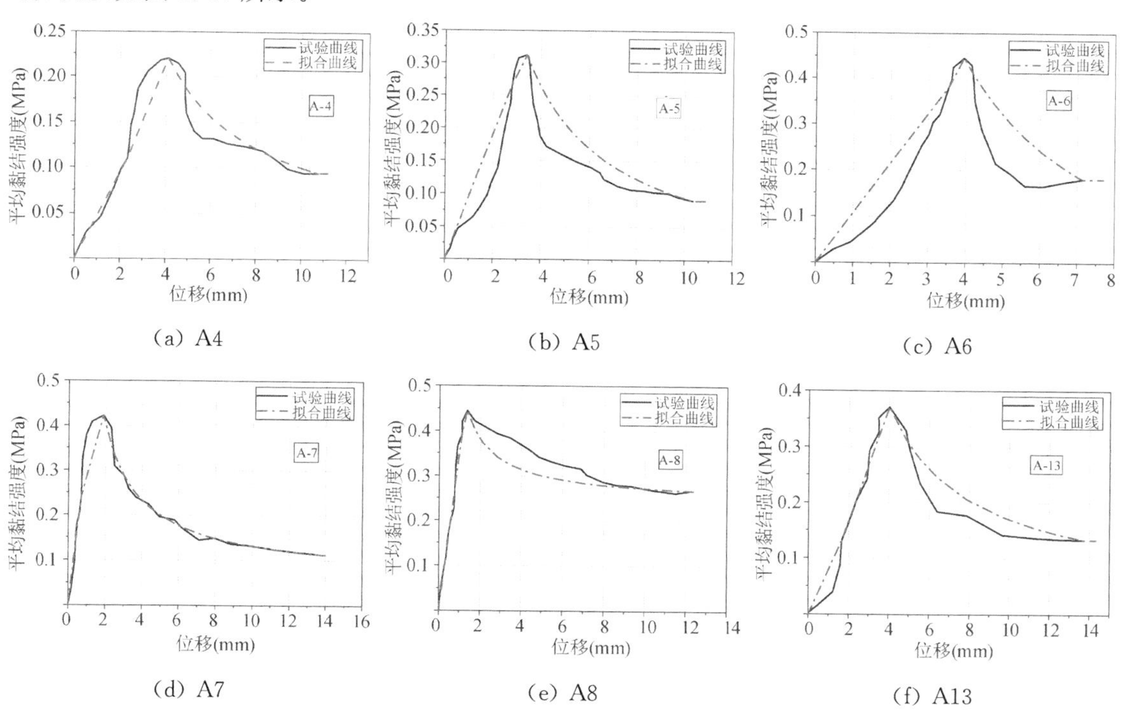

(a) A4　(b) A5　(c) A6

(d) A7　(e) A8　(f) A13

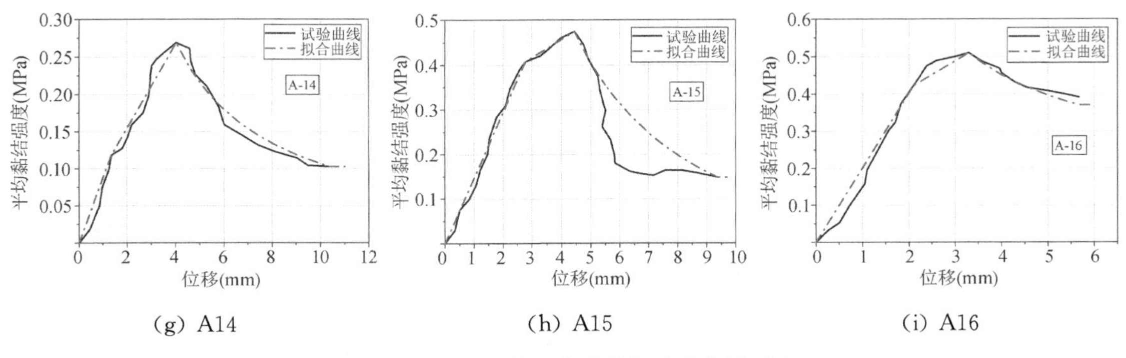

(g) A14　　(h) A15　　(i) A16

图 3.37　部分试件拟合曲线与试验曲线对比

从图 3.37 中可以看出，拟合曲线可以较真实合理地反映试验过程中得到的曲线形状和特征，对 $\bar{\tau}-s$ 黏结滑移曲线各个特征点的分析结果表明，该模型能够较好地反映出研究因素特征黏结强度的影响规律。但是，由于该模型是采用统计回归的方式建立拟合曲线，故计算结果会存在一定的离散性，造成个别试件的曲线相差过大，因此在后期的研究中，需要增加试件的数量，进而降低离散性，使模拟过程和结果更加准确，同时可以进行非线性 $\bar{\tau}-s$ 曲线模型的建立。

3.6　本章小结

本章通过冷弯型钢-高强泡沫混凝土黏结滑移推出试验和有限元模拟分析方法，研究了冷弯型钢与泡沫混凝土界面的破坏特征、黏结强度、黏结承载力-黏结滑移位移等黏结性能，明确了冷弯型钢与泡沫混凝土界面的受力机理，建立了界面黏结滑移本构模型。主要结论如下：

(1) 冷弯型钢与高强泡沫混凝土界面的破坏特征主要表现为 C 型立柱的腹板与泡沫混凝土之间的分离、立柱自由边处泡沫混凝土裂缝、泡沫混凝土内的斜裂缝；

(2) 增加泡沫混凝土强度和型钢锚固长度能提高冷弯型钢与泡沫混凝土的界面黏结强度；型钢腹板开孔形成的泡沫混凝土“栓钉”可承担剪切荷载，提高界面黏结强度。相比于 C90 型钢，C140 型钢与泡沫混凝土的接触面积增大，黏结强度增大。

(3) 通过对试验结果中破坏模式、特征黏结强度和荷载-位移曲线的对比分析，建立了合理且可靠的采用 Spring 2 弹簧单元模拟冷弯型钢-高强泡沫混凝土界面的有限元分析模型，分析了冷弯型钢泡沫混凝土界面的黏结滑移受力机理。在加载初期，首先是界面化学胶结力承担竖向荷载，荷载的增大导致化学胶结力不断减小直到消失，随后摩擦阻力和咬合力作为黏结应力承担竖向荷载，冷弯型钢与泡沫混凝土产生相对滑移直到完全分离，试件破坏。

(4) 基于试验结果中泡沫混凝土密度、抗压强度，冷弯型钢锚固长度以及型钢腹板开孔个数等因素对特征黏结强度和位移的影响规律，采用数值回归的方法建立了特征黏结强度和滑移值的计算公式，进而建立了黏结滑移本构关系的数学模型。

参考文献

[1] 中华人民共和国住房和城乡建设部. 泡沫混凝土应用技术规程:JGJ/T 341—2014[S]. 北京:中国建筑工业出版社,2015.
[2] 侯然. 轻钢与泡沫混凝土组合结构黏结滑移规律研究[D]. 长春:吉林建筑大学,2017.
[3] 范子宇. 型钢:全取代率再生混凝土黏结滑移数值模拟方法研究[D]. 西安:西安建筑科技大学,2019.
[4] 中华人民共和国住房和城乡建设部. 冷弯薄壁型钢多层住宅技术标准:JGJ/T 421—2018[S]. 北京:中国建筑工业出版社,2018.
[5] 殷之祺. 高强泡沫混凝土的研制及轻钢泡沫混凝土黏结滑移性能研究[D]. 南京:东南大学,2018.

第4章 冷弯型钢-高强泡沫混凝土矩形立柱轴压性能研究

4.1 引言

冷弯薄壁型钢-高强泡沫混凝土组合墙剪力墙的力学性能及其结构的抗震性能，不仅与冷弯型钢骨架跟内填充泡沫混凝土的界面黏结性能有关，而且与剪力墙端立柱的轴压承载力有直接关系。端立柱轴压性能的提高能够减缓甚至避免其过早地发生屈曲破坏导致剪力墙的力学性能下降。所以，对冷弯型钢-泡沫混凝土矩形立柱轴压性能的研究，是对装配式冷弯型钢-泡沫混凝土剪力墙及其结构抗震性能研究的基础。

本章采用立柱轴压试验研究、有限元模拟分析和承载力理论研究相结合的方法，首先研究冷弯型钢-高强泡沫混凝土矩形立柱的破坏特征、受力机理、承载力及其影响因素，进而建立立柱轴压承载力计算模型及计算公式。上述研究结果为下一步的装配式冷弯型钢-高强泡沫混凝土剪力墙的力学性能及其结构的抗震性能研究奠定了基础。

4.2 冷弯型钢-高强泡沫混凝土矩形立柱轴压试验

本节通过对单层冷弯薄壁型钢-高强泡沫混凝土立柱开展轴压试验，研究了该混凝土立柱的破坏模式以及泡沫混凝土强度等级、截面高宽比、立柱长细比等影响因素对其荷载-位移曲线、刚度指数、延性指数等轴压性能的影响。

4.2.1 试件设计与制作

1. 试件设计

试验共设计了12根短柱，包括3根空心冷弯薄壁型钢柱和9根冷弯薄壁型钢-泡沫混凝土立柱，各试件设计参数如表4.1所示。试件按照高度分为三组，其中C90型冷弯薄壁型钢用S代表，C140型冷弯薄壁型钢用S′代表，字母后面的第一个数字代表试件高度，高度分别为200 mm、300 mm、400 mm，第二个数字代表泡沫混凝土干密度，其中1、2分别代表着干密度等级为A10和A12泡沫混凝土，0代表未填充泡沫混凝土。每组均采用空心冷弯薄壁型钢柱作为对比试件。

表 4.1　轴心受压试件表

组别	试件编号	立柱横截面 $B\times D\times t$(mm)	试件高度 L (mm)	泡沫混凝土干密度 (kg/m³)	长细比 λ	截面高宽比 β
第一组	S1-0	100×90×1	200	无	7.70	1.1
	S1-1	100×90×1	200	A10 级	7.70	1.1
	S1-2	100×90×1	200	A12 级	7.70	1.1
	S′1-1	100×140×1.2	200	A10 级	6.92	1.4
第二组	S2-0	100×90×1	300	无	11.54	1.1
	S2-1	100×90×1	300	A10 级	11.54	1.1
	S2-2	100×90×1	300	A12 级	11.54	1.1
	S′2-1	100×140×1.2	300	A10 级	10.39	1.4
第三组	S3-0	100×90×1	400	无	15.39	1.1
	S3-1	100×90×1	400	A10 级	15.39	1.1
	S3-2	100×90×1	400	A12 级	15.39	1.1
	S′3-1	100×140×1.2	400	A10 级	13.86	1.4

2. 试件制作流程

矩形立柱试件制作所用钢材为 Q345 级冷弯薄壁型钢，其材料性能见表 4.2。制作流程如下：首先将两个冷弯薄壁 C 型钢点焊拼装成空心组合柱体，然后在冷弯薄壁型钢立柱空腔内灌注泡沫混凝土。试件具体截面形式和构造形式如图 4.1 和图 4.2 所示。

表 4.2　Q345 钢材材料性能

试件名称	厚度 t(mm)	屈服强度 f_y(MPa)	抗拉强度 f_u(MPa)	弹性模量 E_s(GPa)	泊松比 ν
C90 型冷弯薄壁型钢	1	365.8	450.5	211.2	0.3
C140 型冷弯薄壁型钢	1.2	384.2	468.9	215.7	0.3

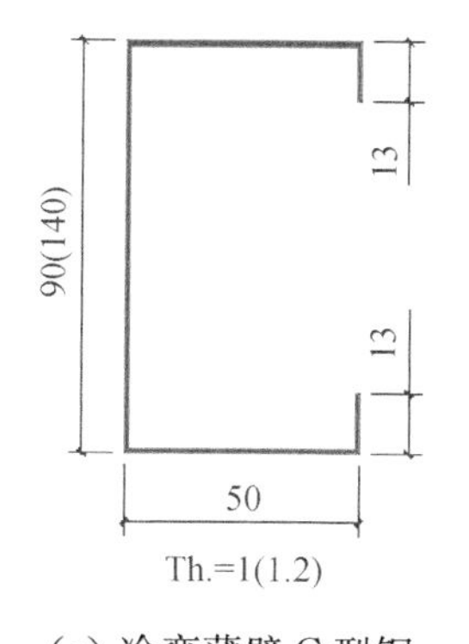

(a) 冷弯薄壁 C 型钢

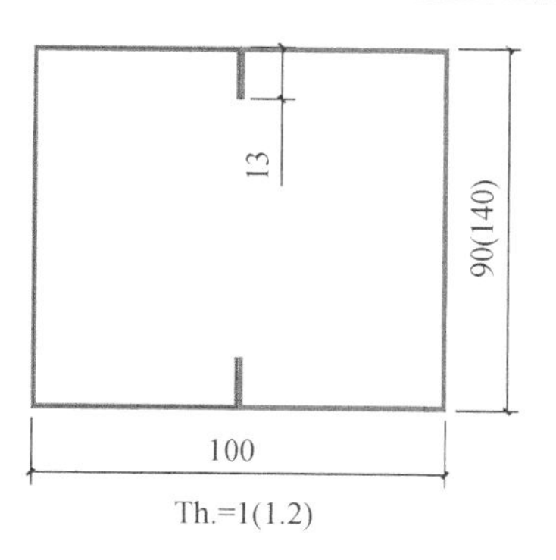

(b) 空心冷弯薄壁型钢柱

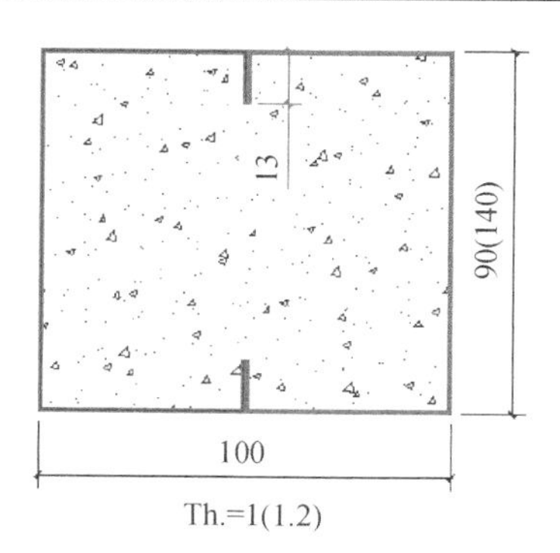

(c) 冷弯薄壁型钢泡沫混凝土柱

图 4.1　立柱横截面(单位：mm)

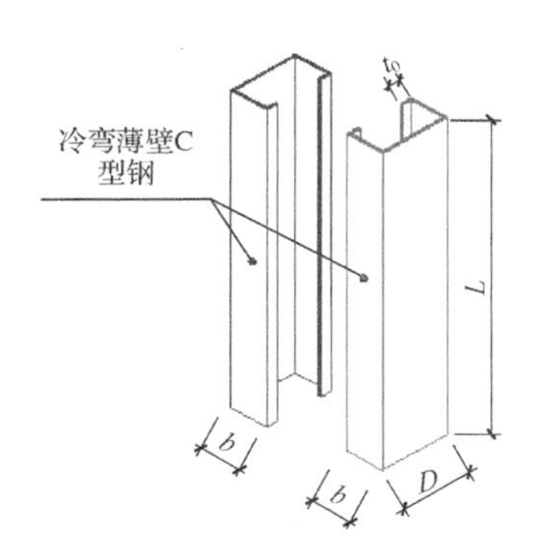

(a) 冷弯薄壁 C 型钢

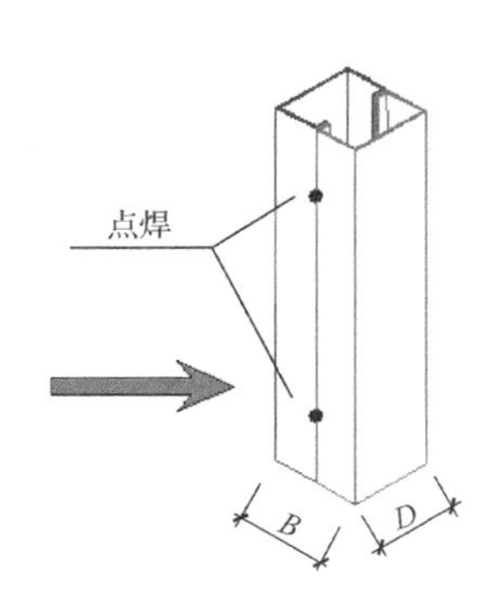

(b) 空心冷弯薄壁型钢柱

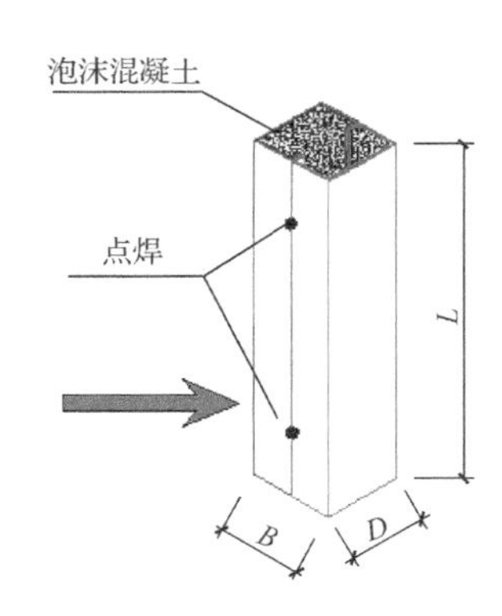

(c) 冷弯薄壁型钢泡沫混凝土柱

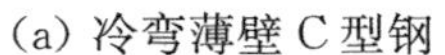

图 4.2　立柱示意图

为了研究泡沫混凝土抗压强度对矩形立柱轴压性能的影响，使用干密度等级为 A10 级和 A12 级的泡沫混凝土，所对应的强度等级分别为 LWC5 与 LWC7.5，其材料性能见表 4.3。

表 4.3　泡沫混凝土材料性能

强度等级	表观密度 (kg/m³)	实测平均密度 (kg/m³)	轴心抗压强度标准值 f_{ck}(MPa)	轴心抗压强度设计值 f_c(MPa)	弹性模量 E_c(GPa)
LWC5	800～1 000	953.1	4.0	3	0.5
LWC7.5	1 000～1 200	1167.4	6.0	4.5	0.75

注：A10 和 A12 具体含义见 JGJ/T 341《泡沫混凝土应用技术规程》[1] 的相关规定；LWC5 和 LWC7.5 具体含义见 JGJ 383—2016《轻钢轻混凝土结构技术规程》[2] 的相关规定。

4.2.2　试验装置和加载制度

1. 试验装置

试验装置由反力架、液压千斤顶加载装置、钢垫板、力传感器、位移传感器和数据采集系统组成，试验装置简图如图 4.3(b)所示。试验前需将试件两端打磨平整，同时在试件顶部放上钢垫板，以此保证竖向集中荷载通过钢垫板以均匀分布荷载形式施加于试件顶部。试验前还需在钢垫板下布置 1 个 LVDT(竖向位移计)以测量支座的竖向变形位移。竖向荷载加载采取力-位移混合分级加载制度方案，同时以力传感器实时监测千斤顶施加的荷载。位移和力采用数据采集仪自动控制和记录。试验现场加载装置如图 4.3(a)(c)所示。

(a) 试验装置现场

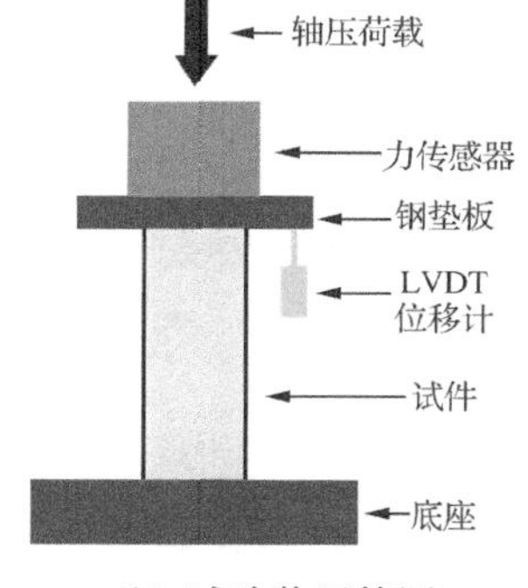

(b) 试验装置简图

(c) 试验装置示意图

图 4.3　试验装置及构造

2. 加载制度

试验加载过程分为预加载和正式加载两部分。将荷载预加载到试件预估峰值承载力的10%～20%，然后卸载回零，对试件进行正式加载。正式加载采用力-位移混合分级加载制度，其中力加载过程中每次施加荷载值约为预估峰值荷载的1/10，加荷速率为2.0 kN/s，持续时间为60 s。当试件进入屈服阶段，加载方式由力加载转为位移加载，加荷速率为2.0 mm/min，连续加载使荷载达到预估峰值承载力的80%，此时将加载速率调至为0.5 mm/min，连续加载到以下情况时停止加载：(1) 承载力下降至试件峰值承载力的75%；(2) 构件在点焊处的焊缝发生断裂；(3) 构件变形非常大。

4.2.3　试验现象及破坏特征

1. 空心冷弯型钢矩形柱

试件S1-0、S2-0、S3-0：加载初期，试件并无异状；当施加荷载达到峰值承载力的30%～50%时，空心冷弯薄壁型钢柱的上部出现轻微鼓起，并在顶部截面范围内出现局部水平方向的凹凸波形纹；随着荷载的增加，立柱局部向内屈曲，水平方向的凹凸波形纹越发明显；当达到峰值荷载时，立柱变形程度迅速增加，立柱的顶部截面腹板沿钢板水平向外和向内出现严重的畸变屈曲，并伴有较大声响。立柱在点焊处并未发生破裂，表明立柱点焊连接良好，如图4.4(a)、图4.4(b)和图4.4(c)所示。试验结束后观察试件S3-0立柱顶部与底部截面变化，可以发现试件顶部有向外的褶皱，底部完好并无损伤，如图4.4(d)和(e)所示。

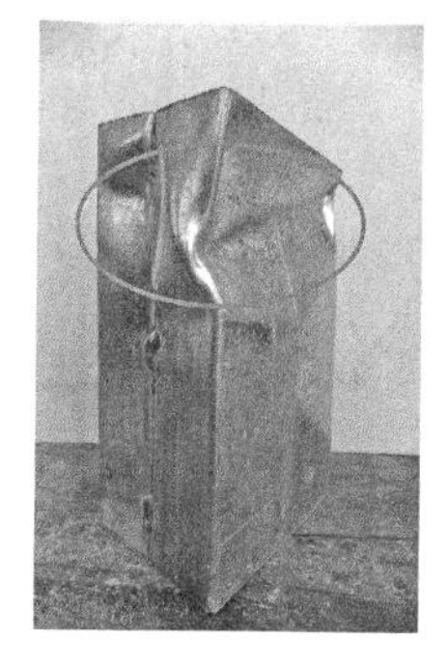

(a) S1-0

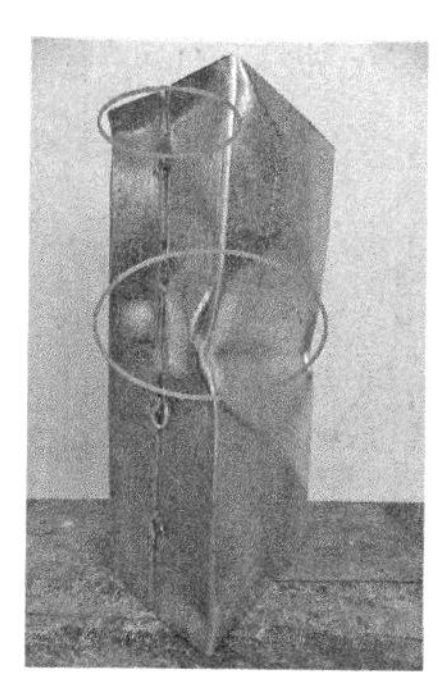

(b) S2-0

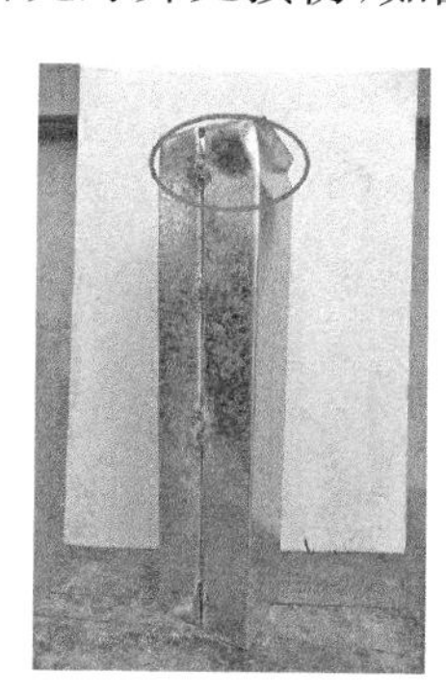

(c) S3-0

(d) S3-0 立柱顶部截面

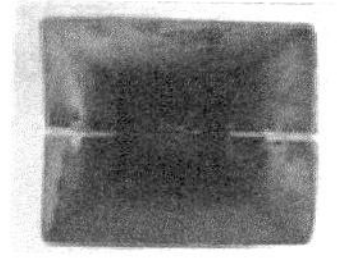

(e) S3-0 立柱底部截面

图 4.4　空心冷弯薄壁型钢试件破坏特征

2. 冷弯薄壁型钢-高强泡沫混凝土立柱

冷弯薄壁型钢-高强泡沫混凝土立柱：通过对试验全过程的观察发现，所有填充泡沫混凝土的立柱试件相比于未填充泡沫混凝土的试件都有较好的延性和后期承载力。试件在加载初期处于弹性阶段时并无异状；当竖向外加荷载增至峰值荷载的60%～70%时，试件开始进入屈服阶段，钢管表面局部出现不明显的受压屈曲现象，在这期间因内部泡沫混凝土的挤压会发出“嗞嗞”的声响；随着外荷载的继续增加，至峰值荷载时，钢管变形会更加明显，主要表现为顶部截面处向外局部屈曲；当试验停止时，试件已发生严重破坏，如图4.5所示。

所有冷弯薄壁型钢-泡沫混凝土立柱试件基本上都在顶部截面附近发生了向外局部屈曲，其中试件S1-1、S′1-1和S3-1在柱子的中间位置附近也出现了局部屈曲。单独观察典型试件 S3-1 和 S'3-1 发现，构件顶部泡沫混凝土中有许多细微裂缝，但冷弯薄壁型钢与泡沫混凝土并未发生明显的相对滑移，说明型钢与泡沫混凝土黏结较好，如图 4.5 中试件 S3-1 和 S'3-1 顶部截面所示。试件 S2-1 出现了点焊缝破坏现象，这是由于焊接加工不到位引起的焊缝破坏，属于非典型的破坏形式，因此在焊接钢管时必须保证焊缝的质量，以确保破坏不是由于焊缝破坏引起的。

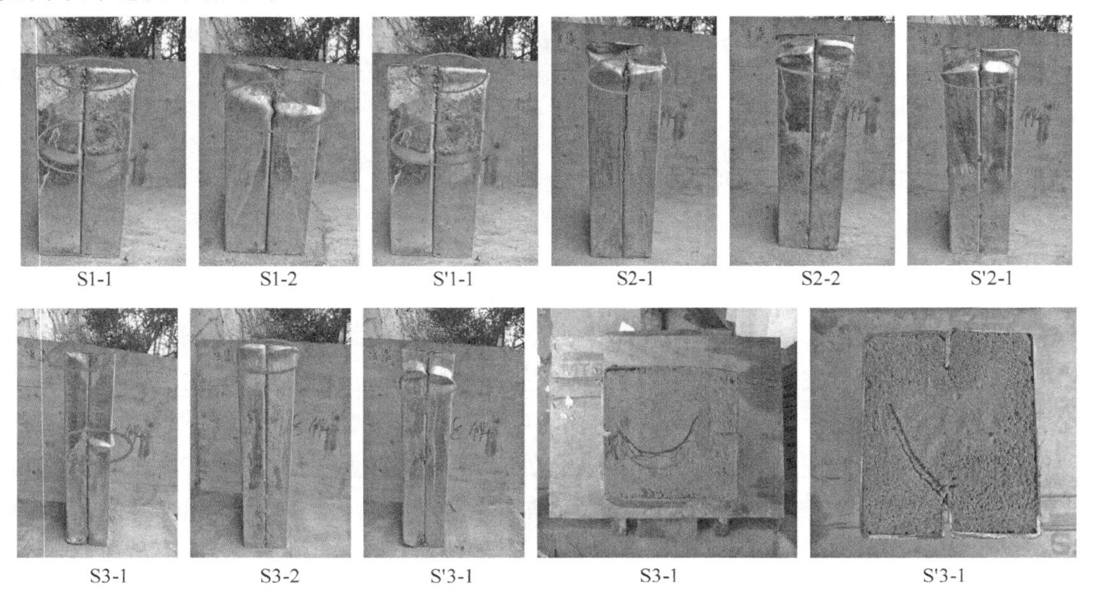

图 4.5　冷弯薄壁型钢-泡沫混凝土试件破坏特征

3. 试件破坏特征

本试验共对 12 根立柱试件的轴压性能进行了试验，通过观察试件的试验现象得出以下结论：

(1) 3 根未填充泡沫混凝土的空心冷弯薄壁型钢柱，最终破坏形态主要为立柱的顶部截面腹板沿钢板水平向外和向内出现的局部畸变屈曲；立柱顶部有向外的褶皱，底部并无损伤；在试件的点焊处并未发生严重破坏，表明连接良好。

(2) 9 根填充了泡沫混凝土的冷弯薄壁型钢立柱，破坏过程和形式基本一样，最主要特征如下：① 顶部截面出现水平向外局部轻微鼓起，慢慢演变成局部屈曲破坏；② 部分立柱出现点焊缝破坏现象，这是由于焊接加工不到位引起的焊缝破坏，或是由于内部泡沫混凝土受挤压膨胀对钢管产生破坏；③ 立柱内填充的泡沫混凝土顶面有细微裂缝，且有向下延伸的迹象。

(3) 立柱内核心泡沫混凝土可以防止钢管向内屈曲，同时钢管对泡沫混凝土起到约束作用；所有填充泡沫混凝土的轴压立柱试件相比于未填充泡沫混凝土的试件具有较好的延性和后期承载力。

4.2.4　试验结果与分析

1. 试验结果

经过试验观察并结合数据采集仪采集的数据，得到了各试件的峰值承载力、竖向位移以及破坏形态，进而确定了刚性指数和延性指数，如表 4.4 所示。

表 4.4　轴压试件的数据信息

试件编号	峰值承载力 N_{ue}(kN)	竖向位移 Δ(mm)		刚度指数 RI	延性指数 DI	破坏形态
		Δ_{ue}	$\Delta_{85\%}$			
S1-0	50.12	1.2	1.5	41.67	1.25	立柱顶部截面局部屈曲
S1-1	91.03	1.9	3.2	47.37	1.68	立柱顶部截面局部屈曲，泡沫混凝土局部破损
S1-2	149.96	2.2	3.8	68.18	1.73	立柱顶部截面局部屈曲，泡沫混凝土局部破损
S′1-1	164.88	1.8	3.5	91.67	1.94	立柱顶部截面局部屈曲，泡沫混凝土局部破损
S2-0	48.34	1.3	1.7	36.92	1.31	立柱顶部截面局部屈曲
S2-1	148.12	3.1	5.3	47.74	1.71	立柱顶部截面局部屈曲，泡沫混凝土局部破损
S2-2	171.00	2.2	4.1	77.27	1.86	立柱顶部截面局部屈曲，泡沫混凝土局部破损
S′2-1	184.65	2.1	4.5	88.10	2.14	立柱顶部截面局部屈曲，泡沫混凝土局部破损
S3-0	47.37	1.7	2.5	27.65	1.47	立柱顶部截面局部屈曲
S3-1	135.11	2.4	3.7	56.25	1.54	立柱顶部截面局部屈曲，泡沫混凝土局部破损
S3-2	162.52	2.2	4.3	73.64	1.95	立柱顶部截面局部屈曲，泡沫混凝土局部破损
S′3-1	182.17	2.7	6.1	67.41	2.26	立柱顶部截面局部屈曲，泡沫混凝土局部破损

上表中刚度指数 RI 可以代表试件的竖向刚度，其数值等于峰值荷载除以相应竖向位移，如式：

$$RI=\frac{N_{ue}}{\Delta_{ue}} \tag{4-1}$$

延性指数 DI[3] 可以表征试件在达到峰值荷载之后的延性，是指结构或试件从屈服开始到破坏时的变形性能，延性好的结构在达到屈服或最大承载能力后仍能吸收一定量的能量，避免结构发生脆性破坏。延性指数数值等于荷载降至峰值强度 N_{ue} 的 85%时对应的轴向缩短位移与峰值荷载时相应的位移轴向缩短之比，如式：

$$DI=\frac{\Delta_{85\%}}{\Delta_{ue}} \tag{4-2}$$

图 4.6 给出了 DI 的定义，$\Delta_{85\%}$ 为荷载为 N_{ue} 的 85%时对应的轴向缩短，Δ_{ue} 是与试件 N_{ue} 相对应的轴向缩短值。

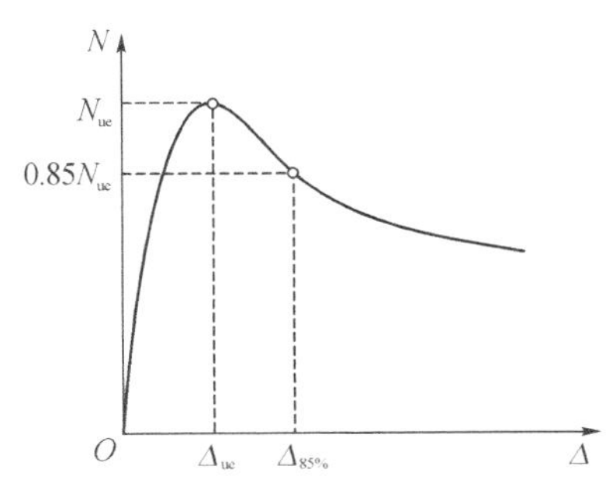

图 4.6　延性指数(DI)的定义

2. 轴压承载力的影响因素分析

(1) 泡沫混凝土强度等级

图 4.7 为立柱试件在相同长细比λ与截面高宽比β情况下，不同泡沫混凝土强度等级的荷载-竖向位移曲线。从三幅图的对比中可以看出，荷载-竖向位移曲线大致可分为 4 个阶段：第一个阶段为弹性阶段，曲线直线上升，试件受力基本保持了弹性的特征；第二阶段为弹塑性阶段，曲线的斜率逐渐减小，但试件的承载力继续增加直至达到峰值；第三个阶段为快速下降阶段，曲线出现明显下降段，其原因是试件出现局部破坏，承载力急速下降；第四个阶段为平缓下降阶段，试件承载力下降平缓。其中内填泡沫混凝土的冷弯薄壁型钢立柱比空心冷弯薄壁型钢立柱的承载力更高，并且承载力会随着填充泡沫混凝土密度等级的提高而提高。

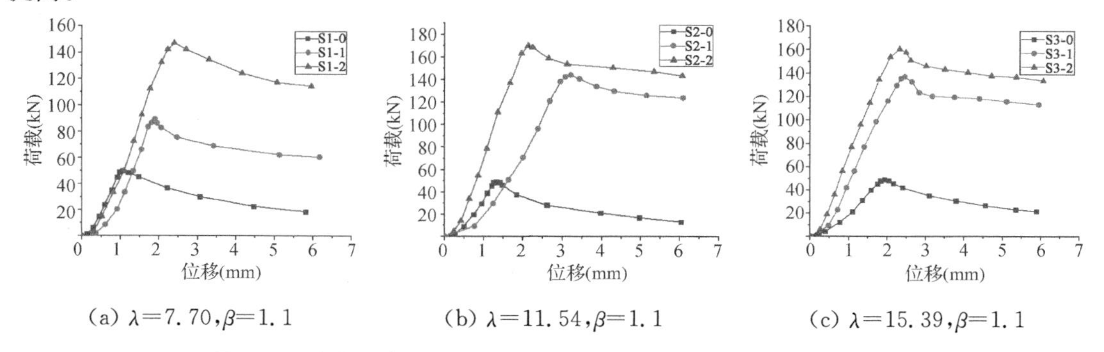

(a) $\lambda=7.70,\beta=1.1$　(b) $\lambda=11.54,\beta=1.1$　(c) $\lambda=15.39,\beta=1.1$

图 4.7 试件在填充不同强度等级泡沫混凝土时的荷载-位移曲线

图 4.8 是立柱试件刚度指数与延性指数柱状图，相比未填充泡沫混凝土的试件 S1-0、S2-0 和 S3-0，填充 A10 级泡沫混凝土的试件 S1-1、S2-1、S3-1 的竖向刚度平均提高约 1.52 倍，延性平均提高约 1.26 倍；填充 A12 级泡沫混凝土的试件 S1-2、S2-2、S3-2 的竖向刚度平均提高约 2.13 倍，延性平均提高约 1.38 倍。其原因是：(1) 内填的泡沫混凝土可以承受竖向荷载，提高试件竖向承载力；(2) 冷弯薄壁型钢将内填泡沫混凝土柱包裹起来，对核心泡沫混凝土起到很好的约束作用，使得泡沫混凝土受压性能得到充分发挥，让组合柱承载力和竖向刚度得到有效提高；(3) 立柱内核心泡沫混凝土可以防止钢管向内屈曲，提高了立柱抗畸变屈曲和扭曲的能力。

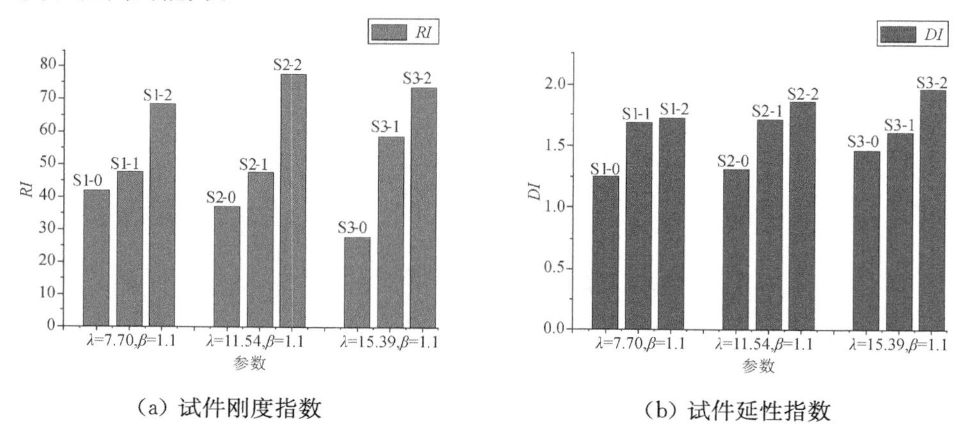

(a) 试件刚度指数　(b) 试件延性指数

图 4.8 试件在不同强度等级泡沫混凝土时的刚度指数与延性指数

综上所述，空心冷弯薄壁型钢立柱填充泡沫混凝土可以有效地提高立柱的竖向承载力、竖向刚度和延性，提高程度随着泡沫混凝土强度等级的提高而上升。

（2）截面高宽比 β

图 4.9 为试件在长细比与泡沫混凝土强度等级相同，截面高宽比不同时的荷载-竖向位移曲线；图 4.10 为试件刚度指数与延性指数柱状图。从图中可以得到：截面高宽比$\beta=1.4$的冷弯薄壁型钢-泡沫混凝土立柱试件 S′1-1、S′2-1、S′3-1 与 $\beta=1.1$ 的立柱试件S1-1、S2-1、S3-1 相比，峰值承载力、刚度指数与延性指数均有大幅提高。这说明构件截面高宽比的增大可以有效地提高冷弯薄壁型钢-泡沫混凝土立柱的竖向峰值承载力、竖向刚度和延性。

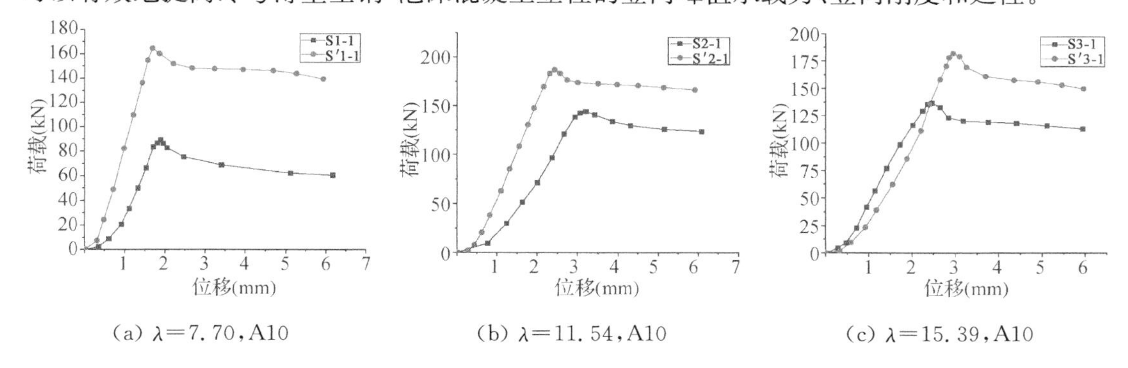

（a）$\lambda=7.70$，A10　（b）$\lambda=11.54$，A10　（c）$\lambda=15.39$，A10

图 4.9　试件截面高宽比不同时的荷载-位移曲线

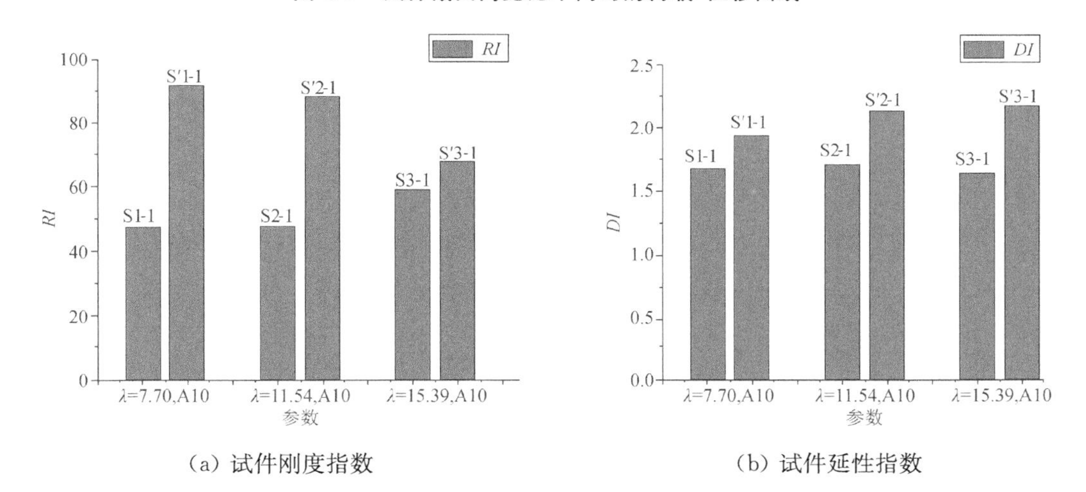

（a）试件刚度指数　（b）试件延性指数

图 4.10　试件高宽比不同时的刚度指数与延性指数

（3）长细比 λ

图 4.11 和图 4.12 分别为构件在泡沫混凝土的强度等级与截面高宽比相同、长细比不同时的荷载-竖向位移曲线图、刚度指数与延性指数柱状图。试验结果表明：随着长细比的增大，空心冷弯薄壁型钢柱的承载能力、变形能力、刚度系数均有下降，延性指数基本相同，这是由于空心冷弯薄壁型钢柱局部畸变屈曲发生较早，降低了空心管的轴压力学性能；冷弯薄壁型钢-泡沫混凝土立柱试件在 $\lambda=7.7$ 时的峰值承载力小于 $\lambda=11.54$ 和 $\lambda=15.39$ 时的峰值承载力，这是由于 $\lambda=7.7$ 的试件高度较低，发生局部屈曲较早；构件的刚度指数与延性指数在长细比的影响下并不是规律分布，影响也不明显，但是长细比的增加对构件的轴压性

能不利；构件的刚度指数与延性指数会随着泡沫混凝土强度等级与截面高宽比的提高而变大。

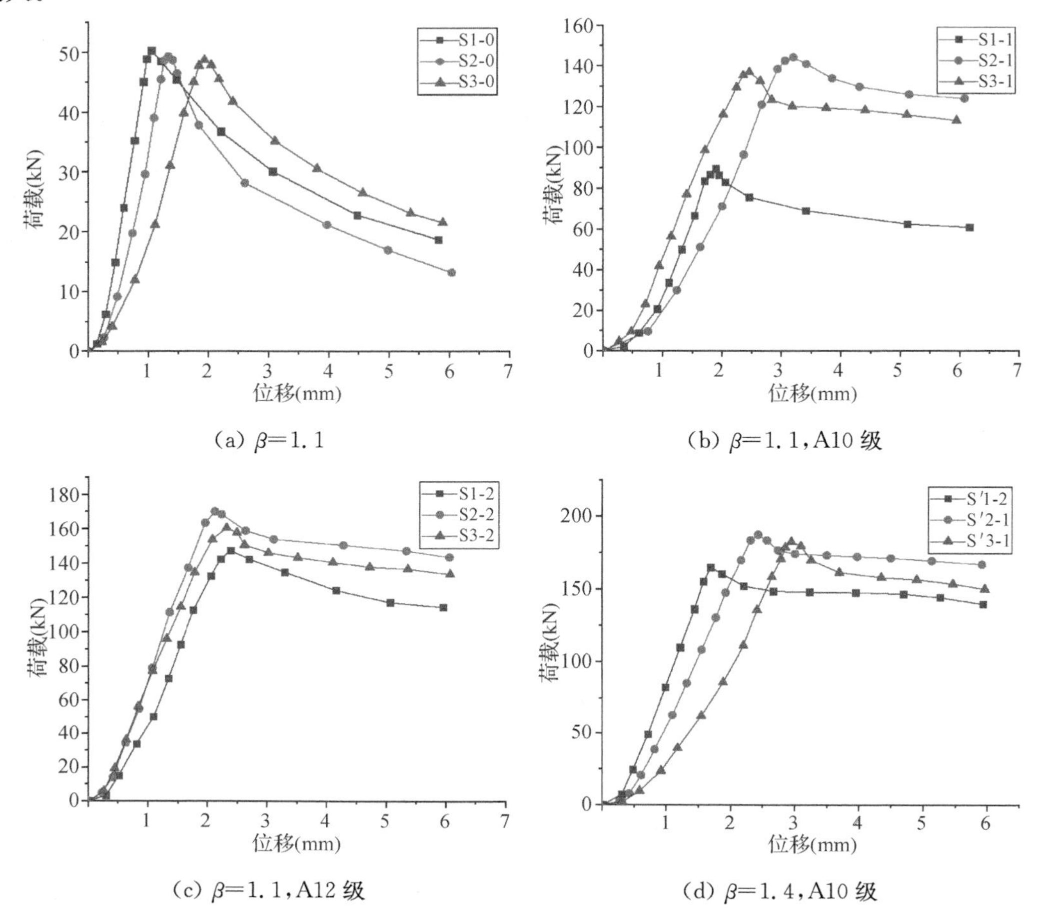

(a) β=1.1　　(b) β=1.1，A10 级

(c) β=1.1，A12 级　　(d) β=1.4，A10 级

图 4.11　试件长细比不同时的荷载-位移曲线

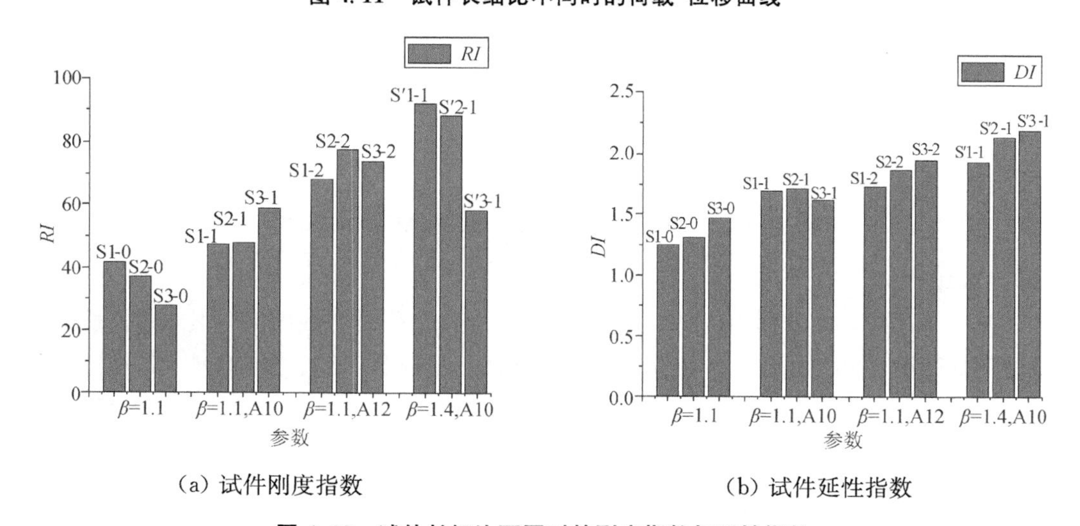

(a) 试件刚度指数　　(b) 试件延性指数

图 4.12　试件长细比不同时的刚度指数与延性指数

4.3　冷弯型钢-高强泡沫混凝土矩形立柱轴压性能的有限元分析

对冷弯型钢-高强泡沫混凝土矩形立柱建立有限元模型，比较该模型与试验试件的破坏模式、荷载-位移曲线和峰值承载力，并分析立柱的荷载-应变曲线、立柱受压时的全过程和受力机理。基于有限元模型分析泡沫混凝土强度等级、截面高宽比和长细比等因素对立柱受力性能的影响。

4.3.1　有限元计算模型的建立

1. 单元类型和材料本构关系

本章冷弯型钢-高强泡沫混凝土立柱中所用材料与第六章中剪力墙抗剪性能研究试件相同，故其材料的单元类型完全采用第六章中单层剪力墙的单元类型，具体介绍见第6.3.1.1节。冷弯型钢和泡沫混凝土材料的本构关系见第六章第6.3.1.2节内容。

2. 部件装配及相互作用

图4.13给出了立柱试件的装配过程。根据第二章立柱试验的实际情况和破坏图可知：试件与钢垫板、底座之间未发生相对位移；冷弯薄壁型钢与泡沫混凝土之间的接触面并未出现滑移和分离；两个冷弯薄壁C型钢的点焊点也未发生断裂，组合良好。所以将部件接触和相互作用设置如下：(1) 钢垫板与冷弯薄壁C型钢、泡沫混凝土的两端采用绑定(Tie)接触进行约束；(2) 冷弯薄壁C型钢与内填泡沫混凝土采用表面与表面接触，切向定义为“罚”，摩擦系数取0.25，法向定义为“硬”；(3) 两组冷弯薄壁C型钢之间也采用绑定(Tie)接触进行约束。

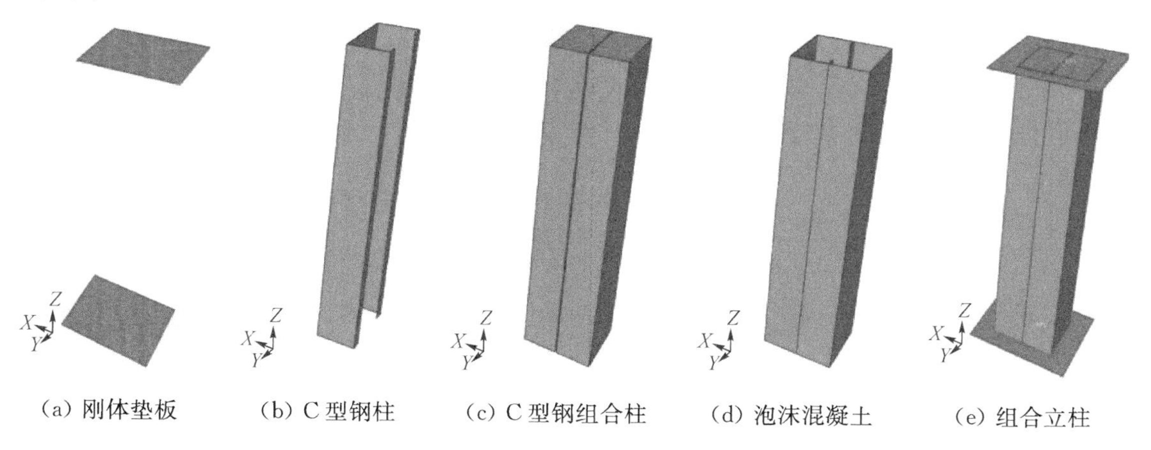

(a) 刚体垫板　(b) C型钢柱　(c) C型钢组合柱　(d) 泡沫混凝土　(e) 组合立柱

图4.13　有限元模型的建立

3. 边界条件和荷载施加

为了便于施加边界条件和荷载，在立柱顶部与底部的中心位置增加参考点RP1、RP2。基于立柱试验的边界条件和荷载施加情况，约束立柱有限元模型的顶部参考点RP1沿X和Y方向的平动自由度以及绕X、Y和Z的转动自由度，即$U1=U2=UR1=UR2=UR3=0$，加载方向为$U3$方向(轴向Z)加载，加载方式为通过顶部解析刚体参考点RP1进行位移加载，如图4.14(a)；将参考点RP2的平动自由度和转动自由度完全固定，即$U1=U2=U3=$

$UR1=UR2=UR3=0$，如图 4.14(b)。

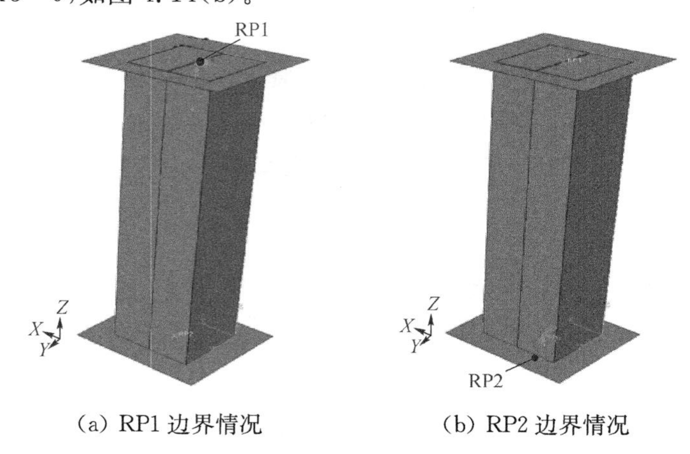

(a) RP1 边界情况　　(b) RP2 边界情况

图 4.14　有限元模型边界条件

4. 网格划分

为了模拟立柱试件的叠缩变形，冷弯薄壁型钢网格划分的网格尺寸为 5 mm，在钢管壁厚方向网格划分为 2 层，泡沫混凝土的网格尺寸为 5 mm，如图 4.15 所示。

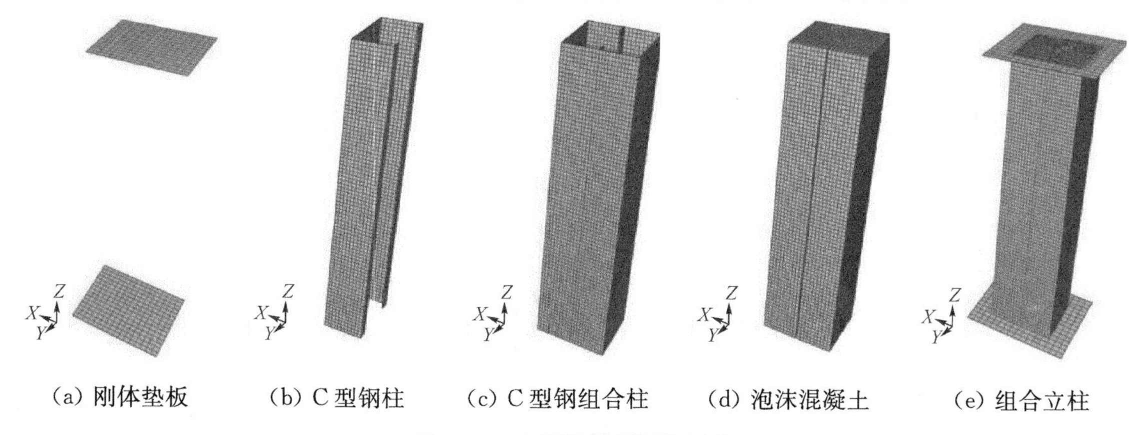

(a) 刚体垫板　(b) C 型钢柱　(c) C 型钢组合柱　(d) 泡沫混凝土　(e) 组合立柱

图 4.15　有限元模型网格划分

4.3.2　立柱有限元计算模型的验证

1. 破坏模式的对比分析

(1) 空心冷弯薄壁型钢柱

图 4.16 为空心冷弯薄壁型钢立柱的试验破坏模式和有限元模型的等效 Mises 应力云图破坏特征的对比。立柱顶部截面均呈现出较大的应力，顶部和中部出现局部屈曲破坏，并伴有凹凸波形纹，冷弯型钢达到屈服强度。有限元模拟得出的等效 Mises 应力云图呈现的上述破坏特征与试验破坏现象基本一致。

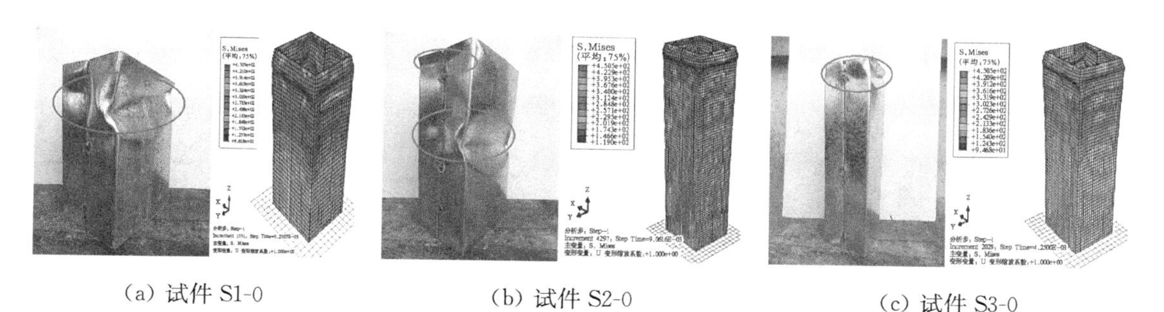

(a) 试件 S1-0　　(b) 试件 S2-0　　(c) 试件 S3-0

图 4.16　空心冷弯薄壁型钢柱破坏特征

(2) 冷弯薄壁型钢-泡沫混凝土柱

图 4.17 为试验破坏模式和有限元模型的等效 Mises 应力云图破坏特征的对比。立柱在顶部截面均呈现较大的应力,并在相应位置出现外鼓形的局部屈曲破坏。所有试件在破坏时型钢的 Von Mises 等效应力达到其屈服强度。有限元模拟得出的应力云图呈现的上述破坏特征与试验破坏现象基本一致。

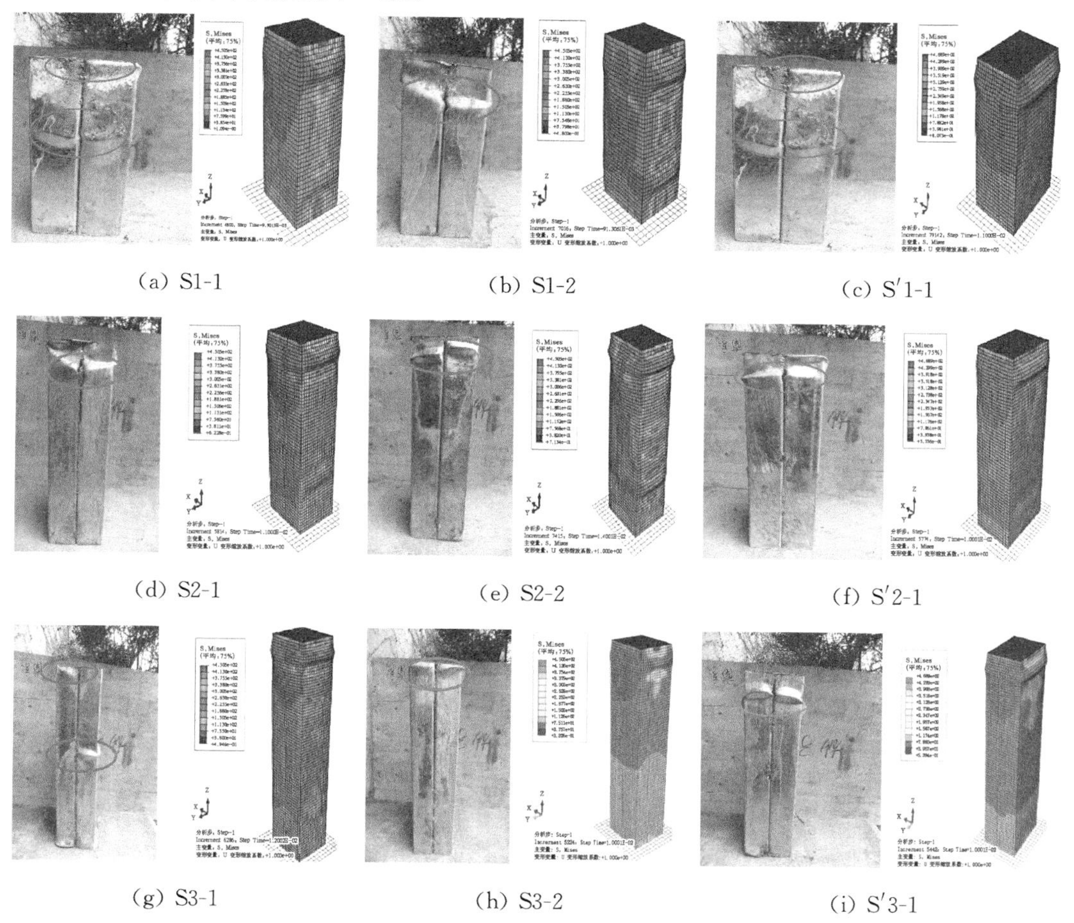

(a) S1-1　　(b) S1-2　　(c) S′1-1

(d) S2-1　　(e) S2-2　　(f) S′2-1

(g) S3-1　　(h) S3-2　　(i) S′3-1

图 4.17　冷弯薄壁型钢-泡沫混凝土柱破坏特征

图 4.18 为有限元模拟得到的泡沫混凝土在峰值荷载作用下的等效 Mises 应力云图。泡沫混凝土在顶部截面的四角均呈现较出大的应力,表明此处泡沫混凝土发生局部破坏且

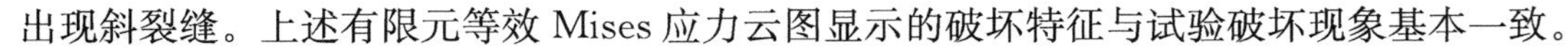

出现斜裂缝。上述有限元等效 Mises 应力云图显示的破坏特征与试验破坏现象基本一致。

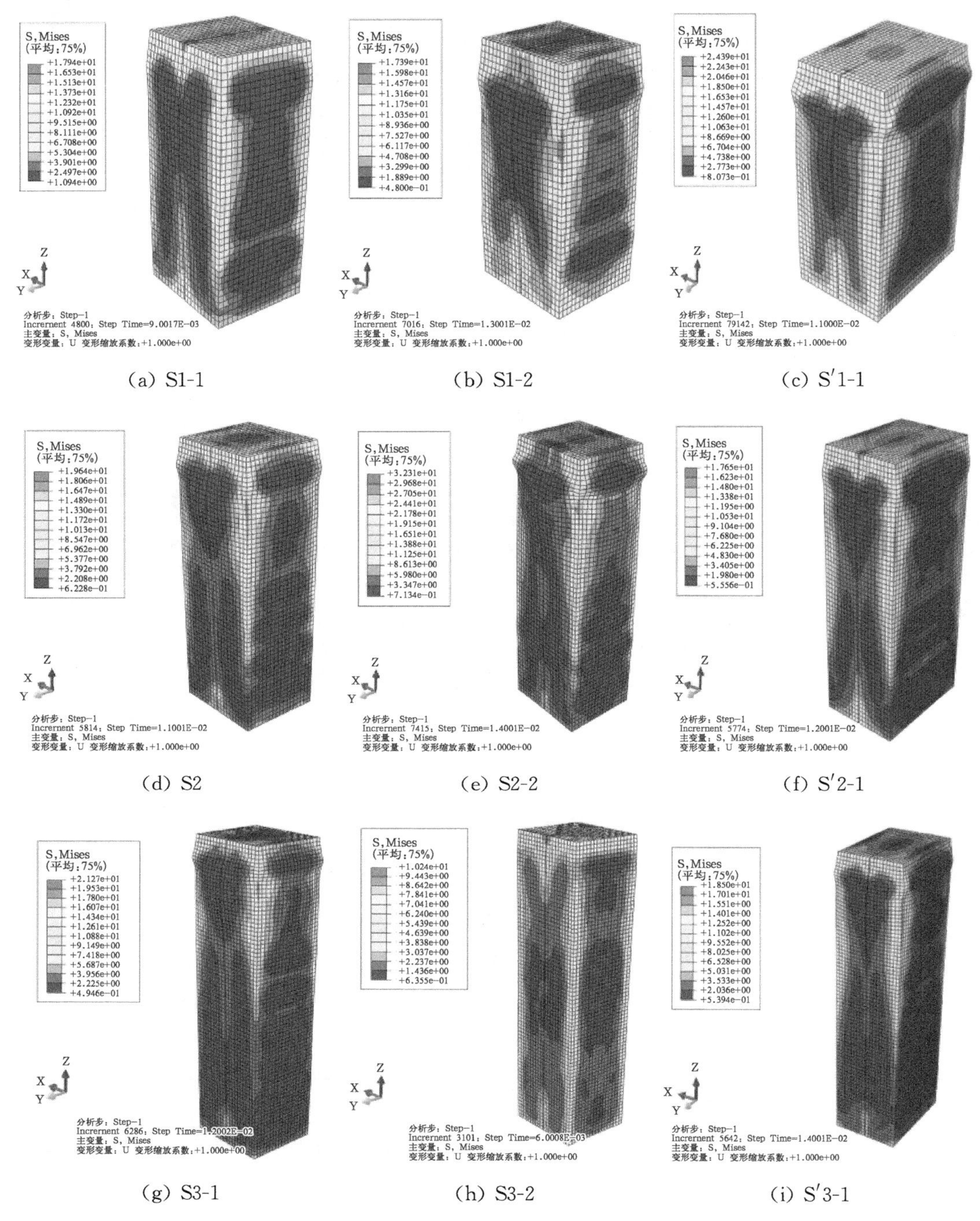

(a) S1-1　　(b) S1-2　　(c) S′1-1

(d) S2　　(e) S2-2　　(f) S′2-1

(g) S3-1　　(h) S3-2　　(i) S′3-1

图 4.18　泡沫混凝土柱应力云图

对 9 根理想轴压构件的 1/2 截面位置进行分析，得到泡沫混凝土中截面应力云图，如图 4.19 所示。C90 型试件核心加强区呈椭圆形，约束效果较好，平均应力达到材料峰值压应力的 2.5 倍左右，核心区与角部之间的环形区域为泡沫混凝土部分加强区，该区域的泡沫混凝土应力均达到了峰值压应力的 1.5 倍以上；C140 型试件核心加强区呈矩形，约束效果较好，应力达到材料峰值压应力的 3 倍，部分加强区的泡沫混凝土应力达到了峰值压应力的 2 倍以上。上述有限元等效 Mises 应力云图表明冷弯薄壁型钢将核心泡沫混凝土柱包裹起来，对混凝土起到很好的约束作用，改变了泡沫混凝土的应力状态，使得泡沫混凝土受压性能得到充分发挥，本节为泡沫混凝土轴压承载力的计算提供了基础。

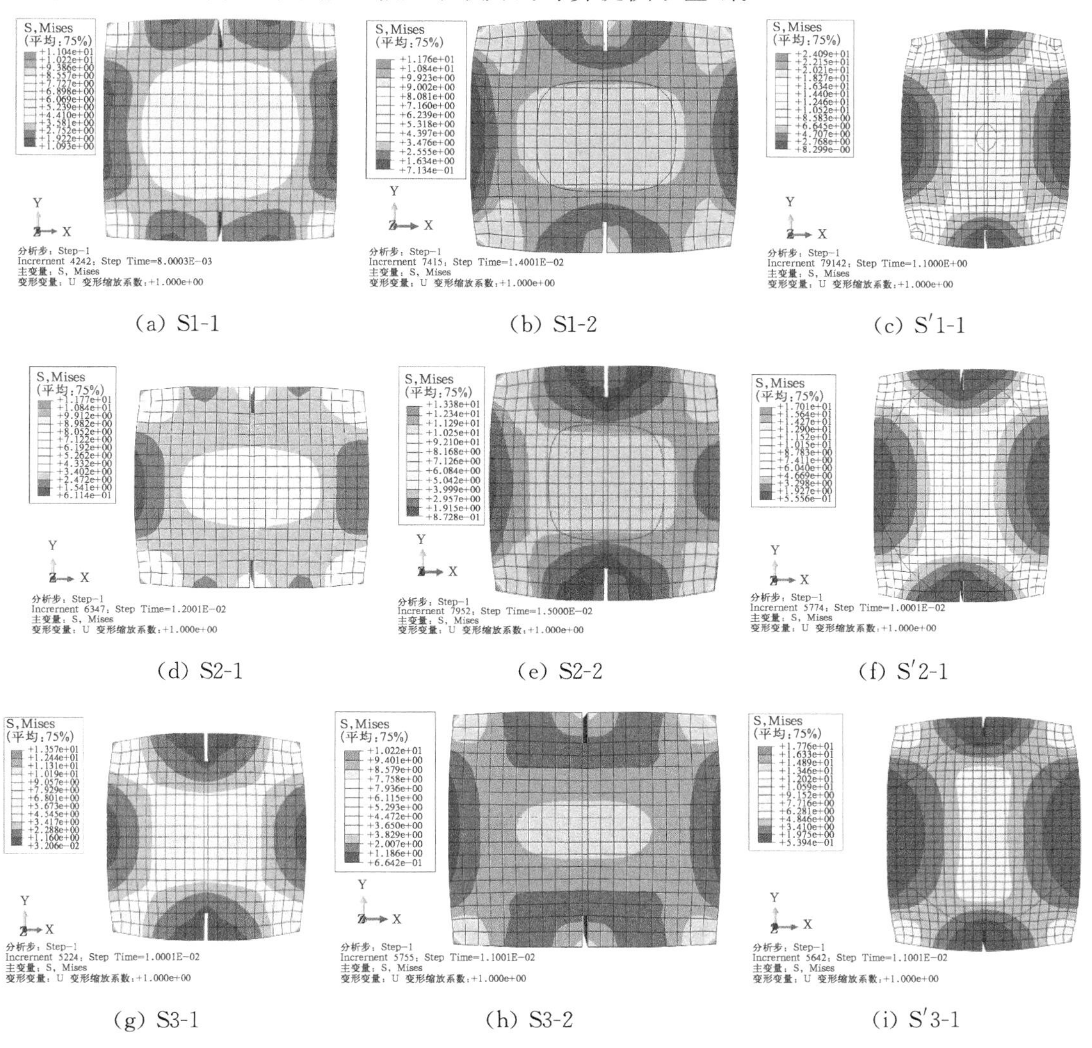

(a) S1-1 (b) S1-2 (c) S′1-1

(d) S2-1 (e) S2-2 (f) S′2-1

(g) S3-1 (h) S3-2 (i) S′3-1

图 4.19 泡沫混凝土中截面应力云图

综上，采用 ABAQUS 有限元软件建立的立柱模型在轴压作用下的破坏特征与试验破坏现象基本一致，表明建立的有限元模型基本合理，基本能满足后续的参数分析要求。

2. 轴压承载力的对比分析

表 4.5 列出了立柱承载力的有限元模拟结果与试验结果的对比，其中 N_{ue} 为试验得到的峰值承载力，N_{ua} 为有限元模拟得到的峰值承载力。有限元模拟计算所得的承载力结果比试验值普遍稍偏大，其原因：(1) 试验过程中试件仅端部磨平直接置于加载板上，端部约束条件相对有限元固结条件稍弱；(2) 由于材料本身的缺陷，泡沫混凝土灌入时没有振捣密实，搅拌泡沫混凝土的时候搅拌不均匀等。

通过对峰值承载力的对比可知，模拟值与试验值比值的均值为1.19，且标准差和变异系数也较小，表明有限元模型能较好地用于试件的承载力计算，满足后续的参数分析要求。

表 4.5　试验值与模拟值对比

试件编号	试验值 N_{ue}(kN)	模拟值 N_{ua}(kN)	模拟值/试验值(N_{ua}/N_{ue})	$\frac{N_{ua}-N_{ue}}{N_{ue}}$(%)
S1-0	50.12	63.03	1.26	26%
S1-1	91.03	122.42	1.34	34%
S1-2	149.96	167.81	1.12	12 %
S′1-1	164.88	199.72	1.21	21%
S2-0	48.34	60.17	1.24	24 %
S2-1	148.12	162.42	1.10	10 %
S2-2	171.00	197.81	1.16	16%
S′2-1	184.65	212.72	1.15	15%
S3-0	47.37	58.34	1.23	23%
S3-1	135.11	154.42	1.14	14 %
S3-2	162.52	192.81	1.19	19%
S′3-1	182.17	209.72	1.15	15%
平均值			1.19	
标准差			0.07	
变异系数			0.06	

3. 荷载-位移曲线的对比分析

图4.20给出了第三组试件S3-0、S3-1、S3-2和S′3-1的有限元模拟与试验所得到的荷载-位移曲线对比。在弹性阶段，有限元模拟曲线比试验值的曲线稍微陡峭，但曲线的整体吻合基本良好，两者之间的平均误差在10%～20%，因此有限元模拟结果能够较好地吻合试件的真实结果，满足后续的参数分析要求。

4.3.3　立柱轴压性能受力机理分析

1. 立柱工作机理分析

图4.21显示了冷弯薄壁型钢-泡沫混凝土立柱的3处位置(构件顶部1/4处点、钢管中点、钢管底部1/4处点)。立柱的轴力荷载(N)与轴向压应变(ε)曲线如图4.22所示。

从图4.22的对比中可知，试件所受荷载在达到峰值荷载的60%～80%之前，荷载-应变曲线基本呈线性增长，表明整个试件处于弹性均匀受压状态；随后，曲线的斜率逐渐变小；当试件所受荷载超过峰值荷载时，曲线快速下降并逐渐趋于稳定，表明冷弯薄壁型钢-泡沫混凝土立柱发生破坏。

从图4.22中可知，未填充泡沫混凝土试件S1-0、S2-0和S3-0在峰值荷载时应变主要集中在300 $\mu\varepsilon$左右，填充泡沫混凝土的C90试件S1-1、S1-2、S2-1、S2-2、S3-1和S3-2立柱的

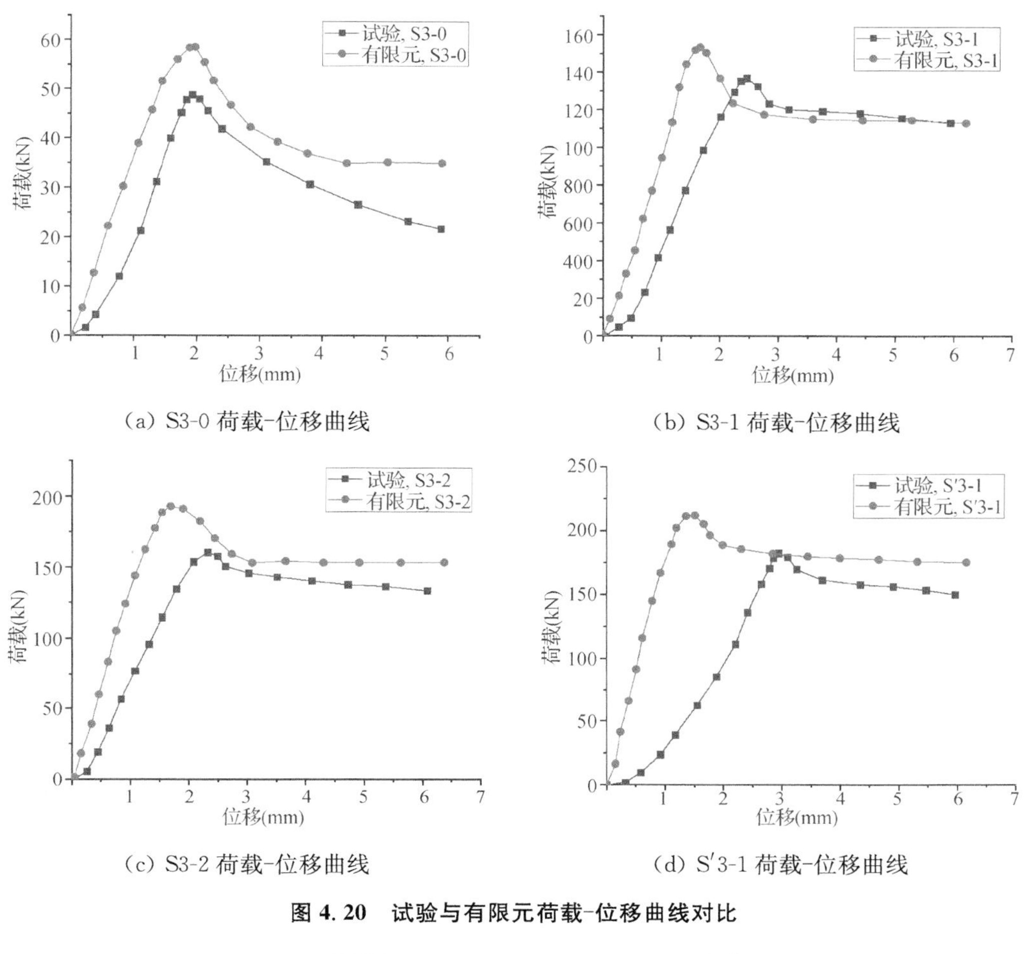

(a) S3-0 荷载-位移曲线　　(b) S3-1 荷载-位移曲线

(c) S3-2 荷载-位移曲线　　(d) S′3-1 荷载-位移曲线

图 4.20　试验与有限元荷载-位移曲线对比

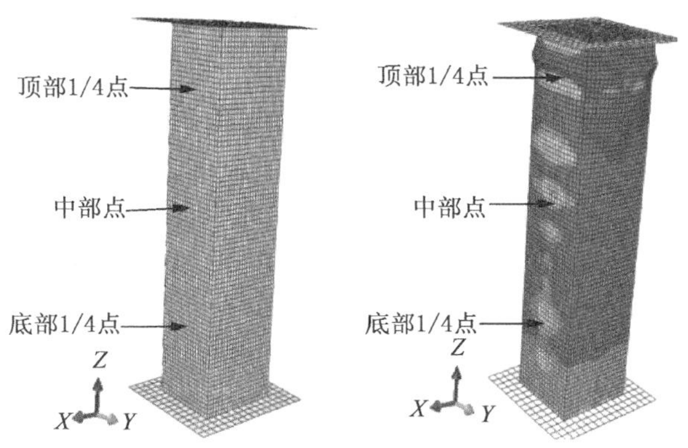

图 4.21　荷载-应变的取点位置

应变主要集中在 800～1 000 $\mu\varepsilon$ 之间，C140 试件 S′1-1、S′2-1 和 S′3-1 立柱各部位的应变主要集中在 900～1 000 $\mu\varepsilon$。这说明相比于未填充泡沫混凝土的试件，填充泡沫混凝土可以使立柱的屈服强度得到较充分发挥，但型钢的屈服强度未得到完全利用，在后面的公式推导中需要对钢材屈服强度进行折减。

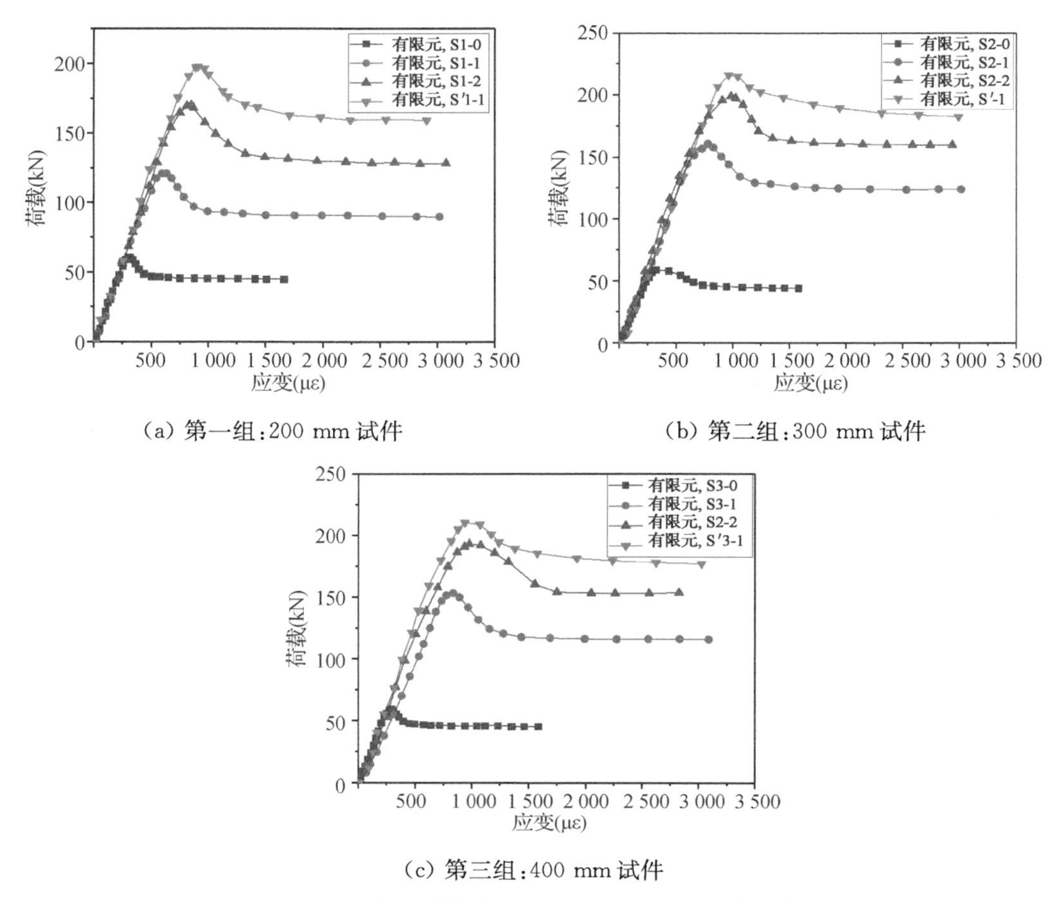

(a) 第一组：200 mm 试件

(b) 第二组：300 mm 试件

(c) 第三组：400 mm 试件

图 4.22　冷弯薄壁型钢-泡沫混凝土荷载-应变曲线

2. 立柱受力过程分析

由于冷弯薄壁型钢-泡沫混凝土立柱是内填泡沫混凝土的组合柱，在试验过程中无法测量和观察到内部泡沫混凝土的应力状态与破坏过程，所以选择将冷弯薄壁型钢-泡沫混凝土立柱加载阶段的四个特殊点(图 4.23)的型钢与泡沫混凝土的应力云图提取出来，以此分析立柱的受力过程与受力机理，如图 4.24 和图 4.25。

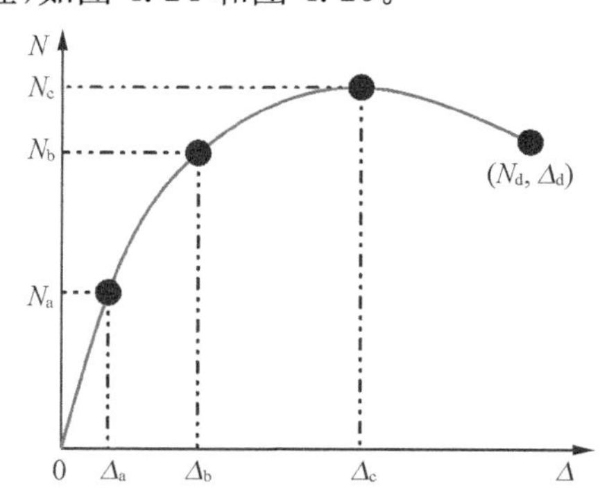

图 4.23　冷弯薄壁型钢-泡沫混凝土柱受力过程及阶段

(1) 在加载的弹性阶段($0\sim\Delta_a$)，冷弯薄壁型钢与泡沫混凝土可以共同受力工作，冷弯薄壁型钢与泡沫混凝土都是在顶部所受应力较大，底部所受应力较小，表明试件在顶部承受荷载较大，底部承受荷载较小。此阶段竖向力主要由冷弯薄壁型钢与泡沫混凝土共同承担。

（2）在试件的屈服阶段（$\Delta_a \sim \Delta_b$），冷弯薄壁型钢与泡沫混凝土的顶部 1/4 处截面应力变大，表明此处所受荷载加大，开始出现屈曲现象，这和试验现象一致。此外，泡沫混凝土的顶部与四处棱角应力很大，出现挤压裂缝，表明泡沫混凝土受到冷弯薄壁型钢的约束，该约束改变了泡沫混凝土的应力分布，使得泡沫混凝土能为试件更好地工作。此阶段冷弯薄壁型钢与泡沫混凝土依旧共同承担荷载，但泡沫混凝土受到的荷载开始增大。

（3）在试件的峰值阶段（$\Delta_b \sim \Delta_c$），冷弯薄壁型钢与泡沫混凝土顶部截面的应力已经非常大，而且冷弯薄壁型钢与泡沫混凝土在相应位置已发生向外屈曲破坏，此时内部泡沫混凝土部分的应力变小，表明泡沫混凝土与冷弯薄壁型钢出现分离现象。

（4）在试件的破坏阶段（$\Delta_c \sim \Delta_d$），冷弯薄壁型钢与泡沫混凝土在顶部截面已发生相当严重的局部破坏，且在屈曲位置出现显著的冷弯薄壁型钢与泡沫混凝土分离现象，使得冷弯薄壁型钢-泡沫混凝土组合柱的承载力出现降低；泡沫混凝土因冷弯薄壁型钢的挤压约束，不仅在顶部和底部出现局部破坏，而且在钢管内部出现裂缝。

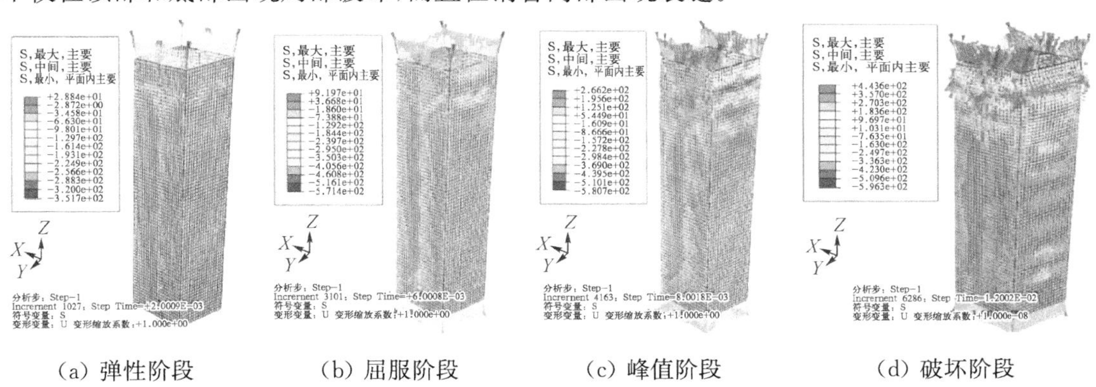

（a）弹性阶段　　（b）屈服阶段　　（c）峰值阶段　　（d）破坏阶段

图 4.24　冷弯薄壁型钢各阶段应力分布情况

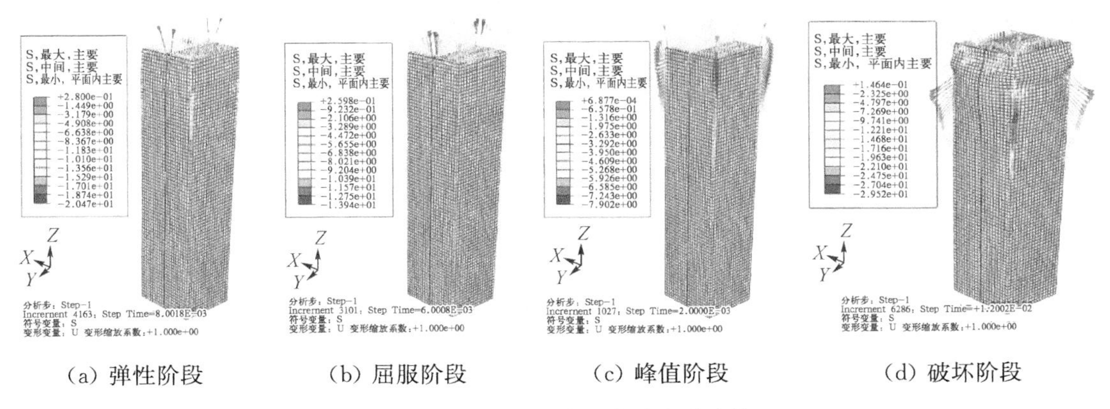

（a）弹性阶段　　（b）屈服阶段　　（c）峰值阶段　　（d）破坏阶段

图 4.25　泡沫混凝土各阶段应力分布情况

4.4　基于叠加原理的单层冷弯型钢-高强泡沫混凝土立柱的正截面受压承载力计算公式

本节基于冷弯薄壁型钢-高强泡沫混凝土矩形立柱的试验研究和有限元数值模拟，并结合现有的国内外相关规范标准和文献中承载力的计算公式，建立了适用于冷弯薄壁型钢-高强泡沫混凝土矩形立柱正截面轴心受压承载力的简化计算公式。

4.4.1 现有的型钢-混凝土立柱正截面受压承载力计算公式

1. 我国相关标准与规范

我国的《冷弯薄壁型钢结构技术规范》(GB 50018—2002)[4]中规定，冷弯薄壁型钢结构轴心受压试件按强度计算的承载力应符合：

$$N=A_e f_y \tag{4-3}$$

式中：N 为轴向压力设计值；A_e为型钢的有效截面面积；f_y为型钢的屈服强度。

此外，长细比对轴心受压试件的承载力有较大的影响。在相同试件配置条件下，长细比大的试件承载力小于长细比小的试件承载力。因此，通常采用稳定系数对式(4-3)进行整体性的量化折减，按稳定性计算得到的承载力应符合：

$$N=\varphi A_e f_y \tag{4-4-1}$$

$$\varphi=\left[1+0.002\left(\frac{l_0}{b}-8\right)^2\right]^{-1} \tag{4-4-2}$$

式中：N 为轴向压力设计值；φ 为稳定系数；A_e为冷弯型钢立柱的有效截面面积；f_y为冷弯型钢的屈服强度；l_0为试件的计算长度；b 为矩形截面的短边尺寸。

我国《钢管混凝土结构技术规范》(GB 50936—2014)[5]给出了钢管混凝土柱的轴心受压强度承载力设计值公式计算：

$$N\leqslant\varphi N_u=\varphi A_{sc} f_{sc} \tag{4-5-1}$$

式中：N 为轴向压力设计值；N_u为轴心受压轴力允许值；φ 为受压试件稳定系数。

$$f_{sc}=(1.212+B\theta+C\theta^2)f_c \tag{4-5-2}$$

$$\theta=\alpha_{sc}\frac{f}{f_c} \tag{4-5-3}$$

$$\alpha_{sc}=\frac{A_s}{A_c} \tag{4-5-4}$$

$$A_{sc}=A_s+A_c \tag{4-5-5}$$

$$\varphi=\frac{1}{2\bar{\lambda}_{sc}^2}\left[\bar{\lambda}_{sc}^2+(1+0.25\bar{\lambda}_{sc})-\sqrt{[\bar{\lambda}_{sc}^2+(1+0.25\bar{\lambda}_{sc})]^2-4\bar{\lambda}_{sc}^2}\right] \tag{4-5-6}$$

$$\bar{\lambda}_{sc}=0.001\lambda(0.01f_y+0.781) \tag{4-5-7}$$

其中 A_{sc}为钢管混凝土构件截面面积；f_{sc}为钢管混凝土抗压强度设计值；A_s和 A_c为钢管、管内混凝土的横截面面积(mm²)；θ 为钢管混凝土试件的套箍系数；f 为钢材的抗压强度设计值；f_c为混凝土轴心抗压强度设计值；B 和 C 为影响系数，$B=0.131f/213+0.723$，$C=-0.070f_c/14.4+0.026$。

我国《轻钢轻混凝土结构技术规程》(JGJ 383—2016)[2]规定了轻钢轻混凝土柱的正截面轴心受压承载力计算公式：

$$N\leqslant 0.7\varphi(f_c A_c+f'_a A'_a) \tag{4-6-1}$$

$$\varphi=\left[1+0.002\left(\frac{l_0}{b}-8\right)^2\right]^{-1} \tag{4-6-2}$$

式中：N 为轴向压力设计值；φ 为稳定系数；f_c为轻混凝土轴心抗压强度设计值；A_c和 A'_a分别为立柱截面净面积和轻钢截面面积；f'_a为轻钢抗压强度设计值。

2. 国外相关标准与规范

日本建筑学会的 *Recommendations for design and construction of concrete filled steel tubular structures*（AIJ）[7]，根据叠加原理，提出的钢管混凝土立柱轴心受压承载力计算公式如下：

$$N \leqslant N_u = f_y A_s + k f'_c A_c \tag{4-7}$$

式中：N 为轴向压力设计值；N_u为轴心受压轴力允许值；f_y为冷弯薄壁型钢的屈服强度；k 为混凝土强度系数；f'_c为混凝土圆柱体抗压强度标准值；A_s和 A_c分别为钢管、管内混凝土的横截面面积。

英国的《英国桥梁规范》（BS 5400）[8]提出了考虑了钢管约束核心混凝土作用的钢管-混凝土立柱轴压承载力计算公式：

$$N \leqslant N_u = A_s f_{yr}/\gamma_s + 0.675 A_c f_{cc}/\gamma_c \tag{4-8-1}$$

$$f_{yr} = C_2 f_{yr} \tag{4-8-2}$$

$$C_2 = 0.76 + 0.009\,6 L/B \tag{4-8-3}$$

$$f_{cc} = f_{cu} + f_y C_1 t/B \tag{4-8-4}$$

$$C_1 = 0.012\,9\,(L/B)^2 - 0.705 L/B + 9.527 \tag{4-8-5}$$

式中：N 为轴向压力设计值；N_u为轴心受压轴力允许值；f_{yr}为钢材折减屈服强度；γ_s和 γ_c分别为钢材与混凝土的分项系数，分别取 1.1 和 1.5；f_{cc}为钢管约束核心混凝土的峰值抗压强度；t 为冷弯薄壁型钢壁厚；A_s和 A_c分别为钢管和混凝土的横截面面积。

美国规范 *Building code requirements for reinforced concrete and commentary*（ACI 318—05）[9]中给出的轴心受压试件承载力计算公式为：

$$N \leqslant N_u = 0.85\varphi(A_s f_y + 0.85 A_c f'_c) \tag{4-9}$$

式中：N 为轴向压力设计值；N_u为轴心受压轴力允许值；0.85 为考虑试件初始偏心距的折减系数；φ 为强度折减系数，轻质混凝土对应的 φ 取 0.65；f'_c为混凝土圆柱体抗压强度标准值；A_s和 A_c为钢管、管内混凝土的横截面面积。

欧洲规范 *Eurocode 4：Design of composite steel and concrete structures*（EC 4）[10]按照全塑性截面简单叠加的原理，提出轴心受压试件的承载力计算公式：

$$N \leqslant N_u = A_s f_y/\gamma_s + A_c f'_c/\gamma_c \tag{4-10}$$

式中：N 为轴向压力设计值；N_u为轴心受压轴力允许值；f_y为冷弯薄壁型钢的屈服强度；f'_c为混凝土圆柱体抗压强度标准值；γ_s和 γ_c为钢材与混凝土的分项系数，分别取值 1.1 和 1.5；A_s和 A_c分别为钢管、管内混凝土的横截面面积。

3. 国内外相关文献

韩林海[11]等通过对钢管混凝土轴压力学性能的理论分析与试验研究推导出的有关方钢管混凝土试件承载力计算公式如下所示：

$$N \leqslant \varphi N_u = \varphi f_{sc} A_{sc} \tag{4-11-1}$$

$$f_{sc}=(1.18+0.85\xi_0)f_c \tag{4-11-2}$$

$$\xi_0=A_s f/A_c f_c \tag{4-11-3}$$

式中：N 为轴向压力设计值；N_u为轴心受压轴力允许值；f_{sc}为钢管混凝土组合轴压强度设计值；ξ_0为构件截面约束效应系数设计值；f 为钢材的抗压强度设计值；f_c为混凝土轴心抗压强度设计值；A_{sc}为钢管混凝土构件截面面积；φ 为轴心受压稳定系数。

$$\varphi=\begin{cases}1 & (\lambda\leqslant\lambda_0)\\ a\lambda^2+b\lambda+c & (\lambda_0<\lambda\leqslant\lambda_p)\\ d/(\lambda+35)^2 & (\lambda>\lambda_p)\end{cases} \tag{4-11-4}$$

$$a=\frac{1+(35+2\lambda_p-\lambda_0)e}{(\lambda_p-\lambda_0)^2} \tag{4-11-5}$$

$$e=\frac{-d}{(\lambda_p+35)^3} \tag{4-11-6}$$

$$b=e-2a\lambda_p \tag{4-11-7}$$

$$c=1-a\lambda_0^2-b\lambda_0 \tag{4-11-8}$$

$$d=\left[13\ 500+4\ 810\ln\left(\frac{235}{f_y}\right)\right]\left(\frac{25}{f_{ck}}\right)^{0.3}\left(\frac{\alpha}{0.1}\right)^{0.05} \tag{4-11-9}$$

$$\lambda_p=1811/\sqrt{f_y} \tag{4-11-10}$$

$$\lambda_0=\pi\sqrt{(220\xi_0+450)/(0.85\xi_0+1.18)f_{ck}} \tag{4-11-11}$$

式中：λ_p和λ_0分别为钢管混凝土试件发生弹性或弹塑性失稳时的界限长细比；f_{ck}为混凝土轴心抗压强度标准值。

余勇和吕西林[12-13]等利用编制的计算机程序，对试验结果进行了分析、比较，回归得到的方钢管混凝土立柱的承载力计算公式如下所示：

$$N\leqslant N_u=A_s f_y+A_c(1+\varphi)f_c \tag{4-12-1}$$

$$\varphi=17.0(B/t)-2.012(f_y/f_c) \tag{4-12-2}$$

式中：N 为轴向压力设计值；N_u为轴心受压轴力允许值；φ 为核心混凝土提高系数。

Shanmugam N E、Lakshmi B 与 Uy B 等[14]共同提出了有效宽度概念，提出了薄壁钢管混凝土立柱在轴压作用下的峰值承载力计算公式，如下所示：

$$N\leqslant N_u=A_e f_{yd}+0.85A_c f_{cd} \tag{4-13}$$

式中：N 为轴向压力设计值；N_u为轴心受压轴力允许值；A_e为钢管有效面积；f_{yd}为钢材设计强度；A_c为混凝土截面面积；f_{cd}为混凝土设计强度。

4.4.2 现有计算公式与试验结果的比较分析

现将冷弯薄壁型钢-泡沫混凝土矩形立柱的相关参数数值分别代入上述计算公式中，将得到的轴心受压承载力计算值 N_{uc}与试验值 N_{ue}进行验证和分析，具体数值见表 4.6 和表 4.7所示。

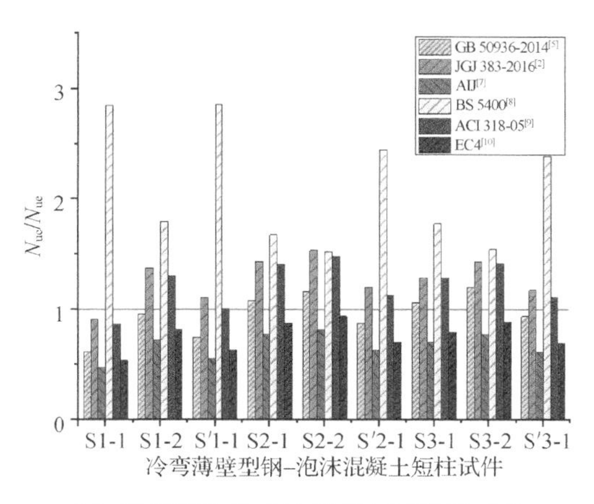

(a) 规范标准公式计算值与试验值对比

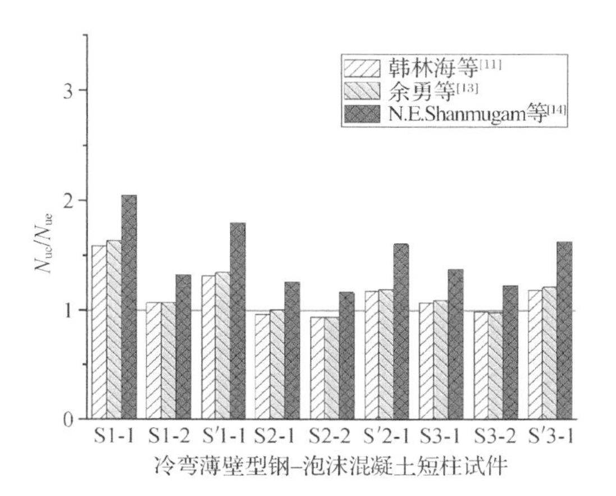

(b) 文献公式计算值与试验值对比

图 4.26　公式计算值与试验值对比

表 4.6　规范标准公式计算值及与试验值比较

试件编号	试验值 N_{ue} (kN)	GB 50936—2014[5]		JGJ 383—2016[2]		AIJ[7]		BS 5400[8]		ACI 318—05[9]		EC 4[10]	
		N_{uc} (kN)	$\frac{N_{uc}}{N_{ue}}$	N_{uc} (kN)	$\frac{N_{uc}}{N_{ue}}$	N_{uc} (kN)	$\frac{N_{uc}}{N_{ue}}$	N_{uc} (kN)	$\frac{N_{uc}}{N_{ue}}$	N_{uc} (kN)	$\frac{N_{uc}}{N_{ue}}$	N_{uc} (kN)	$\frac{N_{uc}}{N_{ue}}$
S1-1	91.03	146.2	1.61	100.4	1.10	189.9	2.09	259.1	2.85	104.9	1.15	168.3	1.85
S1-2	149.96	156.0	1.04	108.8	0.73	207.3	1.38	270.6	1.80	114.6	0.76	182.0	1.21
S'1-1	164.88	221.1	1.34	149.0	0.90	295.1	1.79	471.0	2.86	163.1	0.99	261.5	1.59
S2-1	148.12	137.5	0.93	102.6	0.69	189.9	1.28	249.5	1.68	104.9	0.71	168.3	1.14
S2-2	171.00	146.7	0.86	111.2	0.65	207.3	1.21	261.1	1.53	114.6	0.67	182.0	1.06
S'2-1	184.65	209.2	1.13	152.1	0.82	295.1	1.60	452.3	2.45	163.1	0.88	261.5	1.42
S3-1	135.11	126.1	0.93	104.4	0.77	189.9	1.41	240.5	1.78	104.9	0.78	168.3	1.25
S3-2	162.52	134.6	0.83	113.2	0.70	207.3	1.28	252.0	1.55	114.6	0.70	182.0	1.12
S'3-1	182.17	194.1	1.07	154.8	0.85	295.1	1.62	434.5	2.39	163.1	0.90	261.5	1.44
平均值			1.08		0.80		1.52		2.10		0.84		1.34
标准差			0.25		0.14		0.29		0.54		0.16		0.26
变异系数			0.23		0.17		0.19		0.26		0.19		0.19

表 4.7　文献公式计算值及与试验值比较

试件编号	试验值 N_{ue} (kN)	韩林海等[11]		余勇等[12-13]		Shanmugam N E 等[14]	
		N_{uc}(kN)	$\frac{N_{uc}}{N_{ue}}$	N_{uc}(kN)	$\frac{N_{uc}}{N_{ue}}$	N_{uc}(kN)	$\frac{N_{uc}}{N_{ue}}$
S1-1	91.03	144.32	1.59	187.07	2.05	149.07	1.64
S1-2	149.96	160.25	1.07	199.93	1.33	160.00	1.07
S'1-1	164.88	217.35	1.32	297.23	1.80	222.17	1.35

续表

试件编号	试验值 N_{ue} (kN)	韩林海等[11]		余勇等[12-13]		Shanmugam N E 等[14]	
		N_{uc} (kN)	$\frac{N_{uc}}{N_{ue}}$	N_{uc} (kN)	$\frac{N_{uc}}{N_{ue}}$	N_{uc} (kN)	$\frac{N_{uc}}{N_{ue}}$
S2-1	148.12	144.32	0.97	187.07	1.26	149.07	1.01
S2-2	171.00	160.25	0.94	199.93	1.17	160.00	0.94
S′2-1	184.65	217.35	1.18	297.23	1.61	222.17	1.20
S3-1	135.11	144.32	1.07	187.07	1.38	149.07	1.10
S3-2	162.52	160.25	0.99	199.93	1.23	160.00	0.98
S′3-1	182.17	217.35	1.19	297.23	1.63	222.17	1.22
平均值			1.15		1.50		1.17
标准差			0.21		0.30		0.22
变异系数			0.18		0.20		0.19

从上述轴心受压承载力计算公式中可以看出：(1) 国内外计算钢管混凝土轴压承载力的设计公式均考虑了长细比对承载力的影响，其中中国规范[2,5] (JGJ 383—2016 和 GB 50936—2014)和韩林海等[11]通过长细比得到的立柱稳定系数进行计算，而日本规范(AIJ)[7]、英国规范(BS 5400)[8]、美国规范(ACI 318—05)[9]、欧洲规范(EC 4)[10]、余勇等[12-13]和 Shanmugam N E[14]都是通过引入与长细比或相对长细比有关的折减系数进行计算，其中英国规范(BS 5400)[8]、欧洲规范(EC 4)[10]分别引入钢材的折减系数和钢管约束混凝土的折减系数进行设计计算，美国规范(ACI 318—05)[9]采用全塑性截面承载力对钢管混凝土轴压承载力进行计算，将钢管混凝土整体试件当作纯钢试件计算，混凝土的强度通过修正折算到钢材中；(2) 中国规范(JGJ 383—2016)[2]、日本规范(AIJ)[7]、英国规范(BS 5400)[8]、美国规范(ACI 318—05)[9]、欧洲规范(EC 4)[10]、余勇等[12-13]和 Shanmugam N E[14]采用有效截面法计算外层轻钢立柱承载力；(3) 中国规范(GB 50936—2014)[5]和韩林海等[11]在轴心受压承载力计算公式中考虑了套箍约束作用对承载力的影响，虽然在最后的结果中没有表现出来，但是在建立公式的过程中，采用的混凝土本构都考虑了钢管对混凝土有约束作用，提高了其承载力的大小。由此可知，假定外面的钢管先屈服，且纵向应力达到峰值屈服时钢管会对核心混凝土有套箍约束作用，通过提高核心混凝土的抗压强度来提高立柱承载力；而中国规范(JGJ 383—2016)[2]、日本规范(AIJ)[7]、英国规范(BS 5400)[8]、美国规范(ACI 318—05)[9]、欧洲规范(EC 4)[10]、余勇等[12-13]和 Shanmugam N E 等[14]则明确给出了核心混凝土强度的提高系数，进而可得到混凝土承载力。

从表 4.6、4.7、图 4.26 可知，相比于试验值，中国规范(JGJ 383—2016)[2]、英国规范(BS 5400)[8]、美国规范(ACI 318—05)[9]、韩林海等[11]和 Shanmugam N E 等[14]的公式计算值均偏大，中国规范(GB 50936—2014)[5]、欧洲规范(EC 4)[10]、余勇等[12-13]的公式计算值基本偏小，且所有计算值与试验值间的标准差均较大，说明以上公式并不能准确地计算出冷弯薄壁-泡沫混凝土立柱的轴心受压承载力。

4.4.3 单层冷弯型钢-泡沫混凝土立柱正截面受压承载力计算公式

因为上述规范和文献的公式不能准确地计算冷弯薄壁-泡沫混凝土立柱的轴心受压承

载力，现根据以上公式的特点和分析结论，在借鉴《轻钢轻混凝土结构技术规程》(JGJ 383—2016)[2]的基础上，根据轴压叠加原理分析泡沫混凝土承载力与冷弯薄壁型钢承载力，提出适合冷弯薄壁型钢-泡沫混凝土柱轴心受压承载力的简化计算公式，如公式(4-14)～公式(4-15)所示。同时进行如下基本假定：(1) 不考虑冷弯薄壁型钢的焊接残余应力与立柱的初始缺陷；(2) 忽略冷弯薄壁型钢与泡沫混凝土的黏结滑移效应；(3) 试件中的冷弯薄壁型钢轻钢屈服强度并未充分发挥，应将其强度乘以相应的强度折减系数。

$$N_u=\varphi(\omega A_c f_c+\eta A_s f_y) \tag{4-14}$$

$$\varphi=\left[1+0.002\left(\frac{l_0}{b}-8\right)^2\right]^{-1} \tag{4-15}$$

式中，φ 为立柱试件稳定系数；ω 为核心泡沫混凝土轴心受压强度增强系数；η 为冷弯薄壁型钢屈服强度折减系数；A_s、A_c分别为钢管、管内泡沫混凝土横截面面积。

1. 泡沫混凝土的轴压承载力计算模型

ABAQUS 非线性有限元分析结果表明，冷弯薄壁型钢-泡沫混凝土立柱主要对外四角以及中间的核心混凝土起约束作用，可增强泡沫混凝土的轴压能力。根据第 4.3.2 节中核心泡沫混凝土在承载力峰值状态时的应力云图，得到冷弯薄壁型钢-泡沫混凝土矩形立柱截面应力区域划分的简图，如图 4.27 所示。

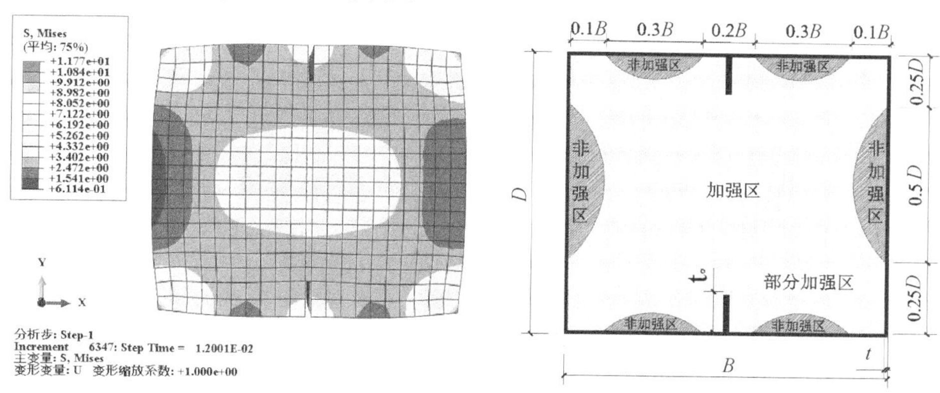

(a) C90 立柱截面应力区域划分

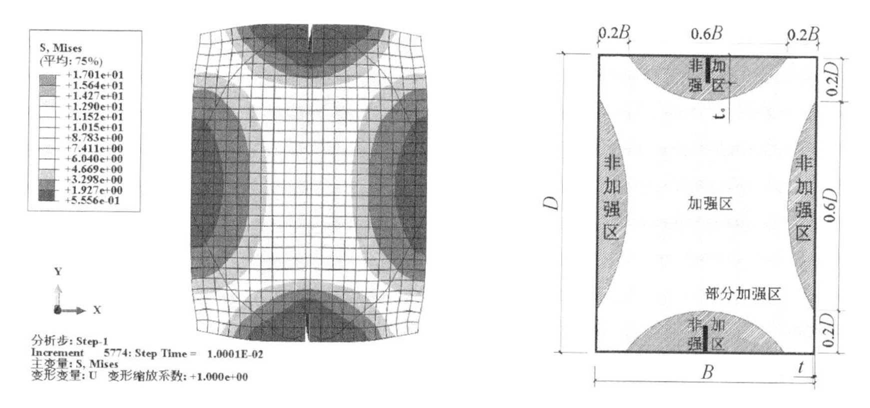

(b) C140 立柱截面应力区域划分

图 4.27　冷弯薄壁型钢-泡沫混凝土轴压柱截面应力区域划分

根据图 4.27 的划分和泡沫混凝土截面的网格划分个数及网格尺寸大小，确定泡沫混凝土在钢管约束作用下的加强区、部分加强区和未加强区的面积大小，以及占比参数，见表 4.8。

表 4.8　泡沫混凝土加强参数

立柱类型	试件编号	截面面积 A_c (mm²)	加强区面积 A_{c1} (mm²)	部分加强区面积 A_{c2} (mm²)	未加强区面积 A_{c3} (mm²)	A_{c1}/A_c	A_{c2}/A_c	A_{c3}/A_c
C90	S1-1	8 576	2 752.5	3 732.9	2 090.6	0.32	0.44	0.24
	S1-2	8 576	2 504.3	4 404.4	1 667.3	0.29	0.51	0.19
	S2-1	8 576	2 655.6	3 206.7	2 713.7	0.31	0.37	0.32
	S2-2	8 576	2 728.7	3 809.7	2 037.6	0.32	0.44	0.24
	S3-1	8 576	2 521.4	3 421.6	2 633.0	0.29	0.40	0.31
	S3-2	8 576	2 476.4	3 605.3	2 494.3	0.29	0.42	0.29
					平均值	0.30	0.43	0.27
C140	S′1-1	13 373	2 047.8	6 989.6	4 335.6	0.15	0.52	0.32
	S′2-1	13 373	2 159.4	6 511.9	4 701.7	0.16	0.49	0.35
	S′3-1	13 373	1 946.4	6 614.2	4 812.4	0.15	0.49	0.36
					平均值	0.15	0.50	0.35

从表 4.8 可以得到：

（1）核心加强区泡沫混凝土面积与泡沫混凝土面积的关系式为：

C90 冷弯薄壁型钢-泡沫混凝土柱：

$$A_{c1}=0.3A_c \tag{4-16}$$

C140 冷弯薄壁型钢-泡沫混凝土柱：

$$A_{c1}=0.15A_c \tag{4-17}$$

（2）部分加强区泡沫混凝土面积与泡沫混凝土面积的关系为：

C90 冷弯薄壁型钢-泡沫混凝土柱：

$$A_{c2}=0.43A_c \tag{4-18}$$

C140 冷弯薄壁型钢-泡沫混凝土柱：

$$A_{c2}=0.5A_c \tag{4-19}$$

（3）未加强区泡沫混凝土面积与泡沫混凝土面积的关系为：

C90 冷弯薄壁型钢-泡沫混凝土柱：

$$A_{c2}=0.27A_c \tag{4-20}$$

C140 冷弯薄壁型钢-泡沫混凝土柱：

$$A_{c2}=0.35A_c \tag{4-21}$$

其中，A_{c1} 为加强区泡沫混凝土面积；A_{c2} 为部分加强区混凝土面积；A_{c3} 为未加强区泡沫混凝土面积；A_c 为泡沫混凝土截面积。

由第 4.3.2 节可知，C90 型试件核心加强区应力达到材料峰值压应力的 2.5 倍，泡沫混凝土部分加强区应力达到峰值压应力的 1.5 倍以上；C140 型试件核心加强区应力达到材料极峰值压应力的 3 倍，部分加强区的泡沫混凝土应力均达到了峰值压应力的 2 倍以上。

则 C90 泡沫混凝土柱峰值承载力为：

$$N_1 = 2.5 f_c A_{c1} + 1.5 f_c A_{c2} + f_c A_{c3} \tag{4-22}$$

C140 泡沫混凝土柱峰值承载力为：

$$N'_1 = 3 f_c A_{c1} + 2 f_c A_{c2} + f_c A_{c3} \tag{4-23}$$

将从表 4.8 得到的面积关系代入公式(4－22)和公式(4－23)，则：

$$N_1 = 1.67 A_c f_c \tag{4-24}$$

$$N'_1 = 1.81 A_c f_c \tag{4-25}$$

式中：1.67 与 1.81 为核心泡沫混凝土的增强系数，A_c为管内泡沫混凝土的横截面面积，f'_c 为泡沫混凝土的轴心抗压强度设计值。

2. 冷弯型钢的轴压承载力

由第 4.2 节试验结果可知，冷弯薄壁型钢在焊接处未发生破坏，所以暂不考虑冷弯薄壁型钢焊接残余应力的影响；由第 4.3 节有限元模拟应力分析可知，冷弯薄壁型钢的屈服强度得到较充分发挥，但未得到完全利用，需要对钢材屈服强度进行折减。根据有限元模拟结果得到的冷弯薄壁型钢-泡沫混凝土立柱 3 处位置（构件顶部 1/4 处点、钢管中点、钢管底部 1/4处点）轴向压应变 ε，可得到试件在峰值荷载时应变值分布图，如图 4.28 所示。从图中可以看出 C90 试件 S1-1、S1-2、S2-1、S2-2、S3-1 和 S3-2 在取点位置的应变大小主要集中在 800～1 000 με 之间，对应的应力为 169～211 MPa，是冷弯薄壁型钢屈服强度 f_y 的 0.50～0.60 倍，其中试件 S1-1 对应的应力约为 f_y 的 0.40 倍。C140 试件 S′1-1、S′2-1 和 S′3-1 在取点位置的应变大小主要集中在 900～1 000 με，对应的应力为 195～215 MPa，是冷弯薄壁型钢屈服强度 f_y的0.5～0.54 倍。若设冷弯薄壁型钢折减系数为 η，则 C90 试件的折减系数 η= 0.55，其中 S1-1 的 η=0.40，C140 试件的折减系数 η=0.52。

所以，C90 型和 C140 型冷弯薄壁型钢的轴压承载力分别为：

$$N_2 = \eta A_s f_y = 0.55 A_s f_y \tag{4-26}$$

$$N'_2 = \eta A_s f_y = 0.52 A_s f_y \tag{4-27}$$

式中，η 为冷弯薄壁型钢的折减系数，A_s为钢管的横截面面积（mm^2），f_y为冷弯薄壁型钢的屈服强度。

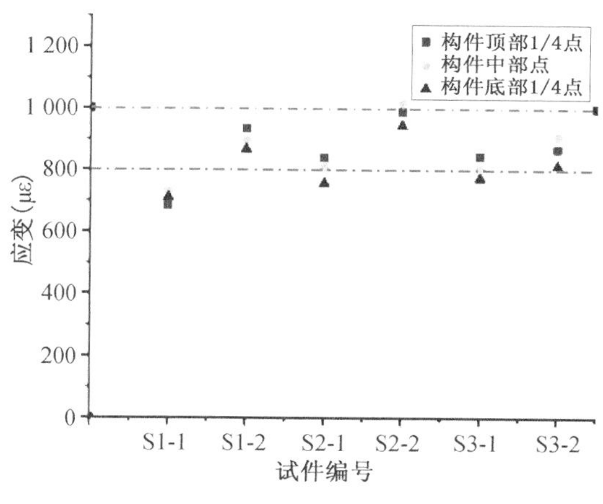

(a) C90 型峰值荷载时的应变值分布图

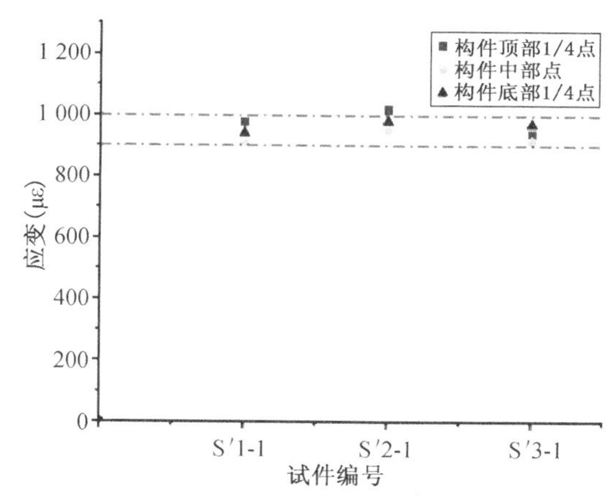

(b) C140 型峰值荷载时的应变值分布图

图 4.28　试件峰值荷载时的应变值分布图

3. 冷弯型钢-泡沫混凝土立柱轴压承载力计算公式

综上所述，对公式中系数 ω 和 η 做如下规定：(1) 对于泡沫混凝土增强系数 ω，当试件类型为 C90 时 $\omega=1.67$，试件类型为 C140 时 $\omega=1.81$；(2) 对于冷弯薄壁型钢折减系数 η，当试件类型为 C90 时 $\eta=0.55$，其中试件 S1-1 的折减系数 $\eta=0.40$；试件类型为 C140 时 $\eta=0.52$。将参数代入公式(4-24)～(4-27)，得到 C90 和 C140 计算公式：

$$\text{C90}: N_u=\varphi(\omega A_c f_c+\eta A_s f_y)=\varphi(N_1+N_2)=\varphi(1.67A_c f_c+0.55A_s f_y) \quad (4-28)$$

$$\text{C140}: N'_u=\varphi(\omega A_c f_c+\eta A_s f_y)=\varphi(N'_1+N'_2)=\varphi(1.81A_c f_c+0.52A_s f_y) \quad (4-29)$$

将各试件的参数代入上述公式，得到了计算值和试验值的比较结果，见表 4.9、图 4.29。本节提出的计算公式的计算值与试验值整体吻合较好，平均值为 0.97，标准差为 0.11，计算值与试验值误差在 15%以内。

表 4.9 轴压承载力计算值与试验值对比

立柱类型	试件编号	试验值 N_{ue}(kN)	计算值 N_{uc}(kN)	计算值/试验值 (N_{uc}/N_{ue})
C90	S1-1	91.03	98.31	1.08
	S1-2	149.96	140.38	0.94
	S2-1	148.12	122.92	0.83
	S2-2	171.00	143.50	0.84
	S3-1	135.11	125.11	0.93
	S3-2	162.52	146.06	0.90
C140	S′1-1	164.88	184.57	1.12
	S′2-1	184.65	188.43	1.02
	S′3-1	182.17	191.72	1.05
			平均值	0.97
			标准差	0.11
			变异系数	0.11

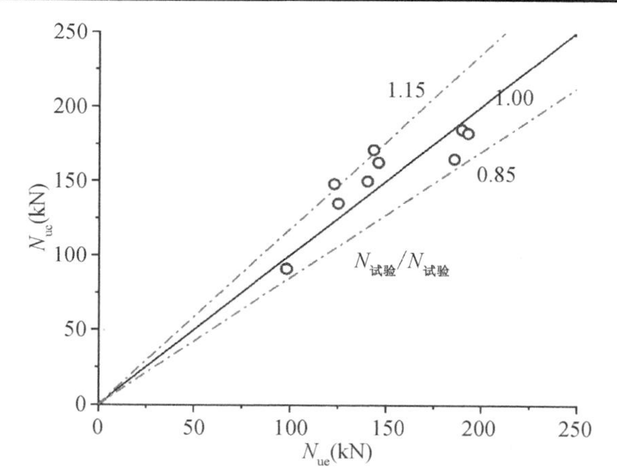

图 4.29 计算值与试验值的比较结果

4.5　本章小结

本章通过矩形冷弯型钢-高强泡沫混凝土矩形立柱的轴心受压试验和有限元模拟分析方法，研究了立柱的破坏特征、轴压承载力、影响因素等轴压性能，明确了立柱的受力机理，建立了冷弯型钢-高强泡沫混凝土矩形立柱的正截面轴压承载力理论模型并给出了轴压承载力计算公式。主要结论如下所示：

(1) 冷弯型钢-高强泡沫混凝土立柱的破坏特征主要以顶部截面腹板沿钢板水平向外局部屈曲变形为主，部分立柱出现 C 型对拼冷弯型钢的点焊缝破坏和内填充的泡沫混凝土顶面的裂缝破坏。

(2) 泡沫混凝土与冷弯型钢立柱的相互约束作用，使得冷弯型钢-泡沫混凝土立柱在峰值承载力、抗压刚度和位移延性上均比冷弯型钢空心立柱有大幅度的提高；对于冷弯薄壁型钢-泡沫混凝土柱而言，其立柱的峰值承载力、抗压刚度和位移延性会随着泡沫混凝土干密度等级和截面高宽比的增加而增强，但增加长细比对立柱的轴压性能是不利的。

(3) 基于与试验结果中破坏模式、峰值承载力和荷载-位移曲线的对比，建立了合理且可靠的冷弯型钢-高强泡沫混凝土立柱有限元分析模型，分析了立柱的受力全过程和工作机理；冷弯型钢的屈服强度并未完全发挥；短柱在弹性阶段时的竖向力主要由冷弯型钢与泡沫混凝土共同承担，峰值阶段冷弯型钢与泡沫混凝土在立柱顶部发生局部破坏，且出现黏结滑移现象；冷弯型钢和泡沫混凝土芯材在承担立柱所受轴压荷载时，两者之间有相互约束与增强作用，使泡沫混凝土材料的抗压性能得到充分发挥。

(4) 基于有限元模拟所得的泡沫混凝土应力分布图确定了相应横截面上泡沫混凝土应力区域划分的分析模型，提出了泡沫混凝土的承载力增强系数；基于冷弯薄壁型钢筒在立柱峰值荷载时的应变值分布图，提出了冷弯型钢承载力的折减系数。最终，建立了冷弯型钢-泡沫混凝土立柱的正截面轴压承载力计算公式，其计算值与试件试验值吻合良好。

参考文献

[1] 中华人民共和国住房和城乡建设部. 泡沫混凝土应用技术规程：JGJ/T 341—2014[S]. 北京：中国建筑工业出版社，2015.

[2] 中华人民共和国住房与城乡建设部. 轻钢轻混凝土结构技术规程：JGJ 383—2016[S]. 北京：中国建筑工业出版社，2016.

[3] Ren Q X, Zhou K, Hou C, et al. Dune sand concrete-filled steel tubular (CFST) stub columns under axial compression: Experiments[J]. Thin-Walled Structures, 2018, 124: 291 - 302.

[4] 中华人民共和国建设部. 中华人民共和国国家质量监督检验检疫总局. 冷弯薄壁型钢结构技术规范：GB 50018—2002[S]. 北京：中国建筑工业出版社，2003.

[5] 中华人民共和国住房和城乡建设部. 钢管混凝土结构设计规范：GB 50936—2014[S]. 北京：中国建筑工业出版社，2014.

[6] 中华人民共和国住房和城乡建设部. 混凝土结构设计规范：GB 50010—2010[S]. 北京：

中国建筑工业出版社，2011.

[7] Architectural Institute ofJapan(AIJ). Recommendations for design and construction of concrete filled steel tubular structures [S]. Tokyo: Architectural Institute of Japan,2008.

[8] British Standards Board BS 5400. Steel, concrete and composite bridges, part5: code of practice for design of composite bridges [S]. London: British Standards Institution, 1999.

[9] American Concrete Institute(ACI). Building code requirements for reinforced concrete and commentary(ACI 318-05)[M]. Detroit(USA):American Concrete Institute Committee,2005.

[10] European Standardization Committee. Eurocode 4: Design of composite steel and concrete structures, part 1. 1:general rules and rules for buildings[S]. London: British Standards Institution, 1994.

[11] Han L H, Yao G H, Zhao X L. Tests and calculations for hollow structural steel (HSS) stub columns filled with self-consolidating concrete (SCC) [J]. Journal of Constructional Steel Research,2005,61(9):1241-1269.

[12] 吕西林，余勇，陈以一，TanakKiyoshi，SasakiSatoshi. 轴心受压方钢管混凝土短柱的性能研究：I 试验[J]. 建筑结构，1999，29(10)：41-43.

[13] 余勇，吕西林，Tanaka Kiyoshi，Sasaki Satoshi. 轴心受压方钢管混凝土短柱的性能研究：Ⅱ分析[J]. 建筑结构，2000，30(2)：43-46.

[14] Shanmugam N E, Lakshmi B, Uy B. An analytical model for thin-walled steel box columns with concrete in-fill[J]. Engineering Structures,2002,24(6):825-838.

第 5 章
冷弯型钢-高强泡沫混凝土剪力墙的轴压性能

5.1 引言

冷弯型钢-高强泡沫混凝土剪力墙作为一种新型的轻钢轻质混凝土剪力墙，其构造形式和材料属性均不同于传统的轻钢轻质混凝土墙体。因此，研究冷弯型钢-高强泡沫混凝土剪力墙的力学性能非常有必要，对其将来在装配式多层住宅中的推广使用具有重要意义。

本章重点研究单层冷弯型钢-高强泡沫混凝土剪力墙的轴心受压性能，明确该新型剪力墙的受力机理、破坏模式、承载能力、变形能力和竖向刚度，分析是否填充泡沫混凝土、泡沫混凝土强度、秸秆墙面板和墙体厚度等因素对剪力墙轴压力学性能的影响。在试验研究、有限元分析和理论计算的基础上给出外覆秸秆板内填高强泡沫混凝土的冷弯型钢剪力墙的正截面轴心受压承载力计算公式。

5.2 剪力墙的轴心受压性能试验

5.2.1 试件设计与制作

本节共设计 7 片足尺单层墙体试件，包括 2 片外覆秸秆墙面板的空心冷弯型钢组合墙体试件(对比试件)、4 片外覆秸秆板内填高强泡沫混凝土的冷弯型钢剪力墙试件、1 片内填泡沫混凝土的冷弯型钢剪力墙试件。所有试件均参照 JGJ 383—2016《轻钢轻混凝土结构技术规程》[1]和 JGJ/T 421—2018《冷弯薄壁型钢多层住宅技术标准》[2]进行设计，各试件详细设计参数见表 5.1。

所有墙体试件采用统一尺寸，即高度和宽度都分别为 3 m 和 1.2 m。试件按照构造形式分为三组：第一组试件(试件 WA1 和 WA2)为传统冷弯型钢组合墙体试件，在墙体两侧覆盖秸秆板且未填充泡沫混凝土，该组作为基准试件；第二组试件(试件 WB1～WB4)为外覆秸秆板内填高强泡沫混凝土的冷弯型钢剪力墙试件，主要研究泡沫混凝土及其强度、墙体厚度和冷弯型钢立柱截面积对剪力墙轴压性能的影响；第三组试件(试件 WC1)为内填高强泡沫混凝土的冷弯型钢剪力墙，通过将该试件与试件 WB1 进行对比研究秸秆墙面板对剪力墙轴压性能的影响。

表 5.1　试件主要设计参数

组别	试件编号	立柱截面形式			泡沫混凝土强度等级	是否覆秸秆板	墙体厚度(mm)
		中柱	边柱	导轨			
第一组	WA1	C90	C90	U93	—	是	206
	WA2	C140	C140	U143			256
第二组	WB1	C90	C90	U93	FC3	是	206
	WB2	C140	C140	U143	FC3		256
	WB3	C90	C90	U93	FC7.5		206
	WB4	C90	C90	U93	FC3		206
第三组	WC1	C90	C90	U93	FC3	否	90

墙体试件主要由冷弯型钢骨架、泡沫混凝土、秸秆墙面板和各种自攻螺钉等组成，如图5.1所示。其中，冷弯型钢骨架尺寸为 3 m×1.2 m(高度×宽度)，主要由中立柱、端立柱和导轨三种组成部件。所有立柱采用 C90 型或 C140 型冷弯薄壁型钢，间距均为 600 mm；上下导轨采用对应的 U93 或 U143 型冷弯薄壁型钢，立柱和导轨的横截面如图 5.2 所示。立柱与导轨之间的连接采用 ST4.8×19 型盘头自攻自钻螺钉，其布置位置如图 5.1 所示。所用冷弯型钢均为强度等级为 Q345 的冷弯薄壁型钢，其材料性能见表 5.2。

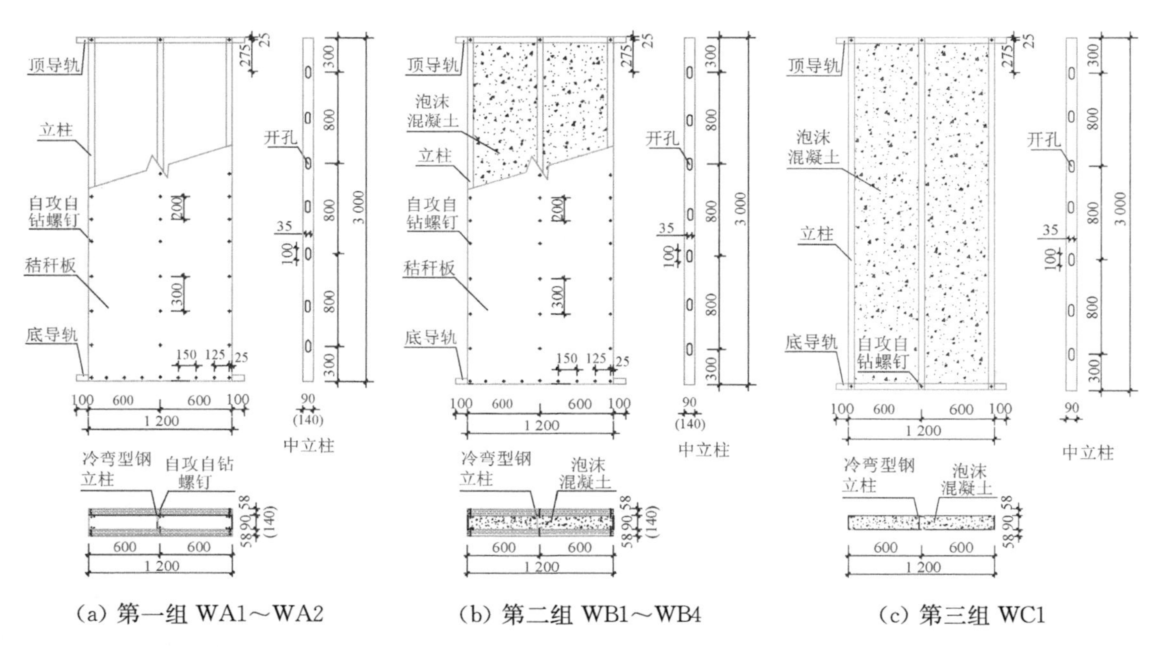

(a) 第一组 WA1～WA2　　(b) 第二组 WB1～WB4　　(c) 第三组 WC1

图 5.1　试件构造图(单位：mm)

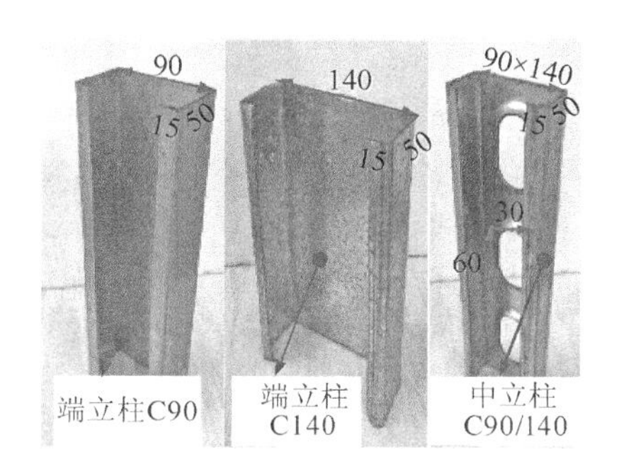

(a) 端立柱与中立柱

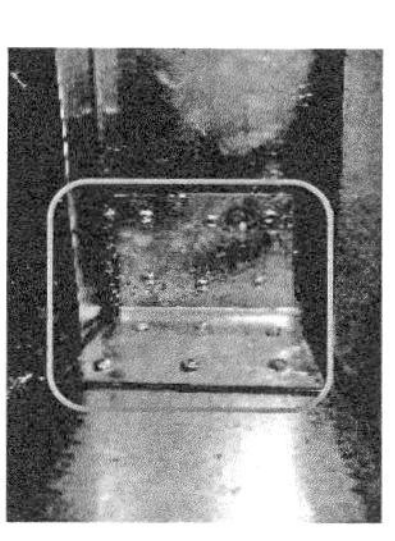

(b) 导轨及其与立柱的 L 形连接件

图 5.2　立柱和导轨横截面尺寸及其连接形式

表 5.2　钢材材料性能

构件名称	厚度(mm)	屈服强度 f_y(MPa)	抗拉强度 f_u(MPa)	弹性模量 E_s(GPa)
90 型龙骨	0.9	365.8	450.5	211.2
140 型龙骨	1.2	384.2	468.9	215.7

秸秆墙面板尺寸均为 3 m×1.2 m(高度×宽度)，厚度为 58 mm，其材料性能见表 5.3。秸秆板通过 ST4.8×80 型沉头自攻自钻螺钉与轻钢骨架连接，螺钉间距为 300 mm，为方便布置应变片，试件 1/2 高度处螺钉间距改为 200 mm；秸秆板与上下导轨的连接螺钉间距为 150 mm，螺钉距板边距离为 25 mm，墙体截面和具体构造形式如图 5.1 所示。

表 5.3　秸秆板材料性能

面密度(kg/m^2)	抗压强度 f_c(MPa)	弹性模量 E_s(MPa)		静曲强度 f_s(MPa)	
		沿板长	沿板宽	沿板长	沿板宽
20	1.2	200	440	1.6	3.4

冷弯型钢-高强泡沫混凝土剪力墙试件所浇筑的泡沫混凝土的干密度等级分别为 A05 级和 A07 级，对应的强度等级为 FC3.0 和 FC7.5，其材料性能见表 5.4。在相同干密度条件下，试验所用 A05 级泡沫混凝土立方体抗压强度是《泡沫混凝土》[3]规定强度(A05 级抗压强度为 0.8～1.2 MPa)的 2.7～4.0 倍，A07 级泡沫混凝土抗压强度是《泡沫混凝土》[3]规定强度(A07 级抗压强度为 1.2～2.0 MPa)的 3.2～5.3 倍。

表 5.4　泡沫混凝土材料性能

强度等级	导热系数[W/(m·K)]	实测平均密度(kg/m^3)	立方体抗压强度 f_{cu}(MPa)	棱柱体抗压强度 f_c(MPa)	弹性模量 E_c(GPa)
FC3	0.139	526	3.43	2.85	0.34
FC7.5	0.143	718	6.35	5.56	0.61

注：FC3 和 FC7.5 具体含义见 JGJ/T 341—2014《泡沫混凝土应用技术规程》[4]的相关规定。

墙体试件制作流程简单，先拼装秸秆板冷弯型钢空心组合墙体，然后在墙体空腔内灌注高强泡沫混凝土。此制作工艺可以将秸秆板、冷弯型钢和泡沫混凝土三种材料黏结为整体，共同承受外荷载。为了保证泡沫混凝土灌注的密实性和便于施工，对墙体中部的冷弯型钢立柱和顶导轨进行开孔,开孔具体形式和尺寸如图 5.2 所示。为防止浇筑泡沫混凝土时出现漏浆和"胀模"现象,浇筑前在轻钢龙骨与秸秆板之间的缝隙处涂抹泡沫胶进行填堵,墙体两侧秸秆板用木方夹住并用对拉螺栓固定,每次浇筑高度不宜超过 1.5 m,待第一次浇筑的泡沫混凝土初凝后再进行第二次浇筑。关于泡沫混凝土施工的其他注意事项参见 JGJ/T 341—2014《泡沫混凝土应用技术规程》[4]的相关规定。最后,冷弯型钢骨架与基础梁进行连接时采用钢垫块和地脚螺栓。

5.2.2 试验装置、测点布置及加载制度

5.2.2.1 试验装置

试验装置主要由反力架、液压千斤顶加载装置、力传感器、位移传感器(LVDT)和数据采集系统组成。竖向荷载采用 500 kN 液压千斤顶施加,并采取力控制单调均匀加载方案,同时以力传感器实时监测千斤顶施加的荷载。竖向集中荷载通过分配钢梁以均匀分布荷载形式施加于墙体试件顶部。试验中为了模拟墙体在实际工程中受楼屋盖的平面外约束,试件底导轨采用 M14 地脚螺栓固定,试件顶部设置水平钢管作为平面外支撑,防止其发生平面外变形。试验加载装置如图 5.3 所示。

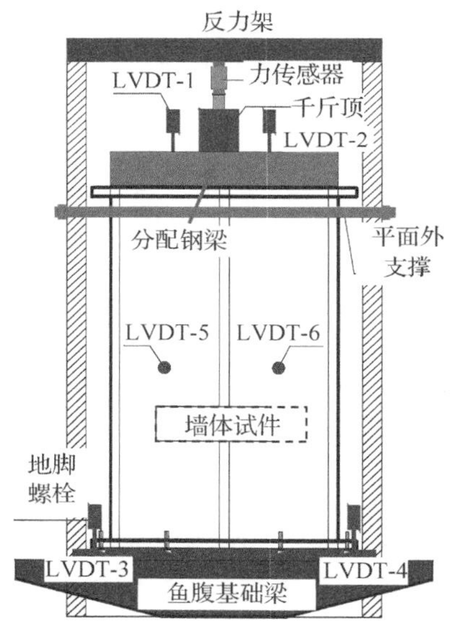

(a) 试验装置示图

(b) 加载装置现场图

图 5.3 试验装置及其构造

5.2.2.2 测点布置

为测量试验过程中冷弯型钢立柱的应变变化规律,在竖向冷弯型钢立柱距底端 1/2 和 1/4 墙高位置处预埋冷弯型钢应变片,具体布置如图 5.4(a)和图 5.4(b)所示。为测量试验过程中试件竖向位移和平面外位移变化规律,在墙体顶部布置 2 个竖直向位移计 LVDT-1 和 LVDT-2,在墙体 1/2 高度处布置 2 个水平向位移计 LVDT-5 和 LVDT-6,在墙体底部布置 2 个竖直向位移计 LVDT-3 和 LVDT-4,位移计布置如图 5.4(c)和图 5.4(d)所示。试验

所有位移和应变数据均通过动静态数据采集仪 TST-3826 完成采集。

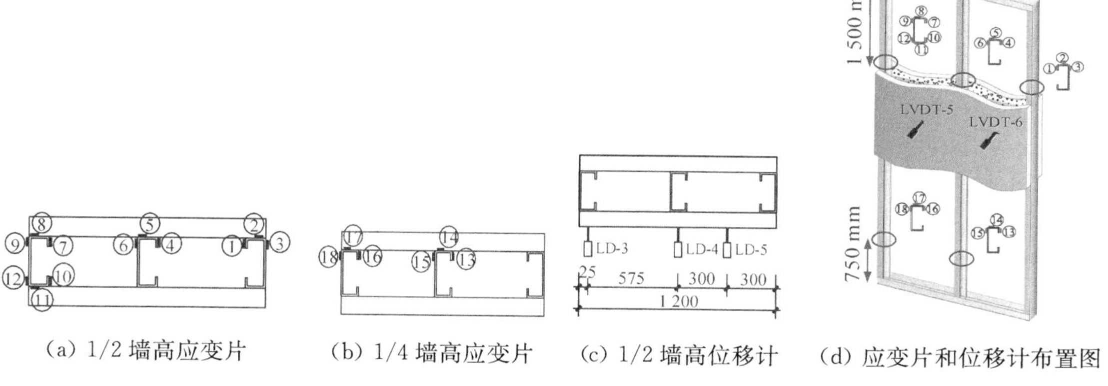

(a) 1/2 墙高应变片　(b) 1/4 墙高应变片　(c) 1/2 墙高位移计　(d) 应变片和位移计布置图

图 5.4　测点布置(单位:mm)

5.2.2.3　加载制度

试验在正式加载之前,首先进行预加载,所用荷载大小为极限荷载的 10%～20%,然后卸载回零,准备正式加载。正式加载采用分级均匀加载方法,每级荷载约为极限荷载的 10%,加载完毕后,维持荷载约 2 min,待试件充分变形达到稳定状态后再进行数据采集。当某一级荷载下试件的位移变化特别明显时,表明试件进入几何非线性状态,此时需对数据进行连续采集。当荷载示数下降到极限荷载的 85%时,停止加载。

5.2.3　试验现象及破坏特征

5.2.3.1　第一组:双面覆板未填充泡沫混凝土的冷弯型钢墙体试件

试件 WA1 和试件 WA2:当加载分别达到 60 kN 和 100 kN 时,端立柱的顶部腹板出现轻微鼓起;随着加载的增加,腹板屈曲越发明显,并伴有较大声响;当加载达到极限荷载时,立柱顶部出现畸变屈曲,如图 5.5(a)和图 5.5(b)所示。试验结束后将试件 WA1 放倒并拆除一侧秸秆板,发现所有立柱顶端呈现畸变屈曲破坏,底端与底导轨连接处出现轻微局部屈曲,墙体顶部秸秆板除有轻微褶皱外,秸秆板其余部位完好无损,如图 5.5(c)、图 5.5(d)和图 5.5(e)所示。

(a) WA1立柱畸变屈曲

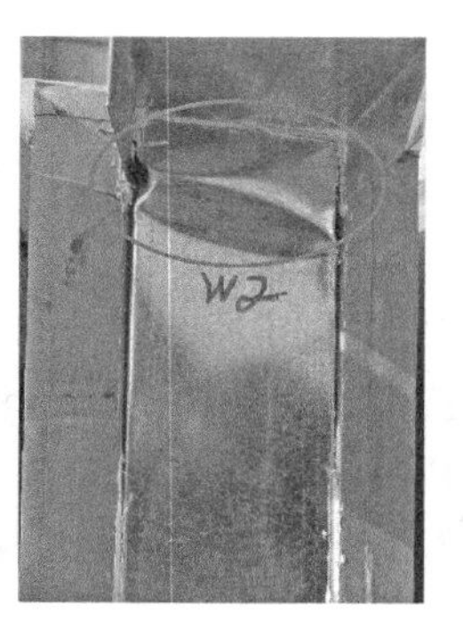

(b) WA2立柱畸变屈曲

(c) WA1秸秆板和立柱完好

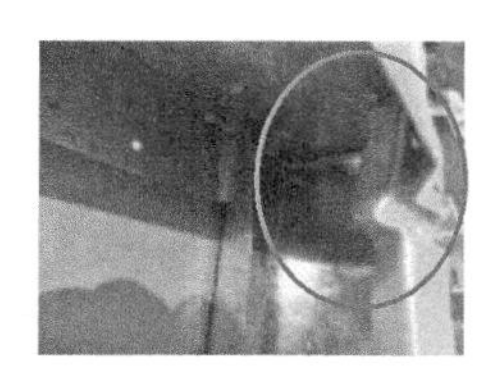

(d) 立柱顶部畸变屈曲

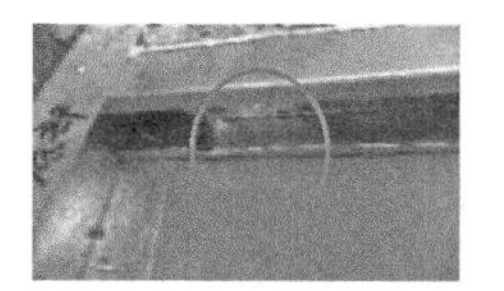

(e) 立柱底端局部屈曲

图 5.5 试件破坏特征

5.2.3.2 第二组：双面覆板填充泡沫混凝土的冷弯型钢墙体试件

试件 WB1 和试件 WB2：当荷载达到极限荷载 F_u 的 20%～30%时，试件内部泡沫混凝土发出“嗞嗞”的声响；当荷载达到 50%F_u～70%F_u时，端立柱距离顶部 400～600 mm 范围内出现水平向凹凸波形纹，随着加载的增加，波形纹越发显著并向立柱中部发展；当荷载达到 60%F_u～80%F_u时，在距离端立柱顶部 400～600 mm 处腹板出现轻微鼓起，随着加载的增加，立柱腹板屈曲越发明显，并伴有较大声响，同时试件上部秸秆板出现轻微水平褶皱；当荷载达到 F_u时，端立柱腹板由鼓起屈曲转向局部屈曲，泡沫混凝土破碎声音变大；当荷载超过 F_u后，端立柱局部屈曲变形越发严重，如图 5.6(a)和图 5.6(b)所示；当荷载卸载后，端立柱腹板的水平向凹凸波形纹基本消失，外鼓现象减弱。

试件 WB3 和试件 WB4：试验现象与试件 WB1 和试件 WB2 类似，不同之处是试件 WB3 和 WB4 端立柱腹板局部畸变屈曲破坏出现在立柱顶部。试件 WB4 用于研究荷载下降至 85%F_u之后泡沫混凝土能否继续发挥较大承载力。当加载继续增加时，试件承载力呈现缓慢降低的趋势，秸秆板和轻钢变形显著，泡沫混凝土破碎声音变大；当荷载下降至 60%F_u时停止加载，试件竖向变形达到 27 mm，立柱局部屈曲部位被压折叠，秸秆板顶部出现外鼓，并与轻钢骨架脱离，最大缝宽达 40 mm，如图 5.6(c)和图 5.6(d)所示。

试验结束后，拆除试件 WB3 和试件 WB4 其中一侧秸秆板，观察试件内部泡沫混凝土和立柱的破坏情况。试件 WB3 泡沫混凝土出现若干条水平向长裂缝和斜向下长裂缝，但与立柱未出现相对滑移，如图 5.7(a)所示。试件 WB4 泡沫混凝土存在若干条短斜裂缝，靠近顶导轨处泡沫混凝土被压碎；中间立柱在距离顶导轨约 600 mm 处出现局部屈曲，端立柱的顶端均出现局部屈曲；立柱与泡沫混凝土黏结性较好，未出现明显相对滑移现象，如图5.7(b)所示。

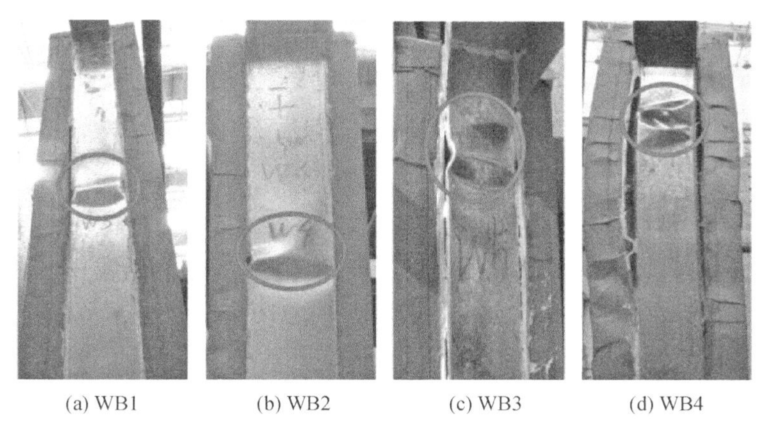

(a) WB1 (b) WB2 (c) WB3 (d) WB4

图 5.6 试件破坏特征

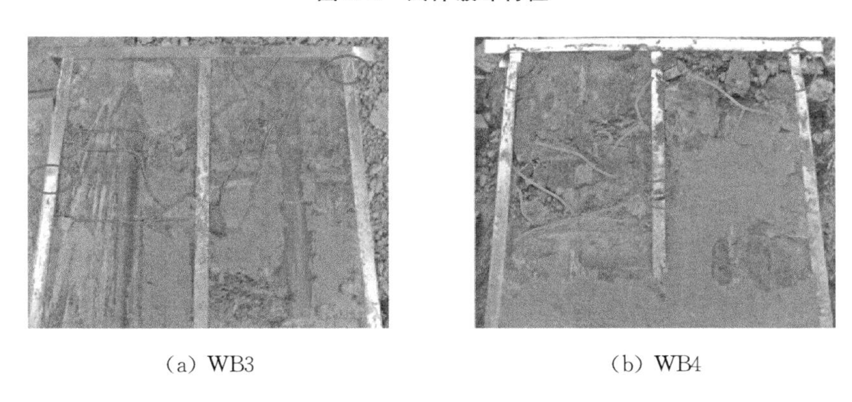

(a) WB3 (b) WB4

图 5.7 试件破坏特征

5.2.3.3 第三组:无覆板填充泡沫混凝土的冷弯型钢墙体试件

试件 WC1:在试验前发现秸秆板与泡沫混凝土间具有较强的黏结力,难以拆除秸秆板。为实现无秸秆板作用的效果,将墙体两侧秸秆板上的自攻自钻螺钉卸除,同时考虑试验过程的安全性,仅保留上下导轨和 1/2 墙高处三排螺钉。试验现象与试件 WB4 基本相类似,不同之处在于:当荷载到达 F_u时,试件上部的泡沫混凝土挤压破碎严重,且与轻钢立柱基本脱离;承载力主要由立柱承担,立柱顶部呈现严重畸变屈曲破坏,且从顶部至距顶部约1.3 m范围内有明显的水平向凹凸波形纹。

5.2.3.4 试件破坏特征

本章共进行了 9 片墙体试件的轴压性能试验,通过对所有试件的试验现象的观察得出以下结论:

(1) 对于未填充泡沫混凝土的墙体,试件最终破坏模态为轻钢立柱端部的局部畸变屈曲破坏,秸秆板顶部有轻微褶皱,除此之外构件其余部位基本完好;

(2) 对于填充泡沫混凝土的剪力墙,试件破坏最终形式稍有差异,但破坏主要特征基本相同:① 破坏始于墙体顶部,泡沫混凝土受压产生斜向下裂缝,随着轴心竖向荷载的增加,裂缝向墙体中部发展且变宽,顶部泡沫混凝土被分割成条状后呈现局部压缩破坏;② 轻钢立柱在竖向荷载作用下,端立柱顶部处的腹板出现水平向凹凸波形纹和局部轻微外鼓,最终发展成局部屈曲破坏；试件内部发生内力重分布，中立柱受力增加，最后呈局部屈曲破坏；③ 当荷载达到峰值荷载时，墙体顶部秸秆板出现少量水平褶皱。

5.2.4 试验结果及分析

5.2.4.1 荷载-位移曲线

图 5.8 为试件的荷载-竖向位移曲线。可以看出，填充泡沫混凝土试件的曲线斜率均大于未填充试件的曲线斜率。采用刚度系数表征试件的竖向刚度，其数值等于极限荷载除以相应竖向位移。相比于未填充泡沫混凝土的试件 WA1，填充 A05 级泡沫混凝土的试件 WA3 的竖向刚度提高了约 2.2 倍，填充 A07 级泡沫混凝土试件的竖向刚度提高了 3.1 倍。这是因为泡沫混凝土的存在有两个作用：一是可以承受竖向荷载，提高试件的竖向承载力；二是将 C 型轻钢立柱包裹起来，提高立柱抗畸变屈曲和扭曲的能力，增加立柱的竖向承载力。这说明墙体填充泡沫混凝土可有效地提高墙体的竖向承载力和竖向刚度，减少竖向位移。

相比于不考虑秸秆板作用的试件 WC1，试件 WB1 的承载力和位移分别提高了约6.8%和减少了约 4.0%。这说明秸秆板所起的作用有限，出于安全考虑，可以忽略不计。这是由秸秆板的自身性质决定的，秸秆板是将许多松散的整根稻草或麦秸秆通过机械单向压缩成型的，板子四周边缘较为松软，竖向刚度很低且变形较大，不能与立柱和泡沫混凝土有效地协同受力，只起到免拆模板的作用，这与规程[4]的相关规定相一致。因此，建议提出的承载公式中不包括秸秆板的贡献。

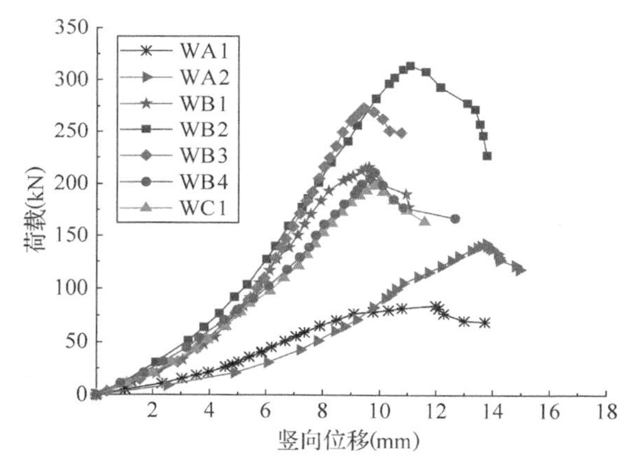

图 5.8 试件荷载-竖向位移曲线

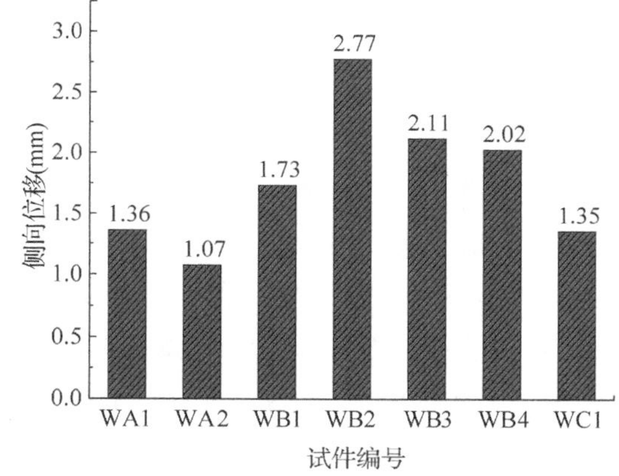

图 5.9 试件的侧向位移

从图 5.8 可以看出，在达到极限荷载前，填充泡沫混凝土试件的荷载-位移曲线呈非线性增长，可简化为双折线型，其分界点位移约为 3.5 mm，且后期直线斜率大于前期斜率，约为其 2.30 倍。这主要是由泡沫混凝土的自身特点决定的：泡沫混凝土内部具有均匀的封闭气孔，当试件处在加载的初始阶段时，其内部的封闭气孔逐渐闭合，密实度不断提高，抗压承载力逐渐增加，但增加幅度较小，故试件前期直线斜率较小；当泡沫混凝土的密实度达到一定程度后，其抗压承载力提高幅度较大，直到泡沫混凝土被压碎破坏为止，故试件后期刚度较大。

图 5.9 所示为平面外 3 个位移计在极限荷载时测得的试件平面外位移的平均值。从图中可以看出，当试件达到极限荷载时，试件的平面外位移相对较小，对应的平面外转角在

1/542～1/1 402之间，这说明试件在试验过程中并未发生明显的整体失稳变形，这与前面的试验现象描述和后面的应变分析结果相一致。其原因是墙体两侧秸秆板的总厚度相对较大，当试件达到极限荷载时，受力较小的秸秆板可以使墙体避免发生平面外整体失稳变形，有利于提高墙体的平面外稳定性。

5.2.4.2　荷载-应变曲线

1. 未填充泡沫混凝土试件 WA2

从图 5.10(a)可知，在试件立柱出现轻微鼓出变形前(荷载约 90 kN)，除测点 4 之外，各测点所得荷载-应变曲线基本呈线性增长，应变大小基本一致，表明试件整体处于均匀受压状态，立柱协同受力，轻钢骨架整体性较好；当立柱出现局部鼓起屈曲变形后，各测点所得曲线曲率变小，且测点 3 的应变均大于其余测点，说明边立柱腹板所受荷载较大，出现屈曲，这与试验现象相一致。

从图 5.10(b)可以看出，在立柱的同一截面上，边立柱各测点数值相差较大，测点 7 和测点 10 的应变始终小于测点 8 和测点 12 的应变，表明立柱截面受压不均匀，立柱自由边所受压力小于立柱其他部位所受压力，主要原因是立柱制作有初始缺陷、安装误差等，使得立柱在试验过程中处于偏心受压状态，立柱出现绕弱轴(y 轴)的轻微弯曲。

从图 5.10(c)可以看出，中立柱在 1/4 高度处的各测点所得荷载-应变曲线基本呈线性增长，应变大小基本一致，表明中立柱在 1/4 高度处的截面处于均匀受压状态，未出现屈曲破坏，与试验现象相符合。在试件所受荷载达到 90 kN 前，中立柱在 1/2 高度处的各测点所得荷载-应变曲线基本呈线性增长，但是应变大小相差较大，测点 5 的翼缘应变始终大于测点 6 的腹板应变，测点 6 的应变始终大于测点 4 的自由边应变，表明中立柱在 1/2 高度处截面处于不均匀受压状态，所受压力主要由翼缘和腹板承受，最终导致立柱腹板出现局部屈曲，这与试验现象相符合。将立柱 1/4 高度和 1/2 高度处的各测点应变做对比，可以看出立柱在绕弱轴发生轻微弯曲变形的同时，也发生绕自身轴的轻微扭曲变形。

2. 填充泡沫混凝土试件 WB2

从图 5.10(d)可以看出，在试件所受荷载达到约 200 kN(极限荷载的 64%)时，各测点所得荷载-应变曲线基本呈线性增长，应变大小基本一致，表明整个试件基本处于均匀受压状态，立柱的截面压应力基本相同，所有立柱协同受力，轻钢骨架整体性较好，与试验现象相符合，这主要是因为泡沫混凝土对立柱的包裹作用提高了立柱抗畸变屈曲的能力，使立柱截面均匀承受压应力。当试件所受荷载超过 200 kN 后，各测点所得曲线曲率变小，表明轻钢立柱趋于屈服，主要原因是试件顶部泡沫混凝土被挤压破碎，对立柱的包裹作用减弱。

从图 5.10(e)可以看出，在立柱的同一截面上，各测点所得荷载-应变曲线基本呈现线性增长，应变大小基本相同，表明试件在试验过程中处在均匀受压状态，立柱截面受压均匀，未出现绕弱轴的弯曲变形。

从图 5.10(f)可以看出，中立柱在 1/4 高度和 1/2 高度处的各测点所得荷载-应变曲线基本呈线性增长，大小基本一致，表明中立柱下半部分各个截面所受压力是均匀的，未出现绕自身轴的扭曲变形，其主要原因是泡沫混凝土的存在提高了立柱的抗扭曲变形能力，使得立柱截面均匀承受压应力。

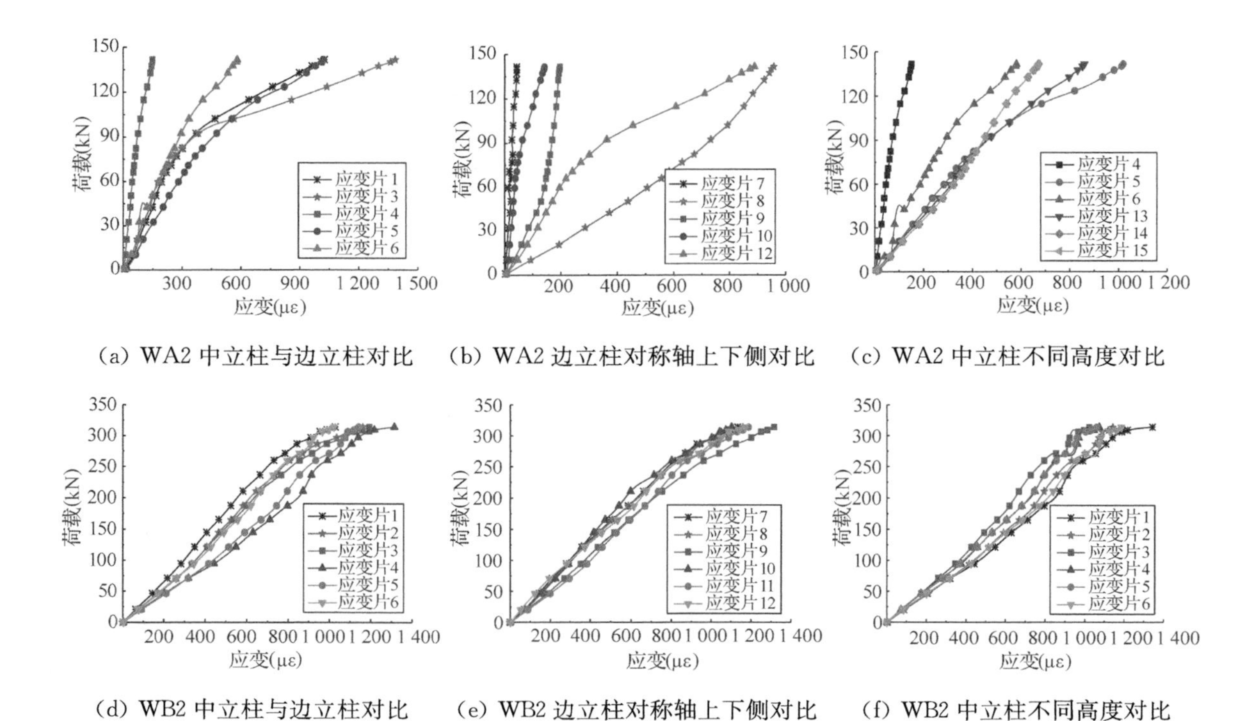

图 5.10　试件荷载-应变曲线

5.2.4.3　试件的极限荷载应变

图 5.11 给出了试件 WA1～试件 WC1 达到极限荷载时各测点的应变。从图中可以看出,未填充泡沫混凝土的试件 WA1 和试件 WA2 的应变离散性较大,立柱的主要受力部位的应变主要集中在 600～1 000 με,填充泡沫混凝土的试件 WB1～试件 WC1 的应变较为集中,立柱各部位的应变主要集中在 1 000～1 300 με。这说明泡沫混凝土对立柱的包裹作用可有效地提高立柱抗畸变屈曲和抗扭曲的能力,有利于立柱截面均匀受压;填充泡沫混凝土可以使立柱的屈服强度得到较充分发挥,但屈服强度未得到充分利用,在公式推导中建议对钢材屈服强度进行折减。

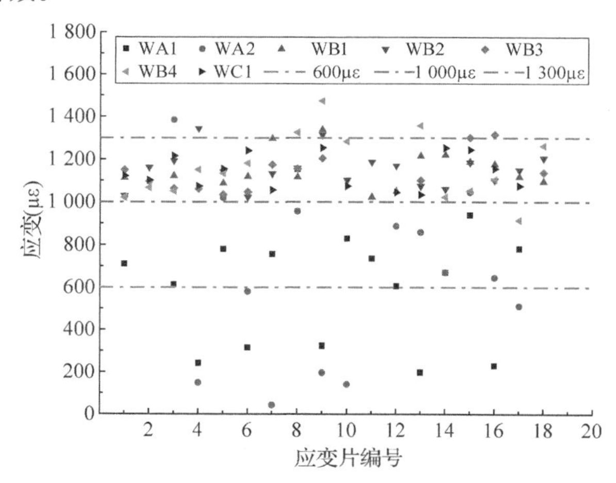

图 5.11　试件应变

5.2.4.4　轴压承载力和竖向位移

从表 5.5 可以看出，未填充泡沫混凝土的试件 WA1 和试件 WA2，其承载力较小且竖向位移较大，破坏模态主要是立柱端部出现局部畸变屈曲破坏，这与覆盖传统板材(石膏板、玻镁板、定向刨花板和纤维增强硅酸钙板等)的轻钢组合墙体的承载力和破坏模态基本相同[5]。相比于试件 WA1 和试件 WA2，填充泡沫混凝土的试件 WB1 和试件 WB2，承载力均有大幅度提高，竖向位移却降低；破坏模态发生变化，立柱上部出现局部屈曲，试件上部的泡沫混凝土出现大量斜裂缝，顶部发生局部挤压破碎。通过对比试件 WB1 和 WB3 可以看出，泡沫混凝土抗压强度的提高可以增加试件的极限承载力，试件破坏模态却基本相同。通过对比试件 WB1 和 WB4 可以看出，双面覆盖秸秆板对提高试件的极限承载力贡献很小，可以忽略不计。通过对比试件 WB1 和 WC1 可以看出，荷载下降至 85% F_u之前泡沫混凝土已被完全破坏。

表 5.5　试件极限轴压荷载及对应竖向位移

试件编号	F_u(kN)	D_u(mm)	破坏模态
WA1	84.26	11.99	立柱顶部畸变屈曲，底部局部屈曲
WA2	142.39	13.77	立柱顶部畸变屈曲，底部局部屈曲
WB1	216.16	9.62	立柱上部局部屈曲，泡沫混凝土局部破碎
WB2	313.78	11.07	立柱上部局部屈曲，泡沫混凝土出现斜裂缝、局部破碎
WB3	273.52	9.44	立柱顶部局部屈曲，泡沫混凝土局部破碎
WB4	210.71	10.02	立柱上部畸变屈曲，泡沫混凝土破碎脱落
WC1	202.41	9.83	立柱顶部局部屈曲，泡沫混凝土局部破碎

5.2.4.5　轴压性能影响因素分析

1. 泡沫混凝土

通过试件 WA1 与试件 WB1 的对比和试件 WA2 与试件 WB3 的对比，可以看出在覆板和立柱类型均相同的条件下，填充 A05 级泡沫混凝土将试件的极限承载力提高了 1.2～1.6 倍，相应的竖向位移降低了约 20%。这是因为填充泡沫混凝土的作用如下：(1) 泡沫混凝土承担了部分竖向荷载，推迟了轻钢立柱的腹板鼓起和局部屈曲；(2) 泡沫混凝土握裹 C 型立柱，可有效地增强立柱抗畸变屈曲、抗弯曲和抗扭曲的能力，使立柱屈服强度得到较充分发挥，提高了试件的竖向承载力，同时减少试件的竖向位移。这说明填充泡沫混凝土可以有效地改善墙体的轴心受压性能。与试件 WB1 相比，填充 A07 级泡沫混凝土试件 WB3 的极限承载力仅提高了约 26.5%，竖向位移基本相同。这是因为墙体的竖向承载力主要由轻钢立柱和泡沫混凝土两部分承担，在轻钢立柱类型相同的条件下，泡沫混凝土的抗压强度增加 1 倍并不能将墙体的整体竖向承载力提高 1 倍。这说明单独提高泡沫混凝土抗压强度的措施并不能大幅度增加墙体的整体竖向承载力。

2. 秸秆板

通过对比试件 WB1 和试件 WC1 可以看出，在泡沫混凝土等级和立柱类型相同条件下，覆盖秸秆板可以将试件的极限承载力提高 6.8%，相应竖向位移降低 4.0%。这说明覆盖秸秆板对试件竖向承载力的影响较小,可以忽略不计。这主要是由秸秆板自身的性质决定的:(1) 其抗压强度较低,是泡沫混凝土抗压强度的19.4%,轻钢屈服强度的1.6‰;(2) 弹性模量较小,是泡沫混凝土的75%,轻钢的1.1‰。因此,对该剪力墙进行轴心受压承载力公式推导时建议忽略秸秆板的作用。

通过对比表5.5和表5.6可以看出,在墙体宽度、高度和立柱尺寸完全相同的条件下,覆盖秸秆板与覆盖传统板材的墙体极限承载力相差不大,基本相同。其中,相比于石膏板,覆盖秸秆板的墙体极限承载力提高了15.6%;相比于玻镁板、定向刨花板和纤维增强硅酸钙板,覆盖秸秆板的墙体极限承载力分别降低了8.7%、3.5%和5.0%~11.1%。这说明改变墙板类型并不能有效地提高墙体的极限承载力。同时,覆盖秸秆板与覆盖传统板材的墙体破坏模态有所差别。传统板材不仅存在与螺钉握裹效应弱的特点,而且均出现压坏与剪断特征,这与覆盖秸秆板的墙体破坏形式完全不同。其主要原因是秸秆板由稻草或麦秸秆单向压缩成型,相比于经制浆成型工艺制成的传统板材,秸秆板内部较为松软,并且秸秆板厚度较大,使得其与螺钉接触面积较大,导致秸秆板不会被螺钉压坏,螺钉不会被剪断。这说明相比于传统板材,综合考虑墙体承载力和破坏模态,覆盖秸秆板的墙体更能保证墙体的完整性,延长墙体的使用寿命。

表5.6 覆传统板材试件极限荷载及其破坏模态

试件编号	墙体材料	F_u(kN)	破坏模态
WS-1[6]	C89立柱+石膏板	72.90	端部立柱局部屈曲,螺钉将板材拉透
WS-2[6]	C89立柱+玻镁板	92.30	端部立柱局部屈曲和板材压坏,底部螺钉被剪断
WS-3[6]	C89立柱+定向刨花板	87.30	端部立柱局部屈曲和板材压坏,底部螺钉被剪断
WS-4[6]	C89立柱+纤维增强硅酸钙板	88.60	端部立柱局部屈曲和板材压坏,底部螺钉被剪断
WS-5[6]	C140立柱+纤维增强硅酸钙板	160.11	端部立柱局部屈曲和板材压坏,底部螺钉被剪断

3. 墙体厚度和立柱类型

由于秸秆板厚度是固定的,因此墙体厚度主要由立柱类型决定。通过将试件WA1和试件WA2做对比,可看出在无泡沫混凝土填充的条件下,采用C140立柱试件的竖向极限承载力比采用C90立柱试件提高了69%。这说明增加立柱宽度可有效提高墙体的竖向承载力。通过将试件WB1和试件WB2做对比,可看出在填充A05级泡沫混凝土的条件下,采用C140立柱试件的竖向承载力比采用C90立柱试件提高了59%。这说明通过增加立柱宽度和墙厚可有效地提高墙体的竖向极限承载力。

5.2.4.5 与现有轻钢轻质混凝土墙体的对比分析

目前,国内外专家学者对轻钢组合墙体的轴压性能进行了深入研究。但对轻钢轻质混凝土墙体的轴压性能研究相对较少,且取得的科研成果较少。为了能够体现出本书研究的冷弯型钢-高强泡沫混凝土剪力墙轴压性能的优越性,现将本书提出的新型剪力墙与现有轻钢轻混凝土墙体进行对比分析。为了体现出对比的合理性,现规定参与对比的墙体构件应满足以下条件:(1) 墙体钢骨架采用C90和C140型轻钢,尺寸接近C型轻钢;(2) 轻质混凝土密度在400~800 kg/m³。上述假定保证了现有墙体构件在构造形式和材料类型方面与本文提出的冷弯型钢-高强泡沫混凝土剪力墙构件基本一致，因而提高了对比的合理性和公正性。

表5.7列出了冷弯型钢-高强泡沫混凝土剪力墙与现有相关墙体的对比结果。冷弯型钢-高强泡沫混凝土剪力墙的轴压承载力远高于现有轻钢轻质混凝土墙体，对于采用C90型轻钢的墙体，冷弯型钢-高强泡沫混凝土剪力墙的抗压强度是现有墙体的3.42～4.24倍。其原因是冷弯型钢-高强泡沫混凝土剪力墙中的轻质高强泡沫混凝土具有较低的密度和较高的抗压强度，表明本书提出的冷弯型钢-高强泡沫混凝土剪力墙具有较高的轴压性能，为该墙体在多层和小高层建筑的应用提供了可能。

表5.7　冷弯型钢-高强泡沫混凝土剪力墙与现有相关墙体的轴压承载力对比

试件编号	墙体尺寸（高度×宽度，mm×mm）	轻钢立柱类型与尺寸（腹板高度×翼缘宽度×卷边宽度×板件厚度，mm×mm×mm×mm）	覆板类型	混凝土抗压强度（MPa）	轴压承载力 F_u（kN）	抗压强度（MPa）
WB1	3 000×1 200	C90　90×50×13×0.9	秸秆板	3.43	216.16	180.13a
WB2	3 000×1 200	C140　140×50×13×0.9	秸秆板	3.43	313.78	261.48a
WVL-4[7]	3 000×1 200	C90　90×35×10.6×0.8	抹灰和EPS板	1.35	57.66	48.05
WVL-3[7]	3 000×1 200	C90　90×35×10.6×1.0	抹灰和EPS板	1.35	63.26	52.71
WVL-2[8]	3 000×1 200	C90　90×35×10.6×1.0	抹灰和EPS板	1.61	50.93	42.44
Q2～Q4[9]	2 400×800	C140　140×41×14×1.6	纤维水泥压力板	1.68	132.0～138.8	165.0～173.5

注：为了与现有研究结果相统一，冷弯型钢-高强泡沫混凝土剪力墙的抗压强度同样未考虑秸秆板的作用。

5.3　剪力墙的有限元分析

5.3.1　有限元模型的建立

冷弯型钢-高强泡沫混凝土剪力墙主要是由冷弯型钢骨架、高强泡沫混凝土和秸秆墙面板三种材料通过各种连接件和自攻螺钉相互连接构造的一种新型组合墙体。

5.3.1.1　单元类型和材料本构关系

本章剪力墙所用材料与第六章中剪力墙抗剪性能研究试件所用材料相同，故其材料的单元类型可采用第六章中单层剪力墙的单元类型，具体介绍见第6.3.1.1节。

5.3.1.2　材料本构关系

如上所述，本章所用材料的本构关系与第六章冷弯型钢-高强泡沫混凝土剪力墙抗剪性能试验所用材料相同，因此冷弯型钢立柱、泡沫混凝土和秸秆板的材料本构关系参考相应章节内容。

对于冷弯型钢立柱的初始缺陷，根据相关文献[10]的研究方法，可以通过特征值屈曲分析来模拟冷弯型钢框架中立柱的初始缺陷。根据最新研究结果[11]，通过公式(5-1)获得初始缺陷的振幅。

$$\delta_{cr}=0.0453\left(\frac{D\text{或}B}{t}\right)+0.9101 \tag{5-1}$$

其中，δ_{cr}是初始缺陷的振幅；t、D和B分别是墙中螺柱的厚度、腹板和翼缘宽度。

将初始缺陷引入数值分析的过程如下：首先，对新模型进行屈曲分析，以获得屈曲模态；然后，通过“编辑关键字”将从式(5-1)中获得的缺陷模式和大小引入现有的无缺陷模型；最后，提出并分析具有初始缺陷的模型。

5.3.1.3 部件的装配及相互作用

冷弯型钢骨架主要由立柱和导轨拼装组成。通过装配(Assembly)中的Merge功能将冷弯型钢骨架合并成一个新部件(part)，如图5.12(a)所示。Merge功能使得冷弯型钢骨架中的竖向立柱与水平导轨完全固结，这与墙体冷弯型钢骨架的实际构造相符合。

对于冷弯型钢骨架和泡沫混凝土之间的接触特性，泡沫混凝土和立柱腹板之间的界面采用切向摩擦接触选项，摩擦系数$\mu=0.3$。但是，泡沫混凝土和框架中导轨之间无相对滑动现象，因此两者之间的接触面采用无摩擦接触的绑定约束(Tie)。同时，泡沫混凝土和秸秆墙面板之间界面的接触相互作用采用了壳-固耦合约束，主要是由于两者之间具有良好的黏结性能。

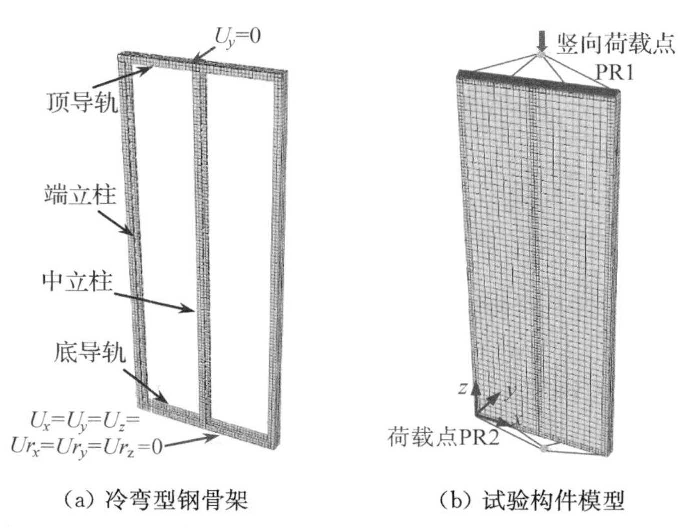

(a) 冷弯型钢骨架　　(b) 试验构件模型

图5.12 剪力墙有限元模型及其网格划分

5.3.1.4 边界条件和荷载施加

试验中墙体底部采用多个地脚螺栓和抗拔连接件与加载钢梁和地梁进行固结连接，此外墙体顶部设置平面外约束钢框架来模拟楼盖对墙体的约束作用，防止墙体发生平面外失稳。因此，在有限元模型中，采用绑定约束(Tie)将墙体的顶面和底面分别与加载点RP1和RP2进行连接，其中RP1代表加载钢梁，RP2代表地梁，如图5.12(b)所示。此外，约束墙体试件底面的参考点PR2完全固结，即$U_x=0$、$U_y=0$、$U_z=0$和rot$x=0$、rot$y=0$、rot$z=0$。对于墙体在轴压荷载作用下的轴压性能的有限元数值模拟，约束墙体试件顶部参考点沿y和x方向的平动自由度以及绕x、y和z的转动自由度，即$U_x=0$，$U_y=0$和rot$x=0$、rot$y=0$、rot$z=0$。

5.3.1.5 网格划分

对于采用C3D8R实体单元的泡沫混凝土，采用结构化网格技术进行网格划分，选择六面体网格，尺寸为 50 mm×50 mm×50 mm。对于采用 S4R 薄壳单元的冷弯薄壁型钢（包括 C 型立柱和 U 形导轨），采用自由网格划分方法进行网格划分，其中腹板和翼缘选择四边形网格，尺寸为 25 mm×25 mm，自由边为 12.5 mm × 5 mm。对于采用 S4R 薄壳单元的秸秆墙面板，采用自由网格方法，四边形网格为 50 mm×50 mm。冷弯型钢钢框架和秸秆墙面板的网格划分如图 5.12(b)所示。

5.3.1.6　非线性分析设置

本节采用静力弧长法（Riks, Static）进行分析，在 ABAQUS 软件中，只需提供一些控制参数，步长由程序自动计算。同时，设定最大增量步为 500 步，初始弧长增量为 0.1，最大增量为 100，最小增量为 1.0×10^{-6}，并开启非线性开关，其他设定均为程序默认。通过以上设置，可实现在模拟加载的过程中对每一步的荷载、位移、应力和应变等数据进行可视化检查。

5.3.2　有限元模型的验证

5.3.2.1　破坏模式的对比分析

图 5.13 显示了试样 WB1 的试验和有限元模拟结果的破坏模式对比。在有限元模拟结果中，端立柱顶部和内立柱上部均出现局部屈曲破坏，与试验观察结果相一致。同时，此区域的最大 Mises 应力接近冷弯型钢材料的屈服强度。有限元模拟结果表明泡沫混凝土在墙顶区域内出现局部压碎，这与试验观察结果一致。此外，秸秆墙面板的 Mises 应力小于其抗压强度，但墙顶外墙面板的 Mises 应力除外，这与试验观察结果相一致。综上所述，有限元模型分析中墙体的破坏模式与试验现象基本一致，进而验证了有限元模型的有效性和准确性。

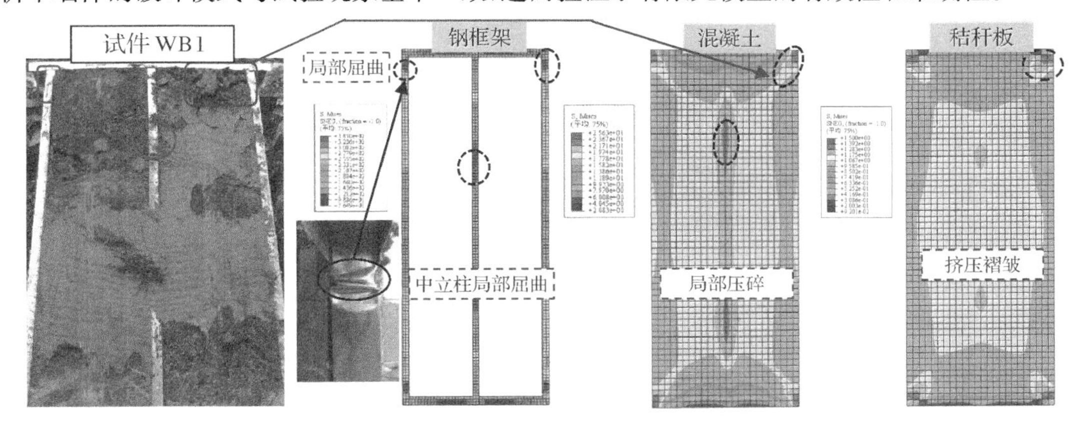

图 5.13　有限元模拟结果与试验结果的对比分析

5.3.2.2　荷载-位移曲线和承载力的对比分析

图 5.14 显示了试验和有限元模拟结果的荷载-位移曲线对比和峰值荷载对比。试件的试验和有限元模拟之间的轴压承载力平均比值为 1.03，变异系数为 0.05。这表明有限元模拟结果与试验结果吻合良好。此外，有限元模拟结果的荷载-位移曲线与试验结果吻合良好，只在初始加载阶段抗压刚度的模拟值高于试验值，这与有限元剪力墙模型的理想化有关，因为墙体试件在制作过程中存在一定的误差。

总之，破坏模式、荷载-位移曲线和极限承载力的综合对比验证了轴压荷载作用下冷弯

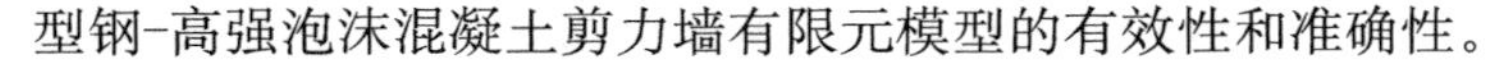

型钢-高强泡沫混凝土剪力墙有限元模型的有效性和准确性。

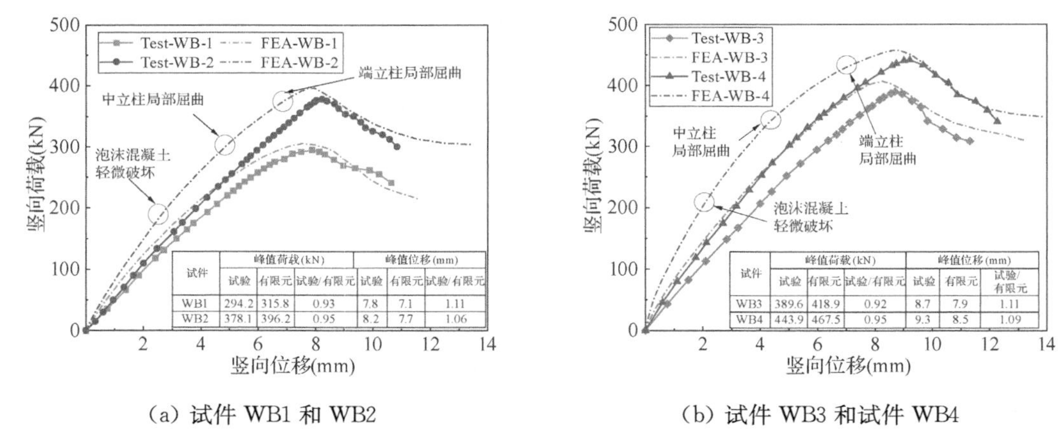

试件	峰值荷载(kN)			峰值位移(mm)		
	试验	有限元	试验/有限元	试验	有限元	试验/有限元
WB1	294.2	315.8	0.93	7.8	7.1	1.11
WB2	378.1	396.2	0.95	8.2	7.7	1.06

(a) 试件 WB1 和 WB2

试件	峰值荷载(kN)			峰值位移(mm)		
	试验	有限元	试验/有限元	试验	有限元	试验/有限元
WB3	389.6	418.9	0.92	8.7	7.9	1.11
WB4	443.9	467.5	0.95	9.3	8.5	1.09

(b) 试件 WB3 和试件 WB4

图 5.14 试验和有限元模拟的荷载-位移曲线对比

5.3.3 剪力墙抗压工作机理分析

5.3.3.1 冷弯型钢骨架的受力过程分析

图 5.15 给出了冷弯型钢骨架在墙体轴压荷载作用下的受力过程。当墙体处于弹性荷载时，端立柱与导轨的连接点处受力最大，其原因是端立柱腹板外侧未受到泡沫混凝土的约束作用。随着轴压荷载增加，中立柱的中部区域应力增大，且增大较多，其次是端立柱的中部区域。这主要是由于中立柱分担的竖向荷载最大，其次是端立柱。当墙体接近峰值承载力时，中立柱应力达到屈服强度。随着竖向位移荷载的增大，中立柱的中部出现严重的局部屈曲变形破坏，且端立柱的两端达到了屈服强度。

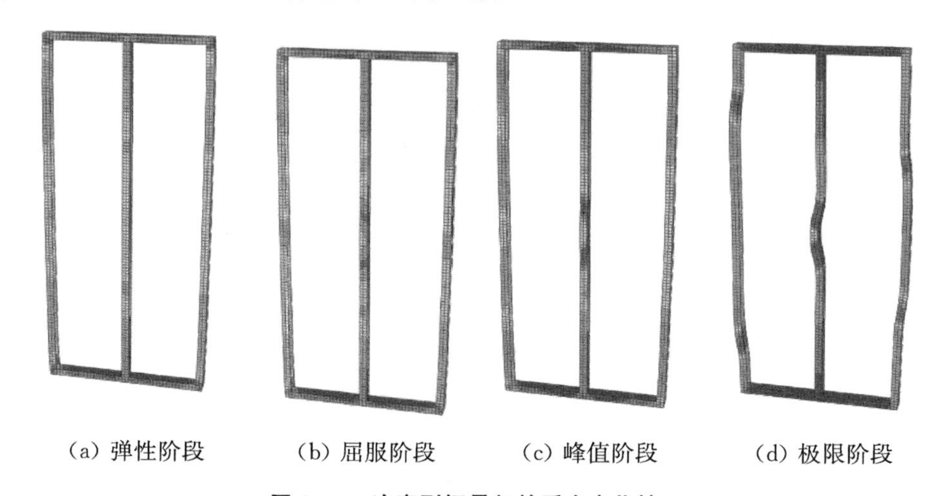

(a) 弹性阶段　(b) 屈服阶段　(c) 峰值阶段　(d) 极限阶段

图 5.15 冷弯型钢骨架的受力变化情况

5.3.3.2 泡沫混凝土的受力过程分析

图 5.16 给出了剪力墙在轴压荷载作用下泡沫混凝土的受力变化过程。在墙体达到弹性荷载时，墙体角部和中立柱附近的泡沫混凝土所受荷载最大，但未达到其抗压强度。随着

轴压荷载的增加，此部分泡沫混凝土的应力不断增大，最终达到屈服强度而发生局部挤压破坏，其受力分布情况与冷弯型钢骨架的破坏位置一致。在墙体达到峰值荷载时，由于中立柱的局部屈曲破坏，泡沫混凝土与中立柱发生相对滑移，且在部分区域泡沫混凝土与中立柱出现分离而发生局部挤压破碎。在峰值荷载之后，墙体角部泡沫混凝土的破坏与中立柱附近的混凝土损失破坏连为一体，且墙体中间泡沫混凝土的应力范围不断增大，说明墙体内大部分混凝土均参与了墙体的抗压承载。

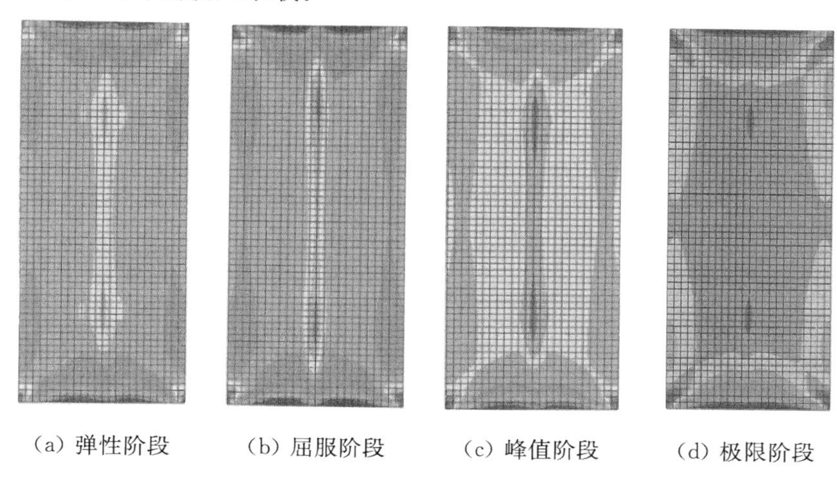

(a) 弹性阶段　(b) 屈服阶段　(c) 峰值阶段　(d) 极限阶段

图 5.16　泡沫混凝土的受力变化情况

5.3.3.3　秸秆墙面板的受力过程分析

图 5.17 给出了剪力墙在轴压荷载作用下秸秆板的受力过程。在剪力墙达到弹性荷载时，秸秆板基本完好且应力偏小。随着轴压荷载的增加，秸秆板的应力逐渐增大，但未达到抗压强度。当墙体达到峰值荷载时，由于中立柱在中间区域出现局部严重屈曲变形，使得秸秆板与之接触区域的应力增大，且接近其材料的抗压强度，同时墙体端部端立柱的屈曲破坏和泡沫混凝土的局部损伤使得此区域秸秆板的应力增大。在达到墙体峰值荷载之后，秸秆墙面板的应力数值不再增加，但是受压区域增大。

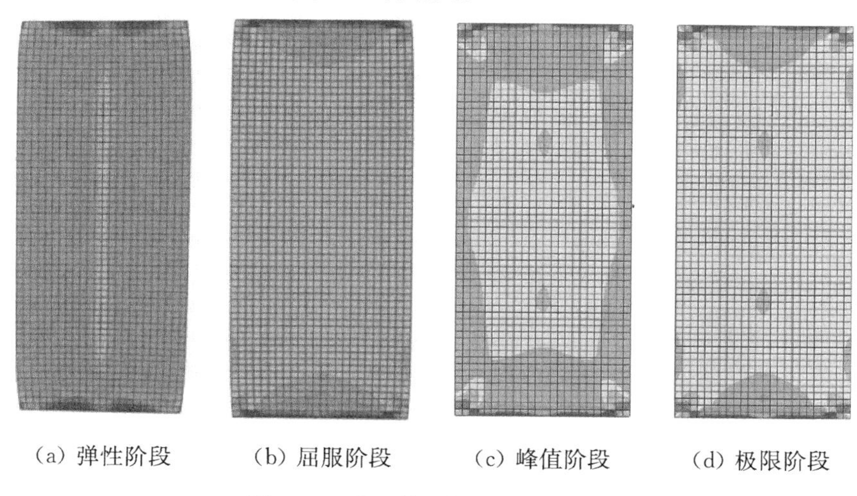

(a) 弹性阶段　(b) 屈服阶段　(c) 峰值阶段　(d) 极限阶段

图 5.17　秸秆墙面板受力变化情况

5.3.4 参数分析

基于 WB1 试件的有限元模型建立方法，进一步研究冷弯型钢-高强泡沫混凝土剪力墙参数对轴压性能的影响，其参数主要包括冷弯型钢立柱的厚度、泡沫混凝土的抗压强度、墙体厚度。表 5.8 给出了用于参数研究的剪力墙有限元模型的配置细节。

表 5.8 剪力墙有限元模型的配置

试件编号	墙厚度 t_w(mm)	冷弯型钢骨架(mm)		泡沫混凝土强度等级	墙面板
		端立柱和中立柱	顶和底导轨		
Base	190	C90 90×50×13×1.0	U93 93×50×1.0	FC3.0	秸秆板
FA-1	190	C90 90×50×13×1.8	U93 93×50×1.8	FC3.0	秸秆板
FA-2	240	C140 140×50×13×2.0	U143 143×50×2.0	FC3.0	秸秆板
FB-1	190	C90 90×50×13×1.5	U93 93×50×1.5	FC12	秸秆板
FB-4	240	C140 140×50×13×1.2	U143 143×50×1.2	FC7.5	秸秆板
FC-1	280	C180 180×50×13×1.2	U183 143×50×1.2	FC3.0	秸秆板

5.3.4.1 泡沫混凝土强度的影响

表 5.9 总结了剪力墙的破坏模式、轴压峰值 N_{max}、N_s、N_c、N_b、α、β、γ 等模拟结果。从中可以看出，增加冷弯型钢立柱的厚度、泡沫混凝土的抗压强度和墙厚能不同程度地提高剪力墙的抗压承载力，其中最有效的措施是提高泡沫混凝土的抗压强度，其次是增加冷弯型钢立柱的厚度。相比于强度等级为 FC3.0 和 FC7.5 的泡沫混凝土试件，采用 FC12 的试件 FB-1 的轴压承载力分别提高了 75.6%和 36.6%。然而，由于泡沫混凝土在墙体顶部出现局部压碎破坏，导致泡沫混凝土的抗压强度在墙体整个截面上无法充分发挥。当墙体达到峰值竖向承载力时，泡沫混凝土的抗压强度利用率仅为 61%，对剪力墙抗压承载力的平均贡献率约为 40.8%。

表 5.9 有限元模拟结果

试件编号	峰值承载力 N_{max}(kN)	各部分承载力(kN)①			f_yA_{stud}② (kN)	f_cA_{HFC}② (kN)	f_bA_b② (kN)	折减系数③		
		立柱 N_s	混凝土 N_c	墙板 N_b				$\alpha=N_s/f_yA_{stud}$	$\beta=N_c/f_cA_{HFC}$	$\gamma=N_b/f_bA_b$
Base	278.7	187.8	142.7	25.2	223.6	274.8	62.4	0.84	0.52	0.40
FA-1	426.1	335.8	154.0	24.3	402.4	273.5	62.4	0.83	0.56	0.39
FA-2	543.7	402.8	230.5	26.5	500.6	426.0	62.4	0.80	0.54	0.42
FB-1	516.5	197.5	409.4	32.0	223.6	644.1	62.4	0.88	0.64	0.51
FB-4	621.7	271.0	540.6	33.4	330.4	831.9	62.4	0.82	0.65	0.54
FC-1	545.2	327.4	356.9	29.9	380.1	550.1	62.4	0.86	0.65	0.48
					平均值			0.84	0.61	0.46
					变异系数			0.03	0.05	0.06

注：① 上述数值均为横截面承载力的平均值；② f_yA_{stud}，f_cA_{HFC}，f_bA_b 分别为基于材料性能得到的冷弯型钢立柱、

泡沫混凝土和秸秆墙面板的承载力；③ α、β、λ 分别为冷弯型钢立柱、泡沫混凝土和秸秆墙面板的折减系数。

5.3.4.2 冷弯型钢立柱厚度的影响

由表5.9可知，随着冷弯型钢立柱厚度从1.0 mm增加到1.8 mm，试样FA-1（墙厚为190 mm）和试样FA-2（墙厚为240 mm）的轴压承载力分别增加了52.9%和22.5%。然而，由于端立柱腹板外侧未受到泡沫混凝土的约束作用，导致端立柱出现早期局部屈曲破坏。因此，墙体端立柱无法充分利用其在墙体总横截面上的抗压强度，抗压强度平均利用率为84.0%。冷弯型钢骨架对剪力墙的轴向承载力的贡献最大，约50.7%，如图5.18所示。这表明冷弯型钢立柱是影响墙体轴压性能的主要因素。

5.3.4.3 秸秆墙面板的影响

秸秆墙面板对剪力墙的轴向承载力的贡献很小（如图5.18所示），平均值仅为8.5%。相比于冷弯型钢立柱和泡沫混凝土，具有较低抗压强度的秸秆板具有较低的弹性模量，意味着秸秆板在墙体竖向变形下产生的压缩应力小于冷弯型钢立柱和泡沫混凝土。从考虑墙体结构的安全性和可靠性的角度来看，在实际工程中，墙体抗压承载力的设计可忽略秸秆板的贡献。

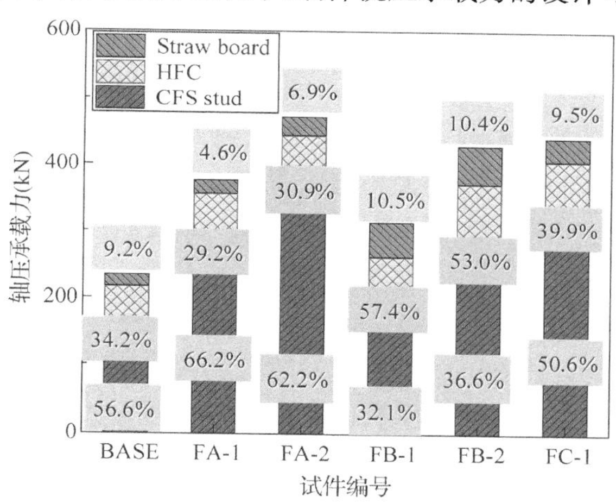

图5.18 剪力墙轴压承载力的组成部分及贡献率

5.4 剪力墙的正截面轴压承载力理论计算

5.4.1 既有剪力墙轴压承载力计算公式

目前，对于钢筋或型钢混凝土轴心受压构件，假定钢筋（或型钢）与混凝土保持变形协调，即构件顶部受压截面保持平面。基于以上假定，钢筋或型钢混凝土轴心受压构件承受的轴向压力 N 的计算表达式如下所示：

$$N=\sigma_c(\varepsilon)A_c+\sigma_s(\varepsilon)A_s \tag{5-2}$$

式中：$\sigma_c(\varepsilon)$ 和 $\sigma_s(\varepsilon)$ 分别为应变为 ε 时混凝土和钢筋（或型钢）的轴向应力；A_c 和 A_s 分别为混凝土和钢筋（或型钢）的有效截面面积。

此外，轴心受压构件的承载力与其长细比有较大的关系。在相同构件配置条件下，长细比大的构件承载力小于长细比小的构件。关于长细比对构件轴心受压承载力的影响，通常采用稳定系数对式(5-2)进行整体性的量化折减。

由于各国对钢筋(或型钢)混凝土轴心受压构件承载力的研究情况不同，且各个文献的研究对象有所差异，因此对于钢筋(或型钢)混凝土轴心受压构件而言，现有规范标准和文献中的轴心受压承载力计算公式的具体形式有所差异，如下所示：

1. 我国相关规范标准

我国《冷弯薄壁型钢多层住宅技术标准》(JTJ/T 421—2018)[2]中规定，轴心受压构件的稳定性承载力应符合：

$$N \leqslant \varphi A_e f_y \tag{5-3}$$

$$\varphi = \left[1 + 0.002\left(\frac{l_0}{b} - 8\right)^2\right]^{-1} \tag{5-4}$$

式中：N 为轴压力；φ 为轴心受压构件的稳定系数；A_e为轻钢立柱的有效截面面积；f_y为轻钢的屈服强度，l_0为构件的计算长度，b 为矩形截面的短边尺寸。

我国《混凝土结构设计规范》(GB 50010—2010)[12]，《组合结构设计规范》(JGJ 138—2016)[13]和《轻骨料混凝土结构技术规程》JGJ 12—2006[14]中规定，钢筋混凝土轴心受压构件承载力应符合：

$$N = 0.9\varphi(f_c A + f'_y A'_s) \tag{5-5}$$

式中：A 和 A_s分别为剪力墙截面面积和全部纵向钢筋截面面积。

我国《轻钢轻混凝土结构技术规程》(JGJ 383—2016)[1]在借鉴《混凝土结构设计规范》的基础上，规定了轻钢轻混凝土剪力墙正截面轴心受压承载力计算公式，如下所示：

$$N \leqslant 0.7\varphi(f_c A_c + f'_a A'_a) \tag{5-6}$$

$$A_c = b_w h_w - A_{ak} \tag{5-7}$$

式中：N 为轴向压力设计值；φ 为受压构件的稳定系数，见式(5-4)；f_c为轻混凝土轴心抗压强度设计值；A_c为剪力墙净截面面积；f'_a 为轻钢抗压强度设计值；A'_a 为剪力墙配置的纵向轻钢截面面积；b_w为剪力墙厚度，不包括免拆模板的厚度；h_w为剪力墙截面高度；A_{ak}为矩形或B型轻钢所围面积之和。

2. 国外相关规范标准

美国 *Building code requirements for structural concrete* (ACI 318—14)[15]中给出了非预应力轴心受压构件的承载力计算公式：

$$p_{ACI} = 0.80\varphi[0.85 f'_c(A - A_{st}) + f_y A_{st}] \tag{5-8}$$

式中：0.80 为考虑构件初始偏心距的折减系数；φ 为强度折减系数，轻质混凝土取0.65；f'_c为混凝土圆柱体抗压强度标准值；A 为构件净截面面积；A_{st}为纵向钢筋或型钢总截面面积；f_y为纵向钢筋或型钢强度标准值。

欧洲 *Eurocode 8: Design of structures for earthquake resistance* (EN8 1998-1：2004)[16]和 *Eurocode 4: Design of composite steel and concrete structures* (EN4 1994-1-1：2004)[17]给出了带有混凝土折减系数的轴心受压构件的承载力计算公式，如下所示：

$$N_d = \lambda \eta f_{cd} A_c + f_{yd} A_s \tag{5-9}$$

式中：λ 和 η 为考虑钢筋屈服时混凝土应力小于屈服强度的折减系数；A_c为混凝土净截面面积。

3. 国内外相关文献

Mydin[18]对 12 片外包轻钢龙骨内填泡沫混凝土墙体进行了单调轴心受压试验，得出了不同轻钢厚度和边界条件下的墙体轴压承载力计算公式：

$$N_u = 0.63A_c f_{cu} + b_{eff} t f_y \tag{5-10}$$

$$若\ \sigma_{cr} \leqslant f_y,\ \frac{b_{eff}}{b} = 0.675\left(\frac{\sigma_{cr}}{f_y}\right)^{1/3} \tag{5-11}$$

$$若\ \sigma_{cr} > f_y,\ \frac{b_{eff}}{b} = 0.915\left(\frac{\sigma_{cr}}{f_y}\right)^{1/3} \tag{5-12}$$

$$\sigma_{cr} = \frac{k\pi^2 E_s}{12(1-\nu^2)(b/t)^2} \tag{5-13}$$

式中：A_c为泡沫混凝土的受压面积；f_{cu}为泡沫混凝土的立方体抗压强度设计值；b_{eff}为轻钢的有效截面面积；t 为轻钢厚度；f_y为轻钢抗压强度设计值；k 为轻钢弹性屈曲系数；E_s为轻钢弹性模量；ν 为轻钢泊松比；b 为轻钢宽度。

翟培雷[19]通过对 6 片发泡混凝土复合墙体进行轴心受压试验研究，得出在不同厚度和是否覆面层条件下，发泡水泥复合墙体在竖向荷载作用下的承载力经验公式：

$$N \leqslant \varphi[\eta_1(f_y A_{ks} + f'_y A'_{gs}) + \eta_2 f_{cf} A_{xc} + \eta_3(\tau_h l_h + \tau_b l_b)] \tag{5-14}$$

$$\varphi = \frac{1}{1+0.0012\beta^2} \tag{5-15}$$

式中：N 为墙体的轴压承载力；η_1 为型钢骨架强度利用系数（有面层时，当墙厚为 160 mm 时，取 0.9，当墙厚>160 mm 时，取 0.8；无面层时，当墙厚为 160 mm 时，取 0.8，当墙厚>160 mm 时，取 0.7）；η_2 为发泡水泥芯材强度利用系数，取 0.22；η_3 为水泥砂浆面层抗剪强度利用系数（有面层时，当墙厚 160 mm 时，取 0.5，当墙厚>160 mm 时，取 0.4；无面层时取 0）；f_y 为型钢抗压强度设计值；f'_y 为钢筋抗压强度设计值；f_{cf} 为发泡水泥芯材抗压强度设计值；A_{ks} 为墙体型钢立柱截面积之和；A'_{gs} 为墙体内钢筋桁架截面积之和；A_{xc} 为发泡水泥芯材截面积之和；τ 为水泥砂浆抗剪强度，墙宽方向 $\tau_b = 100$ kN/m，墙高方向 $\tau_h = 70$ kN/m；φ 为墙体稳定系数；β 为墙体的高厚比。

封雷[20]通过对薄壁型钢-混凝土复合保温承重墙的轴压受力性能的研究，提出其轴压承载力计算公式：

$$N = \varphi[\alpha_1 f'_y A_y + \alpha_2(f_c A_c + f_B A_B)] \tag{5-16}$$

$$\alpha_1 = 0.24 + 0.78\ln(H/B) \tag{5-17}$$

$$\alpha_2 = 0.89\beta^{-0.48} \tag{5-18}$$

式中：φ 为稳定系数，具体计算见式（5-4）；β 为墙体的高厚比；α_1 为高宽比对墙体中钢框架承载力的影响系数；α_1 为高厚比对保温砂浆和混凝土的承载力影响系数；其余参数见文献[20]。

基于以上对现有相关规范和文献中钢筋（型钢）剪力墙轴心受压承载力计算公式的分析，现将第 5.2.1 节中冷弯型钢-高强泡沫混凝土剪力墙的相关参数数值分别代入上面的剪力墙轴心受压承载力计算公式中进行计算，得到冷弯型钢-高强泡沫混凝土剪力墙轴心受压承载力计算值，并通过试验值进行验证和分析，具体数值见表 5.10 和表 5.11。

表 5.10　规范标准公式计算值及与试验值比较

试件编号	试验值 F_u(kN)	JGJ/T 421—2018[2]		JGJ 138—2016[13]		JGJ383—2016[1]		ACI 318—14[15]		EN 4—2004[16-17]	
		N(kN)	$\frac{N}{F_u}$	N(kN)	$\frac{N}{F_u}$	N(kN)	$\frac{N}{F_u}$	P_{ACI}(kN)	$\frac{P_{ACI}}{F_u}$	N(kN)	$\frac{N}{F_u}$
WA1	84.26	115.57	1.37	84.48	1.00	65.71	0.78	110.93	1.32	170.67	2.03
WA2	142.39	260.87	1.83	241.84	1.70	188.10	1.32	191.41	1.34	294.48	2.07
WB1	216.16	—	—	206.37	0.95	148.66	0.69	225.55	1.04	343.04	1.59
WB2	313.87	—	—	556.41	1.77	402.18	1.28	369.70	1.18	562.61	1.79
WB3	273.52	—	—	322.27	1.18	227.54	0.83	323.12	1.18	506.94	1.85
WB4	210.71	—	—	206.37	0.98	148.66	0.71	225.55	1.07	343.04	1.63
WC1	202.42	—	—	206.37	1.02	148.66	0.73	225.55	1.11	343.04	1.69
		平均值	1.60		1.23		0.91		1.18		1.81
		标准差	0.33		0.35		0.27		0.12		0.19

表 5.11　文献公式计算值及与试验值比较

试件编号	试验值 F_u(kN)	Mydin 等[18]		翟培蕾等[19]		封雷[20]	
		N(kN)	$\frac{N}{F_u}$	N(kN)	$\frac{N}{F_u}$	N(kN)	$\frac{N}{F_u}$
WA1	84.26	38.66	0.46	132.82	1.58	87.29	1.04
WA2	142.39	72.03	0.51	219.84	1.54	226.58	1.59
WB1	216.16	233.76	1.08	183.84	0.85	241.57	1.12
WB2	313.87	378.85	1.21	306.42	0.98	523.36	1.67
WB3	273.52	399.86	1.46	227.26	0.83	388.28	1.42
WB4	210.71	233.76	1.11	183.84	0.87	241.57	1.15
WC1	202.42	233.76	1.15	169.08	0.84	241.57	1.19
平均值			1.10		1.07		1.31
标准差			0.37		0.34		0.25

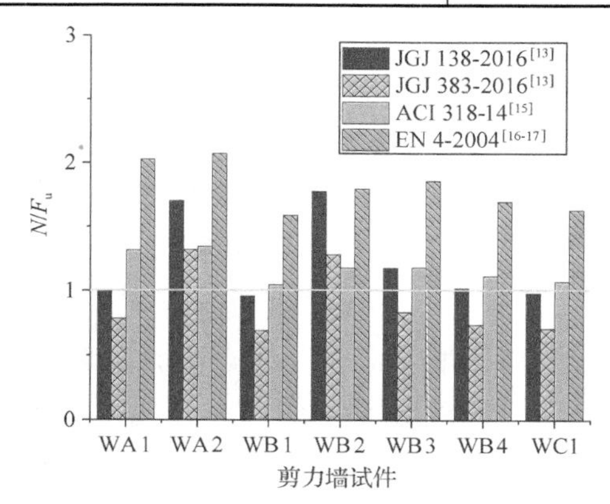

图 5.19　规范公式计算值与试验值对比

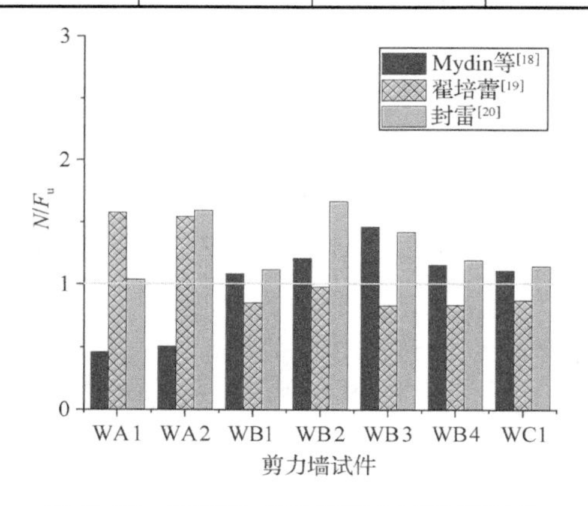

图 5.20　文献公式计算值与试验值对比

从表5.10、表5.11、图5.19和图5.20中可以看出，相比于试验值，美国规范ACI 318—14[15]、欧洲规范EN 4—2004[17]、Mydin[18]和封雷[20]的公式计算值均偏大，中国规范JGJ 383—2016[1]和翟培蕾[19]的公式计算值基本偏小。但是，以上公式并不能准确且稳定地计算出冷弯型钢-高强泡沫混凝土剪力墙的轴心受压承载力。

5.4.2　剪力墙的轴压承载力计算公式

基于以上公式的特点和分析结论，提出适合该冷弯型钢-高强泡沫混凝土剪力墙正截面轴压承载力的计算公式。从墙体构造形式和受力机理上分析，可以看出冷弯型钢-高强泡沫混凝土剪力墙应属于轻钢轻混凝土剪力墙范畴，因此，此次提出的墙体正截面轴心受压承载力计算公式在构造形式上力求趋向于JGJ 383—2016《轻钢轻混凝土结构技术规程》[1]中的计算公式形式，便于以后将冷弯型钢-高强泡沫混凝土剪力墙编入规程时将该公式作为参考公式使用。

冷弯型钢-高强泡沫混凝土剪力墙的轴心受压承载力的简化计算公式如公式(5-19)～公式(5-21)所示。同时进行如下基本假定：(1) 基于第5.2节剪力墙轴压试验的分析结果，墙体正截面轴压承载力计算公式可不考虑秸秆板的作用；(2) 泡沫混凝土的抗压强度和轻钢立柱的屈服强度并未充分发挥，应将其强度乘以相应的强度折减系数；(3) 忽略轻钢与泡沫混凝土的黏结滑移效应。

$$N_u=\varphi(\alpha f_c A_c+\beta f_a A_a) \tag{5-19}$$

$$\varphi=\left[1+0.002\left(\frac{l_0}{b}-8\right)^2\right]^{-1} \tag{5-20}$$

$$A_c=b_w h_w-A_{ak} \tag{5-21}$$

式中：φ为墙体稳定系数；α为泡沫混凝土轴心受压强度折减系数；β为轻钢立柱屈服强度折减系数；其余符号定义见规程[1]。

由表5.5可以得出：当墙体达到极限荷载时，填充泡沫混凝土剪力墙的竖向位移主要集中在9.80 mm左右，由胡克定律得到A05级和A07级泡沫混凝土的受压强度分别为1.05 MPa和1.96 MPa，分别是A05级和A07级泡沫混凝土轴心抗压强度f_c的0.37倍和0.35倍。出于安全考虑，泡沫混凝土轴心抗压强度的折减系数α取0.35。

根据试验现象和数据分析可以得出：(1) 秸秆板对剪力墙的轴压承载力的影响较小，出于安全考虑，可以忽略不计；(2) 当墙体达到极限荷载时，根据墙体轻钢立柱在峰值荷载时应变值分布图5.21可以看出，填充泡沫混凝土墙体中轻钢立柱的应变集中在1 000～1 300 $\mu\varepsilon$，对应的应力为210～273 MPa，是轻钢屈服强度f_y的0.60～0.77倍，其中试件WC1对应应力约为$0.60f_y$，即$\beta=0.60$，其余试件对应应力为$0.70f_y$左右，即$\beta=0.70$；未填充泡沫混凝土的墙体中轻钢立柱的应变集中在600～1 000 $\mu\varepsilon$，对应的应力为126～210 MPa，是f_y的0.32～0.53，取平均值约为0.42，即$\beta=0.42$。

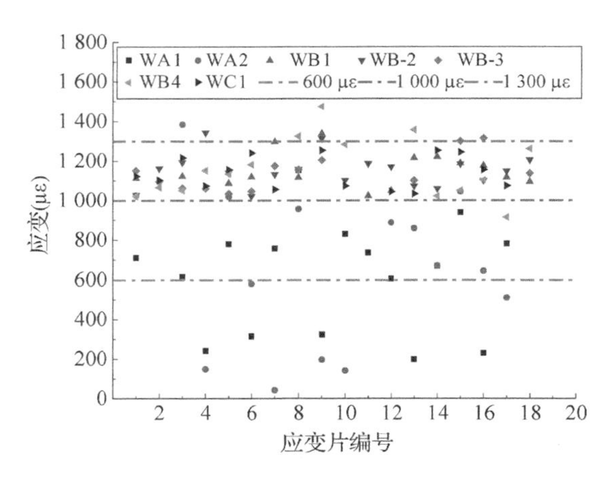

图 5.21　试件轻钢立柱在峰值荷载时的应变

综上所述，对公式中的折减系数 α 和 β 做如下规定：

(1) 泡沫混凝土的折减系数 α：当墙体未填充泡沫混凝土时取 0，当墙体填充泡沫混凝土等级为 A05 级～A07 级时取 0.35；

(2) 轻钢的折减系数 β：当墙体未填充泡沫混凝土且覆盖秸秆板时取 0.45，当墙体填充泡沫混凝土且覆盖秸秆板时取 0.70，当墙体填充泡沫混凝土且未覆盖秸秆板时取 0.60。

将墙体各试件的参数代入式(5－19)～(5－21)得到计算值和试验值的比较，见表5.12 和图 5.22。新提出的计算公式的计算值与试验值整体吻合较好。针对墙体的不同构造形式，提出轻钢立柱和泡沫混凝土强度的不同折减系数，使得公式计算值能较准确地预测墙体的轴压承载力。

表 5.12　轴压承载力计算值与试验值对比

试件编号	试验值 F_u(kN)	计算值 N_u(kN)	计算值/试验值 N_u/F_u	$\frac{(N_u-F_u)}{F_u}$(%)
WA1	84.26	82.47	0.98	−2.1%
WA2	142.39	144.03	1.01	1.2%
WB1	216.16	201.63	0.93	−6.7%
WB2	313.78	336.20	1.07	7.1%
WB3	273.52	273.78	1.00	0.1%
WB4	210.71	201.63	0.96	−4.3%
WC1	202.42	183.30	0.91	−9.4%
平均值			0.98	
标准差			0.05	

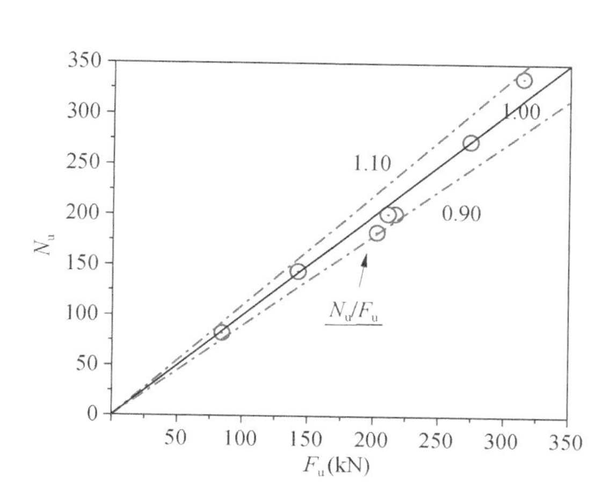

图 5.22　公式计算值与试验值的对比

5.5　本章小结

本章通过对 2 片冷弯型钢组合墙体和 5 片冷弯型钢-高强泡沫混凝土剪力墙进行轴心受压试验和有限元模拟分析，研究了冷弯型钢-高强泡沫混凝土剪力墙的轴心受压性能，主要结论如下：

(1) 冷弯型钢-高强泡沫混凝土剪力墙轴心受压的破坏特征主要是冷弯型钢立柱的局部屈曲破坏和泡沫混凝土的局部压碎破坏。在墙体达到极限承载力时，冷弯型钢立柱和泡沫混凝土的应力分别未达到屈服强度 f_y 和轴心抗压强度 f_c。

(2) 高强泡沫混凝土对墙体提供竖向承载力，同时对 C 型钢立柱有握裹效应，可以增强立柱抗畸变屈曲、抗弯曲和抗扭曲变形的能力，使立柱屈服强度得到有效发挥，提高了墙体的轴压承载力，减小了竖向变形。与未填充泡沫混凝的土墙体相比，填充 A05 级泡沫混凝土的墙体竖向承载力和竖向刚度分别提高 1.6 倍和 2.2 倍，填充 A07 级泡沫混凝土可以提高 2.2 倍和3.1倍，相应竖向位移均减少约 20%。

(3) 通过增加墙体厚度和冷弯型钢立柱宽度可以有效地提高墙体的轴压承载力，而秸秆板带来的影响较小，偏于安全考虑可以忽略不计。相比于采用 C90 立柱墙体，采用 C140 立柱墙体的轴压承载力提高了 60%～70%，相应的墙体厚度由 205 mm 增加到 256 mm。

(4) 基于与试验结果中破坏模式、峰值承载力和荷载-位移曲线的对比，建立了合理且可靠的冷弯型钢-高强泡沫混凝土剪力墙有限元分析模型，分析了剪力墙的受力全过程和工作机理，明确了影响因素对轴压承载力的影响规律；在峰值荷载作用下，剪力墙中的泡沫混凝土抗压强度利用率仅为 61%，对剪力墙抗压承载力的平均贡献率约为 40.8%；冷弯型钢立柱的屈服强度利用率为 84.0%，贡献率为 50.7%；秸秆墙面板贡献率仅为 8.5%。

(5) 基于试验结果和承载力叠加原理，提出冷弯型钢-高强泡沫混凝土剪力墙的轴心受压承载力计算公式及基本假定，所得计算值与试验值吻合较好。

参考文献

[1] 中华人民共和国住房和城乡建设部. 轻钢轻混凝土结构技术规程：JGJ 383—2016[S]. 北京：中国建筑工业出版社，2016.

[2] 中华人民共和国住房和城乡建设部. 冷弯薄壁型钢多层住宅技术标准：JGJ/T 421—2018[S]. 北京：中国建筑工业出版社，2018.

[3] 中华人民共和国住房和城乡建设部. 泡沫混凝土：JG/T 266—2011[S]. 北京：中国标准出版社，2011.

[4] 中华人民共和国住房和城乡建设部. 泡沫混凝土应用技术规程：JGJ/T 341—2014[S]. 北京：中国建筑工业出版社，2014.

[5] 张其林，秦雅菲. 轻钢住宅墙柱体系轴压性能的理论和试验研究[J]. 建筑钢结构进展，2007，9(4)：23-29.

[6] 姚谏，滕锦光. 冷弯薄壁卷边槽钢弹性畸变屈曲分析中的转动约束刚度[J]. 工程力学，2008，25(4)：65-69.

[7] 郝际平，王奕钧，刘斌，等. 喷涂式冷弯薄壁型钢轻质砂浆墙体立柱轴压性能试验研究[J]. 西安建筑科技大学学报(自然科学版)，2014，46(5)：615-621.

[8] 刘斌，郝际平，赵淋伟，等. 新型冷弯薄壁型钢墙体立柱轴压性能试验研究[J]. 工业建筑，2014，44(2)：113-117,165.

[9] 陈大鸿，王建超，潘美旭，等. 轻钢泡沫混凝土组合墙体竖向承载力试验[J]. 沈阳建筑大学学报(自然科学版)，2018，34(2)：275-285.

[10] Wu H H, Chao S S, Zhou T H, et al. Cold-formed steel framing walls with infilled lightweight FGD gypsum Part Ⅱ: Axial compression tests[J]. Thin-Walled Structures, 2018, 132: 771-782.

[11] Sivaganesh S, Madhavan M. Geometric imperfection measurements and validations on cold-formed steel channels using 3D noncontact laser scanner[J]. Journal of Structual Engineering, 2018, 144(3): 04018010. 1—04018010. 14.

[12] 中华人民共和国住房和城乡建设部. 混凝土结构设计规范：GB 50010—2010[S]. 北京：中国建筑工业出版社，2010.

[13] 中华人民共和国住房和城乡建设部. 组合结构设计规范：JGJ 138—2016[S]. 北京：中国建筑工业出版社，2016.

[14] 中华人民共和国住房和城乡建设部. 轻骨料混凝土结构技术规程：JGJ 12—2016[S]. 北京：中国建筑工业出版社，2006.

[15] ACI Committee 318. Building code requirements for structural concrete (ACI 318—14)[S]. Farmington Hills, MI: American Concrete Institute, 2014.

[16] European Committee for Standardization (CEN). Design of structures for earthquake resistance, Part 1: General rules, seismic and rules for buildings[S]. Eurocode 8. BS EN 1998-1. London: BSI British Standards, 2004.

[17] European Committee for Standardization (CEN). Design of composite steel and con-

crete structures, Part 1: General rules and rules for buildings[S]. Eurocode 4. BS EN 1994-1-1:2004. London: BSI British Standards, 2004.
[18] Mydin M O A, Wang Y C. Structural performance of lightweight steel-foamed concrete-steel composite walling system under compression [J]. Thin-Walled Structures, 2011, 49(1): 66-76.
[19] 翟培蕾. 发泡水泥复合墙体力学性能研究[D]. 北京:北京交通大学, 2012.
[20] 封雷. 薄壁型钢-混凝土复合保温承重墙板的受力性能研究[D]. 长春:吉林大学,2017.

第 6 章
冷弯型钢-高强泡沫混凝土剪力墙抗剪性能

6.1 引言

装配式冷弯型钢-高强泡沫混凝土剪力墙作为冷弯型钢房屋结构的主要承载力构件，不仅承担本楼层及以上楼层的竖向恒荷载和活荷载，而且承受水平地震作用和风荷载等水平荷载，多层建筑的低层剪力墙更是如此，如图 6.1 所示。因此，有必要对冷弯型钢-高强泡沫混凝土单层剪力墙构件抗剪性能进行系统性研究，有助于下一步对此剪力墙结构进行抗震性能研究及推广应用。

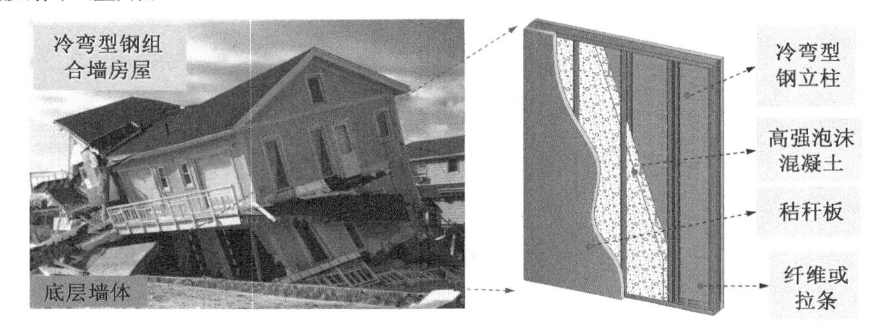

图 6.1　冷弯型钢-高强泡沫混凝土剪力墙示意图

本章采用恒定轴压荷载下的水平低周反复荷载试验、有限元模拟分析和抗剪理论分析相结合的方法，研究冷弯型钢-高强泡沫混凝土单层剪力墙抗剪性能，分析单层墙体的破坏特征、滞回性能、延性、抗侧刚度和耗能能力，明确剪力墙的受力机理和传力路径，建立单层剪力墙的抗剪承载力理论分析模型并提出剪力墙斜截面受剪承载力计算公式，进而建立符合冷弯型钢-高强泡沫混凝土单层剪力墙的恢复力模型及计算方法。此外，给出符合规范格式要求的剪力墙受剪承载力计算公式。

6.2 剪力墙的低周反复荷载试验

6.2.1 试件设计与制作

为了研究单层冷弯型钢-高强泡沫混凝土剪力墙抗剪性能，本次试验共设计了 9 片单层墙体足尺试件，包括 8 片单层冷弯型钢-高强泡沫混凝土剪力墙试件和 1 片外覆秸秆板冷弯型钢空心组合墙试件(作为对比试件)，各试件设计参数如表 6.1 所示。试件的高度和宽度以及洞口尺寸按照常用建筑住宅模数要求进行设计，完全满足我国《建筑模数协调标准》[1]

GB/T 50002—2013 的有关规定。

表 6.1　墙体试件设计

组别	试件编号	立柱截面形式			泡沫混凝土强度等级	试件尺寸 ($L\times H$)	洞口尺寸 ($b\times h$)	墙体厚度 (mm)	竖向荷载 (kN)
		中柱	边柱	导轨					
第一组	WA1	C90	C90	U93	—	2.4 m×3.0 m	—	206(90)	120
第二组	WB1	C90	C90	U93	FC3	2.4 m×3.0 m	—	206(90)	120
	WB2	C90	C90	U93	FC7.5	2.4 m×3.0 m	—	206(90)	120
	WB3	C140	C140	U143	FC3	2.4 m×3.0 m	—	256(140)	120
	WB4	C140	C140	U143	FC3	2.4 m×3.0 m	—	256(140)	160
第三组	WC1	C90	C90	U93	FC3	3.6 m×3.0 m	—	206(90)	180
	WC2	C90	C90	U93	FC3	3.6 m×3.0 m	—	206(90)	180
	WC3	C140	C140	U143	FC3	3.6 m×3.0 m	—	256(140)	180
第四组	WD1	C140	C140	U143	FC3	3.6 m×3.0 m	1.2 m×1.2 m	256(140)	180

试件按照构造形式分为四组：第一组试件为传统冷弯型钢组合墙体（试件 WA1），即在墙体两侧覆盖秸秆板且不填充泡沫混凝土，作为基准试件，通过与试件 WB1 的对比分析研究泡沫混凝土对墙体抗剪性能的影响；第二组试件的尺寸均为 2.4 m（宽）×3.0 m（高），用于研究泡沫混凝土强度、冷弯型钢立柱截面尺寸、墙体厚度和轴压比的影响；第三组试件的尺寸均为 3.6 m（宽）×3.0 m（高），用于研究冷弯型钢内立柱截面形式和面积对墙体抗剪性能的影响，通过与试件 WB1 和 WC1 进行对比来研究剪跨比（高宽比）对抗剪性能的影响；第四组试件为开洞墙体，通过与试件 WC3 的对比来研究洞口对抗剪性能的影响。剪力墙试件的具体构造形式如图 6.2 所示。

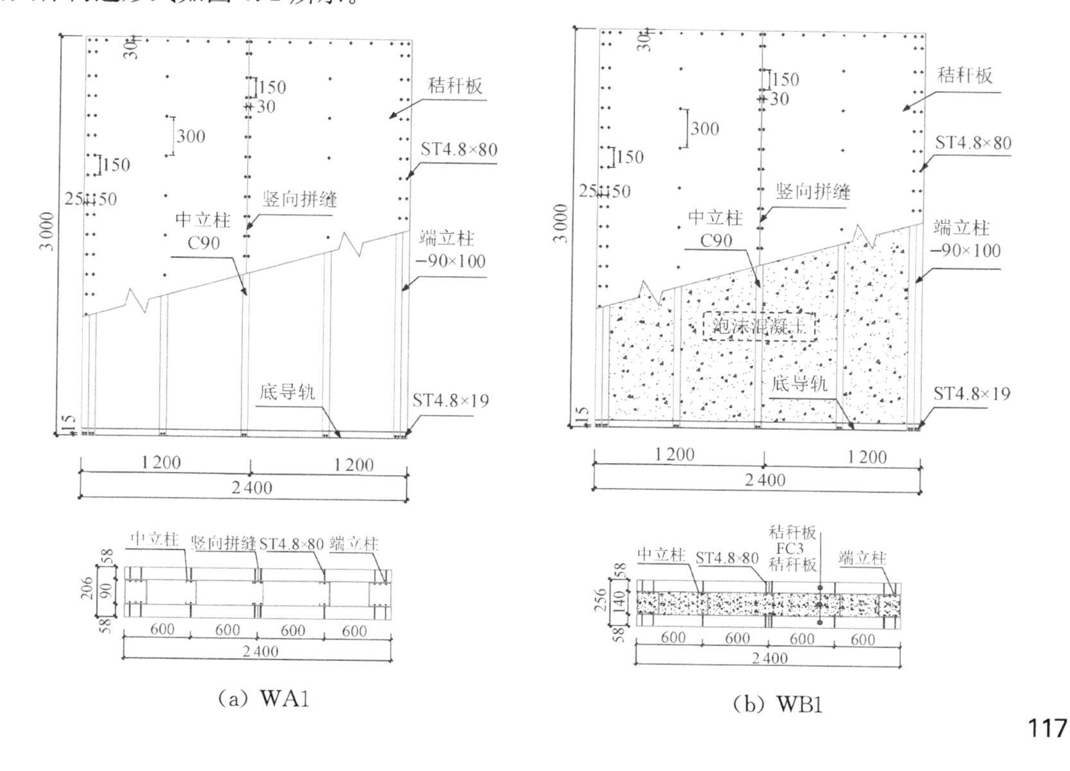

(a) WA1　　(b) WB1

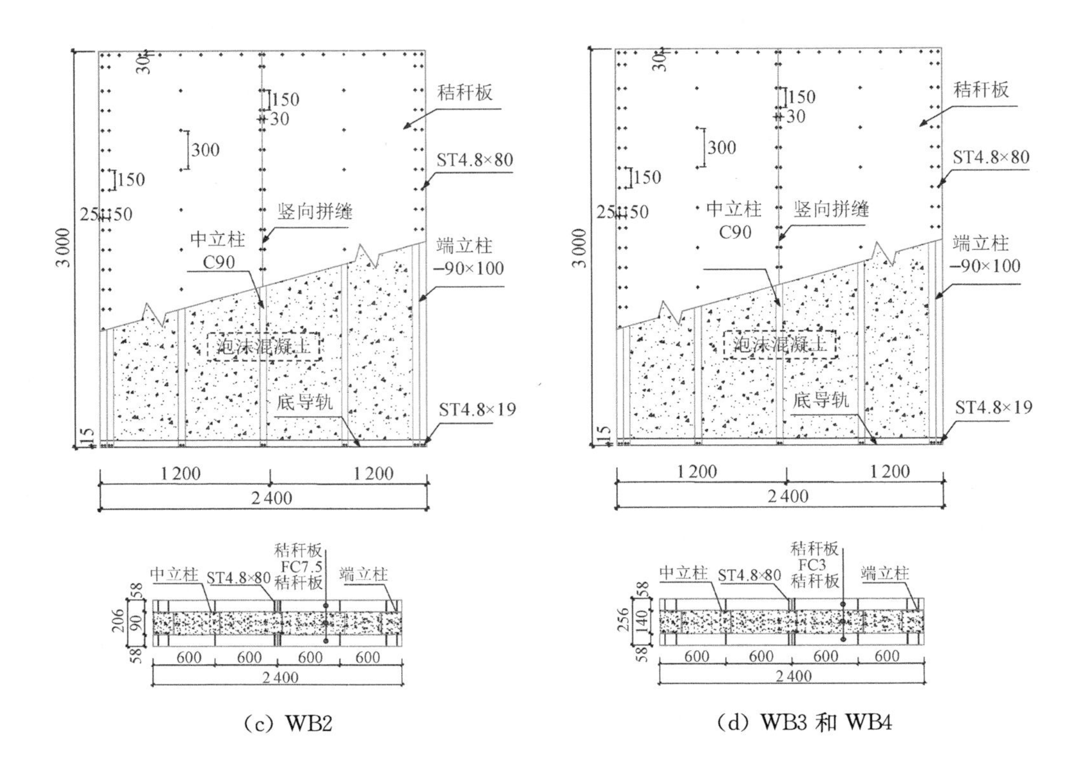

(c) WB2

(d) WB3 和 WB4

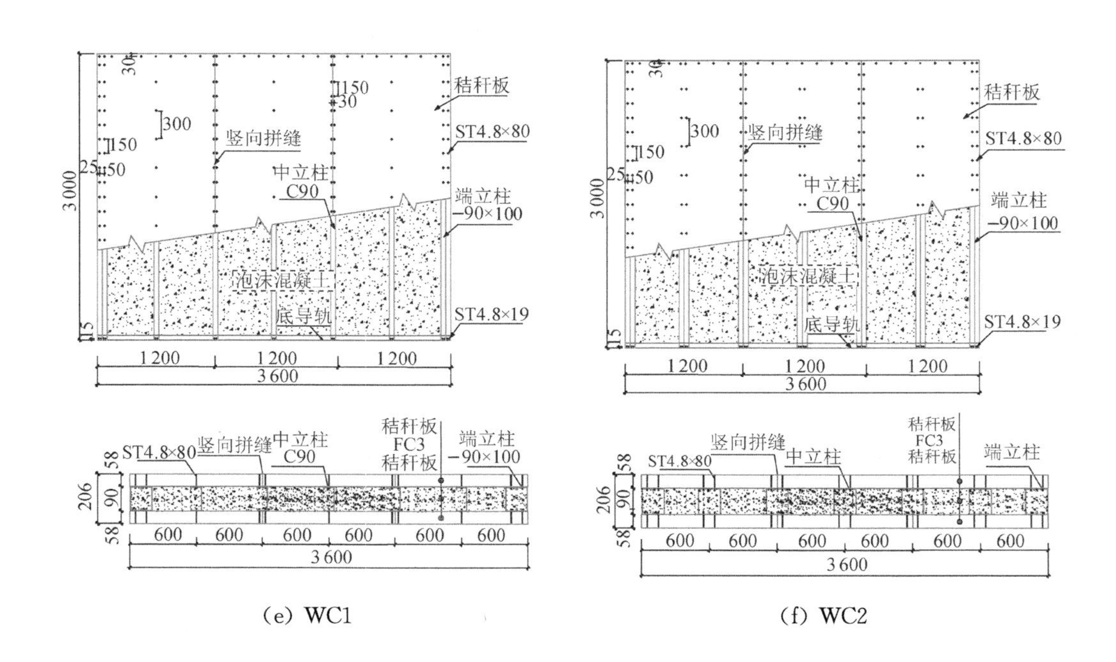

(e) WC1

(f) WC2

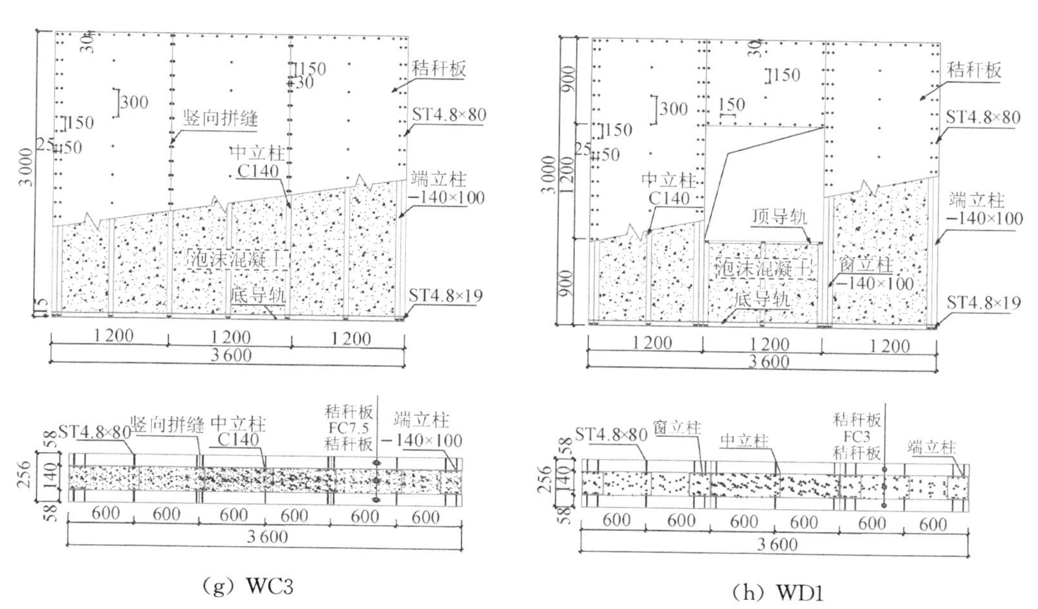

图 6.2　冷弯型钢-高强泡沫混凝土剪力墙构造图(单位:mm)

1. 冷弯型钢骨架设计

冷弯型钢-高强泡沫剪力墙试件主要由冷弯型钢骨架、泡沫混凝土和秸秆墙面板组成,其中,冷弯型钢骨架主要由中立柱、端立柱和导轨三个部件组成,如图 6.2(a)所示。所用冷弯型钢均为强度等级为 Q345 的冷弯薄壁型钢,其中包括国内常用的 90 型和 140 型两种规格,立柱和导轨横截面如图 6.3 所示,其材料性能见表 6.2。

表 6.2　钢材材料性能

构件名称	厚度(mm)	屈服强度 f_y(MPa)	抗拉强度 f_u(MPa)	弹性模量 E_s(GPa)
90 型龙骨	0.9	365.8	450.5	211.2
140 型龙骨	1.2	384.2	468.9	215.7

除试件 WC2 之外,墙体钢骨架的中立柱均采用单根 C 型冷弯薄壁型钢,端立柱为双拼箱型立柱,其截面形式和尺寸如图 6.3(a)和(c)所示。双拼箱型立柱为两根面对面的 C 型冷弯薄壁型钢,通过在接触面上用点焊和缀板连接形成矩形截面,如图 6.3(d)所示。根据《冷弯薄壁型钢多层住宅技术标准》[2] JGJ/T 421—2018 的相关规定,立柱与导轨之间的连接采用 ST4.8×19 型盘头自攻自钻螺钉。为了增强立柱与导轨之间的连接性能以避免其连接破坏过早出现,通过 L 形钢连接件和 12 个 ST4.8×19 型盘头自攻自钻螺钉将立柱与导轨进行可靠连接,如图 6.4(a)所示。此外,为了确保墙体内部浇筑的泡沫混凝土的均匀性和完整性,在中立柱的腹板设置间距为 400 mm 的圆孔,能同时提高冷弯型钢立柱与泡沫混凝土间的黏结力。冷弯型钢骨架与基础梁采用抗拔连接件和地脚螺栓进行连接,如图 6.4(b)所示。

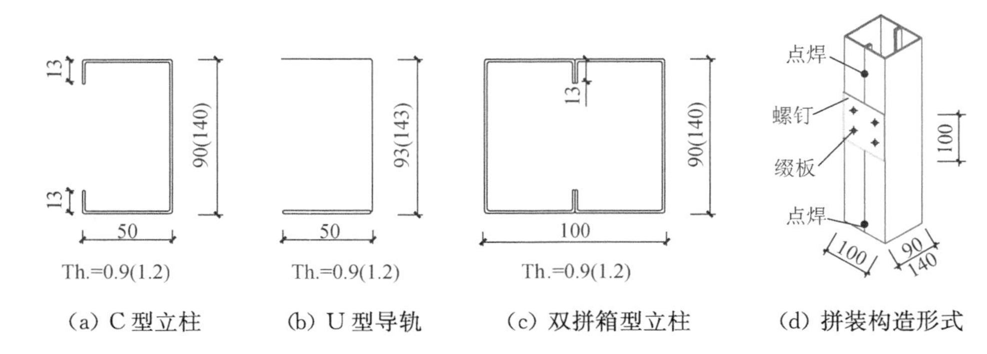

(a) C型立柱　(b) U型导轨　(c) 双拼箱型立柱　(d) 拼装构造形式

图 6.3　立柱和导轨横截面

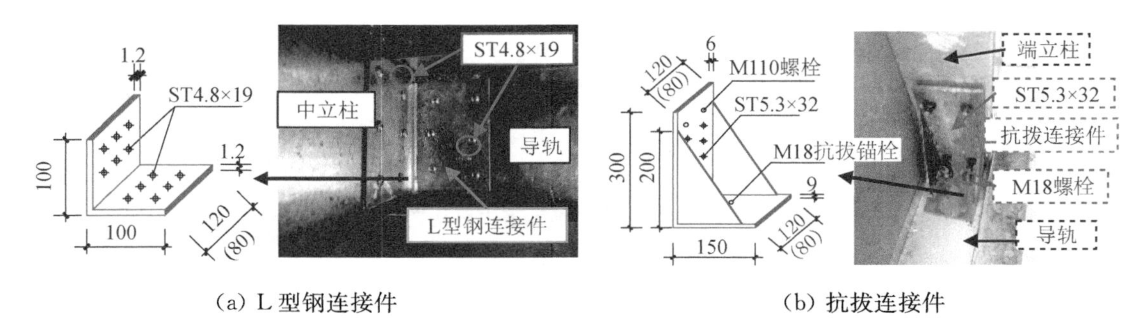

(a) L型钢连接件　(b) 抗拔连接件

图 6.4　钢骨架连接件(单位:mm)

2. 秸秆板和泡沫混凝土设计

墙体试件均采用 58 mm 厚的秸秆板进行双面覆板[1 200 mm(宽)×3 000 mm(长)]，其材料性能见表 6.3。秸秆板通过 ST 4.8×80 型沉头自攻自钻螺钉与冷弯型钢骨架固定，螺钉间距在墙板周边为 150 mm，内部为 300 mm，满足《冷弯薄壁型钢多层住宅技术标准》[2](JGJ/T 421—2018)和《轻钢轻混凝土结构技术规程》[3](JGJ 383—2016)对墙板螺钉固定的要求，如图 6.2 所示。为了避免墙面板与端立柱之间螺钉连接破坏，秸秆板与端立柱之间采用双列螺钉连接以提高其螺钉的连接性能，螺钉间距为 50 mm。通过对以往冷弯型钢墙体破坏现象的总结可以发现，墙面板拼缝处的螺钉出现剪断、凹陷和倾斜等破坏现象，会导致墙板局部破坏、各自旋转和承载力不能完全发挥，进而影响墙体的抗剪性能。因此，在秸秆板的竖向拼缝处设置若干个连接钢片[如图 6.6(b)所示]，以提高墙面板拼缝处的螺钉连接性能和秸秆板之间的整体性。

表 6.3　秸秆板材料性能

面密度(kg/m²)	抗压强度 f_c(MPa)	弹性模量 E_s(MPa)		静曲强度 f_s(MPa)	
		沿板长	沿板宽	沿板长	沿板宽
20	1.2	200	440	1.6	3.4

冷弯型钢-高强泡沫混凝土剪力墙试件采用高强轻质泡沫混凝土进行墙体空腔填充。根据《泡沫混凝土应用技术规程》[4] JGJ/T 341—2014 的相关规定，泡沫混凝土分两次浇筑，第一次浇筑底部高度为 1.5 m，待泡沫混凝土即将终凝前浇筑上部 1.5 m 高度墙体，以防墙体底部泡沫混凝土出现塌模现象。试验当天测试泡沫混凝土材料性能，测试结果如表 6.4 所示。

表 6.4　泡沫混凝土材料性能

强度等级	实测平均密度 (kg/m³)	立方体抗压强度 f_{cu}(MPa)	棱柱体抗压强度 f_c(MPa)	弹性模量 E_c(GPa)
FC3	526	3.43	2.80	0.34
FC7.5	718	6.35	5.56	0.61

表 6.5　泡沫混凝土的抗拉强度

序号	现有经验方程		抗拉强度为 $HLFC$(MPa)	
	方程式	注释	A05 级	A07 级
1	$f_t=0.20(f_c)^{0.70}$	f_c=28 天抗压强度(MPa)	0.40	0.68
2	$f_t=0.23(f_c)^{0.67}$	f_c=28 天立方抗压强度(MPa)	0.47	0.65
3	$f_t=0.23(f_c)^{2/3}$		0.47	0.65
4	$f_t=0.26(f_{cu})^{2/3}$		0.60	0.70
5	$f_t=0.581(f_{cu})^{0.666}$		1.15	1.75
平均值			0.62	0.89

3. 试件制作过程

冷弯型钢-高强泡沫混凝土剪力墙试件的制作过程如下:(1) 冷弯型钢骨架的拼装制作;(2) 冷弯型钢骨架双面覆盖秸秆板形成秸秆板冷弯型钢组合墙体;(3) 墙体安装在基础梁上;(4) 轻质高强泡沫混凝土浇筑到墙体空腔中形成外覆秸秆板内填高强泡沫混凝土的冷弯型钢剪力墙,如图 6.5 所示。

(a) CFS 框架组装

(b) 一侧稻草板护套

(c) 一侧墙试样固定

(d) 另一侧稻草板护套,泡沫混凝土浇筑

图 6.5　墙试样施工工艺

6.2.2　试验装置、测点布置和加载制度

6.2.2.1　试验装置

墙体低周反复荷载试验的装置主要由钢反力架、MTS 作动器加载装置、油泵千斤顶加载装置和数据采集系统组成。竖向荷载采用 2 个 20 t 液压千斤顶加载,千斤顶由控制箱集中控制,可实现千斤顶同步加载。反力梁与竖向加载装置之间设有可随墙体试件水平移动

的滑动导轨。水平推拉力采用 50 t MTS 作动器加载,作动器行程为±250 mm。试验数据由泰斯特 TST3826F 动静态应变测试系统采集完成。

图 6.6 为墙体抗剪试验装置及构造图。将基础梁固定在地面上以模拟刚性地面,每片墙体试件的上、下导轨与加载梁、基础梁均通过抗剪螺栓连接,抗剪螺栓布置在相邻立柱的中心位置并向墙体试件内延伸 0.5 m,螺栓直径为 16 mm;抗拔件设置在墙体试件的底部和顶部两端,通过直径为 18 mm 的抗拔锚栓与上、下导轨及加载梁、基础梁相连。千斤顶施加的竖向荷载和 MTS 作动器施加的水平荷载均通过加载梁传递给墙体试件。此外,三角形钢架对试件提供平面外水平侧向支撑,防止其发生平面外变形。

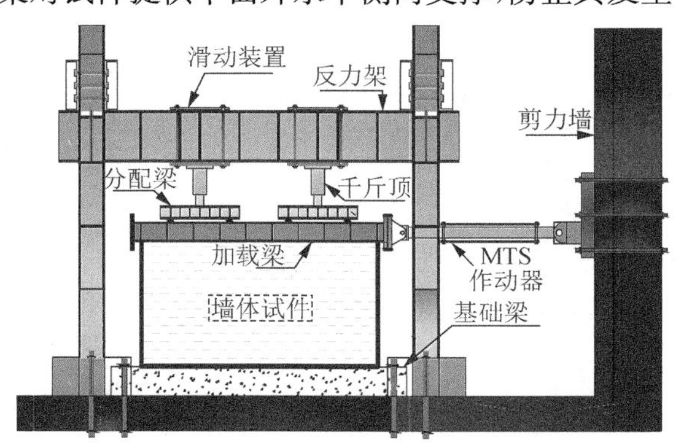

(a) 试验装置

侧向支撑

(b) 试验加载装置全貌

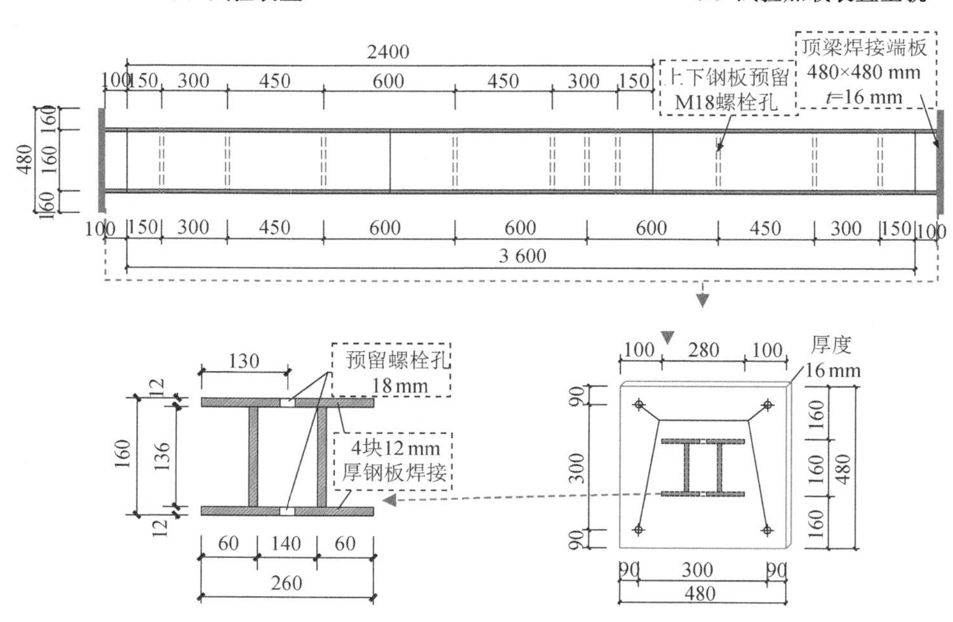

(c) 加载梁构造图

图 6.6 试验装置与加载梁构造(单位:mm)

6.2.2.2 测量布置

墙体试件的水平荷载由 MTS 作动器的控制系统直接提供记录。试件的水平位移、滑动位移及转动位移由一系列位移传感器测量并记录,测点布置如图 6.7 所示。D1 和 D2 分别测量加载梁和试件顶部的水平位移，D3、D4 测量试件与基础梁的相对滑动位移，D5、D6 测量试件相对于基础梁的竖向位移，D7、D8 测量基础梁相对于地面的竖向位移，D9 测量试件平面外位移。

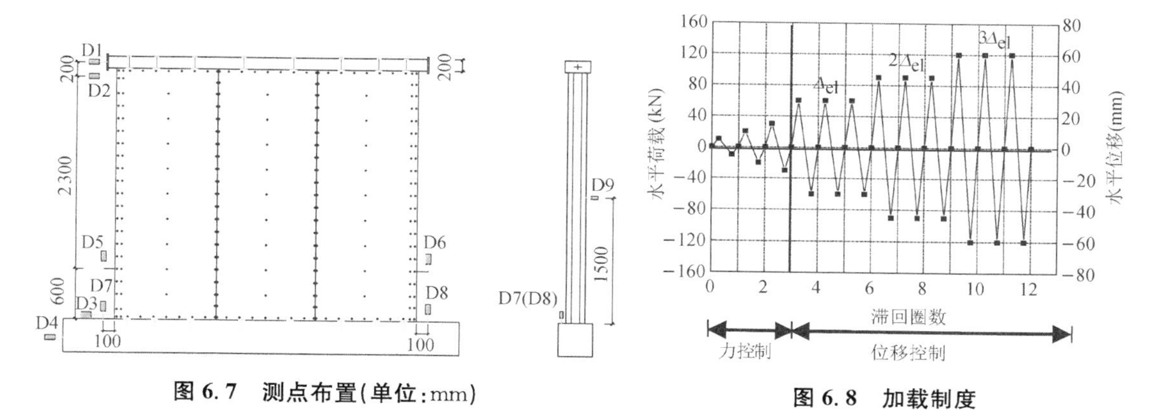

图 6.7　测点布置(单位:mm)

图 6.8　加载制度

6.2.2.3　加载制度

试验加载方式为恒定竖向力的水平低周反复加载，其加载过程分为两个阶段：预加载和正式加载。首先进行预加载，其目的是检查试验装置安装是否准确、加载设备运行是否正常，并消除试件在装配制造过程中部件间的空隙，预加载荷载为试件极限荷载的 10%～20%。预加载结束后将荷载卸载为零，然后进行正式加载。正式加载的加载速率为 0.5～1.5 mm/s，加载同时进行实时数据采集，采集方式为连续采集，每隔 1 s 采集一次试验数据。在连续采集过程中，荷载达到每级荷载的峰值时，需要维持该级荷载 2～3 min，然后施加下一级荷载，目的是保证试件在峰值荷载状态下其变形得到充分发展。

对于墙体试件的正式加载，首先将竖向荷载一次加载到指定荷载，并保持恒定不变，然后记录此时各位移计的初始读数。根据 ASTM 标准[5]的规定，水平加载采用力-位移混合控制加载模式，分级加载，加载制度如图 6.8 所示。加载初期采用力控制加载模式，即以 10 kN级差递增循环一周加载，直到试件的荷载-位移曲线出现拐点，此时视为试件屈服，该拐点所对应的位移定义为墙体试件的弹性极限位移 Δ_{el}；试件屈服后改用位移控制加载模式，位移控制加载模式以 $n\Delta_{el}$($n=1,2,3,4\cdots$)循环三周逐次加载，直到试件被破坏或试件承载力出现大幅度下降(下降至峰值承载力的 80%以下)。

6.2.3　试验现象及破坏特征

6.2.3.1　第一组：外覆秸秆板未填高强泡沫混凝土的冷弯型钢组合墙试件

试件 WA1 为外覆秸秆板的冷弯型钢空心组合墙试件，把该试件作为基准构件，考察无泡沫混凝土填充的传统组合墙体的受力特征。当水平荷载达到 15～20 kN 时，墙体角部处螺钉逐渐倾斜并陷入秸秆板内[见图 6.9(a)]；水平荷载增大到 25 kN 时，端立柱顶部出现水平凹凸变形[见图 6.9(b)]，即受压屈曲变形，加载制度转为位移加载；随着位移荷载的增加，墙体顶部和底部秸秆板表面出现斜向褶皱，且褶皱数量逐渐增加[见图 6.9(c)(d)]；当水平位移达到 24.5～33.5 mm 时(对应的水平荷载为 34.6～37.4 kN)，端立柱的顶部和底部先后出现局部畸变屈曲[见图 6.9(e)]；继续增加水平位移，秸秆板表面的褶皱数量不断增加且长度不断增长，墙体抗剪承载力开始下降，秸秆板褶皱不断发展直至横向贯通整个板材。墙体最终的破坏形式是螺钉凹陷、墙体顶部和底部处的秸秆板褶皱，端立柱顶部和底部的局部畸变屈曲。

试验结束后拆除墙面板，发现墙体顶部和底秸秆板的内侧出现贯通的水平褶皱；钢骨架中的导轨出现局部屈曲变形[见图 6.9(f)]；中立柱两端出现畸变屈曲破坏，主要出现在距立柱端部 10～30 cm 范围处[见图 6.9(g)]，分析表明该位置与螺钉凹陷和秸秆板褶皱的高强相一致。

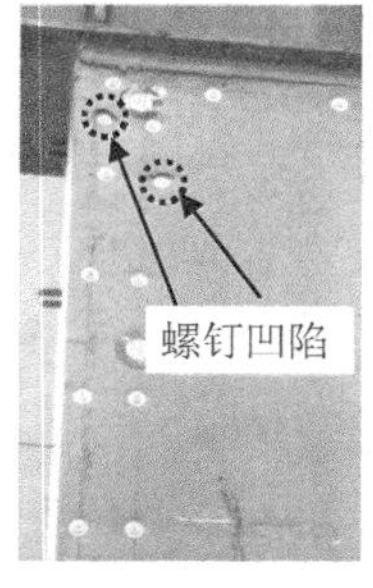

(a) 螺钉凹陷

(b) 端立柱压屈

(c) 墙顶秸秆板褶皱

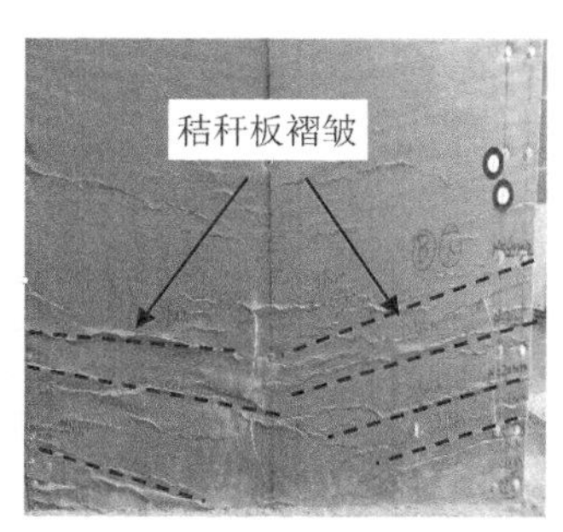

(d) 墙底秸秆板褶皱

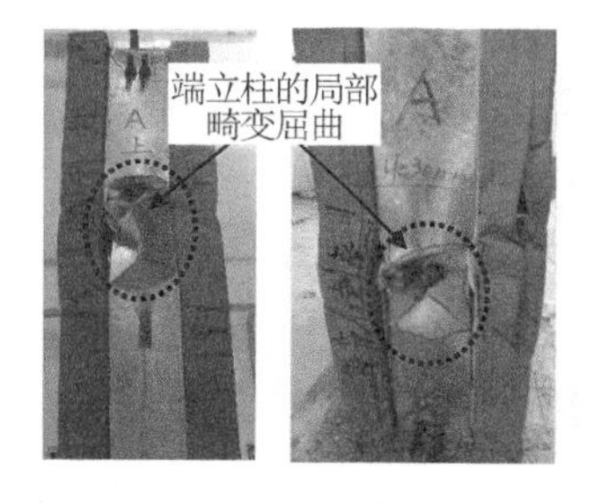

(e) 端立柱畸变屈曲

(f) 顶导轨屈曲

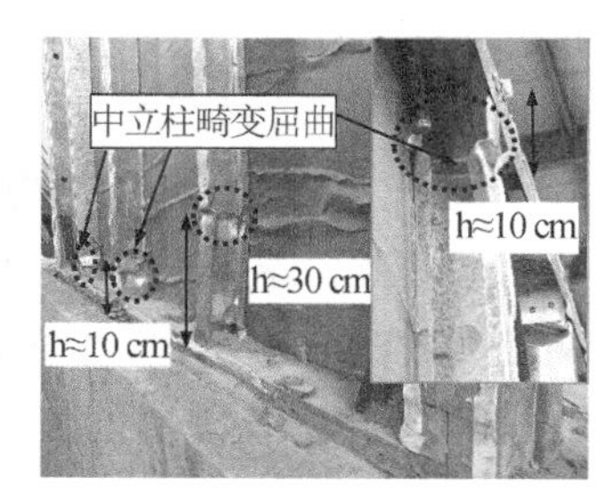

(g) 中立柱畸变屈曲

图 6.9 WA1 试件破坏形态

6.2.3.2 第二组：2.4 m 墙宽的冷弯型钢-高强泡沫混凝土剪力墙试件

试件 WB1：试件采用强度等级为 FC3 的泡沫混凝土作为填充材料，其余钢骨架和秸秆板的构造形式同试件 WA1，考察泡沫混凝土对墙体抗剪性能的影响。在加载初期，墙体角部极个别螺钉陷入秸秆板内，其原因是泡沫混凝土对螺钉端部的握裹作用限制了螺钉的凹陷位移；随着荷载增加，墙体内发出轻微的“吱吱”响声，表明墙体内泡沫混凝土出现微裂缝；当水平荷载增加至 40 kN 时，墙体顶部秸秆板表面出现斜向褶皱，加载制度转为位移控制；随着位移的增大，墙内泡沫混凝土开裂的声音增大，其原因是泡沫混凝土具有较低的抗拉强度，见本书第 2 章表 2.4 所示(f_t)；当水平位移达到 36～40 mm 时(对应的水平荷载为79.2～81.9 kN)，距离墙体底部 0.9 m 处的秸秆板表面出现斜向下裂缝；继续增加水平位移，墙体端立柱的顶部、中部和底部相继出现局部受压屈曲变形，同时秸秆板表面出现大量斜裂缝，墙体抗剪承载力达到峰值荷载并保持基本不变；当水平位移增加至 68 mm 时，秸秆板裂缝长度和宽度不断增加直至贯通相邻立柱，墙体承载力下降。最终破坏形式是秸秆板出现斜向裂缝、端立柱局部屈曲、墙体顶端部处螺钉部分凹陷，如图 6.10(a)所示。

试验结束后拆除墙面板，发现整个泡沫混凝土表面呈现斜向剪切裂缝，且墙体顶部的泡沫混凝土出现挤压破碎，其中墙体两端泡沫混凝土挤压破碎最为严重，原因是水平加载荷载主要经加载梁并通过竖向螺杆传递到墙体顶部，除此之外还通过墙体端立柱的抗拔连接件传递到冷弯型钢骨架；在混凝土破碎的范围内，所有中立柱顶端出现局部屈曲；墙体上部的所有冷弯型钢立柱与泡沫混凝土均出现局部分离现象，表明立柱与泡沫混凝土出现相对黏结滑移，如图 6.10(b)所示，其原因是墙体顶部发生较大的水平位移变形；在拆卸秸秆板过程中发现秸秆板与泡沫混凝土黏结较好。

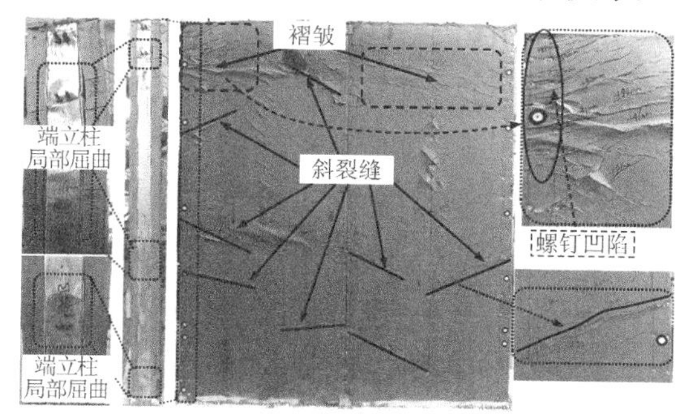

(a) 秸秆板和端立柱的破坏形态

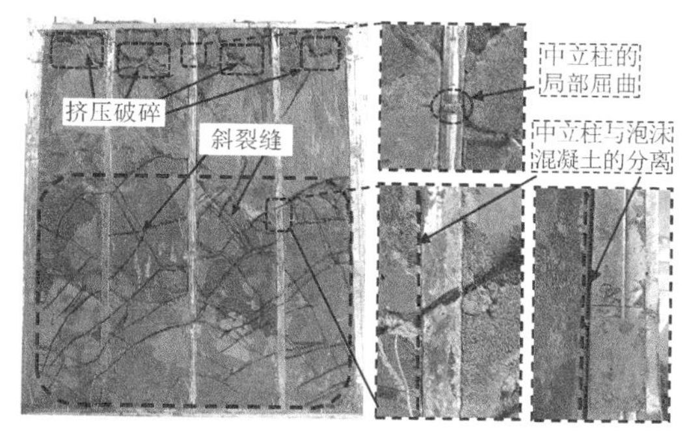

(b) 中立柱和泡沫混凝土的破坏形态

图 6.10　WB1 试件的破坏形态

试件 WB2：试件采用强度等级为 FC7.5 的泡沫混凝土作为填充材料，其余钢骨架和秸秆板构造形式同试件 WB1，考察泡沫混凝土强度对墙体抗剪性能的影响。加载过程中，墙体的总体破坏特征与试件 WB1 基本相同，依次经历了个别螺钉凹陷、泡沫混凝土开裂、秸秆板褶皱和开裂、立柱局部屈曲、泡沫混凝土的局部破碎和泡沫混凝土与冷弯型钢立柱的局部分离等破坏现象。不同的是，墙体发生破坏时，冷弯型钢立柱的局部屈曲主要发生在立柱与上导轨连接处，个别中立柱在距墙底 0.9 m 处出现局部屈曲；泡沫混凝土的开裂裂缝主要集中在距墙底 1.5 m 处，如图 6.11 所示，其原因是墙体泡沫混凝土分两次浇筑，分界面主要集中于距离墙底 1.5 m 处。

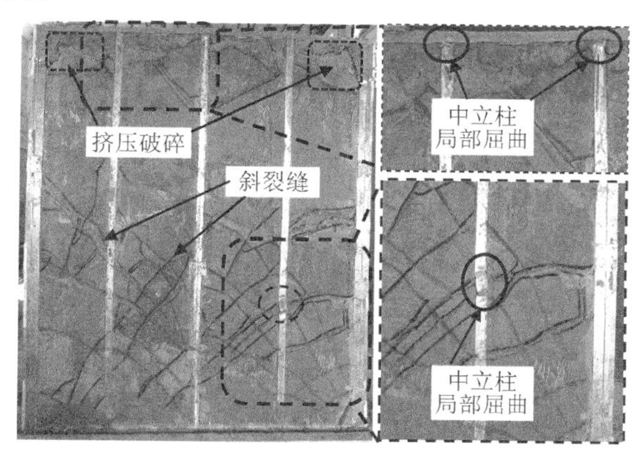

图 6.11　WB2 试件的破坏形态

试件 WB3：试件采用 C140 型立柱，其墙体厚度为 256 mm，其余墙体尺寸和秸秆板构造形式同试件 WB1,考察墙体厚度对剪力墙抗剪性能的影响。在加载初期,墙体底端处个别螺钉出现倾斜并陷入秸秆板内;当水平荷载达到 62.4 kN 时,墙体内发出轻微的“吱吱”响声,表明墙体内泡沫混凝土出现微裂缝,加载制度转为位移控制;当水平位移加载到38 mm时,距离墙体底端 0.9 m 处出现秸秆板斜向下褶皱;随着水平位移的增加,褶皱的长度和数量不断增加,并且褶皱出现的范围不断向墙体顶部延伸;当水平位移增加到 45~49 mm时,墙体两侧秸秆板距墙底 0.6~1.0 m 范围内出现斜向下裂缝,墙内泡沫混凝土开裂和破碎的声音明显;当水平位移增加至 56 mm 时(对应的水平荷载为 108.5 kN),墙体抗剪承载力开始下降;随着水平位移的增加,秸秆板裂缝长度和数量继续增加,最终发展至相邻立柱位置处,形成交叉斜裂缝,同时端立柱底端出现受压屈曲变形,但端立柱顶端并未出现破坏现象。墙体发生破坏时,墙体下部秸秆板呈现交叉斜向下褶皱和裂缝,端立柱底部局部受压屈曲变形,如图 6.12(a)所示。

试验结束后拆除墙面板,发现泡沫混凝土斜向交叉裂缝主要集中在墙体下半部,且墙体顶端泡沫混凝土出现挤压破碎;矩形端立柱与泡沫混凝土出现局部分离现象,表明端立柱与泡沫混凝土出现局部相对黏结滑移;中立柱未出现局部受压屈曲,如图 6.12(b)所示,其原因是冷弯型钢立柱厚度和宽度的增加提高了立柱抗局部屈曲变形的能力,同时增加了泡沫混凝土与立柱的接触面积,进而提高了泡沫混凝土对立柱的约束作用。

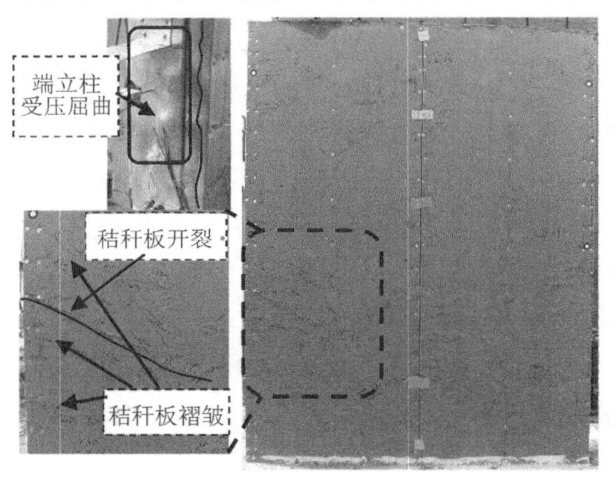

(a) 秸秆板和端立柱的破坏形态

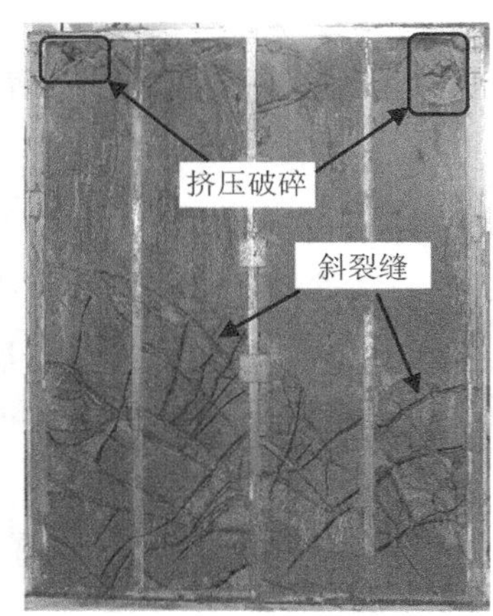

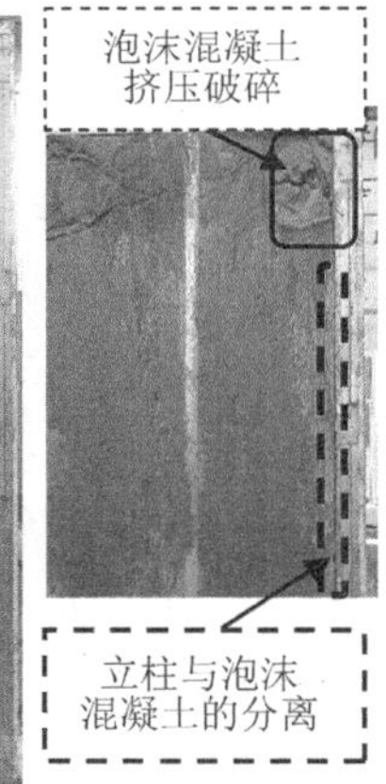

(b) 泡沫混凝土的破坏形态

图 6.12 WB3 试件的破坏形态

试件 WB4:试件构造形式同试件 WB3,承受的竖向轴压力为 160 kN,考察轴压力对墙体抗剪性能的影响。在加载过程中,秸秆板褶皱和裂缝的形成和发展以及泡沫混凝土的破坏模式均与试件 WB3 基本相同。但由于竖向轴压力的增加,墙体顶端螺钉出现陷入秸秆板的现象(水平荷载为 40 kN);墙体端立柱和个别内立柱的顶部呈现局部屈曲破坏(水平位移为 65 mm),其原因是较大的墙体轴压力增加了冷弯型钢立柱所承担的竖向荷载。在墙体发生破坏时,墙体秸秆板呈现交叉斜向下褶皱和裂缝,泡沫混凝土呈现斜向交叉裂缝和局部挤压破坏,泡沫混凝土与矩形端立柱出现局部分离,立柱顶端出现局部屈曲和个别螺钉凹陷破坏,如图 6.13 所示。

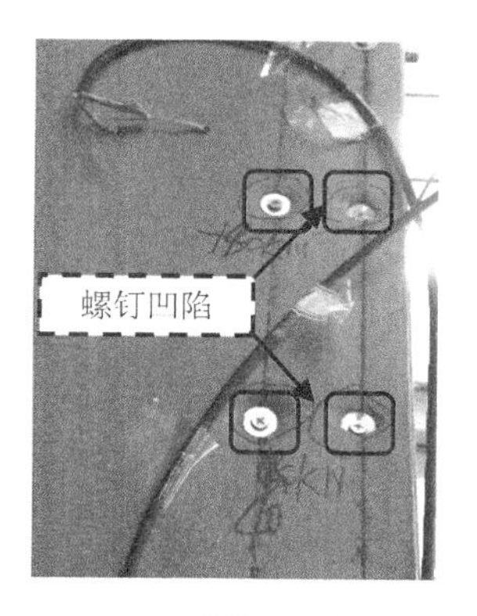

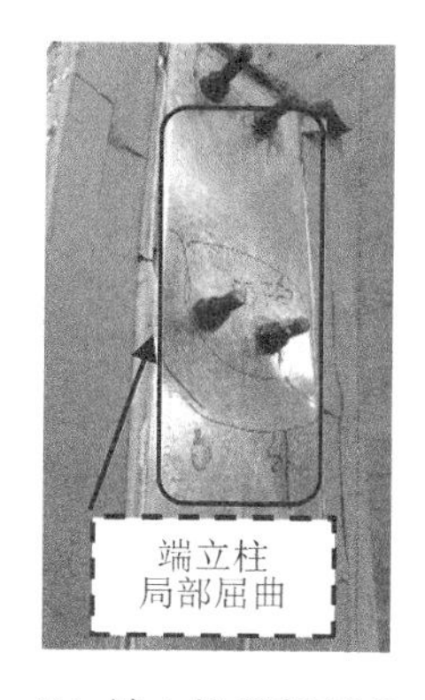

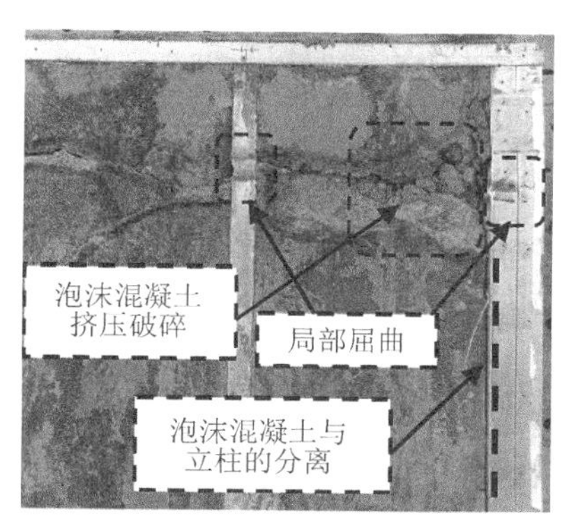

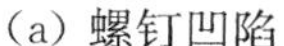

(a) 螺钉凹陷　　(b) 端立柱局部屈曲　　(c) 泡沫混凝土破坏形态

图 6.13　WB4 试件的破坏形态

6.2.3.3　第三组：3.6 m 墙宽的冷弯型钢-高强泡沫混凝土剪力墙试件

试件 WC1：试件的墙体宽度为 3.6 m，其墙体高度、秸秆板和冷弯型钢骨架的构造方式同试件 WB1，考察剪跨比(即高宽比)对墙体抗剪性能的影响。当水平荷载为 55 kN 时，墙体内发出轻微的“吱吱”响声，表明墙体内泡沫混凝土出现微裂缝，加载制度转为位移控制；随着水平位移的增大，秸秆板表面出现斜向褶皱，墙体端部个别螺钉陷入秸秆板内，同时墙内泡沫混凝土开裂的声音越来越大；当水平位移加载至 36 mm 时(对应的水平荷载为 134.5 kN)，秸秆板开始出现斜向裂缝，端立柱的顶部呈现局部屈曲变形，墙体抗剪承载力达到最大值；继续增加水平位移，秸秆板的裂缝的数量和长度不断增加直至贯通至相邻立柱位置。墙体的最终破坏形态是秸秆板出现斜向下裂缝、端立柱顶部局部屈曲，如图 6.14(a)所示。

试验结束后拆除墙面板，发现泡沫混凝土斜向交叉裂缝主要集中于距墙底 1.5 m 处，且墙体顶端泡沫混凝土出现轻微挤压破碎；矩形端立柱与泡沫混凝土出现局部分离，表明端立柱与泡沫混凝土出现相对黏结滑移；中立柱顶端出现局部屈曲，如图 6.14(b)所示。

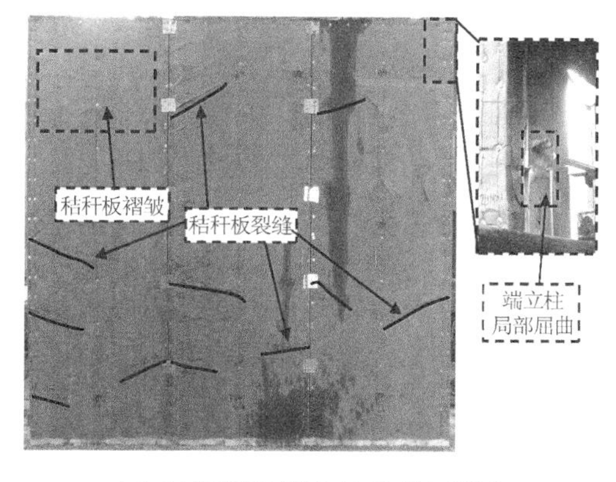

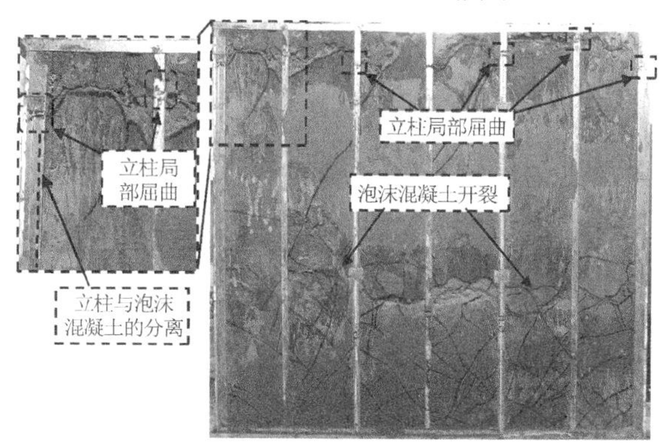

(a) 秸秆板和端立柱的破坏形态　　(b) 泡沫混凝土的破坏形态

图 6.14　WC1 试件的破坏形态

试件 WC2：试件采用双拼箱型立柱，泡沫混凝土类型和秸秆板的覆板形式同试件 WC1，考察冷弯型钢立柱类型对墙体的抗剪性能的影响。当水平荷载加载至 97.5 kN 时，墙体内发出轻微的“吱吱”响声，表明墙体内泡沫混凝土出现微裂缝，加载制度转为位移控制；随着水平位移的增大,秸秆板表面出现斜向褶皱;当水平位移增加到 45 mm 时,距离墙底 0.6~1.2 m 范围内的秸秆板出现斜向下裂缝;当位移增加至 58 mm 时,墙体左顶端立柱出现轻微局部屈曲变形;继续增加水平位移,墙体抗剪承载力下降,秸秆板褶皱和裂缝的数量、长度和宽度均不断增加,直到发展到相邻立柱位置,如图 6.15(a)所示。墙体的最终破坏状态是秸秆板出现斜向裂缝和褶皱,端立柱顶部局部屈曲。

试验结束后拆除墙面板,发现泡沫混凝土斜向裂缝主要集中在距墙底 1.5 m 处;墙体顶端泡沫混凝土挤压破碎,且端立柱顶端局部屈曲变形;端立柱与泡沫混凝土出现脱离,表明端立柱与泡沫混凝土出现相对黏结滑移;中立柱未出现局部受压屈曲,如图 6.15(b)所示。

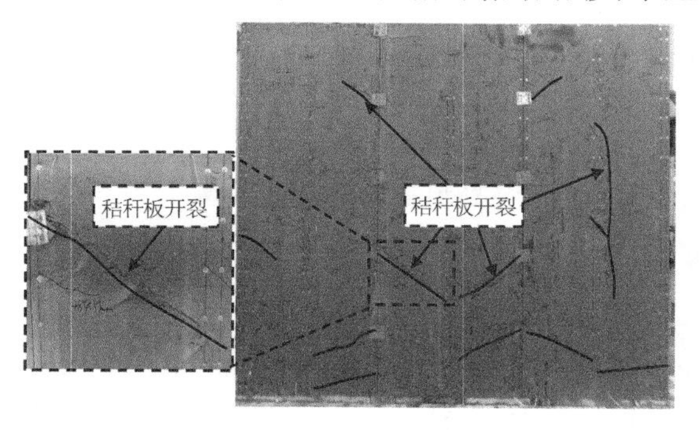

(a) 秸秆板的破坏形态

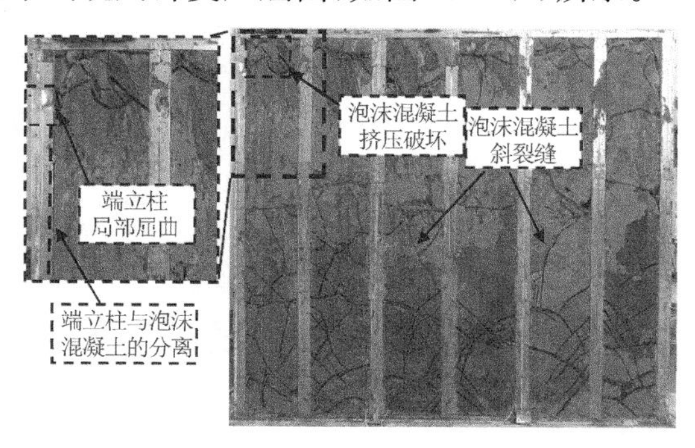

(b) 泡沫混凝土的破坏形态

图 6.15　WC2 试件的破坏形态

试件 WC3:试件采用 C140 型立柱,墙体厚度为 256 mm,墙体尺寸和秸秆板构造形式同试件 WC1,进行水平循环加载试验以考察墙体厚度对墙体的抗剪性能的影响。加载过程中,墙体的总体破坏特征与试件 WC1 基本相同,均出现了泡沫混凝土的开裂和挤压破碎、秸秆板的褶皱和开裂、端立柱顶端的局部屈曲变形以及端立柱与泡沫混凝土的脱离等破坏形态。不过,由于泡沫混凝土用量的增加和冷弯型钢立柱截面的增大,墙体中立柱端部并未出现局部屈曲破坏,如图 6.16 所示。

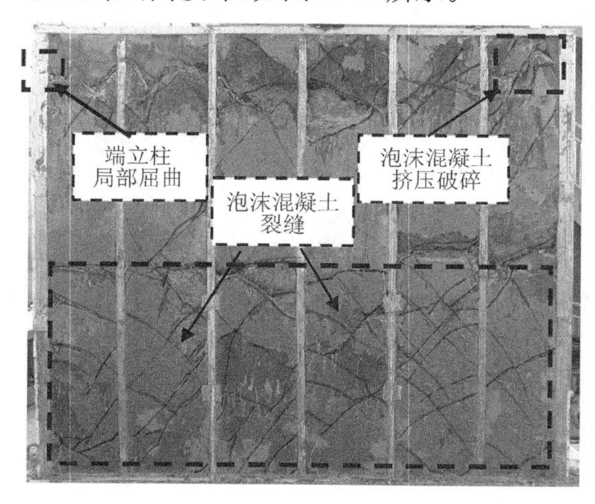

(a) 泡沫混凝土和立柱破坏形态

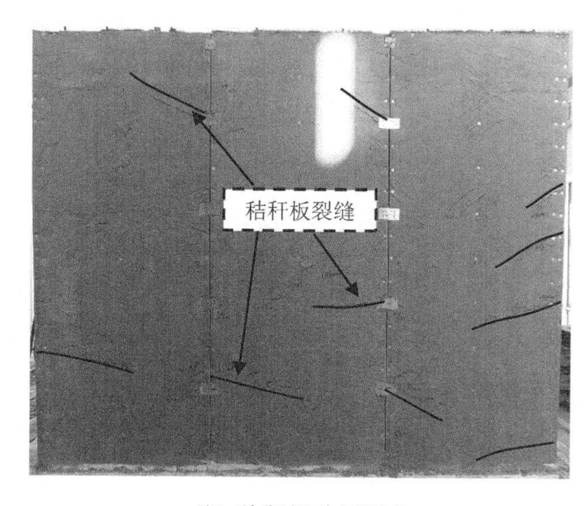

(b) 秸秆板破坏形态

图 6.16　WC3 试件的破坏形态

6.2.3.4　第四组：3.6 m 墙宽的冷弯型钢-高强泡沫混凝土带窗洞剪力墙试件

试件 WD1：试件为开窗洞试件，其窗洞尺寸为 1.2 m×1.2 m(开洞率为 13.3%)，墙体整体尺寸和秸秆板构造方式同试件 WC3，考察开洞对墙体的抗剪性能的影响。在加载初期，墙体底端和窗口角部处个别螺钉出现倾斜并陷入秸秆板内，当水平荷载达到80.1 kN时，墙体内发出轻微的“吱吱”响声，表明墙体内泡沫混凝土出现微裂缝，加载制度转为位移控制；当水平位移增加到 35 mm 时，窗口上部和角部处的秸秆板出现斜向褶皱，墙内泡沫混凝土开裂和破碎的声音明显；随着水平位移的增加，窗洞角部处的秸秆板拼缝的宽度不断变大；当水平位移增加到 45～50 mm 时，窗洞右下角处秸秆板开裂，窗洞角部边立柱出现局部鼓出屈曲变形，且秸秆板间拼缝的最大缝宽达到 15 mm，墙体抗剪承载力开始下降；墙体发生破坏时，窗洞角部处的边立柱出现局部外鼓屈曲变形，秸秆板呈现斜向裂缝并伴有大量褶皱，墙体顶端个别螺钉凹陷，如图 6.17(a)所示。

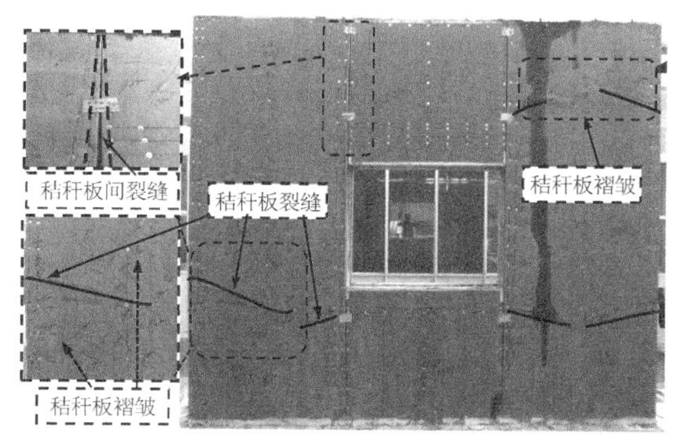

(a) 秸秆板破坏形态

(b) 泡沫混凝土和冷弯型钢破坏形态

图 6.17　WD1 试件的破坏形态

试验结束后拆除墙面板，发现泡沫混凝土斜向交叉裂缝主要集中在窗洞角部处，且泡沫混凝土出现局部挤压破碎；冷弯型钢端立柱与泡沫混凝土出现脱离，表明端立柱与泡沫混凝土出现相对黏结滑移；中立柱顶端出现局部受压屈曲，如图 6.17(b)所示。

6.2.3.5　试件破坏特征

本章共进行了 9 片单层墙体试件的低周反复荷载试验，通过对所有试件的试验现象的观察得出以下结论：

(1) 冷弯型钢-高强泡沫混凝土剪力墙的破坏过程和破坏特征不同于冷弯型钢空心组合墙。冷弯型钢空心组合墙体的破坏模式为大量螺钉出现倾斜凹陷、所有立柱出现局部畸变屈曲破坏、墙体顶部与底部处秸秆板出现斜褶皱。对于冷弯型钢-高强泡沫混凝土剪力墙而言，其破坏模式主要包括：少量螺钉凹陷、端立柱和个别内立柱出现局部屈曲破坏、秸秆板开裂、泡沫混凝土开裂与局部压碎、泡沫混凝土与冷弯型钢局部分离。这说明泡沫混凝土的存在改变了传统的冷弯型钢空心组合墙体的破坏模式。随着水平荷载的增加，墙体的整个破坏过程如下：少量螺钉凹陷、泡沫混凝土开裂、秸秆板褶皱与开裂、冷弯型钢立柱端部局部屈曲破坏、泡沫混凝土局部挤压破坏、泡沫混凝土与冷弯型钢立柱出现局部黏结滑移。

(2) 对于 2.4 m 宽的 WA1 试件而言，端立柱的局部畸变屈曲导致墙体承载力迅速下降,从破坏形态上可以看出,墙体属于局部破坏;从整体破坏过程来看,墙体属于脆性破坏。对于 2.4 m 宽的 WB1～WB4 试件,由于泡沫混凝土的填充效应,即泡沫混凝土对冷弯型钢骨架变形的约束效应和泡沫混凝土的承载能力与开裂耗能能力,使得墙体试件在端立柱出现局部屈曲破坏后,仍然保持墙体承载力不变或下降缓慢,说明试件属于延性破坏。同时从立柱端部的局部屈曲、泡沫混凝土和秸秆板的斜裂缝等破坏形态上可以看出,冷弯型钢-高强泡沫混凝土剪力墙属于剪切破坏。

(3) 对于 2.4 m 宽的冷弯型钢-高强泡沫混凝土剪力墙试件而言,墙体内泡沫混凝土强度的增加并未改变墙体的破坏模式。但是,墙体厚度的增加使得冷弯型钢骨架的截面面积增加,最终导致在墙体发生破坏时冷弯型钢立柱未出现显著的局部屈曲破坏。此外,增加墙体的轴压力同样会引起墙体破坏模式的变化,即立柱顶端出现局部屈曲破坏。

(4) 对于 3.6 m 宽的冷弯型钢-高强泡沫混凝土剪力墙试件而言,增加墙体厚度并不能改变墙体试件的破坏模式。然而,增加冷弯型钢立柱的截面面积使得立柱能够承担较大的竖向荷载,进而促使冷弯型钢立柱呈现轻微局部破坏。

(5) 对于开洞剪力墙试件而言,试件的整体破坏模式与无洞口试件的破坏模式基本相同。不同之处在于,开洞墙体的洞口角部均有 45°方向的泡沫混凝土和秸秆板裂缝,且此处的洞口边柱出现局部屈曲破坏,其原因是墙体开洞削弱了洞口周围的承载力。

6.2.4 试验结果与分析

6.2.4.1 水平荷载-位移滞回曲线

墙体顶部实测位移包括墙体转动时的墙体顶部侧移、墙体与基础梁之间的相对滑动位移以及墙体的实际剪切变形三部分,如图 6.18 所示。墙体实际剪切变形可由式(6-1)～(6-5)计算得出。

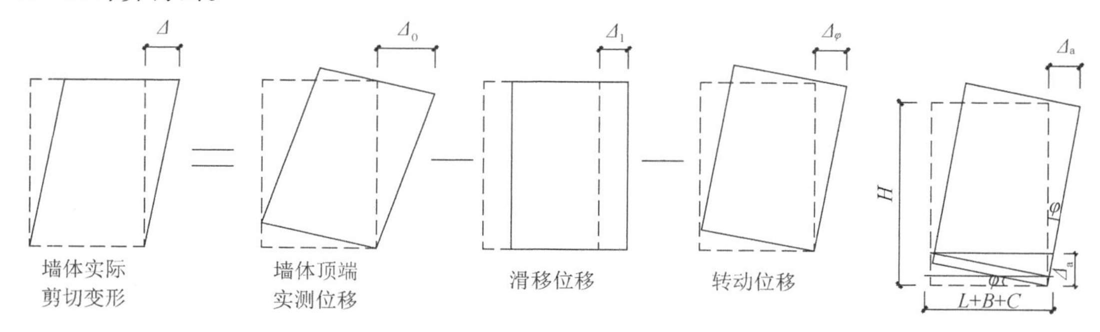

图 6.18 墙体实际剪切变形计算模型

图 6.19 转动位移

$$\Delta=\Delta_0-\Delta_1-\Delta_\varphi \tag{6-1}$$

$$\Delta_0=\frac{[H/(H-A)]R_2+R_1}{2} \tag{6-2}$$

$$\Delta_1=R_3-R_4 \tag{6-3}$$

$$\Delta_\varphi=\frac{H}{L+B+C}\Delta_a \tag{6-4}$$

$$\Delta_a=(R_6-R_8)-(R_5-R_7) \tag{6-5}$$

式中：Δ 为墙体实际剪切变形；Δ_0 为墙体顶部实测位移；Δ_1 为墙体相对于地面的滑动位移；Δ_φ 为墙体转动位移，如图 6.19 所示；H 为墙体高度；L 为墙体长度；Δ_a 为位移传感器 D1 和 D2 之间的距离；B、C 分别为位移传感器 D5、D6 与墙体边缘之间的距离；$R_1 \sim R_8$ 分别为位移传感器 D1～D8 的读数（D1～D8 位移计布置见图 6.7）。

根据以上分析计算，可求出各墙体试件的实际剪切变形值 Δ，结合相应的水平荷载值 V，即可绘制出各试件的水平荷载-位移（V-Δ）滞回曲线，如图 6.20 所示；取 V-Δ 滞回曲线各加载级第一循环的峰值点所连成的包络线即可绘制出对应的 V-Δ 骨架曲线，如图6.21所示。

图 6.20 为各试件的顶点水平荷载-位移滞回曲线。以 WB1 试件为例（如图 6.22），对于冷弯型钢-高强泡沫混凝土剪力墙试件，滞回曲线形状变化过程如下：在加载初期，曲线基本

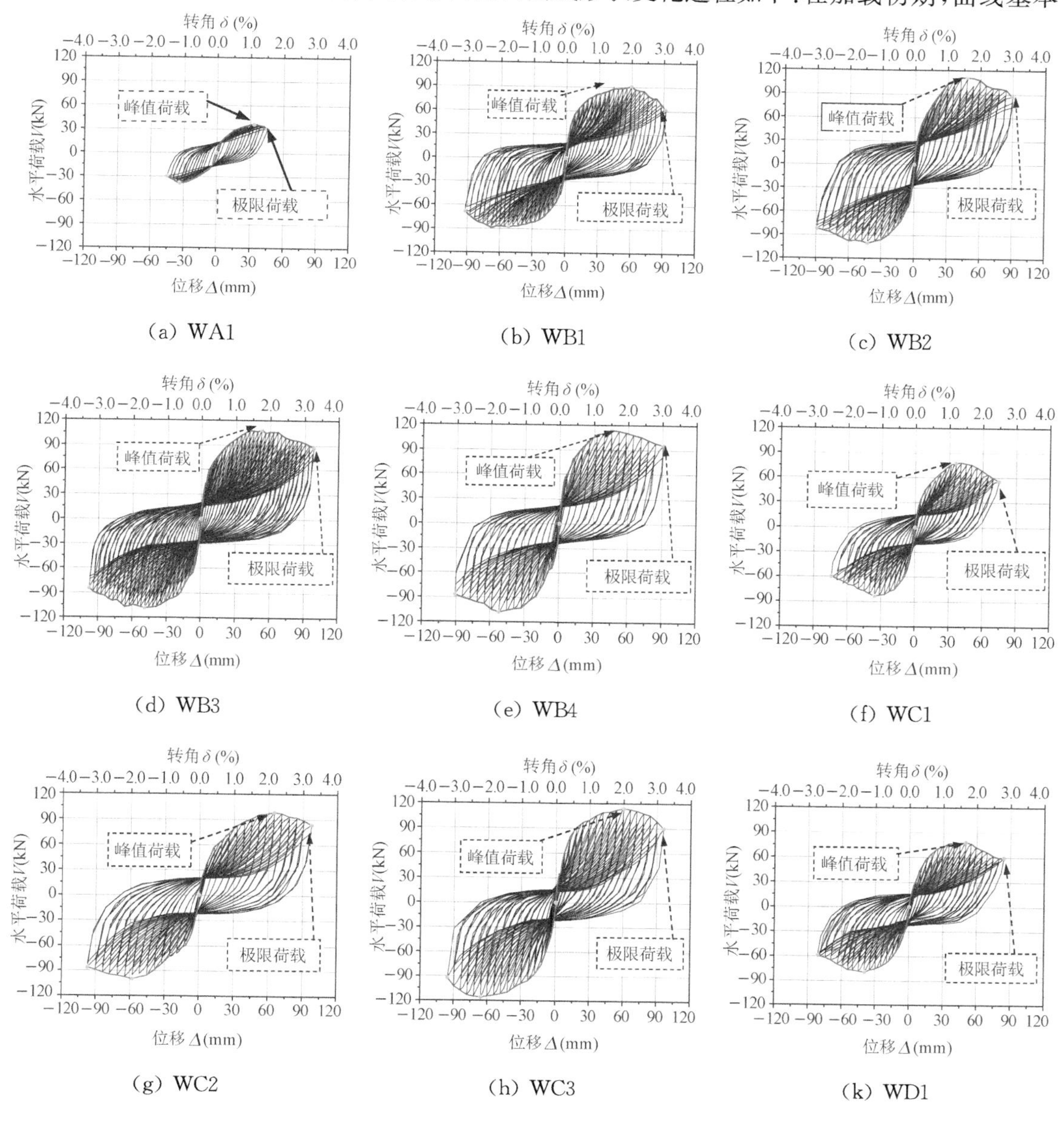

图 6.20　冷弯型钢-高强泡沫混凝土剪力墙滞回曲线

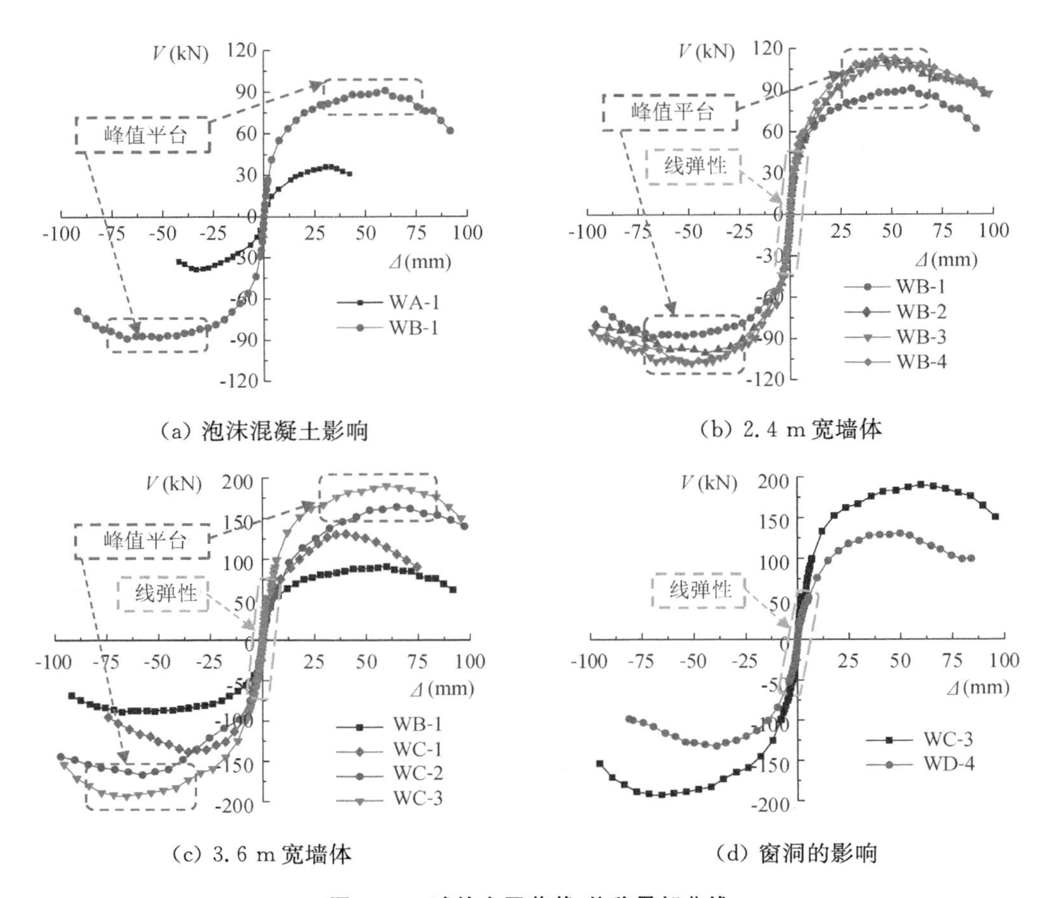

(a) 泡沫混凝土影响

(b) 2.4 m宽墙体

(c) 3.6 m宽墙体

(d) 窗洞的影响

图 6.21　试件水平荷载-位移骨架曲线

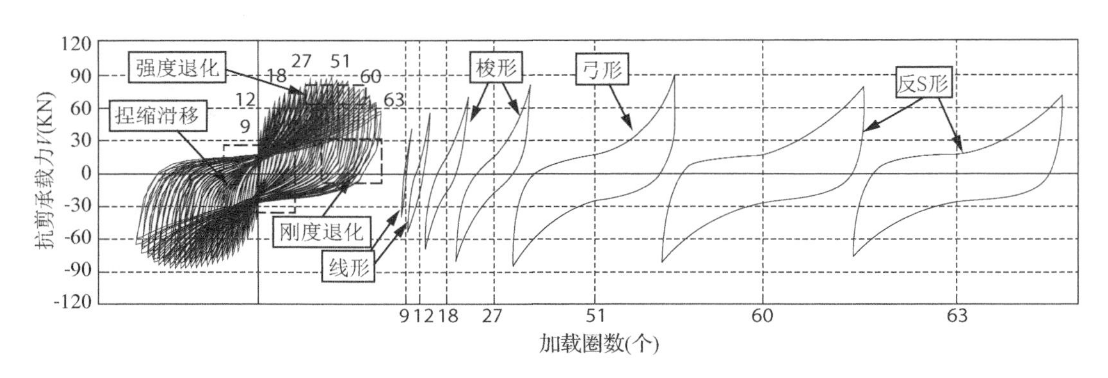

图 6.22　SCI 滞回曲线变形图

为直线，表明墙体试件处在弹性阶段；随着荷载增加，墙体角部部分螺钉倾斜凹陷，泡沫混凝土裂缝出现，使得墙体进入弹塑性阶段，曲线呈现梭形；当荷载达到一定值时，泡沫混凝土裂缝不断增多且秸秆板出现斜向褶皱，使得滞回曲线出现拐点且斜率逐渐减小，表明墙体试件达到屈服；在到达峰值荷载之前，墙体端立柱的端部出现局部屈曲变形，秸秆板出现斜裂缝，导致曲线出现捏缩现象，滞回曲线呈弓形，残余变形较小，同时不断增加的泡沫混凝土和秸秆板裂缝的张开与闭合导致曲线出现“空载滑移”现象，曲线逐渐由弓形向反 S 形发展；到达峰值荷载之后，墙体端立柱局部屈曲严重，秸秆板和泡沫混凝土裂缝不断增多和加深，泡沫混凝土与冷弯型钢出现局部黏结滑移，使得滞回曲线的捏缩现象和“空载滑移”现象越发明显，试件刚度和强度退化，残余变形逐渐增大，滞回曲线呈现典型的反S形或Z形。

对于冷弯型钢空心组合墙体，滞回曲线形状为弓形。其主要原因是墙体未填充泡沫混凝土，使得冷弯型钢立柱过早出现局部畸变屈曲破坏，冷弯型钢立柱和秸秆板的整体性能未能充分发挥。同时，冷弯型钢立柱过早的局部畸变屈曲破坏导致墙体承载力快速下降，最终变形较小。

通过对不同配置墙体的滞回曲线的对比分析，得出以下结论：

(1) 相比于未填充泡沫混凝土的冷弯型钢空心组合墙体(试件WA1)，填充泡沫混凝土提高了墙体(试件WB1)的强度和抗侧刚度，但滞回曲线的捏缩效应较严重，甚至出现“空载滑移”现象。其主要原因是泡沫混凝土的抗拉强度较小，在反复加载力逐步增大的情况下泡沫混凝土发生斜向开裂，裂缝反复张开与闭合，导致曲线出现“空载滑移”现象。在峰值荷载阶段，墙体顶部泡沫混凝土的局部破碎，削弱了对冷弯型钢立柱的约束效应，使得立柱顶端出现局部屈曲破坏，从而导致捏缩现象的出现。到加载后期，秸秆板的开裂和泡沫混凝土与冷弯型钢的局部滑移，使得“空载滑移”现象更加显著。

(2) 从滞回曲线整体形状可以看出，冷弯型钢-高强泡沫混凝土剪力墙的滞回曲线所包围的面积明显大于冷弯型钢空心组合墙，且滞回曲线更加饱满。这说明泡沫混凝土的承载能力和开裂耗能能力，以及对冷弯型钢骨架的约束效应，使得墙体的滞回曲线比较稳定，所承受的荷载循环较多，极限变形较大，且在峰值荷载之后承载力下降缓慢。

(3) 对于冷弯型钢-高强泡沫混凝土剪力墙，墙体试件中泡沫混凝土强度、冷弯型钢立柱截面形式、墙厚、剪跨比、轴压比和窗洞口尺寸等因素虽然在一定程度上改变了墙体的承载力、刚度和滞回曲线形状的大小，但并未改变滞回曲线的特征，即捏缩效应和“空载滑移”现象。

6.2.4.2 水平荷载-位移骨架曲线

图6.21为各墙体试件的荷载-位移骨架曲线。表6.6是峰值点和极限点(水平荷载降低到峰值荷载85%的特征点)的荷载和位移值。

所有墙体试件的骨架曲线均具有显著的非线性特性，且无明显的屈服点；在加载弹性阶段，具有相同墙宽的冷弯型钢-高强泡沫混凝土剪力墙试件的骨架曲线基本重合，且侧向刚度大于冷弯型钢空心组合墙；当荷载达到峰值荷载的38%～47%时，墙体进入非线性阶段；当荷载达到65%～70%时，曲线出现明显拐点；当达到峰值荷载之后，曲线出现显著的下降段。

通过对不同构造配置墙体的骨架曲线的对比分析，得出以下结论：

(1) 相比于未填充泡沫混凝土的墙体试件WA1，填充泡沫混凝土的墙体试件WB1的峰值荷载和极限位移分别提高了139.6%和99.8%，说明填充泡沫混凝土可以显著提高墙体的承载力和弹塑性变形能力，如图6.21(a)所示。这主要是因为泡沫混凝土具有一定的承载能力，以及对冷弯型钢骨架具有约束作用。泡沫混凝土可以约束冷弯型钢立柱的平面外变形以防止其过早发生局部屈曲破坏，从而提高了立柱的竖向承载力和侧向刚度。同时，由于泡沫混凝土和秸秆板裂缝的不断发展，以及在加载后期泡沫混凝土与冷弯型钢的黏结滑移,使得冷弯型钢-高强泡沫混凝土剪力墙的骨架曲线出现“峰值平台”,随后墙体承载力缓慢下降。相反,冷弯型钢空心组合墙在冷弯型钢立柱局部畸变屈曲之后,承载力快速下降而发生破坏,且峰值后的变形量较小。综合分析表明填充泡沫混凝土的冷弯型钢剪力墙具有良好的延性、较高的承载力和侧向刚度。

(2) 对于 2.4 m 宽的冷弯型钢-高强泡沫混凝土剪力墙(试件 WB1～WB4),骨架曲线的线弹性阶段侧向刚度基本相同[如图 6.21(b)所示],表明在非线性阶段之前,提高泡沫混凝土强度、墙厚和轴压比等措施对墙体构件初始刚度影响不明显。当达到屈服荷载之后,相比于试件 WB1,试件 WB2～WB4 的峰值荷载提高了 18.2%～24.3%,说明上述构造措施提高了墙体的承载力和侧向刚度。其原因是泡沫混凝土强度和截面面积的增加提高了其自身承载力和抗侧刚度;较大的轴压力阻止了混凝土的过早开裂。从骨架曲线的整体形状可以看出,试件 WB2～WB4 的骨架曲线基本重合,表明增加泡沫混凝土强度、墙厚和轴压比对墙体承载力和刚度的提高影响较小。

(3) 相比于 2.4 m 宽的试件 WB1,3.6 m 宽的试件 WC1 的极限承载力提高了 51.1%,但单位宽度的峰值强度却基本相同,如表 6.6 所示。这说明增加墙体长度(即减少高宽比)可以提高墙体的承载力和侧向刚度,但对单位墙宽的承载力影响不明显。通过对试件 WC1 与 WC2 骨架曲线的对比可知,在达到峰值荷载之前,两者的骨架曲线基本重合,说明在加载的初级阶段,采用双拼内立柱对墙体承载力和刚度的影响较小。此后,试件 WC2 的峰值荷载、刚度和极限位移均大于试件 WC1,其中峰值荷载和极限位移分别提高了 22.5%和 61.4%,说明双拼内立柱可以提高墙体的峰值荷载、后期侧向刚度和弹塑性变形能力。相比于试件 WC1,试件 WC3 的峰值承载力和极限位移均有提高[如图 6.21(c)所示],分别提高了 41.7%和 51.2%(见表 6.6),说明增加墙体厚度可以显著地提高墙体峰值承载力、侧向刚度和变形能力。

表 6.6 峰值点和极限点的特征值

试件分组与编号		峰值点			极限点			Δ_m/H	Δ_u/H
		Δ_m(mm)	V_m(kN)	P_m(kN/m)	Δ_u(mm)	V_u(kN)	P_u(kN/m)		
第一组	WA1	33.45	37.34	15.56	42.32	31.74	13.23	1/90	1/71
第二组	WB1	55.97	87.47	36.45	84.54	76.05	31.69	1/54	1/35
	WB2	42.10	101.75	42.40	82.81	89.89	37.45	1/71	1/36
	WB3	50.55	108.34	45.14	92.73	92.10	38.38	1/59	1/32
	WB4	48.65	111.25	46.35	84.15	94.35	39.31	1/62	1/36
第三组	WC1	37.82	135.16	37.54	60.33	114.88	31.91	1/79	1/50
	WC2	61.27	165.58	45.99	97.35	140.69	39.08	1/49	1/31
	WC3	62.73	191.55	53.21	91.24	162.78	45.22	1/48	1/33
第四组	WD1	44.51	131.32	36.48	69.36	111.63	31.01	1/67	1/43

(4) 通过对试件 WC3 和 WD1 的骨架曲线的对比分析可知,墙体开洞不仅减小了墙体承载力(降低了 31.4%),而且降低了墙体的抗侧刚度,如图 6.21(d)所示,说明墙体开洞对

墙体的峰值承载力和刚度是不利的。

(5) 对于冷弯型钢-高强泡沫混凝土剪力墙，2.4 m 和 3.6 m 宽剪力墙的峰值位移角为 1/50～1/70，极限位移角为 1/30～1/40，均高于冷弯型钢空心组合墙，且远大于《轻钢轻混凝土结构技术规程》[3]规定的弹塑性层间位移角限值(1/1 200)。剪力墙的极限位移与峰值位移之比为 1.6～2.0，远高于冷弯型钢空心组合墙，说明内填充高强泡沫混凝土的冷弯型钢剪力墙的延性和变形能力较好，且优于传统的冷弯型钢空心组合墙。

6.2.4.3　荷载和位移特征值

水平荷载-位移骨架曲线特征值主要包括：Δ_e(弹性位移)、F_e(弹性荷载)、Δ_y(屈服位移)、F_y(屈服荷载)、Δ_m(峰值位移)、F_m(峰值荷载)、Δ_u(极限位移)、F_u(极限荷载)和 P_m(单位墙长峰值强度)。$F_e=0.4F_m$为传统的弹性荷载极限；$P_m=F_p/L$ 为单位墙长抗剪强度；F_y、F_u和对应位移(Δ_y和 Δ_u)通常根据下文描述的两种方法进行确定。

采用两种方法确定墙体屈服荷载、极限荷载和相应的位移。(1) 等效面积法[6-7]。过峰值荷载点做水平峰值线，然后过原点作割线使阴影部分面积相等，即 $A_1=A_2$[见图 6.23(a)]，割线与峰值线的交点所对应的位移为屈服位移 Δ_y，屈服位移所对应的荷载为屈服荷载 F_y，另外极限位移 Δ_u为荷载降至 0.85 倍峰值荷载时对应的位移，极限荷载 F_u为峰值荷载的 0.85倍。(2) 改进型等效面积法。根据 ASTM E2126-11 标准的相关规定[5]，过原点做斜线并与水平直线组成双线性模型，使得阴影部分面积相等，即 $A_1=A_2$[见图 6.23(b)]，此时曲线被称为等效能量弹塑性曲线，此曲线的转折点对应的位移为屈服位移 Δ_y，水平直线所对应的荷载为屈服荷载 F_y，曲线的末端对应的位移为极限位移 Δ_u，极限位移所对应的骨架曲线上的荷载为极限荷载 F_u。方法(2)不仅如方法(1)一样能充分考虑试件在峰值荷载之前的受力情况，而且考虑了峰值荷载之后的受力情况，即根据试件的整体受力情况可以得出骨架曲线的特征值。

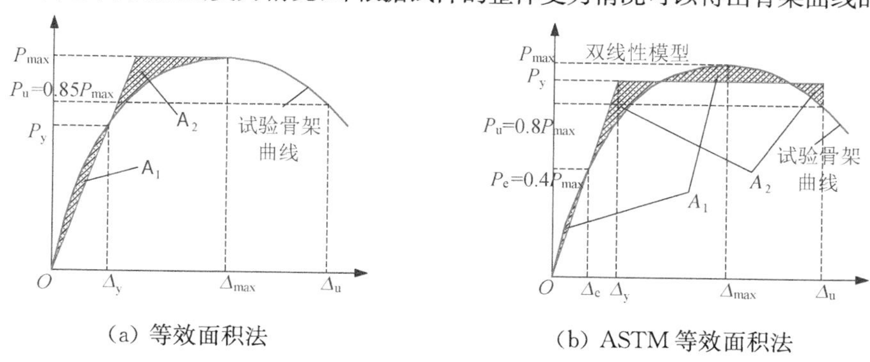

(a) 等效面积法　　(b) ASTM 等效面积法

图 6.23　骨架曲线特征值确定方法

按照上述两种方法对各试件的水平荷载-位移骨架曲线进行整理，骨架曲线的特征值如表 6.7 所示。从表中可以看出，方法(1)确定的墙体屈服荷载偏低，结构偏安全。基于方法(1)确定的承载力特征值，对不同构造配置墙体的承载力特征值进行对比分析，得出以下结论：

(1) 相比于 2.4 m 宽的冷弯型钢空心组合墙体，试件 WB1 的屈服荷载和峰值荷载分别提高了 173.2%和 139.7%，说明填充泡沫混凝土可以整体性地提高冷弯型钢墙体的承载能力。

(2) 对于冷弯型钢-高强泡沫混凝土剪力墙，不同构造形式的 2.4 m 宽的剪力墙弹性荷载和相应位移基本相同，分别为36～45 kN和3.0 mm，表明提高泡沫混凝土强度、墙厚和轴压比对墙体弹性性能影响不显著。对于3.6 m宽剪力墙，单位墙宽的峰值抗剪强度为36.5～53.2 kN/m，其中增加墙体厚度是提高抗剪强度的最有效方式。

(3) 对于2.4 m宽的冷弯型钢-高强泡沫混凝土剪力墙，相比于试件WB1，试件WB2、WB3和WB4的屈服荷载分别提高了14.6%、20.5%和22.7%，但屈服位移基本相同，约为15.5 mm，表明提高泡沫混凝土强度、墙厚和轴压比能提高墙体屈服荷载，但对墙体变形影响较小。

(4) 对于3.6 m宽的冷弯型钢-高强泡沫混凝土剪力墙，墙体内开洞(洞口率为13.3%)削弱了墙体的抗剪承载力，屈服荷载和峰值荷载分别降低了33.1%和31.4%。

表6.7 墙体试件骨架曲线的特征值

试件编号	Δ_e (mm)	V_e (kN)	Δ_{max} (mm)	V_{max} (kN)	P_{max} (kN/m)	方法(1)				方法(2)			
						Δ_y (mm)	V_y (kN)	Δ_u (mm)	V_u (kN)	Δ_y (mm)	V_y (kN)	Δ_u (mm)	V_u (kN)
WA1	3.64	14.93	33.45	37.34	15.56	12.69	26.11	41.32	31.74	8.65	34.92	46.90	29.87
WB1	2.94	42.46	55.97	87.47	36.45	15.55	71.33	82.54	76.05	7.99	78.27	88.11	70.45
WB2	2.95	42.30	42.10	101.75	42.40	14.37	81.77	83.81	89.89	6.5	93.98	92.10	86.60
WB3	3.11	43.34	50.55	108.34	45.14	13.79	85.94	92.73	92.10	5.38	95.79	98.25	96.66
WB4	3.09	44.40	48.65	111.25	46.35	14.73	87.49	84.15	94.35	6.65	100.56	82.50	86.58
WC1	3.88	54.06	37.82	135.16	37.54	13.80	102.69	60.33	114.88	9.13	115.89	71.69	107.8
WC2	5.14	66.20	61.27	165.58	45.99	18.91	118.22	97.35	140.69	12.15	144.53	98.5	132.4
WC3	4.73	76.60	62.73	191.55	53.21	16.97	150.57	91.24	162.78	11.45	173.29	95.35	153.2
WD1	5.28	52.53	44.51	131.32	36.48	17.02	100.72	69.36	111.63	10.36	118.15	72.75	106.8

6.2.4.4 延性分析

延性是指结构或试件从屈服到破坏这一阶段内的变形性能，是衡量结构或试件抗震性能的重要指标。对于剪力墙结构，墙体延性分析是结构抗震性能研究的重要内容之一。延性佳的结构，墙体构件在承载力变化不显著的情况下水平变形大，在达到屈服或最大承载能力后仍能吸收较多的地震能量，避免结构发生脆性破坏。对于墙体构件，延性性质主要采用位移延性系数μ来表示，其具体计算公式见公式(6-6)。

$$\mu=\frac{\Delta_u}{\Delta_y} \tag{6-6}$$

式中：Δ_y和Δ_u分别为墙体构件的屈服位移和极限位移，对应的值见表6.7。

图6.24给出了各试件的延性系数，各系数的值根据两种方法确定屈服和极限位移，并经公式(6-6)计算得到。根据方法(1)得到的延性系数均小于根据方法(2)确定的延性系数，说明方法(1)确定的延性系数偏小，延性评价偏保守。但是随着墙体构造配置的变化，两种方法得到的墙体延性系数的变化规律基本一致。因此，基于方法(1)和公式(6-6)确定的延性系数，对不同配置墙体的延性性能进行对比分析，得出以下结论：

(1) 相比于未填充泡沫混凝土的冷弯型钢空心组合墙体试件WA1，填充泡沫混凝土的冷弯型钢剪力墙试件 WB1 和 WB2 的延性系数分别提高了 62.5%和 81.3%，说明泡沫混凝土通过自身的逐步开裂可显著提高墙体屈服荷载之后的水平变形，进而提高墙体的延性性能，且随着泡沫混凝土强度的增加，构件的延性提高幅度越大，这与第 6.2.4.2 节对骨架曲线的对比分析所得结论相一致。

(2) 对于 2.4 m 墙宽的冷弯型钢-高强泡沫混凝土剪力墙，试件 WB2 和 WB3 的延性系数相比于试件 WB1 分别提高了 11.5%和 30.8%，说明提高墙体延性性能的最有效方式是增加墙体厚度(从 206 mm 到 256 mm)，其次是提高内填充泡沫混凝土强度等级。然而，相比于试件 WB3，试件 WB4 的延性系数降低了 16.2%，说明适度增大轴压比(即增加轴压力)虽然有利于提高剪力墙抗剪承载力，但降低了墙体的延性性能。其主要原因是较大的轴压力加剧了峰值之后冷弯型钢立柱的局部屈曲破坏，导致墙体的极限位移降低。此外，3.6 m 墙宽的试件 WC1 的延性系数比试件 WB1 降低了 15.4%，说明剪跨比的减小(即增加墙体宽度)降低了墙体的延性性能。

(3) 对于 3.6 m 墙宽的冷弯型钢-高强泡沫混凝土剪力墙，试件 WC2 和 WC3 的延性系数比试件 WC1 分别提高了 15.9%和 22.7%，说明对于剪跨比较低的墙体，采用矩形截面内立柱和增加墙体厚度可以提高剪力墙的延性性能。其主要原因是采用矩形截面内立柱可以增加立柱截面面积，进而有效阻止其局部屈曲破坏，而增加墙体厚度不仅可以增加泡沫混凝土与冷弯型钢的接触面积，即增加两者的黏结滑移承载力，而且提高了泡沫混凝土本身的承载能力，这将有助于提高墙体的塑性变形能力，特别是极限位移，这与本章第 6.2.4.3 节中对骨架曲线的分析所得结论相一致。

(4) 墙体开洞对墙体的延性性能是不利的。试件 WD1 的延性系数比试件 WC3 降低了 24.1%。其原因是窗口角部处立柱的局部屈曲加速了墙体峰值荷载之后的破坏进度，显著地减小了剪力墙的极限位移，从而降低了剪力墙的延性性能。

综上所述，对于冷弯型钢空心组合墙而言，填充高强泡沫混凝土可以显著地提高墙体的延性性能。对于冷弯型钢-高强泡沫混凝土剪力墙而言，进一步提高墙体延性的最主要因素首先是墙体厚度(增加泡沫混凝土截面面积，即墙体厚度)，其次是冷弯型钢截面形式(内立柱由单拼 C 形截面替换成双拼箱型截面)和泡沫混凝土强度(从 FC3.0 级提高到 FC7.5 级)，但是增加轴压比和减少剪跨比对冷弯型钢-高强泡沫混凝土剪力墙的延性性能是不利的。

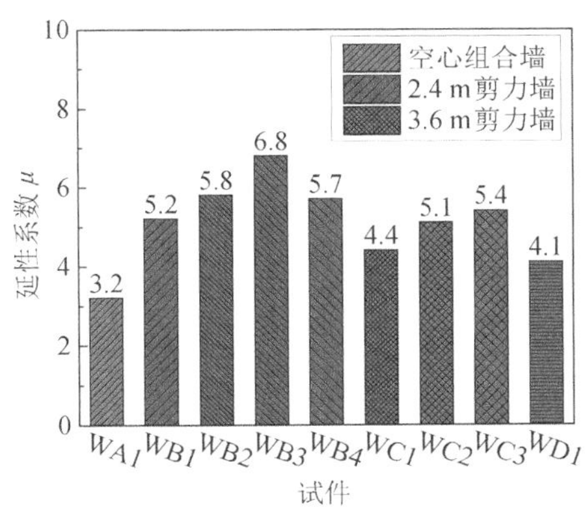

(a) 中国规范[6]

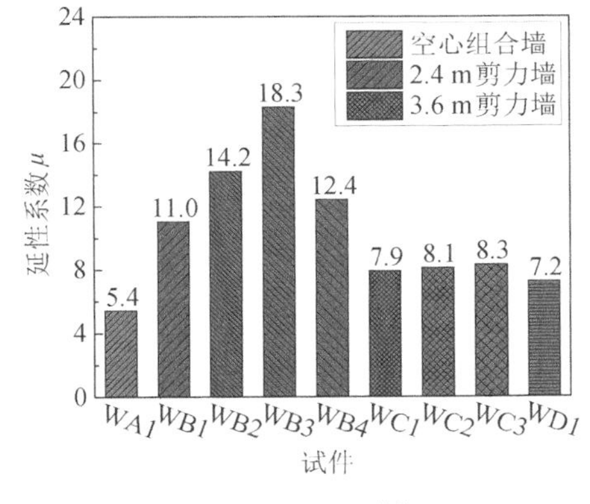

(b) 美国规范[5]

图 6.24 试件的延性系数

6.2.4.5 抗侧刚度分析

抗侧刚度和刚度退化分析是型钢-混凝土剪力墙结构抗震性能研究的另一项重要内容。主要采用割线刚度来评价剪力墙侧向刚度退化的程度，故割线刚度是衡量结构抗震性能的另一个重要指标。对于剪力墙构件，割线刚度的具体计算见公式(6-7)。

$$K_i=\frac{|+P_i|+|-P_i|}{|+\Delta_i|+|-\Delta_i|} \tag{6-7}$$

式中：K_i为墙体的割线刚度；P_i和Δ_i分别为结构和构件第i次的峰值荷载和峰值位移。

1. 割线刚度分析

图6.25显示了各试件的弹性、极限和峰值状态的割线刚度。弹性刚度是指弹性荷载(即$F_e=0.4F_m$)所对应的割线刚度；极限刚度是指极限荷载所对应的割线刚度；峰值刚度是指峰值荷载(即$F_u=0.85F_m$)所对应的割线刚度。通过对墙体试件的侧向刚度的分析，得出以下结论：

(1) 对于2.4 m宽墙体试件，相比于未填充泡沫混凝土的冷弯型钢空心组合墙试件WA1，冷弯型钢-高强泡沫混凝土剪力墙试件WB1的弹性刚度、峰值刚度和极限刚度分别提高了197.6%、45.5%和22.7%，说明泡沫混凝土能够显著提高墙体的侧向刚度，特别是墙体的初始刚度，使得冷弯型钢-高强泡沫混凝土剪力墙的刚度远高于冷弯型钢空心组合墙。其主要原因是泡沫混凝土具有一定的承载能力和抗侧刚度，此外泡沫混凝土对冷弯型钢骨架和自攻螺钉的约束作用提高了钢骨架的抗侧刚度。从上述数据对比可以看出，泡沫混凝土对墙体试件刚度的提高幅度随水平位移的增加而减少，表明泡沫混凝土对墙体刚度的提高作用降低。其原因是泡沫混凝土自身具有脆性，在其开裂和局部挤压破坏后泡沫混凝土的承载力和刚度大幅度下降，导致其对钢骨架和螺钉的约束作用减弱。

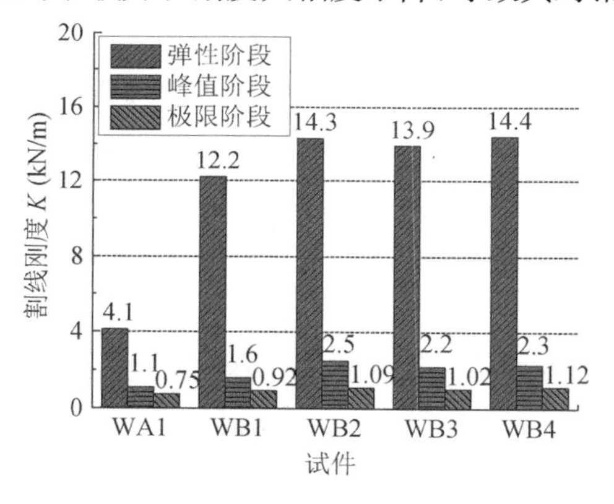

(a) 2.4 m宽墙体试件

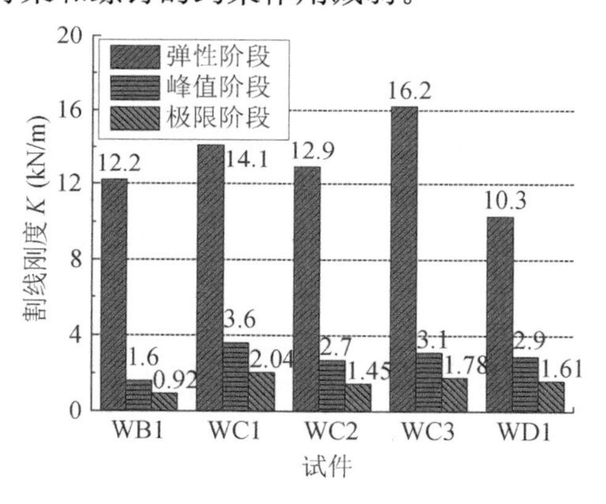

(b) 3.6 m宽墙体试件

图6.25 墙体试件的割线刚度

(2) 对于2.4 m宽的冷弯型钢-高强泡沫混凝土剪力墙，相比于试件WB1，试件WB2、WB3和WB4的弹性刚度分别提高了17.2%、13.9%和18.0%，说明增加泡沫混凝土强度、墙体厚度和轴压力均能提高墙体的弹性刚度，但提高幅度较小，其原因是上述构造措施对墙体峰值荷载的提高幅度是有限的[见图6.21(b)所示]。此外，增加泡沫混凝土强度、墙体厚度和轴压力对墙体试件的峰值刚度和极限刚度的影响同样较小，如图6.25(a)所示。

(3) 对于3.6 m宽的冷弯型钢-高强泡沫混凝土剪力墙，采用双拼箱型内立柱和增加墙体厚度均能提高墙体的弹性刚度，其中提高幅度最大的方式是增加墙体厚度；但是，开窗洞却大幅度地降低了墙体的割线刚度。相比于试件 WC3，试件 WD1 的弹性刚度降低了 36.4%，说明开窗洞对墙体的抗侧刚度影响显著且影响是不利的。

2. 刚度退化分析

图 6.26 显示了各墙体试件的刚度退化曲线，可以看出墙体的侧向刚度在加载过程中一直处于退化状态。通过对墙体侧向刚度退化分析，得出以下结论：

(1) 在加载初期，冷弯型钢端立柱的顶部出现受压屈曲破坏，导致冷弯型钢空心组合墙的刚度退化曲线出现明显突变点[见图 6.26(a)]，表明墙体侧向刚度发生较大幅度的突然变化，这将不利于房屋结构的抗震性能。对于填充泡沫混凝土的冷弯型钢剪力墙试件 WB1，其侧向刚度随着水平位移的增加而逐渐降低，曲线比较平滑且无明显突变点，说明泡沫混凝土的逐步开裂有助于墙体刚度的逐渐退化。

(2) 相比于冷弯型钢空心组合墙 WA1，填充高强泡沫混凝土的冷弯型钢剪力墙 WB1 的刚度有大幅度提高，这是由于泡沫混凝土的自身承载力及其对钢框架的相互约束作用。因此，在试件屈服前，WB1 墙体内泡沫混凝土出现裂缝，刚度退化速率较大，表明在加载初期冷弯型钢-高强泡沫混凝土剪力墙结构非线性特征明显。随着秸秆板的斜裂缝、立柱顶部的局部屈曲以及泡沫混凝土与冷弯型钢的黏结滑移的出现，剪力墙抗侧刚度进一步降低，但退化速率逐步降低，曲线趋于平缓，表明冷弯型钢-高强泡沫混凝土剪力墙在刚度退化方面表现出良好的抗震性能。这说明对于冷弯型钢组合墙体，内填高强泡沫混凝土有助于缓和墙体刚度的退化，特别是在墙体屈服以后，有效地避免了刚度退化的突变对结构抗震性能的不利影响，如图 6.26(a)所示。

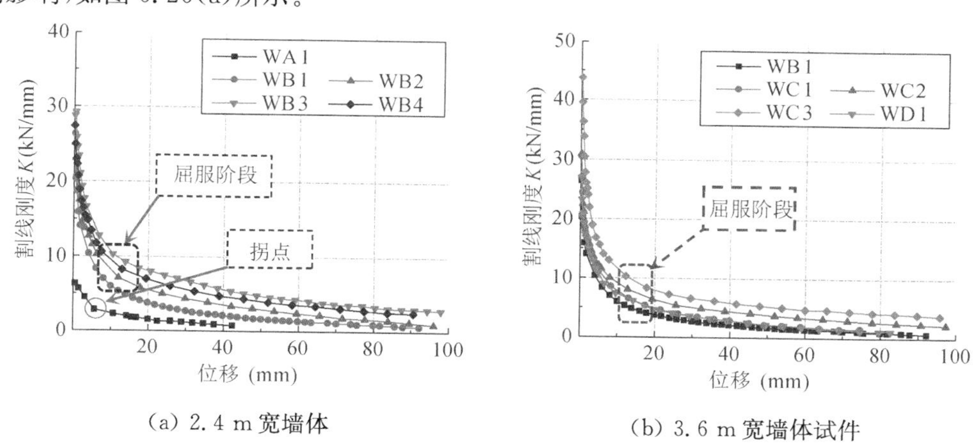

(a) 2.4 m 宽墙体　　(b) 3.6 m 宽墙体试件

图 6.26　试件的刚度退化曲线

(3) 对于 2.4 m 宽的冷弯型钢-高强泡沫混凝土剪力墙，相比于试件 WB1，试件 WB3 的抗侧刚度提高幅度最大，其次是试件 WB4 和 WB2。这表明增加墙体厚度、轴压比和泡沫混凝土强度均能提高墙体的侧向刚度，这与图 6.25 的分析结论相一致，其中提高剪力墙抗侧刚度最有效的方式是增加墙体厚度。增加墙体长度对冷弯型钢-高强泡沫混凝土剪力墙的侧向刚度的提高不明显，如图 6.26(b)所示。对于 3.6 m 宽剪力墙，采用双拼箱型冷弯型钢内立柱可以有效地提高墙体的抗侧刚度，其原因是双拼立柱提高了立柱的承载力，避免了局部屈曲，进而增加了墙体的水平承载力，但是墙体开窗洞降低了墙体侧向刚度。

3. 刚度分析结论

上述试验结果表明,填充高强泡沫混凝土能够显著地提高冷弯型钢墙体的侧向刚度,并降低刚度退化速率。对于冷弯型钢-高强泡沫混凝土剪力墙而言,进一步提高剪力墙侧向刚度的最有效的方式是增加墙体厚度(即增加泡沫混凝土截面面积),其次是提高泡沫混凝土强度和降低剪跨比(即增加墙体宽度),采用双拼截面冷弯型钢立柱和增加轴压比对墙体侧向刚度的影响不明显,但墙体开洞降低了墙体的抗侧刚度。

6.2.4.6 耗能能力分析

在地震和风荷载作用等水平荷载作用下,耗能能力对建筑结构的抗震性能起重要的作用,是衡量结构抗震性能的重要指标。当结构进入弹塑性阶段后,构件的耗能能力对整个结构抗震能力具有非常重要的意义。其中,墙体作为一个重要的构件,其耗能能力分析是剪力墙结构抗震性能研究的一项重要内容。剪力墙的能量消耗能力是指墙体在地震反复荷载作用下吸收和释放能量的大小,它以水平荷载-位移滞回曲线所包围的面积来衡量,如图 6.27 所示。参考《建筑抗震试验规程》[6](JGJ/T 101—2015)的相关规定,本次采用等效黏滞阻尼系数和累积耗能 E 作为评价构件耗能性能的指标,具体计算见式(6-8)与(6-9)。

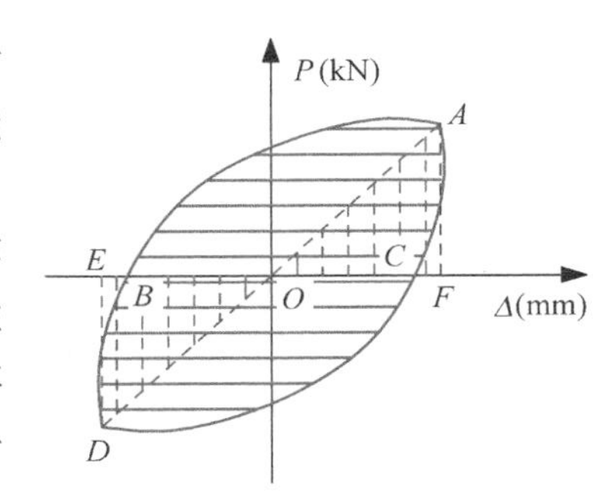

图 6.27 荷载-位移滞回曲线

$$h_e = \frac{1}{2\pi}\frac{S_{BAC}+S_{CBD}}{S_{ODE}+S_{OAF}} \tag{6-8}$$

$$E = \sum_{n=1}^{n=i} E_n \tag{6-9}$$

1. 等效黏滞阻尼系数分析

图 6.28 给出了各墙体试件的等效黏滞阻尼系数。可以看出冷弯型钢-高强泡沫混凝土剪力墙的耗能能力远大于冷弯型钢空心组合墙。对于内填充高强泡沫混凝土的冷弯型钢剪力墙,随着水平位移变形的增加,等效黏滞阻尼系数曲线依次经历先递增后递减再递增的变化趋势,其原因是泡沫混凝土的初始开裂导致等效黏滞阻尼系数小幅度降低;随后,秸秆板逐渐开裂使得曲线开始递增,特别是峰值阶段以后增长趋势比较明显。这说明泡沫混凝土的早期开裂虽然短暂地降低了墙体的耗能能力,但是泡沫混凝土的存在使得秸秆板和冷弯型钢的性能得到充分发挥,同时泡沫混凝土及其与冷弯型钢立柱的黏结滑移性能耗散了更多的地震能量,进而提高了墙体能量的耗散能力。

对于 2.4 m 宽的冷弯型钢-高强泡沫混凝土剪力墙,提高泡沫混凝土强度(试件 WB2)和增加墙体厚度(试件 WB3)均能提高剪力墙的耗能能力,但增加轴压力(试件 WB4)却降低了剪力墙的能量耗散性能。对于 3.6 m 宽的冷弯型钢-高强泡沫混凝土剪力墙,采用双拼箱型内立柱和增加墙体厚度均能提高墙体弹塑性变形,进而有助于墙体耗散更多的震能量,提高剪力墙的耗能能力。相反,墙体开洞降低了剪力墙的承载力和弹塑性变形,从而降低了耗能性能。

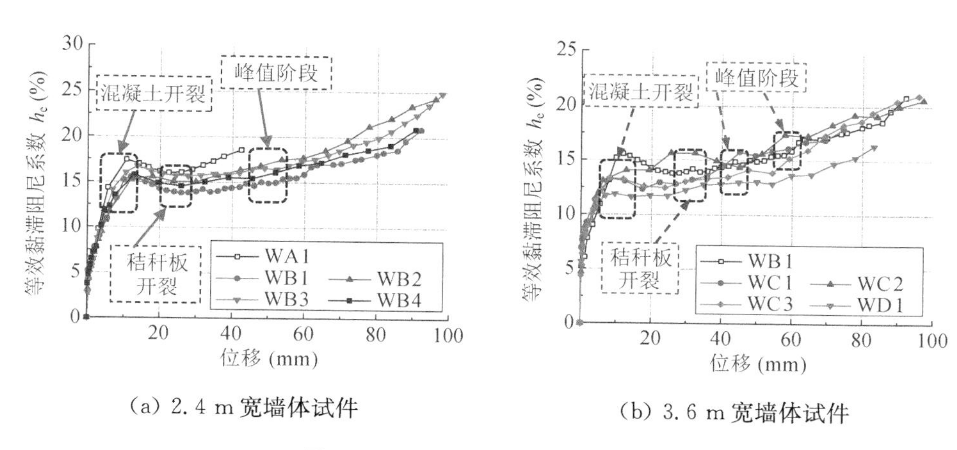

(a) 2.4 m 宽墙体试件　　　　(b) 3.6 m 宽墙体试件

图 6.28　试件的等效黏滞阻尼系数

2. 累积耗能分析

图 6.29 表示各墙体试件的累积耗能曲线。从图中可以看出，内填充高强泡沫混凝土的冷弯型钢剪力墙试件 WB1 的累积耗能是冷弯型钢空心组合墙试件 WA1 的 6.5 倍，表明冷弯型钢-高强泡沫混凝土剪力墙的累积耗能能力远大于冷弯型钢空心组合墙，其主要原因是泡沫混凝土的开裂和泡沫混凝土与冷弯型钢的黏结滑移共同消耗了大量的能量。对于 2.4 m宽的冷弯型钢-高强泡沫混凝土剪力墙，在峰值荷载之前，试件的累计耗能曲线基本重合，随后曲线因墙体构造配置不同而呈不同的增长趋势，说明墙体在峰值荷载之前主要由泡沫混凝土的开裂进行能量耗散。相比于试件 WB1，试件 WB2 和 WB3 的累积耗能分别提高了 39.0%和 74.7%，说明增加墙体厚度和泡沫混凝土强度均能提高冷弯型钢-高强泡沫混凝土剪力墙的耗能能力，其中增加墙体厚度是最佳方式。这主要是由于增加泡沫混凝土截面面积，不仅可以有效抑制冷弯型钢立柱的局部屈曲破坏来保障冷弯型钢骨架的继续耗能，而且增加了泡沫混凝土与冷弯型钢的接触面积，即增强了泡沫混凝土与冷弯型钢立柱的黏结滑移能力。但是增加轴压比却降低了墙体的耗能能力，相比于试件 WB3，试件 WB4 的累积耗能降低了 39.4%，其主要原因是较大的轴压力不仅导致冷弯型钢立柱的局部屈曲破坏[图 6.13(b)]，而且使得墙体顶部泡沫混凝土过早出现局部挤压破碎现象[图6.13(c)]。

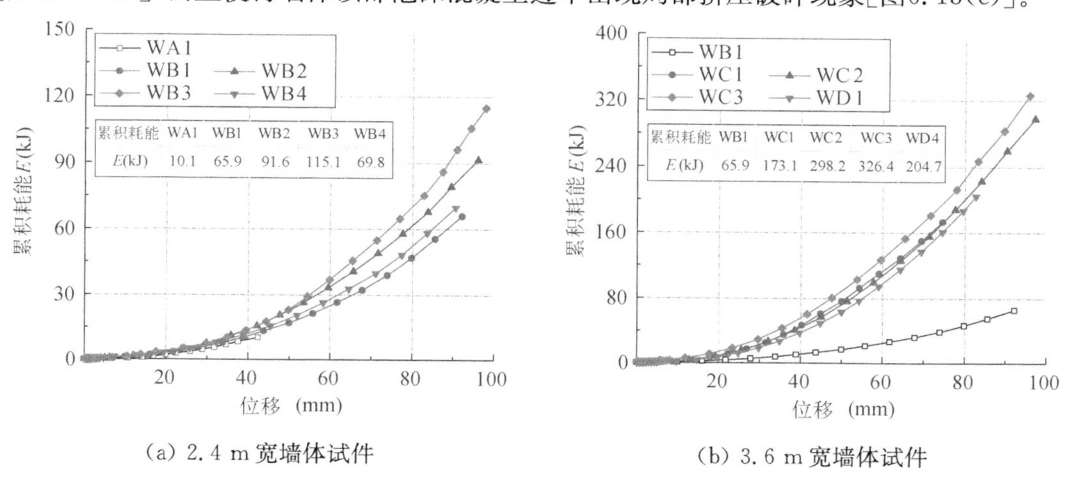

(a) 2.4 m 宽墙体试件　　　　(b) 3.6 m 宽墙体试件

图 6.29　试件的累积耗能

相比于 2.4 m 宽的冷弯型钢-高强泡沫混凝土剪力墙，3.6 m 宽的剪力墙试件 WC1 的累积耗能提高了 162.7%，说明增加墙体宽度可以显著提高墙体的累积耗能，且剪跨比是影响墙体耗能能力的重要因素。而且，采用双拼箱型内立柱的 3.6 m 墙宽试件 WC2 的累积耗能是试件 WC1 的 1.7 倍，其原因是双拼箱型立柱提高了墙体的极限位移，从而能耗散更多的能量。但是，试件 WD1 的累积耗能小于试件 WC3，降低了 37.3%，表明墙体开洞降低了墙体的耗能能力，其原因是开洞减少了墙体的承载力和弹塑性变形。

3. 耗能能力分析结论

上述试验结果表明，填充轻质高强泡沫混凝土能显著地提高冷弯型钢墙体的等效黏滞阻尼系数 h_e 和累积耗能 E，即冷弯型钢-高强泡沫混凝土剪力墙的耗能性能高于冷弯型钢空心组合墙。通过对冷弯型钢-高强泡沫混凝土剪力墙的等效黏滞阻尼系数 h_e 和累积耗能 E 进行综合分析得出，提高墙体耗能性能的有效方式首先是增加墙体厚度（即增加泡沫混凝土截面面积）、降低剪跨比（即增加墙体宽度）和采用双拼截面冷弯型钢立柱，其次是提高泡沫混凝土强度，但增加轴压比（即增加轴压力）和墙体开洞均降低了墙体的耗能能力。

6.2.4.7 与现有轻钢墙体的对比分析

目前，国内外学者专家对轻钢组合墙体的抗剪性能进行了深入研究，如国外的 Miller[8]、Serrette[9]、Fülöp[10]、Lange[11]、Baran[12]、Nithyadharan[13]、Peterman[14]、Shirin[15]、Buonopane[16]、Zeynalian[17] 等，以及国内的何保康[18]、周绪红[19]、李元齐[20]、苏明周[21]、叶继红[22-24]等学者。然而，对于轻钢混凝土剪力墙的研究相对较少，特别是冷弯型钢-轻质混凝土剪力墙。Prabha[25]、翟培蕾[26]、刘斌[27]、许坤[28]、郁琦桐[29]、黄强[30]、杨逸[31]等对不同构造形式的轻钢轻混凝土墙体的抗剪性能进行了研究，并取得了大量的研究成果。

为了能够体现出本书研究的装配式冷弯型钢-高强泡沫混凝土剪力墙抗剪性能的优越性，现将本章提出的冷弯型钢-高强泡沫混凝土剪力墙与现有轻钢组合墙体和轻钢轻混凝土墙体进行对比分析。为了体现出对比的合理性，现规定参与对比的墙体构件应满足以下条件：(1) 墙体尺寸为 2.4 m（宽度）×3.0 m（高度）或 3.6 m（宽度）×3.0 m（高度）；(2) 墙体钢骨架采用 C90 和 C140 型冷弯型钢，且端立柱均采用双拼立柱；(3) 轻质混凝土密度在 400～800 kg/m^3 之间；(4) 墙体均为两侧覆盖板材。上述假定保证了现有墙体构件在构造形式和材料类型方面与本文提出的冷弯型钢-高强泡沫混凝土剪力墙构件基本一致，进而提高了对比的合理性和公正性。

表 6.8 列出了冷弯型钢-高强泡沫混凝土剪力墙与现有相关墙体性能的对比结果。从表中可以看出，在相同钢骨架和墙体尺寸条件下，冷弯型钢-高强泡沫混凝土剪力墙的峰值承载力是轻钢空心组合墙体的 2.1～4.2 倍，是轻钢-轻混凝土墙体的 1.5～2.2 倍，表明本书提出的装配式冷弯型钢-高强泡沫混凝土剪力墙的抗剪承载力远高于传统的轻钢组合墙体和现有的轻钢轻混凝土墙体。这也说明装配式冷弯型钢-高强泡沫混凝土剪力墙不仅适用于应用传统墙体的低层建筑，而且有可能适用于多层和小高层建筑。

表 6.8 冷弯型钢-高强泡沫混凝土剪力墙与现有相关墙体的轴压承载力对比

试件编号	墙体尺寸（宽度×高度）	轻钢立柱截面类型		覆板材料	抗剪强度 P_{max} (kN/m)	侧向刚度 K	延性系数 μ
		中立柱	端立柱				
WA1	2.4 m×3.0 m	C90	双拼 C90	秸秆板	15.56	4.10	5.40
WB1	2.4 m×3.0 m	C90	双拼 C90	秸秆板	36.45	12.20	11.0
WC1	3.6 m×3.0 m	C90	双拼 C90	秸秆板	37.54	14.10	7.90
WC2	3.6 m×3.0 m	双拼 C90	双拼 C90	秸秆板	45.99	12.90	8.10
WC3	3.6 m×3.0 m	C140	双拼 C140	秸秆板	53.21	16.20	8.30
W-NB-1[29]	2.4 m×3.0 m	C90	双拼 C90	SLM/SLM	25.17	9.47	7.11
W-NB-2[29]	2.4 m×3.0 m	C90	双拼 C90	SLM/SLM	21.79	10.23	7.12
W-NB-CSB[29]	2.4 m×3.0 m	C90	双拼 C90	SLM/CSB	21.73	7.22	6.23
BX-6[27]	2.4 m×3.0 m	C90	双拼 C90	GWB/OSB	11.65	3.80	3.75
SW3[20]	2.4 m×3.0 m	C90	双拼 C90	GWB/OSB	18.46	2.26	3.07
SW11[20]	2.4 m×3.0 m	C90	双拼 C90	GWB/CSS	17.71	1.57	3.34
Specimen1[22]	3.6 m×3.0 m	C90	双拼 C90	GWB/CSB	25.86	9.78	2.84
Specimen4[22]	3.6 m×3.0 m	双拼 C90	双拼 C90	GWB/BMG	20.17	10.58	5.04
Specimen5[22]	3.6 m×3.0 m	C140	双拼 C140	GWB/BMG	26.11	10.27	3.05
WB2[24]	3.6 m×3.0 m	C140	双拼 C140	BMG-GWB/ALC	35.14	9.02	3.56
W89-2[23]	3.6 m×3.0 m	C90	双拼 C90	GWB/BMG	29.26	5.94	3.05
W89-7[23]	3.6 m×3.0 m	C90	双拼 C90	GWB/GWB	20.63	4.45	3.58
W140-9[23]	3.6 m×3.0 m	C140	双拼 C140	GWB/BMG	33.06	5.93	3.33

此外，从表 6.8 中可知，相比于传统的轻钢组合墙体和现有的轻钢轻混凝土墙体，本书提出的装配式冷弯型钢-高强泡沫混凝土剪力墙的侧向刚度和延性系数分别提高了 70%～160%和 50%～110%，表明冷弯型钢-高强泡沫混凝土剪力墙具有较强的抗侧能力和峰值荷载之后的变形能力，能有效防止剪力墙结构在地震作用下的突然倒塌，进而提高了剪力墙结构的安全性。

6.3 剪力墙的有限元分析

本书介绍的对装配式冷弯型钢-高强泡沫混凝土剪力墙的抗剪性能的有限元分析，主要采用 ABAQUS 有限元软件进行。基于本章第 6.2 节中单层冷弯型钢-高强泡沫混凝土剪力墙的构造特征，建立了考虑材料非线性、几何非线性及轻钢与泡沫混凝土接触的该新型剪力墙的有限元计算模型，通过数值模拟计算结果与试验结果的对比分析验证了该计算模型的合理性。

基于上述正确合理的冷弯型钢-高强泡沫混凝土剪力墙有限元计算模型，对剪力墙试件在低周反复荷载作用下的受力全过程进行了有限元分析，并结合试验结果，深入研究了该新型剪力墙的破坏模式和内部工作机理。最后，对冷弯型钢骨架立柱间距和厚度、泡沫混凝土强度等级和秸秆墙面板等因素对剪力墙抗剪性能的影响进行了参数化分析，为后续第 6.4 节冷弯型钢-高强泡沫混凝土剪力墙的承载力理论分析模型的建立奠定了基础。

6.3.1 有限元计算模型的建立

冷弯型钢-高强泡沫混凝土剪力墙主要由冷弯薄壁型钢骨架、泡沫混凝土和秸秆板三种材料组装而成。三种材料通过各种连接件和自攻螺钉相互连接构造成墙体，此后墙体通过螺栓和抗拔连接件完成与地梁和加载梁的刚性连接。因此，冷弯型钢-高强泡沫混凝土剪力墙构造复杂，其荷载-位移曲线表现出高度的非线性(见图 6.22)：一方面构成墙体的材料种类较多，形成了高度的材料非线性；另一方面冷弯型钢与泡沫混凝土的黏结连接、秸秆板与冷弯型钢骨架的自攻螺钉连接、墙体复杂的边界约束形成了高度的几何非线性。其中，材料非线性可通过在有限元软件中输入试验材性完成准确模拟，墙体几何非线性可采用等效约束实现较准确模拟，因此相对较容易解决。如何准确地确定材料参数、墙体构件间的连接约束以及墙体边界约束是本节有限元建模的重点和难点。基于以上冷弯型钢-高强泡沫混凝土剪力墙的构造形式和连接方式等特点，完成了冷弯型钢-高强泡沫混凝土剪力墙有限元模型的建立。

6.3.1.1 单元类型

冷弯型钢-高强泡沫混凝土剪力墙主要由冷弯薄壁型钢骨架、泡沫混凝土和秸秆墙面板三种材料组成，其采用的单元类型如下所示：

1. 冷弯薄壁型钢

由于冷弯薄壁型钢厚度方向的尺寸(即 $t=1.0$ mm 和 1.2 mm)远小于另外两个维度的尺寸，因此对于冷弯薄壁型钢，采用 S4R 壳体单元对其进行建模，并根据实际厚度指定壳体的厚度，选用 Simpson 厚度积分原则，厚度积分点设为 5。S4R 单元是一种通用的壳单元类型，单元性能稳定，适应性非常好，既可用于模拟厚壳问题，又可用于模拟薄壳问题，故此单元适合模拟冷弯型钢-高强泡沫混凝土剪力墙中的冷弯薄壁型钢骨架。S4R 单元具有四个节点，每个节点有六个自由度(三个平动自由度和三个转动自由度)，具有大挠度、大应变、大转动的非线性特性和弹塑性等特点，符合冷弯薄壁型钢的特性。

2. 泡沫混凝土

实体单元可通过其任何一个表面与其他单元相连，由此可构建具有几乎任何性状、承受几乎任何荷载的模型。本节在建立冷弯型钢-高强泡沫混凝土剪力墙有限元计算模型时，泡沫混凝土采用 C3D8R 单元，即三维实体单元八节点的六面体单元，并采用线性减缩积分单元。线性减缩积分单元是指单元的中心只有一个积分点，虽然求得的节点应力精度低于完全积分单元，但位移结果较精确，且计算时间少，计算成本低。线性减缩积分单元存在沙漏模式(Hourglassing)的数值问题，在建模中通过引入适度的沙漏刚度来限制沙漏模式的扩展，并合理地细化网格(例如在厚度方向至少划分 4 个单元)，可以获得具有足够精度的数值计算结果。

3. 秸秆墙面板

由于秸秆板的厚度方向尺寸(即 $t=58$ mm)远小于其长度和宽度方向尺寸(即 $L=3\ 000$ mm

和 $B=1\,200$ mm)，因此采用 S4R 壳体单元对其建模，并根据其厚度指定壳体的厚度，选用 Simpson 厚度积分原则，厚度积分点设为 5。

4. 自攻螺钉连接

通过对冷弯型钢-高强泡沫混凝土剪力墙试验现象的分析发现，由于泡沫混凝土对自攻螺钉端部的锚固约束，以及秸秆板对自攻螺钉的侧向约束，使得自攻螺钉并未出现显著的凹陷、侧移和断裂等破坏模式，即秸秆板与冷弯型钢的自攻螺钉连接以及冷弯型钢骨架间自攻螺钉连接均表现得基本完好。因此，本文采用绑定连接方式模拟自攻螺钉，与试验现象基本吻合。

6.3.1.2　材料本构关系

要建立冷弯型钢-高强泡沫混凝土剪力墙有限元计算模型，首先要输入材料的本构关系，即材料的应力-应变曲线。冷弯型钢-高强泡沫混凝土墙体所涉及的材料特性比较复杂，主要包括冷弯薄壁型钢(即冷弯型钢)、泡沫混凝土和秸秆墙面板的特性。

1. 冷弯薄壁型钢

最常用的钢材本构关系模型有两种：理想弹塑性模型和弹塑性强化模型。理想弹塑性模型没有考虑钢材的塑性强化阶段，故不能充分发挥钢材的力学性能。本节通过对 C90(厚度 $t=1.0$ mm)和 C140(厚度 $t=1.2$ mm)冷弯薄壁型钢进行材料试验，得到其应力-应变曲线，如图 6.30 所示。通过对钢材应力-应变曲线的分析可知，由于钢材具有较显著的屈服平台段，因此钢材的本构关系采用弹塑性强化模型较为合适，在有限元模拟中更能体现钢材的力学性能，并与试验情况相吻合。图 6.30 展示了 C90 和 C140 冷弯薄壁型钢的弹塑性强化模型，基本参数如表 6.9 所示

冷弯薄壁型钢的材料屈服准则选用 Von Mises 屈服准则。该准则认为：当截面上某点的等效应力超过材料的屈服应力时，该点就会因达到屈服而进入塑性阶段，从而发生塑性变形。材料的强化准则选用随动强化准则，该准则包括包辛格效应，对模拟单调和循环加载都有效。

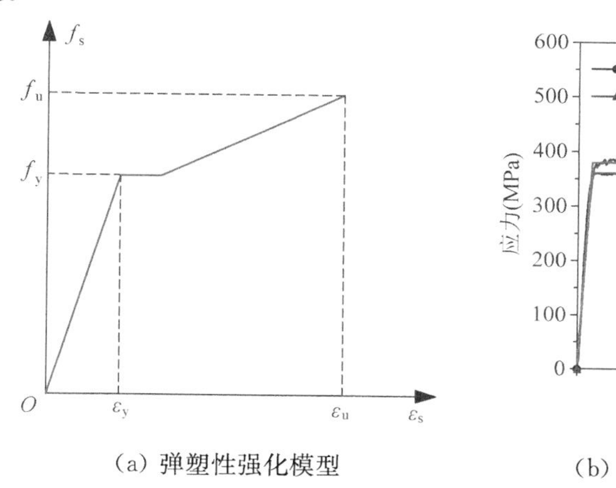

(a) 弹塑性强化模型

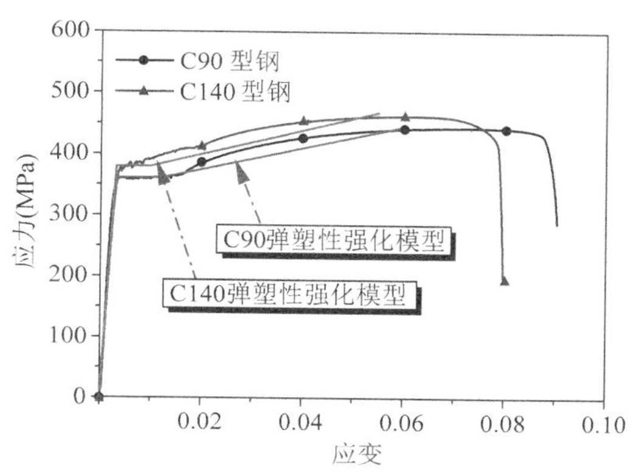

(b) 冷弯薄壁型钢的应力-应变曲线

图 6.30　冷弯薄壁型钢的本构模型

表 6.9　冷弯薄壁型钢的有限元模型参数

类型	厚度(mm)	密度 (kg/m³)	屈服强度 f_y (MPa)	抗拉强度 f_u (MPa)	弹性模量 E_s (GPa)	泊松比
C90	1.0	7 850	365.8	450.5	211.2	0.3
C140	1.2	7 850	384.2	468.9	215.7	0.3

2. 泡沫混凝土

冷弯型钢-高强泡沫混凝土剪力墙所浇筑的泡沫混凝土为一种新型轻质高强泡沫混凝土，属于混凝土材料，其材料试验方法与混凝土试验方法相似，因此泡沫混凝土的本构模型可采用混凝土的本构模型。ABAQUS 软件主要包括三种混凝土模型，即混凝土断裂模型、弥散裂纹混凝土模型和混凝土损伤塑性模型。其中，塑性损伤模型(CPD 模型)能充分考虑到混凝土材料在不同拉压状态下的不同性能，适用于混凝土在拟静力荷载作用下因损伤而导致材料存在残余应变不能恢复到原来状态的情况。鉴于 CPD 模型的特点和泡沫混凝土的破坏模式(见图 6.10～图 6.16)，本节采用塑性损伤模型进行泡沫混凝土受力性能的有限元模拟分析，并引入损伤因子和恢复因子，考虑累积损伤之后的裂缝开展和刚度退化。

参照 ABAQUS 中混凝土材料塑性参数默认值和相关研究[32]，确定泡沫混凝土 CPD 模型中的塑性参数，如表 6.10 所示。其中，f_{b0}/f_{c0} 表示双轴受压和单轴受压的极限强度之比，即失效比；K 表示不变应力比。

表 6.10　泡沫混凝土在 ABAQUS 中的塑性参数

膨胀角(°)	偏心率	f_{b0}/f_{c0}	K	黏性参数
30	0.1	1.16	2.49	0.23

本文对密度等级为 A05 和 A07 的泡沫混凝土进行了立方体抗压性能试验和棱柱体抗压性能试验，得到的基本力学性能参数如表 6.11 所示，棱柱体单轴受压应力-应变曲线(即本构模型)如图 6.31(a)所示。在 ABAQUS 软件采用 Newton-Raphson、增量法和迭代法等数值计算方法过程中，为了避免因泡沫混凝土达到峰值强度之后强度突然大幅度下降导致矩阵迭代无法进行。因此，对泡沫混凝土单轴受压本构模型中峰值之后的曲线进行局部修改，使其平顺光滑以有利于有限元计算的收敛，如图 6.31(a)所示。同时，局部修改需满足泡沫混凝土在应变比为 1.5 和最终破坏时应力比均相同的条件，以便于修改后的曲线尽量反映真实本构模型。

表 6.11　泡沫混凝土材料性能

密度等级	实测平均密度 (kg/m³)	立方体抗压强度 f_{cu}(MPa)	抗拉强度 f_t(MPa)	棱柱体抗压强度 f_c(MPa)	泊松比	弹性模量 E_c(GPa)
A05	526	3.43	1.32	2.80	0.20	0.34
A07	718	6.35	1.89	5.56	0.20	0.61

本文只对泡沫混凝土进行了棱柱体单轴受压力学性能试验，但并未对泡沫混凝土的受拉性能、泊松比等做测定。鉴于泡沫混凝土属于混凝土材料中的轻质混凝土系列，因此本节采用 ABAQUS 自带的 CPD 模型，其受压曲线使用试验测得的本构模型(即应力-应变曲

线)，受拉曲线参考《混凝土结构设计规范》[33]中普通混凝土受拉曲线模型的计算公式，其中抗拉强度采用相关文献[34]提出的计算公式计算，具体见式(6 - 10)。泡沫混凝土的抗拉强度见表 6.11 所示。图 6.31(b)所示为密度等级为 A05 和 A07 的泡沫混凝土本构模型。泡沫混凝土的受压曲线模型(即 $\sigma/f_c-\varepsilon/\varepsilon_c$)与 C15 和 C30 普通混凝土的受压曲线模型基本相同，如图 6.31(c)所示，这说明普通混凝土的本构模型计算公式基本适用于泡沫混凝土本构模型，与前面的基本假设相一致。

$$f_t=0.581\times f_{cu}^{0.666} \tag{6-10}$$

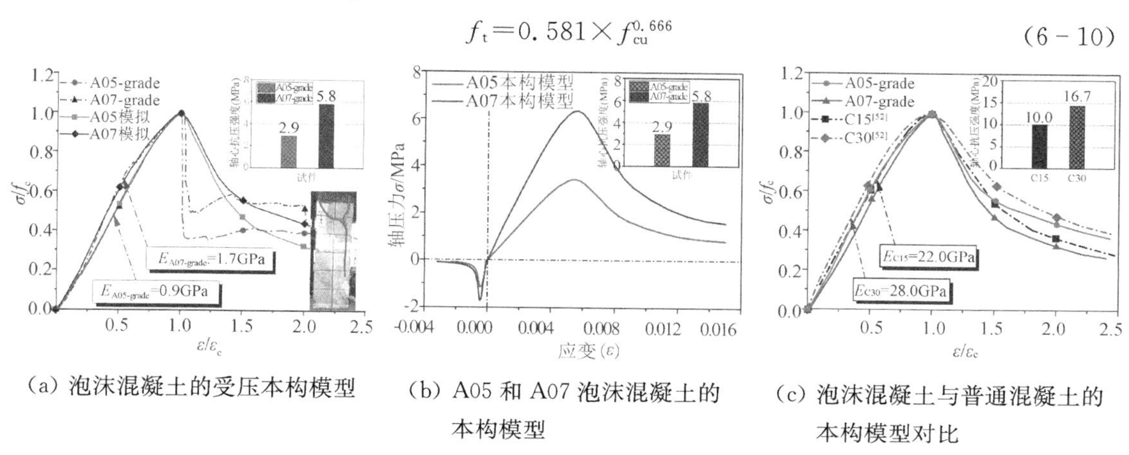

(a) 泡沫混凝土的受压本构模型　(b) A05 和 A07 泡沫混凝土的本构模型　(c) 泡沫混凝土与普通混凝土的本构模型对比

图 6.31　泡沫混凝土本构模型

基于已有的混凝土受压和受拉损伤因子计算公式，如公式(6 - 11)所示，得到本书泡沫混凝土的损伤因子计算值。根据现有的泡沫混凝土研究成果[35-37]和图 6.31(泡沫混凝土应力应变曲线)可知，在轴向应变为 0.015 之前，泡沫混凝土棱柱体受压试件未出现损伤破坏，因此基于简化模型和简化计算的考虑，此阶段不考虑泡沫混凝土的损伤因子(即损伤因子为零)，但塑性损伤模型中的其他参数应保留。其中，泡沫混凝土的恢复因子取值参考普通混凝土，受压恢复因子取值为 0.9，受拉恢复因子取值为 0。

$$d_k=\frac{(1-\beta)\varepsilon_k^{in}E_0}{(1-\beta)\varepsilon_k^{in}E_0+\sigma_k}(k=t,c) \tag{6-11}$$

式中：t、c 分别代表拉伸和压缩；β 为塑性应变与非弹性应变的比例系数，受压时取0.35，受拉时取 0.9；ε_k^{in} 分别表示混凝土在拉伸或压缩情况下的非弹性阶段应变。

3. 秸秆墙面板

由于秸秆板内纤维平行于墙板宽度方向布置，因此秸秆板的纵横向张拉强度和弹性模量不同，秸秆板属于正交各向异性材料，其力学性能如表 6.12 所示。在有限元建模时，由于沿墙体宽度方向对冷弯型钢-高强泡沫混凝土剪力墙抗压承载力影响较小，可忽略不计，故假设秸秆板为各向同性弹性材料，采用沿长度方向的强度和弹性模量。

表 6.12　秸秆板材料性能

面密度(kg/m²)	抗压强度 f_c(MPa)	泊松比	弹性模量 E_s(MPa)		静曲强度 f_s(MPa)	
			沿板长	沿板宽	沿板长	沿板宽
20	1.2	0.30	200	440	1.6	3.4

6.3.1.3 部件的装配及相互作用

冷弯型钢-高强泡沫混凝土剪力墙的冷弯型钢骨架组成构件较多,且组成结构形式较为复杂,因此本文通过装配(Assembly)中的 Merge 功能将冷弯型钢骨架合并成一个新部件(part),如图 6.32(a)所示。Merge 功能使得冷弯型钢骨架中的竖向立柱与水平导轨完全固结,这与墙体冷弯型钢骨架的实际构造相符合,其原因是在冷弯型钢骨架的实际构造过程中采用 L 型连接件将立柱与导轨牢固地连接为整体。

对于冷弯型钢骨架与泡沫混凝土之间的连接约束,由于冷弯型钢骨架中部分区域嵌入泡沫混凝土区域中,因此冷弯型钢骨架与泡沫混凝土之间的约束可采用嵌入区域约束(Embedded Region),以此模拟冷弯型钢骨架与现浇泡沫混凝土的连接,如图 6.32(b)所示。根据冷弯型钢-高强泡沫混凝土剪力墙在低周反复荷载下的破坏图(图 6.10~图 6.16)可以看出,冷弯型钢与泡沫混凝土之间黏结滑移和分离的部位占总接触长度的 30%左右,说明两者之间大部分接触面并未出现滑移和分离,即接触良好。此外,通过对第 6.2.3 节试验墙体试件的观察发现,黏结滑移部位主要集中于墙体顶部,但是各个试件中黏结滑移和分离的长度各不相同,且出现的位置也不同,即无法确定滑移部位。考虑到黏结滑移部位占总接触长度较少,且不能明确黏结滑移的具体部位,因此本文采用钢筋混凝土结构中钢筋与混凝土之间嵌入约束的方法,建立了冷弯型钢与泡沫混凝土之间的连接约束。

根据第 6.2 节中冷弯型钢-高强泡沫混凝土剪力墙的构造形式和破坏模式可知,秸秆板通过自攻螺钉与冷弯型钢骨架进行连接,且墙体破坏后此自攻螺钉连接并未出现显著的破坏,因此可以采用绑定约束(Tie)将秸秆板壳单元连接到冷弯型钢骨架的翼缘上。同时,考虑到墙体内浇筑的泡沫混凝土与秸秆板表面黏结性能较好(这从第 6.2 节中试验构件拆除秸秆板过程中可以得到证实),故采用壳体-实体约束(Shell-to-Solid Coupling)对秸秆板与泡沫混凝土接触处进行连接约束,其原因是此约束适用于对板壳边与相邻实体建立约束。

(a) 冷弯型钢骨架

(b) 冷弯型钢骨架与泡沫混凝土

图 6.32 冷弯型钢-高强泡沫混凝土剪力墙的有限元模型

6.3.1.4 边界条件和荷载施加

为了保证有限元模拟尽可能地反映墙体试件真实的受力性能,本节建立的有限元模型的边界条件需尽量与试验的实际情况相吻合。试验中墙体底部采用多个地脚螺栓和抗拔连接件与加载钢梁和混凝土地梁进行固结连接，然后地梁通过锚固螺栓与地面固结，此外在墙体顶部设置平面外约束钢框架来模拟楼盖对墙体的约束作用，防止墙体发生平面外失稳。第 6.2 节的试验结果表明，墙体与加载钢梁和混凝土地梁连接非常牢固，其相对位移非常小，可以忽略不计；地梁与地面通过 4 根直径 65 mm 的地脚螺栓和墙体前后端的抗侧钢板进行牢固连接，地梁未发生水平位移。

因此，在有限元模型中，采用绑定约束(Tie)将墙体的顶面和底面分别与加载点 RP-1 和 RP-2 进行连接，其中 RP-1 代表加载钢梁，RP-2 代表地梁，如图 6.33(a)所示。此外，约束墙体试件底面的参考点在 X、Y 和 Z 三个方向的平动自由度和绕 X、Y 和 Z 的转动自由度如下：$U_x=0$、$U_y=0$、$U_z=0$，$\mathrm{rot}x=0$、$\mathrm{rot}y=0$、$\mathrm{rot}z=0$。对于墙体在低周反复荷载作用下的抗剪性能的有限元数值模拟，约束墙体试件顶部参考点沿 Y 方向的平动自由度以及绕 X、Y 和 Z 的转动自由度如下：$U_y=0$ 和 $\mathrm{rot}x=0$、$\mathrm{rot}y=0$、$\mathrm{rot}z=0$。最后，对于所有墙体试件，墙体的侧面均增加侧向约束，即 $U_y=0$ 和 $\mathrm{rot}x=0$、$\mathrm{rot}y=0$、$\mathrm{rot}z=0$，如图 6.33(b)所示。

为了便于在有限元模型上增加边界条件和施加荷载，在墙体顶部偏上中心位置创建参考点(即 RP-1)，在墙体试件底部偏下中心位置创建参考点(即 RP-2)，然后采用耦合约束(Coupling)将参考点和相应区域面耦合，最后将边界条件和荷载施加在参考点上，如图 6.33(b)所示。对于冷弯型钢-高强泡沫混凝土剪力墙的抗剪性能有限元模拟，先对参考点首先施加竖向荷载，然后施加水平位移。

(a) 墙体加载点

(b) 墙体边界条件

图 6.33　墙体边界条件设置

6.3.1.5　网格划分

ABAQUS 提供了三种网格划分技术：结构化网格划分技术(Structured Meshing)、扫略网格划分技术(Swept Meshing)和自由网格划分技术(Free Meshing)。其中，结构化网格划分技术适用于几何形状规则的模型，自由网格划分技术适应性强，几乎可以用于任意几何形状的模型网格划分。因此，由于墙体内的泡沫混凝土采用 C3D8R 实体单元且具有几何形状规则的特点，故采用结构化网格技术进行网格划分，选择六面体网格，尺寸为 50 mm×50 mm×50 mm，划分网格后的试验构件模型如图 6.34(a)所示；对于秸秆板和冷弯薄壁型钢(包括C型和U型)，因为采用S4R薄壳单元，故采用自由网格划分技术对其进行网格划分更为合适，特别是对具有不规则形状截面的冷弯薄壁型钢，选择四边形网格，尺寸为50 mm×50 mm。划分网格后的冷弯型钢-高强泡沫混凝土剪力墙模型分别如图6.34(a)和图6.34(b)所示。

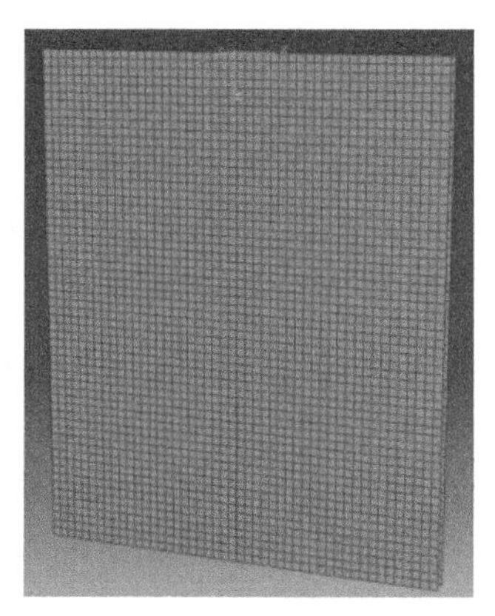

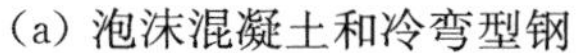

(a) 泡沫混凝土和冷弯型钢　　(b) 秸秆板

图6.34　墙体的网格划分

6.3.1.6　非线性分析设置

由于冷弯型钢-高强泡沫混凝土剪力墙试件进入塑性阶段之后，其应力和应变的关系并不成恒定的比例，侧向刚度也随着荷载的增加而逐渐降低，即位移-荷载曲线的割线刚度不断变小，因此需要进行非线性分析。

在有限元模型的加载过程中，荷载增量步不能过大，需要逐步上升，但在接近破坏时增量步需要减小，因此采用静力弧长法(Riks, Static)进行分析，因为此方法是一种适用性强的计算方法，特别适合非线性程度较高的构件和体系。此外，这种方法属于双重目标控制方法，即在求解过程中同时控制荷载因子和位移增量的步长。因此，此方法在迭代过程中会自动调整步长，并通过时间历程使荷载因子不断增大，当构件发生破坏后，增量值变为负数，增量步最终运行至发散位置。因此，在ABAQUS软件中，只需提供一些控制参数，步长将由程序自动计算。在本节有限元数值模拟中，设定最大增量步为500步，初始弧长增量为0.1，最大增量为100，最小增量为1.0×10^{-6}，并开启非线性开关，其他设定均为程序默认。通过以上设置，可实现在模拟加载的过程中对每一步的荷载、位移、应力和应变等数据进行可视化检查。

6.3.2　剪力墙有限元计算模型的验证

由于第6.2节中冷弯型钢-高强泡沫混凝土剪力墙试件较多，现对试件WB2进行低周反复荷载作用下的有限元模拟分析。为了验证有限元计算模型的可靠性，将试件WB2的模拟结果与第6.2节中试验得到的破坏模式、荷载-位移曲线、最大抗剪承载力进行对比分析，以验证剪力墙有限元计算模型建立方法的正确性和合理性，进而确保后续的有限元参数分析的有效性。

6.3.2.1 破坏模式的对比分析

墙体试件 WB2 的试验破坏模式和有限元模型的破坏特征如图 6.35 和 6.36 所示。其中，图 6.35(b)为有限元模拟得到的墙体泡沫混凝土等效 Mises 应力云图。从图中可以看出，泡沫混凝土的顶部和底部局部出现较大的应力，表明此处泡沫混凝土呈现较为严重的斜裂缝破坏和局部破坏，特别是墙体的端部处(即冷弯型钢端立柱的上下端部处)出现局部挤压破坏。此外，在墙体的两端部位处(即冷弯型钢骨架的端立柱处)出现较大的应力，表明泡沫混凝土与冷弯型钢立柱出现局部黏结滑移或分离破坏。上述有限元等效 Mises 应力云图的破坏特征与试验破坏现象基本一致。

图 6.35(c)为有限元模拟得到的冷弯型钢骨架等效 Mises 应力云图。从图中可以看出，冷弯型钢端立柱的顶部和底部呈现较大的应力，表明端立柱顶部和底部出现局部屈曲破坏；个别中立柱在距离墙底 0.6 m 处出现较大的局部屈曲变形，表明此处出现较严重的局部屈曲破坏。此外，冷弯型钢中立柱与上导轨连接处应力较大，表明此连接处出现局部轻微屈曲破坏。有限元模拟得出的等效 Mises 应力云图呈现的上述破坏特征与试验破坏现象基本一致。

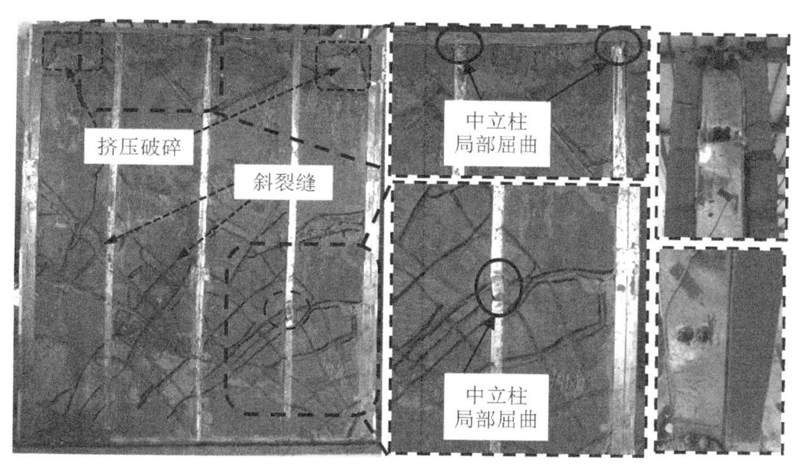

(a) 墙体试验破坏现象

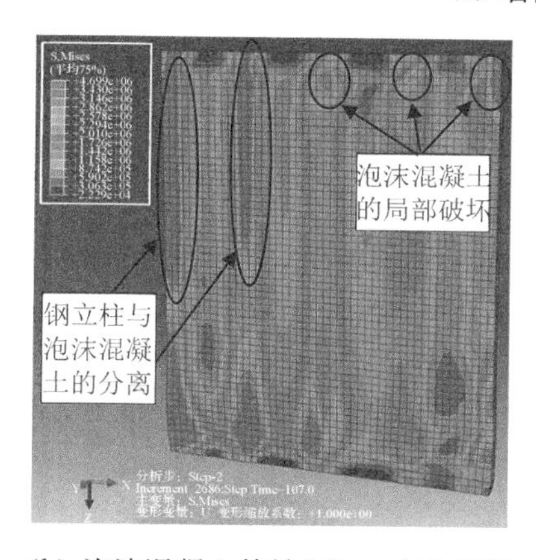

(b) 泡沫混凝土等效 Mises 应力云图

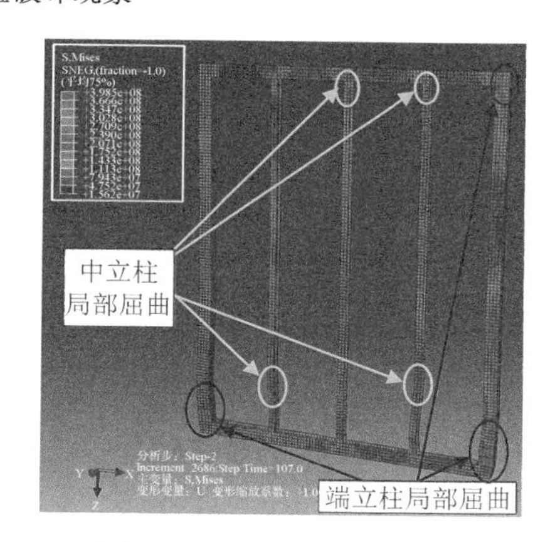

(c) 冷弯型钢骨架等效 Mises 应力云图

图 6.35 WB2 试件的破坏形态对比

图 6.36(b)为有限元模型得到的秸秆板等效 Mises 应力云图。从图中可以看出，墙体下部和中部的秸秆板出现较大应力，表明墙体此处的秸秆板受力较大，出现开裂破坏；在墙体底部，秸秆板与冷弯型钢骨架连接处同样出现较大应力，表明秸秆板与冷弯型钢立柱连接的螺钉出现局部破坏；在墙体上部，秸秆板与冷弯型钢骨架连接处应力较小，表明此处秸秆板与钢骨架连接较好。有限元模拟得出的等效 Mises 应力云图呈现的上述破坏特征与试验破坏现象基本一致。

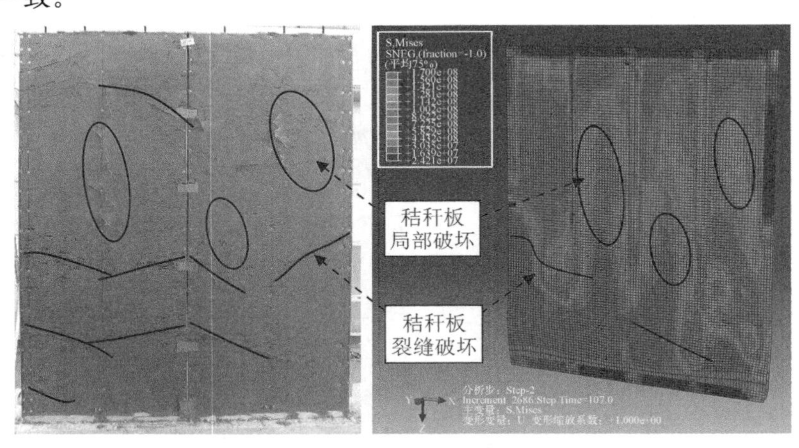

(a) 试验破坏现象　　　　(b) 秸秆板等效 Mises 应力云图

图 6.36　秸秆板的破坏现象对比

由此可见，基于第 6.3.1 节有限元计算模型的建立方法建立的冷弯型钢-高强泡沫混凝土剪力墙有限元计算模型，其在低周反复荷载作用下的破坏特征与试验破坏现象基本一致。

6.3.2.2　荷载-位移曲线的对比分析

图 6.37 显示了冷弯型钢-高强泡沫混凝土剪力墙试件 WB2 的有限元模拟和试验所得的水平荷载-水平位移滞回曲线和骨架曲线。由图 6.37(a)可见，两者的荷载-位移滞回曲线较为接近，特别是曲线走势基本相同。有限元分析结果能够反映墙体的滑移效应，并初步反映墙体的捏缩效应，特别是墙体达到峰值荷载之后。但是，相比于试验结果，有限元分析的荷载-位移滞回曲线的捏缩效应程度较小，其原因是有限元模型采用 Embedded Region 约束将冷弯型钢骨架嵌入泡沫混凝土中，未能充分考虑立柱与泡沫混凝土之间的黏结滑移作用，从而导致有限元模拟结果的捏缩效应不明显，特别是在墙体的峰值荷载之前阶段。当 Embedded Region 约束失效后[如图 6.35(b)所示]，有限元计算模型能够较好地反映墙体的滑移效应和局部捏缩效应，如图 6.37(a)所示。综上所述，本节建立的剪力墙有限元计算模型能够较合理地反映冷弯型钢-高强泡沫混凝土剪力墙的受力过程，其滞回曲线与试验结果较为一致。

图 6.37(b)为墙体试件 WB2 的有限元模拟和试验所得的水平荷载-水平位移骨架曲线。从图中可以看出，有限元模拟结果与试验结果吻合较好，特别是在墙体达到峰值荷载之前。当墙体达到峰值荷载之后，有限元分析结果明显大于试验结果，其原因是在剪力墙有限元模型中，为了避免因材料本构关系中垂直下降段导致有限元计算中刚度矩阵的逆矩阵求解困难，从而引起有限元计算的不收敛，泡沫混凝土材料的本构关系(即应力-应变曲线)的

下降段与实测值不完全相同[见图 6.31(a)]，峰值之后应力随应变缓慢降低，其应力值大于真实值。然而，通过试验与模拟的荷载-位移骨架曲线的对比分析可知，两者之间的误差在 10%～20%，说明剪力墙的有限元模拟结果能够较好地吻合墙体的试验结果。

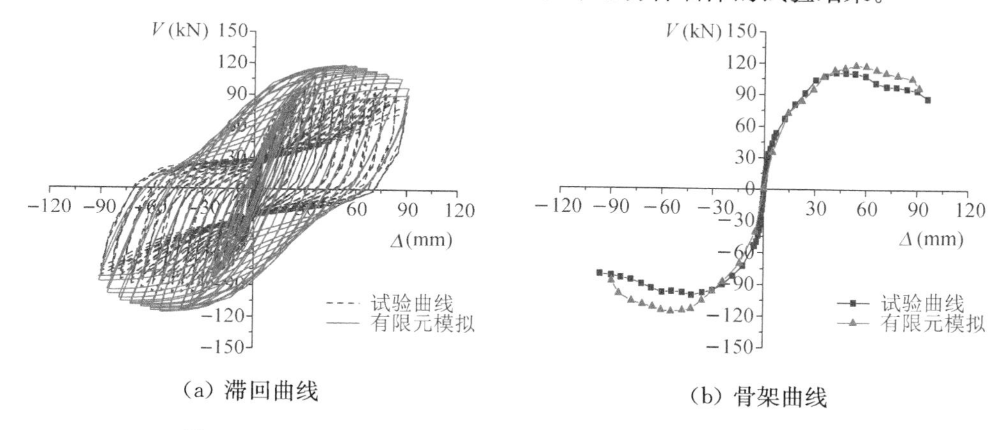

图 6.37　WB2 的试验和有限元分析所得荷载-位移曲线的对比

综上所述，冷弯型钢-高强泡沫混凝土剪力墙有限元分析的水平荷载-水平位移曲线结果在局部上与试验结果有所差别，偏差为 10%～20%，但绝大部分有限元分析结果与试验结果基本吻合，说明第 6.3.1 节建立的冷弯型钢-高强泡沫混凝土剪力墙有限元计算模型是合理的，模拟结果具有可靠性。

6.3.2.3　最大抗剪承载力的对比分析

表 6.13 显示了墙体试件 WB2 的有限元模拟结果和试验结果的对比。由表可知：墙体的最大抗剪承载力的有限元分析结果与试验分析结果吻合良好，误差在 15%左右。其中，两者的峰值位移基本相同，但有限元模拟的峰值承载力大于试验值，主要原因是：(1) 在有限元模型中采用 Embedded Region 约束将冷弯型钢骨架嵌入泡沫混凝土中，未能较好地考虑冷弯型钢立柱与泡沫混凝土之间的黏结滑移效应对剪力墙抗剪承载力的影响；(2) 有限元模型采用 Tie 约束将秸秆板与冷弯型钢骨架连接为整体，其连接强度高于采用间距为 150 mm/300 mm 的自攻螺钉连接强度，即有限元模型的连接强度大于实际自攻螺钉连接；(3) 有限元模型采用 Tie 约束将秸秆板与泡沫混凝土连接为整体，但在实际墙体构件中泡沫混凝土只是与秸秆板的外表面牛皮纸进行直接连接，与秸秆板内的水平纤维并未接触；(4) 有限元模型采用位移加载制度不同于试验采用力加载与位移加载相结合的加载制度，导致有限元墙体产生的损伤积累较小，相应的刚度和强度退化较小，进而提高了剪力墙的抗剪承载力。

为了全面地确定不同构造形式剪力墙的有限元模拟与试验所得的最大抗剪承载力之间的比值，采用上述有限元计算模型及模型构造方法对第 6.2 节中的墙体试件 WB3、WC1 和 WC3 进行有限元模拟，得出墙体的有限元模拟结果，如表 6.13 所示。从表中可以看出，墙体的有限元模拟值与试验值之比的平均值为 1.15，变异系数 Cov 为 0.03，表明冷弯型钢-高强泡沫混凝土剪力墙有限元计算模型的模拟结果比试验值高约 15%，且比值较为稳定。因此，需将有限元模拟得到的剪力墙最大抗剪承载力乘以一个修正系数，经过统计分析认为，此修正系数为 0.87 时可得到较为准确的剪力墙抗剪承载力数值。这个数值对后续小节中冷弯型钢-高强泡沫混凝土剪力墙承载力理论分析模型(第 6.4 节)和斜截面受剪承载力计算公式(第 6.5 节)的建立具有重要的参考价值。

表 6.13 有限元分析与试验所得抗剪承载力的对比

试件编号	试验测试值		有限元模型分析值		试验值与模型值之比	
	相应位移 Δ_{m-t}(mm)	抗剪承载 F_{m-t}(kN)	相应位移 Δ_{m-m}(mm)	抗剪承载力 F_{m-m}(kN)	$\Delta_{m-m}/\Delta_{m-t}$	F_{m-m}/F_{m-t}
WB2	42.10	101.75	47.93	117.16	1.14	1.15
WB3	50.55	108.34	58.06	129.45	1.15	1.19
WC1	37.82	135.16	31.12	150.39	0.82	1.12
WC3	62.73	191.55	53.87	220.22	0.86	1.14
平均值					0.98	1.15
变异系数					0.18	0.03

6.3.2 节有限元模拟结果与相应的试验结果的对比分析表明:有限元模拟结果与试验结果在破坏模式、荷载-位移曲线以及最大抗剪承载力等方面都吻合较好。这说明本节所建立的冷弯型钢-高强泡沫混凝土剪力墙有限元计算模型是比较合理的,能够基本确保计算结果的准确性和可靠性。

6.3.3 剪力墙抗剪工作机理分析

6.3.3.1 剪力墙受力过程分析

基于冷弯型钢-高强泡沫混凝土剪力墙试件 WB2 的有限元模拟结果,本节对冷弯型钢-高强泡沫混凝土剪力墙的抗剪工作机理进行分析。冷弯型钢-高强泡沫混凝土剪力墙的构造特点使得在墙体试件低周反复加载试验过程中无法观察到泡沫混凝土和冷弯型钢的破坏过程,以及秸秆板的应力分布情况。因此,基于有限元分析结果,并结合试验现象和结果,可明确冷弯型钢-高强泡沫混凝土剪力墙的抗剪工作机理。图 6.38、6.39 和 6.40 分别给出了泡沫混凝土、冷弯型钢骨架和秸秆板在特征点(即开裂点、屈服点和峰值点)的应力分布情况。

(1) 开裂阶段

从图 6.38(a)中可以看出,当墙体荷载超过开裂荷载时(即开裂点),墙体内的泡沫混凝土在端立柱底端应力较大,但未达到抗压强度,同时除了在冷弯型钢立柱周围泡沫混凝土出现较大应力外,其余部位(即冷弯型钢立柱之间)的泡沫混凝土应力较小,说明在墙体开裂点,墙体内的泡沫混凝土并未出现显著破坏,说明除冷弯型钢立柱周围泡沫混凝土与立柱的协同受力之外,其余部位泡沫混凝土受力较小,这与第 6.2.3.2 节中剪力墙内发出轻微的“吱吱”响声的试验现象一致。从图 6.38(b)可以看出,冷弯型钢骨架的端立柱底部应力较大,同样未达到其屈服强度,说明冷弯型钢骨架并未出现破坏,这与第 6.2.3.2 节试验现象相一致。秸秆板应力分布图 6.38(c)显示出墙体中部和底端均出现较大应力,说明此处秸秆板出现轻微破坏,这与第 6.2.3.2 节中墙体角部个别螺钉凹陷破坏和墙体中部秸秆板出现褶皱的试验现象一致。综上所述,在墙体的开裂阶段,墙体底端泡沫混凝土受力较大,但并未达到其抗压强度，且在冷弯型钢立柱处的泡沫混凝土与冷弯型钢立柱能够协同工作，其余部位泡沫混凝土受力较小；在墙体底端冷弯型钢立柱承受较大压力，并未达到屈服强度；在墙体的底端和中部，秸秆板受力较大，出现褶皱，同时墙体底端固定秸秆板的自攻螺钉出现轻微凹陷。

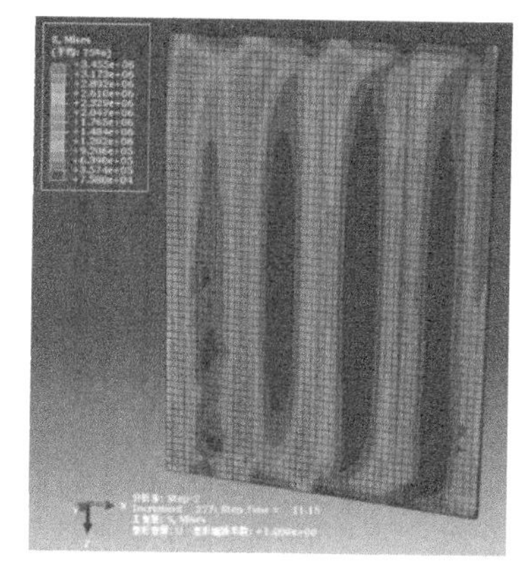

(a) 泡沫混凝土

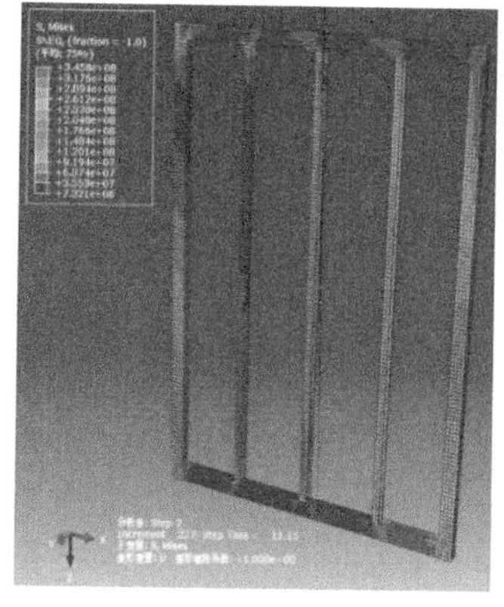

(b) 冷弯型钢骨架

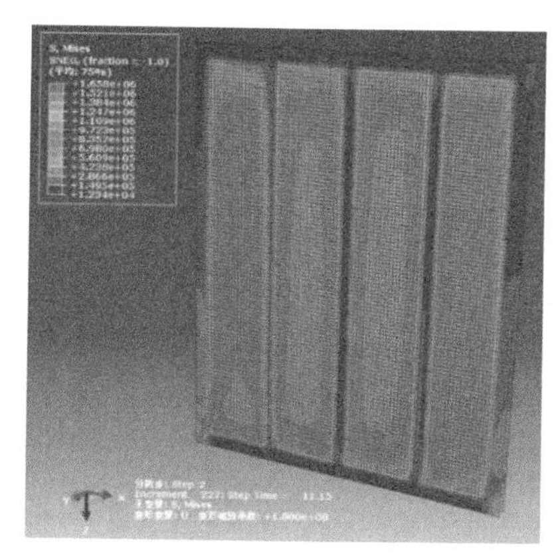

(c) 秸秆板

图 6.38　冷弯型钢-高强泡沫混凝土剪力墙、冷弯型钢骨架、秸秆板在开裂阶段的应力分布情况

(2) 屈服阶段

当墙体试件达到屈服荷载时，墙体材料的应力分布情况如图 6.39 所示。从图中可以看出，墙体底端泡沫混凝土、冷弯型钢端立柱和秸秆板的应力均较大，均达到各自材料的屈服强度，表明墙体底端出现局部破坏，与第 6.2.3.2 节中泡沫混凝土开裂声音增大和端立柱底部出现局部受压屈曲变形的试验现象一致。此外，在墙体中部和下部泡沫混凝土和秸秆板的应力变大，同时冷弯型钢立柱与底导轨连接处应力较大，说明墙体中下部出现大量斜裂缝，秸秆板在墙体底端和中下部出现明显的褶皱或裂缝。

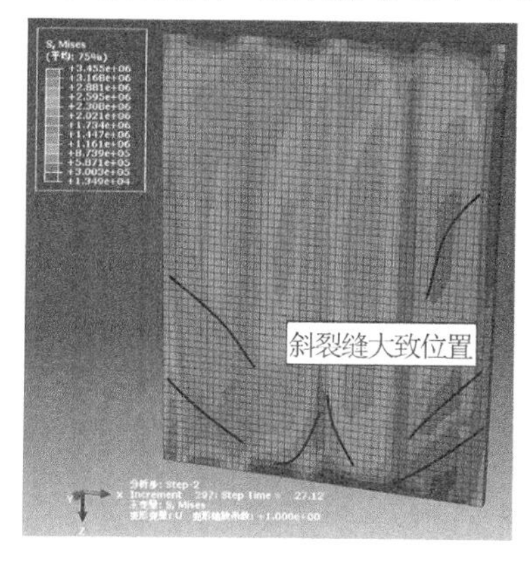

(a) 泡沫混凝土

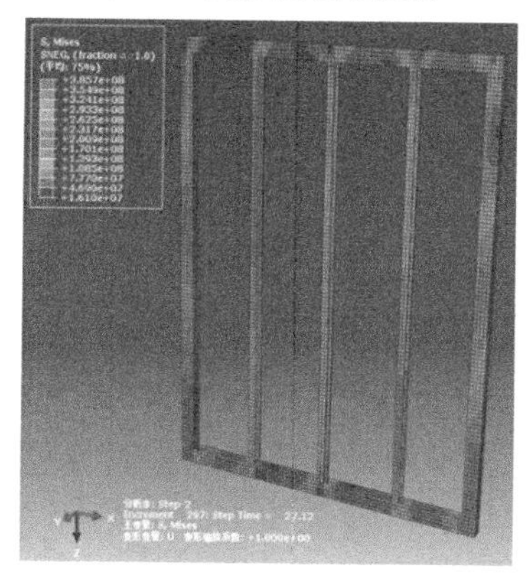

(b) 冷弯型钢骨架

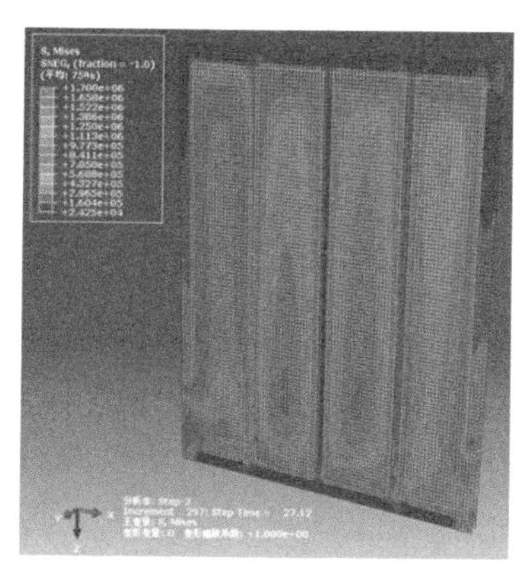

(c) 秸秆板

图 6.39　冷弯型钢-高强泡沫混凝土剪力墙、冷弯型钢骨架、秸秆板在屈服阶段的应力分布情况

(3) 峰值阶段

当墙体试件达到峰值荷载时，墙体材料的应力分布情况如图 6.40 所示。从图中可以看出，冷弯型钢中立柱与上下导轨连接处应力较大[如图 6.40(b)所示]，且靠近端立柱的中立柱下部应力变大，说明冷弯型钢中立柱在端部出现局部屈曲破坏，在此位置处的泡沫混凝土的应力同样较大，表明此处泡沫混凝土出现局部挤压破坏，这与第 6.2.3.2 节图 6.10 显示的中立柱的局部屈曲变形和泡沫混凝土局部破碎的现象一致。此外，泡沫混凝土在冷弯型钢端立柱和个别中立柱处呈现较大应力，但端立柱和中立柱附近的泡沫混凝土应力较小，说明泡沫混凝土与端立柱、个别中立柱出现黏结滑移，产生分离现象，这与第 6.2.3.2 节图 6.11 所示的试验现象一致。图 6.40(c)所示墙体底端和中部秸秆板的应力较大，达到屈服强度，表明此处的秸秆板出现斜裂缝，这与第 6.2.3.2 节图 6.10 所示的试验现象一致。

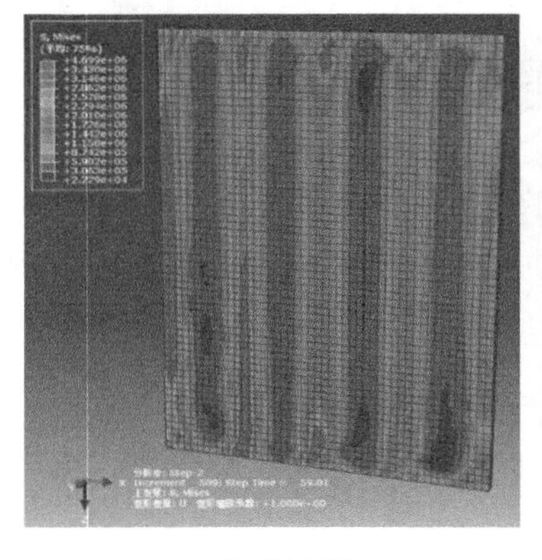

(a) 泡沫混凝土

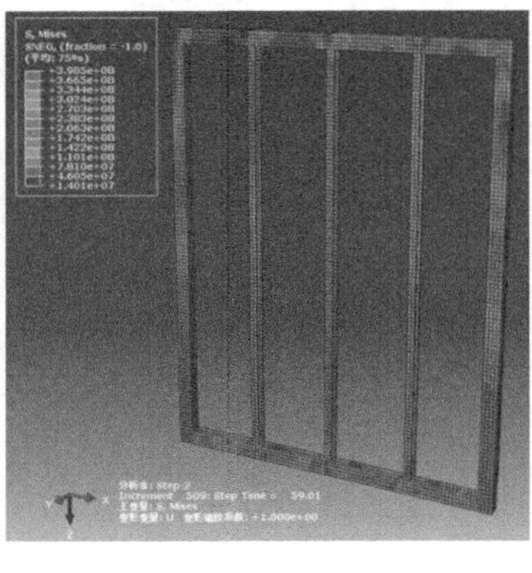

(b) 冷弯型钢骨架

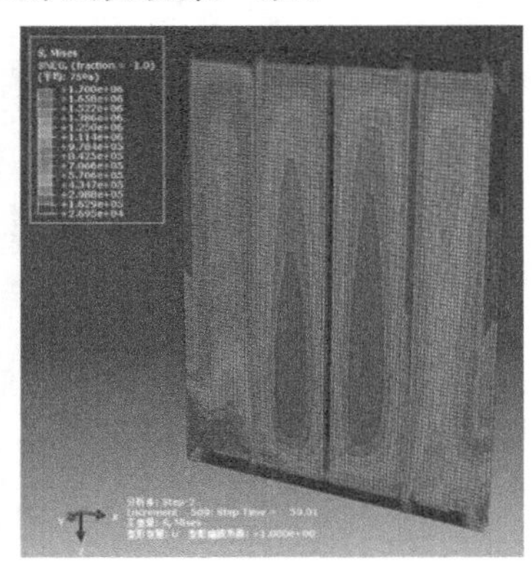

(c) 秸秆板

图 6.40　冷弯型钢-高强泡沫混凝土剪力墙、冷弯型钢骨架、秸秆板在峰值阶段的应力分布情况

综上所述，基于第 6.2 节的试验现象和结果，以及本节的有限元分析结果，总结冷弯型钢-高强泡沫混凝土剪力墙的受力全过程(如图 6.41 所示)，进而得墙体的抗震工作机理如下：

(1) 在墙体的初始加载阶段($0\sim\Delta_e$)：泡沫混凝土与冷弯型钢骨架能够协同工作，共同受力，特别是端立柱与泡沫混凝土所受应力较大，其余部位的泡沫混凝土所受应力较小，即承受荷载较小。此外墙体底端秸秆板受力较大，即个别自攻螺钉出现凹陷破坏，且在墙体中部秸秆板应力较大，即出现褶皱现象。此阶段墙体的水平荷载主要由墙体中的泡沫混凝土冷弯型钢立柱和秸秆板共同承担，特别是墙体端立柱的底端。

(2) 当墙体处在屈服前阶段($\Delta_e\sim\Delta_y$)时：墙体的底端受力较大，泡沫混凝土出现局部挤压破坏，冷弯型钢端立柱的底部出现局部屈曲变形，秸秆板出现褶皱和斜裂缝；冷弯型钢立柱之间的泡沫混凝土的应力增大，开始出现斜裂缝，特别是在墙体下部。此外，墙体中间部位的秸秆板应力变大，出现大量褶皱和少量裂缝。此阶段主要表现为冷弯型钢立柱特别是端立柱承担的荷载增大，泡沫混凝土和秸秆板出现斜裂缝且在墙体底端出现局部破坏。

(3) 当墙体处在峰值前阶段($\Delta_y\sim\Delta_{max}$)时：冷弯型钢骨架的中立柱与导轨连接处，以及端立柱的顶部均出现局部破坏，且在此位置泡沫混凝土出现局部挤压破坏；同时，中立柱的下部应力增大，表明其承担较多的墙体荷载。泡沫混凝土与冷弯型钢立柱出现黏结滑移，特别是在端立柱与泡沫混凝土之间。泡沫混凝土开裂裂缝数量减少，但裂缝长度逐渐增长。此外，秸秆板在墙体中部的裂缝数量增加。

(4) 当墙体处在峰值后阶段($\Delta_{max}\sim\Delta_u$)时：冷弯型钢立柱在端部和中部均出现严重的局部屈曲变形，使得冷弯型钢骨架的承载力降低，且冷弯型钢立柱与泡沫混凝土出现显著的分离，导致泡沫混凝土和秸秆板所承担的荷载增加。不仅墙体顶部和底部的泡沫混凝土出现严重的局部挤压破坏，而且墙体中部泡沫混凝土出现大量斜裂缝。同时，秸秆板斜裂缝的分布面积增大，即秸秆板的斜裂缝数量不断增加。

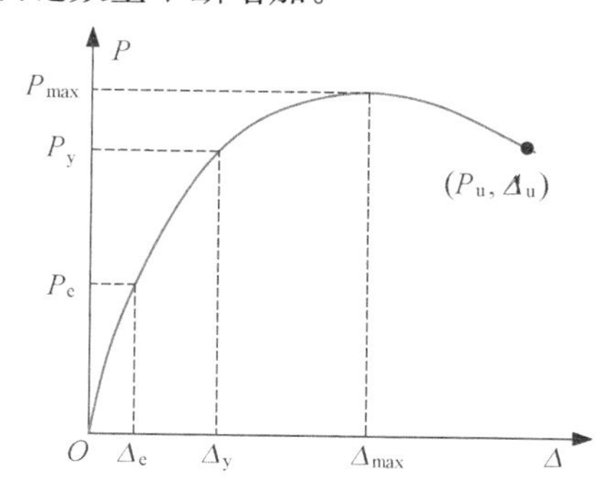

图 6.41　冷弯型钢-高强泡沫混凝土剪力墙的受力全过程及阶段

6.3.3.2　剪力墙传力路径分析

图 6.42 为冷弯型钢-高强泡沫混凝土剪力墙试件 WB2 在开裂点、屈服点、峰值点和极限点对应的泡沫混凝土的最小主应力分布情况。泡沫混凝土的最小主应力反映了混凝土的内部传力路径。

（1）在试件达到开裂点（即弹性点）时，墙体所受的水平荷载主要由冷弯型钢立柱附件处的泡沫混凝土与冷弯型钢立柱协同承受，其余部位泡沫混凝土承受荷载较小，最小主应力主要沿冷弯型钢立柱方向水平分布，如图 6.42(a)所示。

（2）在试件达到屈服点时，更多的泡沫混凝土参与承受不断增加的墙体水平荷载，泡沫混凝土出现均匀的斜向裂缝，但与冷弯型钢立柱之间并未出现显著的黏结滑移（即分离现象），因此墙体内的应力分布较为均匀，呈现对角压力传递路径以及平行于对角压力路径的斜压力传递路径，即“斜向压杆”，如图 6.42(b)所示。

（3）在试件达到峰值点时，由于墙体角部出现较为严重的局部破坏，破坏宽度约为 400～600 mm，使得对角压力传递路径的宽度增大，形成“对角压杆”；同时，冷弯型钢与泡沫混凝土的黏结滑移导致冷弯型钢立柱的轴压力增大，立柱（特别是中立柱）出现多处局部屈曲破坏，进而引起泡沫混凝土的应力重分布，表现为泡沫混凝土的内力传递路径呈扇形，最终指向墙体角部，即泡沫混凝土“斜向压杆”呈扇形，如图 6.42(c)所示。

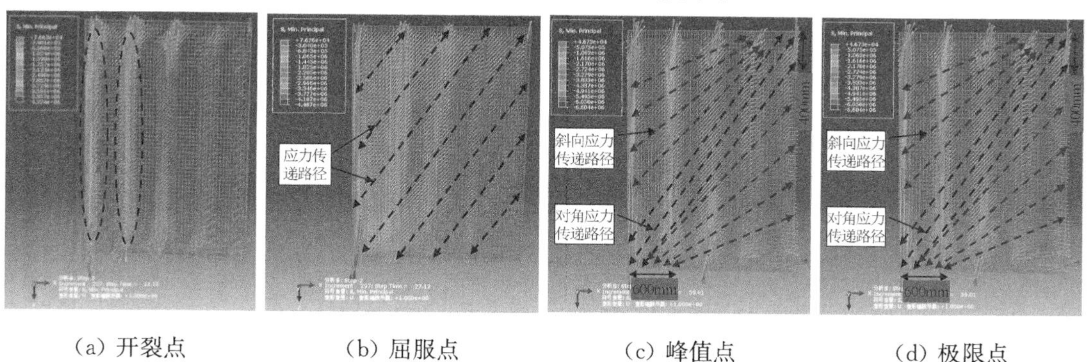

(a) 开裂点　(b) 屈服点　(c) 峰值点　(d) 极限点

图 6.42　泡沫混凝土最小主应力分布

(4) 在试件达到极限点时，墙体角部出现严重的局部破坏现象，同时中立柱在距离墙底0.6 m处出现严重的局部屈曲变形，引起此处泡沫混凝土局部挤压破坏，改变了泡沫混凝土的内力传递路径，即传递路径在墙体角部呈现弯曲，最终指向角部破坏区域，区域宽度为400～600 mm。

泡沫混凝土最小主应力分布的发展进程反映了冷弯型钢-高强泡沫混凝土剪力墙有类似钢筋混凝土剪力墙的斜压杆和对角压杆受力机理，即在受力分析时可以将泡沫混凝土等效为具有相同材料特性和一定几何尺寸的斜压杆和对角压杆以抵抗墙体的外荷载。因此，冷弯型钢-高强泡沫混凝土剪力墙承载力理论模型可以借鉴钢筋混凝土剪力墙中较为成熟的拉-压杆模型，并根据冷弯型钢-高强泡沫混凝土剪力墙所特有的材料属性和受力特点，提出适合冷弯型钢-高强泡沫混凝土剪力墙承载力计算的新型拉-压杆模型。上述分析对第6.3节冷弯型钢-高强泡沫混凝土剪力墙承载力理论分析模型的建立具有重要的参考价值。

6.3.4 有限元参数分析

为了进一步了解冷弯型钢-高强泡沫混凝土剪力墙的抗剪性能，本小节采用已建立的冷弯型钢-高强泡沫混凝土剪力墙有限元计算模型研究泡沫混凝土强度等级、冷弯型钢立柱截面厚度、冷弯型钢骨架立柱间距和秸秆板等对冷弯型钢-高强泡沫混凝土剪力墙抗剪性能的影响规律。

6.3.4.1 泡沫混凝土强度的影响

泡沫混凝土强度等级是影响单层冷弯型钢-高强泡沫混凝土剪力墙抗剪性能的重要因素。为了便于与试件WB1和WB2做对比，本节选定墙宽为206 mm的试件作为分析试件，相关参数如下：墙体尺寸为2 400 mm(宽度)×3 000 mm(高度)，轴压力为120 kN，冷弯型钢采用C90冷弯薄壁型钢，秸秆板尺寸为1 200 mm(宽度)×3 000 mm(高度)×58 mm(厚度)。

图6.43表示不同强度等级的泡沫混凝土对剪力墙荷载-位移曲线的影响，其中WB1、WB2和WM2对应的立方体抗压强度分别为3.43 MPa、6.35 MPa和10.0 MPa。随着泡沫混凝土强度的提高，冷弯型钢-高强泡沫混凝土剪力墙的峰值荷载和初始刚度均有明显提高，但峰值位移变小。由表6.14可知，采用立方体抗压强度为10.0 MPa的泡沫混凝土墙体试件WM2较试件WB1和试件WB2的峰值荷载分别提高了71.5%和47.5%，相应的峰值

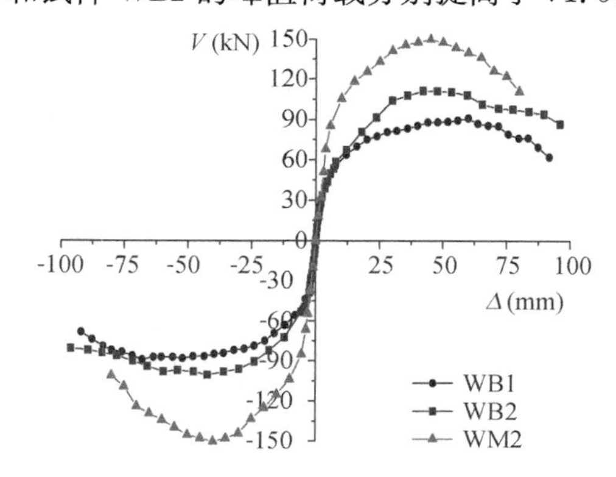

图6.43 泡沫混凝土对单层剪力墙荷载-位移曲线的影响

表 6.14　冷弯型钢-高强泡沫混凝土剪力墙试件的峰值点特征

试件编号	墙体尺寸（高×宽）(m×m)	泡沫混凝土等级	抗弯承载力 F_{m-f}(kN)	相应位移 Δ_{m-f}(mm)	抗剪承载力 F_{m-s}(kN)	相应位移 Δ_{m-s}(mm)
WM2	3.0×2.4	FC-10.0	—	—	150.04	40.60

位移分别减少了 27.5%和 7.9%，表明增加泡沫混凝土的强度等级能够显著提高冷弯型钢-高强泡沫混凝土剪力墙的抗剪承载力，同时能增加墙体的初始抗侧刚度，但降低墙体的水平变形能力。

6.3.4.2　冷弯型钢立柱厚度的影响

第 6.2 节冷弯型钢-高强泡沫混凝土剪力墙抗剪性能试验研究结果表明：当冷弯型钢立柱的上下端出现局部破坏时，冷弯型钢-高强泡沫混凝土剪力墙达到极限抗剪承载力，因此冷弯型钢立柱对冷弯型钢-高强泡沫混凝土剪力墙承载性能的影响较大。

本小节以墙体尺寸为 2 400 mm（宽度）×3 000 mm（高度）×206 mm（厚度），立柱类型为 C90，泡沫混凝土立方体抗压强度为 3.43 MPa 的试件 WB1 为对比试件，采用厚度为 2.0 mm的冷弯型钢立柱研究冷弯型钢立柱的截面厚度对冷弯型钢-高强泡沫混凝土剪力墙抗震性能的影响。

图 6.44 表示冷弯型钢立柱厚度为 1.0 mm 和 2.0 mm 的冷弯型钢-高强泡沫混凝土剪力墙荷载-位移曲线。结合表 6.15 可以看出，对于试件 WM4，当冷弯型钢立柱厚度由 1.0 mm 增加到 2.0 mm 时，剪力墙的峰值承载力提高了 17.2%，但是初始刚度基本没有变化，表明冷弯型钢立柱截面厚度对冷弯型钢-高强泡沫混凝土剪力墙的抗剪承载力具有一定的贡献，但对剪力墙抗侧刚度的影响较小。其原因是冷弯型钢立柱厚度的增加提高了立柱的抗局部屈曲破坏的能力，进而增加了冷弯型钢-高强泡沫混凝土剪力墙的抗剪承载力，但是冷弯型钢立柱的局部屈曲破坏同样导致冷弯型钢-高强泡沫混凝土剪力墙承载力快速降低，即对墙体抗侧刚度的影响减小。

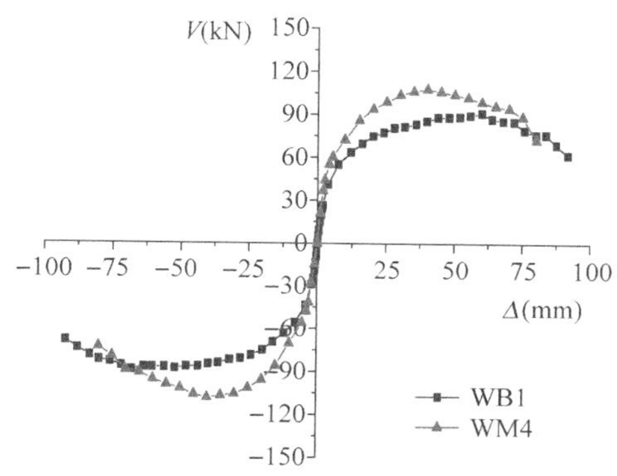

图 6.44　冷弯型钢立柱厚度对单层剪力墙荷载-位移曲线的影响

表 6.15　冷弯型钢-高强泡沫混凝土剪力墙试件的峰值点特征

试件编号	墙体尺寸（高×宽）(m×m)	立柱厚度 (mm)	抗弯承载力 F_{m-f}(kN)	相应位移 Δ_{m-f}(mm)	抗剪承载力 F_{m-s}(kN)	相应位移 Δ_{m-s}(mm)
WM4	3.0×2.4	2.0	—	—	102.53	43.22

6.3.4.3 冷弯型钢立柱间距的影响

冷弯型钢立柱的间距大小决定了冷弯型钢骨架对泡沫混凝土约束作用的强弱，是影响冷弯型钢-高强泡沫混凝土剪力墙承载性能的重要因素。其中，冷弯型钢立柱间距对泡沫混凝土的约束作用影响较大。本节以墙体截面尺寸为 3 600 mm(宽度)×206 mm(厚度)，单拼 C 型中立柱试件 WC1 为对比试件，通过减小冷弯型钢立柱的间距分析冷弯型钢立柱间距对冷弯型钢-高强泡沫混凝土剪力墙抗震性能的影响。

图 6.45 为冷弯型钢立柱间距分别为 300 mm 和 600 mm 时对冷弯型钢-高强泡沫混凝土剪力墙荷载-位移曲线的影响。结合表 6.16 可以看出，对于试件 WM6，当冷弯型钢立柱间距由 600 mm 减小到 300 mm 时，剪力墙的峰值承载力提高了 27.3%，且抗侧刚度相应得到提高，表明减小冷弯型钢立柱间距对冷弯型钢-高强泡沫混凝土剪力墙的抗剪承载力和抗侧刚度具有一定的贡献。其原因是降低冷弯型钢立柱间距不仅提高了冷弯型钢框架的承载能力和侧向刚度，而且增强了其对泡沫混凝土的约束作用，进而提高了泡沫混凝土的承载能力，最终使得冷弯型钢-高强泡沫混凝土剪力墙的抗剪承载力和抗侧刚度得到提高。

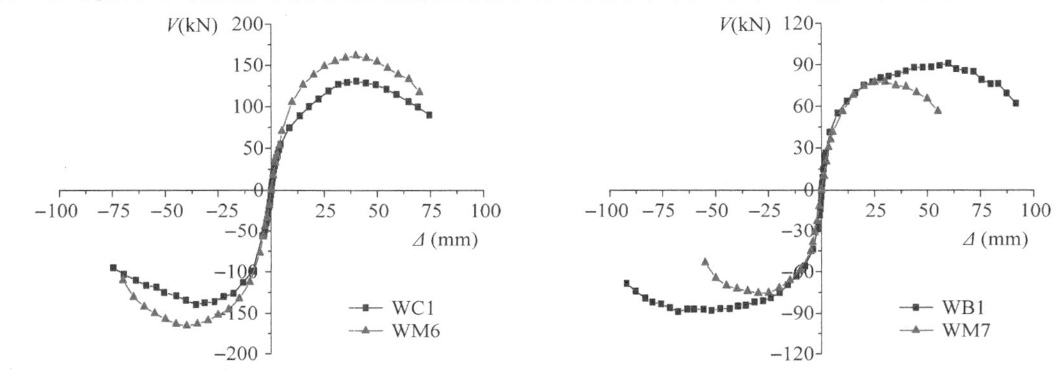

图 6.45 冷弯型钢立柱间距对单层剪力墙荷载-位移曲线的影响

图 6.46 秸秆板对剪力墙荷载-位移曲线的影响

表 6.16 冷弯型钢-高强泡沫混凝土剪力墙试件的峰值点特征

试件编号	墙体尺寸(高×宽)(m×m)	立柱间距(m)	抗弯承载力 F_{m-f}(kN)	相应位移 Δ_{m-f}(mm)	抗剪承载力 F_{m-s}(kN)	相应位移 Δ_{m-s}(mm)
WM6	3.0×3.6	400	—	—	172.01	41.50

6.3.4.4 秸秆墙面板的影响

秸秆板中的水平纤维相当于普通钢筋混凝土剪力墙中的水平抗剪钢筋，是影响剪力墙抗剪承载力的重要因素。本节以墙体截面尺寸为 2 400 mm(宽度)×206 mm(厚度)，泡沫混凝土强度等级为 FC3 的试件 WB1 为对比试件，采用未覆盖秸秆板的构造形式来研究秸秆板对冷弯型钢-高强泡沫混凝土剪力墙抗震性能的影响。

图 6.46 表示覆盖秸秆板和未覆盖秸秆板的冷弯型钢-高强泡沫混凝土剪力墙的荷载-位移曲线。结合表 6.17 可以看出，对于试件 WM7，当墙体未覆盖秸秆板时，剪力墙的峰值承载力降低了 21.5%，且变形能力也大幅度降低，表明秸秆板对冷弯型钢-高强泡沫混凝土剪力墙的抗剪承载力和变形能力影响较大。其原因是秸秆板的水平纤维对冷弯型钢-高强

泡沫混凝土剪力墙有重要的抗剪作用，提高了墙体的抗剪承载力。此外，秸秆板可以提高冷弯型钢骨架的整体性及其对泡沫混凝土的约束作用，进而增强冷弯型钢骨架和泡沫混凝土的承载能力。因此，未覆盖秸秆板的冷弯型钢-高强泡沫混凝土剪力墙的抗剪承载力和变形能力均会大幅度降低，这对冷弯型钢-高强泡沫混凝土剪力墙的抗震性能是不利的。

表 6.17　冷弯型钢-高强泡沫混凝土剪力墙试件的峰值点特征

试件编号	墙体尺寸（高×宽）(m×m)	墙体厚度(mm)	抗弯承载力 F_{m-f}(kN)	相应位移 Δ_{m-f}(mm)	抗剪承载力 F_{m-s}(kN)	相应位移 Δ_{m-s}(mm)
WM7	3.0×2.4	300	—	—	70.25	25.64

6.4　剪力墙的软化拉-压杆模型及分析

通过对冷弯型钢-高强泡沫混凝土单层剪力墙在水平低周反复荷载作用下的试验结果进行分析可知，该剪力墙的破坏模式和受力机理与传统轻钢组合墙体有所不同，因此现有的轻钢组合墙体的理论分析模型不能合理地评估和预测冷弯型钢-高强泡沫混凝土剪力墙的受剪承载力。因此，本节基于第 6.3 节中剪力墙的传力路径分析结果，借鉴现有的普通钢筋混凝土剪力墙受剪承载力计算的软化拉-压杆模型，在充分考虑冷弯型钢-高强泡沫混凝土单层剪力墙的破坏机理和所用材料性能的基础上，提出适用于冷弯型钢-高强泡沫混凝土剪力墙受剪承载力计算的软化拉-压杆模型，并给出传统计算方法和简算计算方法及求解流程，为建立冷弯型钢-高强泡沫混凝土单层剪力墙斜截面受剪承载力计算公式提供了理论基础，并为相关工程设计提供了参考。

6.4.1　既有剪力墙受剪承载力理论分析模型

普通钢筋混凝土剪力墙受剪承载力计算方法主要分为两种：一种是根据试验研究和数值模拟取得的结果，经过数据拟合得到的包含主要影响因素的经验公式[38-40]；另一种是基于力学分析模型，经过理论推导得出的计算方法或计算公式[41-43]。各国钢筋混凝土规范主要采用第一种偏保守的经验公式法计算剪力墙的受剪承载力，以避免不重要的因素对承载力的影响，故此种方法的计算结果具有较大的离散性。随着对钢筋混凝土构件受剪承载力理论分析模型的不断深入研究，能够反映墙体破坏机理且考虑因素较为全面的合理模型不断被提出，且模型计算结果与试验结果吻合较好。因此，各国也会将这些模型写入规范中供设计人员参考使用，例如拉-压杆模型被添加到加拿大混凝土设计规范 CSA、德国混凝土规范 DIN 1045-1、欧洲混凝土规范 EN[44] 和美国规范 ACI 318[45]。

随着对普通钢筋混凝土剪力墙受剪承载力的理论计算的研究逐渐深入，其理论分析模型已从桁架模型中得到不断发展，经典桁架模型、协调和塑性桁架模型、修正压力场理论、软化桁架模型和软化拉-压杆模型等相继出现，具体如图 6.47 所示。

1899 年和 1902 年，瑞士工程师 Ritter[46] 和德国工程师 Morsch[47] 相继提出钢筋混凝土受剪破坏的桁架模型。该经典桁架模型假设斜裂缝的角度为 45°，只考虑斜截面的平衡条件，忽略受压区混凝土承担的剪力，未考虑变形协调条件和混凝土的材料特性等因素对斜截面承载力的影响，因此模型常常给出偏保守的抗剪承载力。

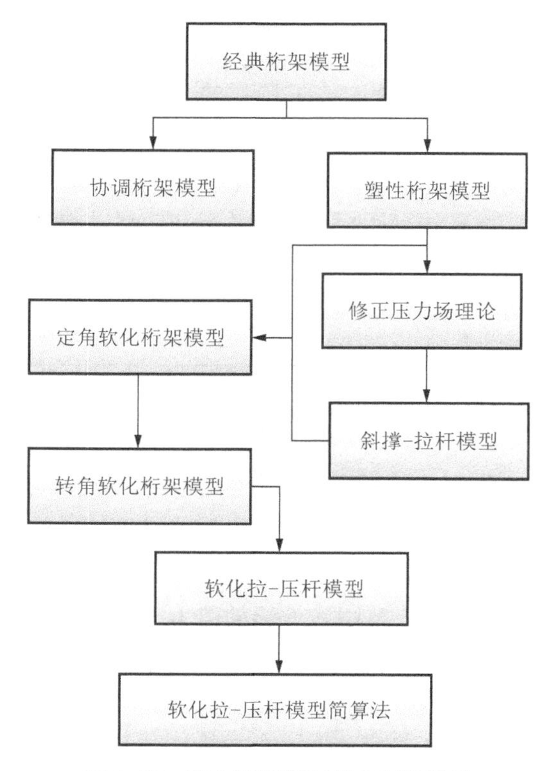

图 6.47　剪力墙受剪承载力理论模型

在 20 世纪 60 年代，随着对钢筋混凝土构件斜截面抗剪承载力的研究的发展，研究人员在经典桁架模型的基础上，针对钢筋混凝土试件的斜裂缝普遍小于 45°情况，分别基于弹性理论和塑性理论提出了协调桁架模型和塑性桁架模型，其中 Vecchio 和 Collins[48] 建立的修正压力场理论就属于这个领域。修正压力场理论引入拉-压应力状态下受压混凝土的应力-应变曲线，同时考虑到了平衡方程、相容方程和物理方程，但是假设应力主方向上存在剪应力在概念和材料力学理论上是难以被接受的，需要对其进一步完善。

1987 年，Schlaich 等[49]采用斜撑-拉杆模型描述混凝土结构任意部位的受力特征，并引入混凝土结构受力 B 区(Bernoulli Region)和 D 区(Discontinuity Region)。在 20 世纪 80 年代到 90 年代，休斯敦大学徐增全教授在此研究基础上，基于钢筋混凝土构件在受剪中受压混凝土的软化现象，提出了钢筋混凝土结构的软化桁架模型，先后给出了转角软化桁架模型(Rota-Ting-Angle Softened Truss Model，RA-STM)和定角软化桁架模型(Fixed-Angle Softened Truss Model，FA-STM)[50]。该理论模型建立在固体力学的基本原理基础上，考虑了平衡条件、变形协调条件和物理条件(钢筋和混凝土的应力-应变关系)，理论体系较完备。但是，由于转角软化桁架模型不能预测混凝土对结构构件抗剪承载力的贡献，故基于混凝土初始裂缝方向角 α_1(定角)和破坏时裂缝方向角 α_2 不同这一特点提出定角软化桁架模型。该模型考虑了开裂混凝土传递的剪力，进而明确了混凝土的贡献 V_c。通过与试验结果进行比较和验证，证明了软化桁架模型可以较为准确地预测钢筋混凝土构件的受剪承载力。

1985 年，Hsu(徐增全)[51-52]和 Mo(莫怡隆)[51]基于以上理论研究，提出了钢筋混凝土剪力墙抗剪承载力计算的软化桁架模型。在该模型中，由剪力墙斜裂缝间的混凝土承受压力，由所有钢筋提供拉力。基于剪力墙应力均匀分布的假定，墙体上任一点均满足平衡条件、应变相容方程和材料本构关系。研究结果表明该模型能较好地预测低矮剪力墙的抗剪承载力。但是依据 Saint-Venant 原理，高宽比小于 2 的剪力墙内部应力分布应该是非均匀的，故该模型的基本假定与实际受力行为不符。

2001 年，Hwang[41]等人在现有的软化桁架理论模型的基础上，通过修正模型中应力均匀分布的假定，即假定剪力墙中压应力沿压杆集中分布，提出了新的软化桁架模型，即软化拉-压杆模型。通过对 62 片低矮剪力墙的抗剪承载力的计算及与试验结果的对比验证，得出该模型的计算精度较高，计算结果与试验结果吻合较好，表明该软化拉-压杆模型能较好地预测低矮剪力墙的受剪承载力，且符合墙体内部的应力传递机理。但是该模型由于计算参数繁多且计算流程复杂，不利于工程设计的推广应用。

2002 年，Hwang[42]等针对软化拉-压杆模型的上述不足之处对模型进行修改和完善。针对模型中次压杆和次拉杆均能带动混凝土性能发挥，进而使得压应力流分散的特点，提出了表征钢筋对抗剪有利作用的新指标——拉压杆指标 K，进而简化了软化拉压-杆模型中繁多的参数和复杂的计算流程，给出了软化拉-压杆模型的简算法。对 449 个不同类型钢筋混凝土构件承载力进行计算，并将计算结果与试验值进行对比验证，结果表明软化拉-压杆模型的简算法同样具有较好的计算精度。

2005 年，Yu 和 Hwang[43]分别采用软化桁架模型和软化拉压-杆模型评估了 62 个不同构造形式的低矮钢筋混凝土剪力墙的抗剪承载力，并将之与试验值进行对比分析。结果表明软化拉压杆模型可更合理地反映低矮剪力墙的传力机制和破坏模式，能更准确地计算墙体的受剪承载力，且计算结果偏于保守。

本节基于普通钢筋混凝土剪力墙受剪承载力计算所使用的软化拉-压杆模型，提出能够反映冷弯型钢-高强泡沫混凝土剪力墙破坏模式和受力机理的受剪承载力理论计算模型。

6.4.2　剪力墙软化拉-压杆模型的建立

软化拉-压杆模型将混凝土构件中混凝土所承受的压应力集中为压杆和次压杆(包括陡压杆和平压杆)，水平和竖向钢筋承受的拉力集中为拉杆，该模型在考虑混凝土开裂后的软化效应的情况下满足平衡条件、变形协调条件和物理条件。因此，该模型适用于计算具有 D 区(即不符合平截面假定的区域)的混凝土构件的承载力计算，特别是梁柱节点承载力[53-55]和低矮剪力墙[41-42]，试验结果表明该模型具有较好的精度。

6.4.2.1　软化拉-压杆桁架模型构成

基于冷弯型钢-高强泡沫混凝土剪力墙的试验研究结果(第 6.2.3 节)和剪力墙的有限元分析结果(第 6.3.3 节)，以试件 WB2 为例，通过剪力墙破坏特征和混凝土裂缝分布形式、混凝土的主压应力分布结果，构建符合剪力墙破坏特征的软化拉-压杆桁架模型，并提出剪力墙破坏准则，如图 6.48 所示。

在软化拉-压杆桁架模型中，泡沫混凝土出现斜裂缝后，斜裂缝间的对角泡沫混凝土承受压力为压杆；内部的冷弯薄壁型钢立柱提供拉力为竖向拉杆，在承受拉力的同时又带动其他泡沫混凝土形成陡压杆；水平秸秆纤维提供拉力为水平拉杆，在承受拉力的同时同样带动其他泡沫混凝土形成平压杆；当压杆节点处应力达到泡沫混凝土抗压强度时，混凝土被压溃，冷弯型钢-高强泡沫混凝土剪力墙达到极限抗剪承载力。

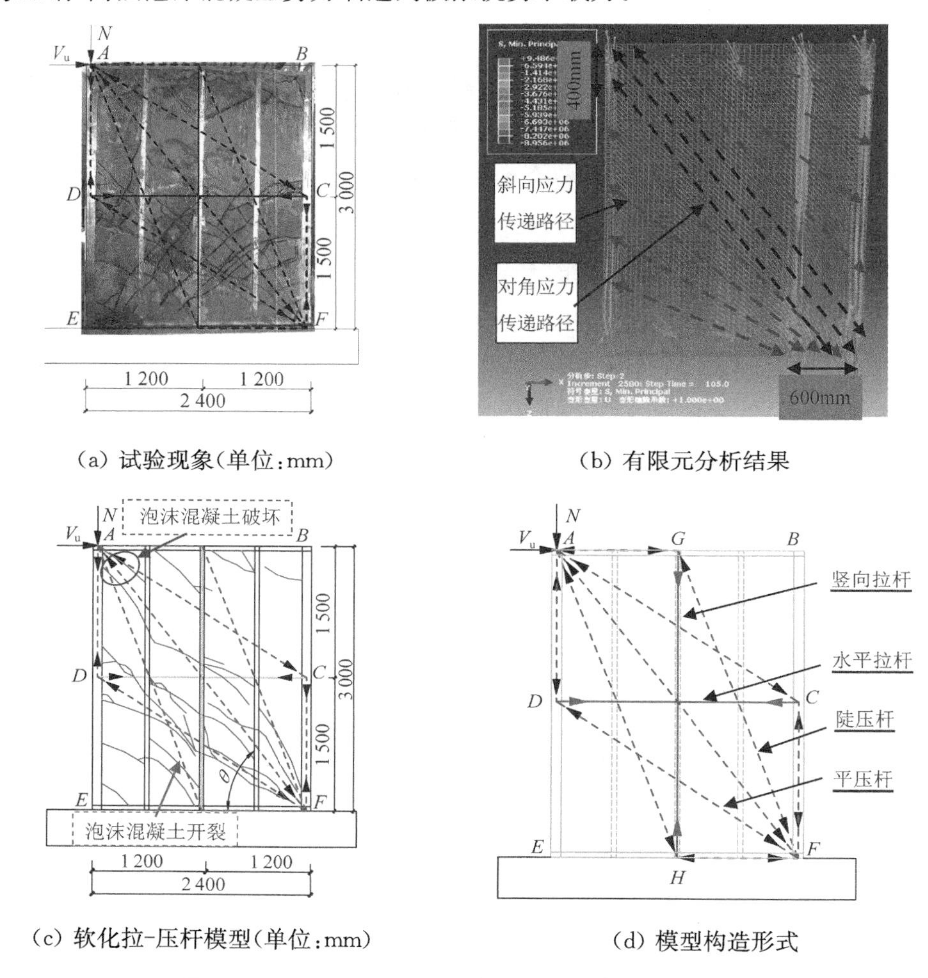

(a) 试验现象(单位：mm)

(b) 有限元分析结果

(c) 软化拉-压杆模型(单位：mm)

(d) 模型构造形式

图 6.48　单层剪力墙的软化拉压杆桁架模型构建过程

根据第 6.2.3 节冷弯型钢-高强泡沫混凝土剪力墙拟静力试验的结果可知，剪力墙的破坏特征主要表现为墙体端部泡沫混凝土受压破坏和冷弯型钢立柱的局部屈曲破坏，以及泡沫混凝土的开裂破坏，故软化拉-压杆桁架模型破坏准则为墙体顶端混凝土挤压破坏。图6.49所示为 2.4 m 和 3.6 m 宽的冷弯型钢-高强泡沫混凝土剪力墙的软化拉-压杆桁架模型。

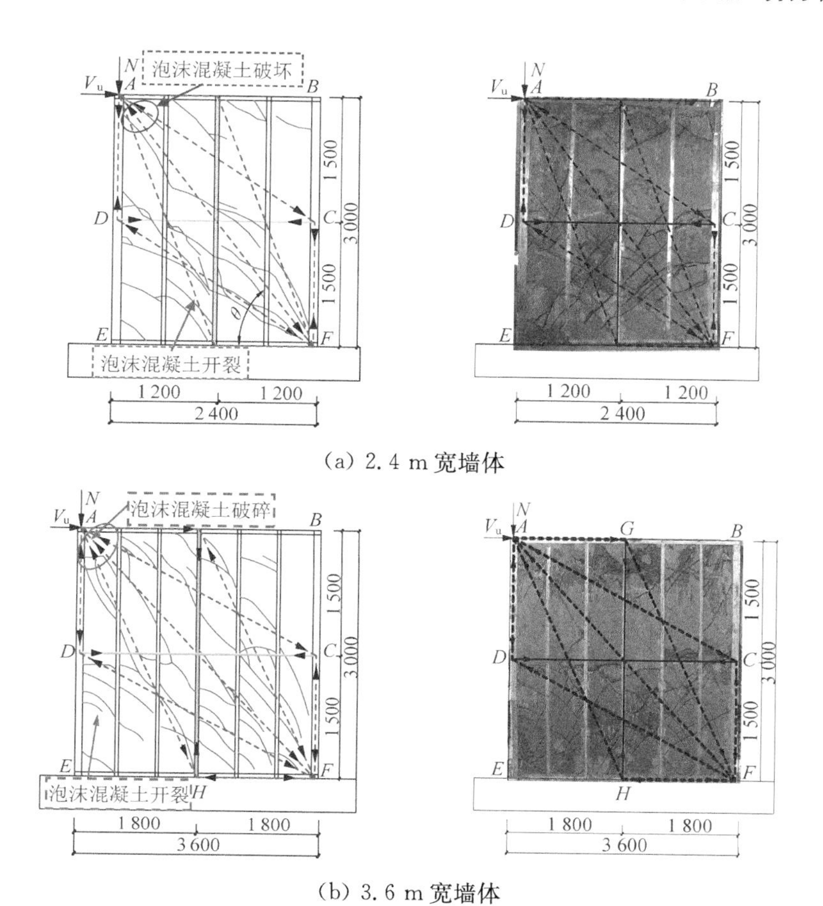

(a) 2.4 m 宽墙体

(b) 3.6 m 宽墙体

图 6.49　单层剪力墙的软化拉-压杆模型(单位:mm)

6.4.2.2　宏观模型与传力机制

软化拉-压杆桁架模型的传力机制包括对角传力机制、水平传力机制和竖向传力机制等三个部分。各传力机制的力学模型如图 6.50(a)(b)和(c)所示。

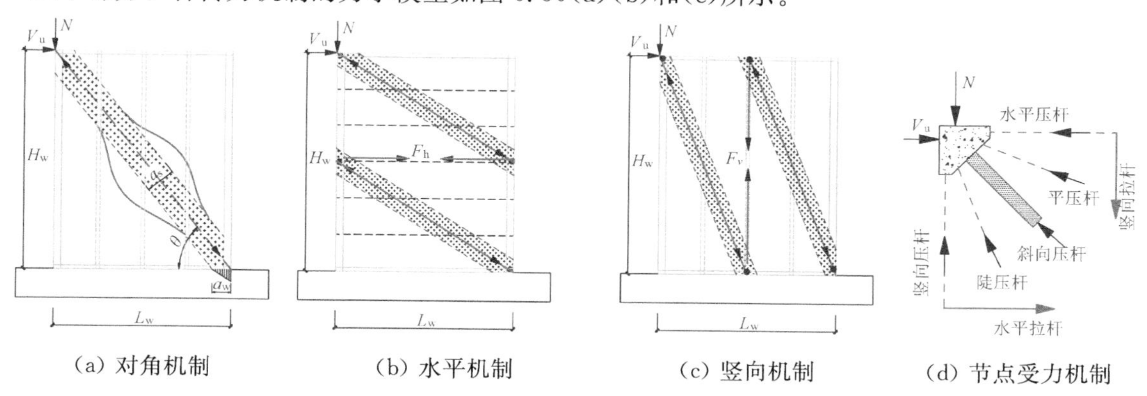

(a) 对角机制　(b) 水平机制　(c) 竖向机制　(d) 节点受力机制

图 6.50　软化拉-压杆模型的传力机制组成

1. 对角传力机制

对角传力机制由一斜向对角泡沫混凝土压杆构成,该斜压杆与墙体水平轴的夹角为 θ,其计算公式为:

$$\theta=\arctan\left(\frac{H_w}{L_h}\right) \tag{6-12}$$

式中，H_w为水平剪力作用点至墙体基础的垂直距离；L_h为墙底力偶的力臂，根据力学分析可知，对于带有箱型端立柱的剪力墙，该力臂可取端立柱几何中心间的距离。

相应的对角斜压杆的有效截面面积A_{str}为：

$$A_{str}=a_s \times b_s \tag{6-13}$$

$$a_s=a_w \tag{6-14}$$

式中，a_s为对角斜压杆的高度，该高度与墙体端部受压区高度 a_w 相关，其计算见公式(6-14)；b_s 为斜压杆的宽度，可按 Hwang 等人的建议取为墙体厚度 b_w[41]。

根据第 6.2 节单层剪力墙拟静力试验中对墙体端部截面的受力分析和受压区高度的实际测量(见图 6.51)，得到受压区高度 a_w的试验值，如表 6.18 所示。然后，基于试验中受压区高度的试验测量值和 Paulay 等[56]建议的近似估算公式(见式 6-15)，经数值拟合得出冷弯型钢-高强泡沫混凝土剪力墙的墙体端部受压区高度 a_{wn}的近似估算公式，如公式(6-16)所示。

$$a_{wp}=\left[0.25+0.85\frac{N}{A_w f'_c}\right]L_w \tag{6-15}$$

$$a_{wn}=\left[0.20+0.80\frac{N}{A_w f'_c}\right]L_w \tag{6-16}$$

式中，N 为墙体所受竖向压力；A_w为墙体水平截面面积，不包括秸秆板；f'_c为泡沫混凝土的抗压强度；L_w为墙体截面高度。

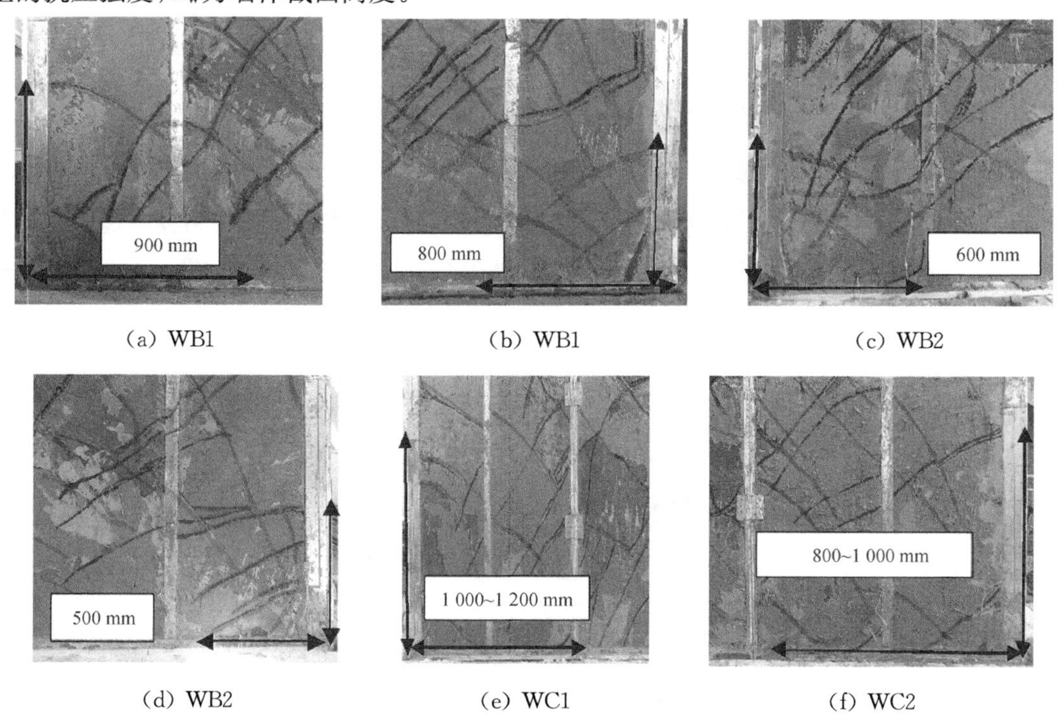

(a) WB1　(b) WB1　(c) WB2

(d) WB2　(e) WC1　(f) WC2

图 6.51　剪力墙底部受压区高度

表 6.18 单层剪力墙端部受压区高度

试件编号	受压区高度 a_w(mm)	Pauly 估算公式 a_{wp}(mm)	比值 $(a_{wp}-a_w)/a_w$	拟合公式 a_{wn}(mm)	比值 $(a_{wn}-a_w)/a_w$
WB1	800～900	930.4	3%～16%	791.0	−12%～−1%
WB2	500～600	778.5	11%～56%	648.0	−7%～30%
WB3	700～800	812.4	2%～11%	679.9	−15%～3%
WB4	700～800	883.2	10%～26%	746.6	−7%～7%
WC1	1 000～1 200	1 395.6	16%～40%	1 186.5	−1%～19%
WC2	1 000～1 200	1 395.6	16%～40%	1 186.5	−1%～19%
WC3	800～1 000	1 218.6	22%～52%	1 019.9	2%～27%
平均值			12%～35%		−6%～14%

通过将冷弯型钢-高强泡沫混凝土剪力墙受压区高度的试验测量值与 Pauly 等人[56]建议的近似估算公式做对比,得出该近似估算公式并不适用于该单层剪力墙底端受压区高度 a_w的计算,其原因是该公式是基于普通钢筋混凝土和砌体结构墙体的试验结果拟合而成,并不适用于泡沫混凝土等轻质混凝土。但是,Paulay 等人[56]的研究成果和计算公式表明,墙体在水平荷载作用下,其底端受压区高度与轴压比和墙体底部截面长度有关,这与表 6.18 中冷弯型钢-高强泡沫混凝土剪力墙的情况相一致。因此,参考 Paulay 等人[56]建议的近似估算公式的框架,通过对表 6.18 中冷弯型钢-高强泡沫混凝土剪力墙 a_s的数值拟合,得出冷弯型钢-高强泡沫混凝土剪力墙的受压区高度的近似估算公式,并将计算结果与试验测量数值做对比,结果表明新提出的近似估算公式的精度高于 Paulay 等人[56]建议的计算公式,并有望通过后期的试验研究对该公式进行校核和修正。

2. 水平传力机制

图 6.50(b)所示软化拉-压杆模型中的水平机制主要包括一个水平拉杆和两个平缓压杆,其中水平拉杆由秸秆板中的水平秸秆纤维组成。按照 Hwang[41]对普通钢筋混凝土剪力墙的水平拉杆的假定,墙体中部水平秸秆纤维被充分利用,其余水平纤维仅发挥 50%的作用,即水平拉杆为水平秸秆纤维总量的 75%。

此外,考虑到墙体一侧覆盖两块秸秆墙板,且两块秸秆板中的水平纤维并未直接相连,这将导致墙板内的水平秸秆纤维被墙板拼缝截断,故水平拉杆的截面面积应进一步折减。另外,秸秆板通过竖向间距为 300 mm 的自攻螺钉连接到冷弯型钢骨架上,造成远离自攻螺钉锚固区外的水平纤维并未与冷弯型钢立柱紧密连接,导致水平荷载不能完全传递到所有水平秸秆纤维上。而且,对于每个秸秆板,每根秸秆纤维在板宽方向并未通长布置,根据对制作工艺的了解最终确定在秸秆板宽度方向采用多根水平秸秆纤维互相搭接在一起。基于对以上影响因素的考虑,在 Hwang[41]提出的水平拉杆假设的基础上,确定用作水平拉杆的水平秸秆纤维截面积仅占总面积的 40%,即假定水平拉杆为水平分布秸秆纤维的 40%。

3. 竖向传力机制

图 6.50(c)表示软化拉-压杆模型中的竖向机制,主要包括一个竖向拉杆和两个陡峭压杆,其中竖向拉杆由墙体中部的竖向冷弯型钢立柱组成。

4. 节点受力机制

在软化拉-压杆模型中，泡沫混凝土通过斜向机制、水平机制和竖向机制共同承担作用于墙体的水平剪力。由此可见，软化拉-压杆模型是一个超静定结构。由于泡沫混凝土的对角斜压杆、平压杆和陡压杆承担水平剪力，如图 6.50(d)所示，所以拉杆的屈服尤其是竖向拉杆的屈服对墙体的抗剪强度的影响较小，故墙体角部的泡沫混凝土达到其极限抗压强度而压溃应是冷弯型钢-高强泡沫混凝土剪力墙破坏的特征现象。因此，可认为冷弯型钢-高强泡沫混凝土剪力墙的抗剪强度是泡沫混凝土达到极限抗压强度时剪力墙所能承受的水平剪力。

6.4.2.3 力平衡条件

图 6.52 所示为冷弯型钢-高强泡沫混凝土剪力墙的软化拉-压杆模型平衡示意图，剪力墙的水平和竖向剪力由对角机制、水平机制和竖向机制共同抵制，其计算公式见式(6－17)与式(6－18)。

$$V_{wh}=-D\cos\theta+F_h+F_v\cot\theta \tag{6-17}$$

$$V_{wv}=-D\sin\theta+F_h\tan\theta+F_v \tag{6-18}$$

式中，D 为对角压杆的压力；F_h为水平拉杆的拉力；F_v为竖向拉杆的拉力；计算时均以拉力为正，压力为负。在模型中，$V_{wv}/V_{wh}=\tan\theta$ 保持不变。

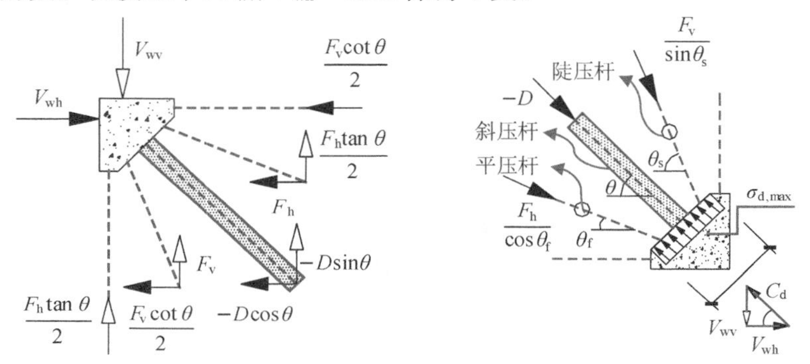

图 6.52 泡沫混凝土压杆中的力

水平剪力在以上三种抗剪机制中的分配比例为[41]：

$$-D\sin\theta : F_h : F_v\cot\theta=R_d : R_h : R_v \tag{6-19}$$

式中：R_d、R_h和 R_v分别为对角机制、水平机制和竖向机制所承受剪力墙水平荷载的比例，具体可通过以下公式进行计算[1]：

$$R_d=\frac{(1-\gamma_h)(1-\gamma_v)}{1-\gamma_h\gamma_v} \tag{6-20}$$

$$R_h=\frac{\gamma_h(1-\gamma_v)}{1-\gamma_h\gamma_v} \tag{6-21}$$

$$R_v=\frac{\gamma_v(1-\gamma_h)}{1-\gamma_h\gamma_v} \tag{6-22}$$

$$R_d+R_h+R_v=1 \tag{6-23}$$

为了便于计算，将式(6－20)～(6－23)代入式(6－19)中，得到对角压杆的压力 D、水平拉杆拉力 F_h和竖向拉杆拉力 F_v的计算公式，见公式(6－24)～(6－26)。

$$D=\frac{1}{\cos\theta}\times\frac{R_d}{R_d+R_h+R_v}\times V_{wh} \tag{6-24}$$

$$F_h=\frac{R_h}{R_d+R_h+R_v}\times V_{wh} \tag{6-25}$$

$$F_{v}=\frac{1}{\cos\theta}\times\frac{R_{v}}{R_{d}+R_{h}+R_{v}}\times V_{wh} \tag{6-26}$$

式中：γ_h为当竖向机制不参与受力时，水平拉杆所承担水平剪力的比例；同理，γ_v为当水平机制不参与受力时，竖向拉杆所承担水平剪力的比例，其具体公式如下：

$$\gamma_{h}=\frac{2\tan\theta-1}{3} \tag{6-27}$$

$$\gamma_{v}=\frac{2\cot\theta-1}{3} \tag{6-28}$$

由上一节分析可知，软化拉-压杆模型的破坏准则是对角压杆、平压杆和陡压杆在节点处的合力达到泡沫混凝土的极限抗压强度，导致剪力墙角部处的泡沫混凝土被挤压破坏。根据图 6.50 所示，基于力平衡原理，三个压杆在墙体角部产生的最大压应力为：

$$-\sigma_{dmax}=\frac{1}{A_{str}}\left[-D+\frac{F_{h}}{\cos\theta_{f}}\cos(\theta-\theta_{f})+\frac{F_{v}}{\sin\theta_{s}}\cos(\theta_{s}-\theta)\right] \tag{6-29}$$

其中，σ_{dmax}为泡沫混凝土的峰值应力，以受压为负；θ_f 和 θ_s 分别为平压杆、陡压杆与水平轴的夹角。

根据图 6.52 中的几何关系，得出三个夹角的关系，如下所示：

$$2\tan\theta_{f}=\tan\theta=\frac{1}{2}\tan\theta_{s} \tag{6-30}$$

将公式(6－30)代入公式(6－29)，得到墙体角部处产生的最大压应力为：

$$-\sigma_{dmax}=\frac{1}{A_{str}}\left[-D+\frac{F_{h}}{\cos\theta}\left(1-\frac{\sin^{2}\theta}{2}\right)+\frac{F_{v}}{\sin\theta}\left(1-\frac{\cos^{2}\theta}{2}\right)\right] \tag{6-31}$$

6.4.2.4　材料本构关系

1. 轻质高强泡沫混凝土

在压力荷载作用下，开裂混凝土的抗压强度显著低于单向压缩混凝土的强度，即带裂缝混凝土抗压强度存在软化现象。Zhang 和 Hsu 提出了普通混凝土软化应力-应变关系式，具体表达式如下[57]：

$$\sigma_{d}=-\zeta f_{c}'\left[2\left(\frac{-\varepsilon_{d}}{\zeta\varepsilon_{0}}\right)-\left(\frac{-\varepsilon_{d}}{\zeta\varepsilon_{0}}\right)^{2}\right],\frac{-\varepsilon_{d}}{\zeta\varepsilon_{0}}\leqslant 1 \tag{6-32a}$$

$$\sigma_{d}=-\zeta f_{c}'\left[1-\left(\frac{-\varepsilon_{d}/\zeta\varepsilon_{0}-1}{2/\zeta-1}\right)^{2}\right],\frac{-\varepsilon_{d}}{\zeta\varepsilon_{0}}>1 \tag{6-32b}$$

$$\zeta=\frac{5.8}{\sqrt{f_{c}'}}\frac{1}{\sqrt{1+400\varepsilon_{r}}}\leqslant\frac{0.9}{\sqrt{1+400\varepsilon_{r}}} \tag{6-33}$$

式中：ζ 为普通混凝土的软化系数；f_c' 为混凝土圆柱体抗压强度；ε_d 和 ε_r 分别为 d 和 r 方向平均主应变；ε_0 为混凝土圆柱体抗压强度 f_c' 的混凝土应变，通过公式(6－34)确定。

$$\varepsilon_{0}=0.002+0.001\left(\frac{f_{c}'-20}{80}\right),20\text{ MPa}\leqslant f_{c}'\leqslant 100\text{ MPa} \tag{6-34}$$

当 $\sigma_{dmax}=-\zeta f_c'$ 时，钢筋混凝土剪力墙达到最大承载力。

轻质高强泡沫混凝土作为混凝土系列中的成员之一，其力学性能与普通混凝土有所差别，因此需要对高强泡沫混凝土的本构关系进行试验研究。根据泡沫混凝土棱柱体的单轴受压试验结果[58]（见表 6.19 和图 6.53），得出高强泡沫混凝土的软化应力-应变本构关系和相关参数，然后参考相关研究成果[59]，提出本书所用泡沫混凝土的本构方程表达式框架，如下所示：

$$\sigma_d = -\zeta f'_c \left[A\left(\frac{-\varepsilon_d}{\zeta\varepsilon_0}\right) + B\left(\frac{-\varepsilon_d}{\zeta\varepsilon_0}\right)^2 + C\left(\frac{-\varepsilon_d}{\zeta\varepsilon_0}\right)^3 \right] \tag{6-35}$$

表 6.19　单轴受压应力-应变全曲线试验结果[21]

配合比[a]	试件编号	峰值应力 f_c (MPa)	峰值应变 ε_c ($\times10^{-9}$)	残余应力均值 f_s (MPa)	弹性模量E_c (GPa)	f_s/f_c
10%，0.3，0.3%	A1	3.38	9.085	2.13	0.32	0.63
	A2	3.48	8.529	2.02	0.21	0.58
10%，0.3，0.6%	B1	3.11	5.309	1.34	0.48	0.43
	B2	2.88	4.995	1.21	0.57	0.42
0%，0.3，0.3%	C1	3.47	5.773	1.67	0.57	0.48
	C2	3.50	5.512	1.86	0.52	0.53
0%，0.3，0.6%	D1	2.86	5.343	1.66	0.52	0.58
	D2	2.88	5.166	1.70	0.73	0.59
0%，0.25，0.3%	E1	3.68	4.535	2.06	0.72	0.56
	E2	3.56	9.792	1.85	0.30	0.52
0%，0.25，0.6%	F1	3.26	7.054	2.09	0.44	0.64
	F2	3.49	4.303	1.71	0.67	0.49
平均值		3.30	6.283	1.77	0.50	0.54

注：[a] 10%，0.3，0.3%表示粉煤灰掺量，水胶比，纤维掺量。

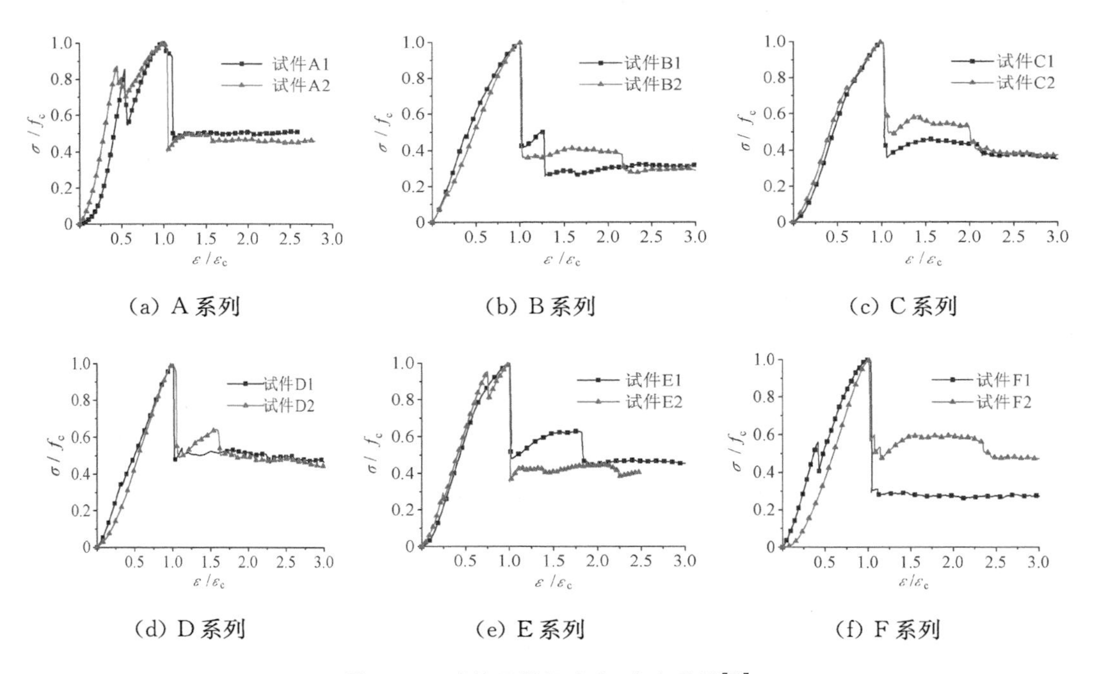

图 6.53　试件无量纲应力-应变曲线[58]

基于泡沫混凝土本构关系方程式(6－35)，对表 6.19 和图 6.53 中泡沫混凝土应力-应变曲线的数值进行拟合，确定了本构方程中的系数值，如表 6.20 所示。然后，对表 6.20 中各试件的系数值进行统计分析，确定通用泡沫混凝土本构方程中的系数值，进而确定泡沫混凝土的本构方程，如式(6－36a－1 与 6－36b)所示。

表 6.20 轻质高强泡沫混凝土本构方程系数

试件编号	拟合公式系数		
	A	B	C
A1	−0.78	0.68	1.32
A2	−0.87	1.24	0.62
B1	−1.46	1.89	0.57
B2	−0.82	0.70	1.13
C1	−0.47	0.76	1.14
C2	−1.25	2.4	0.2
D1	−1.63	1.96	0.67
D2	−1.45	1.44	0.97
E1	−0.50	0.45	1.41
E2	−1.29	2.49	−0.19
F1	−0.78	0.68	1.32
F2	−0.87	1.24	0.62
平均值	−1.10	1.50	0.80

为了便于计算泡沫混凝土主轴压应变 ε_d 和满足计算精度的要求，需对泡沫混凝土的本构方程进行简化，得到的轻质高强泡沫混凝土本构方程的简算公式如式(6－36a－2)所示，其线性相关系数达到 0.978。此外，根据课题组前期研究成果[41]，参考相关研究成果[42]，可知泡沫混凝土棱柱体试件在轴向压力作用下，其不同强度等级泡沫混凝土试件的侧向主应变 ε_r 主要集中在 0.02～0.04，经数值拟合得到软化系数 ζ 的计算公式为式(6－37)。

当 $\dfrac{-\varepsilon_d}{\zeta\varepsilon_0}\leqslant 1$

$$\sigma_d=-\zeta f_c'\left[0.8\left(\frac{-\varepsilon_d}{\zeta\varepsilon_0}\right)+1.5\left(\frac{-\varepsilon_d}{\zeta\varepsilon_0}\right)^2+1.1\left(\frac{-\varepsilon_d}{\zeta\varepsilon_0}\right)^3\right] \tag{6-36a-1}$$

$$\sigma_d=-\zeta f_c'\left[1.25\left(\frac{-\varepsilon_d}{\zeta\varepsilon_0}\right)-0.15\left(\frac{-\varepsilon_d}{\zeta\varepsilon_0}\right)^2\right] \tag{6-36a-2}$$

当 $\dfrac{-\varepsilon_d}{\zeta\varepsilon_0}>1$

$$\sigma_d=-0.54\zeta f_c' \tag{6-36b}$$

$$\zeta=\frac{1.8}{\sqrt{f_c'}}\frac{1}{\sqrt{1+400\varepsilon_r}}\leqslant\frac{1.5}{\sqrt{1+400\varepsilon_r}} \tag{6-37}$$

$$\varepsilon_0 = 0.002 + 0.005\left(\frac{f_c' - 1.0}{3.0}\right) \qquad 1.0\ \text{MPa} \leqslant f_c' \leqslant 6.5\ \text{MPa} \tag{6-38}$$

式中，f_c' 为泡沫混凝土棱柱体的抗压强度，根据过镇海的研究成果[60]、第二章和第六章的材性测试结果可知，其值可通过 $f_c' = 0.85 f_{cu}$ 得到，f_{cu} 为泡沫混凝土立方体抗压强度。

当墙体角部的泡沫混凝土抗压强度 σ_d 小于开裂泡沫混凝土的抗压强度 $\zeta f_c'$ 时，墙体的抗剪强度可继续增大，直至二者相等为止，此时泡沫混凝土的应力满足：

$$\sigma_{dmax} = -\zeta f_c' \tag{6-39}$$

2. 冷弯型钢与秸秆板

冷弯型钢的材料本构关系可假定为理想的弹塑性模型，如图 6.54(a)所示，其公式如下：

$$f_{sc} = E_{sc}\varepsilon_{sc}, \varepsilon_{sc} < \varepsilon_{yc} \tag{6-40a}$$

$$f_{sc} = E_{sc}\varepsilon_{yc}, \varepsilon_{sc} \geqslant \varepsilon_{yc} \tag{6-40b}$$

式中：f_{sc} 和 ε_{sc} 分别为冷弯型钢的应力和应变；ε_{yc} 为冷弯型钢的屈服应变。

对于秸秆板的本构关系，由于秸秆板厚度较大(t=58 mm)，秸秆纤维较多，在试验结束后发现部分秸秆纤维断裂，说明大部分纤维还处在弹性或屈服阶段，故建议秸秆板的力学本构为弹塑性，如图 6.54(b)所示，其本构关系式如下：

$$f_{sb} = E_{sb}\varepsilon_{sb}, \varepsilon_{sb} < \varepsilon_{yb} \tag{6-41a}$$

$$f_{sb} = E_{sb}\varepsilon_{yb}, \varepsilon_{sb} \geqslant \varepsilon_{yb} \tag{6-41b}$$

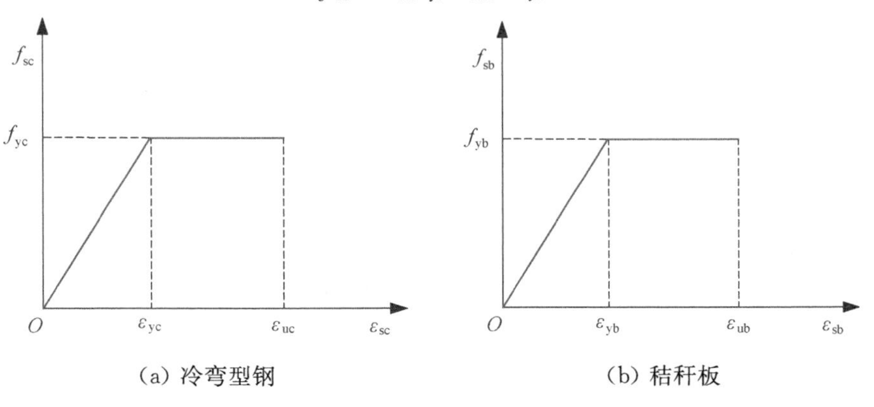

(a) 冷弯型钢　　(b) 秸秆板

图 6.54　冷弯型钢和秸秆板的弹塑性本构模型

由于泡沫混凝土抗拉强度很低，可以忽略不计，故忽略其受拉刚化作用，则冷弯型钢的竖向拉力和秸秆纤维的水平拉力满足如下关系式：

$$F_h = A_{sh}E_{sc}\varepsilon_h \leqslant F_{yh} = f_{yc}A_{sh} \tag{6-42a}$$

$$F_v = A_{sv}E_{sb}\varepsilon_v \leqslant F_{yv} = f_{yb}A_{sv} \tag{6-42b}$$

式中，F_{yh} 和 F_{yv} 分别为水平拉杆(秸秆纤维)和竖向拉杆(冷弯型钢立柱)的屈服力；A_{sh} 和 A_{sv} 分别为水平拉杆(秸秆纤维)和竖向拉杆(冷弯型钢立柱)的截面面积，具体见前面的假定；ε_h 和 ε_v 的上限为水平秸秆纤维和竖向冷弯型钢立柱的屈服应变 ε_{yh} 和 ε_{yv}。

6.4.2.5　变形协调条件

为了计算泡沫混凝土的软化系数 ζ(式 6-37)，应首先确定剪力墙柱中的泡沫混凝土的主拉应变 ε_r。因此，假定剪力墙在泡沫混凝土开裂后依然满足莫尔圆应变协调条件，故变形协调方程可采用一阶应变不变量方程，如下所示：

$$\varepsilon_r+\varepsilon_d=\varepsilon_h+\varepsilon_v \tag{6-43}$$

6.4.2.6　求解流程

为了确定冷弯型钢-高强泡沫混凝土剪力墙的极限抗剪承载力，应将上述的力平衡方程、材料本构方程和应变协调方程进行联立求解。图 6.55 为求解过程的流程图，软化拉-压杆模型计算冷弯型钢-高强泡沫混凝土剪力墙抗剪承载力的求解过程可分为以下四个部分：

(1) 依据力平衡方程，由墙体的初始水平荷载 V_{wh} 得到墙体内三种受力机制下的 D、F_h 和 F_v，并进一步得到冷弯型钢-高强泡沫混凝土剪力墙在角部处的 σ_{dmax}。

(2) 依据材料本构方程，假定 σ_{dmax} 造成墙体破坏，得到假设的泡沫混凝土软化系数 ζ，然后根据三种材料的本构关系方程得到泡沫混凝土压杆的主轴压应变 ε_d、冷弯型钢立柱的拉应变 ε_h 和秸秆纤维的拉应变 ε_v。

(3) 依据变形协调方程，得到泡沫混凝土的主拉应变 ε_r，然后根据软化理论方程计算得到新的泡沫混凝土软化系数 ζ。

(4) 如果新的 ζ 与假设的 ζ 基本相等，则初始水平荷载 V_{wh} 可作为冷弯型钢-高强泡沫混凝土剪力墙的受剪承载力，否则增加初始水平荷载 V_{wh} 的数值，进行迭代计算，直至新得到的 ζ 基本等于假设的 ζ 为止，此时水平荷载 V_{wh} 将作为冷弯型钢-高强泡沫混凝土剪力墙的极限受剪承载力。

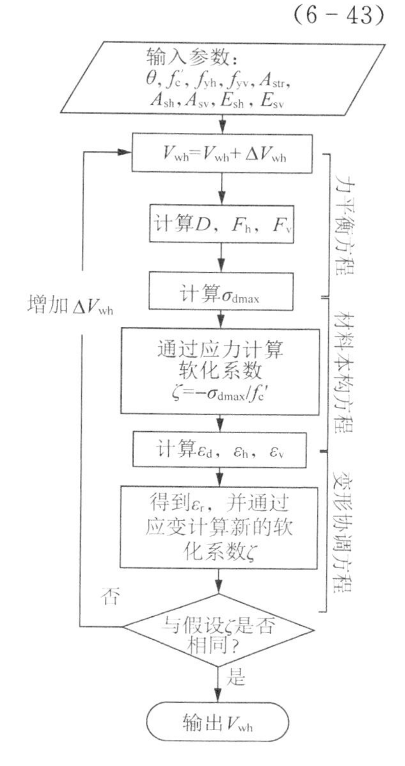

图 6.55　计算流程

6.4.3　软化拉-压杆模型的试验验证

采用软化拉-压杆模型计算冷弯型钢-高强泡沫混凝土剪力墙的受剪承载力的结果见表 6.21。图 6.56 为试验值与计算值的比值。由表 6.21 和图 6.56 可知，冷弯型钢-高强泡沫混凝土剪力墙试件的极限承载力计算值 V_{wh} 与试验值 V_{max} 之比的平均值为 1.18，标准差为 0.05，说明本节提出的软化拉-压杆模型能够较为准确地预测冷弯型钢-高强泡沫混凝土剪力墙的极限受剪承载力。但是，计算值普遍大于试验值，表明模型计算偏于不安全，不能满足工程设计的要求，其原因是冷弯型钢-高强泡沫混凝土剪力墙在水平荷载作用下，其内部的冷弯型钢与泡沫混凝土发生黏结滑移现象(见第 6.2.3 节图 6.10～6.17)，造成剪力墙极限抗剪承载力降低，但软化拉-压杆模型并未考虑冷弯型钢立柱与泡沫混凝土之间的黏结滑移效应所引起的承载力降低的不利影响。

针对上述问题，本节提出将软化拉-压杆模型的最终计算结果 V_{wh} 乘以一个黏结滑移折减系数 α。通过对表 6.21 和图 6.56 中的结果进行统计分析，得出黏结滑移折减系数 φ 取值为 0.85。然后，对软化拉-压杆模型的计算结果进行折减，得到修正后的计算值 V_{wh1} 与试验值 V_{max} 之比的平均值为 1.0，标准差为 0.04，说明经折减系数 α 折减后的计算值与试验值吻合良好，且计算结果较为稳定。

表 6.21　承载力计算结果与试验值的对比

序号	试件编号	承载力试验值 V_{max}(kN)	承载力计算值 V_{wh}(kN)	计算值/试验值 V_{wh}/V_{max}	承载力修正计算值[a] V_{wh1}(kN)	修正计算值/试验值 V_{wh1}/V_{max}	承载力设计计算值[b] V_{wh2}(kN)	修正计算值/试验值 V_{wh2}/V_{max}
1	WB1	87.47	98.61	1.13	83.82	0.96	78.89	0.90
2	WB2	101.75	116.72	1.15	99.21	0.98	93.38	0.92
3	WB3	108.34	121.92	1.13	103.63	0.96	97.54	0.90
4	WB4	111.25	133.38	1.20	113.37	1.02	106.70	0.96
5	WC1	135.16	169.60	1.25	144.16	1.07	135.68	1.00
6	WC2	165.58	195.50	1.18	166.18	1.00	156.40	0.94
7	WC3	191.55	232.34	1.21	197.49	1.03	185.87	0.97
			平均值	1.18		1.00		0.94
			标准差	0.05		0.04		0.04

注：a. 采用修正系数 $\alpha=0.85$；b. 采用修正系数 $\alpha=0.80$；

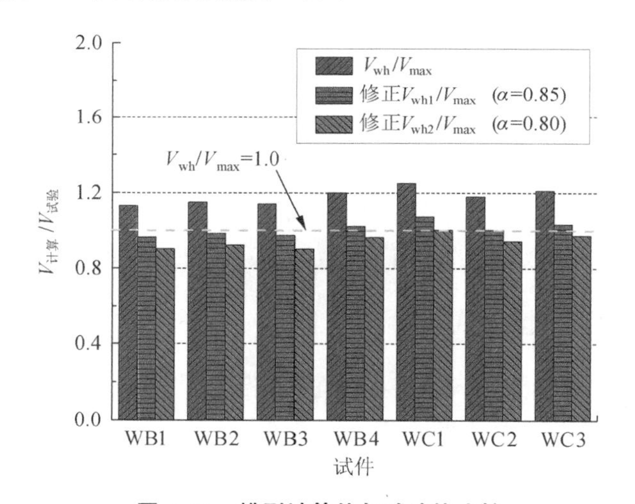

图 6.56　模型计算值与试验值比较

另外，为了使软化拉-压杆模型的预测极限抗剪承载力能够满足工程设计的要求，即预测值应偏于安全，建议黏结滑移折减系数 α 取值为 0.80。由表 6.21 可以看出，修正后的计算值与试验值之比的平均值为 0.94，小于 1.0，且标准差同样为 0.04。这说明在保障模型计算精度的条件下，修正后的预测值小于试验值，确保了冷弯型钢-高强泡沫混凝土剪力墙受剪承载力预测值偏于安全，因此折减系数 α 取值为 0.80 可供工程设计时使用。

6.4.4　软化拉-压杆模型的简算法

尽管修正后的软化拉-压杆模型能够准确且偏安全地预测冷弯型钢-高强泡沫混凝土剪力墙的抗剪承载力，但是由于其具有繁多的变量参数和复杂的计算过程，不利于在实际工程设计中应用，阻碍了冷弯型钢-高强泡沫混凝土剪力墙结构在工程中的推广使用。因此，在尽可能减少计算公式中涉及的变量参数，且不降低软化拉-压杆模型计算精度的前提下，应对上述软化拉-压杆模型进行适当简化，使其具有尽量少的变量参数，但仍然能够描述问题所在，以利于工程师在不进行烦琐分析的情况下掌握现象的本质，进而提高设计者在理解和解决问题方面的能力，最终有助于冷弯型钢-高强泡沫混凝土剪力墙在实际工程中的推广应用。

基于以上目的和思路，国内外专家学者[42,61]对软化拉-压杆模型进行了各种简化，减少参数数量，得到了该模型的简算法。通过对各种牛腿、普通混凝土剪力墙、框架节点和混凝土梁的承载力计算，得出的软化拉-压杆模型简算法的计算结果与试验结果吻合良好，且偏于保守[41,61-63]。这些研究成果和结论为本节将软化拉-压杆模型的简算法用于冷弯型钢-高强泡沫混凝土剪力墙抗剪承载力计算提供了理论支持和可能性，其原因是冷弯型钢-高强泡沫混凝土剪力墙的受力机理与传统普通混凝土剪力墙相类似。但是，冷弯型钢-高强泡沫混凝土剪力墙所独有的结构构造形式和材料性能使得冷弯型钢-高强泡沫混凝土剪力墙的软化拉-压杆模型的简算法与前者略有不同。因此，本节对冷弯型钢-高强泡沫混凝土剪力墙受剪承载力计算的软化拉-压杆模型简算法进行了详细研究。

在软化拉-压杆模型中，拉-压杆承担的斜向压力 C_d（见图 6.49 和 6.52 所示）为：

$$C_d = -D + \frac{F_h}{\cos\theta} + \frac{F_v}{\sin\theta} \tag{6-44}$$

通过对试验构件的抗剪性能的研究[61]可知，应力紊乱区（即 D 区）的抗剪强度与水平钢筋用量呈双线性关系。应力紊乱区内的混凝土应力随着水平钢筋用量的增加而逐步增大，并最终达到其抗压强度，即拉杆的钢筋用量存在上限值。当水平配筋没有达到平衡配筋量时，随着水平钢筋用量的增加，墙体试件的抗剪承载力呈现大幅度提高，其原因是水平钢筋能有效地承担水平拉杆的拉力，此时按水平钢筋用量进行线性内插计算得到墙体的抗剪强度。当水平配筋超出其平衡配筋量值时，墙体试件抗剪强度的提高幅度是有限的，其原因是超出平衡配筋量的水平钢筋对墙体抗剪性能的有利影响可以忽略不计，可以忽略多余水平钢筋对提高墙体抗剪性能的有利作用。因此，当水平拉杆达到平衡界限值时，应力紊乱区内的混凝土也将达到其强度限值，且水平拉杆的配筋量与混凝土的抗剪强度呈线性关系。

基于以上分析可知，拉杆在提高墙体抗剪强度方面的作用可以解释如下：当应力紊乱区有水平和竖向拉杆存在时，斜向受压除了由对角机制中的对角斜压杆传递外，还可通过水平机制和竖向机制中的平压杆和陡压杆传递，这将激活更多的核心区混凝土参与承压，其压应力流更加分散[见图 6.50(a)]，从而提高了墙体的抗剪承载力。因此，为了表示水平和竖向拉杆对墙体抗剪承载力的贡献程度，可采用拉-压杆系数 K 进行表示[42]：

$$K = \frac{C_d}{-\sigma_{\mathrm{dmax}} \times A_{\mathrm{str}}} = \frac{-D + \dfrac{F_h}{\cos\theta} + \dfrac{F_v}{\sin\theta}}{-D + \dfrac{F_h}{\cos\theta}\left(1 - \dfrac{\sin^2\theta}{2}\right) + \dfrac{F_v}{\sin\theta}\left(1 - \dfrac{\cos^2\theta}{2}\right)} \geqslant 1 \tag{6-45}$$

墙体角部的节点抗压强度为：

$$C_d = K\zeta f'_c A_{\mathrm{str}} \tag{6-46}$$

冷弯型钢-高强泡沫混凝土剪力墙的极限抗剪承载力为：

$$V_u=V_{wh}=K\zeta f'_c A_{str}\cos\theta \tag{6-47}$$

6.4.4.1 拉-压杆指标 K

冷弯型钢-高强泡沫混凝土剪力墙所采用的软化拉-压杆模型有三种传力机制可抵抗斜向压力 C_d。依据冷弯型钢-高强泡沫混凝土剪力墙构造形式的不同，分为两种组合模式：对角与竖向传力机制组合模式、完全传力机制组合模式。各组合模式的拉-压杆系数 K 不同，如下所示。

1. 对角与竖向传力机制组合模式

当冷弯型钢-高强泡沫混凝土剪力墙中没有配置秸秆板或配置其他不具有水平纤维的板材（例如石膏板、硅酸钙板和玻镁板等双向板材）时，计算冷弯型钢-高强泡沫混凝土剪力墙的抗剪强度时采用拉-压杆模型中的对角与竖向传力机制组合模式进行。当墙体内配置足够的竖向冷弯型钢立柱拉杆时，泡沫混凝土压杆破坏时竖向拉杆仍保持弹性，此时竖向拉杆指标$\overline{K_v}$的表达式如下：

$$\overline{K_v}=\frac{(1-\gamma_v)+\gamma_v}{(1-\gamma_v)+\gamma_v\left(1-\dfrac{\sin^2\theta}{2}\right)}\geqslant 1 \tag{6-48}$$

可简化为：

$$\overline{K_v}=\frac{1}{1-0.2(\gamma_v+\gamma_v^2)}\geqslant 1 \tag{6-49}$$

相应的竖向拉杆的平衡拉力$\overline{F_v}$表达式如式(6-50)所示。该公式表示当竖向冷弯型钢立柱屈服时，泡沫混凝土压杆同时达到抗压强度的平衡拉杆力。

$$\overline{F_v}=\gamma_h\times(\overline{K_v}\zeta f'_c A_{str})\times\cos\theta \tag{6-50}$$

对于竖向冷弯型钢立柱配置不足的情况，竖向拉杆指标 K_v需根据竖向冷弯型钢的屈服力采用线性内插法得到。

$$K_v=1+(\overline{K_v}-1)\frac{F_{yv}+\beta N}{\overline{F_v}}\leqslant\overline{K_v} \tag{6-51}$$

式中，β 为竖向荷载参与系数。

基于本书第五章第 5.4 节中冷弯型钢-高强泡沫混凝土剪力墙轴压承载力计算公式及表 6.21，可得冷弯型钢承担的竖向荷载占总荷载的 0.34～0.38，故建议 β 取 0.35，这与冷弯薄壁型钢混凝土剪力墙中 β 的建议值相同[64]。

2. 完全传力机制组合模式

当冷弯型钢-高强泡沫混凝土剪力墙配置秸秆板或水平刚拉条时，墙体的抗剪强度计算采用拉-压杆模型的完全传力机制，其形式见图 6.49。由于水平和竖向拉杆产生的平压杆和陡压杆承担部分压力，降低了角压杆承担的压力，从而提高了墙体的抗剪承载力。表征水平和竖向拉杆产生的有利效应的拉-压杆系数 $\overline{K}$ 的表达式如下所示。

$$\overline{K}=\frac{R_d+R_h+R_v}{R_d+R_h\left(1-\dfrac{\sin^2\theta}{2}\right)+R_v\left(1-\dfrac{\cos^2\theta}{2}\right)} \tag{6-52}$$

为了简化整个分析和计算过程，根据 Hwang 等[5]的研究成果和建议，拉-压杆系数可采用公式(6－53)表示。

$$\overline{K}=K_{d}+(\overline{K_{h}}-1)+(\overline{K_{v}}-1)=\overline{K_{h}}+\overline{K_{v}}-1 \tag{6-53}$$

同理：

$$K=K_{d}+(K_{h}-1)+(K_{v}-1)=K_{h}+K_{v}-1 \tag{6-54}$$

6.4.4.2　软化效应的近似计算

混凝土软化系数 ζ 与其主拉应变 ε_r 的大小直接相关。Vecchio[65] 建议 ε_r 的极值被限制在跨越混凝土裂缝面的钢筋达到屈服的情况。在软化拉-压杆模型中，ε_h 和 ε_v 被限制在对应的屈服应变，即分别为 0.002 和 0.015。根据以往的相关研究[58]，泡沫混凝土的压应变 ε_d 取为－0.001 5。因此，泡沫混凝土的主拉应变 ε_r 取为 0.015 5，软化系数的简化公式如下所示：

$$\zeta=\frac{1.5}{\sqrt{f_c'}}\leqslant 0.54 \tag{6-55}$$

6.4.4.3　求解流程

将上述简化的软化系数公式(6－55)和拉压杆系数公式(6－54)代入传统软化拉-压杆模型的计算流程中，并对求解流程进行简化和修正。冷弯型钢-高强泡沫混凝土剪力墙抗剪承载力计算的简算法的求解流程如图 6.57 所示，其计算步骤如下所示：

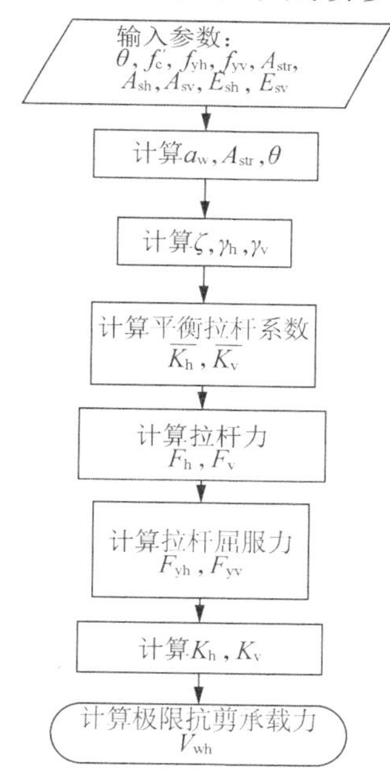

图 6.57　计算流程图

(1) 根据墙体的具体尺寸和所用材料的具体性能参数计算对角压杆面积 A_{str} 和对角压杆倾角 θ；

(2) 基于简化的泡沫混凝土软化系数公式得到泡沫混凝土的软化系数近似值 ζ；

(3) 根据拉杆力分配系数 γ_h 和 γ_v 得到平衡拉杆指标 K_h 和 K_v，从而得到平衡拉杆力和拉杆屈服力；

(4) 根据上述参数计算拉杆指标 K_h 和 K_v，进而得到冷弯型钢-高强泡沫混凝土剪力墙的极限承载力 $V_u=V_{wh}$。

6.4.5 软化拉-压杆模型简算法的试验验证

表 6.22 列出了采用软化拉-压杆模型的简算法计算冷弯型钢-高强泡沫混凝土剪力墙的受剪承载力的结果。图 6.58 显示了简算法计算值与传统法计算值的比值,以及简算法计算值与试验值的比值,简算法计算值与模拟值的比值。由表 6.22 和图 6.58 可知,软化拉-压杆模型的简算法与传统法之比的平均值为 0.95,标准差仅为 0.02,说明软化拉-压杆模型的简算法与传统法的计算结果基本相同,但是该算法偏于保守,这与模型在钢筋混凝土构件中得出的结论相一致[42],其原因是相比于传统法,简算法中的泡沫混凝土的软化系数较小。由于水平和竖向拉杆的应变采用固定值,使得基于变形协调方程得到的泡沫混凝土主拉应变增大,进而降低了泡沫混凝土的软化系数 ζ。

此外,由表 6.22 和图 6.58 可知,由软化拉-压杆模型简算法得出的冷弯型钢-高强泡沫混凝土剪力墙极限抗剪承载力计算值 V_u 与试验值 V_{max} 之比的平均值为 1.12,标准差为 0.05,说明拉压杆模型的简算法能够准确地预测冷弯型钢-高强泡沫混凝土剪力墙的极限受剪承载力。相比于传统法,尽管简算法计算值偏于保守,但是简算法计算值仍然大于墙体的试验值,表明简算法计算值同样偏于不安全,即不适用于工程设计,其原因是软化拉-压杆模型简算法并未考虑冷弯型钢与泡沫混凝土黏结滑移对墙体受剪承载力的不利影响。因此,上述提出的软化拉-压杆模型简算法的计算结果 V_{wh} 同样需乘以一个黏结滑移折减系数 α。

基于表 6.22 和图 6.58 的分析结果进行统计分析,得出黏结滑移折减系数 α 取值为0.90。通过对软化拉-压杆模型的计算结果的折减,得到修正后的计算值 V_{u1} 与试验值 V_{max} 之比的平均值为 1.01,标准差为 0.04,说明经折减系数 α 为 0.90 折减后的计算值与试验值吻合较好,故得到能够精确预测冷弯型钢-高强泡沫混凝土剪力墙极限受剪承载力的计算公式如下:

$$V_u=\alpha K\zeta f'_c A_{str}\cos\theta \tag{6-56}$$

综上所述,软化拉-压杆模型简算法在保持计算精度的前提下,减少了计算过程中变量参数的数量,同时简化了计算流程,便于工程设计人员理解和掌握。然而,简算法采用在抗剪承载力计算公式中增加折减系数 α 的方法,并未解决因冷弯型钢与泡沫混凝土之间的黏结滑移效应造成的墙体抗剪承载力降低的问题,只是经统计分析得到 α 取值为 0.90。为了能够将冷弯型钢与泡沫混凝土之间的黏结滑移的受力机理应用于模型中,使得冷弯型钢-高强泡沫混凝土剪力墙的抗剪承载力简化模型不但能较好地反映冷弯型钢-高强泡沫混凝土剪力墙的受力机理,而且能准确地计算墙体的极限受剪承载力,在本书的第 6.5 节将对该计算模型进行完善。通过在模型中考虑黏结滑移对冷弯型钢-高强泡沫混凝土剪力墙受剪承载力的不利影响,达到对冷弯型钢-高强泡沫混凝土剪力墙极限受剪承载力准确且合理的预测。

表 6.22 抗剪承载力计算结果与试验值的对比

序号	试件编号	承载力试验值 V_{max}(kN)	承载力传统法计算值 V_{wh}(kN)	承载力简算法计算值 V_u(kN)	简算法计算值/传统法计算值 V_u/V_{wh}	简算法计算值/试验值 V_u/V_{max}	承载力修正计算值 V_{u1}(kN)	修正计算值/试验值 V_{u1}/V_{max}
1	WB1	87.47	98.61	91.88	0.93	1.05	82.69	0.95
2	WB2	101.75	116.72	113.80	0.97	1.12	102.42	1.01

续表

序号	试件编号	承载力试验值 V_{max}(kN)	承载力传统法计算值 V_{wh}(kN)	承载力简算法计算值 V_u(kN)	简算法计算值/传统法计算值 V_u/V_{wh}	简算法计算值/试验值 V_u/V_{max}	承载力修正计算值 V_{u1}(kN)	修正计算值/试验值 V_{u1}/V_{max}
3	WB3	108.34	121.92	118.66	0.97	1.10	106.79	0.99
4	WB4	111.25	133.38	131.67	0.99	1.18	118.50	1.07
5	WC1	135.16	169.60	159.54	0.94	1.18	143.59	1.06
6	WC2	165.58	195.50	183.80	0.94	1.11	165.42	1.00
7	WC3	191.55	232.34	215.44	0.93	1.12	193.90	1.01
				平均值	0.95	1.12		1.01
				标准差	0.02	0.05		0.04

表 6.23　抗剪承载力计算结果与模拟值的对比

序号	有限元参数分析试件编号	承载力模拟值 V_{mod}(kN)	承载力简算法计算值 V_u(kN)	V_u/V_{mode}
1	WM2	150.04	169.39	1.13
2	WM4	102.53	92.22	0.90
3	WM6	162.01	163.80	1.01
4	WM7	70.25	75.40	1.07
			平均值	1.03
			标准差	0.10

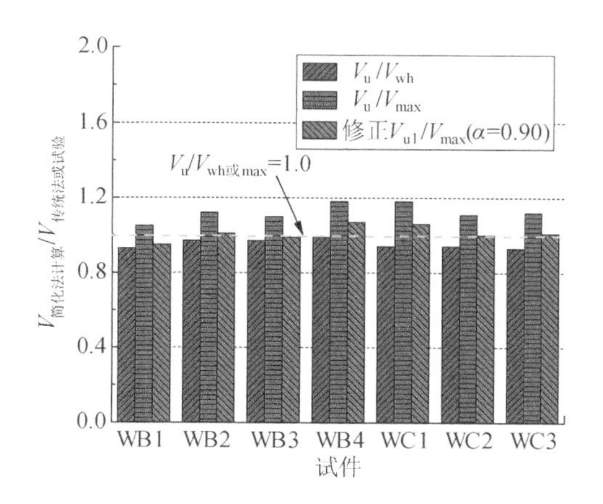

(a) 软化拉-压杆模型简算法计算值与试验值比较　(b) 软化拉-压杆模型简算法计算值与模拟值比较

图 6.58　软化拉-压杆模型简算法与试验值或模拟值比较

由表 6.23 和图 6.58(b)可知，对于第 6.3 节中有限元参数分析冷弯型钢-高强泡沫混凝土剪力墙试件，由软化拉-压杆模型简算法得出的抗剪承载力计算值 V_u 与有限元模拟值 V_{mode} 之比的平均值为 1.03，标准差为 0.10，表明软化拉-压杆模型简算法与有限元模拟值吻合较好。其原因是有限元数值模型和抗剪承载力理论模型均未考虑冷弯型钢与泡沫混凝土之间的黏结滑移效应，故两者得出的抗剪承载力数值基本相同，也说明两种承载力计算方法都具有较高的计算精度。

6.5 剪力墙的软化拉压杆-滑移模型及分析

6.5.1 泡沫混凝土与冷弯型钢界面承载力计算模型

由于钢筋混凝土构件的竖向界面在直剪作用情况下，界面处的斜裂缝间混凝土易发生压溃破坏，故 Hwang 等人采用软化拉-压杆模型计算了混凝土界面的直剪承载力。基于以上软化拉-压杆模型，初明进[64]研究了冷弯薄壁型钢混凝土组合剪力墙中型钢与混凝土界面的受剪承载力；谢鹏飞等[66]同样采用软化拉-压杆模型简算法分析了钢管混凝土组合剪力墙中钢管与混凝土界面的受剪承载力。研究成果表明模型分析有助于提高墙体整体模型的计算精度，使墙体整体模型的计算值与试验值吻合较好。

因此，本文冷弯型钢-高强泡沫混凝土剪力墙中的轻钢与泡沫混凝土的界面直剪承载力计算模型采用上述软化拉-压杆模型简算法。由于平行于剪切滑移面的型钢对剪切强度基本没有影响，仅对垂直于剪切面的钢筋或钢拉条发挥作用，因此剪切滑移面的竖向拉杆拉力为零，即模型不考虑水平传力机制，只考虑对角和垂直传力机制[64,66-67]，如图 6.59 所示。

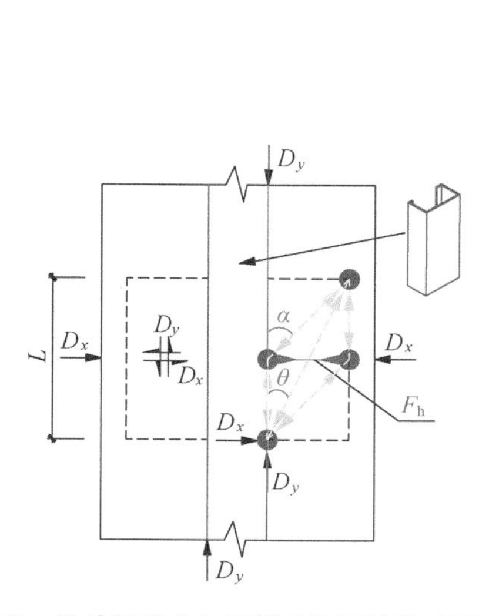

图 6.59 泡沫混凝土与轻钢剪切面的拉-压杆模型

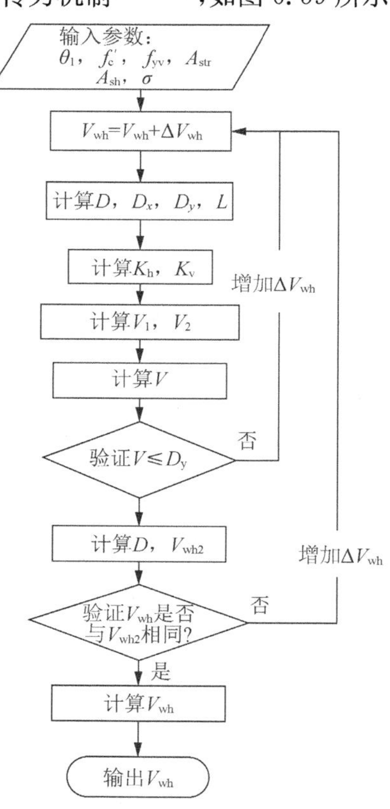

图 6.60 计算流程图

6.5.1.1 软化拉压杆滑移模型

在水平荷载作用下，冷弯型钢-高强泡沫混凝土剪力墙中的轻钢与泡沫混凝土之间发生黏结滑移破坏，在轻钢腹板处形成竖向裂缝带，整截面墙逐渐变为带竖缝剪力墙。基于上述破坏特点，根据轻钢与泡沫混凝土之间的黏结滑移承载力，得出墙体沿竖向裂缝发生滑移时的受剪承载力，具体计算流程图如图 6.60，其计算方法如下：

剪切滑移面上斜压杆的竖向和水平分量关系为：

$$\frac{V_{ih}}{V_{iv}}=\tan\theta_1=\frac{\tan\alpha}{2} \tag{6-57}$$

式中，α 为泡沫混凝土破坏时的主压应力倾角，可取为冷弯型钢-高强泡沫混凝土剪力墙试件初始斜裂缝的倾角。

对角压杆压力 D 及其在对角压杆上的滑移面长度 L 计算公式如下：

$$D=\frac{1}{\cos\theta_1}\times\frac{R_d}{R_d+R_h+R_v}\times V_{wh} \tag{6-58}$$

$$L=\frac{a_{w1}}{\cos\theta_1} \tag{6-59}$$

式中，R_d、R_h和 R_v分别为斜向、水平和竖向传力机制传递的水平剪力的比值，具体计算见公式(6-20)～(6-22)；a_{w1}为整截面墙体对角压杆高度，具体计算见公式(6-14)。

剪切滑移面上的水平分力和竖向分力 D_x和 D_y：

$$D_x=D\cos\theta_1 \tag{6-60}$$

$$D_y=D\sin\theta_1 \tag{6-61}$$

剪切滑移面的对角压杆有效截面积 A_{str}计算公式如下：

$$A_{str}=a_w\times b \tag{6-62}$$

式中，a_w为剪切滑移面泡沫混凝土的对角压杆高度，其计算公式见式(6-16)。

竖向裂缝处泡沫混凝土剪切面拉杆分配系数和平衡拉杆指标，在剪切面不考虑水平传力机制，即不考虑轻钢对剪切面承载力的影响时，取 $\gamma_h=0$，$\overline{K}=1.0$。

$$\gamma_v=\frac{2\cot\theta-1}{3} \tag{6-63}$$

$$\overline{K_v}=\frac{1}{1-0.2(\gamma_v+\gamma_v^2)} \tag{6-64}$$

竖向裂缝处泡沫混凝土剪切面平衡拉杆力和拉杆指标：

$$\overline{F_v}=\gamma_h(\overline{K_v}\zeta f_c' A_{str})\times\sin\theta \tag{6-65}$$

$$K_v=\min\left[1+(\overline{K_v}-1)\frac{F_{yv}}{\overline{F_v}},\overline{K_v}\right] \tag{6-66}$$

6.5.1.2 泡沫混凝土与冷弯型钢界面承载力计算公式

竖向裂缝处抗滑移承载力：

$$V=V_1+V_2+V_3\leqslant D_y \tag{6-67}$$

式中，V_1为竖向裂缝处泡沫混凝土剪切面泡沫混凝土的受剪承载力；V_2为竖向裂缝处泡沫混凝土与轻钢腹板接触面的摩擦力；V_3为轻钢孔洞处泡沫混凝土的受剪承载力。计算公式如下：

$$V_1=(K_h+K_v-1)\zeta f_c' A_{str}\cos\theta \tag{6-68}$$

$$V_2 = D_x\mu(1-\delta) \tag{6-69}$$

$$V_3 = f_t A_c \tag{6-70}$$

式中，μ 为轻钢与泡沫混凝土的摩擦系数；f_t 为泡沫混凝土的抗剪强度，其余参数的意义见 6.4.2 节。

根据轻钢或型钢表面锈蚀程度的不同，钢腹板与混凝土之间的摩擦系数取为 0.2～0.6。由于冷弯型钢-高强泡沫混凝土剪力墙采用表面镀锌的冷弯薄壁型钢，且型钢表面较为光滑，故摩擦系数取较小值，即 $\mu=0.2$。

冷弯型钢-高强泡沫混凝土剪力墙中泡沫混凝土与轻钢之间发生黏结滑移时的剪力墙抗剪承载力计算公式如下所示：

$$V_{wh} = \sqrt{D_x^2 + V^2}\cos\theta_1 \frac{R_d + R_h + R_v}{R_d} \tag{6-71a}$$

$$V = (K_h + K_v - 1)\zeta f_c' A_{str}\cos\theta + D_x\mu(1-\delta) + f_t A_c \tag{6-71b}$$

6.5.2 剪力墙的拉压杆-滑移计算模型

根据第三章冷弯型钢-高强泡沫混凝土剪力墙的拟静力试验结果可知，冷弯型钢-高强泡沫混凝土剪力墙的主要破坏模式为：泡沫混凝土出现大量斜裂缝，墙体端部出现泡沫混凝土压溃破坏和轻钢立柱的局部屈曲破坏，轻钢立柱与泡沫混凝土之间的黏结滑移。此外，墙体中部的斜裂缝将冷弯型钢与泡沫混凝土界面处的泡沫混凝土分割成斜向短柱，且冷弯型钢与泡沫混凝土之间出现黏结滑移而产生局部竖向裂缝，如图 6.61 所示。基于上述破坏特征，在借鉴初明进[64]提出的冷弯薄壁型钢混凝土剪力墙的拉压杆-滑移模型的基础上，本节将第 6.4.2 节提出的软化拉-压杆模型与第 6.5.1 节提出的泡沫混凝土和冷弯型钢界面直剪受力的软化拉-压杆模型相结合，建立了反映冷弯型钢-高强泡沫混凝土剪力墙受力机理和破坏模式的受剪承载力理论分析模型。该模型不仅考虑了斜裂缝间的对角泡沫混凝土承压压杆在端部的局部破坏，而且考虑了竖向裂缝处斜裂缝间的泡沫混凝土破坏引起的竖向裂缝两侧墙柱的滑移现象，该模型称为“软化拉压杆-滑移”模型，用于计算高宽比小于 2 的冷弯型钢-高强泡沫混凝土剪力墙的受剪承载力。

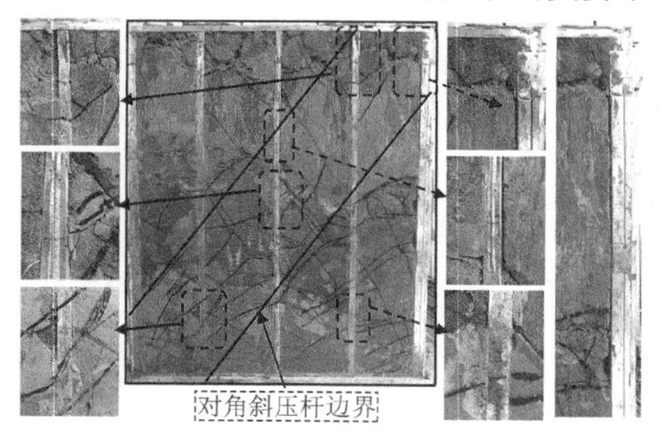

(a) 2.4 m 宽墙体试件 WB1

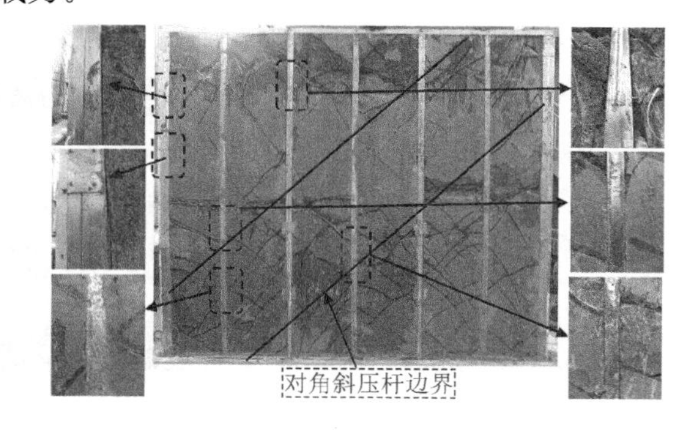

(b) 3.6 m 宽墙体试件 WC3

图 6.61　冷弯型钢与泡沫混凝土的黏结滑移破坏

软化拉压杆-滑移模型的传力机制如图 6.62 所示。该模型共分为两部分：第一部分为剪力墙的整体受剪承载力计算，采用第 6.4.2 节提出的软化拉-压杆模型；第二部分为冷弯型钢与泡沫混凝土之间的局部黏结滑移承载力，采用第 6.4.4 节提出的简化软化拉-压杆模型。由于冷弯型钢与泡沫混凝土之间的竖向裂缝主要处在整体受力模型的对角斜压杆内，故将对角斜压杆简化为带竖向剪切滑移界面的泡沫混凝土压杆，如图 6.62 所示。图中 D 为对角斜压杆所受的压力，可分解为水平向和竖直向分力，分别记为 D_x 和 D_y，其中竖向分力 D_y（即平行于冷弯型钢立柱长度方向的分力）将引起冷弯型钢立柱腹板与泡沫混凝土之间滑移面的剪切破坏。

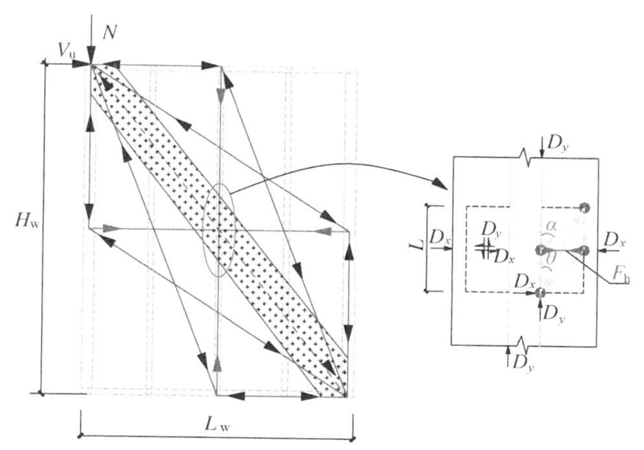

图 6.62 冷弯型钢-高强泡沫混凝土剪力墙软化拉压杆-滑移模型

采用软化拉压杆-滑移模型计算冷弯型钢-高强泡沫混凝土剪力墙的受剪承载力分为两步，如图 6.63 所示：

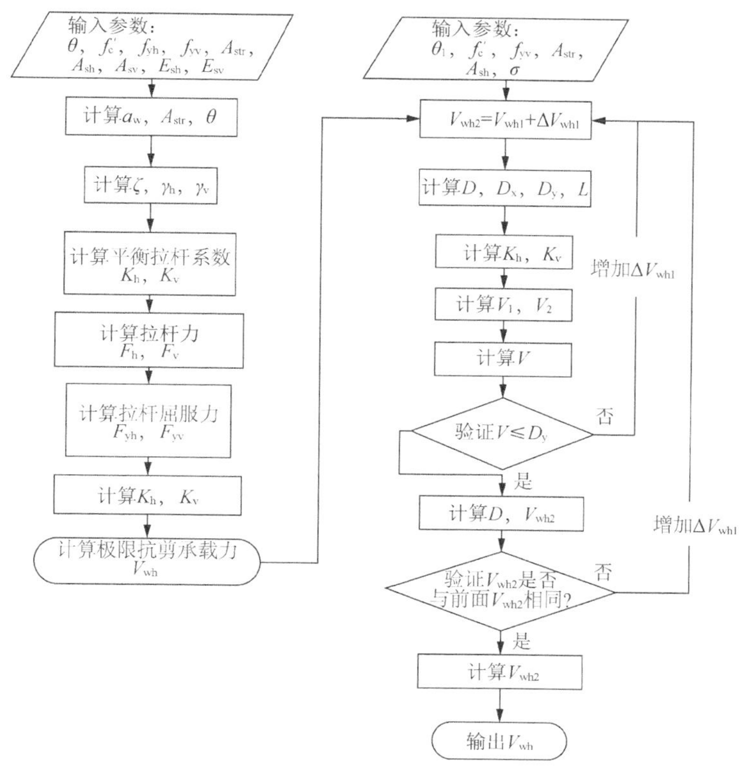

图 6.63 软化拉压杆-滑移模型计算流程

（1）采用第 6.4.4 节提出的软化拉-压杆模型的简算法计算整截面冷弯型钢-高强泡沫混凝土剪力墙的抗剪承载力 V_{wh1}；

（2）基于整截面抗剪承载力 V_{wh1}，通过 6.5.1 节提出的泡沫混凝土与冷弯型钢界面承载力计算模型（即简化软化拉-压杆模型）得到考虑泡沫混凝土与冷弯型钢立柱之间黏结滑移效应的冷弯型钢-高强泡沫混凝土剪力墙抗剪承载力 V_{wh2}；

（3）比较对抗剪承载力 V_{wh1} 和 V_{wh2}，取较小值作为冷弯型钢-高强泡沫混凝土剪力墙的极限抗剪承载力 V_{wh}。

如果冷弯型钢立柱截面形式、泡沫混凝土强度、剪跨比、轴压比和墙体厚度等因素发生变化时，峰值荷载时冷弯型钢-高强泡沫混凝土剪力墙在冷弯型钢与泡沫混凝土之间没有发生显著的黏结滑移现象及界面剪切破坏，而是出现整截面墙体的受剪破坏，则采用软化拉-压杆模型计算的整截面墙体的抗剪承载力 V_{wh1} 将会小于由滑移模型得出的剪力墙抗剪承载力 V_{wh2}，此时取 V_{wh1} 作为冷弯型钢-高强泡沫混凝土剪力墙的抗剪承载力。反之，如果峰值荷载时剪力墙出现明显的黏结滑移、竖向裂缝和截面剪切破坏现象，则取 V_{wh2} 作为冷弯型钢-高强泡沫混凝土剪力墙的抗剪承载力。

为了详细说明软化拉压杆-滑移模型的计算过程，冷弯型钢-高强泡沫混凝土剪力墙的抗剪承载力的计算流程图如图 6.63 所示，采用该模型计算试件 WB1 抗剪承载力，计算过程见附录 A。

6.5.3 软化拉压杆-滑移计算模型计算分析

基于软化拉压杆-滑移模型及计算流程，采用 MATLAB 软件建立冷弯型钢-高强泡沫混凝土剪力墙抗剪承载力计算程序。通过该程序，得到第三章中 7 片未开洞冷弯型钢-高强泡沫混凝土剪力墙的受剪承载力计算值，并将该计算值分别与第 6.4.3 节提出的软化拉-压杆模型简算法的计算值和第三章中的试验值进行对比分析。

首先，由表 6.24 和图 6.64 可知，软化拉压杆-滑移模型得到的计算值与软化拉-压杆模型简算法得到的计算值之比的平均值为 0.84，标准差为 0.04，说明软化拉压杆-滑移模型的计算值偏小，其原因是模型考虑了冷弯型钢与泡沫混凝土间的黏结滑移对试件极限抗剪承载力的不利影响。同时，对于采用双拼箱型中立柱的试件 WC2 而言，其模型计算值远小于简算法计算值，原因是双拼箱型立柱的两侧均为镀锌光滑面，导致钢立柱与泡沫混凝土之间的黏结性能较差，说明双拼箱型立柱对冷弯型钢-高强泡沫混凝土剪力墙极限抗剪承载力是不利的，且不利于钢立柱本身性能的发挥，建议在后期研究中钢立柱采用双拼工型构造形式。除此之外，所有冷弯型钢-高强泡沫混凝土剪力墙试件模型计算值与简算法计算值之比基本处于 0.85～0.90，说明单拼 C 型内立柱提高了钢立柱与泡沫混凝土间的黏结滑移性能，其原因是 C 型立柱具有自由卷边，增强了冷弯型钢立柱与泡沫混凝土间的黏结滑移性能。总体而言，从工程设计偏于保守的角度考虑，软化拉压杆-滑移模型比软化拉-压杆模型更适合用于冷弯型钢-高强泡沫混凝土剪力墙的极限抗剪承载力计算。

表 6.24　拉压杆-滑移模型计算值与试验值的比较

序号	试件编号	承载力试验值 V_{max}(kN)	承载力简算法计算值 V_u(kN)	承载力模型计算值 V_m(kN)	模型法计算值/简算法计算值 V_m/V_u	模型法计算值/试验值 V_m/V_{max}
1	WB1	87.47	91.88	81.77	0.89	0.93
2	WB2	101.75	113.80	95.04	0.84	0.93
3	WB3	108.34	118.66	104.42	0.88	0.96
4	WB4	111.25	131.67	115.87	0.88	1.04
5	WC1	135.16	159.54	135.13	0.85	1.00
6	WC2	165.58	183.80	140.36	0.76	0.85
7	WC3	191.55	215.44	178.82	0.83	0.93
平均值					0.84	0.95
标准差					0.04	0.06

由表 6.24 和图 6.64 可知，软化拉压杆-滑移模型得到的试件极限抗剪承载力计算值与试验值之比的平均值为 0.95，标准差为 0.06，说明软化拉压杆-滑移模型能够较为精准地预测冷弯型钢-高强泡沫混凝土剪力墙的受剪承载力，且基本能满足实际工程设计偏于保守的要求。同时，模型法计算值基本小于试验值，其原因是软化拉压杆-滑移模型是基于所有立柱均与泡沫混凝土发生黏结滑移，且滑移现象处在立柱的整个侧立面上进行计算的，这与试验现象有所差异。通过对第 6.2.3 节试验现象和本章图 6.61 的观察可知，在墙体中对角压杆处，并不是所有立柱均与泡沫混凝土发生黏结滑移，特别是墙体上部的内立柱，而且所有立柱距离底部 300～500 mm 范围内均未出现与泡沫混凝土的黏结滑移现象和竖向分缝。软化拉压杆-滑移模型得到的计算值小于试验值，误差均值为 5%，满足冷弯型钢-高强泡沫混凝土剪力墙抗剪承载力预测精度要求，且符合工程设计偏保守的需求，故认为此模型是可行的。

综上所述，软化拉压杆-滑移模型计算值与试验值吻合较好，误差较小，表明拉压杆-滑移模型能较精准地计算冷弯型钢-高强泡沫混凝土剪力墙的抗剪承载力，且偏于安全，是可行的。

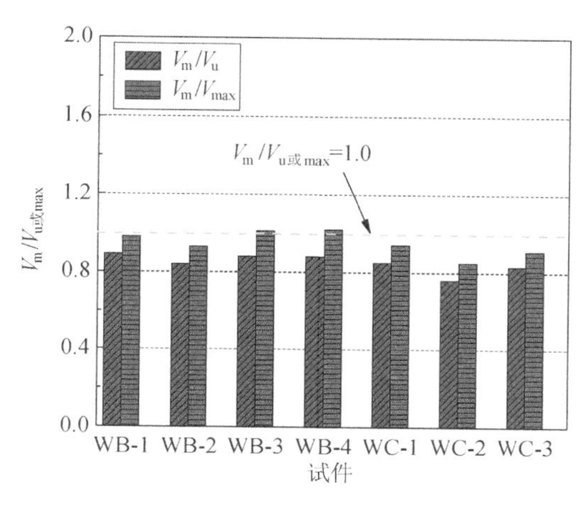

图6.64　软化拉压杆-滑移模型法计算值与试验值比较

6.6 基于软化拉-压杆模型的剪力墙斜截面抗剪承载力计算公式

6.6.1 基于软化拉-压杆模型的抗剪承载力计算公式推导

在第 6.4 节中基于墙体的开裂模式和破坏机理，提出了冷弯型钢-高强泡沫混凝土剪力墙抗剪承载力计算的软化拉-压杆理论分析模型，并通过参数公式对该模型进行了修正，模型的修正和折减系数的提出使得该模型能较好地预测冷弯型钢-高强泡沫混凝土剪力墙的受剪承载力，具体见第 6.4.5 节。本节基于已修正的软化拉-压杆模型，通过力平衡理论和概率统计分析，推导出冷弯型钢-高强泡沫混凝土剪力墙斜截面抗剪承载力的计算公式，该公式有利于冷弯型钢-高强泡沫混凝土剪力墙结构在实际工程中的推广和应用。

如第 6.4.2.2 节所述，软化拉-压杆理论模型的传力机制主要由对角传力机制、水平传力机制和竖向传力机制组成，如图 6.65 所示，这三种机制可以模拟出墙体构造中三种材料对墙体抗剪承载力的贡献，即泡沫混凝土的对角压杆和斜压杆、水平秸秆纤维拉杆和竖向轻钢立柱拉杆对抗剪承载力的贡献。假定冷弯型钢-高强泡沫混凝土剪力墙的极限抗剪承载力 V_{calc} 主要由两个独立的抵抗部分组成，第一部分是由泡沫混凝土对角压杆提供抗剪承载力，第二部分是由水平和竖向拉杆提供抗剪承载力，其计算公式如下：

$$V_{calc}=V_d+V_s \tag{6-72}$$

其中：V_d为泡沫混凝土对角传力机制中对角压杆提供的抗剪承载力，V_s为由水平和竖向传力机制中的拉杆提供的抗剪承载力。

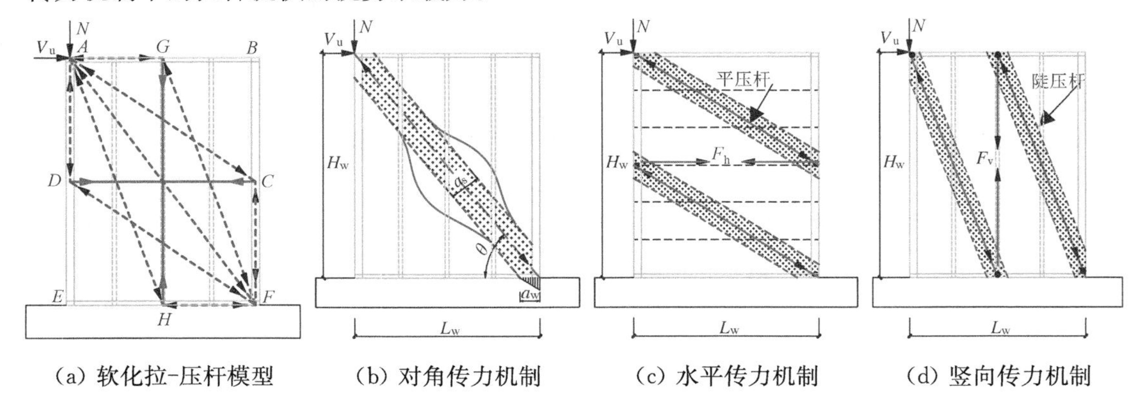

(a) 软化拉-压杆模型　(b) 对角传力机制　(c) 水平传力机制　(d) 竖向传力机制

图 6.65　剪力墙的软化拉-压杆模型及传力机制

6.6.1.1 对角传力机制的水平抗剪承载力

如图 6.65(b)所示，对角传力机制由斜向对角泡沫混凝土压杆构成，该斜压杆与水平轴的夹角为 θ，其计算公式为：

$$\theta=\arctan\left(\frac{H_w}{L_h}\right) \tag{6-73}$$

式中，H_w为水平剪力作用点至墙底的垂直距离；L_h为墙底力偶的力臂，具体取值见第 6.4.2.2节。

基于作用于冷弯型钢-高强泡沫混凝土剪力墙上的水平荷载与墙体内力的平衡，得出由对角传力机制产生的水平抗剪承载力的计算公式如下：

$$V_d = D\cos\theta \tag{6-74}$$

式中，D 为泡沫混凝土对角压杆承受的轴向承载力。

泡沫混凝土对角压杆通常是两端窄中间宽的瓶形，但是为了便于计算对角压杆的承载力，通常假定对角压杆的形状为棱柱形，其高度为 a_s，如图 6.65(b)所示。对角压杆的高度 a_s 与墙体端部受压区的水平长度 a_w 密切相关，可简化为 $a_s=a_w$；对角压杆宽度 b_s 取墙体厚度 t_w。因此，基于第 6.4.2.2 节提出的修正墙体端部受压区的水平长度 a_w，得出泡沫混凝土对角压杆一端的截面面积 A_{str} 和轴向承载力 D 的计算公式如下：

$$a_w = \left[0.20 + 0.80\frac{N}{A_w f'_c}\right]L_w \tag{6-75}$$

$$A_{str} = a_s \times b_s = a_w \times t_w = \left(0.20 + 0.80\frac{N}{A_w f'_c}\right)L_w t_w \tag{6-76}$$

$$D = A_{str} \times f'_{ce} = \left(0.20 + 0.80\frac{N}{A_w f'_c}\right)L_w t_w f'_{ce} \tag{6-77}$$

式中，N 为墙体顶部受到的轴向压力；A_w 为墙体水平截面面积，其值为 $A_w=L_w\times t_w$；f'_{ce} 为压杆的有效抗压强度，即泡沫混凝土在压杆中的有效抗压强度。

由于泡沫混凝土压杆在与其轴线垂直方向的拉应变或应力的作用下，其抗压强度将会降低，即泡沫混凝土的有效抗压强度 f'_{ce} 低于其抗压强度 f'_c。因此，需将泡沫混凝土抗压强度乘以相关折减系数得到其有效抗压强度。参照美国规范 ACI 318-14[68] 中对压杆强度的相关规定，得到泡沫混凝土(属于轻骨料混凝土范围)的有效抗压强度的计算公式：

$$f'_{ce} = 0.85\beta_s f'_c \tag{6-78}$$

$$\beta_s = 0.6\lambda \tag{6-79}$$

式中，β_s 为考虑开裂和约束泡沫混凝土对压杆有效抗压强度的影响系数；λ 为与混凝土品种有关的系数，普通混凝土 λ 取 1.0，轻骨料混凝土 λ 取 0.75。

将式(6-78)和(6-79)代入式(6-77)中，得到泡沫混凝土压杆的轴压力 D 的表达式为：

$$D = 0.08 f'_c A_c + 0.32N \tag{6-80}$$

由于泡沫混凝土抗压强度和抗拉强度比普通混凝土低，因此在剪力墙受水平荷载作用的初级阶段泡沫混凝土出现了斜裂缝。在剪力墙达到极限承载力之前，墙体内部泡沫混凝土已呈现出大量的斜裂缝(具体见第 6.2.3 节)，特别是在墙体的中部和底部。这些裂缝不仅削弱了泡沫混凝土的抗压强度，而且会减少对角压杆的截面面积，最终降低对角压杆的承载力 D。因此，应将泡沫混凝土对角压杆的轴压力乘以一个折减系数以表征上述情况的影响，具体表达式如下：

$$D = \beta_c(0.08 f'_c A_c + 0.32N) \tag{6-81}$$

式中，β_c 为对角压杆轴压力的折减系数。

最后，将式(6-81)代入式(6-74)得到对角传力机制产生的水平抗剪承载力，计算公式如下：

$$V_d = \beta_c(0.08 f'_c A_c + 0.32N)\cos\theta \tag{6-82}$$

6.6.1.2 水平和竖向传力机制的水平抗剪承载力

在剪力墙达到极限受剪承载力之前,墙体泡沫混凝土表面会出现大量的斜裂缝,特别是在墙体的中部和底部,但墙体顶部混凝土表面的裂缝相对较少。因此,在墙体顶部和靠近斜裂缝顶部处的水平钢筋或纤维所产生的应力 f_{he} 将小于其屈服强度 f_{hy},这与初明进[64]对冷弯薄壁型钢混凝土剪力墙抗震性能研究的结论相一致。在计算水平钢筋或纤维的水平拉力 F_{sh} 时,应对墙体屈服强度进行折减,即乘以一个折减系数 β_{sh}。冷弯型钢-高强泡沫混凝土剪力墙中水平秸秆纤维拉杆的水平拉力计算公式如下所示:

$$F_{sh}=\beta_{sh}f_{yh}A_{yh} \tag{6-83}$$

式中,β_{sh} 是水平钢筋或纤维的屈服强度折减系数;A_{yh} 为水平钢筋或纤维的截面面积,其取值方法见第 6.4.2.2 节第 2 小节水平传力机制;f_{yh} 为水平钢筋或纤维的屈服强度。

对于剪力墙的软化拉-压杆模型,竖向冷弯型钢是维持墙体内力平衡的重要组成部分。对于竖向冷弯型钢立柱产生的应力,同样出现与水平钢筋或纤维类似的情况,即冷弯型钢立柱在冷弯型钢-高强泡沫混凝土剪力墙达到极限承载力时并未达到屈服强度,故应对屈服强度进行折减计算,具体公式如下所示:

$$F_{sv}=\beta_{sv}f_{yv}A_{yv} \tag{6-84}$$

式中,β_{sv} 是竖向冷弯型钢立柱的屈服强度折减系数;A_{yv} 为竖向冷弯型钢立柱的截面面积,其取值方法见第 6.4.2.2 节第 3 小节竖向传力机制;f_{yv} 为冷弯型钢立柱的屈服强度。

基于力平衡理论,得到图 6.65(a)和图 6.66 中节点 A、G 和 D 中内力与外力间的平衡方程,如下所示:

$$V_{wh}=F_{sh}+F_{sv}\cot\theta=\beta_{sh}f_{yh}A_{yh}+\beta_{sv}f_{yv}A_{yv}\cot\theta \tag{6-85}$$

$$V_{wv}=F_{sv}+F_{sh}\tan\theta=\beta_{sv}f_{yv}A_{yv}+\beta_{sh}f_{yh}A_{yh}\tan\theta \tag{6-86}$$

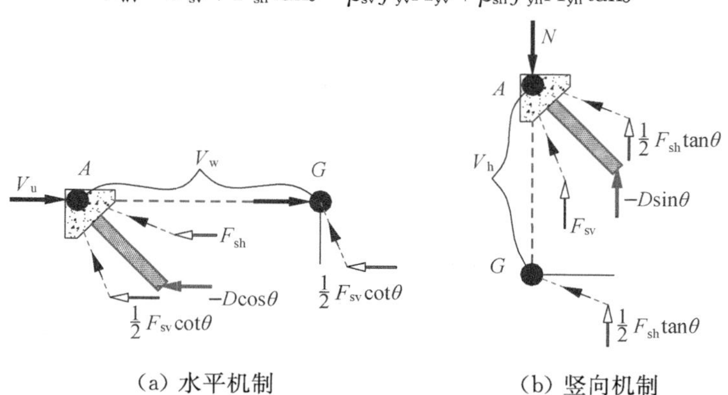

图 6.66 基于拉-压杆模型的节点平衡

因此,水平和竖向传力机制产生的水平抗剪承载力计算公式如下所示:

$$V_s=\beta_{sh}f_{yh}A_{yh}+\beta_{sv}f_{yv}A_{yv}\cot\theta \tag{6-87}$$

6.6.2 剪力墙的抗剪承载力计算公式

冷弯型钢-高强泡沫混凝土剪力墙的极限抗剪承载力 V_{calc} 主要由两个独立的抵抗部分组成:第一部分是由泡沫混凝土对角压杆提供的抗剪承载力,第二部分是由水平和竖向拉杆提供的抗剪承载力。将式(6－82)和式(6－87)代入式(6－72)得到计算公式如下：

$$V_{calc}=\beta_c(0.08f'_cA_c+0.32N)\cos\theta+\beta_{sh}f_{yh}A_{yh}+\beta_{sv}f_{yv}A_{yv}\cot\theta \tag{6-88}$$

为了确定对角压杆承载力折减系数 β_c、水平拉杆承载力折减系数 β_{sh} 和竖向拉杆承载力折减系数 β_{sv} 的具体数值，本节基于冷弯型钢-高强泡沫混凝土剪力墙的极限抗剪承载力 V_{cal} 等于试验值 V_{max} 和折减系数必须为正数两个基本假定，采用 MATLAB 软件中 Optimization Toolbox(优化工具箱)内的 Fmincon 函数进行拟合确定，具体数值 $\beta_c=0.50$，$\beta_{sh}=0.10$，$\beta_{sv}=0.12$。

从上述折减系数的具体数值可以看出，冷弯型钢-高强泡沫混凝土剪力墙的抗剪承载力主要由泡沫混凝土对角压杆提供，其次是由水平和竖向拉杆提供，故提高冷弯型钢-高强泡沫混凝土剪力墙极限受剪承载力最有效的方法是提高对角压杆的承载力，即增加墙体厚度 t_w 和提高泡沫混凝土的抗压强度 f_c，这与第 6.2.1 节中墙体构造因素对承载力的影响分析得出的结论相一致。另外，通过对水平拉杆承载力折减系数 β_{sh} 和竖向拉杆承载力折减系数 β_{sv} 进行对比分析，可以看出竖向冷弯型钢立柱对冷弯型钢-高强泡沫混凝土剪力墙受剪承载力的贡献大于水平纤维的贡献，这与 Gulec[69] 和 Wood[70] 的试验结果及结论相一致，说明本节得到的折减系数数值从影响程度上看是合理的。

将 β_c、β_{sh}、β_{sv} 的值代入式(6－88)中，基于修正的软化拉-压杆模型和力平衡理论，得到冷弯型钢-高强泡沫混凝土剪力墙的极限受剪承载力计算公式，如下所示：

$$V_{calc}=0.50(0.08f'_cA_c+0.32N)\cos\theta+0.10f_{yh}A_{yh}+0.12f_{yv}A_{yv}\cot\theta \tag{6-89}$$

将第 6.2.1 节中冷弯型钢-高强泡沫混凝土剪力墙构件的构造参数数值分别代入式(6－89)中，得到剪力墙极限受剪承载力的计算值 V_{calc}，并将该值与试验值 V_{max} 进行对比验证，具体结果见表 6.25 和图 6.67。

表 6.25　受剪承载力计算值与试验值的对比分析

序号	试件编号	承载力试验值 V_{max}(kN)	承载力公式计算值 V_{calc}(kN)	计算值/试验值 V_{calc}/V_{max}	$\left\lvert\frac{V_{calc}-V_{max}}{V_{max}}\right\rvert$
1	WB1	87.47	87.44	1.00	0.04%
2	WB2	101.75	100.48	0.99	1.25%
3	WB3	108.34	110.19	1.02	1.71%
4	WB4	111.25	114.08	1.03	2.55%
5	WC1	135.16	127.53	0.94	5.64%
6	WC2	165.58	177.31	1.07	7.08%
7	WC3	191.55	179.58	0.94	6.25%
			平均值	1.00	3.50%
			标准差	0.05	0.03

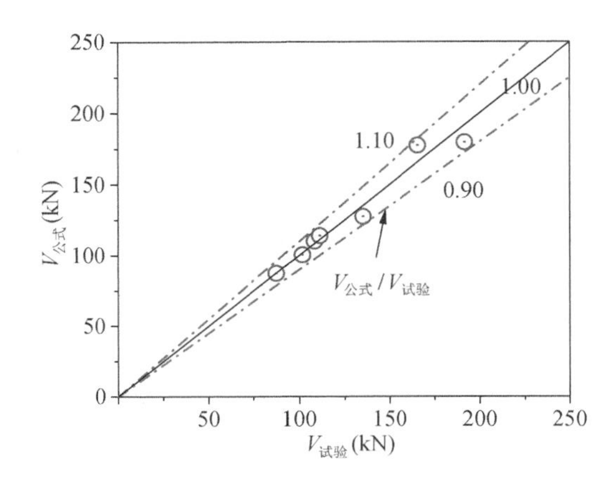

图 6.67　模型公式计算值与试验值对比

通过对表 6.25 和图 6.67 的分析可以看出,基于修正后的软化拉-压杆理论计算模型和力平衡理论提出的冷弯型钢-高强泡沫混凝土剪力墙受剪承载力计算公式的计算值与试验值之比的平均值为 1.00,标准差为 0.05,说明利用冷弯型钢-高强泡沫混凝土剪力墙受剪承载力计算公式(6-89)得到的计算结果与试验结果吻合较好,该公式能够较好地预测冷弯型钢-高强泡沫混凝土剪力墙的受剪承载力。

6.7　基于叠加原理的剪力墙斜截面受剪承载力计算公式

目前,对于普通钢筋或型钢混凝土剪力墙的斜截面受剪承载力计算公式的选用,现有规范和相关文献主要采用试验结果经回归分析得到的经验公式。该公式主要考虑了跨比(或高宽比)、混凝土强度、轴压力、水平和纵向配钢等因素对剪力墙抗剪承载力的影响。

1. 剪跨比 λ

剪跨比是影响剪力墙抗剪承载力的最重要因素:当 $\lambda<1$ 时,剪力墙性能主要受剪切破坏控制;当 $\lambda>2$ 时,剪力墙性能主要受弯曲破坏控制;当 $1\leqslant\lambda\leqslant2$ 时,对剪力墙性能的控制介于前两种情况之间。随着剪跨比(高宽比)减小,墙体抗剪承载力不断提高。

2. 轴压力 N

适当地提高轴压力可以提高墙体的受剪承载力。其原因是轴向压力延迟了混凝土斜裂缝的出现并抑制了斜裂缝的开展,而且能够增大斜裂缝末端剪压区的高度,因而提高了受压区混凝土的抗剪承载力和裂缝处骨料的咬合力。

3. 混凝土强度 f_c

混凝土强度对墙体抗剪承载力具有较大的影响。剪力墙的剪切破坏是因混凝土达到极限强度而产生的,故抗剪承载力随混凝土强度的提高而增长,但混凝土强度对承载力的影响程度随剪跨比的增大而减小。

4. 水平和纵向配钢

水平配钢是提高剪力墙抗剪承载力的重要因素,但专家学者针对纵向钢筋在剪力墙中所起的抗剪作用尚有较大的分歧。有的专家学者认为剪力墙中的竖向分布钢筋(或型钢)对墙体抗剪承载力的影响可以忽略[71],也有研究者认为竖向分布钢筋(或型钢)对墙体抗剪性能的贡献比较显著,甚至高于水平分布钢筋对墙体抗剪承载力的贡献[72-73]。

6.7.1　我国规范标准中的型钢混凝土剪力墙斜截面受剪承载力计算公式

目前，对于普通钢筋混凝土剪力墙、型钢混凝土剪力墙和轻钢轻质混凝土剪力墙等各种剪力墙构件的受剪承载力，我国现有相关规范标准主要采用承载力叠加法进行计算。剪力墙的受剪承载力主要由构件有效抗剪截面与混凝土抗压或抗拉强度的乘积所提供的抗剪承载力，轴压力引起的抗剪承载力的增量，抗剪钢材(包括水平方向和竖直方向各种类型钢材)所提供的抗剪承载力三部分确定。然后，基于不同构造参数的试验结果，采用回归分析方法得到剪力墙的斜截面抗剪承载力计算公式中各组成部分的折减系数和增强系数数值，从而得到不同类型剪力墙的斜截面受剪承载力计算公式。

6.7.1.1　剪力墙斜截面受剪承载力计算公式

对于钢筋混凝土剪力墙构件，其斜截面抗剪承载力可以分成混凝土、轴压力和水平抗剪钢筋等三种主要材料所提供的抗剪承载力，通常采用承载力叠加法进行计算，如下式所示：

$$V_u = V_C + V_N + V_{SH} \tag{6-90}$$

式中：V_C是混凝土抗拉或抗压强度所提供的抗剪承载力；V_N是轴压力引起的剪力墙抗剪承载力增加量；V_{SH}是抗剪钢筋所提供的抗剪承载力。

在钢筋混凝土剪力墙抗剪性能研究中，通常把式(6-90)中的V_C称为“混凝土贡献项”(Concrete Contribution)。它不仅指混凝土自身承担水平荷载起到的对墙体抗剪承载力的贡献，而且被视为是在构件的剪压区中对钢筋的销栓力和在裂缝处混凝土自身的抗拉能力的综合效应。因此，基于对剪力墙斜截面抗剪承载力组成部分的分析，V_C可以被认为是剪力墙构件在没有轴压力作用下时，除了水平钢筋影响之外的其余抗剪能力。

另外，V_N被称为“轴压力贡献项”。在水平和竖向荷载共同作用下，适当的轴压力可以抑制墙体斜裂缝的出现和开展，有利于提高墙体的抗剪承载力，但较大的轴压力反而不利于墙体的抗剪性能的提高，过大的轴压力甚至会使得混凝土和钢筋材料过早进入屈服阶段，从而大幅度降低墙体的抗剪能力。因此，我国规范《混凝土结构设计规范》(GB 50010—2010)[33]对轴向压力的取值加以限制，如公式(6-91a)和(6-91b)所示。其中，式(6-91a)为剪力墙的非抗震受剪承载力计算公式，式(6-91b)为剪力墙的抗震受剪承载力计算公式。剪力墙的反复和单调加载受剪承载力对比试验结果表明，反复加载时的受剪承载力比单调加载时降低约15%～20%。

$$V = \frac{1}{\lambda - 0.5}\left(0.5 f_t b h_0 + 0.13 N \frac{A_w}{A}\right) + f_{yh} \frac{A_{sh}}{s} h_0 \tag{6-91a}$$

$$V = \frac{1}{\gamma_{RE}}\left[\left(0.4 f_t b h_0 + 0.10 N \frac{A_w}{A}\right) + 0.8 f_{yh} \frac{A_{sh}}{s} h_0\right] \tag{6-91b}$$

式中：λ 为计算截面的剪跨比，其值为 $1.5 \leqslant \lambda \leqslant 2.2$；$f_t$为混凝土的抗拉强度；$N$ 为考虑地震作用组合的剪力墙的轴压力，$N \leqslant 0.2 f_c bh$；f_{yh}为水平分布钢筋的抗拉强度；A_{sh}为配置在同一水平截面内的水平分布钢筋的全部截面面积；γ_{RE}为当考虑地震组合验算混凝土结构构件的承载力时，对计算承载力进行抗震调整的系数，对于剪力墙，γ_{RE}取 0.85；其他相关规定见规范[33]。

基于对钢筋混凝土剪力墙抗剪承载力计算公式的研究，型钢混凝土剪力墙的抗剪承载力计算同样采用承载力叠加法，即采用钢筋混凝土承载力和型钢两部分承载力之和，同时考虑边缘型钢暗柱的销栓抗剪作用及其对混凝土剪力墙的约束作用[74]。因此，我国规范《型钢混凝土组合结构技术规程》(JGJ 138—2001)[75]和《钢骨混凝土结构技术规程》(YB 9082—2006)[76]剪力墙斜截面受剪承载力计算公式通常采用式(6-92)的形式，即混凝土、轴压力、水平分布钢筋和型钢端立柱的贡献之和，如下所示：

$$V_{\mathrm{w}}=V_{\mathrm{u}}+V_{\mathrm{a}}=V_{\mathrm{C}}+V_{\mathrm{N}}+V_{\mathrm{SH}}+V_{\mathrm{a}} \tag{6-92}$$

式中：V_{a}是端部型钢立柱所提供的抗剪承载力。

对于《型钢混凝土组合结构技术规程》(JGJ 138—2001)，通过增加端部型钢提供的抗剪能力，给出了型钢混凝土剪力墙的斜截面抗剪承载力计算公式，如下所示：

$$V_{\mathrm{w}}=\frac{1}{\lambda-0.5}\left(0.05f_{\mathrm{c}}bh_0+0.13N\frac{A_{\mathrm{w}}}{A}\right)+f_{\mathrm{yh}}\frac{A_{\mathrm{sh}}}{s}h_0+\frac{0.4}{\lambda}f_{\mathrm{a}}A_{\mathrm{a}} \tag{6-93}$$

式中：f_{c}为混凝土的抗压强度；f_{a}为端部型钢的抗压强度；A_{a}为剪力墙一端暗柱中型钢截面面积；其余参数定义见规范[75]。

《混凝土结构设计规范》(GB 50010—2010)[33]指出了剪力墙在斜截面抗剪承载力计算方面存在的部分问题，其中最主要的是混凝土强度指标采用f_{c}表示对高强混凝土构件计算偏于不安全，应改用混凝土抗拉强度f_{t}，其原因是f_{t}更适合于计算从低强度到高强混凝土构件的斜截面抗剪承载力。因此，我国《混凝土结构设计规范》(GB 50010—2010)[33]和《钢骨混凝土结构技术规程》(YB 9082—2006)[76]对剪力墙斜截面抗剪承载力计算公式中的混凝土抗剪项进行了相应调整，将混凝土抗剪项由0.05 f_{c}改为0.5 f_{t}。同时，《钢骨混凝土结构技术规程》(YB 9082—2006)[76]给出了墙体端部和中部的钢骨部分提供的抗剪承载力的计算公式$V_{\mathrm{wu}}^{\mathrm{ss}}$，具体公式如式(6-95)所示。其中，式(6-95a)为不考虑地震作用组合时钢筋混凝土剪力墙的受剪承载力计算公式，式(6-95b)为考虑地震作用组合时钢筋混凝土剪力墙的受剪承载力计算公式。

$$V_{\mathrm{w}}=V_{\mathrm{wu}}^{\mathrm{rc}}+V_{\mathrm{wu}}^{\mathrm{ss}} \tag{6-94}$$

$$V_{\mathrm{wu}}^{\mathrm{rc}}=\frac{1}{\lambda-0.5}\left(0.5f_{\mathrm{t}}b_{\mathrm{w}}h_{\mathrm{w0}}+0.13N\frac{A_{\mathrm{w}}}{A}\right)+f_{\mathrm{yh}}\frac{A_{\mathrm{sh}}}{s}h_{\mathrm{w0}} \tag{6-95a}$$

$$V_{\mathrm{wu}}^{\mathrm{rc}}=\gamma_{\mathrm{RE}}\left[\frac{1}{\lambda-0.5}(0.4f_{\mathrm{t}}b_{\mathrm{w}}h_{\mathrm{w0}}+0.10N\frac{A_{\mathrm{w}}}{A})+0.8f_{\mathrm{yh}}\frac{A_{\mathrm{sh}}}{s}h_{\mathrm{w0}}\right] \tag{6-95b}$$

$$V_{\mathrm{wu}}^{\mathrm{ss}}=0.15f_{\mathrm{ssy}}\sum A_{\mathrm{ss}} \tag{6-96}$$

式中：$V_{\mathrm{wu}}^{\mathrm{rc}}$为剪力墙中钢筋混凝土腹板部分提供的抗剪承载力；$V_{\mathrm{wu}}^{\mathrm{ss}}$为无边框剪力墙中钢骨部分提供的抗剪承载力；$f_{\mathrm{ssy}}$和$A_{\mathrm{ss}}$分别为钢骨抗拉强度和截面面积；其余参数定义见规程[76]。

基于以上钢筋混凝土剪力墙和型钢(或钢骨)混凝土剪力墙的斜截面抗剪承载力计算公式，结合轻质混凝土的力学性能远低于普通混凝土以及轻钢的承载能力远低于普通型钢的特点，我国规范《轻钢轻混凝土结构技术规程》(JGJ 383—2016)[3]基于承载力叠加法提出适合轻钢轻混凝土剪力墙的斜截面抗剪承载力计算公式，具体形式如式(6-97a)及(6-97b)。其中，式(6-97a)为在持久、短暂设计状况下的剪力墙斜截面受剪承载力的计算公式，式(6-97b)为在地震设计状况下的剪力墙斜截面受剪承载力的计算公式。

$$V=\frac{1}{\lambda-0.5}\left(0.5f_{t}bh_{0}+0.08N\frac{A_{w}}{A}\right)+0.25f_{a}\frac{A_{ah}}{s}h_{w0} \tag{6-97a}$$

$$V=\gamma_{RE}\left[\frac{1}{\lambda-0.5}\left(0.5f_{t}bh_{0}+0.08N\frac{A_{w}}{A}\right)+0.25f_{a}\frac{A_{ah}}{s}h_{w0}\right] \tag{6-97b}$$

式中：f_t为轻质混凝土的抗拉强度；f_a和A_{ah}分别为轻钢的抗拉强度和剪力墙同一截面水平分布轻钢的截面面积。

由于轻质混凝土的抗压强度和抗拉强度较低，故轴压力对提高墙体抗剪承载力的贡献有限。其原因是过大的轴压力会造成墙体顶部轻质混凝土的局部受压破坏，这对墙体抗剪承载力是不利的。此外，由于剪力墙中的轻质混凝土的力学性能远低于轻钢构件，在水平荷载作用下，剪力墙内部的轻混凝土极易开裂和破坏，造成墙体内的轻钢构件的力学性能不能充分发挥，故需对轻钢提供的抗剪承载力进行折减，如式(6－97a)及(6－97b)所示，其折减系数为 0.25。

6.7.1.2　剪力墙斜截面受剪承载力计算公式的试验验证

基于以上对现有相关规范标准中剪力墙斜截面受剪承载力的分析，现将第 6 章中冷弯型钢-高强泡沫混凝土剪力墙的相关参数数值分别代入以上规范标准规定的剪力墙斜截面受剪承载力计算公式中进行计算，得出基于不同规范标准的冷弯型钢-高强泡沫混凝土剪力墙抗剪承载力计算值，并对计算值与试验值进行验证和分析，具体结果见表 6.26 所示。

表 6.26　冷弯型钢-高强泡沫混凝土剪力墙抗剪承载力试验值与基于中国现行规范标准公式计算值的对比

试件编号	试验值 V_m(kN)	GB 50010—2010[33]		JGJ 138—2001[75]		YB 9082—2006[76]		JGJ 383—2016[3]	
		计算值 V_1(kN)	计算值/试验值 V_1/V_m	计算值 V_2(kN)	计算值/试验值 V_2/V_m	计算值 V_3(kN)	计算值/试验值 V_3/V_{max}	计算值 V_4(kN)	计算值/试验值 V_4/V_{max}
WB1	87.47	165.96	1.90	178.85	2.04	189.19	2.16	113.04	1.29
WB2	101.75	194.67	1.91	205.66	2.02	219.34	2.16	141.75	1.39
WB3	108.34	197.36	1.82	223.86	2.07	232.99	2.15	144.44	1.33
WB4	111.25	202.56	1.82	229.06	2.06	238.45	2.14	147.64	1.33
WC1	135.16	203.38	1.50	203.76	1.51	228.48	1.69	170.58	1.26
WC2	165.58	203.38	1.23	241.68	1.46	228.48	1.38	170.58	1.03
WC3	191.55	250.48	1.31	257.51	1.34	288.77	1.51	217.68	1.14
平均值			1.64		1.79		1.88		1.25
标准差			0.29		0.33		0.35		0.13

由表 6.26 和图 6.68 所示，基于我国现有规范标准的剪力墙抗剪承载力计算值均高于试验值，特别是基于普通混凝土规范的计算值比试验值高约 64%～88%，说明现有规范标准中的剪力墙斜截面受剪承载力计算公式明显高估了冷弯型钢-高强泡沫混凝土剪力墙的抗剪能力，偏于不安全，其原因是规范计算公式高估了水平秸秆纤维提供的抗剪承载力。冷弯型钢-高强泡沫混凝土剪力墙的水平秸秆纤维是通过秸秆板与轻钢龙骨之间的自攻螺钉(螺钉间距为 150/300 mm)抵抗墙体所受的水平荷载。这种构造形式使得大量的水平秸秆纤维

并未充分发挥其水平抗拉强度,加之秸秆纤维本身抗拉强度很低,导致其提供的抗剪承载力贡献值远低于规范标准公式计算值。同时,由图 6.69 可以看出,水平纤维提供的抗剪承载力计算值占总计算值的 43.2%~49.0%,这与第 6.2 节中冷弯型钢-高强泡沫混凝土剪力墙达到峰值荷载时秸秆板已出现斜裂缝现象相矛盾。秸秆板与轻钢骨架的构造形式以及秸秆板的斜裂缝使得水平秸秆纤维的抗剪承载力并未达到总承载力的 43.2%~49.0%,说明水平纤维对墙体抗剪承载力的贡献值远低于此比例。这个结论给后续第 6.7.4 节中冷弯型钢-高强泡沫混凝土剪力墙斜截面承载力计算公式的建立提供了帮助。

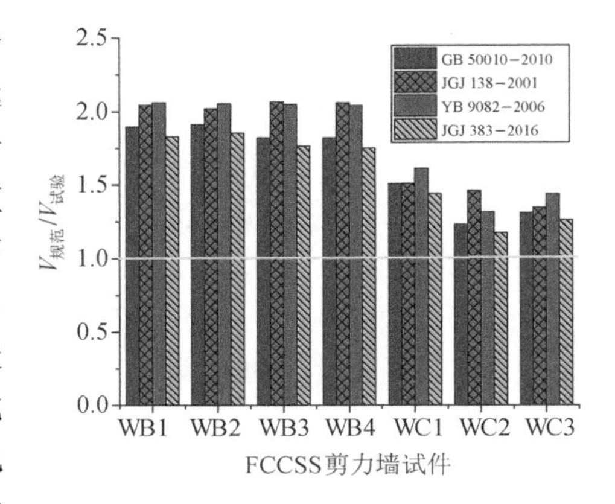

图 6.68 基于规范公式的计算值与试验值比较

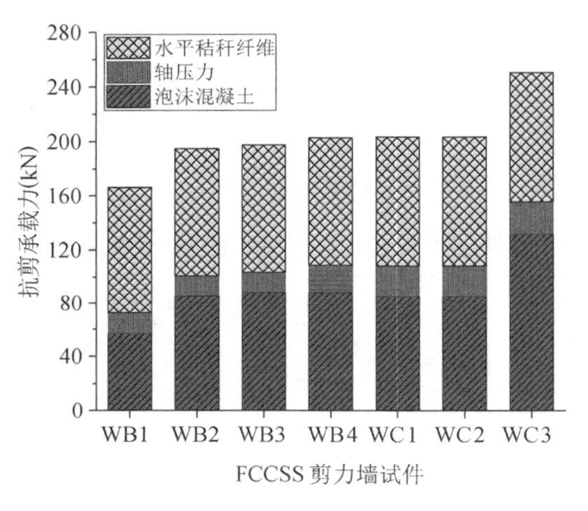

(a)《混凝土结构设计规范》

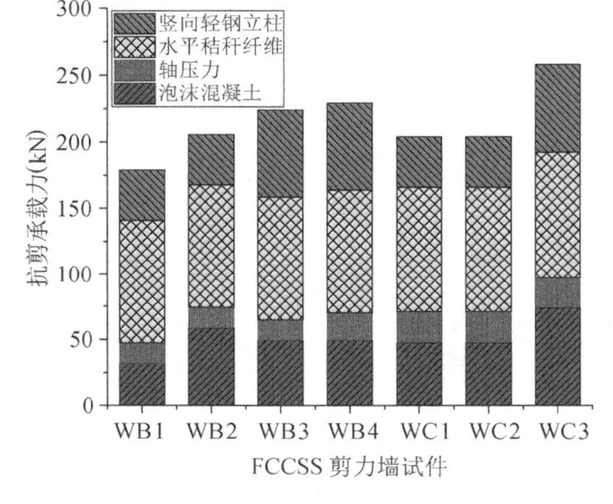

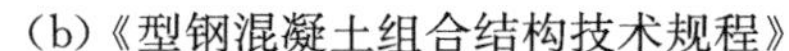

(b)《型钢混凝土组合结构技术规程》

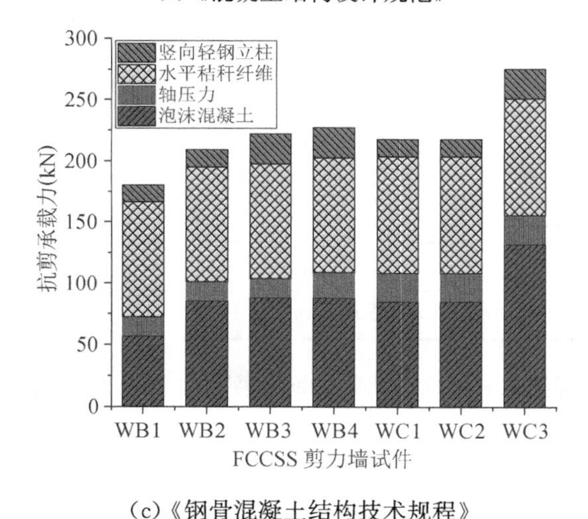

(c)《钢骨混凝土结构技术规程》

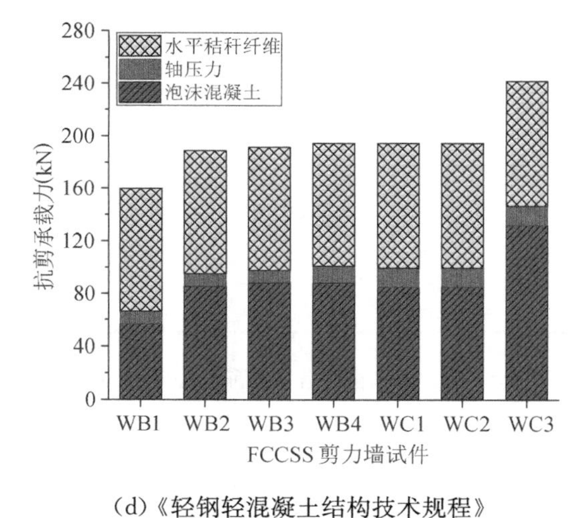

(d)《轻钢轻混凝土结构技术规程》

图 6.69 基于规范公式计算值的剪力墙抗剪承载力

由表 6.27 和图 6.70 可以看出,当忽略水平秸秆纤维对墙体抗剪承载力的贡献时,冷弯型钢-高强泡沫混凝土剪力墙采用不同规范标准得到的抗剪承载力计算值与试验值间的比值分别为 0.86、1.09、1.02 和 0.80，对应的标准差分别为 0.12、0.28、0.21 和 0.11。这说明水平秸秆纤维对墙体抗剪承载力的贡献较小，与第 6.4.2 节中基于软化拉-压杆模型推导出的冷弯型钢-高强泡沫混凝土剪力墙抗剪承载力计算公式中的水平纤维折减系数 $\beta_{sh}=0.10$ 相一致。对于工程设计而言，冷弯型钢-高强泡沫混凝土剪力墙的斜截面抗剪承载力计算公式可忽略秸秆板的贡献。同时，通过对《混凝土结构设计规范》与《轻钢轻混凝土结构技术规程》计算值的对比可以看出，当水平秸秆纤维对抗剪承载力的贡献项折减 75%时，冷弯型钢-高强泡沫混凝土剪力墙的抗剪承载力计算值相差不大，说明水平纤维数量的变化对墙体抗剪承载力的影响较小。

表 6.27　组合剪力墙抗剪承载力试验值与规范标准公式计算值(未考虑秸秆纤维)的对比

试件编号	试验值 V_m(kN)	GB 50010—2010[33]		JGJ 138—2001[75]		YB 9082—2006[76]		JGJ 383—2016[3]	
		计算值 V_1(kN)	计算值/试验值 V_1/V_m	计算值 V_2(kN)	计算值/试验值 V_2/V_m	计算值 V_3(kN)	计算值/试验值 V_3/V_{max}	计算值 V_4(kN)	计算值/试验值 V_4/V_{max}
WB1	87.47	72.12	0.82	85.01	0.97	86.34	0.99	66.12	0.76
WB2	101.75	100.83	0.99	111.82	1.10	115.05	1.13	94.83	0.93
WB3	108.34	103.52	0.96	130.02	1.20	130.06	1.20	97.52	0.90
WB4	111.25	108.72	0.98	135.22	1.22	135.26	1.22	100.72	0.91
WC1	135.16	108.18	0.80	108.56	0.80	122.40	0.91	99.18	0.73
WC2	165.58	108.18	0.65	108.56	0.66	122.40	0.74	99.18	0.60
WC3	191.55	155.28	0.81	162.31	0.85	179.82	0.94	146.28	0.76
平均值			0.86		0.97		1.01		0.80
标准差			0.12		0.21		0.17		0.12

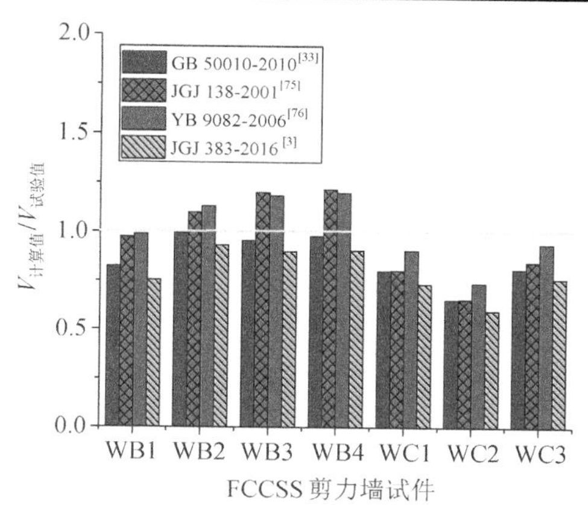

图 6.70　计算值与试验值的对比

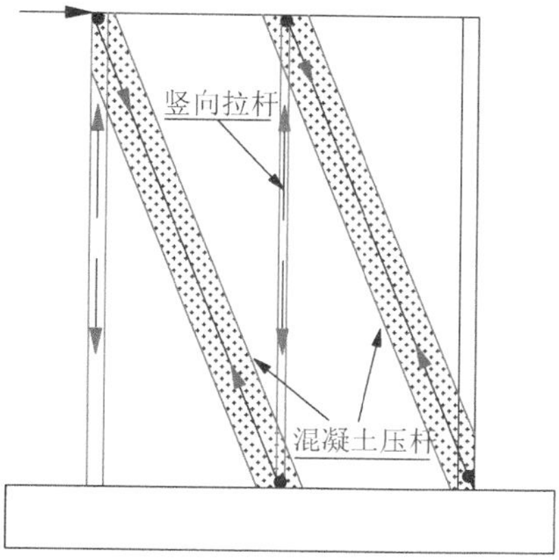

图6.71　混凝土剪力墙拱作用传力机制

另外，《混凝土结构设计规范》与《轻钢轻混凝土结构技术规程》在未考虑水平纤维贡献的情况下的计算值均小于试验值，明显偏于保守，其原因可能是计算公式低估了小剪跨比情况下的冷弯型钢-高强泡沫混凝土剪力墙中轻钢立柱的销栓抗剪作用及其对混凝土剪力墙的约束作用。从低矮钢筋混凝土剪力墙的抗震试验研究中[78]可知，当剪力墙的剪跨比较小(即低矮墙体)时，水平分布钢筋的作用将会被削弱，但竖向分布钢筋的抗剪作用得到加强，这主要是因为在水平荷载作用下，剪力墙内部水平力传递机制的拱作用得到强化引起的。如图 6.65 和图 6.71 所示，部分水平力是通过拱作用由混凝土斜压杆传递到基础上，竖向钢筋和型钢作为拉杆平衡了斜压杆的竖向分力，因此竖向钢筋和型钢对墙体的斜截面受剪承载力有较大的影响，特别是对小剪跨比剪力墙构件。

通过对《混凝土结构设计规范》和《钢骨混凝土结构技术规程》计算值的对比分析可以看出，竖向轻钢立柱对墙体斜截面受剪承载力的贡献显著，说明冷弯型钢-高强泡沫混凝土剪力墙的斜截面抗剪承载力公式需要考虑竖向轻钢立柱的贡献，这与上一段的分析和结论相一致。此外，通过对《型钢混凝土组合结构技术规程》与《钢骨混凝土结构技术规程》计算值的对比可以看出，采用式(6-96)量化竖向轻钢立柱对剪力墙抗剪承载力的贡献值是比较合理的，即将竖向钢材的承载力乘以折减系数，折减系数值为 0.15，这与第 6.4.2 节中基于软化拉-压杆模型推导出的冷弯型钢-高强泡沫混凝土剪力墙抗剪承载力计算公式中的水平纤维折减系数 $\beta_{sv}=0.12$ 基本一致。

综上所述，我国现有规范标准中规定的钢筋或型钢混凝土剪力墙斜截面受剪承载力计算公式并不适用于本书中冷弯型钢-高强泡沫混凝土剪力墙斜截面抗剪承载力计算，因此需要依据第 6.2.4 节中的试验结果提出适合冷弯型钢-高强泡沫混凝土剪力墙斜截面受剪承载力的计算公式。基于前面的分析和结论，基于《轻钢轻混凝土结构技术规程》中剪力墙斜截面受剪承载力计算公式的构造形式，提出适合冷弯型钢-高强泡沫混凝土剪力墙斜截面抗剪承载力的计算公式，并在公式中降低水平秸秆纤维的贡献量，建议其折减系数为 0.10～0.15；同时参考《型钢混凝土组合结构技术规程》增加竖向轻钢立柱的贡献项，建议其折减系数为 0.12～0.15。

6.7.2 国外规范标准中的钢筋(型钢)混凝土剪力墙斜截面受剪承载力计算公式

ACI 318-05[77]基于桁架模型给出了剪力墙的抗剪承载力计算公式，如式(6-98a)和(6-98b)所示。其中，“混凝土贡献项”采用 $\sqrt{f_c'}$ 代替 f_t 表征混凝土提供的抗剪承载力的计算参数指标，其原因是 $\sqrt{f_c'}$ 试验值比 f_t 的试验值更加稳定可靠，且通过轴压试验易于获得。此外，计算公式中考虑了剪力墙出现腹剪斜裂缝时的抗剪承载力，以及出现剪切斜裂缝时的抗剪承载力，给出了相应的计算公式，如式(6-98b)和式(6-98c)所示。同时，为了防止剪力墙出现斜压破坏，对式(6-98a)进行了限值，具体公式如下所示：

$$V_n=V_c+V_s\leqslant 0.83\sqrt{f_c'} \tag{6-98a}$$

$$V_{c1}=0.27\sqrt{f_c'}hb+N_u d/4l_w \tag{6-98b}$$

$$V_{c2}=\left[0.05\sqrt{f_c'}+l_w\left(0.1\sqrt{f_c'}+0.2\frac{N_u}{l_w h}\right)\Big/(M_u/V_u-l_w/2)\right]hd \tag{6-98c}$$

$$V_c=\min(V_{c1},\ V_{c2}) \tag{6-98d}$$

$$V_s=A_v f_y d/s \tag{6-98e}$$

式中：f_c' 为混凝土圆柱体抗压强度，根据 $f_c'=0.80f_{cu}$[79-80]计算得到；V_{c1} 为剪力墙出现腹剪斜裂缝时的抗剪承载力；V_{c2}为剪力墙出现弯剪斜裂缝的抗剪承载力；其余参数的意义见规范[77]。

随着专家学者对于混凝土性能的研究逐渐深入，高性能混凝土在越来越多的实际工程中得到广泛的应用，特别是轻质混凝土和高强混凝土。通过对钢筋高性能混凝土剪力墙的抗剪性能的研究和分析，ACI 318-11[80]对 ACI 318-05[77]中的剪力墙抗剪承载力计算公式中部分参数进行了修正，特别是剪力墙出现腹剪斜裂缝时的抗剪承载力 V_{c1}，以及剪力墙出现剪切斜裂缝时的抗剪承载力 V_{c2}，修正后的计算公式在 ACI 318-14[68]中得到了继续使用，如下所示：

$$V_{c1}=3.3\lambda\sqrt{f'_c}hb+N_u d/4l_w \tag{6-99a}$$

$$V_{c2}=\left[0.6\lambda\sqrt{f'_c}+l_w\left(1.25\lambda\sqrt{f'_c}+0.2\frac{N_u}{l_w h}\right)\Big/(M_u/V_u-l_w/2)\right]hd \tag{6-99b}$$

式中：λ为轻质混凝土力学性能折减系数，轻质混凝土λ取 0.75，砂子轻质混凝土λ取 0.85。

EC8[81]基于不同轴压比提出不同的剪力墙斜截面受剪承载力计算公式，但在计算公式中不再增加轴压力对抗剪承载力的贡献。此外，当轴压比大于 0.067 时，墙体承载力才会考虑混凝土对抗剪承载力的贡献，且同样采用$\sqrt{f'_c}$代替 f_t 表征混凝土提供的抗剪承载力的计算参数指标，具体形式如下：

$$当\frac{1.5P_n}{A_c f'_c}\leqslant 0.1 时，V_{calc}=\left[\rho_h f_{yh}\left(\frac{M_n}{V_n L_w}-0.3\right)+\rho_v f_{yv}\left(1.30-\frac{M_n}{V_n L_w}\right)\right]t_w d_w \tag{6-100a}$$

$$当\frac{1.5P_n}{A_c f'_c}>0.1 时，V_{calc}=0.15t_w d_w\sqrt{f'_c}+\left[\rho_h f_{yh}\left(\frac{M_n}{V_n L_w}-0.3\right)+\rho_v f_{yv}\left(1.30-\frac{M_n}{V_n L_w}\right)\right]t_w d_w \tag{6-100b}$$

现将第 6.2.1 节中冷弯型钢-高强泡沫混凝土剪力墙的相关参数数值分别代入 ACI 318-05、ACI 318-14 和 EC8 中的剪力墙斜截面受剪承载力计算公式中，得出基于不同规范标准的冷弯型钢-高强泡沫混凝土剪力墙抗剪承载力计算值，并将它们与试验值进行验证和分析，具体结果见表 6.28 所示。由表 6.28 和图 6.72 可知，ACI 318-05、ACI 318-14 和 EC8 规范标准下的计算值与试验值的比值的均值分别为 1.25、1.98 和 1.91，对应的标准差分别为 0.11、0.33 和 0.19，说明 ACI 318-05、ACI 318-14 和 EC8 规范均高估了冷弯型钢-高强泡沫混凝土剪力墙的受剪承载力，偏于不安全，故这些规范给出的受剪承载力计算公式不适用于预测冷弯型钢-高强泡沫混凝土剪力墙斜截面抗剪承载力。

表 6.28　冷弯型钢-高强泡沫混凝土剪力墙抗剪承载力试验值与基于国外现行规范标准公式计算值的对比

试件编号	试验值 V_m(kN)	ACI 318-05[77]		ACI 318-14[68]		EC8[81]	
		计算值 V_1(kN)	计算值/试验值 V_1/V_m	计算值 V_2(kN)	计算值/试验值 V_2/V_m	计算值 V_3(kN)	计算值/试验值 V_3/V_{max}
WB1	87.47	98.21	1.12	137.16	1.57	162.89	1.86
WB2	101.75	122.01	1.20	177.96	1.75	182.84	1.80
WB3	108.34	134.88	1.24	200.02	1.85	201.36	1.86
WB4	111.25	145.61	1.31	208.02	1.87	201.36	1.81

续表

试件编号	试验值 V_m(kN)	ACI 318-05[77]		ACI 318-14[68]		EC8[81]	
		计算值 V_1(kN)	计算值/试验值 V_1/V_m	计算值 V_2(kN)	计算值/试验值 V_2/V_m	计算值 V_3(kN)	计算值/试验值 V_3/V_{max}
WC1	135.16	185.73	1.37	331.98	2.46	285.18	2.11
WC2	165.58	185.73	1.12	331.98	2.00	368.12	2.22
WC3	191.55	267.91	1.40	458.08	2.39	322.57	1.68
		平均值	1.25		1.98		1.91
		标准差	0.11		0.33		0.19

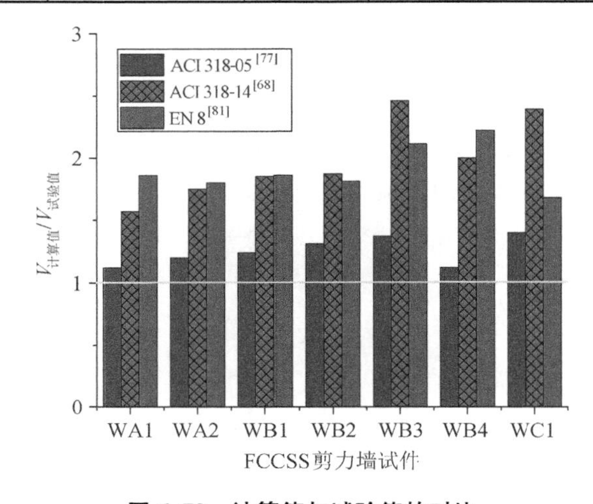

图 6.72 计算值与试验值的对比

6.7.3 相关文献的钢筋(型钢)混凝土剪力墙斜截面受剪承载力计算公式

6.7.3.1 剪力墙受剪承载力计算公式形式

钢筋(型钢)混凝土剪力墙作为结构中重要的抗侧力构件,对于结构的抗震性能起到重要作用。为了保证剪力墙的斜截面抗剪承载力计算的准确性,众多学者和专家基于现有相关规范标准的规定,开展了对剪力墙受剪承载力的研究,并提出了合理的剪力墙斜截面抗剪承载力计算公式。

董宇光、吕西林和丁子文[74]通过对 16 个型钢混凝土剪力墙试验结果的分析,并基于《混凝土结构设计规范》(GB 50010—2010)[33]和《型钢混凝土组合结构技术规程》(JGJ 138—2001)[75]的受剪承载力计算公式,提出适合端部和中部布置型钢的混凝土剪力墙斜截面抗剪承载力计算公式,如式(6-101)所示。作者根据对试验结果的分析,适当提高墙体端部型钢的抗剪贡献率,将系数由 0.4 改为 0.5;同时,考虑墙体截面中部型钢对抗剪承载力的贡献作用,故在公式中将其乘以恒定的折减系数并添加到端部型钢抗剪项中,公式具体形式见式(6-101)。

$$V_w=\frac{1}{\lambda-0.5}\left(0.5f_tb_wh_{w0}+0.13N\frac{A_w}{A}\right)+f_{yh}\frac{A_{sh}}{s}h_{w0}+\frac{0.5}{\lambda}f_a(A_{a1}+n_aA_{a2}) \quad (6-101)$$

式中,A_{a1} 为剪力墙一端暗柱中型钢截面面积;A_{a2} 为剪力墙截面中部型钢截面面积;n_a 为剪力墙截面中部型钢的总面积与端部型钢总面积的比值,$n_a\leqslant0.5$,其余符号意义见规范[33,75]。

施圣东[82]、邓超[83]、要永琴[84]对 6 片冷弯格构型钢混凝土剪力墙的试验结果和数值模拟结果进行了分析，得出的式(6－101)能够较好地预测剪力墙的斜截面受剪承载力，且计算结果略小于实测值，偏于安全。

乔彦明、钱稼茹和方鄂华[85]通过对 4 片剪切破坏的钢骨混凝土剪力墙的试验结果分析，拟合得到钢骨提供的抗剪承载力 V_{ss} 的贡献项，进而得到钢骨混凝土剪力墙的斜截面抗剪承载力计算公式，如下所示：

$$V_{ss}=(0.247-0.075\ln\lambda)f_{ys}A_{ss} \tag{6-102}$$

$$V_w=\frac{1}{\lambda-0.5}\left(0.5f_tb_wh_{w0}+0.13N\frac{A_w}{A}\right)+f_{yh}\frac{A_{sh}}{s}h_{w0}+(0.247-0.075\ln\lambda)f_{ys}A_{ss} \tag{6-103}$$

式中：f_{ys} 和 A_{ss} 分别为墙体端部钢骨的屈服强度和墙体截面一端钢骨的截面面积。

白亮[86]通过对 6 片型钢高性能混凝土剪力墙的试验结果分析，采用我国《型钢混凝土组合结构技术规程》(JGJ 138—2001)[75]中剪力墙受剪承载力计算公式，并考虑到国外混凝土结构规范[80,81,87]均以 $\sqrt{f_c}$ 作为剪力墙抗剪承载力的计算参数指标，且 $\sqrt{f_c}$ 试验值比 f_t 的试验值更加稳定可靠，提出"混凝土贡献项"采用 $\sqrt{f_c}$ 作为参数指标的型钢高性能混凝土剪力墙的抗剪承载力计算公式，具体形式如下：

$$V_w=\frac{1}{\lambda-0.5}\left(0.10\sqrt{f_c}bh_0+0.13N\frac{A_w}{A}\right)+f_{yv}\frac{A_{sh}}{s}h_0+(0.38-0.29\ln\lambda)f_aA_a \tag{6-104}$$

式中：f_a 和 A_a 分别为墙体端部型钢的屈服强度和墙体截面一端型钢的截面面积。

郁琦桐和潘鹏[88]对轻钢龙骨玻化微珠保温砂浆墙体进行了抗震性能的试验研究，基于材料间的共同工作现象，指出轻钢龙骨玻化微珠保温砂浆墙体抗剪承载力主要包括三部分，如式(6－105)所示。基于试验结果，给出各部分的计算公式，进而提出轻钢龙骨玻化微珠保温砂浆墙体斜截面抗剪承载力的计算公式，如下所示：

$$V=\gamma V_c+V_w+\varphi V_s \tag{6-105}$$

$$V=\frac{\gamma}{\lambda-0.5}(0.6f_tb_wh_w+0.1N)+(d_if_{vb}+d_0f'_{vb})+\varphi kf_sA_s\cos\alpha \tag{6-106}$$

式中，γ 为内外墙板对保温砂浆的约束作用引起的墙体承载力提高的调整系数；φ 为拉条影响系数，其值反映保温材料对斜拉条面外约束的大小；d_i 和 d_0 分别表示内外墙面板的水平宽度；f_{vb} 和 f'_{vb} 分别表示内外墙面板的抗剪强度；k 为斜拉条数量；α 是拉条与水平面夹角；其余参数意义见文献[88]。

杨逸[89]对 5 片轻钢灌浆墙体进行了抗震性能试验研究，发现墙体中斜撑、填充材料和内外墙板三部分相互约束且共同工作，因此轻钢灌浆墙体斜截面抗剪承载力由三部分承载力叠加计算得到。考虑到外挂板在试验过程中基本未被破坏，其提供的抗剪承载力不等于其屈服强度与相应的截面面积的乘积，故外挂板对墙体抗剪承载力的贡献值需乘以一个折减系数 η_1，轻钢灌浆墙体斜截面抗剪承载力的计算公式如下所示：

$$V=\eta_1(V_{xc}+V_{tc}+V_{nb}) \tag{6-107}$$

$$V=\eta_1\left(\eta_2kA_sf_y\cos\alpha+\eta_3\frac{0.5}{\lambda-0.5}f_tbh+lf_{vb}\right) \tag{6-108}$$

式中,V_{xc}表示斜支撑抗剪承载力;V_{tc}表示填充材料抗剪承载力;V_{nb}表示内墙板抗剪承载力;η_1 为外挂板体系对墙体抗剪承载力的提高系数;k 为斜支撑数量;α 为斜支撑与上主梁的水平面夹角;l 为内墙板水平宽度;f_{vb}为内墙板的抗剪强度;其余参数意义见文献[89]。

基于以上现有相关文献提出的钢筋(型钢)剪力墙斜截面受剪承载力计算公式,现将第6.2.1节中冷弯型钢-高强泡沫混凝土剪力墙的相关参数数值分别代入上述剪力墙斜截面受剪承载力计算公式中进行计算,得出冷弯型钢-高强泡沫混凝土剪力墙抗剪承载力计算值,并对计算值与试验值进行验证和分析,具体结果见表6.29。

6.7.3.2 剪力墙受剪承载力计算公式的试验验证

从表6.29、图6.73和图6.74可知,基于公式(6-101)和(6-103)得出的计算值远高于试验值,提高了约1.0～1.6倍,说明这两个抗剪承载力计算公式明显高估了冷弯型钢-高强泡沫混凝土剪力墙的抗剪能力,偏于不安全。其原因是该公式是基于《混凝土结构设计规范》和《型钢混凝土组合结构技术规程》规定的设计公式提出来的,过高地估测了水平钢筋对墙体抗剪承载力的贡献值。

此外,由表6.29、图6.73和图6.74可知,基于公式(6-106)和(6-108)得出的计算值与试验值之间的比值分别为1.22和1.56,对应的标准差分别为0.16和0.23,说明这两个公式能较好地预测冷弯型钢-高强泡沫混凝土剪力墙的抗剪承载力,但计算结果均大于试验值,偏于不安全。其原因是过高地估算了混凝土的贡献量。因此,对于冷弯型钢-高强泡沫混凝土剪力墙斜截面抗剪承载力计算公式,泡沫混凝土贡献项的折减系数可采用《轻钢轻混凝土结构技术规程》中的规定值。

同时,对于墙体外覆板材的情况,公式(6-106)和(6-108)采用板材的抗剪强度与板材长度相乘的方式估测板材对墙体抗剪承载力的贡献量,为冷弯型钢-高强泡沫混凝土剪力墙斜截面抗剪承载力计算公式的建立提供了评估秸秆板贡献量的一种方法。

表6.29 冷弯型钢-高强泡沫混凝土剪力墙抗剪承载力试验值与基于相关文献公式计算值的对比

试件编号	试验值 V_m(kN)	董宇光等人文献[74]		乔彦明等人文献[85]		郁琦桐等人文献[88]		杨逸文献[89]	
		计算值 V_1(kN)	计算值/试验值 V_1/V_m	计算值 V_2(kN)	计算值/试验值 V_2/V_m	计算值 V_3(kN)	计算值/试验值 V_3/V_{max}	计算值 V_4(kN)	计算值/试验值 V_4/V_{max}
WB1	87.47	248.92	2.85	196.76	2.25	104.12	1.19	130.13	1.49
WB2	101.75	277.64	2.73	225.48	2.22	142.03	1.40	186.30	1.83
WB3	108.34	340.51	3.14	250.51	2.31	145.57	1.34	191.55	1.77
WB4	111.25	345.71	3.11	255.71	2.30	149.97	1.35	191.55	1.72
WC1	135.16	310.05	2.29	234.18	1.73	156.19	1.16	195.20	1.44
WC2	165.58	369.31	2.23	234.18	1.41	156.19	0.94	195.20	1.18
WC3	191.55	434.53	2.27	303.63	1.59	218.36	1.14	287.33	1.50
		平均值	2.66		1.97		1.22		1.56
		标准差	0.40		0.38		0.16		0.23

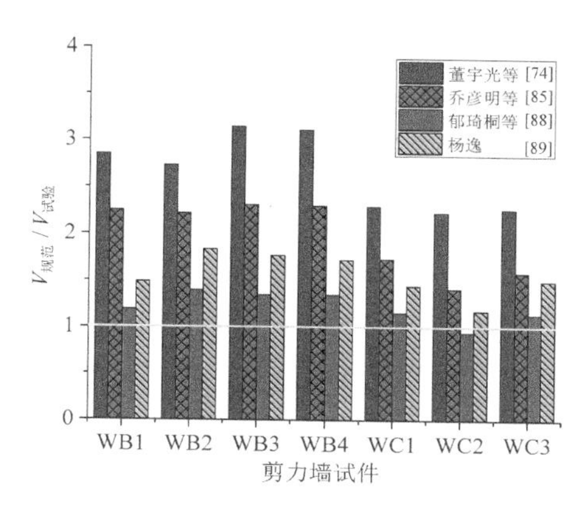

图 6.73　基于文献计算值与试验值比较

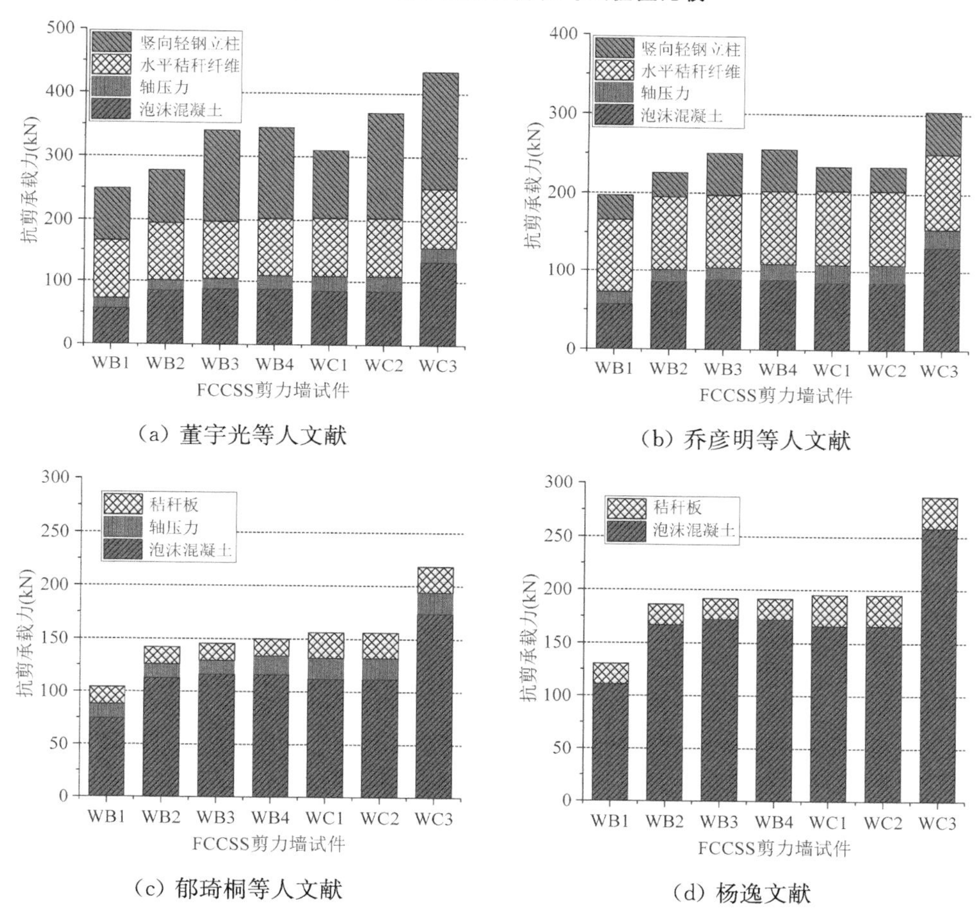

(a) 董宇光等人文献

(b) 乔彦明等人文献

(c) 郁琦桐等人文献

(d) 杨逸文献

图 6.74　文献公式计算值与试验值比较

6.7.4　冷弯型钢-高强泡沫混凝土剪力墙斜截面受剪承载力计算公式

6.7.4.1　计算公式的组成和基本假定

为了更加合理地预测冷弯型钢-高强泡沫混凝土剪力墙的斜截面抗剪承载力，本节利用第 6.7.1～6.7.3 节分析得出的结论和建议，以及本文第 6.2 节取得的冷弯型钢-高强泡沫混凝土剪力墙试验结果,提出冷弯型钢-高强泡沫混凝土剪力墙斜截面受剪承载力计算公式。新提出的计算公式的形式需借鉴和采用我国《轻钢轻混凝土结构技术规程》和《型钢混凝土组合结构技术规程》中剪力墙受剪承载力计算公式中的部分模式,使该公式与规范计算公式形式保持协调和统一,便于以后将冷弯型钢-高强泡沫混凝土剪力墙编入相关规程[3,75]时将该公式作为参考公式使用。

因此,冷弯型钢-高强泡沫混凝土剪力墙的抗剪承载力计算公式的形式主要采用承载力叠加法计算,其受剪承载力主要由构件的有效抗剪截面和泡沫混凝土抗压强度(或抗拉强度)的乘积所提供的抗剪承载力(即"泡沫混凝土贡献项"V_C)、轴压力引起的抗剪承载力的增量(即"轴压力贡献项"V_N)、水平秸秆纤维所提供的抗剪承载力(即"水平纤维贡献项"V_{SH})组成,另外需考虑竖向轻钢立柱所提供的抗剪承载力(即"竖向立柱贡献项"V_{SV}),具体形式如式(6-109)所示。基于以上考虑,提出以下基本假定,便于建立冷弯型钢-高强泡沫混凝土剪力墙斜截面受剪承载力的简化计算公式。

$$V_W = V_C + V_N + V_{SH} + V_{SV} \tag{6-109}$$

基本假定如下:

(1) 当墙体达到最大抗剪承载力时,轻质高强泡沫混凝土、轻钢骨架及秸秆板变形相协调,承载力计算满足叠加原理;

(2) 忽略竖向荷载对轻质高强泡沫混凝土的影响;

(3) 忽略轻钢立柱与泡沫混凝土之间的黏结滑移效应。

6.7.4.2 剪力墙斜截面受剪承载力计算公式的提出

基于前文对我国相关规范标准和文献提出的计算公式的分析得出的结论和建议,本节在借鉴《轻钢轻混凝土结构技术规程》和《型钢混凝土组合结构技术规程》规定的剪力墙受剪承载力计算公式的基础上,给出冷弯型钢-高强泡沫混凝土剪力墙的斜截面抗剪承载力计算公式,如式(6-110)所示。式中,混凝土强度指标用抗拉强度 f_t 表示,对水平秸秆纤维提供的抗剪承载力进行折减(折减系数为 α_{sh}),增加竖向轻钢立柱提供的抗剪承载力贡献项。

$$V = \frac{1}{\lambda - 0.5}\left(\alpha_c f_t b h_0 + \alpha_n N \frac{A_w}{A}\right) + \alpha_{sh} f_{yh} \frac{A_{sh}}{s} h_{w0} + \frac{\alpha_{sv}}{\lambda} f_{yv} A_{sv} \tag{6-110}$$

式中,α_c 为泡沫混凝土对抗剪承载力贡献量的折减系数;α_n 为轴压力对抗剪承载力贡献量的折减系数;α_{sh} 为水平秸秆纤维对抗剪承载力贡献量的折减系数;α_{sv} 为竖向轻钢立柱对抗剪承载力贡献量的折减系数;f_t 为泡沫混凝土的抗拉强度,可以通过抗压强度进行换算得到[90-92],具体公式为 $f_t = 0.23(f_c)^{0.667}$;f_{yv} 为轻钢立柱的屈服强度;A_{sv} 为剪力墙一端箱形轻钢立柱截面面积;h_{w0} 为墙体截面有效宽度,即受拉端轻钢合力点到轴压区边缘的距离。

由规程[3]和[75]中受剪承载力计算公式可知,影响冷弯型钢-高强泡沫混凝土剪力墙受剪承载力的主要因素有:剪跨比 λ、混凝土强度等级(f_c 或 f_t)、墙体有效截面面积($A_c = bh_0$)、轴压力 N、水平钢筋或纤维(f_{yh} 和 A_{sh})和竖向钢立柱屈服强度(f_{yv} 和 A_{sv})。这些因素对剪力墙受剪承载能力的贡献并非线性,它们之间存在一定的耦合作用,即某一因素的变化会影响其他因素对剪力墙受剪承载力的贡献,例如混凝土强度对承载力的影响程度随剪跨比的增加而减少。因此,本文基于第 6.2 节中冷弯型钢-高强泡沫混凝土剪力墙抗剪试验结果，经回归分析后确定各个贡献项的折减系数，并得到冷弯型钢-高强泡沫混凝土剪力墙受剪承载力计算公式。

在对式(6－110)进行回归分析前，考虑到秸秆板内全部为水平秸秆纤维，为了便于计算其贡献量，将水平秸秆纤维等效为等间距的水平向的 5 根拉杆，并忽略距离墙体顶部和底部 250 mm 范围内的水平秸秆纤维的作用[64,93]，得到的所有拉杆的截面面积 A_{sh} 均相等。此外，尽管冷弯型钢-高强泡沫混凝土剪力墙构造中的秸秆板与《轻钢轻混凝土结构设计规程》中的板材类型不同，但是从墙体构造形式和受力机理上可知，冷弯型钢-高强泡沫混凝土剪力墙属于轻钢轻混凝土剪力墙范畴，因此泡沫混凝土贡献项系数和轴压力贡献项系数均可借鉴《轻钢轻混凝土结构设计规程》的相关规定，即 $\alpha_c=0.4$，$\alpha_n=0.06$。基于以上分析和假设，采用 Origin 软件对式(6－110)进行回归分析，得到水平秸秆纤维贡献量系数 α_{sh} 和竖向轻钢立柱贡献量系数 α_{sv} 的均值，这与第 7.2.1.2 节的结论相一致。

$$\alpha_{sh}=0.12,\alpha_{sv}=0.15 \tag{6-111}$$

将式(6－111)代入式(6－110)得冷弯型钢-高强泡沫混凝土剪力墙的斜截面抗剪承载力计算公式，如下所示：

$$V=\frac{1}{\lambda-0.5}\left(0.4f_tbh_0+0.06N\frac{A_w}{A}\right)+0.12f_{yh}\frac{A_{sh}}{s}h_{w0}+\frac{0.15}{\lambda}f_{yv}A_{sv} \tag{6-112}$$

6.7.4.3　剪力墙斜截面受剪承载力计算公式的试验验证

将第 6.2.1 节中冷弯型钢-高强泡沫混凝土剪力墙试件参数代入式(6－112)中，得出试件的斜截面受剪承载力的计算值，具体计算结果见表 6.30。从表 6.30 和图 6.75 可知，式(6－112)的计算值均大于其试验值，总体偏于不安全，特别是对于试件 WB1～WB4(高宽比 λ=1.25)。其原因是式(6－112)未考虑泡沫混凝土与轻钢之间的黏结滑移效应对冷弯型钢-高强泡沫混凝土剪力墙斜截面抗剪承载力产生的不利影响。通过对第 6.2 节中试件破坏模式的观察可以看出，试件 WB1～WB4(高宽比 λ=1.25)出现了明显的黏结滑移现象，特别是在墙体端立柱腹板与泡沫混凝土之间，具体见第 6.2 节墙体破坏图 6.10～图 6.17，故试件 WB1～WB4 的计算值超出试验值 25%～30%；相比于试件 WB1～WB4 的黏结滑移破坏模式，试件 WC1～WC3 的黏结滑移现象不明显，特别是端立柱与泡沫混凝土之间的缝隙主要集中于墙体上半部，具体见第 6.2.3 节墙体破坏图，故试件 WC1～WC3 的计算值超出试验值 5%～10%。因此，为了提高冷弯型钢-高强泡沫混凝土剪力墙受剪承载力计算公式的准确性，式(6－112)应乘以一个表征黏结滑移对墙体抗剪承载力影响的折减系数 η，调整后的承载力计算公式如下所示。

$$V=\eta\left[\frac{1}{\lambda-0.5}\left(0.4f_tbh_0+0.06N\frac{A_w}{A}\right)+0.12f_{yh}\frac{A_{sh}}{s}h_{w0}+\frac{0.15}{\lambda}f_{yv}A_{sv}\right] \tag{6-113}$$

表 6.30　冷弯型钢-高强泡沫混凝土剪力墙受剪承载力公式计算值与试验值的对比

试件编号	承载力试验值 V_{max}(kN)	式(6－112)计算值 V_1(kN)	式(6－112)计算值/试验值 V_1/V_{max}	$\left\lvert\frac{V_1-V_{max}}{V_{max}}\right\rvert$	式(6－113)计算值 V_2(kN)	式(6－113)计算值/试验值 V_2/V_{max}	$\left\lvert\frac{V_2-V_{max}}{V_{max}}\right\rvert$
WB1	87.47	99.11	1.13	13.3%	84.24	0.96	3.7%

续表

试件编号	承载力试验值 V_{max}(kN)	式(6-112)计算值 V_1(kN)	式(6-112)计算值/试验值 V_1/V_{max}	$\left\|\frac{V_1-V_{max}}{V_{max}}\right\|$	式(6-113)计算值 V_2(kN)	式(6-113)计算值/试验值 V_2/V_{max}	$\left\|\frac{V_2-V_{max}}{V_{max}}\right\|$
WB2	101.75	127.82	1.26	25.6%	102.26	1.00	0.5%
WB3	108.34	140.83	1.30	30.0%	112.66	1.04	4.0%
WB4	111.25	144.03	1.29	29.5%	115.22	1.04	3.6%
WC1	135.16	141.96	1.05	5.0%	127.76	0.95	5.5%
WC2	165.58	184.63	1.12	11.5%	166.17	1.00	3.5%
WC3	191.55	199.38	1.04	4.1%	179.44	0.94	6.3%
		平均值	1.17	17.0%		0.99	3.9%
		标准差	0.11	0.11		0.04	0.02

表 6.31 冷弯型钢-高强泡沫混凝土剪力墙受剪承载力公式计算值与模拟值的对比

有限元参数分析试件编号	承载力模拟值 V_{mode}(kN)	公式(6-112)计算值 V_1(kN)	V_1/V_{mode}
WM2	150.04	136.03	0.91
WM4	102.53	94.89	0.93
WM6	172.01	182.97	1.06
WM7	70.25	66.64	0.95
		平均值	0.96
		标准差	0.07

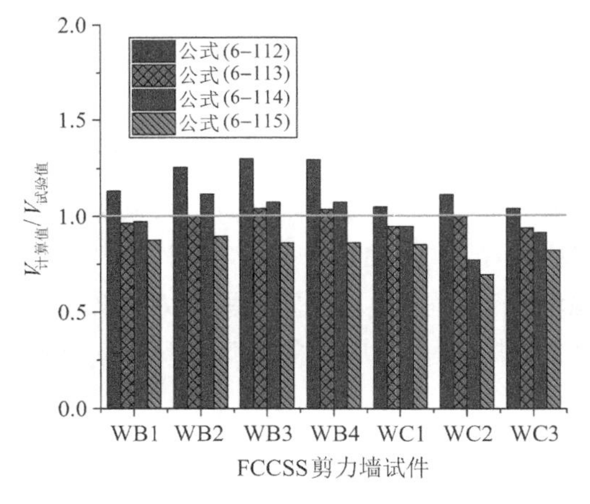

(a) 拟合公式计算值与试验值比较

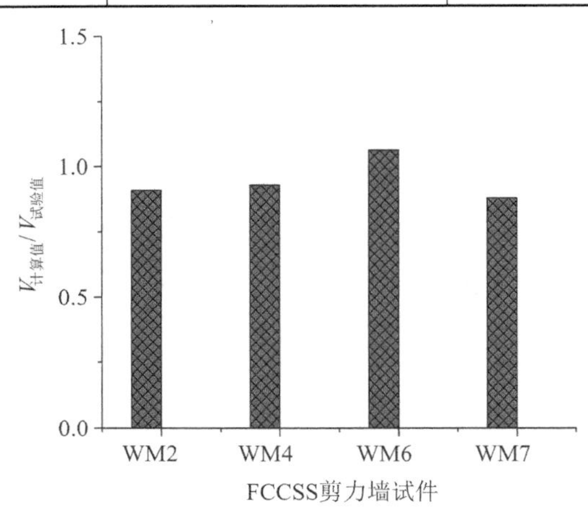

(b) 拟合公式计算值与模拟值比较

图 6.75 拟合公式计算值与试验值或模拟值的比较

由表 6.31 和图 6.75(b)可知,对于第五章中用有限元参数分析冷弯型钢-高强泡沫混凝土剪力墙试件,由冷弯型钢-高强泡沫混凝土斜截面抗剪承载力计算公式(6-112)得出的抗剪承载力计算值 V_1 与有限元模拟值 V_{mode} 之比的平均值为 0.96,标准差为 0.07,表明承载力计算公式(6-112)与有限元模拟值吻合良好。其原因是有限元数值模型和承载力计算公式

(6－112)均未考虑轻钢与泡沫混凝土之间的黏结滑移效应，故两者得出的抗剪承载力数值基本相同，也说明两种承载力计算方法在计算不考虑黏结滑移效应的承载力上都具有相同的计算精度。

6.7.5　考虑黏结滑移效应的冷弯型钢-高强泡沫混凝土剪力墙斜截面受剪承载力计算公式

6.7.5.1　黏结滑移系数的提出与验证

通过对表 6.30 中公式计算值与试验值比值的分析可知，对于试件 WB1～WB4(剪跨比为 1.25，大于 1.0)，黏结滑移对墙体抗剪承载力的折减系数 η 取 0.80；对于试件 WC1～WC3(剪跨比为 0.84，小于 1.0)，黏结滑移对墙体抗剪承载力的折减系数 η 取 0.90。对于所有冷弯型钢-高强泡沫混凝土剪力墙试件而言，其折减系数 η 为 0.85，与第 6.4.2 节和第 6.4.4节基于软化拉-压杆模型提出的折减系数 φ(或 α)为 0.85 相同，并与表 6.24 中的比值 0.84 一致。因此，基于以上分析，确定了黏结滑移对墙体抗剪承载力的折减系数 η 的取值：当剪跨比 $\lambda=0.85$ 时，$\eta=0.80$；当剪跨比 $\lambda=1.25$ 时，$\eta=0.90$。

将上述黏结滑移折减系数 η 的数值代入式(6－113)中，重新计算冷弯型钢-高强泡沫混凝土剪力墙斜截面抗剪承载力，并将计算值与墙体试验结果做对比，对比结果如表 6.30 所示。通过对比结果的分析可以看出，修正后的抗剪承载力计算值与试验值吻合较好，两者比值的均值为 0.99，标准差为 0.04，说明黏结滑移系数 η 的取值是合理的，式(6－113)适用于剪跨比小于 1.5 且以剪切-滑移破坏为主的冷弯型钢-高强泡沫混凝土剪力墙斜截面受剪承载力的评估，如图 6.76。

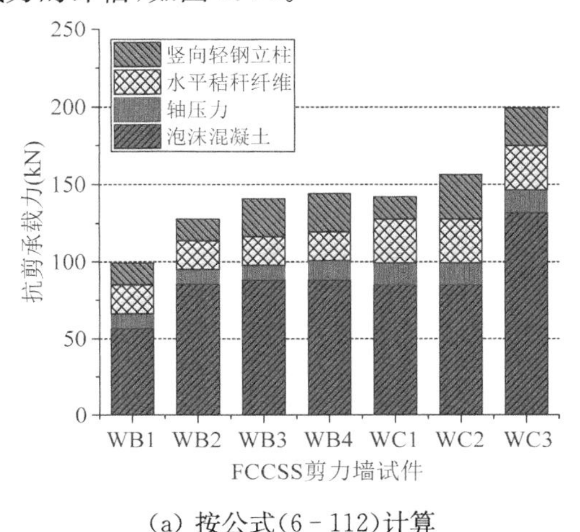

(a) 按公式(6－112)计算

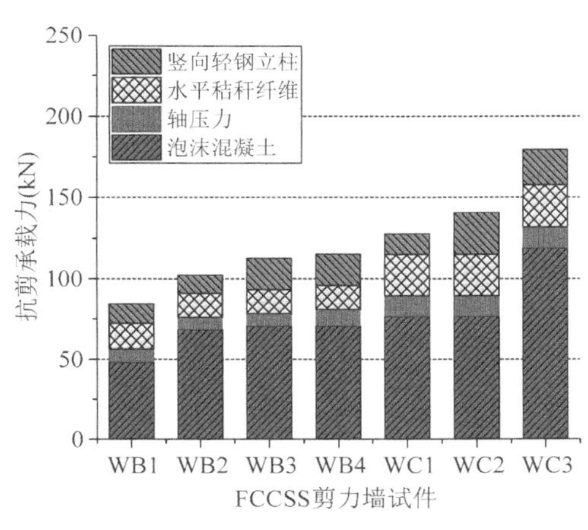

(b) 按公式(6－113)计算

图 6.76　抗剪承载力拟合公式计算值

6.7.5.1　剪力墙斜截面受剪承载力计算公式的优化

为了保证计算公式的准确性，使公式计算值总体偏于保守(即偏于安全)，便于冷弯型钢-高强泡沫混凝土剪力墙编入《轻钢轻混凝土结构设计规程》时将此公式作为参考公式使用，在式(6－112)和式(6－113)的基础上忽略竖向轻钢立柱的贡献项，有利于在形式上与《轻钢轻混凝土结构设计规程》规定的相关公式(6－97)一致。另外一个原因是除采用双拼轻钢立柱试件 WC2 外，其余试件的竖向轻钢立柱的贡献量占总承载力的比例较小，比例为 10%～15%，故基于安全考虑可以忽略竖向轻钢立柱的贡献项，得到偏于保守的冷弯型钢-高强泡沫混凝土剪力墙斜截面受剪承载力计算公式，如下所示：

$$V=\frac{1}{\lambda-0.5}\left(0.4f_{t}bh_{0}+0.06N\frac{A_{w}}{A}\right)+0.12f_{yh}\frac{A_{sh}}{s}h_{w0} \tag{6-114}$$

$$V=\eta\left[\frac{1}{\lambda-0.5}\left(0.4f_{t}bh_{0}+0.06N\frac{A_{w}}{A}\right)+0.12f_{yh}\frac{A_{sh}}{s}h_{w0}\right] \tag{6-115}$$

表 6.32 冷弯型钢-高强泡沫混凝土剪力墙受剪承载力公式计算值与试验值的对比

试件编号	承载力试验值 V_{max}(kN)	式(6-114)计算值 V_1(kN)	式(6-114)计算值/试验值 V_1/V_{max}	$\left\lvert\frac{V_1-V_{max}}{V_{max}}\right\rvert$	式(6-115)计算值 V_3(kN)	式(6-115)计算值/试验值 V_3/V_{max}	$\left\lvert\frac{V_2-V_{max}}{V_{max}}\right\rvert$
WB1	87.47	84.89	0.97	3.0%	76.40	0.87	12.7%
WB2	101.75	113.60	1.12	11.6%	90.88	0.89	10.7%
WB3	108.34	116.29	1.07	7.3%	93.03	0.86	14.1%
WB4	111.25	119.49	1.07	7.4%	95.59	0.86	14.1%
WC1	135.16	127.74	0.95	5.5%	114.96	0.85	14.9%
WC2	165.58	127.74	0.77	18.0%	114.96	0.69	30.6%
WC3	191.55	174.84	0.91	8.7%	157.35	0.82	17.9%
平均值			0.98	8.8%		0.84	16.4%
标准差			0.12	0.05		0.07	0.07

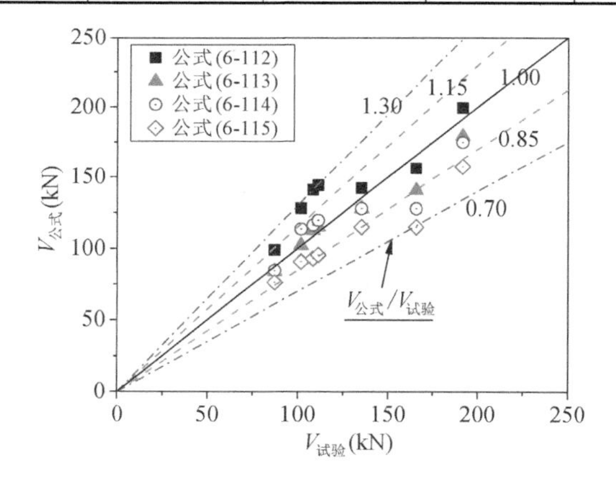

图 6.77 公式计算结果与试验结果的对比

由表 6.32 和图 6.77 可以看出，在不考虑竖向轻钢立柱的有利作用和黏结滑移折减系数的情况下，式(6-114)的计算值与试验值吻合较好，两者的比值的平均值为 0.98。其原因是式(6-114)不考虑竖向轻钢立柱对墙体受剪承载力的有利作用和黏结滑移引起的不利影响，两者产生的"一正一副"作用基本互相抵消。因此，在只忽略竖向轻钢立柱的有利作用下，式(6-115)的计算值均小于试验值，计算值偏于保守，且计算结果较为稳定，使冷弯型钢-高强泡沫混凝土剪力墙适合在工程设计中使用。

当考虑地震组合验算轻钢轻混凝土结构构件的承载力时，应在抗剪承载力计算公式(6-

112)～(6－115)的基础上除以承载力抗震调整系数 γ_{RE}。《建筑抗震设计规范》(GB 50011—2010)[94]规定了剪力墙斜截面承载力计算的 γ_{RE} 为 0.85,故地震组合作用下的冷弯型钢-高强泡沫混凝土剪力墙的斜截面抗剪承载力计算公式如下所示：

$$V_{RE}=\frac{1}{\gamma_{RE}}V \tag{6-118}$$

综上所述,通过对现有规范标准和相关文献提出的剪力墙斜截面受剪承载力计算公式的分析,得出有助于构建冷弯型钢-高强泡沫混凝土剪力墙抗剪承载力计算公式的部分结论和建议。然后,基于我国《轻钢轻混凝土结构技术规程》和《型钢混凝土组合结构技术规程》中剪力墙受剪承载力计算公式,结合第 6.2.4 节中冷弯型钢-高强泡沫混凝土剪力墙的试验现象和结果,以及第 6.7.5.1 节中关于黏结滑移对剪力墙承载力折减系数取值的建议,提出适合预测冷弯型钢-高强泡沫混凝土剪力墙斜截面抗剪承载力的计算公式,如表 6.33 所示。经对比分析,认为这些计算公式具有较高的可靠度,且不同的公式针对不同的用途。

表 6.33 冷弯型钢-高强泡沫混凝土剪力墙斜截面受剪承载力计算公式汇总表

公式编号	计算公式	竖向轻钢立柱的有利影响	轻钢与泡沫混凝土间黏结滑移的不利影响	建议用途
1	$V=\frac{1}{\lambda-0.5}\left(0.4f_tbh_0+0.06N\frac{A_w}{A}\right)+0.12f_{yh}\frac{A_{sh}}{s}h_{w0}+\frac{0.15}{\lambda}f_{yv}A_{sv}$	有	无	初步预测
2	$V=\eta\left[\frac{1}{\lambda-0.5}\left(0.4f_tbh_0+0.06N\frac{A_w}{A}\right)\right]+\eta\left[0.12f_{yh}\frac{A_{sh}}{s}h_{w0}+\frac{0.15}{\lambda}f_{yv}A_{sv}\right]$	有	有	准确预测
3	$V=\frac{1}{\lambda-0.5}\left(0.4f_tbh_0+0.06N\frac{A_w}{A}\right)+0.12f_{yh}\frac{A_{sh}}{s}h_{w0}$	无	无	准确预测
4	$V=\eta\left[\frac{1}{\lambda-0.5}\left(0.4f_tbh_0+0.06N\frac{A_w}{A}\right)+0.12f_{yh}\frac{A_{sh}}{s}h_{w0}\right]$	无	有	工程设计

6.8 冷弯型钢-高强泡沫混凝土剪力墙恢复力模型研究

在冷弯型钢-高强泡沫混凝土剪力墙结构的地震动力响应分析中,墙体的恢复力模型是研究的基础,而恢复力模型包括骨架曲线和滞回规律。基于对第 6.2.4 节冷弯型钢-高强泡沫混凝土剪力墙的水平低周反复荷载试验研究结果的分析,采用试验拟合方法确定了符合墙体受力特征的四折线骨架线模型,并给出了相应的解析公式和计算流程。然后,根据试验滞回曲线的特性,确定不同控制位移下的标准滞回环的滞回规律,并采用数学模型和统计分析方法,得到参数的解析计算公式,进而给出滞回规律的计算流程。最后,基于能够反映结构构件开裂、屈服、峰值荷载和破坏等关键特征点的四折线骨架线模型,以及能够反映结构构件强度和刚度退化、滑移和捏缩等特征的滞回规律,建立符合冷弯型钢-高强泡沫混凝土剪力墙恢复力特性的恢复力模型,为结构的弹塑性时程分析提供理论参考。

6.8.1 恢复力模型的相关研究组成

恢复力是指结构或构件在外荷载去除后恢复至原来形状的能力。恢复力特性是结构在反复荷载作用下所表现出来的力与位移之间的关系，即滞回曲线，反映了结构在卸载后恢复原来变形的能力。恢复力模型是根据以上的恢复力与变形关系曲线，经适当抽象和简化得到的实用数学模型，主要包括骨架曲线和滞回规律[95-96]。其中骨架曲线是滞回曲线的外包络线，反映了加载过程中试件的开裂、屈服、峰值和破坏等特征，而滞回规律则体现了结构的高度非线性，反映了结构的强度和刚度退化、滑移捏缩等特性。

6.8.1.1 恢复力模型的取得

目前，确定恢复力模型的方法主要有试验拟合法、系统识别法和理论计算法等[97]。恢复力模型主要分为折线型和曲线型两种。折线型恢复力模型主要有双线型(克拉夫模型)、三线型(武田模型)、四线型和剪切滑移型，在这些模型的基础上进一步考虑刚度和强度退化、滑移捏缩和滞回路径等因素，得到更复杂的恢复力模型。曲线型模型主要通过微分方程的形式来表示各种不同受力状态的构件恢复力滞回曲线与刚度的退化效应，包括 BWBN 微分模型[98-100]、Richard-Abbott 模型[101-102]和 EPHM 模型[103]等。其中，BWBN 微分模型能较全面地反映组合墙体的滞回性能，但其数学表达式采用的微分方程不能获得解析解，参数识别需采用特定的算法；Richard-Abbott 模型也可用于表示组合墙体的滞回性能，但很难对没有物理意义的下边界曲线参数赋予初值；EPHM 模型不能很好地反映试件的捏缩特性，且加载刚度仅随位移绝对值的增大而单调提高，与实际情况有一定差距。但是，一个结构构件的合理恢复力模型必须具有一定的精度，能体现实际结构或构件的滞回性能，并能在可接受的限度内再现试验结果，且模型应简便实用，不会因其本身的复杂性而造成结构动力非线性分析不能有效进行。

因此，本章采用试验拟合方法确定冷弯型钢-高强泡沫混凝土剪力墙的恢复力模型，即根据试验滞回曲线，采用一定的数学模型，确定出骨架曲线和不同控制变形下的标准滞回环的滞回规律。考虑到模型需具有一定精度且应简单实用，本章提出的恢复力模型采用折线型，即通过比较可靠的理论公式确定骨架曲线上的关键点，然后由低周反复荷载试验结果确定滞回规律，进而将标准滞回环等效为连续的折线。

6.8.1.2 现有墙体试验拟合方法和成果

恢复力模型的试验拟合方法主要包括骨架曲线关键点的确定和滞回规律的描述。目前国内外学者对型钢混凝土墙体恢复力模型的研究并不多，特别是对于强弯弱剪型钢混凝土剪力墙和冷弯薄壁型钢组合墙体的研究。郭子雄和童岳生[104]基于 10 片钢筋混凝土低矮剪力墙在低周反复荷载试验研究的基础上，提出了带边框低矮剪力墙的层间剪力-层间位移恢复力模型，为后续的型钢墙体恢复力模型的研究奠定了基础。石宇[105]基于 6 片冷弯薄壁型钢组合墙体的低周反复荷载试验研究结果，提出了考虑刚度退化和滑移捏缩效应的四折线荷载-层间转角恢复力模型。黄智光[106]基于 10 片足尺冷弯薄壁型钢墙体试件的抗剪滞回性能试验结果，采用 SAP2000 中多线段塑性 Pivot 连接单元的滞回规则，建立了墙体的退化四线型恢复力模型，该模型能较好地模拟墙体的刚度退化和捏缩效应。Smail Kechidi 等[107]基于 12 片不同构造形式的冷弯薄壁型钢组合墙体的抗剪滞回性能试验结果，采用 Open Sees软件建立四折线骨架线模型，并提出考虑部分强度退化、刚度退化和捏缩效应的滞回规则，建立退化四线型恢复力模型，结果表明该模型拟合效果良好。初明进[64]基于 10 片冷弯薄壁型钢混凝土剪力墙的低周反复荷载试验研究成果，提出了水平力-位移三折线骨架线模型，并采用 Lu-Qu 模型给出了适用于该剪力墙的滞回规则，结果表明模拟结果与试验结果吻合较好。

从第 6.2 节中冷弯型钢-高强泡沫混凝土单层剪力墙的抗剪性能试验研究可以看出，冷弯型钢-高强泡沫混凝土剪力墙墙体的受力特征比较特殊，其滞回性能与上述墙体有所区别，因此有必要对冷弯型钢-高强泡沫混凝土剪力墙的恢复力模型进行深入研究，提出适合冷弯型钢-高强泡沫混凝土剪力墙滞回性能的新型恢复力模型。

6.8.2　冷弯型钢-高强泡沫混凝土剪力墙骨架曲线模型

本章采用试验拟合方法确定了冷弯型钢-高强泡沫混凝土剪力墙的恢复力模型。根据第 6.2 节冷弯型钢-高强泡沫混凝土单层剪力墙试件的低周反复荷载试验得到的滞回曲线，采用数学模型和统计分析方法，定量确定四折线骨架线模型和在不同控制变形下的标准滞回环的滞回规律，进而将骨架曲线和标准滞回环结合起来组成恢复力模型，然后将试件参数代入模型中得到不同构造形式的冷弯型钢-高强泡沫混凝土剪力墙的恢复力曲线。因此，首先需要确定骨架曲线模型，特别是该曲线上的特征关键点的恢复力和位移。

6.8.2.1　骨架曲线模型的确定

根据试验现象和滞回曲线特征的分析结果，冷弯型钢-高强泡沫混凝土单层剪力墙的荷载-位移骨架曲线采用能够反映剪切破坏特征并考虑承载力变化和刚度退化的四折线型模型，如图 6.78 所示。其中，cr 对应开裂点，y 对应屈服点，m 对应峰值荷载点，u 对应极限荷载点。需要确定的 12 个关键点的参数：K_1 为试件开裂前刚度，V_{cr} 为试件名义开裂荷载，Δ_{cr} 为试件名义开裂位移；K_2 为试件屈服前刚度，V_y 为试件屈服荷载，Δy 为试件屈服位移；K_3 为试件屈服后(峰值前)刚度，V_m 为试件峰值荷载和 Δ_{max} 为试件峰值位移；K_4 为试件峰值荷载后下降段刚度，V_u 为试件极限荷载，Δu 为试件极限位移。

冷弯型钢-高强泡沫混凝土单层剪力墙骨架曲线上的特征点均可按下式确定，骨架曲线的表达式如下：

$$V(\Delta)=\begin{cases} K_1\Delta & 0\leqslant\Delta\leqslant\Delta_{cr} \\ V_{cr}+K_2(\Delta-\Delta_{cr}) & \Delta_{cr}<\Delta\leqslant\Delta_y \\ V_y+K_3(\Delta-\Delta_y) & \Delta_y<\Delta\leqslant\Delta_{max} \\ V_m+K_4(\Delta-\Delta_u) & \Delta_{max}<\Delta\leqslant\Delta_u \end{cases} \tag{6-117}$$

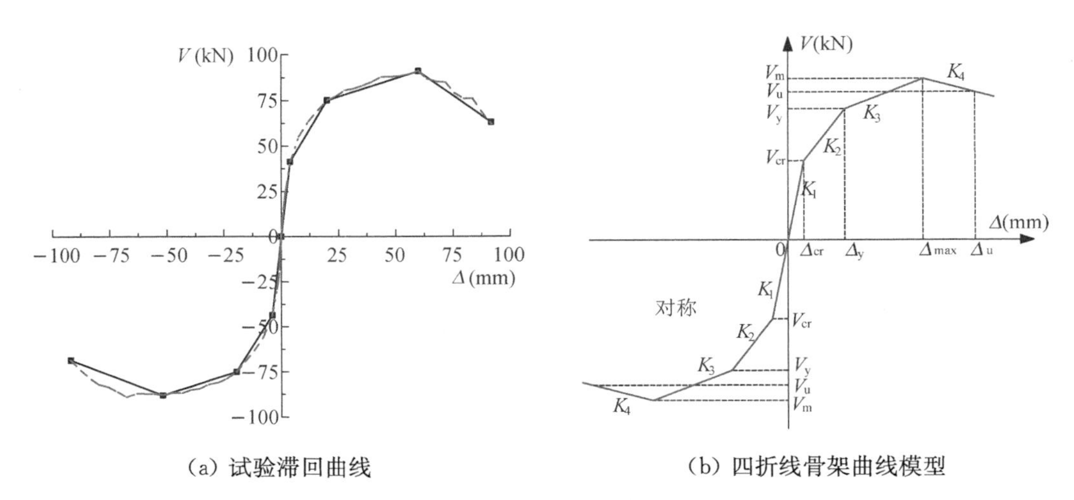

(a) 试验滞回曲线　　　　(b) 四折线骨架曲线模型

图 6.78　冷弯型钢-高强泡沫混凝土剪力墙的试验滞回曲线与骨架曲线模型

1. 骨架曲线模型的折线刚度

冷弯型钢-高强泡沫混凝土剪力墙的变形主要包括剪切变形、弯曲变形和滑移变形（墙体与地梁间的相对滑移）。由于墙体的轻钢骨架通过连接件锚固于地梁上，且墙体边缘采用双拼箱型钢立柱，故假设剪力墙的变形主要是弯曲变形 Δ_{fcr} 和剪切变形 Δ_{scr}，可忽略墙体与地梁间的滑移变形。试验数据的分析结果也证明了此假设的正确性。

假设悬臂冷弯型钢-高强泡沫混凝土剪力墙为等截面弹性悬臂构件，则剪力墙开裂前刚度 K_1 可以从弹性理论导出。根据材料力学和结构力学的虚功原理，假定剪力墙的剪应力为均匀分布，得出冷弯型钢-高强泡沫混凝土剪力墙在弯曲变形和剪切变形下顶点处的位移，计算公式如下。

$$\Delta_{fcr}=\frac{H^3}{3(\alpha_f E_c I_c)}V_{cr} \tag{6-118}$$

$$\Delta_{scr}=\frac{\mu H}{\alpha_s G_c A}V_{cr} \tag{6-119}$$

$$\Delta_{cr}=\Delta_{fcr}+\Delta_{scr}=\left(\frac{H^3}{3\alpha_f E_c I_c}+\frac{\mu H}{\alpha_s G_c A}\right)V_{cr} \tag{6-120}$$

式中：H 为剪力墙的计算高度；I_c 为剪力墙截面惯性矩；A 为剪力墙截面面积；E_c 为泡沫混凝土弹性模量；G_c 为泡沫混凝土剪切模量，取 $G_c=0.4E_c$；μ 为剪应力不均匀系数，矩形截面对应 $\mu=1.2$；α_f 和 α_s 分别为弯曲刚度和剪切刚度的折减系数，根据 FEMA356[108] 的建议，当墙体底部出现弯曲裂缝后，其抗弯刚度为 $0.8E_cI_c$，即 $\alpha_f=0.8$，当出现剪切斜裂缝后，其剪切刚度为 $0.4E_cA$，即 $\alpha_s=1.0$。

由式(6-120)可得出矩形截面冷弯型钢-高强泡沫混凝土剪力墙在顶点单位水平力作用下的开裂前和开裂时的理论刚度，即：

$$K_e=\frac{3\alpha_f E_c I_c}{H^3}\left[\frac{1}{1+9\alpha_f I_c/(\alpha_s A H^2)}\right] \tag{6-121}$$

由于冷弯型钢-高强泡沫混凝土剪力墙外表面覆盖秸秆板，在试验过程中泡沫混凝土的开裂过程并不能被及时观察到。因此，基于第 6.2 节单层剪力墙的试验现象和骨架曲线的综合分析，认为泡沫混凝土的开裂是促使墙体由弹性阶段进入弹塑性阶段的主要原因，即假定墙体的弹性刚度近似于墙体开裂前的刚度。通过采用式(6－120)对各墙体试件开裂前的刚度进行计算，并将计算值与试验值(即弹性荷载 $V_e=0.4P_{max}$ 与弹性位移 Δ_e 的比值)相比较，发现计算值略高于试验值。因此，对式(6－121)进行修正得到开裂前刚度 K_1。

$$K_1=\alpha_1 K_e \tag{6-122}$$

式中，α_1 为墙体开裂前刚度折减系数。

基于第 6.2.4 节中冷弯型钢-高强泡沫混凝土剪力墙骨架曲线和表 6.7 中的试验数据，得出四折线骨架曲线中每个阶段的刚度 $K_i(i=1,2,3,4)$，如图 6.79 所示。为了便于计算，可简化公式(6－122)中的变量，具体公式如下：

$$K_2=\alpha_2 K_1 \tag{6-123}$$

$$K_3=\alpha_3 K_1 \tag{6-124}$$

$$K_4=\alpha_4 K_1 \tag{6-125}$$

式中：α_2、α_3 和 α_4 分别为屈服前刚度 K_2、峰值前刚度 K_3 和峰值后刚度 K_4 相比于开裂前刚度 K_1 的折减系数，具体数值见表 6.34。

通过对表 6.34 中折减系数的回归分析，得出适合不同构造形式冷弯型钢-高强泡沫混凝土剪力墙的折减系数，即 $\alpha_1=0.95$，$\alpha_2=0.28$，$\alpha_3=0.06$，$\alpha_4=-0.05$。

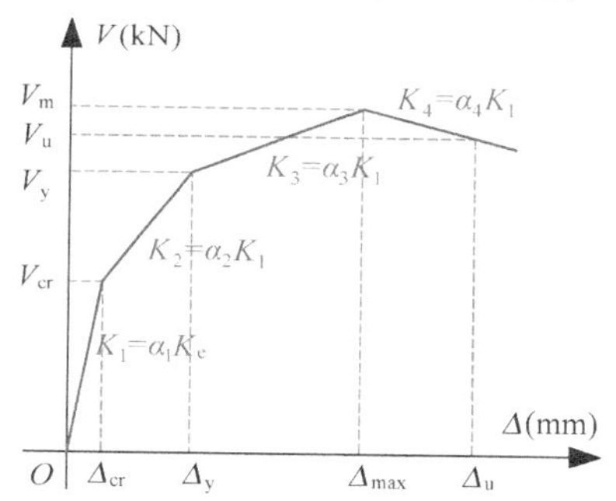

图 6.79　冷弯型钢-高强泡沫混凝土剪力墙骨架曲线模型

表 6.34　四折线骨架曲线特征值

试件编号	开裂前刚度 K_1(kN/mm)	α_1	屈服前刚度 K_2(kN/mm)	α_2	峰值前刚度 K_3(kN/mm)	α_3	峰值后刚度 K_4(kN/mm)	α_4
WB1	10.80	0.97	2.49	0.23	0.42	0.04	−0.49	−0.05
WB2	14.34	0.86	2.50	0.17	0.95	0.07	−0.43	−0.03
WB3	13.94	0.99	2.90	0.21	0.65	0.05	−0.50	−0.04
WB4	12.70	0.90	2.90	0.23	0.75	0.06	−0.50	−0.04
WC1	13.93	1.04	7.03	0.50	0.98	0.07	−0.88	−0.06
WC2	12.88	0.96	3.90	0.30	1.10	0.09	−0.60	−0.05
WC3	16.19	0.96	5.50	0.34	0.96	0.06	−0.80	−0.05
平均值		0.95		0.28		0.06		−0.05
标准差		0.06		0.11		0.02		0.01

2. 骨架曲线模型特征点的荷载和位移

(1) 开裂荷载和位移

对于混凝土剪力墙，除墙体截面尺寸和材料强度对墙体开裂荷载 V_{cr} 具有较大影响外，剪跨比 λ 和轴压力 N 对开裂荷载 V_{cr} 的影响也不可忽略，因此采用以上因素作为参数，通过对试验数据的回归分析得到墙体开裂荷载的计算公式，如下所示：

$$V_{cr}=\frac{1}{\sqrt{\lambda-0.5}}(0.16f_t bh+0.15N) \tag{6-126}$$

将第 6.2 节中冷弯型钢-高强泡沫混凝土剪力墙试件参数代入式(6－126)中，得到冷弯型钢-高强泡沫混凝土剪力墙开裂荷载的计算值，并与试验值(见第 6.2.4 节表 6.6)做对比，具体数值见表 6.35。通过对表 6.35 中结果的分析可以看出，式(6－126)的计算值能够与试验值较好地吻合，开裂荷载计算值与试验值的比值为 0.97，且计算结果表现出较好的稳定性，标准差仅为 0.11，表明开裂荷载计算公式能够满足骨架曲线对开裂荷载准确性的要求。

将以上开裂荷载 V_{cr}(式 6－126)和开裂前刚度 K_1(式 6－122)代入式(6－117)中，得到开裂位移计算公式，如下所示：

$$\Delta_{cr}=\frac{V_{cr}}{K_1} \tag{6-127}$$

表 6.35　骨架曲线特征点的荷载计算值与试验值的对比分析

试件编号	开裂荷载		屈服荷载		峰值荷载		极限荷载	
	计算值(kN)	计算值/试验值	计算值(kN)	计算值/试验值	计算值(kN)	计算值/试验值	计算值(kN)	计算值/试验值
WB1	36.09	0.85	66.82	0.94	84.89	0.97	72.16	0.97
WB2	45.27	1.07	89.79	1.10	113.60	1.12	96.56	1.12
WB3	46.13	1.06	91.93	1.02	114.29	1.07	97.15	1.07
WB4	52.13	1.06	99.13	1.10	119.49	1.07	101.57	1.07
WC1	54.13	1.00	100.22	0.98	127.74	0.95	108.58	0.95
WC2	54.13	0.82	100.22	0.85	127.74	0.77	108.58	0.77
WC3	69.20	0.90	142.90	0.90	174.84	0.91	148.61	0.91
平均值		0.97		0.98		0.98		0.98
标准差		0.11		0.10		0.12		0.12

(2) 屈服荷载和位移

对于冷弯型钢-高强泡沫混凝土剪力墙，由第 6.2 节试验现象可以看出，墙体达到屈服荷载时，秸秆板并未出现破坏(包括斜向褶皱和裂缝)，故认为秸秆板中的水平纤维对冷弯型钢-高强泡沫混凝土剪力墙屈服荷载 V_y 的影响较小，可以忽略不计。基于第 6.2 节的试验结果(见表 6.7)，考虑墙体截面尺寸、材料强度、剪跨比和轴压力等因素对墙体屈服荷载 V_y 的影响，参考《轻钢轻混凝土结构技术规程》[3]中剪力墙承载力计算公式的构造形式，对冷弯型钢-高强泡沫混凝土剪力墙屈服荷载公式进行拟合并对其做回归分析，确定计算公式的具体形式和系数数值，如式(6－128)所示。

$$V_y=\frac{1}{\sqrt{\lambda-0.5}}(0.40f_tbh+0.18N) \tag{6-128}$$

将第 6.2 节中冷弯型钢-高强泡沫混凝土剪力墙试件参数代入式(6－128)中，得到冷弯型钢-高强泡沫混凝土剪力墙屈服荷载的计算值，并对计算值与试验值(表 6.7 屈服荷载表)做对比验证，具体数值见表 6.35。通过对表 6.35 中结果的分析可以看出，式(6－128)的计算值与试验值能够较好地吻合，屈服荷载计算值与试验值之间的比值为 0.98，标准差仅为 0.10，说明计算结果表现出较好的稳定性，屈服荷载计算公式满足骨架曲线对屈服荷载准确性的要求。

基于以上已知的屈服荷载 V_y(式 6－128)、屈服后刚度 K_2(式 6－123)，以及式(6－117)，得到屈服位移计算公式，如下所示：

$$\Delta_y=\frac{V_y-V_{cr}}{\alpha_2 K_1}+\Delta_{cr} \tag{6-129}$$

(3) 峰值荷载和位移

基于第 6.7.4 节对冷弯型钢-高强泡沫混凝土剪力墙受剪承载力计算公式的研究结果，并考虑四折线段骨架曲线对试验所得骨架曲线的拟合精度，建议采用第六章中式(6－114)作为骨架曲线峰值荷载的计算公式，具体形式如下：

$$V_m=\frac{1}{\lambda-0.5}\left(0.40f_tbh_0+0.06N\frac{A_w}{A}\right)+0.12f_{yh}\frac{A_{sh}}{s}h_{w0} \tag{6-130}$$

将第 6.7.4 节中冷弯型钢-高强泡沫混凝土剪力墙试件参数代入式(6－130)中，得到冷弯型钢-高强泡沫混凝土剪力墙峰值荷载的计算值，并对计算值与试验值(表 6.6 屈服荷载表)做对比验证，具体数值见表 6.65。通过对表 6.65 中结果进行分析可以看出，式(6－130)的计算值与试验值能够较好地吻合，峰值荷载计算值与试验值之间的比值为 0.98，标准差仅为 0.12，说明计算结果表现出较好稳定性。

基于以上峰值荷载 V_m(式 6－130)、屈服后(峰值前)刚度 K_3(式 6－124)，以及式(6－117)，得到峰值位移计算公式，如下所示：

$$\Delta_m=\frac{V_m-V_y}{\alpha_3 K_1}+\Delta_y \tag{6-131}$$

(4) 极限荷载和位移

本节采用的四折线型骨架模型将下降到峰值荷载为 85%时的荷载作为极限荷载，即：

$$V_u=0.85V_m \tag{6-132}$$

基于以上极限荷载 V_m(式 6－130)、峰值后刚度 K_3(式 6－125)，以及式(6－117)，得到极限位移计算公式，如下所示：

$$\Delta_u=\frac{V_u-V_m}{\alpha_4 K_1}+\Delta_m \tag{6-133}$$

6.8.2.2　骨架曲线模型的参数计算流程

基于以上四折线骨架线模型中特征关键点的解析公式，建立冷弯型钢-高强泡沫混凝土剪力墙骨架曲线的计算流程图，如图 6.80 所示。

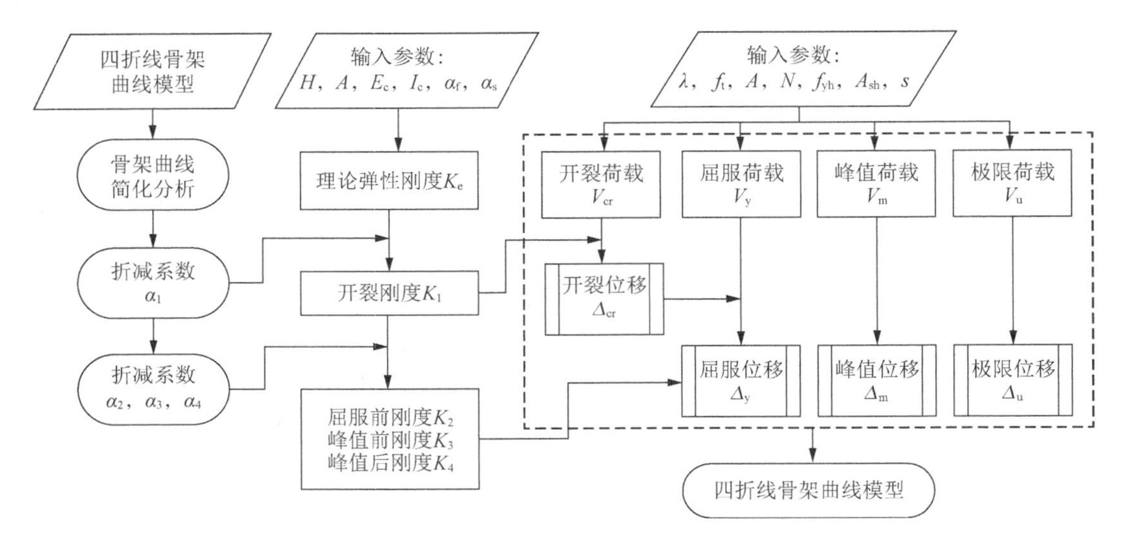

图 6.80　四折线简化骨架曲线模型计算流程图

6.8.2.3　骨架曲线模型的拟合结果

基于以上四折线简化骨架线模型计算流程图,采用 MATLAB 软件完成求解骨架曲线的编程。然后,将第 6.7 节中冷弯型钢-高强泡沫混凝土剪力墙试件参数输入计算流程图的程序中,得到四折线骨架曲线模型各段折线刚度和各特征点参数,并将荷载计算值和位移计算值分别与试验值进行对比分析,如图 6.81 所示。从图中可以看出,公式计算值与试验值吻合较好,且计算值结果比较稳定,特别是荷载计算值。这说明通过上述计算公式及其流程图能够合理地得到骨架曲线的特征点,这对建立合适的冷弯型钢-高强泡沫混凝土剪力墙简化骨架曲线模型是有利的。

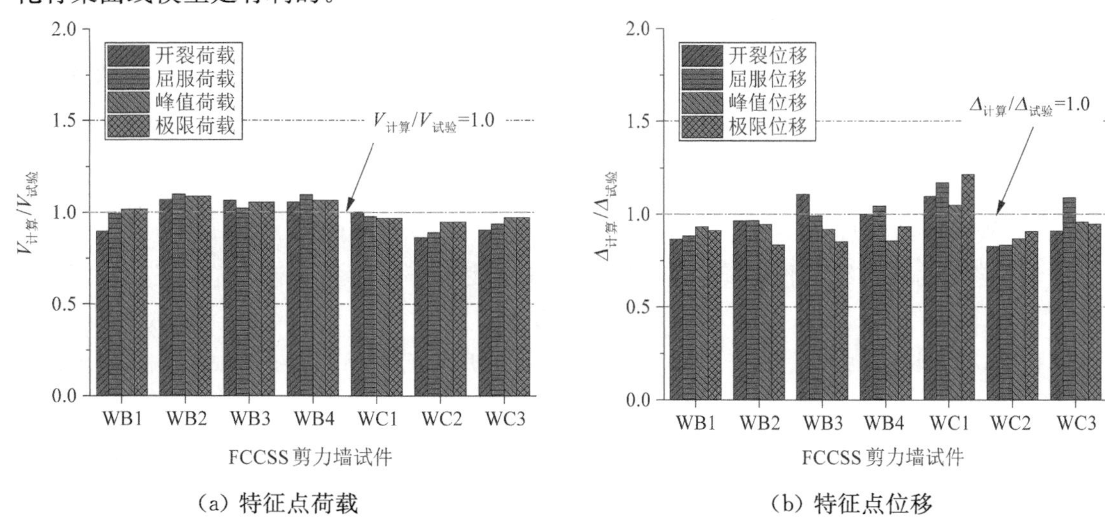

图 6.81　公式计算值与试验值比较

基于上述计算公式和流程图得到的骨架曲线特征点,绘制不同构造形式的冷弯型钢-高强泡沫混凝土剪力墙四折线简化骨架曲线,并将其与试验骨架曲线做对比,如图 6.82 所示。从图中可以看出,简化骨架曲线与试验所得骨架曲线吻合良好,基本能反映出曲线的特点,从而证明了本节提出的四折线骨架曲线模型的正确性，该简化骨架曲线能够近似预测冷弯型钢-高强泡沫混凝土剪力墙的骨架曲线。

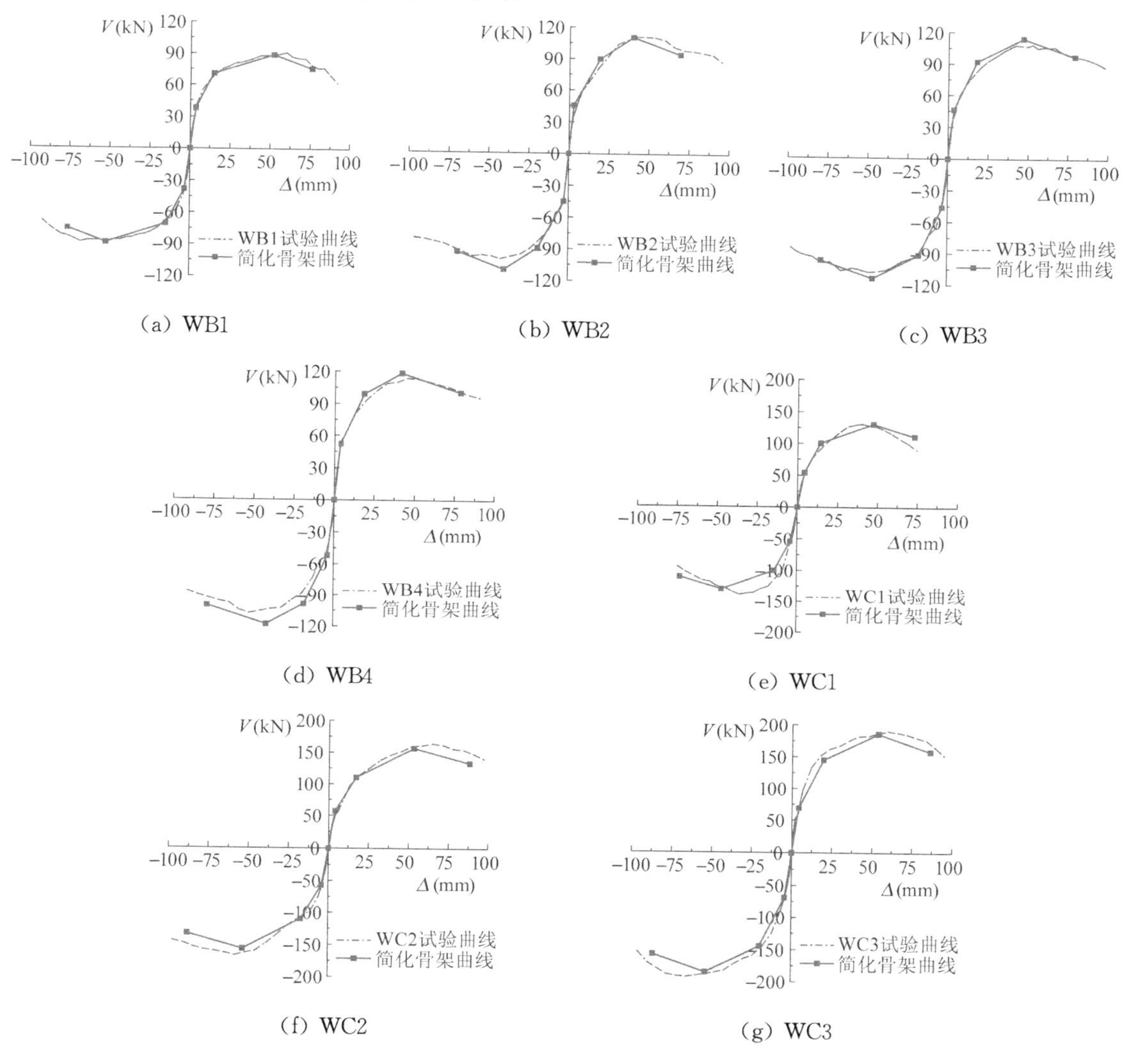

(a) WB1　(b) WB2　(c) WB3　(d) WB4　(e) WC1　(f) WC2　(g) WC3

图 6.82　简化骨架曲线与试验曲线的对比

6.8.3　冷弯型钢-高强泡沫混凝土剪力墙恢复力模型

基于6.2节给出的冷弯型钢-高强泡沫混凝土剪力墙四折线骨架曲线模型，根据第6.8.2节冷弯型钢-高强泡沫混凝土剪力墙试件的滞回曲线特性，确定不同控制位移下的标准滞回环的滞回规律，并采用一定的数学模型和统计分析方法，得到参数的解析计算公式，给出滞回规律的计算流程。

6.8.3.1　滞回规律特征

从对第6.8.2节冷弯型钢-高强泡沫混凝土剪力墙滞回曲线的分析可以看出，滞回曲线具有刚度和强度退化、滑移和捏缩等特征，因此本章提出的恢复力模型中的滞回规律应该能够反映剪力墙的刚度和强度退化、滑移和捏缩等特征。基于第6.1.3节中所述现有墙体的恢复力模型,本节提出适用于冷弯型钢-高强泡沫混凝土剪力墙滞回特征的滞回恢复力模型,如图 6.83 所示。

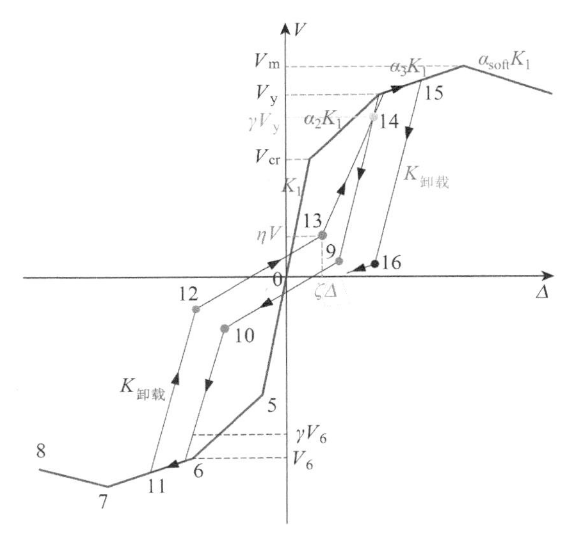

图6.83 冷弯型钢-高强泡沫混凝土剪力墙滞回规律

在新建的冷弯型钢-高强泡沫混凝土剪力墙恢复力模型中,共计有 15 个参数,分别如下:

(1) 弹性刚度 K_e;(2) 开裂荷载 V_{cr}、屈服荷载 V_y、峰值荷载 V_m;(3) 刚度比值参数 α_1、α_2 和 α_3;(4) 软化参数 α_{soft}(即 α_4);(5) 卸载刚度参数 α 和 β;(6) 强度退化参数 γ;(7) 滑移捏缩初始参数 k_s 和 w;(8) 滑移捏缩终止强度参数 η;(9) 滑移捏缩终止位移参数 ζ。

基本假定:(1) 由于墙体为对称配置的矩形截面试件,故假定试件的正向和负向骨架曲线完全相同;(2) 由于墙体屈服之前黏结滑移效应不显著,故屈服荷载之后开始考虑黏结滑移效应的影响;(3) 遵照《建筑抗震试验规程》[6] 的要求,墙体极限荷载取 0.85 倍峰值荷载。

通过调整 15 个参数的取值,在遵守以上基本假定的前提下,本模型可以模拟不同构造形式的冷弯型钢-高强泡沫混凝土剪力墙构件的滞回性能。

该模型的主要特点如下:

(1) 考虑墙体试件的开裂、屈服、强化、软化特性。这些特性分别由弹性刚度 K_e、初始刚度 K_1 与弹性刚度 K_e 的比值 α_1、屈服前刚度 K_2 与初始刚度 K_1 的比值 α_2、峰值前刚度 K_3 与初始刚度 K_1 的比值 α_3、峰值后刚度软化参数 α_{soft} 等 5 个参数控制。

(2) 考虑墙体试件的刚度退化特性。该特性由卸载刚度参数 α 和 β 这 2 个参数控制。

(3) 考虑墙体试件在反复加载下的强度退化特性。该特性由强度退化参数 β 控制。β 小于 1.0 时,β 越小,表明强度退化越严重;$\beta=1.0$,说明不考虑强度退化。

(4) 考虑墙体试件的滑移捏缩特性。该特性分别由滑移捏缩初始参数 k_s 和 w、滑移捏缩终止强度参数 η、滑移捏缩终止位移参数 ζ 等 4 个参数控制。其中,η 越接近 0 且 ζ 越接近 1.0,表明滑移捏缩越严重;$\eta=1.0$ 且 $\zeta=0$,说明无滑移捏缩现象。

1. 刚度退化规律

恢复力模型的刚度退化规律主要针对卸载刚度，如图 6.84 所示。通过观察和分析 6.8.2 节中冷弯型钢-高强泡沫混凝土剪力墙的滞回曲线发现，对于水平荷载未超过开裂荷载的滞回环，卸载刚度变化不大，与墙体开裂前加载刚度 K_1 基本相同；当水平荷载超过开裂荷载之后，随着加载荷载和位移的不断增大，试件的卸载刚度逐渐降低，特别是在开裂荷载至屈服荷载阶段。

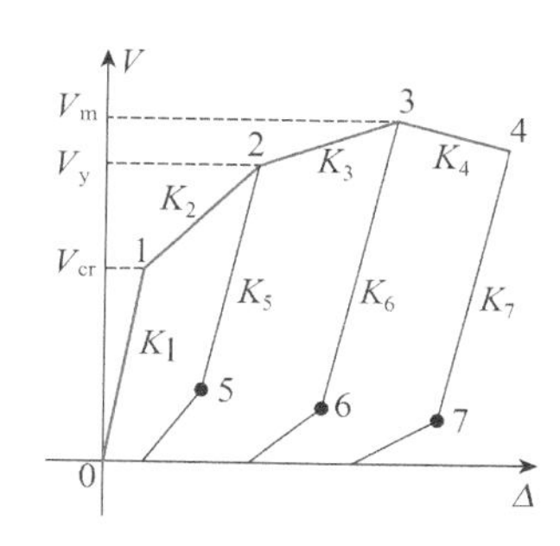

图 6.84　恢复力模型卸载刚度退化图

基于第 6.8.2 节冷弯型钢-高强泡沫混凝土剪力墙的滞回曲线，得出部分滞回环的卸载刚度。借鉴型钢混凝土剪力墙[86]和冷弯薄壁型钢混凝土剪力墙[34]的卸载刚度计算公式，确定冷弯型钢-高强泡沫混凝土剪力墙滞回曲线卸载刚度 K 的计算公式，如下式所示：

$$K_i=\alpha\left(\frac{\Delta_{i\max}}{\Delta_y}\right)^{\beta}K_1 \tag{6-134}$$

式中：K_i 为第 i 个位移加载时墙体的卸载刚度；K_1 为冷弯型钢-高强泡沫混凝土剪力墙的初始刚度(即开裂刚度)，由式(6－122)计算得到；$\Delta_{i\max}$ 为第 i 个位移加载时的墙体最大位移幅值，即骨架曲线上卸载点对应的位移幅值；Δ_y 为试件的屈服位移，由式(6－129)计算得到；α 为计算公式常数；β 为卸载刚度参数。

通过计算卸载刚度的退化率 K_i/K_1 与试件屈服后的位移延性比 $|\Delta_{i\max}|/\Delta_y$，得到两者之间的关系，如图 6.85 所示。基于试验数值的回归分析，得到计算公式常数 α 和卸载刚度参数 β 的合适值，进而确定适用于冷弯型钢-高强泡沫混凝土剪力墙的卸载刚度计算的计算公式，如下所示：

对于 2.4 m 宽墙体：

$$K=1.02\left(\frac{\Delta_{i\max}}{\Delta_y}\right)^{-0.21}K_1 \tag{6-135a}$$

对于 3.6 m 宽墙体：

$$K=1.20\left(\frac{\Delta_{i\max}}{\Delta_y}\right)^{-0.28}K_1 \tag{6-135b}$$

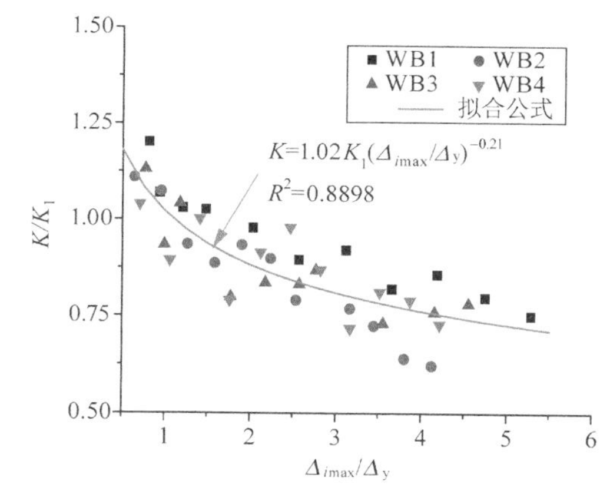

(a) 2.4 m 宽冷弯型钢-高强泡沫混凝土剪力墙

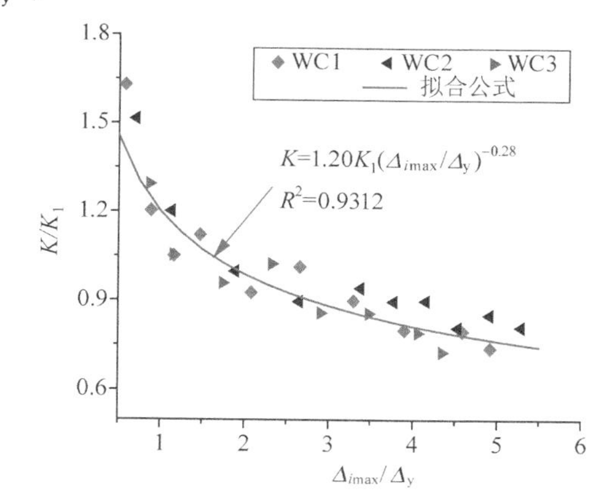

(b) 3.6 m 宽冷弯型钢-高强泡沫混凝土剪力墙

图 6.85　卸载刚度退化拟合

2. 强度退化规律

恢复力模型强度退化的主要体现：(1) 当试件屈服后，由于墙体的损伤累加，在相同位移加载量下再加载的峰值荷载均小于第一次加载的峰值荷载，即再加载的峰值点低于第一圈的峰值点；(2) 在第 $i+1$ 个位移加载等级的初次加载过程中，当水平位移达到第 i 个位移等级量时，其墙体承载力小于第 i 个位移加载等级的峰值荷载，即加载指向从目标点 2 降低到点 14，见图 6.86，降低程度可以用参数 γ 来表征，点 2 的纵坐标为 $(1-\gamma)V_y$。其中，γ 值越大表示强度退化程度越大，具体数值由统计分析后确定。

$$\gamma=\frac{V_{i+1}}{V_{i\max}} \tag{6-136}$$

式中：γ 为强度退化系数；V_i 为第 $i+1$ 个位移加载等级第三次加载时的峰值荷载；$V_{i\max}$ 为第 i 个位移加载等级第一次加载时的峰值荷载。

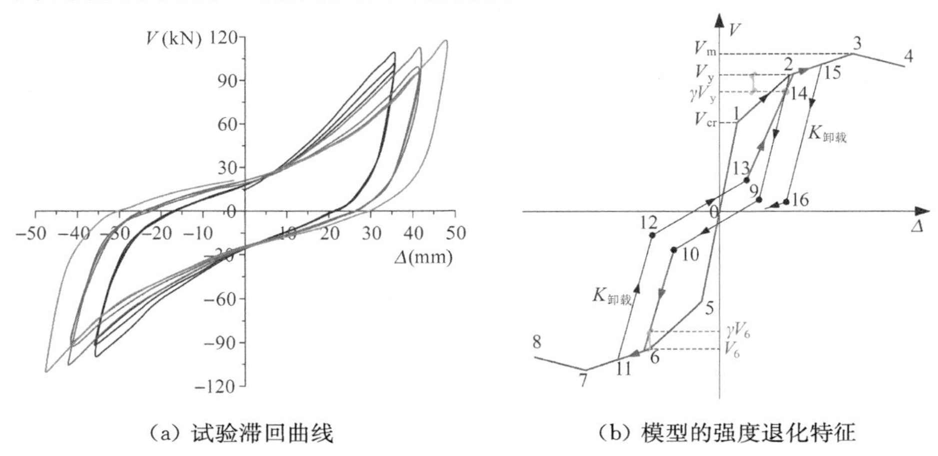

(a) 试验滞回曲线　　(b) 模型的强度退化特征

图 6.86　恢复力模型的强度退化规律

通过对第 6.8.2 节中冷弯型钢-高强泡沫混凝土剪力墙试件滞回曲线的分析，得出不同位移加载等级下的强度退化系数，如图 6.87 所示。从图中可以看出，对于 2.4 m 宽冷弯型钢-高强泡沫混凝土剪力墙试件，其强度退化系数主要集中在 0.84～0.90，取 0.90 作为其强度退化系数；对于 3.6 m 宽冷弯型钢-高强泡沫混凝土剪力墙试件，其强度退化系数主要集中在 0.80～0.90，取 0.85 作为其强度退化系数。

$$\gamma=\begin{cases}0.90 & 2.4\ \text{m 宽剪力墙}\\ 0.85 & 3.6\ \text{m 宽剪力墙}\end{cases} \tag{6-137}$$

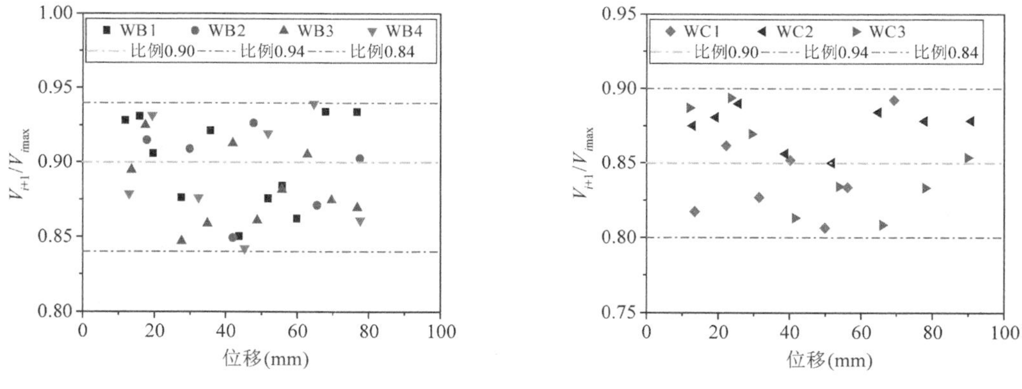

(a) 2.4 m 宽冷弯型钢-高强泡沫混凝土剪力墙　　(b) 3.6 m 宽冷弯型钢-高强泡沫混凝土剪力墙

图 6.87　强度折减系数

3. 滑移与捏缩效应

由于泡沫混凝土和秸秆板裂缝的开展，以及泡沫混凝土与轻钢的黏结滑移，冷弯型钢-高强泡沫混凝土剪力墙产生较大的“旷动量”，导致滞回曲线出现“空载滑移”特征；泡沫混凝土和秸秆板的斜裂缝闭合过程中，墙体侧向刚度较小，使得骨架曲线在位移为零附近处呈现明显的“水平平台”，一旦裂缝闭合，刚度立即随位移提高，曲线出现捏缩特征。

针对滞回曲线中的滑移及捏缩效应引起的“空载滑移”特征，本节借鉴冷弯薄壁型钢组合墙体恢复力模型的相关研究[105]，提出采用滑移轴和捏缩系数 η 来表征“空载滑移”特征。通过对本节冷弯型钢-高强泡沫混凝土剪力墙中卸载阶段与滑移阶段的分界点的统计分析，可以看出所有分界点并不都处在固定斜率的滞回曲线滑移轴上，说明通过确定固定斜率滑移轴来得到分界点的方法并不适用于冷弯型钢-高强泡沫混凝土剪力墙，因此需要采用新的方法来确定卸载阶段与滑移阶段的分界点。

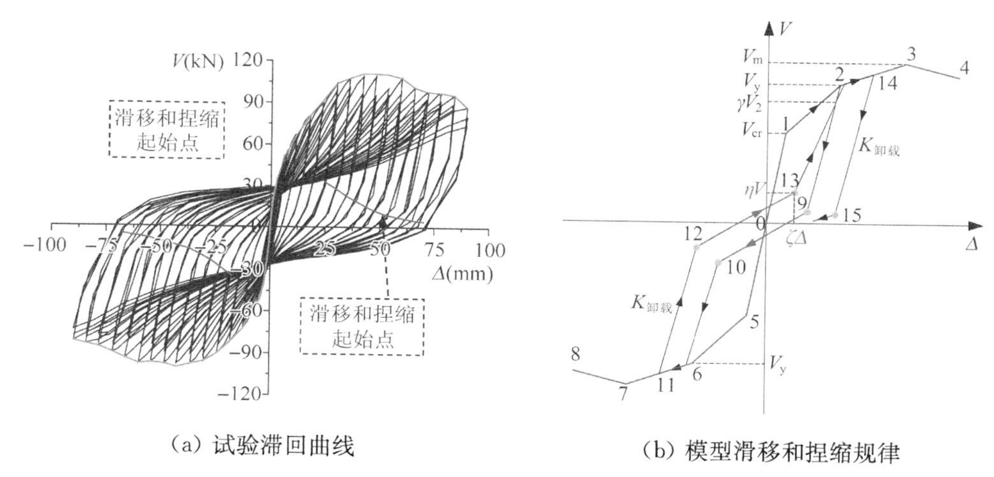

(a) 试验滞回曲线　　(b) 模型滑移和捏缩规律

图 6.88 恢复力模型的滑移及捏缩效应

通过对冷弯型钢-高强泡沫混凝土剪力墙卸载阶段与滑移阶段分界点(滑移阶段的起始点)的统计分析，可以看出分界点与坐标原点的斜率与相应的第 i 个位移加载等级值为非线性关系，如图 6.88(b)所示。因此，本节首次提出滞回曲线中第 i 个位移加载量对应的滑移捏缩起始点与坐标原点的斜率 K 跟第 i 个位移加载量为指数关系，具体公式形式如下所示：

$$K_i = k_s \Delta_{i\max}^{w} \tag{6-138}$$

式中：K_i 为第 i 个位移加载量时滞回曲线中滑移阶段起始点与坐标原点的斜率；$\Delta_{i\max}$ 为第 i 个位移加载等级对应的骨架曲线上的位移幅值；k_s 和 w 为滑移捏缩初始参数。

基于数值回归分析，分别得出 2.4 m 宽和 3.6 m 宽冷弯型钢-高强泡沫混凝土剪力墙滞回曲线中滑移阶段起始点与相应位移加载制度值的关系，并确定了滑移捏缩初始参数 k_s 和 w 的取值，如下所示：

对于 2.4 m 宽冷弯型钢-高强泡沫混凝土剪力墙：$K_i = 31\Delta_{i\max}^{-1.10}$ (6-139a)

对于 3.6 m 宽冷弯型钢-高强泡沫混凝土剪力墙：$K_i = 62\Delta_{i\max}^{-1.10}$ (6-139b)

将式(6-139)与式(6-135)联立，并将位移加载制度中的加载位移代入公式中，可以得到滞回曲线滑移阶段的起始点坐标值，如图 6.88(b)中的 9 号点和 12 号点。

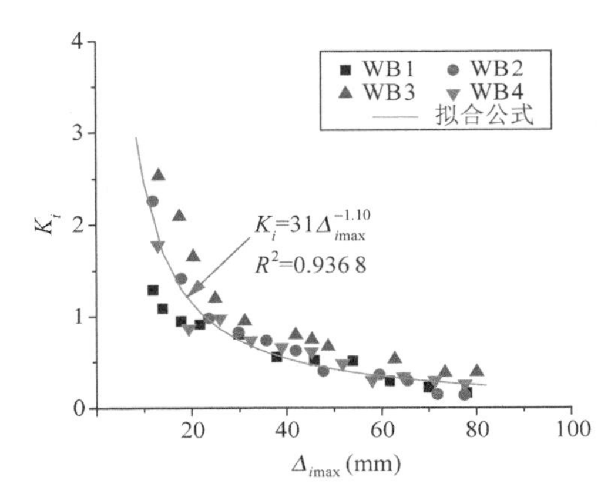

(a) 2.4 m 宽冷弯型钢-高强泡沫混凝土剪力墙

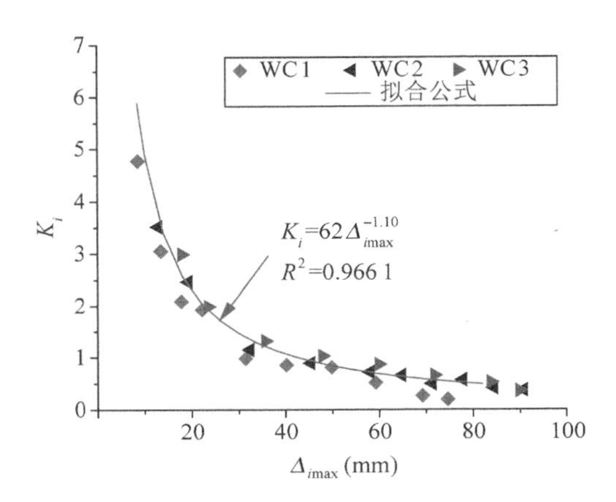

(b) 3.6 m 宽冷弯型钢-高强泡沫混凝土剪力墙

图 6.89　强度折减系数拟合

当反向加载交于滑移轴时，滑移捏缩终止点为($\zeta\Delta$，ηV)，即图 6.88(b)中的 10 号和 13 号点，其中 η 为捏缩系数，定义了捏缩量的大小。通过对第 6 章冷弯型钢-高强泡沫混凝土剪力墙试件滞回曲线的目标点(即滑移阶段的终点)的研究，发现反映滞回曲线捏缩效应的系数 η 并不是固定值，即不能完全参考冷弯薄壁型钢组合墙[105]和 Park 模型中的规定值[34]。通过对目标点数据的分析，提出如下计算公式用于计算目标点的荷载和位移，进一步确定滑移捏缩荷载参数 η 和滑移捏缩位移参数 ζ。

$$\eta=\begin{cases}\dfrac{V_1}{V_{cr}} & V_{cr}\leqslant V_1\leqslant V_y\\ \dfrac{V_2}{V_y} & V_y\leqslant V_2\leqslant V_m\\ \dfrac{V_3}{V_m} & V_m\leqslant V_3\leqslant V_u\end{cases} \tag{6-140a}$$

$$\zeta=\begin{cases}\dfrac{\Delta_1}{\Delta_y} & \Delta_{cr}\leqslant\Delta_1\leqslant\Delta_y\\ \dfrac{\Delta_2}{\Delta_m} & \Delta_y\leqslant\Delta_2\leqslant\Delta_m\\ \dfrac{\Delta_3}{\Delta_u} & \Delta_m\leqslant\Delta_3\leqslant\Delta_u\end{cases} \tag{6-140b}$$

式中：V_1 和 Δ_1 为开裂-屈服阶段目标点的荷载值和位移值；V_2 和 Δ_2 为屈服-峰值阶段目标点的荷载值和位移值；V_3 和 Δ_3 为峰值-极限阶段目标点的荷载值和位移值；V_{cr}、V_y、V_m 和 V_u 分别为冷弯型钢-高强泡沫混凝土剪力墙的开裂荷载、屈服荷载、峰值荷载和极限荷载，具体数值见本章表 6.7；Δ_{cr}、Δ_y 和 Δ_m 和 Δ_u 分别为冷弯型钢-高强泡沫混凝土剪力墙的开裂位移、屈服位移、峰值位移和极限荷载，具体数值见本章表 6.7。

通过对本章冷弯型钢-高强泡沫混凝土剪力墙滞回曲线的分析，得出滞回曲线在不同荷载阶段目标点的荷载值，并将荷载值与此阶段的荷载特征值比较，如表 6.36 所示。从表 6.36 中对数据的统计分析可以看出，对于 2.4 m 宽冷弯型钢-高强泡沫混凝土剪力墙，其捏缩系数 η 均值取 0.38；对于 3.6 m 宽冷弯型钢-高强泡沫混凝土剪力墙，其捏缩系数 η 均值取 0.40。

$$\eta=\begin{cases}0.38 & 2.4\ \text{m宽剪力墙}\\ 0.40 & 3.6\ \text{m宽剪力墙}\end{cases} \tag{6-141}$$

表 6.36　冷弯型钢-高强泡沫混凝土剪力墙滞回曲线荷载捏缩系数

试件编号	开裂-屈服阶段			屈服-峰值阶段			峰值-极限阶段		
	开裂荷载 V_{cr}(kN)	目标点荷载 V_1(kN)	V_1/V_{cr}	屈服荷载 V_y(kN)	目标点荷载 V_2(kN)	V_2/V_y	峰值荷载 V_m(kN)	目标点荷载 V_3(kN)	V_3/V_m
WB1	42.46	33.08	0.78	71.33	26.11	0.37	87.47	33.25	0.38
WB2	42.30	35.30	0.83	81.77	42.56	0.40	101.75	39.48	0.39
WB3	43.34	34.94	0.81	85.94	33.86	0.39	108.34	39.15	0.36
WB4	44.40	39.65	0.89	87.49	33.18	0.38	111.25	42.23	0.38
平均值			0.83			0.38			0.38
V_1/V_{cr}、V_2/V_y、V_3/V_m 平均值：0.38									
WC1	54.06	50.11	0.93	102.69	38.83	0.38	135.16	56.90	0.42
WC2	66.20	56.29	0.85	118.22	50.16	0.42	165.58	69.33	0.42
WC3	76.60	62.96	0.82	150.57	59.47	0.39	191.55	75.29	0.39
平均值			0.87			0.40			0.41
V_1/V_{cr}、V_2/V_y、V_3/V_m 平均值：0.40									

表 6.37　冷弯型钢-高强泡沫混凝土剪力墙滞回曲线位移捏缩系数

试件编号	开裂-屈服阶段			屈服-峰值阶段			峰值-极限阶段		
	屈服位移 Δ_y(mm)	目标点位移 Δ_1(mm)	Δ_1/Δ_y	峰值位移 Δ_m(mm)	目标点位移 Δ_2(mm)	Δ_2/Δ_m	极限位移 Δ_u(mm)	目标点位移 Δ_3(mm)	Δ_3/Δ_u
WB1	15.55	5.90	0.38	55.97	20.32	0.36	83.54	31.96	0.38
WB2	15.37	6.97	0.45	42.10	17.09	0.41	82.81	27.66	0.33
WB3	15.79	7.59	0.48	50.55	19.50	0.39	92.73	31.6	0.34
WB4	15.73	7.37	0.47	48.65	15.43	0.32	84.15	29.81	0.35
平均值			0.45			0.37			0.35
Δ_1/Δ_y、Δ_2/Δ_m、Δ_3/Δ_u 平均值：0.40									
WC1	11.80	6.67	0.57	37.82	19.80	0.52	60.33	29.28	0.49
WC2	21.91	6.69	0.31	61.27	22.32	0.36	97.35	32.62	0.34
WC3	18.97	8.47	0.45	62.73	20.41	0.33	91.24	39.83	0.44
平均值			0.44			0.40			0.42
Δ_1/Δ_y、Δ_2/Δ_m、Δ_3/Δ_u 平均值：0.42									

通过对本章冷弯型钢-高强泡沫混凝土剪力墙滞回曲线的分析，得出滞回曲线在不同荷载阶段目标点的位移值，并将位移值与此阶段的位移特征值比较，如表 6.37 所示。从表 6.37 中对数据的统计分析可以看出，对于 2.4 m 宽冷弯型钢-高强泡沫混凝土剪力墙，其捏缩系数 ζ 均值取 0.40；对于 3.6 m 宽冷弯型钢-高强泡沫混凝土剪力墙，其捏缩系数 ζ 均值取 0.42。

$$\zeta=\begin{cases}0.40 & 2.4\text{ m 宽剪力墙}\\ 0.42 & 3.6\text{ m 宽剪力墙}\end{cases} \tag{6-142}$$

综上所述，为了便于计算，即减少计算中的参数数量，荷载捏缩系数 η 和位移捏缩系数 ζ 均取 0.40，这也符合 Park 等人提出的一般捏缩构件取 0.40 的结论。本次冷弯型钢-高强泡沫混凝土剪力墙恢复力模型计算中采用式(6-141)和式(6-142)中的规定值。

6.8.3.2 滞回规律总结

滞回曲线模型应能够反映构件的刚度退化、强度退化、滑移等特征。本节结合本章冷弯型钢-高强泡沫混凝土剪力墙的滞回曲线特征，并参考冷弯薄壁型钢组合墙体的恢复力模型，将冷弯型钢-高强泡沫混凝土剪力墙的恢复力曲线简化为图 6.90 所示模型，该模型能充分反映墙体在加载过程中的刚度退化、强度退化、捏缩和滑移现象。如图 6.90 所示，基于第 6.3.1 节的滞回规律特征和基本假定，冷弯型钢-高强泡沫混凝土剪力墙恢复力模型的滞回规律总结如下：

(1) 墙体试件在开裂之前处在弹性阶段，加载刚度取开裂前刚度 K_1，并且按照线弹性卸载(0～1 段)，即卸载刚度为 K_1。

(2) 试件处在从开裂到屈服阶段时，加载刚度取屈服前刚度 K_2，卸载时指向反向开裂点，考虑刚度退化、残余变形和强度退化，之后达到屈服荷载点(2 号)。

(3) 试件达到屈服点(2 号)之后，其卸载刚度指向滑移捏缩起始点(9 号)，经滑移捏缩效应到达终止点(10 号)，再反向加载到屈服点(6 号)，然后相继经过卸载(指向 12 号)、滑移捏缩(12～13 号)和再加载，指向强度退化点(14～15 号)，最后沿着骨架曲线加载到新的位移加载等级(16 号)，其加载刚度取屈服后刚度 K_3，卸载时经滑移捏缩后，反向加载指向屈服点。

(4) 在峰值点之后，加载刚度取下降段刚度 K_4，过程同(3)所述。

(5) 当墙体试件承载力下降到峰值承载力的 85%时，达到恢复力模型的极限位移。

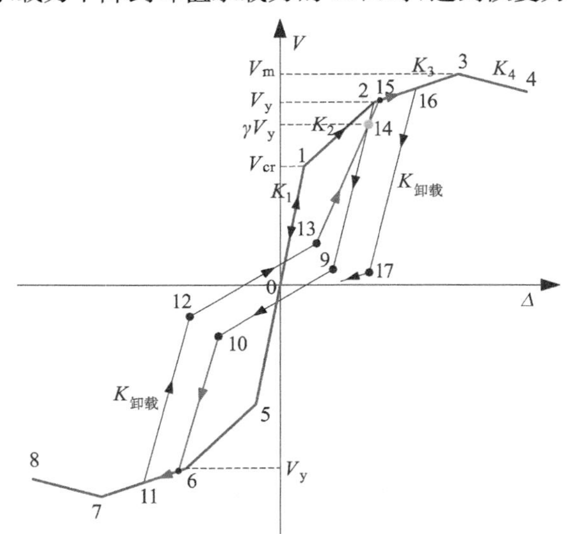

图 6.90 冷弯型钢-高强泡沫混凝土剪力墙的恢复力模型

6.8.3.3　滞回曲线参数计算流程

基于滞回规律及对应的特征关键点解析公式，建立如下冷弯型钢-高强泡沫混凝土剪力墙滞回曲线模型的计算流程图，如图 6.91 所示。

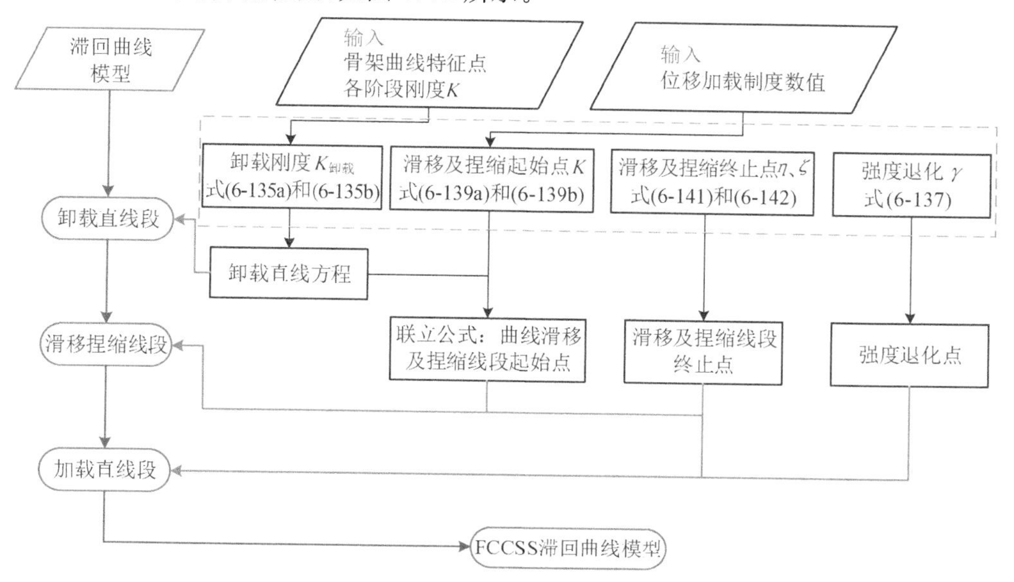

图 6.91　滞回曲线参数计算流程

6.8.4　冷弯型钢-高强泡沫混凝土剪力墙恢复力模型及验证

基于本章四折线骨架曲线模型和滞回规律，提出适用于冷弯型钢-高强泡沫混凝土剪力墙滞回特征分析的新型恢复力模型。该模型的骨架曲线能够较为全面地反映构件的各阶段受力特征，包括开裂点、屈服点、峰值点和极限点的受力特征，同时能够反映结构构件的强度退化、刚度退化和滑移捏缩效应等特征，模型计算流程如图 6.92 所示。

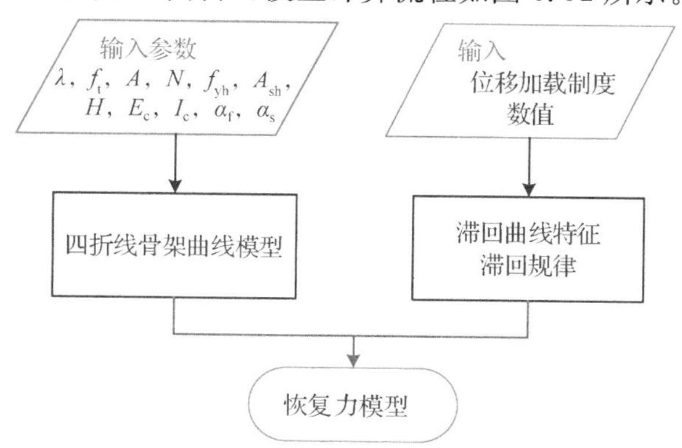

图 6.92　恢复力模型计算流程图

恢复力模型的简化不是随意的，必须满足一定的等效条件。日本学者北川博基于对结构的振动特性与滞回曲线的几何形状之间关系的讨论，提出了能够真实反映模型振动特性的等效模型的几何条件：

(1) 等效模型的滞回环面积与原模型相等；

(2) 等效模型的外包线与原模型相同。

本章基于以上新型模型的计算流程，采用 MATLAB 软件完成了恢复力模型的编程，拟合了本章涉及的冷弯型钢-高强泡沫混凝土剪力墙试件的滞回曲线，拟合结果如图 6.93 所示。拟合结果表明等效恢复力模型的外包线(即骨架曲线)与试验模型基本相同，模拟结果与试验结果吻合较好，从而证明了本章提出的恢复力模型适合于模拟冷弯型钢-高强泡沫混凝土剪力墙的滞回曲线。

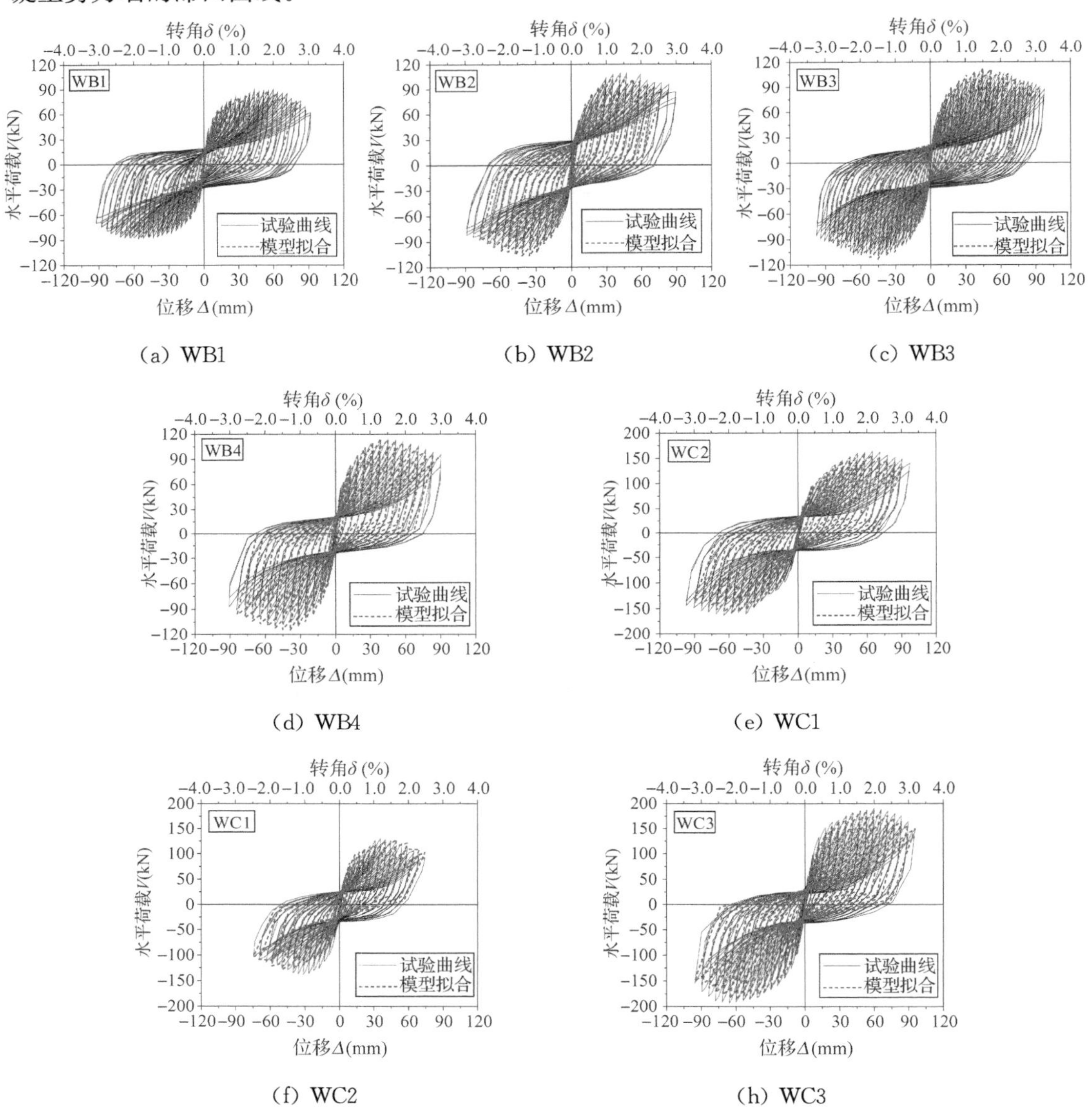

(a) WB1　(b) WB2　(c) WB3

(d) WB4　(e) WC1

(f) WC2　(h) WC3

图 6.93　冷弯型钢-高强泡沫混凝土剪力墙的恢复力模型模拟结果

基于新型恢复力模型得出的滞回曲线，分别计算冷弯型钢-高强泡沫混凝土剪力墙试件在屈服点、峰值点和极限点处的滞回耗散能力 E_m，并将其与本章中对应构件的试验耗散能力 E_t 做比较，如表 6.38 所示。从表中可以看出，恢复力模型得出的受力特征点处的耗散能量与试验得到的耗散能量基本相同，两者在屈服阶段和峰值阶段吻合较好，极限阶段吻合情况次之，两者比值为 0.94，标准差仅为 0.05，说明本章提出的新型恢复力模型的滞回环面积与原模型基本相等。

综上所述，本章提出的新型恢复力模型能够满足恢复力模型的简化条件要求，说明该模型适用于冷弯型钢-高强泡沫混凝土剪力墙滞回曲线的预测和模拟。

表 6.38 冷弯型钢-高强泡沫混凝土剪力墙滞回耗能计算结果与试验结果对比

试件编号	屈服荷载			峰值荷载			极限荷载		
	试验 E_t (kN)	模型 E_m (kN)	E_m/E_t	试验 E_t (kN)	模型 E_m (kN)	E_m/E_t	试验 E_t (kN)	模型 E_m (kN)	E_m/E_t
WB1	1 038.2	1 033.1	1.00	5 258.1	5 018.6	0.95	6 876.4	6 774.2	0.98
WB2	1 337.7	1 274.4	0.95	4 469.1	4 126.7	0.93	8 070.2	7 470.9	0.93
WB3	1 207.8	1 398.6	1.16	4 119.7	4 196.5	1.02	7 128.2	6 753.6	0.95
WB4	1 285.5	1 497.4	1.15	4 237.9	4 673.2	1.10	7 531.5	6 826.5	0.91
WC1	1 520.7	1 323.8	0.87	5 808.3	5 687.7	0.98	7 456.9	7 639.0	1.03
WC2	2 007.2	1 890.5	0.95	7 307.6	7 081.0	0.97	13 293.9	11 715.1	0.88
WC3	3 026.4	2 887.2	0..96	7 040.4	7 121.2	1.02	11 758.4	10 493.3	0.89
平均值			1.01	平均值		1.00	平均值		0.94
标准差			0.12	标准差		0.06	标准差		0.05

6.9 本章小结

本章通过 1 片冷弯型钢组合单层墙体和 8 片冷弯型钢-高强泡沫混凝土单层剪力墙试件的水平低周反复加载试验和有限元模拟，分析了剪力墙的破坏过程、破坏特征、滞回特性、延性、抗侧刚度和耗能能力等抗剪性能，明确了剪力墙的受力机理和传力路径，建立了单层剪力墙的抗剪承载力理论分析模型并给出了抗剪承载力计算公式，最终建立了该单层剪力墙的恢复力模型。此外，基于影响因素对剪力墙抗剪性能的影响，建立了符合规范格式要求的剪力墙受剪承载力计算公式。主要结论如下：

（1）传统的冷弯型钢组合单层墙体的破坏过程依次为大量螺钉的倾斜凹陷、全部冷弯型钢立柱的畸变屈曲和秸秆板的褶皱破坏，属于局部破坏特征。由于泡沫混凝土的承载能力及其对螺钉与型钢立柱的约束效应，冷弯型钢-高强泡沫混凝土剪力墙的破坏过程为少量螺钉的凹陷、泡沫混凝土与秸秆板的斜向开裂、泡沫混凝土的局部挤压破碎及其与型钢立柱的局部分离、个别型钢立柱的局部屈曲，破坏特征属于剪切破坏。

（2）对于传统冷弯型钢组合墙，冷弯型钢立柱过早的畸变屈曲导致秸秆板性能未能得到充分利用，墙体随即破坏，故滞回曲线形状为弓形，且峰值后的荷载-位移骨架曲线较短，表明墙体是脆性破坏。对于冷弯型钢-高强泡沫混凝土剪力墙，泡沫混凝土和秸秆板的开裂破坏，以及型钢立柱的局部屈曲破坏，导致滞回曲线出现捏缩、空载滑移和峰值平台特征，且峰值后的骨架曲线较长，表明墙体趋于延性破坏。

（3）相比于传统冷弯型钢组合墙，冷弯型钢-高强泡沫混凝土剪力墙的抗剪承载力、弹塑性变形能力、延性、侧向刚度和耗能能力均有大幅度提高。

泡沫混凝土的承载能力和泡沫混凝土与钢框架的相互约束作用提高了冷弯型钢-高强泡沫混凝土剪力墙的抗剪承载力和抗侧刚度；泡沫混凝土和秸秆板的开裂，以及泡沫混凝土与轻钢立柱之间的黏结滑移，提高了剪力墙的延性和耗能能力。相比于 2.4 m 宽传统冷弯型钢组合墙，剪力墙的峰值荷载、极限位移、延性系数、初始刚度和累积耗能分别提高了 139.6%、99.8%、62.5%、197.6%和 552.6%，且侧向刚度退化速率减小。

(4) 通过对表 6.39 的综合分析可以看出，对于冷弯型钢-高强泡沫混凝土剪力墙来说，提高其抗剪性能最有效的方法是增加墙厚，其次是提高泡沫混凝土强度和采用双拼箱型钢立柱，增加墙体宽度和轴压比对墙体的抗剪性能影响较小。

表 6.39 影响因素对评价指标的影响

影响因素	量值变化	评价指标			
		抗剪承载力	延性性能	初始刚度	耗能能力
泡沫混凝土	FC 等级：FC3→FC7.5	√	√	√ ↑	√
墙体厚度	墙厚：206 mm→256 mm	√ ↑ M	√ ↑ M	√	√ ↑ M
轴压比	轴压力：120 kN→160 kN	≈	×	≈	×
剪跨比	墙体宽度：2.4 m→3.6 m	√ ↑	×	√ ↑ M	√
轻钢立柱	截面形式：C 型→□型	√	≈	≈	√
开洞	窗口尺寸：1.2 m×1.2 m	×	×	×	×

注：√表示影响因素能够提高性能评价指标；≈表示影响因素对性能评价指标的影响很小；×表示影响因素降低性能评价指标；↑表示影响因素对性能评价指标的提高幅度最大；M 表示评价指标的最大值。

(5) 基于与试验结果中破坏模式、极限承载力和荷载-位移曲线的对比，建立了合理且可靠的冷弯型钢-高强泡沫混凝土剪力墙有限元分析模型，分析了剪力墙的受力全过程和工作机理，明确了单层剪力墙在不同受力阶段中的传力路径。在峰值荷载作用下，剪力墙中的泡沫混凝土在墙体对角之间形成“对角压杆”，其余泡沫混凝土形成“斜向压杆”，所有压杆的一端均指向墙体角部，角部宽度为 400～600 mm。

(6) 基于剪力墙在峰值阶段的传力路径，建立了用于计算冷弯型钢-高强泡沫混凝土剪力墙抗剪承载力的软化拉-压杆理论分析模型，并给出了该模型的计算方法和求解流程。在此基础上，提出该剪力墙软化拉-压杆模型的简算法，该简算法计算精度达到 95%，且计算结果偏于保守。考虑到泡沫混凝土与冷弯型钢黏结滑移的影响，最终建立了符合剪力墙破坏模式和受力机理的软化拉压杆-滑移模型，该模型表明黏结滑移降低了剪力墙约 15%的抗剪承载力。

(7) 基于冷弯型钢-高强泡沫混凝土剪力墙软化拉-压杆理论分析模型，建立了剪力墙的抗剪承载力计算公式；基于剪力墙的试验研究结果，提出了符合现行规范中承载力计算公式形式的剪力墙斜截面受剪承载力计算公式，计算公式与试验结果吻合良好。

(8) 基于冷弯型钢-高强泡沫混凝土剪力墙的试验结果和斜截面受剪承载力计算公式，

提出了能够反映剪力墙的开裂荷载、屈服荷载、峰值荷载和极限荷载等 4 个关键特征点荷载的水平荷载-位移四折线骨架模型，以及能够反映剪力墙强度退化、刚度退化及滑移捏缩等特征的滞回规律，模拟结果与试验滞回曲线吻合较好。此外还通过耗能能力和外包线两个指标对两者进行了对比分析。

参考文献

[1] 中华人民共和国住房和城乡建设部. 建筑模数协调标准：GB/T 50002—2013[S]. 北京：中国建筑工业出版社，2014.

[2] 中华人民共和国住房和城乡建设部. 冷弯薄壁型钢多层住宅技术标准：JGJ/T 421—2018[S]. 北京：中国建筑工业出版社，2018.

[3] 中华人民共和国住房和城乡建设部. 轻钢轻混凝土结构技术规程：JGJ 383—2016[S]. 北京：中国建筑工业出版社，2016.

[4] 中华人民共和国住房和城乡建设部. 泡沫混凝土应用技术规程：JGJ/T 341—2014[S]. 北京：中国建筑工业出版社，2015.

[5] American Society for Testing and Materials (ASTM). Standard test methods for cyclic (reversed) load test for shear resistance of vertical elements of the lateral force resisting systems for buildings, ASTM E2126-11[Z]. West Conshohocken, 2011.

[6] 中华人民共和国住房和城乡建设部. 建筑抗震试验规程：JGJ/T 101—2015[S]. 北京：中国建筑工业出版社，2015.

[7] 张新培. 钢筋混凝土抗震结构非线性分析[M]. 北京：科学出版社，2003.

[8] Miller T H, Pekoz T. Behavior of gypsum-sheathed cold-formed steel wall studs[J]. Journal of Structural Engineering, 1994, 120(5): 1644 - 1650.

[9] Serrette R, Ogunfunmi K. Shear resistance of gypsum-sheathed light-gauge steel stud walls[J]. Journal of Structural Engineering, 1996, 122(4): 383 - 389.

[10] Fülöp L A, Dubina D. Performance of wall-stud cold-formed shear panels under monotonic and cyclic loading Part Ⅰ: Experimental research[J]. Thin-Walled Structures, 2004, 42(2): 321 - 338.

[11] Lange J, Naujoks B. Behaviour of cold-formed steel shear walls under horizontal and vertical loads[J]. Thin-Walled Structures, 2006, 44(12): 1214 - 1222.

[12] Baran E, Alica C. Behavior of cold-formed steel wall panels under monotonic horizontal loading[J]. Journal of Constructional Steel Research, 2012, 79: 1 - 8.

[13] Nithyadharan M, Kalyanaraman V. Behaviour of cold-formed steel shear wall panels under monotonic and reversed cyclic loading[J]. Thin-Walled Structures, 2012, 60: 12 - 23.

[14] Peterman K D, Nakata N, Schafer B W. Hysteretic characterization of cold-formed steel stud-to-sheathing connections[J]. Journal of Constructional Steel Research, 2014, 101: 254 - 264.

[15] Esmaeili N S, Behzad R, Karim A. Seismic behavior of steel sheathed cold-formed steel shear wall: Experimental investigation and numerical modeling[J]. Thin-Walled Structures, 2015, 96: 337 - 347.
[16] Buonopane S G , Bian G , Tun T H , et al. Computationally efficient fastener-based models of cold-formed steel shear walls with wood sheathing[J]. Journal of Constructional Steel Research, 2015, 110: 137 - 148.
[17] Zeynalian M, Ronagh H R. Seismic performance of cold formed steel walls sheathed by fibre-cement board panels[J]. Journal of Constructional Steel Research, 2015, 107: 1 - 11.
[18] 何保康，郭鹏，王彦敏，等. 高强冷弯型钢骨架墙体抗剪性能试验研究[J]. 建筑结构学报，2008，29(2)：72 - 78.
[19] 周绪红，石宇，周天华，等. 冷弯薄壁型钢结构住宅组合墙体受剪性能研究[J]. 建筑结构学报，2006，27(3)：42 - 47.
[20] 李元齐，刘飞，沈祖炎，等. S350 冷弯薄壁型钢龙骨式复合墙体抗震性能试验研究[J]. 土木工程学报，2012，45(12)：83 - 90.
[21] 苏明周，黄智光，孙健，等. 冷弯薄壁型钢组合墙体循环荷载下抗剪性能试验研究[J]. 土木工程学报，2011，44(8)：42 - 51.
[22] Ye J H, Wang X X, Jia H Y, et al. Cyclic performance of cold-formed steel shear walls sheathed with double-layer wallboards on both sides[J]. Thin-Walled Structures, 2015, 92: 146 - 159.
[23] 陈伟，叶继红，许阳. 夹芯墙板覆面冷弯薄壁型钢承重复合墙体受剪试验[J]. 建筑结构学报，2017，38(7)：85 - 92.
[24] Wang X X, Ye J H. Reversed cyclic performance of cold-formed steel shear walls with reinforced end studs[J]. Journal of Constructional Steel Research, 2015, 113: 28 - 42.
[25] Prabha P, Palani G S, Lakshmanan N, et al. Behaviour of steel-foam concrete composite panel under in-plane lateral load[J]. Journal of Constructional Steel Research, 2017, 139: 437 - 448.
[26] 翟培蕾. 发泡水泥复合墙体力学性能研究[D]. 北京：北京交通大学，2012.
[27] Liu B, Hao J P, Zhong W H, et al. Performance of cold-formed-steel-framed shear walls sprayed with lightweight mortar under reversed cyclic loading[J]. Thin-Walled Structures, 2016, 98: 312 - 331.
[28] 许坤. 外包发泡混凝土帽钢组合墙体抗侧力性能试验研究及分析[D]. 武汉：武汉理工大学，2015.
[29] 郁琦桐，潘鹏，苏宇坤. 轻钢龙骨玻化微珠保温砂浆墙体抗震性能试验研究[J]. 工程力学，2015，32(3)：151 - 157.
[30] 黄强，李东彬，王建军，等. 轻钢轻混凝土结构体系研究与开发[J]. 建筑结构学报，2016，37(4)：1 - 9.

[31] 杨逸. 轻钢灌浆墙体抗震性能试验与设计方法研究[D]. 北京：北京交通大学，2017.
[32] 龙文武，王劲松，卢恺. 基于 ABAQUS 的泡沫混凝土棱柱体数值模拟[J]. 混凝土与水泥制品，2016(6)：70 - 72.
[33] 中华人民共和国住房和城乡建设部. 混凝土结构设计规范：GB 50010—2010[S]. 北京：中国建筑工业出版社，2011.
[34] 陈兵，刘睫. 纤维增强泡沫混凝土性能试验研究[J]. 建筑材料学报，2010，13(3)：286 - 290.
[35] 张劲，王庆扬，胡守营，等. ABAQUS 混凝土损伤塑性模型参数验证[J]. 建筑结构，2008，38(8)：127 - 130.
[36] 刘巍，徐明，陈忠范. ABAQUS 混凝土损伤塑性模型参数标定及验证[J]. 工业建筑，2014，44(S1)：167 - 171.
[37] 秦力，严华君. 反复加载作用下混凝土损伤塑性模型参数验证[J]. 东北电力大学学报，2017，37(5)：61 - 67.
[38] Barda F，Hanson J M，Corley W G. Shear strength of low-rise walls with boundary elements[J]. American Concrete Institute，1977，53(8)：149 - 202.
[39] Wood S L. Shear strength of low-rise reinforced concrete walls[J]. ACI Structural Journal，1990，87(1)：99 - 107.
[40] Aktan A E，Bertero V V. RC structural walls：Seismic design for shear[J]. Journal of Structural Engineering，1985，111(8)：1775 - 1791.
[41] Hwang S J，Fang W H，Lee H J，et al. Analytical model for predicting shear strength of squat walls[J]. Journal of Structural Engineering，2001，127(1)：43 - 50.
[42] Hwang S J，Lee H J. Strength prediction for discontinuity regions by softened Strut-and-Tie model[J]. Journal of Structural Engineering，2002，128(12)：1519 - 1526.
[43] Yu H W，Hwang S J. Evaluation of softened truss model for strength prediction of reinforced concrete squat walls[J]. Journal of Engineering Mechanics，2005，131(8)：839 - 846.
[44] Technical Committee CEN/TC 250. Eurocode 8：Design of structures for earthquake resistance-part 1：General rules，seismic actions and rules for buildings[S]. CEN，Brussels，Belgium，2003.
[45] ACI Committee 318. Building code requirements for structural concrete and commentary(ACI 318-08) [S]. Farmington Hills，MI：American Concrete Institute，2008.
[46] Ritter W. Die bauweise hennebique[J]. Schweizerische Bauzeitung，1899，33(7)，59 - 61.
[47] Morsch E. Concrete-steel construction[M]，New York：McGraw-Hill，1909.
[48] Vecchio F J，Collins M P. The modified compression-field theory for reinforced concrete elements subjected to shear[J]. ACI Journal Proceedings，1986，83(2)：219 - 231.
[49] Schlaich J，Schafer K，Jennewein M. Towards a consistent design of structural concrete[J]. Journal of Prestressed Concrete Instiute，1987，32(3)：74 - 150.

[50] Hsu T T C. Unified Theory of Reinforced Concrete (New Directions in Civil Engineering)[M]. Oxford: Taylor & Francis Ltd, 1992.
[51] Hsu T T C, Mo Y L. Softening of concrete in low-rise shear walls[J]. ACI Journal Proceedings, 1985, 82(6):883 - 889.
[52] Mau S T, Hsu T T C. Shear behavior of reinforced concrete framed wall panels with vertical loads[J]. ACI Structural Journal, 1987, 84(3): 228 - 234.
[53] Hwang S J, Lee H. J Analytical model for predicting shear strengths of exterior reinforced concrete beam-column joints for seismic resistance[J]. ACI Structural Journal, 1999, 96(5):846 - 857.
[54] Hwang S J, Lee H J. Analytical model for predicting shear strengths of interior reinforced concrete beam-column joints for seismic resistance[J]. ACI Structural Journal, 2000, 97(1): 35 - 44.
[55] 高丹盈，史科，赵顺波. 基于软化拉压杆模型的钢筋钢纤维混凝土梁柱节点受剪承载力计算方法[J]. 土木工程学报，2014，47(9): 101 - 109.
[56] Paulay T, Priestly M J N. Seismic Design of Reinforced Concrete and Masonry Buildings[M]. New York: John Wiley & Sons, Inc. , 1992.
[57] Zhang L X, Hsu T T C. Behavior and analysis of 100 MPa concrete membrane elements[J]. Journal of Structural Engineering, ASCE, 1998, 124(1): 24 - 34.
[58] 朱松松. 高强泡沫混凝土的研制及在轻钢结构中的应用研究[D]. 南京:东南大学,2016.
[59] 何书明. 泡沫混凝土本构关系的研究[D]. 长春:吉林建筑大学,2014.
[60] 过镇海，时旭东. 钢筋混凝土原理和分析[M]. 北京：清华大学出版社，2003.
[61] 吴涛，邢国华，刘伯权，等. 基于软化拉-压杆模型方法的钢筋混凝土变梁中节点抗剪承载力研究[J]. 工程力学，2010，27(9): 201 - 208.
[62] 邢国华，刘伯权，吴涛. 基于软化拉-压杆模型的钢筋混凝土框架节点受剪分析[J]. 建筑结构学报，2011，32(5): 125 - 134.
[63] 邢国华，刘伯权，牛荻涛. 钢筋混凝土框架中节点受剪承载力计算的修正软化拉压杆模型[J]. 工程力学，2013，30(8): 60 - 66.
[64] 初明进. 冷弯薄壁型钢混凝土剪力墙抗震性能研究[D]. 北京：清华大学，2010.
[65] Vecchio F J, Collins M P. Compression response of cracked reinforced concrete[J]. Journal of Structural Engineering, 1993, 119(12): 3590 - 3610.
[66] 谢鹏飞. 考虑黏结—滑移影响的内置钢管混凝土组合剪力墙受力机理及受剪承载力研究[D]. 西安：长安大学，2017.
[67] Hwang S J, Yu H W, Lee H J. Theory of interface shear capacity of reinforced concrete[J]. Journal of Structural Engineering, 2000, 126(6): 700 - 707.
[68] ACI Committee 318. Building code requirements for structural concrete and commentary (ACI 318-14)[S]. Farmington Hills, MI:American Concrete Institute, 2014.
[69] Gulec C K. Performance-based assessment and design of squat reinforced concrete

shear walls[D]. New York: State University of New York at Buffalo, 2009.
[70] Wood S L. Shear strength of low-rise reinforced concrete walls[J]. ACI Structural Journal, 1990, 87(1):99 - 107.
[71] Hidalgo P A, Ledezma C A, Jordan R M. Seismic behavior of squat reinforced concrete shear walls[J]. Earthquake Spectra, 2002, 18(2): 287 - 308.
[72] Wood S L. Shear strength of low-rise reinforced concrete walls[J]. ACI Structural Journal, 1990, 87(1):99 - 107.
[73] Lefas I D, Kotsovos M D, Ambraseys N N. Behavior of reinforced concrete structural walls: Strength, deformation characteristics, and failure mechanism[J]. ACI Structural Journal, 1990, 87(1): 23 - 31.
[74] 董宇光，吕西林，丁子文. 型钢混凝土剪力墙抗剪承载力计算公式研究[J]. 工程力学，2007，24(S1): 114 - 118.
[75]中华人民共和国住房和城乡建设部. 型钢混凝土组合结构技术规程: JGJ 138—2001[S]. 北京:中国建筑工业出版社,2001.
[76]中华人民共和国国家发展和改革委员会. 钢骨混凝土结构技术规程: YB 9082—2006[S]. 北京: 冶金工业出版社，2007.
[77] ACI Committee 318. Building code requirements for structural concrete and commentary (ACI 318-05)[S]. Farmington Hills, MI: American Concrete Institute, 2005.
[78] 过镇海，时旭东. 钢筋混凝土原理和分析[M]. 北京: 清华大学出版社，2003.
[79] 贡金鑫，魏巍巍，赵尚传. 现代混凝土结构基本理论及应用[M]. 北京: 中国建筑工业出版社，2009.
[80] ACI Committee 318. Building code requirements for structural concrete and commentary (ACI 318-11)[S]. Farmington Hills, MI: American Concrete Institute, 2011.
[81] European committee for standardization (CEN). Design of structures for earthquake resistance, Part 1: General rules, seismic and rules for buildings[S]. Eurocode 8. BS EN 1998-1. London: BSI British Standards, 2004.
[82] 施圣东. 高强混凝土-型钢组合剪力墙抗震性能试验及理论研究[D]. 南京: 东南大学，2007.
[83] 邓超. 高强混凝土-型钢组合剪力墙抗震性能试验及理论研究[D]. 南京: 东南大学，2006.
[84] 要永琴. 高强混凝土-型钢组合剪力墙抗震性能试验及理论研究[D]. 南京:东南大学，2013.
[85] 乔彦明，钱稼茹，方鄂华. 钢骨混凝土剪力墙抗剪性能的试验研究[J]. 建筑结构，1995，25(8): 3 - 7.
[86] 白亮. 型钢高性能混凝土剪力墙抗震性能及性能设计理论研究[D]. 西安: 西安建筑科技大学，2009.
[87] ACI Committee 318. Building code requirements for structural concrete and commentary (ACI 318-14)[S]. Farmington Hills, MI: American Concrete Institute, 2014.

[88] 郁琦桐，潘鹏，苏宇坤．轻钢龙骨玻化微珠保温砂浆墙体抗震性能试验研究[J]．工程力学，2015，32(3)：151－157.

[89] 杨逸．轻钢灌浆墙体抗震性能试验与设计方法研究[D]．北京：北京交通大学，2017.

[90] CEB-FIP. CEB-FIP Model Code 1990 [S]. London：Thomas Telford Service Ltd，1993.

[91] CEB-FIP. Model code for concrete structures[S]. Bulletin D'Information ,1990.

[92] 陈兵，刘睫．纤维增强泡沫混凝土性能试验研究[J]．建筑材料学报，2010，13(3)：286－290.

[93] Kassem W. Shear strength of squat walls：A strut-and-tie model and closed-form design formula[J]. Engineering Structures，2015，84：430－438.

[94] 中华人民共和国住房和城乡建设部，中华人民共和国国家质量监督检验检疫总局．建筑抗震设计规范：GB 50011—2010[S]．北京：中国建筑工业出版社，2010.

[95] 张艳青，贡金鑫，韩石．钢筋混凝土杆件恢复力模型综述(Ⅰ)[J]．建筑结构，2017，47(9)：65－70.

[96] 郭子雄，杨勇．恢复力模型研究现状及存在问题[J]．世界地震工程，2004，20(4)：47－51.

[97]李杰，李国强．地震工程学导论[M]．北京：地震出版社，1992.

[98] Baber T T，Noori M N. Random vibration of degrading，pinching systems[J]. Journal of Engineering Mechanics，1985，111(8)：1010－1026.

[99] Foliente G C. Hysteresis modeling of wood joints and structural systems[J]. Journal of Structural Engineering，1995，121(6)：1013－1022.

[100] Xu J，Dolan J D. Development of nailed wood joint element in ABAQUS[J]. Journal of Structural Engineering，2009，135(8)：968－976.

[101] Corte G D，Fiorino L，Landolfo R. Seismic behavior of sheathed cold-formed structures：Numerical study[J]. Journal of Structural Engineering，2006，132(4)：558－569.

[102] 董军，周伟，韩晓健，等．轻钢龙骨房屋抗震性能研究(Ⅰ)：滞回曲线模拟[J]．四川建筑科学研究，2009，35(5)：131－133.

[103] Pang W C，Rosowsky D V，Pei S，et al. Evolutionary parameter hysteretic model for wood shear walls[J]. Journal of Structural Engineering，2007，133(8)：1118－1129.

[104] 郭子雄，童岳生，钱国芳．RC 低矮抗震墙的变形性能及恢复力模型研究[J]．西安建筑科技大学学报(自然科学版)，1998，30(1)：25－28.

[105] 石宇．水平地震作用下多层冷弯薄壁型钢结构住宅的抗震性能研究[D]．西安：长安大学，2008.

[106] 黄智光，王亚军，苏明周，等．冷弯薄壁型钢墙体恢复力模型及房屋地震反应简化分析方法研究[J]．土木工程学报，2012，45(2)：26－34.

[107] Kechidi S，Bourahla N. Deteriorating hysteresis model for cold-formed steel shear

wall panel based on its physical and mechanical characteristics[J]. Thin-Walled Structures, 2016, 98: 421-430.
[108] Federal Emergency Management Agency. Prestandard and commentary for the seismic rehabilitation of buildings[Z]. Washington, D. C.:, 2000.

第7章 装配整体式冷弯型钢-高强泡沫混凝土双层剪力墙抗弯性能试验研究

7.1 引言

对于水平地震作用下的多层轻质剪力墙结构建筑而言，冷弯型钢-高强泡沫混凝土剪力墙是其重要承力构件，该剪力墙的水平变形不仅包括水平荷载作用下的剪切变形，而且包括竖向和水平荷载共同作用下的弯曲变形，如图7.1所示。因此，装配式双层剪力墙构件不仅具有水平荷载作用下的抗剪性能，而且具有竖向和水平荷载共同作用下的抗弯性能。所以，有必要对装配式冷弯型钢-高强泡沫混凝土双层剪力墙构件抗的弯性能进行研究，这对研究此剪力墙结构的抗震性能及推广应用也具有重要意义。

本章采用恒定轴压荷载下的水平低周反复荷载试验、有限元模拟分析和抗弯承载力理论分析相结合的方法，研究装配式冷弯型钢-高强泡沫混凝土双层剪力墙的抗弯性能，分析双层剪力墙的破坏特征、滞回性能、延性、抗侧刚度和耗能能力，明确双层剪力墙的受弯机理和传力路径，建立双层剪力墙的承载力理论分析模型及计算方法，推出双层剪力墙正截面受弯承载力计算公式。

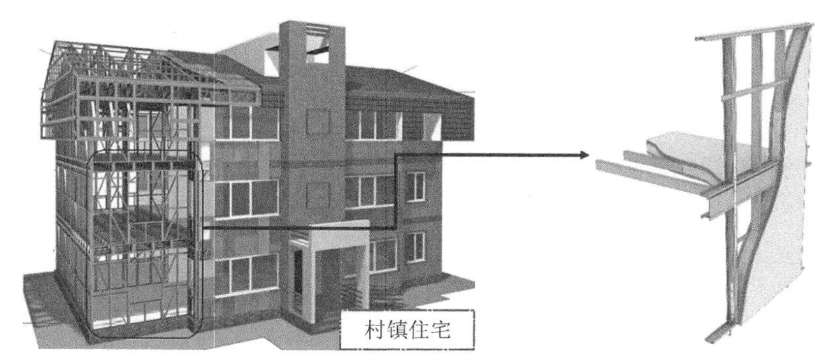

图7.1 冷弯型钢-轻质混凝土剪力墙结构及其多层墙体

7.2 装配式双层剪力墙的低周反复荷载试验

7.2.1 试件设计与制作

为了研究装配整体式冷弯型钢-高强泡沫混凝土双层剪力墙的抗弯性能，共设计了2片双层冷弯型钢-高强泡沫混凝土剪力墙足尺试件，各试件设计参数如表 7.1 所示。试件的高度和宽度按照常用建筑住宅模数要求设计，完全满足我国 GB/T 50002—2013[1] 的有关规定。为了考察双层冷弯型钢-高强泡沫混凝土剪力墙的抗震性能，试件分别设计为 2.4 m 宽和 3.6 m 宽两种墙体宽度，墙体截面厚度分别为 206 mm 和 256 mm 两种。

表 7.1 墙体试件设计

试件编号	立柱截面形式			泡沫混凝土强度等级	试件尺寸（$L\times H$）	墙体厚度（mm）	竖向荷载（kN）
	中柱	边柱	导轨				
TW-1	C140	□140	U143	FC3	2.4 m×6.24 m	206	90
TW-2	C90	□90	U93	FC3	3.6 m×6.24 m	256	150

7.2.1.1 冷弯型钢骨架设计

装配整体式冷弯型钢-高强泡沫混凝土双层剪力墙试件主要由一层剪力墙、二层剪力墙和楼盖组成。剪力墙两侧为外覆秸秆墙面板的冷弯型钢骨架，内填充泡沫混凝土，其具体构造形式见本书第六章。楼盖上下两面为覆盖秸秆板的冷弯型钢骨架，内填充泡沫混凝土，构造形式类似剪力墙，如图 7.1 所示。上述构件的冷弯型钢采用国内常用的 90 型和 140 型两种规格，具体尺寸见第六章。

为了避免上下层预制剪力墙的拼装连接削弱剪力墙在楼盖位置处的连接性能，将上下层冷弯型钢立柱的拼接位置定于距离楼盖结构顶部 400mm 的二层剪力墙内（如图 7.2 和 7.3所示）。上下层立柱采用钢板和盘头 ST5.5 自攻螺钉进行可靠连接。此外，为了确保墙体内部浇筑的泡沫混凝土的均匀性和完整性，钢立柱的腹板设置间距为 400 mm 的圆孔。

7.2.1.2 秸秆板和泡沫混凝土设计

墙体和楼盖试件均采用 58 mm 厚的秸秆板进行双面覆板[1 200 mm（宽）×3 000 mm（长）]，墙体和楼盖与冷弯型钢骨架的连接方式见第六章的相关内容，连接时须满足《冷弯薄壁型钢多层住宅技术标准》[2] 和《轻钢轻混凝土结构技术规程》[3] 对墙板螺钉固定的要求。为了便于上下层剪力墙冷弯型钢立柱在二层墙体内拼装，二层剪力墙底部的一侧秸秆板在上下层墙体装配后安装（如图 7.2 和 7.3），最后在剪力墙连接处和剪力墙与楼盖连接处浇筑新鲜的泡沫混凝土。

剪力墙试件采用高强轻质泡沫混凝土填充，材料性能参数见本书第六章表 6.4。根据《泡沫混凝土应用技术规程》[4] 的相关规定，每层剪力墙内填充的泡沫混凝土须经多次浇筑完成，每次浇筑高度为 1.0～1.5 m，两次浇筑的时间间隔为泡沫混凝土的终凝时间，但不超过 4 个小时，当天浇筑完毕。

7.2.2 制作流程

图 7.4 所示为装配整体式冷弯型钢-高强泡沫混凝土剪力墙试件的制作过程，具体如下：(1) 一层和二层墙体、楼盖的冷弯型钢骨架拼装及其单侧墙面板覆盖；(2) 墙体和楼盖的泡沫混凝土浇筑及另一侧墙面板覆盖；(3) 一层墙体在基础梁上的安装，楼盖在一层墙顶的

安装，二层墙体装配；(4) 墙体与楼盖连接处的泡沫混凝土浇筑，二层墙体底部后浇带覆盖墙面板。

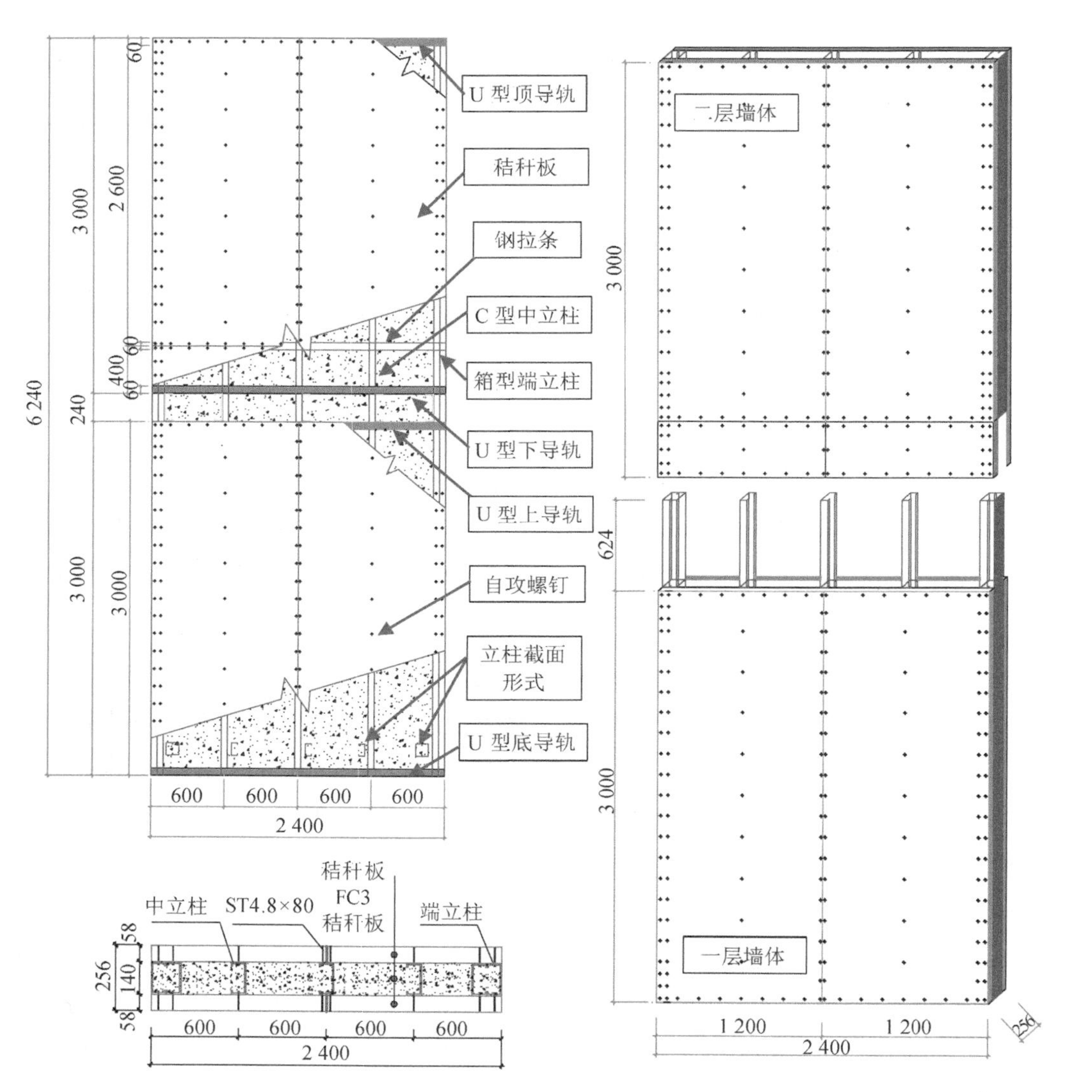

图 7.2 TW-1 构造图(单位：mm)

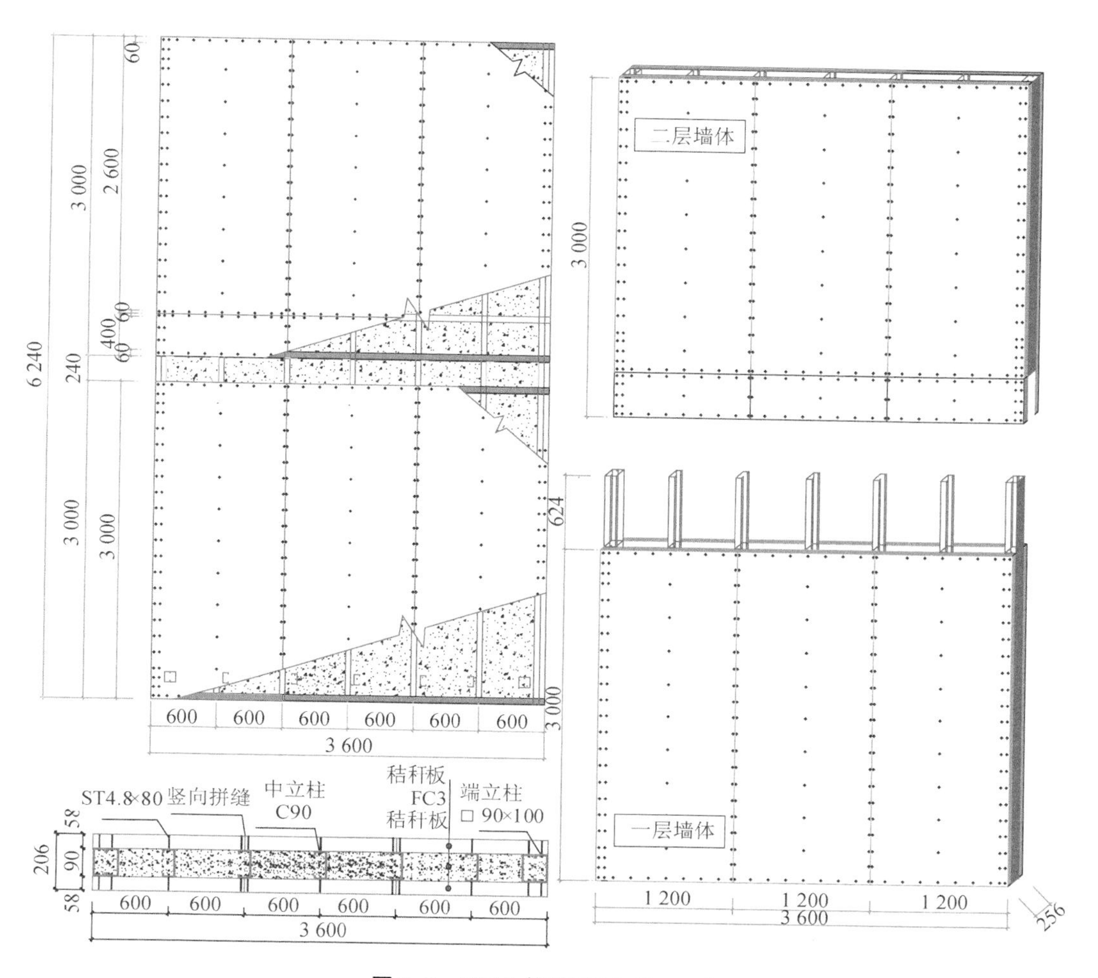

图 7.3　TW-2 构造图(单位:mm)

图 7.4　装配整体式冷弯型钢-高强泡沫混凝土双层剪力墙构造图

7.2.3 试验装置、加载方案及测点布置

7.2.3.1 试验装置

图 7.5 为墙体试件的抗剪试验装置及构造图。试验装置主要由钢反力架、MTS 作动器加载装置、油泵千斤顶加载装置和数据采集系统组成。竖向荷载采用 2 个 20 t 液压千斤顶加载，需同步加载。反力梁与千斤顶间设有水平滑动导轨。水平推拉力采用 2 个 50 t 且行程为 ±250 mm的 MTS 作动器加载，分别位于一层和二层剪力墙的顶端。试验数据由泰斯特 TST3826F 动静态应变测试系统采集；试验全过程由 MTS 伺服加载控制器及计算机控制，水平荷载也由该控制器采集。在楼盖位置处，墙体试件与 MTS 作动器相连的加载装置如图 7.6 所示。

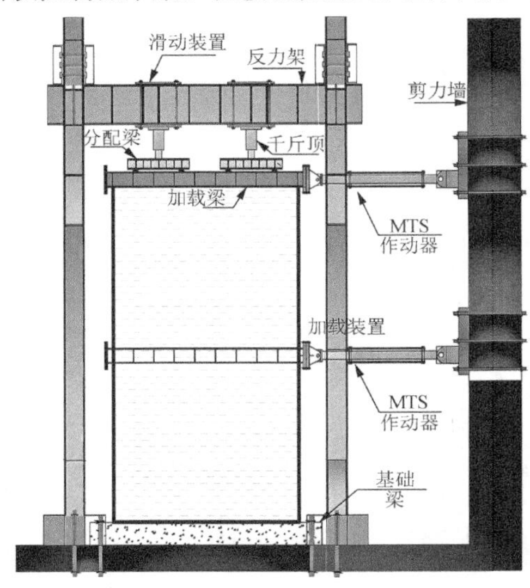

(a) 试验装置

(b) 试验加载装置全貌

图 7.5 试验装置及构造

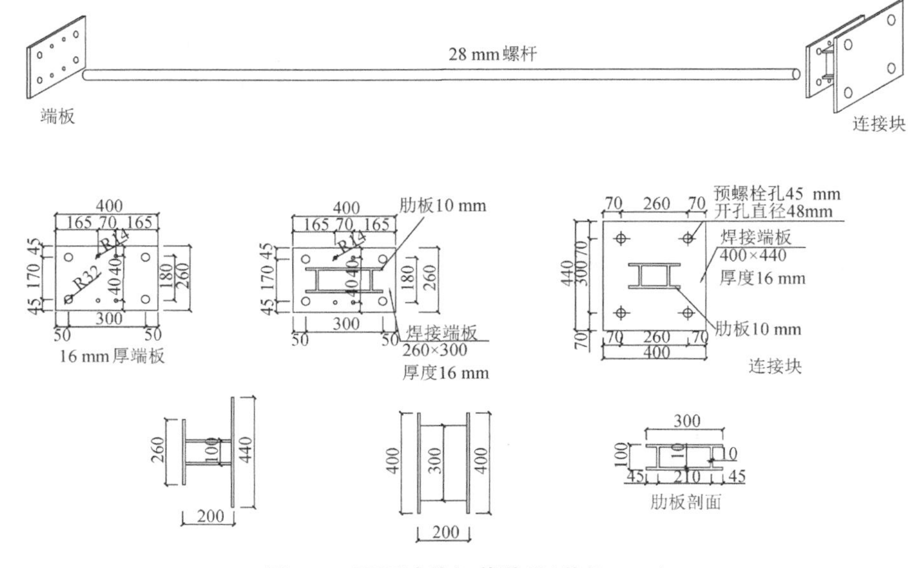

图 7.6 双层试件加载装置(单位:mm)

7.2.3.2　测点布置

墙体试件的水平荷载由MTS作动器的控制系统直接记录。试件的水平位移、滑动位移及转动位移由一系列位移传感器测量并记录，测点布置如图7.7所示。位移传感器D1-1和D2-1分别测量一层和二层加载梁的水平位移；D1-2和D2-2分别测量一层和二层墙体顶部的水平位移；D1-3、D1-5和D2-3、D2-5分别测量一层墙体相对于基础梁的竖向位移，以及二层墙体相对于楼盖的竖向位移；D1-4、D1-6和D2-4、D2-6分别测量基础梁相对于地面的竖向位移，以及楼盖相对于地面的竖向位移；D1-7、D1-8和D2-7、D2-8分别测量一层墙体相对于基础梁的相对水平滑动位移，以及二层墙体相对于楼盖的相对水平滑动位移。

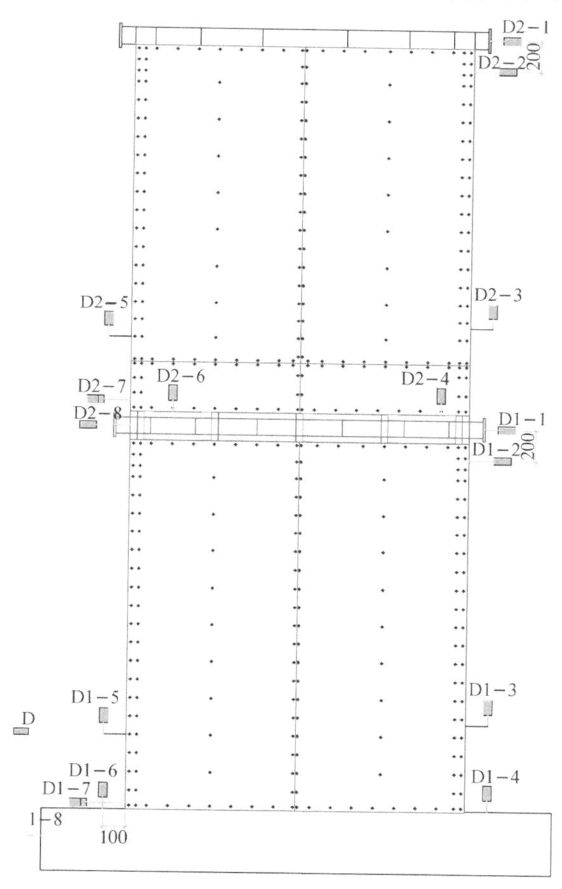

图7.7　双层墙测点布置(单位:mm)

7.2.3.3　加载制度

本次试验加载方式为墙体试件有竖向力的水平低周反复加载。在正式加载之前首先进行预加载，检查试验装置和加载设备的反应是否正常，消除试件装配过程中构件间的空隙，特别是一层墙体与地梁之间、上下层墙体之间、墙体与楼盖之间的装配空隙。预加载荷载为试件极限荷载的10%～20%，预加载结束后卸载，进行正式加载，并进行实时数据采集，采集方式为连续采集。在连续采集过程中，每级加载完成后维持2～3 min，然后施加下一级荷载，以保证试件变形充分发展。

正式加载时首先将竖向荷载一次性加载到指定荷载并保持恒定不变,然后记录此时各位移计的初始读数。水平加载采用倒三角制度进行加载,具体做法是:将二层剪力墙顶部1号作动器作为主控作动器,采用力-位移控制加载;一层顶部处2号作动器采用力控制加载,其加载荷载值为顶层作动器每级位移加载时所反馈的荷载值的一半,如图7.8所示。当墙体荷载-位移曲线的包络线出现明显拐点时,视为试件屈服,此后1号作动器采用位移控制加载方式。在整个加载过程中,上下层墙体的加载为同步分级加载,每级荷载的加载时间持续约2～3 min,直到试件被破坏或试件承载力出现大幅度下降。

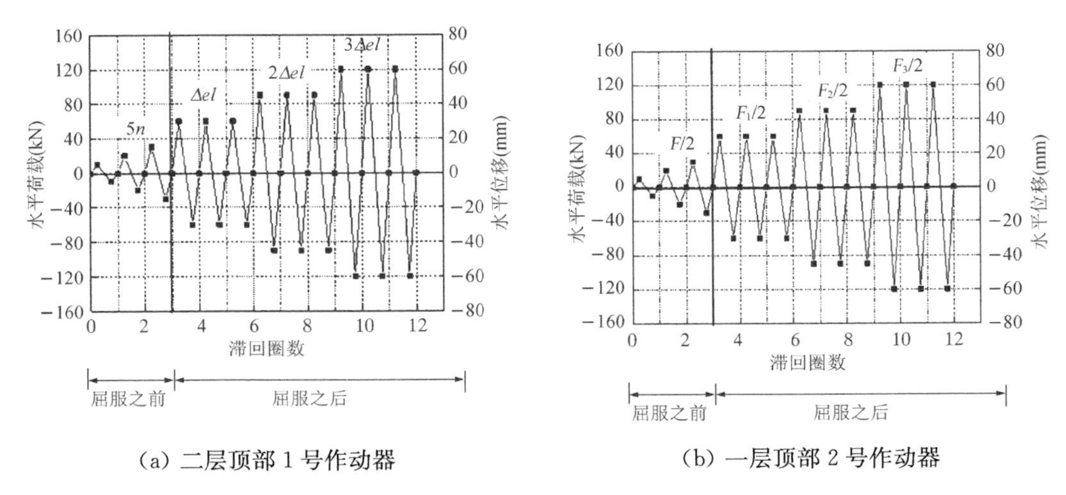

(a) 二层顶部1号作动器　　(b) 一层顶部2号作动器

图7.8　加载制度

7.2.4　试验现象及破坏特征

7.2.4.1　试件TW-1

加载初期,墙体表面没有任何破坏现象。当墙体顶部水平位移加载到15 mm后,墙体底端和端立柱处个别螺钉凹陷入秸秆板内,同时,二层墙体底部处的个别螺钉出现凹陷现象。随着荷载增加,墙体内发出轻微的“吱吱”响声,表明墙体内泡沫混凝土出现微裂缝,其原因是泡沫混凝土的抗拉强度较低。当墙体顶部水平位移为22.5 mm时,墙体底端秸秆板表面出现斜向裂缝;当水平位移为35 mm时,斜裂缝开始变宽。当墙体顶部水平位移为46 mm时,墙体底端的端立柱出现“外鼓”的局部屈曲破坏,同时一层墙体上部秸秆板出现斜向褶皱。当墙体顶部水平位移为48 mm时,距离墙体底部约2.0 m高度处端立柱出现局部屈曲破坏,随后一层墙体顶端处的端立柱出现局部屈曲变形,墙体达到峰值承载力。随着水平位移的增大,在端立柱局部屈曲破坏位置处,秸秆板出现斜向下裂缝,且裂缝的长度不断加长,最终延伸到相邻中立柱位置处。墙体秸秆板和端立柱的破坏特征如图7.9(a)所示。

拆除秸秆板后发现:整个泡沫混凝土表面主要呈现弯曲裂缝,特别是在一层墙体的底部;二层墙体表面裂缝数量少于一层墙体,且部分裂缝表现为斜向剪切裂缝;楼盖附件的裂缝数量较少。此外,墙体泡沫混凝土并未出现严重的挤压破碎现象,且泡沫混凝土与冷弯型钢骨架黏结良好,并未出现分离现象,中立柱无显著的局部屈曲破坏。墙体泡沫混凝土破坏特征如图7.9(b)所示。

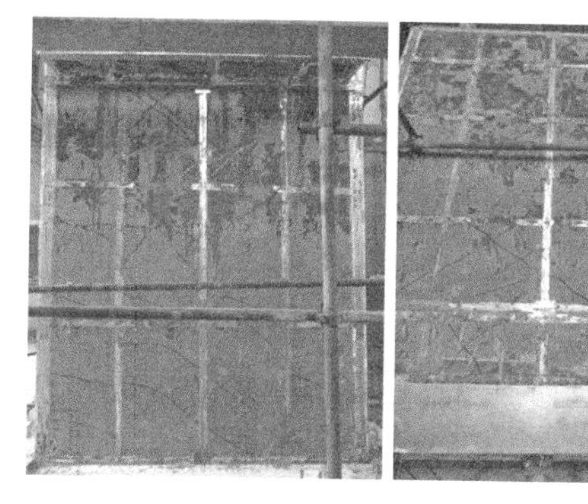

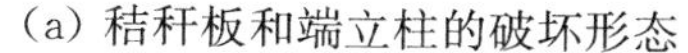

(a) 秸秆板和端立柱的破坏形态　　(b) 中立柱和泡沫混凝土的破坏形态

图 7.9　TW-1 试件破坏形态

7.2.4.2　试件 TW-2

当墙体顶部水平位移为 12.5 mm 时，墙体内发出轻微的“吱吱”声，表明墙体内泡沫混凝土出现微裂缝；随着水平位移的增大，秸秆板表面出现斜向褶皱，墙体端部个别螺钉陷入秸秆板内，特别是在二层墙体秸秆板水平拼缝处和一层墙体端立柱处；当水平位移加载至 35 mm 时，墙体底端开始出现水平裂缝，随后一层墙体底部端立柱出现局部屈曲变形；当水平位移达到 45 mm 时，一层墙体顶部端立柱出现局部屈曲变形。当加载到峰值荷载之后，一层墙体端立柱的底部和顶部相继出现断裂现象。由上述现象可知，试件 TW-2 秸秆板和端立柱的破坏特征与试件 TW-1 基本相同。

试验结束后，墙体试件需吊装移动后拆除秸秆板，便于观察泡沫混凝土裂缝现象，此移动可能引起墙体内泡沫混凝土额外裂缝的产生，故图7.10所示墙体泡沫混凝土裂缝与试验裂缝有所差别，仅供后续试验参考和验证。拆除秸秆板后发现：一层和二层墙体的泡沫混凝土均出现斜向交叉裂缝，且墙体底端的泡沫混凝土出现局部挤压破碎；一层墙体端立柱的顶部和底部出现局部屈曲变形和断裂现象；冷弯型钢骨架与泡沫混凝土并未出现分离，表明端立柱与泡沫混凝土黏结较好。墙体的破坏特征如图7.10所示。

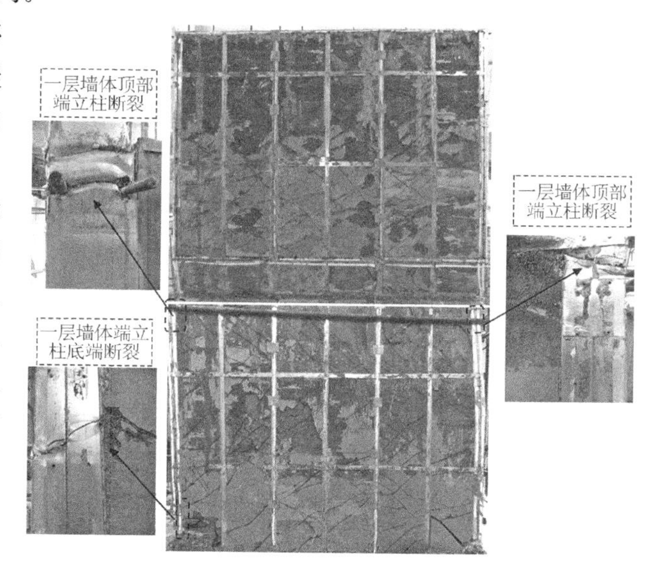

图 7.10　TW-2 试件破坏形态

7.2.4.3　试件破坏特征

根据装配式冷弯型钢-高强泡沫混凝土双层剪力墙试件的裂缝发展和破坏过程可知，双层剪力墙的破坏表现出明显的弯曲破坏特征。与低剪跨比墙体试件的破坏形态相比，高剪跨比墙体试件最终被破坏时墙体底端端立柱出现局部屈曲破坏（即断裂和外鼓现象），泡沫混凝土出现斜裂缝和局部挤压破坏。此外，泡沫混凝土与冷弯型钢立柱并未出现分离现象，表明两者黏结性能良好，可以协同受力。具体破坏过程分为以下 3 个阶段：

1. 弹性阶段

在加载初期，试件的水平荷载(P)-位移(Δ)曲线基本呈线性关系，墙体端立柱和秸秆板拼缝处出现少量自攻螺钉凹陷现象。随着水平荷载的增大，墙体内泡沫混凝土开裂。

2. 弹塑性阶段

随着水平位移的增加，墙体底部秸秆板出现水平斜裂缝，端立柱底部出现局部屈曲变形，水平荷载(P)-位移(Δ)曲线的非线性愈加明显。除墙体底部裂缝外，墙体中下部出现多条斜裂缝，特别是泡沫混凝土裂缝。随着裂缝的开展，一层墙体端立柱的顶部局部屈曲变形，试件荷载逐渐达到峰值荷载。

3. 破坏阶段

达到峰值荷载后，秸秆板裂缝和泡沫混凝土裂缝逐渐延伸。墙体端立柱的顶部和底部出现严重的受压局部屈曲，且 TW-2 试件的端立柱底端出现断裂破坏，试件逐渐丧失承载力。

7.2.5 试验结果与分析

7.2.5.1 水平荷载-位移滞回曲线

图 7.11 为各试件的顶点水平荷载-位移滞回曲线。在加载初期，滞回曲线基本呈直线，表明墙体试件处在弹性阶段。随着加载位移的增加，泡沫混凝土裂缝逐渐增多，试件进入弹塑性阶段，滞回曲线呈梭形，滞回环包围的面积增大，即试件的耗能增大。当加载位移达到一定值时，滞回环开始出现捏缩现象且斜率下降较为明显，其原因是墙体端立柱的底部出现局部屈曲变形，表明墙体达到屈服。随着加载位移继续增加，泡沫混凝土裂缝不断增多且楼层间的端立柱出现局部屈曲变形，导致滞回曲线捏缩现象较为明显，且残余变形变大，滞回曲线呈弓形。在达到峰值承载力之后，端立柱断裂使得捏缩现象更加显著，同时泡沫混凝土和秸秆板裂缝的张开与闭合导致曲线出现“空载滑移”现象，曲线逐渐由弓形向反 S 形发展。

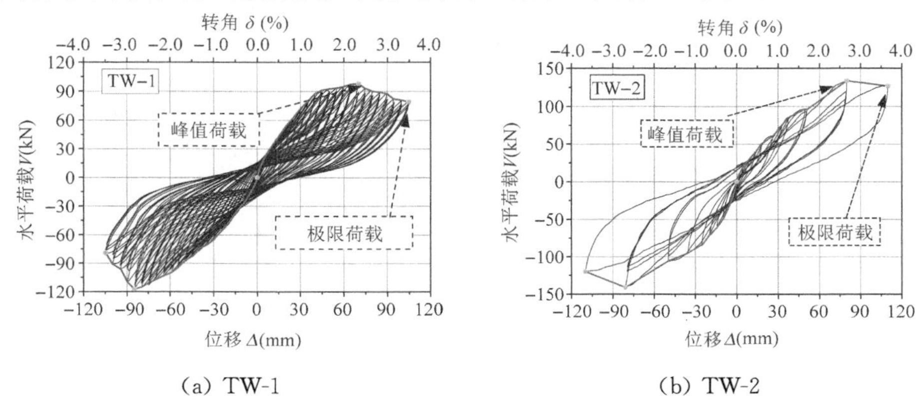

(a) TW-1　　(b) TW-2

图 7.11　装配式冷弯型钢-高强泡沫混凝土双层剪力墙水平荷载-位移滞回曲线

7.2.5.2 水平荷载-位移骨架曲线

图 7.12(a)为装配式冷弯型钢-高强泡沫混凝土双层剪力墙试件的荷载-位移骨架曲线。

表 7.2 是峰值点和极限点(水平荷载降到峰值荷载的 85%的特征点)的荷载和位移值。双层墙体试件 TW-1 和 TW-2 在峰值荷载之前,曲线刚度基本一致,在峰值荷载之后承载力下降较快。相比于试件 TW-1,试件 TW-2 的峰值承载力提高了 27.5%,表明增加墙体宽度可以显著提高墙体峰值承载力。

由图 7.12(b)和(c)可知,与第六章中具有相同截面构造形式的单层墙体试件相比,双层墙体试件在峰值荷载之前的刚度均小于单层墙体试件,表明增加剪跨比降低了墙体的侧向刚度,特别是初始刚度。然而,双层墙体的峰值承载力与单层墙体基本相同,不同之处在于增加剪跨比提高了墙体试件的变形能力,其中 TW-1 的峰值位移较 WB3 提高了 53.4%,TW-2 的峰值位移较 WC1 提高了 121.8%。

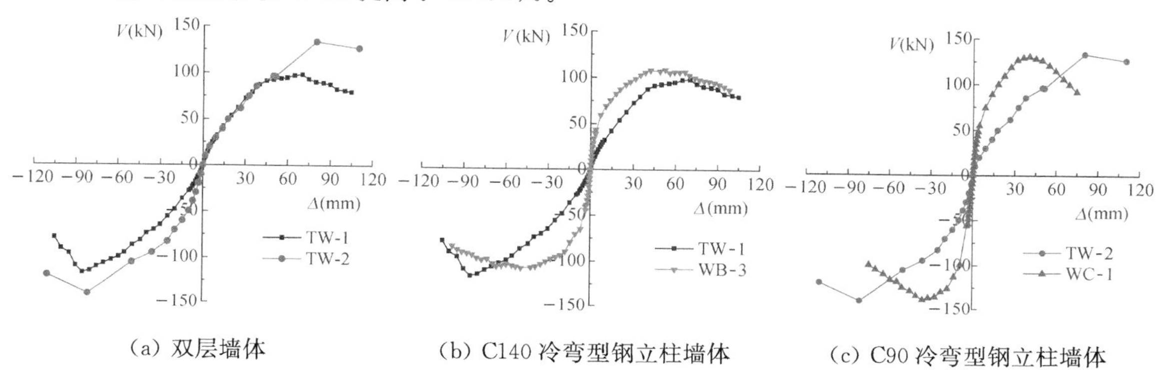

(a) 双层墙体　　(b) C140 冷弯型钢立柱墙体　　(c) C90 冷弯型钢立柱墙体

图 7.12　剪力墙试件水平荷载-位移骨架曲线

表 7.2　峰值点和极限点特征

试件编号	峰值点			极限点			Δ_m/H	Δ_u/H
	Δ_m(mm)	V_m(kN)	P_m(kN/m)	Δ_u(mm)	V_u(kN)	P_u(kN/m)		
TW-1	77.57	107.67	44.86	93.28	91.52	38.13	1/80	1/67
TW-2	80.50	137.30	38.14	102.90	115.98	32.22	1/76	1/61
WB3	50.55	108.34	45.14	92.73	92.10	38.38	1/59	1/32
WC1	37.82	135.16	37.54	60.33	114.88	31.91	1/79	1/50
DWB1[5]	—	94.8	26.3	59.9	—	—	—	—

目前,东南大学叶继红教授[5]对双层端立柱灌注 C30 普通混凝土的冷弯型钢组合墙体进行了抗剪性能试验研究。由于上述组合墙体所采用的墙体尺寸和冷弯型钢骨架均与本节中冷弯型钢-高强泡沫混凝土双层剪力墙试件 TW-2 相同,试验加载方式(双作动器同步加载)也相似,故将冷弯型钢-高强泡沫混凝土双层剪力墙试件 TW-2 与组合墙体试件 DWB1 进行对比分析。从表 7.2 可以看出,冷弯型钢-高强泡沫混凝土双层剪力墙的峰值承载力较组合墙体试件 DWB1 提高了 44.8%,表明墙体内填充轻质高强泡沫混凝土的构造措施与端立柱中填充 C30 普通混凝土的构造措施相比,前者更能显著提高墙体的承载能力,同时也提高了墙体峰值荷载后的变形能力。

7.2.5.3　延性分析

墙体延性分析是装配式冷弯型钢-高强泡沫混凝土双层剪力墙结构抗震性能研究的一

项重要内容。对于墙体构件，其延性性能主要采用位移延性系数 μ 来表示，具体公式见第6.2.4.4节。

图 7.13 表示各试件的延性系数。从图中可知，对于双层墙体试件，减小墙体宽度可以提高墙体试件的延性，TW-1 的延性系数是 TW-2 的 1.18 倍。此外，从图中可以看出，双层墙体的延性性能均低于单层墙体的延性性能。其原因是双层墙体试件在峰值荷载之前的侧向刚度远小于单层墙体，使得双层墙体的屈服位移大幅度增加，试件 TW-1 的屈服位移是试件 WB-3 的 2.57 倍，同理，试件 TW-2 的屈服位移是试件 WC-1 的 4.70 倍。这说明相比于单层墙体试件，增加高宽比可以提高双层墙体的水平变形能力，但是由于墙体的侧向刚度较低使得墙体延性偏低。

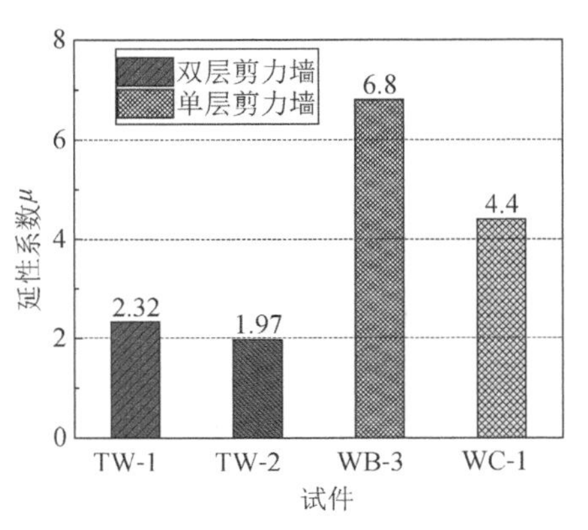

图 7.13　剪力墙试件的延性系数

7.2.5.4　抗侧刚度分析

刚度退化分析是结构抗震性能研究的另一项重要内容。刚度退化主要采用割线刚度来评价墙体侧向刚度退化的程度，故割线刚度是衡量结构抗震性能的另一个重要指标。对于墙体构件，割线刚度的具体计算公式和解释见第六章第 6.2.4.5 节。

从图 7.14(a)所示双层墙体试件的刚度退化曲线可以看出，墙体的侧向刚度在加载过程中一直在降低。在加载初期，由于泡沫混凝土开裂，墙体的侧向刚度下降速率较大，这与单层墙体的情况基本一致。然而，随着秸秆板斜裂缝的出现，墙体刚度退化速率开始减小。峰值荷载之后，由于冷弯型钢端立柱的局部屈曲破坏，墙体侧向刚度进一步降低。

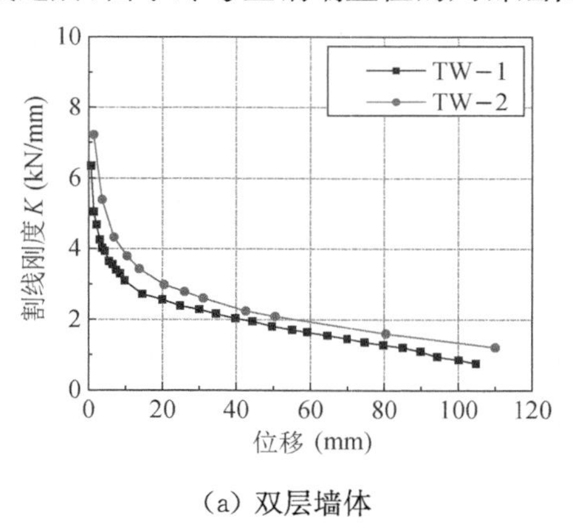

(a) 双层墙体

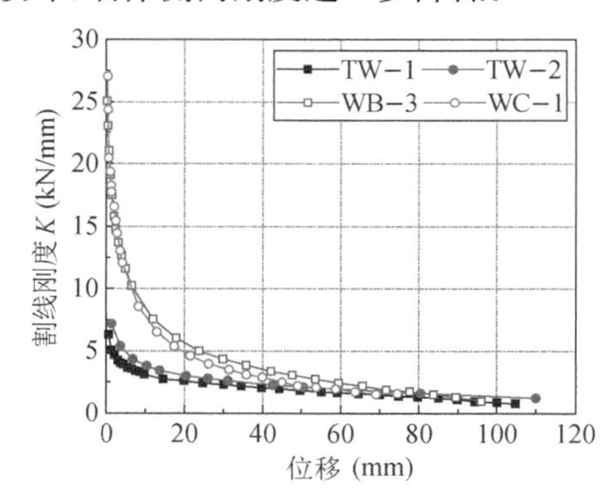

(b) 双层与单层墙体对比

图 7.14　剪力墙试件的刚度退化曲线

另外，与具有相同截面构造形式的单层墙体相比，双层墙体的初始刚度均较小。从图 7.14(b)可知，双层墙体的初始刚度仅为单层墙体的 28%～34%，说明提高剪跨比降低了墙体的初始刚度。然而，墙体剪跨比的增加可以有效地降低墙体初始阶段的侧向刚度的退化程度，峰值侧向刚度为初始侧向刚度的 26.4%～31.6%，远高于单层剪力墙的 9.5%～12.7%。在达到峰值荷载之后，墙体的侧向刚度基本一致，说明剪跨比对墙体峰值荷载之后的侧向刚度的影响较小,可以忽略不计。

7.2.5.5　耗能能力分析

本节采用第六章提出的等效黏滞阻尼系数 h_e 和累积耗能 E 两个指标对双层冷弯型钢-高强泡沫混凝土剪力墙的耗能能力进行评价,具体计算公式和解释见第六章第6.2.4.6节。

图7.15给出了各墙体试件的等效黏滞阻尼系数。双层冷弯型钢-高强泡沫混凝土剪力墙的等效黏滞阻尼系数 h_e 基本在10%左右,且TW-2的 h_e 大于TW-1,说明双层墙体耗能能力较弱,而增加墙体宽度可以提高墙体在特定位移荷载情况下的耗能能力。相比于第六章具有相同截面构造形式的单层墙体,双层墙体的等效黏滞阻尼系数 h_e 均较小。当墙体达到峰值承载力时,双层墙体的 h_e 较单层墙体降低了46.7%,说明单层墙体中的冷弯型钢与泡沫混凝土的黏结滑移效应能够提高墙体的耗能。此外,在峰值荷载之后,单层墙体除黏结滑移效应明显之外,泡沫混凝土和秸秆板的斜裂缝数量也不断增加且裂缝不断延伸,提高了墙体的耗能,相反双层墙体在峰值荷载之后此类斜裂缝均较少,端立柱的局部断裂导致墙体的最终破坏。因此,在峰值荷载之后,双层墙体并未像单层墙体那样出现等效黏滞阻尼系数 h_e 随水平位移荷载的增加而递增的现象,故对于双层墙体需增加端立柱的厚度或数量以提高墙体的耗能能力。

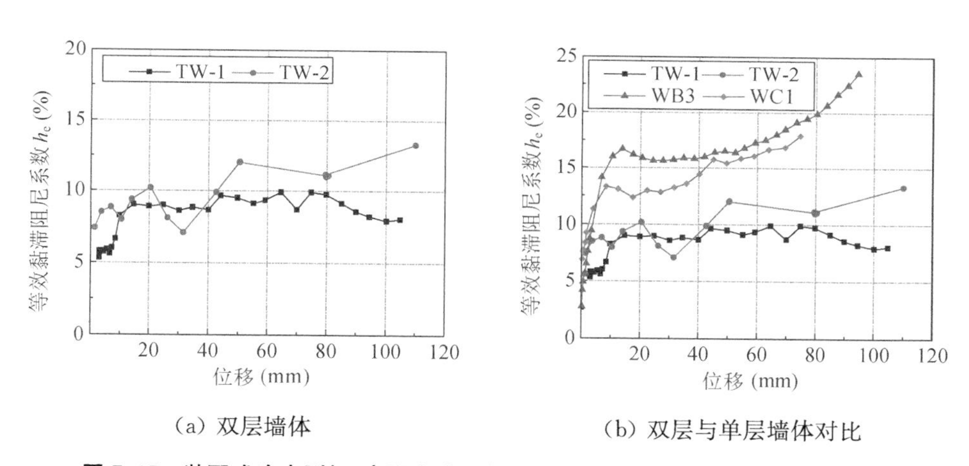

(a) 双层墙体　　(b) 双层与单层墙体对比

图7.15　装配式冷弯型钢-高强泡沫混凝土双层墙体试件的等效黏滞阻尼系数

图7.16表示各墙体试件的累积耗能曲线。双层墙体的累积耗能 E 随着位移加载量的增加呈现指数增长。试件TW-1的最终累积耗能较试件TW-2提高了23.1%,说明增加墙体厚度比增加墙体宽度更能有效地提高墙体的总体耗能能力。与第六章中具有相同截面构造形式的单层墙体相比,双层墙体的累积耗能 E 均小于单层墙体,其主要原因是单层墙体试件中有冷弯型钢与泡沫混凝土的黏结滑移,以及较多的泡沫混凝土和秸秆板的斜裂缝,这些均能有效地提高墙体的能量耗散能力。

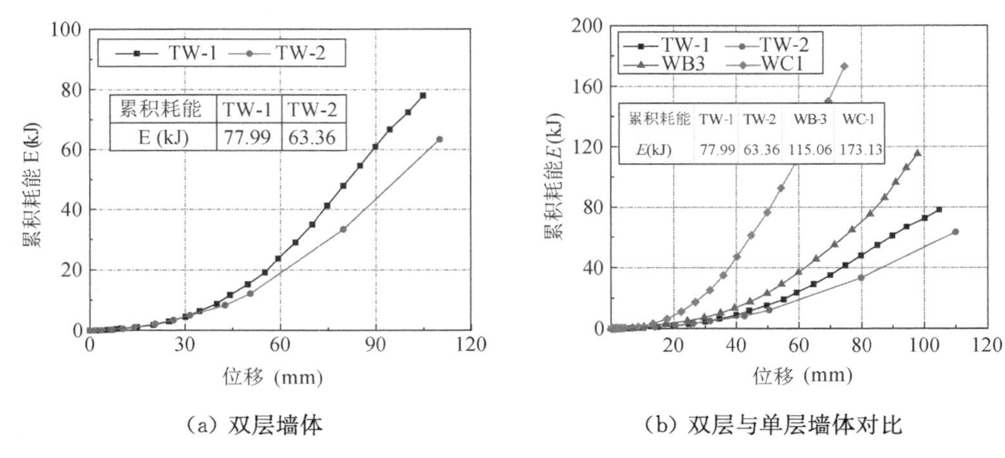

(a) 双层墙体　　(b) 双层与单层墙体对比

图 7.16　装配式冷弯型钢-高强泡沫混凝土双层剪力墙试件的累积耗能

7.3　装配式双层剪力墙的有限元分析

7.3.1　有限元计算模型的建立

装配式冷弯型钢-高强泡沫混凝土双层剪力墙构造形式极其复杂，其水平荷载-位移曲线表现出高度的非线性（见本书第 7.2.4.1 节试验结果），原因在于：一方面构成装配式双层墙体的构件较多，包括上下层剪力墙构件和一层楼盖构件，每个构件所用材料种类较多，形成了高度的材料非线性；另一方面轻钢与泡沫混凝土的黏结连接、秸秆板与轻钢骨架的自攻螺钉连接、墙体复杂的边界约束形成了高度的几何非线性。其中，材料非线性可通过在有限元软件中输入试验材性完成准确模拟，相对较容易解决，墙体几何非线性可采用等效约束完成较准确模拟。如何准确地确定材料参数、墙体构件间的连接约束和墙体边界约束，以及如何合理确定三种构件之间的装配方式是装配式双层剪力墙有限元建模的重点和难点。本节基于以上装配式冷弯型钢-高强泡沫混凝土双层剪力墙的构造形式和连接方式特点，建立了装配式双层剪力墙有限元模型。

7.3.1.1　单元类型

装配式冷弯型钢-高强泡沫混凝土双层剪力墙由两片单层剪力墙构件和楼盖构件装配组装而成。单层剪力墙和楼盖均主要由冷弯薄壁型钢骨架、泡沫混凝土和秸秆板、自攻螺钉三种材料组成。材料的单元类型采用第六章中单层剪力墙的单元类型，具体介绍见第 6.3.1.1节。

7.3.1.2　材料本构关系

由于装配式冷弯型钢-高强泡沫混凝土双层剪力墙试件与第六章中单层剪力墙试件所采用的冷弯型钢、泡沫混凝土和秸秆板相同，因此本节的材料本构关系采用第六章中单层剪力墙的材料本构关系，具体介绍见第 6.3.1.2 节。

7.3.1.3　部件的装配及相互作用

装配式冷弯型钢-高强泡沫混凝土双层剪力墙的冷弯型钢骨架组成结构形式较为复杂，

包括一层和二层剪力墙钢骨架、楼盖钢骨架，以及相互装配连接。其中，剪力墙冷弯型钢骨架与第六章单层剪力墙的钢骨架的构造形式相似，因此一层和二层剪力墙分别采用装配(Assembly)中的Merge功能将冷弯型钢骨架合并成一个新部件(part-1和part-2)。楼盖在本试验过程中并未参与抵抗水平抗剪承载力，其主要作用是传递水平荷载到一层剪力墙的顶部，故可采用Merge功能将楼盖的冷弯型钢骨架合并成一个新部件(part-3)。Merge功能使得冷弯型钢骨架中的竖向立柱与水平导轨完全固结，其原因是实际的冷弯型钢骨架是采用自攻螺钉和L型连接件共同将立柱与导轨牢固地连接为整体，故有限元模型中的立柱与导轨的固结是合理的。

在装配式冷弯型钢-高强泡沫混凝土双层剪力墙的破坏现象中(第7.2.3节)发现，上下层墙体在加载过程中能够共同工作，且在上下层立柱拼装处并未出现连接破坏，说明上下层墙体拼装连接性能可靠。因此，在剪力墙有限元模型的建立过程中，上下层剪力墙中冷弯型钢骨架的立柱连接方式可采用固结形式，即采用装配(Assembly)中的Merge功能将上下层墙体的轻钢骨架合并成一个新部件(part-4)。对于剪力墙与楼盖的装配连接，由于楼盖的大部分构造只起到传递水平荷载的作用，因此双层剪力墙的有限元模型可简化楼盖部分，仅保留剪力墙与楼盖重合部分。试验结果表明，剪力墙立柱和导轨与楼盖的钢骨架连接可靠且并未出现连接失效，故采用Merge功能将楼盖钢骨架与剪力墙钢骨架合并成一个新部件(part-5)，如图7.17(a)所示。

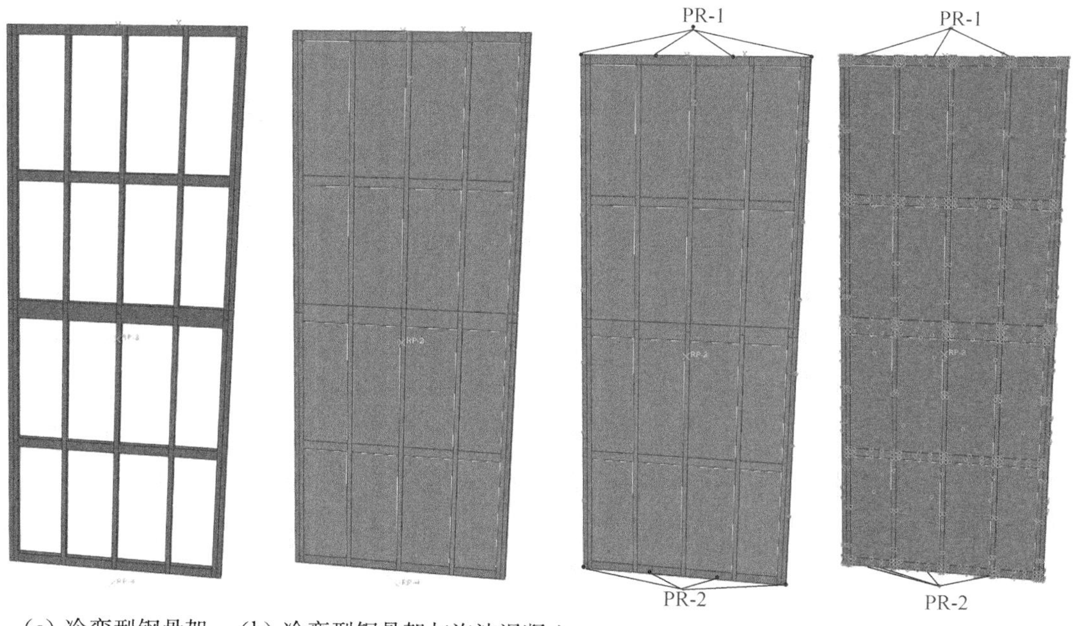

(a) 冷弯型钢骨架　(b) 冷弯型钢骨架与泡沫混凝土

图7.17　双层剪力墙有限元模型

(a) 墙体加载点　(b) 墙体边界条件

图7.18　墙体边界条件设置

双层剪力墙的冷弯型钢骨架与泡沫混凝土之间的约束可采用第六章单层剪力墙的建模方式，采用嵌入区域约束模拟冷弯型钢骨架与现浇泡沫混凝土的连接，如图7.17(b)所示。

从本书第7.2.3节中装配式双层剪力墙的构造形式和破坏模式可知，秸秆板通过自攻螺钉与冷弯型钢骨架进行连接，且墙体破坏后此自攻螺钉连接并未出现显著的破坏。因此，装配式双层剪力墙有限元模型采用绑定约束(Tie)将秸秆板壳单元连接到冷弯型钢立柱和导轨的翼缘上。同时,考虑到墙体内浇筑的泡沫混凝土与秸秆板表面黏结性能较好,采用壳体-实体约束(Shell-to-Solid Coupling)对秸秆板与泡沫混凝土进行连接约束。

7.3.1.4 边界条件和荷载施加

为了保证装配式双层剪力墙有限元模型的模拟尽可能地反映墙体试件真实的受力性能,本节建立的有限元模型的边界条件需尽量与试验的实际情况吻合。在有限元模型建立过程中,采用绑定约束(Tie)将墙体的顶面和底面分别与加载点 RP-1 和 RP-2 进行连接,其中 RP-1 代表加载钢梁,RP-2 代表地梁,如图 7.18(a)所示。约束墙体试件底面的参考点 RP-2 采用固结,即 $U_x=0$、$U_y=0$、$U_z=0$ 和 $\mathrm{rot}x=0$、$\mathrm{rot}y=0$、$\mathrm{rot}z=0$;约束墙体试件顶部参考点 RP-1 沿 x 和 y 方向的平动自由度以及绕 x、y 和 z 的转动自由度,即 $U_x=0$、$U_y=0$ 和 $\mathrm{rot}x=0$、$\mathrm{rot}y=0$、$\mathrm{rot}z=0$。最后,对墙体的侧面增加侧向约束,即 $U_y=0$ 和 $\mathrm{rot}x=0$、$\mathrm{rot}y=0$、$\mathrm{rot}z=0$,如图 7.18(b)所示。

7.3.1.5 网格划分

墙体内的泡沫混凝土采用结构化网格技术进行网格划分,选择六面体网格为 50 mm×50 mm×50 mm,划分网格后的试验构件模型如图 7.19(a)所示;秸秆板和冷弯薄壁型钢采用自由网格划分,选择四边形网格尺寸为 50 mm×50 mm,划分网格后的试验构件模型如图 7.19(b)所示。

(a) 泡沫混凝土和轻钢的网格划分

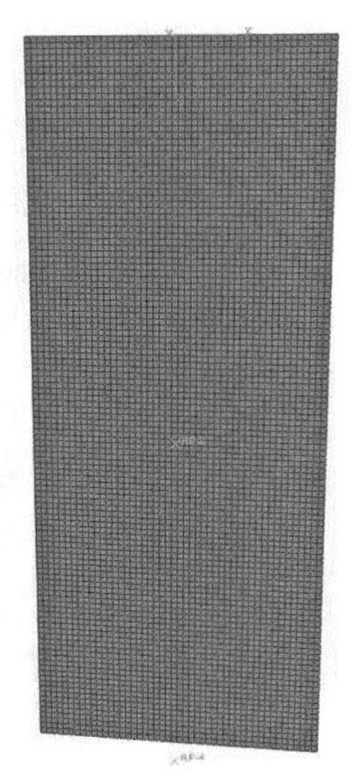

(b) 秸秆板的网格划分

图 7.19 墙体的网格划分

7.3.1.6 非线性分析

在装配式冷弯型钢-高强泡沫混凝土双层剪力墙有限元模型的加载过程中,采用静力弧长法(Riks,Static)进行分析,设定最大增量步为 500 步,初始弧长增量为 0.1,最大增量为

100，最小增量为 1.0×10^{-6}，并开启非线性开关，其他设定均为程序默认。通过以上设置，可实现在模拟加载的过程中对每一步的荷载、位移、应力和应变等数据进行可视化检查。

7.3.2　装配式双层剪力墙有限元计算模型的验证

为了验证装配式双层剪力墙有限元计算模型的可靠性，将试件 TW-1 的模拟结果与试验结果中的破坏模式、荷载-位移曲线、最大抗剪承载力进行对比分析。

7.3.2.1　破坏模式的对比分析

墙体试件 TW-1 的试验破坏模式和有限元模型的破坏特征如图 7.20 和 7.21 所示。其中，图 7.20(b)和(c)为有限元模拟得到的冷弯型钢骨架和秸秆板的等效 Mises 应力云图。冷弯型钢端立柱的顶部和中部(即楼盖位置处)均呈现出较大的应力，表明端立柱顶部和中部出现局部屈曲破坏；个别中立柱在距离墙底 1.5 m 处出现较大的应力，但未达到屈服强度。有限元模拟得出的等效 Mises 应力云图呈现的上述破坏特征与试验破坏现象基本一致，如图 7.20(a)所示。

图 7.20(c)为有限元模型得到的秸秆板的等效 Mises 应力云图。一层墙体的底部和中部的秸秆板出现较大应力，表明墙体此处的秸秆板受力较大，出现开裂破坏；在墙体的底部，秸秆板与轻钢骨架连接同样出现较大应力，表明此处秸秆板与轻钢立柱连接的螺钉出现局部破坏，其余部位秸秆板的应力较大表明秸秆板出现斜向和水平裂缝。有限元模拟得出的等效 Mises 应力云图呈现的上述破坏特征与试验破坏现象基本一致。

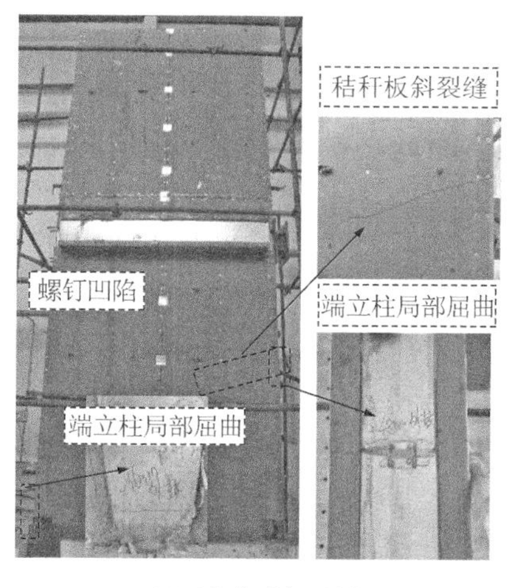

(a) 试验破坏现象

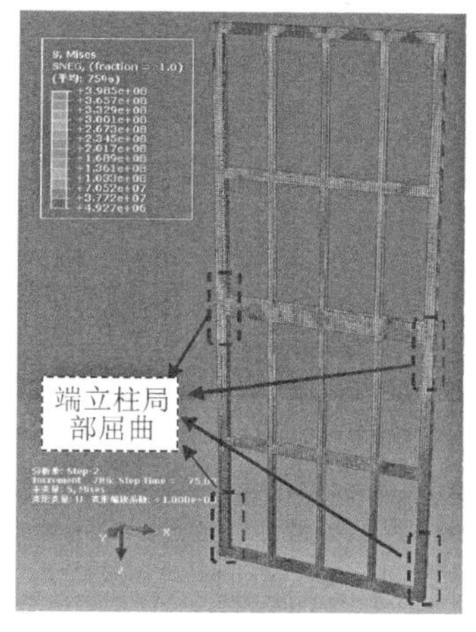

(b) 轻钢骨架有限元破坏现象

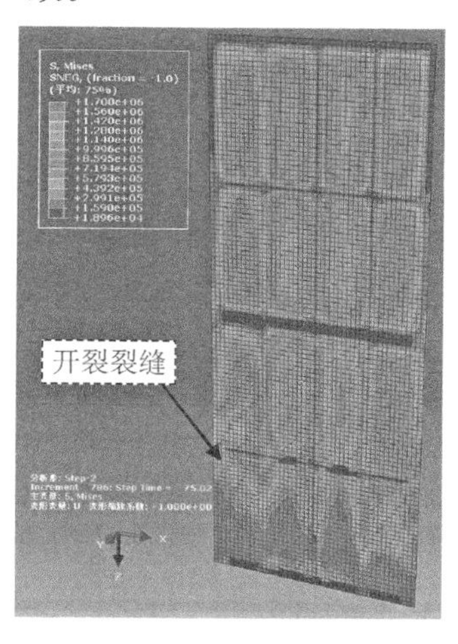

(c) 秸秆板有限元破坏现象

图 7.20　TW-1 试件轻钢骨架和秸秆板试验破坏现象与有限元破坏现象对比

图 7.21(b)和(c)为有限元模拟得到的泡沫混凝土在峰值荷载和极限荷载作用下的等效 Mises 应力云图。泡沫混凝土底部和中部(即楼盖位置处)均出现局部较大的应力，表明此处泡沫混凝土呈现斜裂缝破坏和局部破坏，特别是墙体的底端出现较严重的局部挤压破坏。此外，在墙体的两端部位(即冷弯型钢骨架的端立柱)出现较大的应力，表明泡沫混凝土出现斜裂缝。上述有限元等效 Mises 应力云图显示的破坏特征与试验破坏现象基本一致。

(a) 试验破坏现象

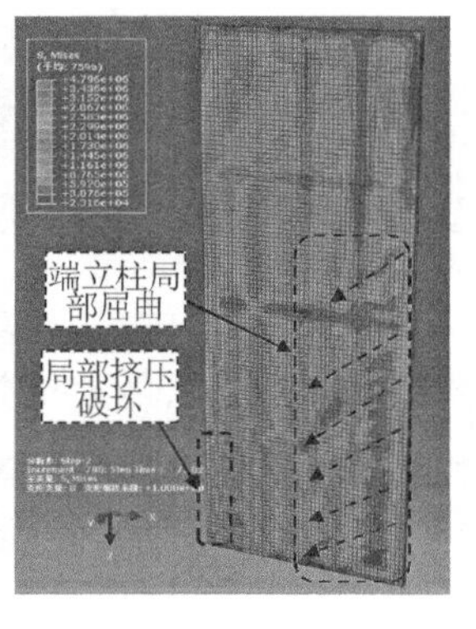

(b) 峰值阶段破坏现象

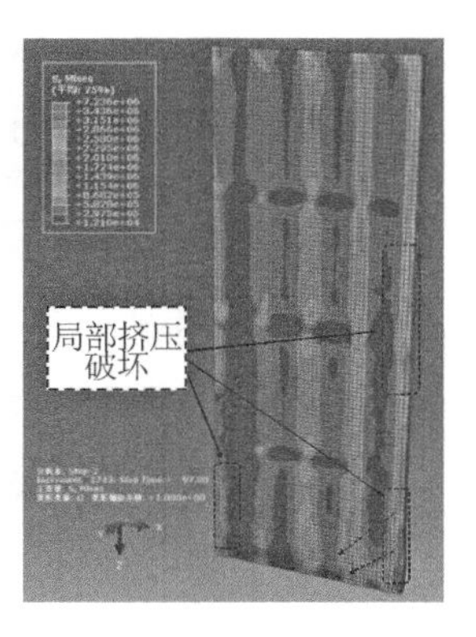

(c) 破坏阶段破坏现象

图 7.21　TW-1 试件泡沫混凝土试验破坏现象与有限元破坏现象对比

由此可见，装配式冷弯型钢-高强泡沫混凝土双层剪力墙有限元计算模型在低周反复荷载作用下的破坏特征与试验破坏现象基本一致。

7.3.2.2　荷载-水平位移曲线的对比分析

图 7.22 和图 7.23 显示了装配式冷弯型钢-高强泡沫混凝土双层剪力墙试件 TW-1 的有限元模拟和试验所得的荷载-位移滞回曲线和骨架曲线。由于有限元模拟采用在模型顶部施加水平荷载(即单个作动器加载)的模式，与试验墙体的双作动器共同加载的荷载施加模式不同，因此有限元分析和试验所得墙体顶部的荷载-位移滞回曲线和骨架曲线相差较大，如图 7.22(a)和 7.23(a)所示。通过力学平衡理论得到两者之间的转化关系，如下所示：

$$F=\frac{V_1H+V_2\times 0.5H}{H} \tag{7-1}$$

式中：F 为在有限元模型顶部施加的水平荷载；V_1 为在试验墙体顶部施加的水平荷载；V_2 为在试验墙体的中部(即楼盖位置处)施加的水平荷载，其值为 $0.5V_1$；H 为两层墙体的总高度。

通过上述转化公式，将有限元模拟得到的滞回曲线(图 7.22a)转化为新的荷载-位移滞回曲线(图 7.22b)。两者的荷载-位移滞回曲线相差略大，而且有限元分析结果不能反映墙体的捏缩效应。其原因主要是两者的加载模式不同，其次是有限元模型将墙体一侧的秸秆板看作一块整板。而从图 7.23(b)可知修正后的有限元骨架曲线与试验骨架曲线的走势基本相同。但是，修正后的骨架曲线中荷载和刚度值均大于试验值，其原因同第6.3.2.2节单层墙体有限元结果大于试验值原因一样。通过对两者的荷载-位移骨架曲线的对比分析可知，两者之间的误差在 10%～20%，因此有限元模拟结果能够较好地吻合墙体的真实结果。

综上所述，虽然修正后的有限元分析的荷载-位移滞回曲线结果与试验结果仍有所差别，但是两者之间的骨架曲线吻合较好，偏差在 10%～20%。

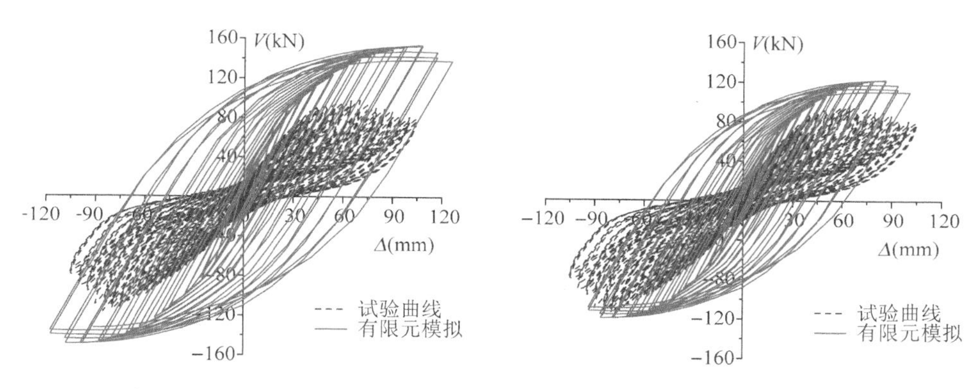

(a) 模拟与试验滞回曲线对比　　(b) 修正模拟与试验滞回曲线对比

图 7.22　试件 TW-1 荷载-位移滞回曲线的对比

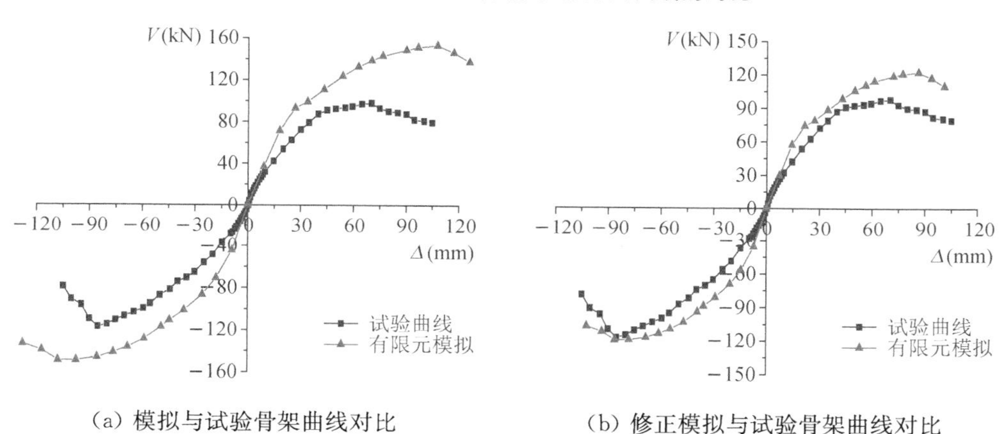

(a) 模拟与试验骨架曲线对比　　(b) 修正模拟与试验骨架曲线对比

图 7.23　试验和有限元所得骨架曲线的对比

7.3.2.3　最大抗弯承载力对比分析

表 7.3 显示了墙体试件 TW-1 的有限元模拟结果和试验结果的对比。由表可知：有限元分析得到的墙体峰值抗弯承载力和位移与试验分析结果吻合良好，误差在 15%之内。主要原因是有限元分析除了加载模式与试验加载模式不同之外，并未考虑楼盖的作用，并将墙体一侧的秸秆板整合为一块秸秆板，进而提高了秸秆板的承载能力和侧向刚度，同时提高了秸秆板对轻钢骨架和泡沫混凝土的约束作用。因此，有限元分析结果高于试验结果，但两者的偏差在允许范围之内，故该有限元模型能够较好地预测装配式双层剪力墙的抗弯承载力。

表 7.3　有限元分析与试验所得抗弯承载力的对比

试件编号	试验测试值		有限元模型分析值		试验值与模型值之比	
	相应位移 Δ_{m-t} (mm)	抗弯承载力 F_{m-t} (kN)	相应位移 Δ_{m-m} (mm)	抗弯承载力 F_{m-m} (kN)	$\Delta_{m-m}/\Delta_{m-t}$	F_{m-m}/F_{m-t}
TW-1	77.57	107.67	86.02	121.06	1.11	1.13

综合上述，有限元模拟结果与试验结果在破坏模式、荷载-位移曲线、最大抗弯承载力，特别是骨架曲线和峰值承载力等方面均能较好吻合。这说明本章所建立的装配式双层剪力

墙抗弯承载力的有限元分析模型是较为合理的，能够得到较可靠的装配式双层剪力墙的抗弯承载力。

7.3.3 装配式双层剪力墙工作机理分析

7.3.3.1 剪力墙受力过程分析

装配式双层剪力墙构造形式的特点导致水平荷载作用于墙体试件泡沫混凝土和冷弯型钢骨架的破坏过程，以及秸秆墙面板的应力分布情况无法被观察到。因此，需基于有限元分析结果，并结合试验现象，明确装配式双层剪力墙的受力过程。现以试件 TW-1 为例，分析墙体开裂阶段、屈服阶段、峰值阶段和极限阶段的破坏特征，具体阶段划分如图 7.24 所示。

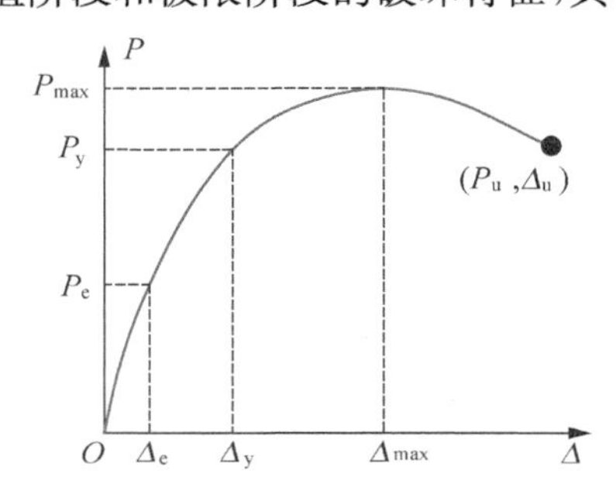

图 7.24 装配式双层剪力墙的受力全过程及阶段划分

图 7.25、7.26 和 7.27 为泡沫混凝土、冷弯型钢骨架和秸秆板在特征点（开裂点、屈服点、峰值点和极限点）的应力分布情况。基于第 7.2 节的试验现象和结果，得到剪力墙的受力工作机理如下：

(1) 在墙体的初始加载阶段($0\sim\Delta_e$)，墙体内的泡沫混凝土在端立柱底端应力较大[图 7.25(a)]且未达到抗压强度，但墙体其余部位的泡沫混凝土应力较小，说明墙体大部分泡沫混凝土与冷弯型钢骨架能够协同工作，共同受力。在墙体底端冷弯型钢端立柱承受较大荷载且未达到屈服强度[图 7.25(b)]，但此处秸秆板受力较大[图 7.25(c)]，出现局部褶皱和自攻螺钉凹陷现象。

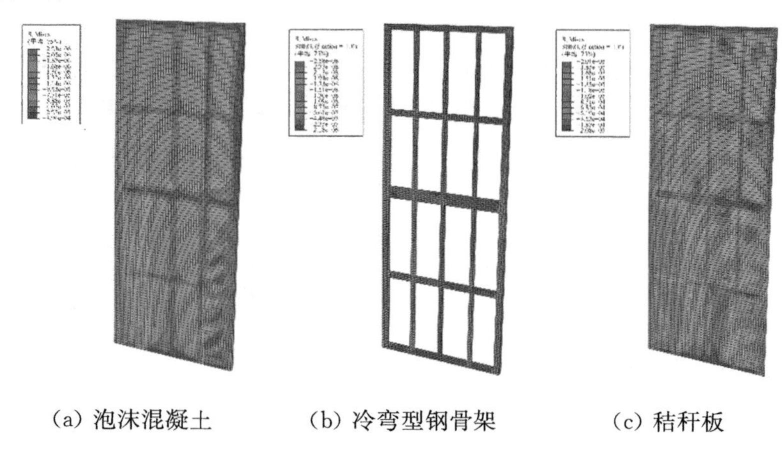

(a) 泡沫混凝土　　(b) 冷弯型钢骨架　　(c) 秸秆板

图 7.25 装配式双层剪力墙开裂点时应力分布情况

(2) 当墙体处在屈服前阶段($\Delta_e\sim\Delta_y$)时，墙体的底端区域受力较大，泡沫混凝土出现局部挤压破坏且应力达到屈服抗压强度[图 7.26(a)]，同时冷弯型钢端立柱的底部出现局部屈曲变形且达到屈服强度[图 7.26(b)]。除此之外，墙体底端秸秆板出现褶皱和斜裂缝[图 7.26(c)]。然而，墙体中间区域的泡沫混凝土与冷弯型钢骨架受力较小且能协同工作。此阶段冷弯型钢端立柱承担的荷载增大，泡沫混凝土和秸秆板出现斜裂缝且在墙体底端出现局部破坏。

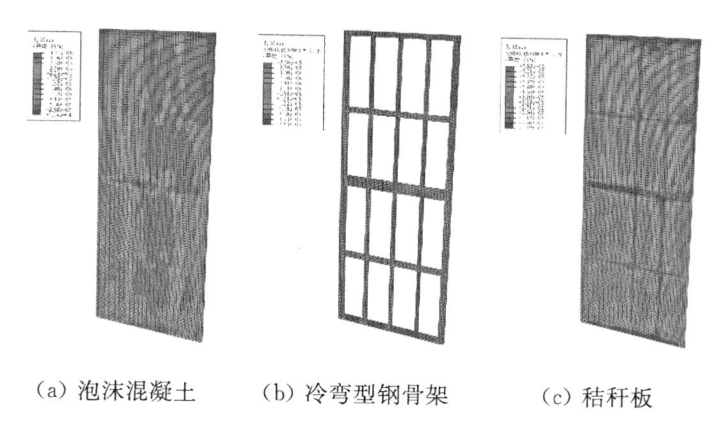

(a) 泡沫混凝土　(b) 冷弯型钢骨架　(c) 秸秆板

图 7.26　装配式双层剪力墙屈服点时应力分布情况

(3) 当墙体处在峰值前阶段($\Delta_y \sim \Delta_m$)时，一层墙体和二层墙体底部的泡沫混凝土应力均超过其抗压强度[图 7.27(a)]，表明泡沫混凝土出现大量斜裂缝和局部挤压破坏，导致与冷弯型钢立柱出现黏结滑移和分离现象。同时，一层墙体的端立柱全部区域、次中立柱的下部区域的应力均超过了抗压强度[图 7.27(b)]，表明立柱出现局部挤压破坏和屈曲变形，同时秸秆板应力达到抗拉强度[图 7.27(c)]，出现裂缝数量增加。

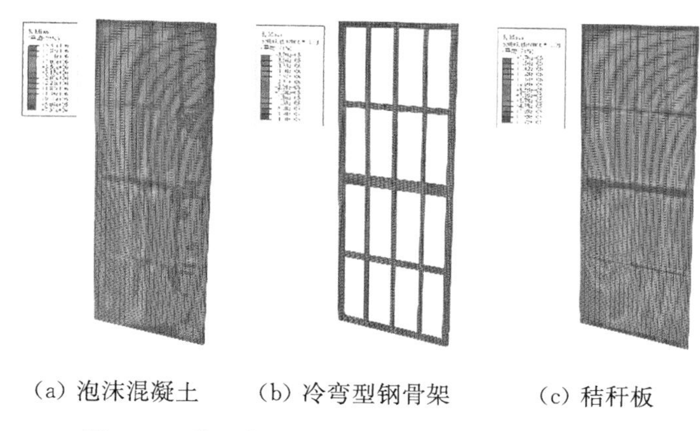

(a) 泡沫混凝土　(b) 冷弯型钢骨架　(c) 秸秆板

图 7.27　装配式双层剪力墙峰值点时应力分布情况

(4) 当墙体处在峰值后阶段($\Delta_m \sim \Delta_u$)时，一层墙体内的冷弯型钢端立柱在底部和顶部均出现严重的局部屈曲变形[图 7.28(b)]，且立柱与底导轨连接出现破坏，使冷弯型钢骨架的承载力降低，立柱与泡沫混凝土出现显著分离。不仅一层墙体的顶部和底部的泡沫混凝土出现严重的局部挤压破坏，而且墙体中部泡沫混凝土应力远超过抗压强度[图 7.28(a)]，表面出现大量斜裂缝。同时，秸秆板斜裂缝的分布区域延伸到二层墙体中部[图 7.28(c)]，表明秸秆板的斜裂缝数量不断增加。

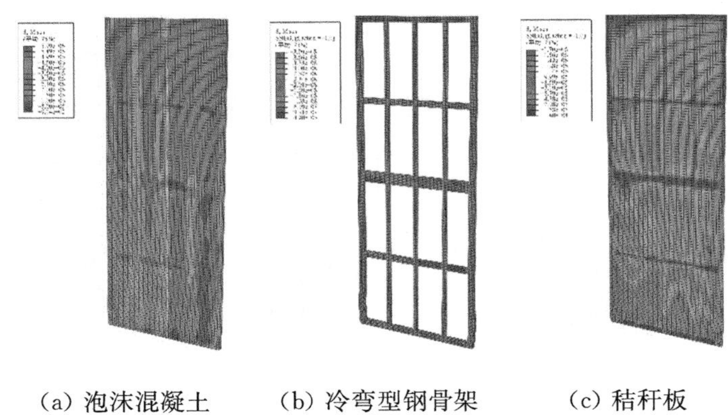

(a) 泡沫混凝土　　(b) 冷弯型钢骨架　　(c) 秸秆板

图 7.28　装配式双层剪力墙极限点时应力分布情况

7.3.3.2　剪力墙传力路径分析

图 7.29 为装配式双层剪力墙试件 TW-1 在开裂点、屈服点、峰值点和极限点对应的泡沫混凝土的最小主应力分布。泡沫混凝土的最小主应力反映了混凝土内部传力路径。

(1) 在试件应力达到开裂点(即弹性点)时，墙体所受的水平荷载主要由泡沫混凝土与轻钢立柱协同承受，最小主应力均匀分布在墙体内，呈斜向分布，如图 7.29(a)所示；

(2) 在试件应力达到屈服点时，更多的泡沫混凝土参与承受不断增加的墙体水平荷载，泡沫混凝土出现均匀的斜向裂缝，墙体内的应力分布不再均匀，每片墙体应力呈现对角分布，形成“斜向压杆”，如图 7.29(b)；

(3) 在试件应力达到峰值点时，墙体角部出现较为严重的局部破坏，使得对角压力传递路径的宽度增大，即形成“对角压杆”；同时，立柱与泡沫混凝土出现黏结滑移，使得立柱附件混凝土应力集聚。整体而言，剪力墙中的泡沫混凝土应力在墙体对角之间形成“弯曲性对角压杆”，其余泡沫混凝土应力形成的“斜向压杆”呈扇形，如图 7.29(c)所示。

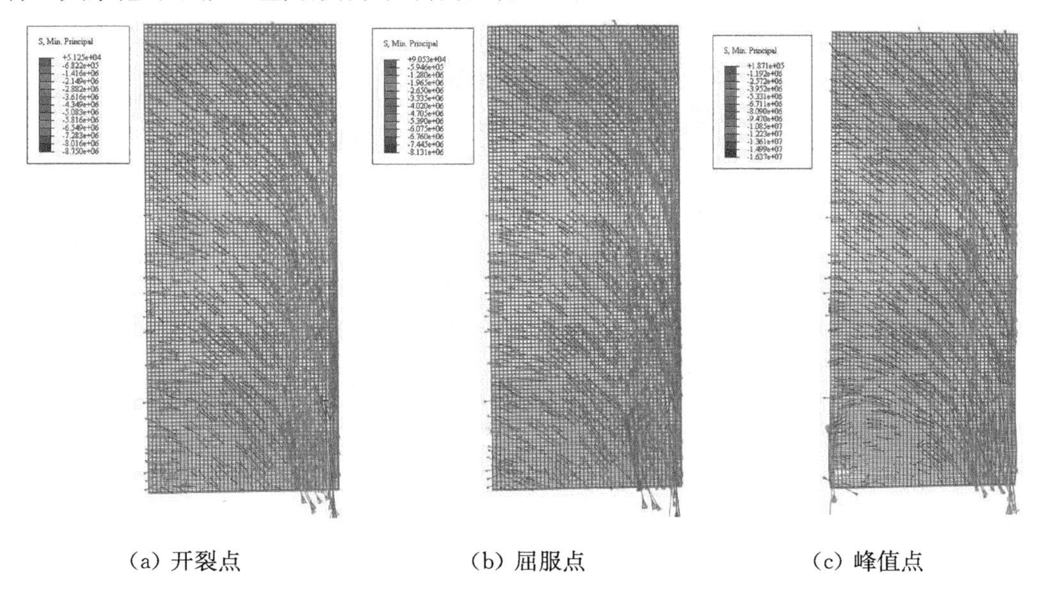

(a) 开裂点　　(b) 屈服点　　(c) 峰值点

图 7.29　泡沫混凝土最小主应力分布

7.3.4 剪力墙有限元参数分析

为了进一步了解装配式双层剪力墙的抗弯性能，本节采用已建立的双层剪力墙有限元模型研究泡沫混凝土强度等级、冷弯型钢立柱截面厚度、轻钢骨架立柱间距和秸秆板等参数对双层剪力墙抗弯性能的影响规律。

7.3.4.1　泡沫混凝土强度的影响

泡沫混凝土强度等级是影响双层剪力墙抗弯性能的重要因素。为了便于与试件 TW-1 做对比，本节选定墙宽 256 mm(泡沫混凝土截面宽度为 140 mm)的试件作为分析试件，相关参数如下：墙体尺寸为 2 400 mm(宽度)×6 240 mm(高度)，轴压力为 90 kN，轻钢采用 C140 冷弯薄壁型钢，秸秆板尺寸为 1 200 mm(宽度)×3 000 mm(高度)×58 mm(厚度)。

图 7.30 表示不同强度等级的泡沫混凝土对剪力墙荷载-位移曲线的影响，其中 TW-1、WM-1 代表的立方体抗压强度分别为 3.43 MPa 和 10.0 MPa。随着泡沫混凝土强度的提高，冷弯型钢-高强泡沫混凝土剪力墙的峰值荷载和初始刚度均有明显提高，且峰值位移变小。由表 7.4 可知，采用立方体抗压强度为 10.0 MPa 的泡沫混凝土墙体试件 WM-1 较试件 WB-1 的峰值荷载提高了 65.4%，相应的峰值位移减少了 19.3%，表明增加泡沫混凝土的强度等级能够显著提高双层剪力墙的抗弯承载力，同时能增加墙体的初始抗侧刚度，但降低了墙体的水平变形能力。

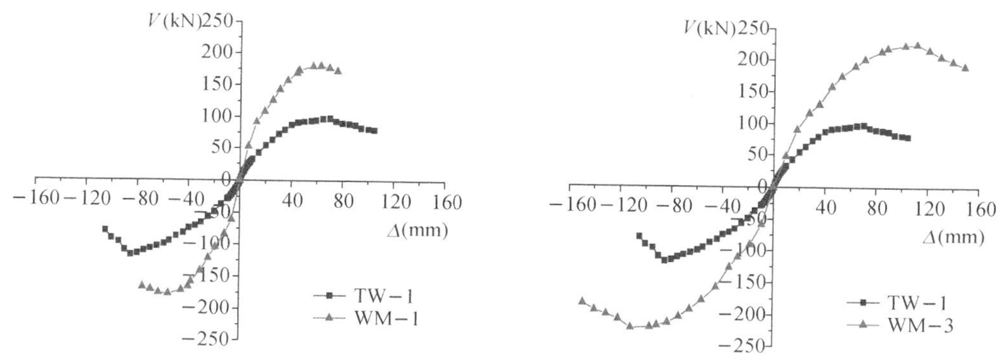

图 7.30　泡沫混凝土对双层剪力墙的影响　　图 7.31　冷弯型钢立柱厚度对双层剪力墙的影响

表 7.4　冷弯型钢-高强泡沫混凝土剪力墙试件的峰值点特征

试件编号	墙体尺寸 (高×宽)(m×m)	泡沫混凝土等级	抗弯承载力 F_{m-f}(kN)	相应位移 Δ_{m-f}(mm)	抗剪承载力 F_{m-s}(kN)	相应位移 Δ_{m-s}(mm)
WM-1	6.0×2.4	FC-10.0	178.04	—	—	—

7.3.4.2　冷弯型钢立柱厚度的影响

双层冷弯型钢-高强泡沫混凝土剪力墙抗弯性能试验结果表明：当端立柱的底端出现局部破坏时，剪力墙将达到极限抗弯承载力，因此立柱对剪力墙承载性能影响较大，特别是端立柱。本节以立柱类型为 C140(厚度 1.2 mm)的试件 TW-1 为对比试件，采用厚度为 2.5 mm 的立柱研究立柱的截面厚度对剪力墙抗弯性能的影响。

图 7.31 为轻钢立柱厚度对剪力墙荷载-位移曲线的影响。由图 7.31 和表 7.5 可以看

出，对于试件 WM-3，当轻钢立柱厚度由 1.2 mm 增加到 2.5 mm 时，剪力墙的峰值承载力和峰值位移分别提高了 110.6%和 43.2%，且初始刚度也得到提高，表明增加立柱截面厚度能显著地提高剪力墙的抗弯承载力、变形能力和初始抗侧刚度。其原因是立柱厚度的增加提高了立柱的抗局部屈曲破坏的能力，避免了轻钢立柱过早的局部屈曲破坏，进而增加了剪力墙的抗弯承载力和变形能力。

表 7.5　冷弯型钢-高强泡沫混凝土剪力墙试件的峰值点特征

试件编号	墙体尺寸(高×宽)(m×m)	立柱厚度(mm)	抗弯承载力 F_{m-f}(kN)	相应位移 Δ_{m-f}(mm)	抗剪承载力 F_{m-s}(kN)	相应位移 Δ_{m-s}(mm)
WM-3	6.0×2.4	2.5	226.74	—	—	—

7.3.4.3　冷弯型钢骨架立柱间距的影响

立柱决定了冷弯型钢骨架对泡沫混凝土约束作用的强弱，也是影响双层剪力墙抗弯性能的重要因素之一。其中，轻钢立柱间距对泡沫混凝土的约束作用影响较大。本节以立柱间距为 600 mm 的试件 TW-2 为对比试件，通过减小立柱间距分析立柱间距对双层剪力墙抗弯性能的影响。

图 7.32 为立柱间距对剪力墙荷载-位移曲线的影响。由图 7.32 和表 7.6 可以看出，当立柱间距由 600 mm 减小到 400 mm 时，剪力墙的峰值承载力提高了 34.44%，但抗侧刚度和峰值位移提高幅度很小，表明立柱间距对双层剪力墙的抗弯承载力具有一定的贡献，对抗侧刚度影响较小。其原因是降低立柱间距提高了冷弯型钢骨架的承载能力，且增强了泡沫混凝土的约束作用，进而提高了泡沫混凝土的承载能力，使得剪力墙的抗剪承载力得到提高。

表 7.6　冷弯型钢-高强泡沫混凝土剪力墙试件的峰值点特征

试件编号	墙体尺寸(高×宽)(m×m)	立柱间距(m)	抗弯承载力 F_{m-f}(kN)
WM-5	6.0×3.6	400	184.58
	相应位移 Δ_{m-f}(mm)	抗剪承力 F_{m-s}(kN)	相应位移 Δ_{m-s}(mm)
	—	—	—

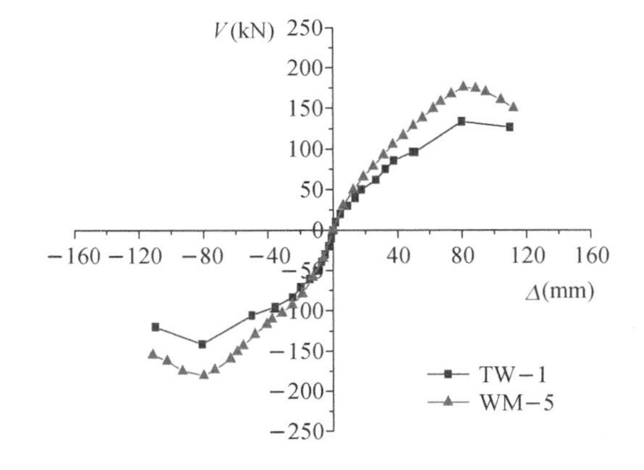

图 7.32　冷弯型钢立柱间距对双层剪力墙荷载-位移曲线的影响

7.4　双层剪力墙的软化拉-压杆模型及分析

7.4.1　剪力墙软化拉-压杆模型的建立

7.4.1.1　软化拉-压杆模型构成

基于双层冷弯型钢-高强泡沫混凝土剪力墙的试验研究结果(第7.2.3节)和剪力墙的有限元分析结果(第7.3.3节),以试件TW-1为例,根据剪力墙破坏特征、混凝土裂缝分布形式、混凝土的主压应力分布结果,构建符合双层剪力墙破坏特征的软化拉-压杆桁架模型,并提出剪力墙破坏准则,软化拉-压杆模型如图7.33所示。

在软化拉-压杆桁架模型中,斜裂缝间的对角泡沫混凝土承受压力为压杆,内部的冷弯型钢端立柱提供拉力为竖向拉杆,一层墙体的顶导轨、二层墙体的底导轨和水平拉条共同形成水平拉杆,上述拉杆在承受拉力的同时带动其他泡沫混凝土形成斜压杆。当压杆节点处应力达到泡沫混凝土抗压强度时,混凝土被压溃,冷弯型钢-高强泡沫混凝土剪力墙达到极限抗剪承载力,故软化拉-压杆桁架模型破坏准则为墙体底端泡沫混凝土挤压破坏。

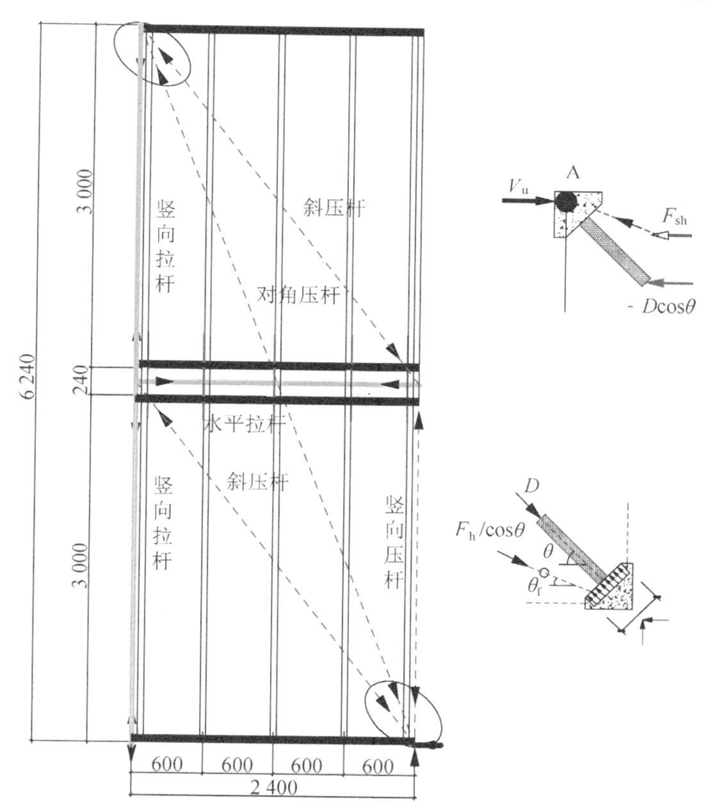

图7.33　双层剪力墙的软化拉-压杆模型(单位:mm)

如图7.33所示,模型中对角受压传力压杆主要是由斜向对角泡沫混凝土构成,该斜压杆与水平轴的夹角为θ,其计算公式为:

$$\theta=\arctan\left(\frac{2H+h}{L_h}\right) \tag{7-2}$$

式中：H 为剪力墙结构的净层高；h 为楼盖的厚度；L_h为墙体端立柱中心之间的距离。

相应的对角斜压杆的有效截面面积 A_{str} 为：

$$A_{str}=a_s\times b_s \tag{7-3}$$

式中：a_s为对角斜压杆的高度，近似等于墙体端部受压区高度 a_{wn}。

$$a_{wn}=\left[0.20+0.80\frac{N}{A_w f'_c}\right]L_w \tag{7-4}$$

式中：N 为墙体所受竖向压力；A_w为墙体水平截面面积，不包括秸秆板；f'_c为泡沫混凝土的抗压强度；L_w为墙体截面高度。

7.4.1.2　力平衡条件

图 7.33 所示为双层剪力墙的软化拉-压杆模型平衡示意图，剪力墙的水平剪力由对角压杆和斜压杆共同抵制，其计算公式如下：

$$V_{wh}=-D\cos\theta+F_h \tag{7-5}$$

软化拉-压杆模型的破坏准则是墙体底角部的杆件合力达到泡沫混凝土的极限抗压强度，导致剪力墙角部的泡沫混凝土被挤压破坏。根据图 7.33 所示，基于力平衡原理，三个压杆在墙体角部产生的最大压应力为：

$$-\sigma_{dmax}=\frac{1}{A_{str}}\left[-D+\frac{F_h}{\cos\theta_f}\cos(\theta-\theta_f)\right] \tag{7-6}$$

其中，σ_{dmax}为泡沫混凝土的峰值应力，以受压为负；θ_f为斜压杆与水平轴的夹角。

根据图 7.33 中的几何关系，得出三个夹角的关系，如下所示：

$$2\tan\theta_f=\tan\theta=\frac{1}{2}\tan\theta_s \tag{7-7}$$

将公式(7-7)代入公式(7-6)，得到墙体角部的最大压应力为：

$$-\sigma_{dmax}=\frac{1}{A_{str}}\left[-D+\frac{F_h}{\cos\theta}\left(1-\frac{\sin^2\theta}{2}\right)\right] \tag{7-8}$$

7.4.1.3　材料本构关系

软化拉-压杆模型考虑了泡沫混凝土开裂后抗压强度的降低，采用第六章提出的包含软化系数的泡沫混凝土本构关系：

当$\frac{-\varepsilon_d}{\zeta\varepsilon_0}\leqslant 1$时：

$$\sigma_d=-\zeta f'_c\left[0.8\left(\frac{-\varepsilon_d}{\zeta\varepsilon_0}\right)+1.5\left(\frac{-\varepsilon_d}{\zeta\varepsilon_0}\right)^2+1.1\left(\frac{-\varepsilon_d}{\zeta\varepsilon_0}\right)^3\right] \tag{7-9a-1}$$

$$\sigma_d=-\zeta f'_c\left[1.25\left(\frac{-\varepsilon_d}{\zeta\varepsilon_0}\right)-0.15\left(\frac{-\varepsilon_d}{\zeta\varepsilon_0}\right)^2\right] \tag{7-9a-2}$$

当$\frac{-\varepsilon_d}{\zeta\varepsilon_0}>1$时：

$$\sigma_d=-0.54\zeta f'_c \tag{7-9b}$$

$$\zeta=\frac{1.8}{\sqrt{f'_c}}\frac{1}{\sqrt{1+400\varepsilon_r}}\leqslant\frac{1.5}{\sqrt{1+400\varepsilon_r}} \tag{7-10}$$

$$\varepsilon_0=0.002+0.005\left(\frac{f'_c-1.0}{3.0}\right),1.0\ \text{MPa}\leqslant f'_c\leqslant 6.5\ \text{MPa} \tag{7-11}$$

式中：f'_c为泡沫混凝土棱柱体抗压强度，根据过镇海的研究成果[6]、第二章和第六章的材性测试结果可知，其值可通过 $f'_c=0.85f_{cu}$ 得到，f_{cu} 为泡沫混凝土立方体抗压强度。

当墙体角部的泡沫混凝土抗压强度 σ_d 小于开裂泡沫混凝土的抗压强度 $\zeta f'_c$ 时，表明墙体的抗剪强度可继续增大，直至二者相等，此时泡沫混凝土的应力满足：

$$\sigma_{dmax}=-\zeta f'_c \tag{7-12}$$

冷弯型钢的材料本构关系可假定为理想的弹塑性模型，如图 7.33 所示，其公式如下：

$$f_{sc}=E_{sc}\varepsilon_{sc} \quad \varepsilon_{sc}<\varepsilon_{yc} \tag{7-13a}$$

$$f_{sc}=E_{sc}\varepsilon_{yc} \quad \varepsilon_{sc}\geqslant\varepsilon_{yc} \tag{7-13b}$$

式中：f_{sc} 和 ε_{sc} 分别为冷弯型钢的应力和应变，ε_{yc} 为冷弯型钢的屈服应变。

由于泡沫混凝土抗拉强度很低，可以忽略不计，故忽略其受拉刚化作用，则冷弯型钢的竖向拉力和秸秆纤维的水平拉力满足如下关系式：

$$F_h=A_{sh}E_{sc}\varepsilon_h\leqslant F_{yh}=f_{yc}A_{sh} \tag{7-14a}$$

$$F_v=A_{sv}E_{sb}\varepsilon_v\leqslant F_{yv}=f_{yb}A_{sv} \tag{7-14b}$$

式中，F_{yh} 为水平导轨和墙体中部水平拉条的屈服力；A_{sh} 为水平导轨和拉条的截面面积，即一层墙体的顶导轨和二层墙体的底导轨，以及一层墙体上部的水平拉条和二层墙体下部的水平拉条等四部分之和；ε_h 的上限为水平导轨和拉条的屈服应变 ε_{yh}。F_{yv} 为竖向拉杆（冷弯型钢立柱）的屈服力；A_{sv} 为竖向拉杆（冷弯型钢立柱）的截面面积，即端立柱和靠近端立柱的次中立柱截面面积之和；ε_v 的上限为竖向冷弯型钢立柱的屈服应变 ε_{yv}。

7.4.1.4　变形协调条件

为了能够计算泡沫混凝土的软化系数 ζ，应首先确定剪力墙柱中的泡沫混凝土的主拉应变 ε_r。因此，假定剪力墙在泡沫混凝土开裂后依然满足莫尔圆应变协调条件，故变形协调方程可采用一阶应变不变量方程，如下所示：

$$\varepsilon_r+\varepsilon_d=\varepsilon_h+\varepsilon_v \tag{7-15}$$

7.4.1.5　求解流程

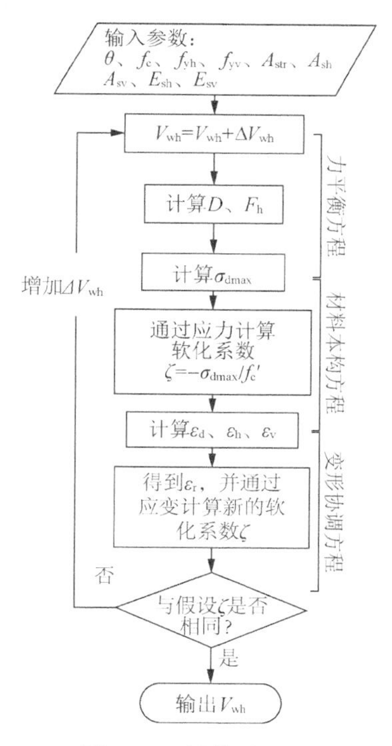

图 7.34　计算流程图

图 7.34 为求解过程的流程图，软化拉-压杆模型计算冷弯型钢-高强泡沫混凝土剪力墙水平承载力是将上述的力平衡方程、材料本构方程和应变协调方程联立进行求解，具体求解过程可分为以下四个部分：

(1) 依据力平衡方程，计算由墙体的初始水平荷载 V_{wh} 得到的墙体内三种受力机制下的 D 和 F_h，并进一步得到冷弯型钢-高强泡沫混凝土剪力墙角部的 σ_{dmax}；

(2) 依据材料本构方程，假定 σ_{dmax} 造成墙体破坏，得到假设的泡沫混凝土软化系数 ζ，然后根据三种材料的本构关系方程，得到泡沫混凝土压杆的主轴压应变 ε_d、冷弯型钢立柱的拉应变 ε_h、水平导轨和拉条的拉应变 ε_v；

(3) 依据变形协调方程，得到泡沫混凝土的主拉应变 ε_r，然后根据软化理论方程计算得到新的泡沫混凝土软化系数 ζ。

(4) 如果新的 ζ 与假设的 ζ 能够基本相等，则初始水平荷载 V_{wh} 可作为冷弯型钢-高强泡沫混凝土剪力墙的受剪承载力，否则要增加初始水平荷载 V_{wh} 的数值并进行迭代计算，直至新得到的 ζ 基本等于假设的 ζ，此时水平荷载 V_{wh} 将作为冷弯型钢-高强泡沫混凝土剪力墙的极限受剪承载力。

7.4.2 软化拉-压杆模型的试验验证

采用软化拉-压杆模型计算双层冷弯型钢-高强泡沫混凝土剪力墙抗弯承载力的结果见表 7.7。由表可知，剪力墙试件的极限承载力计算值 V_{wh} 与试验值 V_{max} 之比的平均值为 1.18，说明本节提出的软化拉-压杆模型能够有效预测双层冷弯型钢-高强泡沫混凝土剪力墙的受剪承载力。

表 7.7 承载力计算结果与试验值的对比

序号	试件编号	承载力试验值 V_{max}(kN)	承载力计算值 V_{wh}(kN)	计算值/试验值 V_{wh}/V_{max}
1	TW-1	107.67	130.87	1.22
2	TW-2	137.30	154.83	1.13
平均值				1.18

7.5 双层剪力墙的正截面受弯承载力计算公式

7.5.1 现有轻钢轻混凝土剪力墙正截面受弯承载力计算公式

目前，对于普通钢筋混凝土剪力墙、型钢混凝土剪力墙和轻钢轻质混凝土剪力墙等各种形式剪力墙构件的正截面受弯承载力计算，我国现有规范《混凝土结构设计规范》(GB 50010—2010)[7]、《组合结构设计规范》(JGJ 138—2016)[8]和《轻钢轻混凝土结构技术规程》(JGJ 383—2016)[3]均给出了对应的计算公式，这些公式已在工程设计中被广泛使用。由于本章提出的冷弯型钢-高强泡沫混凝土剪力墙属于轻钢轻质混凝土剪力墙范畴，故采用《轻钢轻混凝土结构技术规程》(JGJ 383—2016)对本书第 7.2 节中的双层冷弯型钢-高强泡沫混凝土剪力墙试件进行正截面受弯承载力计算。

《轻钢轻混凝土结构技术规程》(JGJ 383—2016)第 4.2.6 条文说明指出：试验结果表明

剪跨比较大的轻钢轻混凝土墙体在承载受力(即发生弯曲破坏)时,仍符合平截面假定。并且,现有的大量型钢混凝土构件试验[9-12]表明,只要型钢与混凝土之间保持良好的黏结性能,则墙体试件直到弯曲破坏为止时,平截面假定都是接近正确。因此,从第 7.2 节的试验现象可知,双层剪力墙直到极限破坏状态时,冷弯型钢与泡沫混凝土之间并未出现黏结滑移(即两者黏结性能良好),可知双层冷弯型钢-高强泡沫混凝土剪力墙试件墙体底部符合平截面假定。

另外,《轻钢轻混凝土结构技术规程》指出轻钢轻混凝土剪力墙的正截面受弯承载力计算公式参考已有的《组合结构设计规范》规定的相应计算公式,但是考虑轻钢轻混凝土的中部竖向分布轻钢立柱的含钢率较低,故在计算公式中没有考虑墙体竖向分布轻钢所承担的轴力值和弯矩值,即《轻钢轻混凝土结构技术规程》的公式计算值偏保守。《轻钢轻混凝土结构技术规程》规定的轻钢轻混凝土剪力墙的正截面偏心受压承载力计算公式见式(7-16)至(7-22),其计算简图见图 7.35。

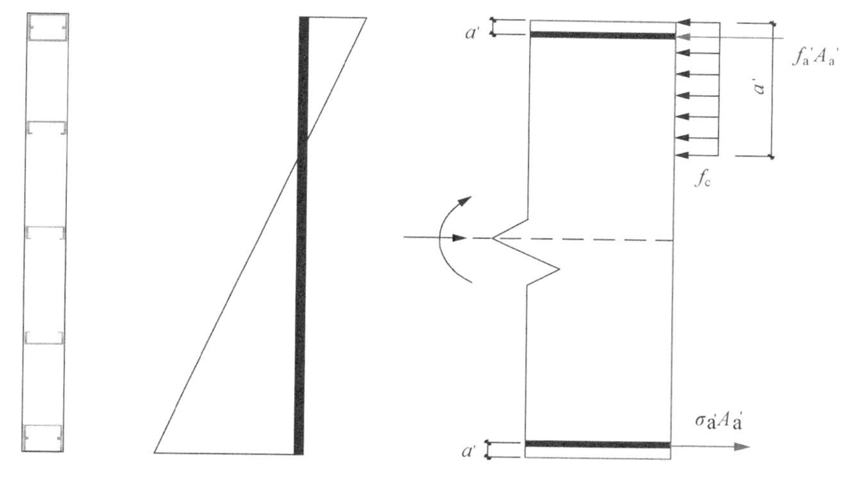

图 7.35　剪力墙正截面受弯承载力计算

1. 持久、短暂设计状况

$$N \leqslant \beta\left(f_c \xi b_w h_{w0} + f_a' A_a' - \sigma_a A_a\right) \tag{7-16}$$

$$Ne \leqslant \beta\left[f_c \xi (1-0.5\xi) b_w h_{w0}^2 + f_a' A_a' (h_{w0} - a')\right] \tag{7-17}$$

2. 地震设计状况

$$N \leqslant \frac{1}{\gamma_{RE}}\beta\left(f_c \xi b_w h_{w0} + f_a' A_a' - \sigma_a A_a\right) \tag{7-18}$$

$$Ne \leqslant \frac{1}{\gamma_{RE}}\beta\left[f_c \xi (1-0.5\xi) b_w h_{w0}^2 + f_a' A_a' (h_{w0} - a')\right] \tag{7-19}$$

其中:

$$e = e_0 + \frac{h_w}{2} - a \tag{7-20}$$

$$a = h_w - h_{w0} \tag{7-21}$$

$$\xi=\frac{0.85}{1+\frac{f_a}{2\varepsilon_{cu}E_s}} \tag{7-22}$$

当 $\xi\leqslant\xi_b$ 时，取 $\sigma_a=f_a$；

当 $\xi>\xi_b$ 时，取 $\sigma_a=\frac{f_a}{\xi_b-0.85}(\xi-0.85)$。

式中，ξ 为相对受压区高度，取 x/h_{w0}；h_{w0} 为截面有效高度，即受拉端轻钢合力点至受压边缘的距离；f_a 为轻钢抗拉强度设计值；A_a 为剪力墙受拉端配置的轻钢截面面积；a' 为受压端轻钢合力点至截面近边缘的距离；γ_{RE} 为承载力抗震调整系数；β 为轻钢屈曲影响系数，矩形轻钢取 1.0，B 型轻钢取 0.6；e 为轴向力作用点到受拉轻钢合力点的距离；e_0 为轴向力对截面重心的偏心距，取 M/N；a 为受拉轻钢合力点至截面近边缘的距离；ξ_b 为界限相对受压区高度；ε_{cu} 为轻混凝土极限压应变，泡沫混凝土取 0.002 5，聚苯颗粒混凝土取 0.004 5；E_s 为轻钢的弹性模量。

7.5.2 双层剪力墙正截面受弯承载力计算公式

将第 7.2 节双层剪力墙与第 7.3 节有限元参数分析的双层剪力墙的构造参数代入式(7-18)和(7-19)中，得出墙体试件的正截面受弯承载力的计算值。由于第 7.2 节墙体试验采用双作动器同步加载模式，不同于有限元参数分析的墙体顶点加载模式，因此对公式计算值进行转换，便于与不同加载模式下的墙体承载力进行对比分析，具体转换公式见式(7-23)和(7-24)。经转换公式计算后得到的第 7.2 节和第 7.3 节中墙体正截面受弯承载力计算值如表 7.8 和图 7.36 所示。

$$V_1=\frac{M}{H+0.25H} \tag{7-23}$$

$$V_1=\frac{M}{H} \tag{7-24}$$

式中：V_1 为墙体顶部的水平荷载；H 为两层墙体的总高度；M 为墙体截面的偏心弯矩。

从结果中可以看出，公式计算值与试验值吻合较好，两者比值的平均值为 0.98，说明《轻钢轻混凝土结构技术规程》规定的计算公式适用于预测冷弯型钢-高强泡沫混凝土双层剪力墙正截面受弯承载力。但是公式计算值与有限元模拟值吻合较差，两者比值的平均值为 0.80，其原因是有限元模拟的单作动器加载方式与试验的双作动器同步加载不同，导致其有限元模型的模拟结果不准确，从而使《轻钢轻混凝土结构技术规程》规定的计算公式不能精确预测墙体的模拟值。此外，《轻钢轻混凝土结构技术规程》中的计算公式(7-18)(7-19)并未考虑墙体中部分布的竖向轻钢立柱的作用，使得公式计算值小于试验值，特别是对于 3.6 m宽的墙体试件 TW-2。因此，在后期的冷弯型钢-高强泡沫混凝土剪力墙正截面偏心受压承载力研究中，应进行大量的双层剪力墙拟静力试验，进而验证和校核《轻钢轻混凝土结构技术规程》中的计算公式(7-18)(7-19)。

表 7.8　冷弯型钢-高强泡沫混凝土双层剪力墙受弯承载力公式计算值与试验值或模拟值的对比

试件编号	承载力试验值 V_{max}(kN)	承载力模拟值 V_{max}(kN)	式(7-23)(7-24)计算值 V_c(kN)	计算值/试验值(模拟值)	$\left\|\frac{V_c-V_{max}}{V_{max}}\right\|$(%)
TW-1	107.67	—	116.68	1.08	8.4
TW-2	137.30	—	120.24	0.87	12.4
WM-1	—	178.04	150.88	0.85	15.3
WM-3	—	226.74	182.13	0.80	19.7
WM-5	—	184.58	154.43	0.84	16.3
平均值				0.89	14.42
标准差				0.10	3.81

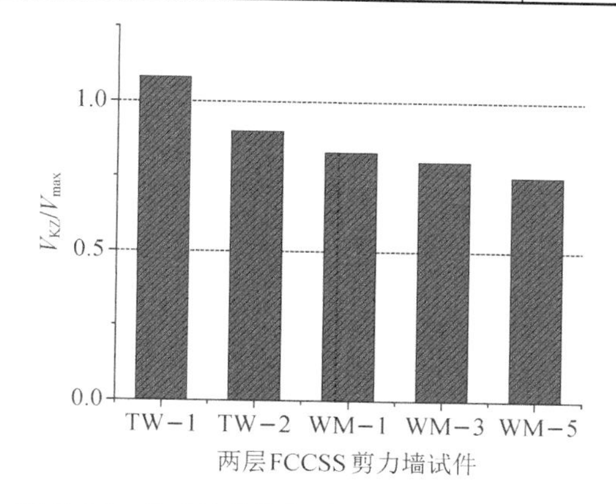

图 7.36　公式计算值与试验值或模拟值的对比

7.6　本章小结

本章首先对 2 片装配式冷弯型钢-高强泡沫混凝土双层剪力墙进行了水平低周反复加载试验和有限元模拟，分析了双层剪力墙的破坏过程、破坏特征、滞回特性、延性、抗侧刚度和耗能能力等抗弯性能，明确了双层剪力墙的受力机理和传力路径，建立了剪力墙的抗弯承载力理论分析模型及计算流程，提出了符合规范格式要求的双层剪力墙正截面受弯承载力计算公式。主要结论如下：

(1) 双层剪力墙在水平往复荷载作用下的破坏过程主要为墙板拼缝处和端立柱的少量螺钉凹陷、墙体中下部泡沫混凝土和秸秆板的开裂、一层墙体端立柱的底部和顶部的局部受压屈曲破坏和断裂。墙体的最终破坏主要由端立柱的承载能力决定，属于弯曲破坏特征。

(2) 双层剪力墙的滞回曲线主要呈弓形，墙体内泡沫混凝土与冷弯型钢立柱黏结性能良好，故滞回曲线的捏缩和“空载滑移”现象并不显著。

(3) 增加双层墙体宽度可以显著提高墙体峰值承载力，但会降低其延性性能。与单层剪力墙相比，两层墙体的峰值位移提高，但其延性性能均小于单层墙体。

(4) 建立了合理且可靠的双层剪力墙有限元模型，分析了剪力墙的受力过程和工作机理，明确了双层剪力墙在不同受力阶段的传力路径；在峰值荷载作用下，剪力墙中墙体对角之间的泡沫混凝土应力形成“弯曲性对角压杆”，其余泡沫混凝土应力形成“斜向压杆”。

(5) 基于剪力墙在峰值阶段的传力路径，建立了计算双层剪力墙抗弯承载力的软化拉-压杆理论计算模型，给出了模型的计算方法和求解流程，模型计算精度达到82%。

(6) 基于双层剪力墙的试验研究结果，结合《轻钢轻混凝土结构技术规程》中的剪力墙正截面受弯承载力计算公式，提出了双层剪力墙的正截面受弯承载力计算公式，计算结果与试验结果吻合较好。

参考文献

[1] 中华人民共和国住房和城乡建设部. 建筑模数协调标准：GB/T 50002—2013[S]. 北京：中国建筑工业出版社，2014.

[2] 中华人民共和国住房和城乡建设部. 冷弯薄壁型钢多层住宅技术标准：JGJ/T 421—2018[S]. 北京：中国建筑工业出版社，2018.

[3] 中华人民共和国住房和城乡建设部. 轻钢轻混凝土结构技术规程：JGJ 383—2016[S]. 北京：中国建筑工业出版社，2016.

[4] 中华人民共和国住房和城乡建设部. 泡沫混凝土应用技术规程：JGJ/T 341—2014[S]. 北京：中国建筑工业出版社，2015.

[5] Ye J H, Feng R Q, Chen W, et al. Behavior of cold-formed steel wall stud with sheathing subjected to compression[J]. Journal of Constructional Steel Research, 2016, 116: 79 - 91.

[6] 过镇海，时旭东. 钢筋混凝土原理和分析[M]. 北京：清华大学出版社，2003.

[7] 中华人民共和国住房和城乡建设部. 混凝土结构设计规范：GB 50010—2010[S]. 北京：中国建筑工业出版社，2010.

[8] 中华人民共和国住房和城乡建设部. 组合结构设计规范：JGJ 138—2016[S]. 北京：中国建筑工业出版社，2016.

[9] 陈亮. 钢网构架混凝土剪力墙结构约束边缘构件试验研究 [D]. 南京：东南大学，2011.

[10] 高伟. 钢网构架混凝土剪力墙抗剪及节点试验研究 [D]. 南京：东南大学，2011.

[11] 刘亚萍. 钢网构架再生混凝土剪力墙结构的试验研究 [D]. 南京：东南大学，2011.

[12] 要永琴. 钢网构架剪力墙结构抗震性能研究 [D]. 南京：东南大学，2013.

第 8 章
装配式冷弯型钢-高强泡沫混凝土剪力墙结构房屋抗震性能研究

8.1 引言

基于第 5～7 章冷弯型钢-高强泡沫混凝土剪力墙构件的力学性能研究结果，本章提出了双层装配式冷弯型钢-高强泡沫混凝土剪力墙结构。在水平地震作用下，该剪力墙结构组成构件承担分配给其的水平荷载，除此之外，各构件之间存在变形和承载能力的相互作用，故空间三维剪力墙结构的地震响应较为复杂。因此，剪力墙结构的破坏模式、抗震性能及薄弱部位确定等结构响应，并不能靠通过对单片剪力墙构件的轴压性能、抗剪性能和抗弯性能研究结果进行推导而准确确定。所以，为准确掌握水平地震作用下双层装配式冷弯型钢-高强泡沫混凝土组合剪力墙结构的整体响应行为和抗震性能，需采用最重要和最直接的结构抗震性能研究方法进行研究，即结构地震模拟振动台试验，这对新型轻质剪力墙结构在实际工程中的推广和应用具有指导意义。

本章采用水平荷载振动台试验、有限元模拟分析和理论分析相结合的方法，研究装配式冷弯型钢-高强泡沫混凝土双层剪力墙结构的抗震性能，分析剪力墙结构的动力特性、加速度反应、位移反应、应变反应，以及剪力墙结构房屋的动力时程特性，提出剪力墙结构在水平地震作用下的抗震承载力计算公式，进而对多层剪力墙结构乡镇房屋进行抗震性能评估，给出合理的建造层数。

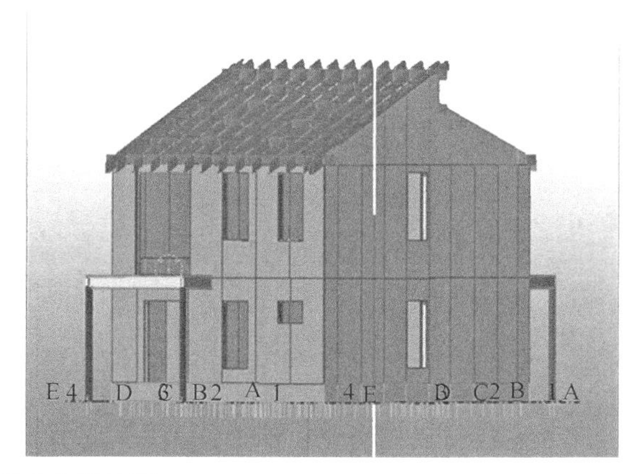

图 8.1　农房建筑设计图

8.2 装配式冷弯型钢-高强泡沫混凝土剪力墙结构的振动台试验

8.2.1 试验模型设计与制作

8.2.1.1 试验模型设计

参考东南大学九龙湖校区土木交通试验平台内振动台主要参数，对本次试验的模型进行设计，振动台设备参数见表 8.1。

表 8.1 地震模拟振动台系统参数

振动方向	单向水平	最大加速度	1.5g(25 t)
驱动方式	电液伺服	最大行程	±250 mm
台面尺寸	4 m×6 m	最大激振力	100 t
台面结构	钢焊	频率范围	0.1～50 Hz

通过对试验目的和试验条件的综合考虑，基于农房的建筑设计方案(如图 8.1)，现将足尺的装配式冷弯型钢-高强泡沫混凝土剪力墙结构房屋抗震性能的试验模型设计的各项参数设置如下：

(1) 房屋模型层数：两层。

(2) 房屋模型整体尺寸：总长度为 3.4 m，总宽度为 2.2 m，总高度为 6.6 m，如图 8.2 所示。

(3) 模型的墙体总厚度为 206 mm，所有墙体采用 C90 型冷弯型钢骨架，并在其两侧通过自攻螺钉外覆 58 mm 厚秸秆板，最后在墙体空腔内浇筑高强泡沫混凝土形成冷弯型钢-高强泡沫混凝土剪力墙，如图 8.3 所示。

(4) 模型的楼盖采用与墙体相似的构造形式：楼板总厚度为 356 mm，采用 C240 型冷弯型钢骨架，其上下两面通过自攻螺钉外覆 58 mm 厚秸秆板，最后在楼板空腔内浇筑高强泡沫混凝土形成冷弯型钢-高强泡沫混凝土楼盖，如图 8.4 所示。

(5) 南立面墙体开门洞：门洞尺寸为 900 mm(宽度)×2 000 mm(高度)。

(6) 房屋模型采用尺寸为 550 mm(宽度)×500 mm(高度)的钢筋混凝土刚性连梁底座，连梁纵筋采用纵筋 8ϕ25 通长配置；箍筋采用 ϕ8@150(4)，地梁通过 M30 高强螺栓紧固连接在振动台上。

(7) 模型总重约 18.7 t，其中刚性底座(地梁)约 8.1 t，模型重约 10.6 t。

试验房屋模型实物图如图 8.5 所示。

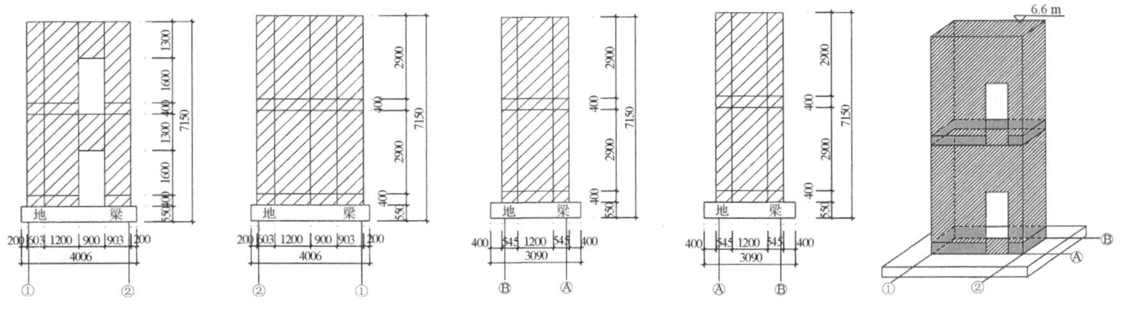

(a) A 轴墙体示意图 (b) B 轴墙体示意图 (c) 1 轴墙体示意图 (d) 2 轴墙体示意图 (e) 墙体立体图

图 8.2 模型墙体立面图及立体图(单位：mm)

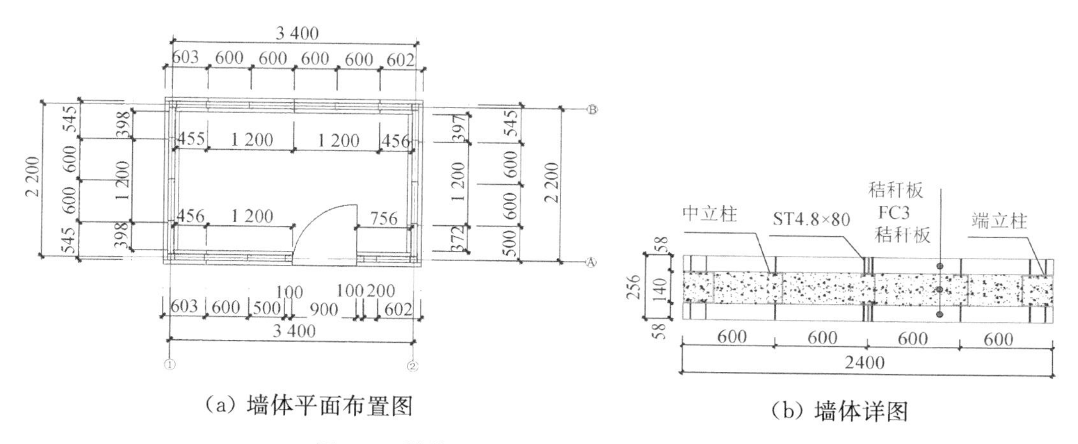

(a) 墙体平面布置图　　(b) 墙体详图

图 8.3　墙体平面布置图及详图(单位:mm)

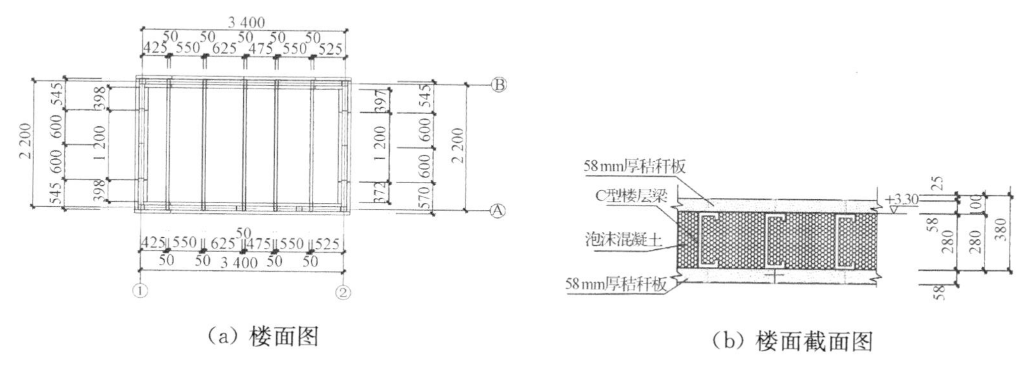

(a) 楼面图　　(b) 楼面截面图

图 8.4　楼面及楼面截面图(单位:mm)

图 8.5　试验房屋模型

8.2.1.2　试验模型制作

试验房屋模型制作过程主要分为两部分:(1) 钢筋混凝土刚性连梁底座的制作;(2) 试验房屋试件主体结构的制作。具体步骤如下:

1. 钢筋混凝土刚性连梁底座的制作

刚性底座是整个房屋的基础,采用钢筋混凝土连梁作为房屋试件的基础,混凝土强度等级为 C25,钢筋采用三级钢 HRB400,如图 8.6 所示。在制作刚性底座时,为了能对其与房屋上部结构进行装配化施工,在地梁内预埋了冷弯型钢立柱连接件。此外,为了确保底座能安全吊装且能良好地锚固到振动台台面上,对连梁底座的预留螺栓孔和地脚螺栓、吊钩进行了精细设计和施工，详图如图 8.7 所示，实物图如图 8.8 所示。

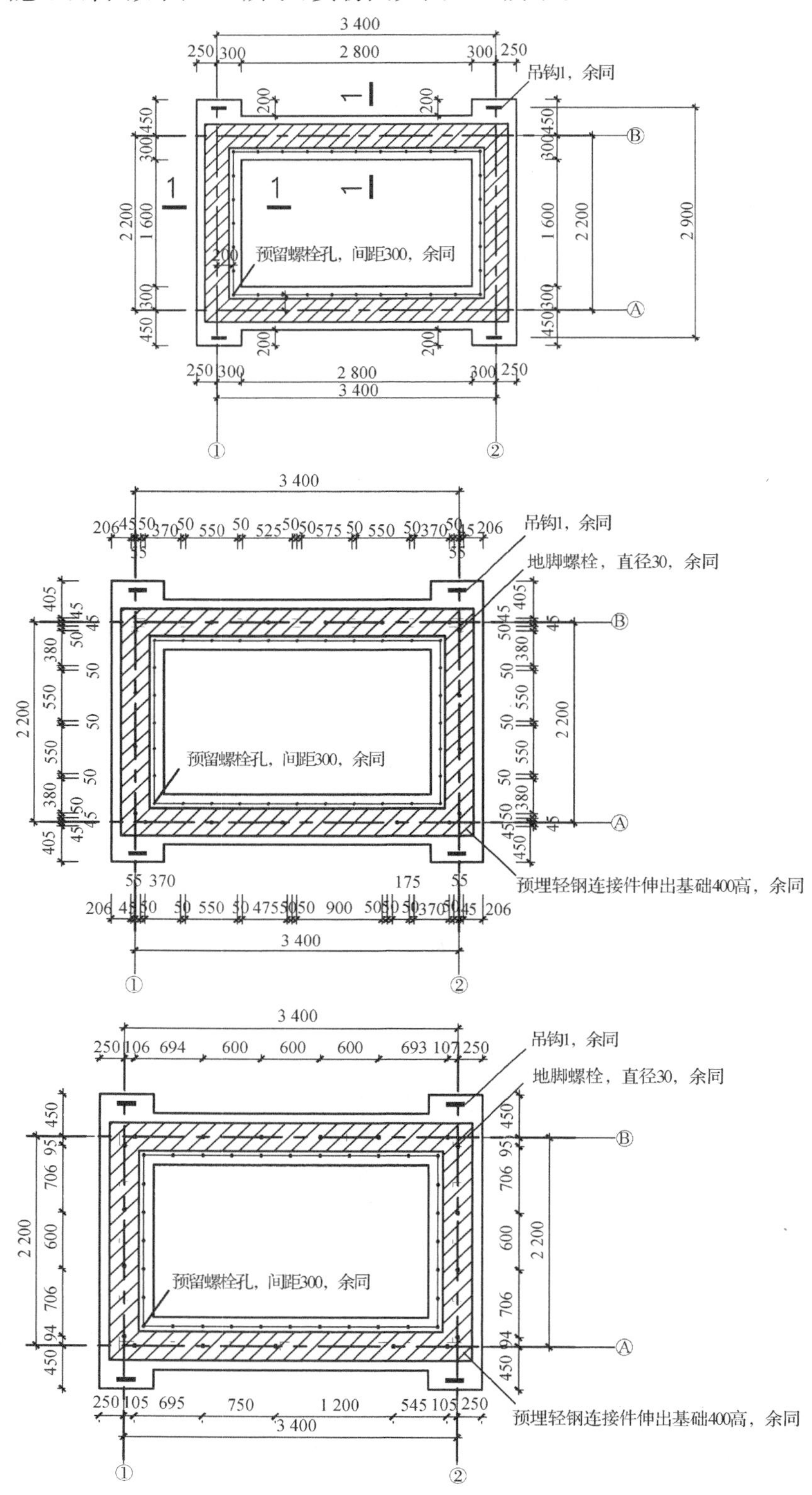

图 8.6　刚性底座预埋件平面图（单位：mm）

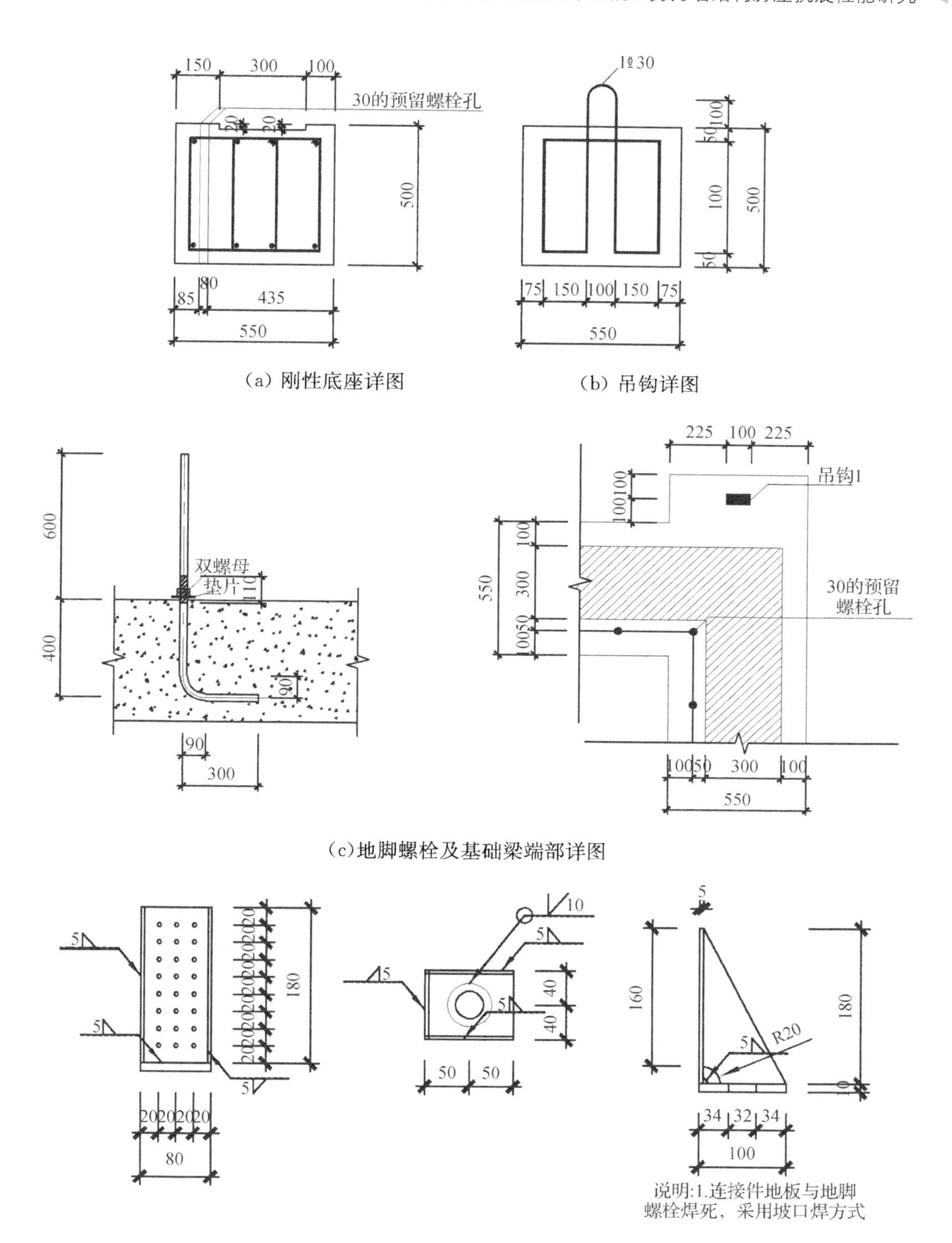

(a) 刚性底座详图

(b) 吊钩详图

(c)地脚螺栓及基础梁端部详图

(d) 地脚连接件详图

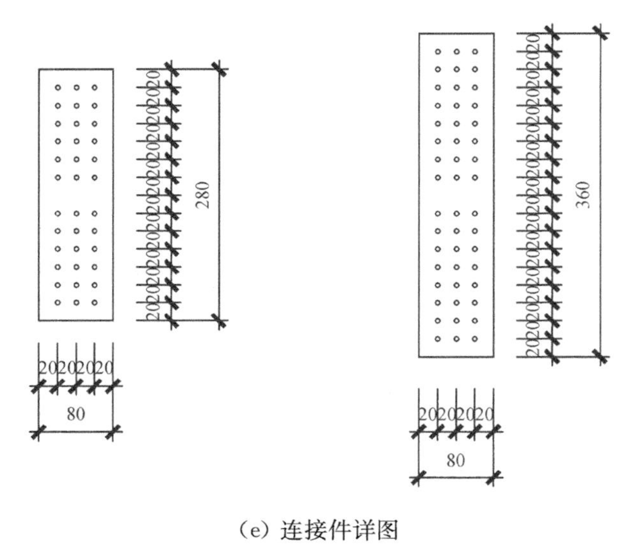

(e) 连接件详图

图 8.7　刚性底座详图、吊钩详图(单位:mm)

图 8.8　刚性底座施工完工图

2. 房屋模型的主体结构施工

由于冷弯型钢-高强泡沫混凝土剪力墙结构房屋采用预制装配的施工方法，因此房屋主体结构的施工主要分为剪力墙构件的制作、楼板构件的制作、剪力墙与楼板的装配连接。剪力墙和楼板的构造形式基本一致，制作过程包括冷弯型钢骨架拼装、秸秆墙面板安装、墙体吊装和现场浇筑高强泡沫混凝土。

(1) 冷弯型钢骨架拼装

足尺双层剪力墙结构房屋总共由 8 片剪力墙构件和 2 片楼板构件组成。其中，剪力墙构件的制作过程如第 7.2.1 节所述，现以房屋的南面一层墙体为例做简单的说明。按照剪力墙施工设计图(见图 8.9)，首先进行冷弯型钢骨架放线、定位，然后进行钢骨架拼装，最后安装抗拔连接件和立柱-导轨连接件，完成冷弯型钢骨架的拼装施工，如图 8.10 所示。此外，为了增强冷弯型钢骨架的整体稳定性，在钢骨架两侧安装水平钢拉条。

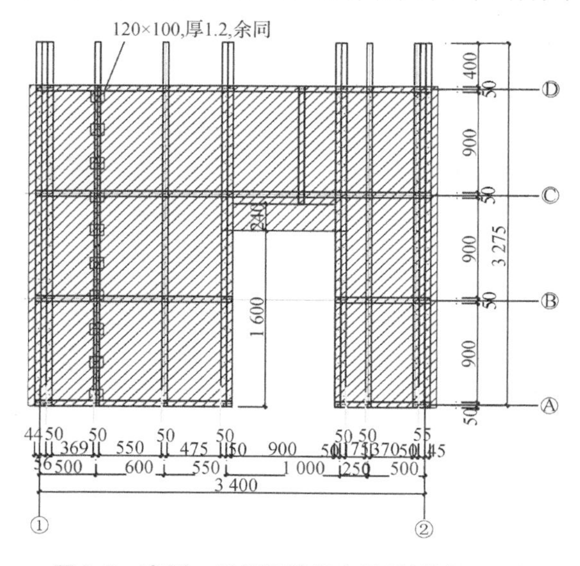

图 8.9　南侧一层轻钢骨架布置图(单位:mm)

图 8.10　轻钢立柱骨架完工图

（2）秸秆板安装、墙体吊装就位

秸秆板的安装过程分为：先安装墙体内侧一面（即面朝房屋内侧）的墙面板，然后将单面覆盖秸秆板的剪力墙吊装到刚性地梁上，通过立柱连接片和外六角头自攻自钻螺钉进行可靠连接，最后安装墙体外侧秸秆板，具体施工步骤见图 8.11。此外，在冷弯型钢骨架一侧安装秸秆墙面板，为了保证墙面板与钢骨架的可靠连接，需在两者之间增设轻钢铁片，其目的是增加自攻螺钉的连接数量及螺钉间距。

（a）地梁安装上下层连接件

（b）墙体内侧覆板

（c）墙体吊装就位

（d）墙体外侧覆板

图 8.11　秸秆板安装及墙体吊装就位

为了避免结构构件间的连接性能降低，房屋结构的上下层剪力墙的拼接位置不设置于楼层位置处，而是设置于高于楼板顶面 400 mm 处，因此每层剪力墙的立柱高于秸秆板顶面 640 mm，其中楼盖高度为 240 mm。在安装楼板和上下剪力墙拼装前，秸秆墙面板并不能将下层剪力墙骨架完全覆盖。

一层剪力墙安装完毕后，安装一层楼盖，楼盖采用墙体立柱与楼盖水平钢骨架“背靠背”的连接方式，并通过 C 型冷弯型钢加固件和自攻自钻螺钉进行可靠连接。随后，完成上下层剪力墙的冷弯型钢骨架的连接，最后完成此连接处的秸秆板的覆盖工作。上述装配过程与第 7.2.1 节相同，详图和详细表述见第 7.2.1.2 节。

（3）现场浇筑高强泡沫混凝土

考虑到高强泡沫混凝土流动性强的特性，为避免因微小裂缝造成的漏浆现象，在浇筑混凝土前，需要对剪力墙进行加固处理。加固的方法是在墙体两侧秸秆板的拼缝处喷涂发泡胶，且在秸秆板两侧安装对拉螺栓和木条，以避免在泡沫混凝土浇筑过程中，泡沫混凝土对秸秆板的侧向挤压力引起秸秆板拼缝宽度增大，进而造成泡沫混凝土漏浆现象，如图 8.12 所示。

为了保障剪力墙中泡沫混凝土在墙体内的均匀性，在冷弯型钢立柱的腹板上开设若干圆形孔，以保证泡沫混凝土浇筑及终凝后的均匀性，如图 8.12(a)所示。

（a）立柱开孔构造

（b）墙体加固处理

（c）模型完工图

图 8.12　高强泡沫混凝土的浇筑施工

8.2.1.3 试件模型材料性能

装配式冷弯型钢-高强泡沫混凝土剪力墙结构房屋所用材料主要包括：高强泡沫混凝土、冷弯型钢、秸秆板。各种材料的基本力学性能如下：

1. 高强泡沫混凝土

按照《泡沫混凝土》(JG/J 266—2011)[1]的要求，制作了尺寸为100 mm×100 mm×100 mm的若干个立方体试块，其中部分配合比如下：名义水灰比为0.3，纤维掺量为0%，粉煤灰掺量为0%，发泡时间为30～40 s，发泡量约为3.24×10^4～4.77×10^4 m^3/kg，其标准抗压强度试验结果见表8.2。

表8.2 高强泡沫混凝土抗压强度试验结果

试件编号	试件密度($kg\cdot m^{-3}$)	破坏荷载(kN)	抗压强度(MPa)	抗压强度平均值(MPa)
1	974.6	54.20	5.42	5.75
2	1 064.6	63.10	6.31	
3	1 034.3	59.60	5.96	
4	998.2	51.30	5.13	
5	1 061.3	65.30	6.53	
6	915.6	51.40	5.14	

2. 冷弯型钢

按照《金属材料 拉伸试验 第1部分：室温试验方法》(GB/T 228.1—2021)[2]的要求，制作了三个标准试件，并测定冷弯型钢的屈服强度、极限强度等指标，具体试验结果如表8.3所示。

表8.3 冷弯型钢材性能测试结果

轻钢编号	厚度(mm)	屈服强度(MPa)	弹性模量(GPa)	屈服强度平均值(MPa)	弹性模量平均值(GPa)
C89-1	0.9	398.56	197.67	395.27	208.17
C89-1		396.06	215.66		
C89-1		391.18	211.19		

3. 秸秆板

按照《人造板及饰面人造板理化性能试验方法》(GB/T 17657—2013)[3]的要求，制作试件，测定秸秆板的极限强度等指标，并对秸秆板-冷弯薄壁型钢单颗自攻螺钉的连接件进行板材横向和纵向方向上的抗剪强度试验，试验结果见表8.4。

表8.4 秸秆板材性能测试结果

板材编号	导热系数[W/(m·K)]	抗压强度(MPa)	抗冲击性	破坏荷载(N)	弹性模量(MPa)	静曲强度(MPa)	位移(mm)	荷载(N)
1	0.102	0.63	5次冲击，板两面无贯通裂缝	7 000	240	1.7	45.0	861.08
2					110	0.8	8.0	279.03

注：1号板材表示秸秆板横向方向，2号板材表示秸秆板纵向方向。

8.2.2　试验装置、测点布置及加载方案

8.2.2.1　试验装置

1. 振动台系统

本次试验在东南大学土木交通试验平台的振动台上进行，振动台系统详细参数见表8.1。

2. 传感器与数据采集系统

加速度传感器采用压电式传感器，共计4个；位移计传感器采用量程为500 mm的顶杆式传感器，共计6个。加速度计和位移计的校正因子见表8.5和表8.6。加速度、位移和应变数据均由TST3827和TST3828动态应变采集仪采集完成。

表8.5　加速度传感器校正因子

测点编号	灵敏度（$mV/m \cdot s^{-2}$）
A0	98.4
A1	99.3
A2	100.6
A3	98.0

表8.6　位移传感器校正因子

测点编号	灵敏度（mV/mm）	量程（mm）
D1	0.016 29	500
D2	0.019 17	500
D3	0.019 42	500
D4	0.015 29	500
D5	0.017 59	500
D6	0.021 97	500

注：表中各测点编号见图8.12。

8.2.2.2　传感器及应变片布置

为了观察地震作用下房屋模型的平动和转动以及房屋各层位移变形，在垂直于地震作用方向的墙体上布置6个位移传感器，具体分布情况：地梁、一层墙体顶部和二层墙体顶部各布置2个（位于墙体的两端）。为了观察地震作用下模型各层加速度，在垂直于地震作用方向的墙体上共布置4个加速度传感器，具体分布情况：振动台面、基础梁、一层剪力墙顶部、二层剪力墙顶部各布置1个。位移传感器和加速度传感器的布置位置如图8.13所示。

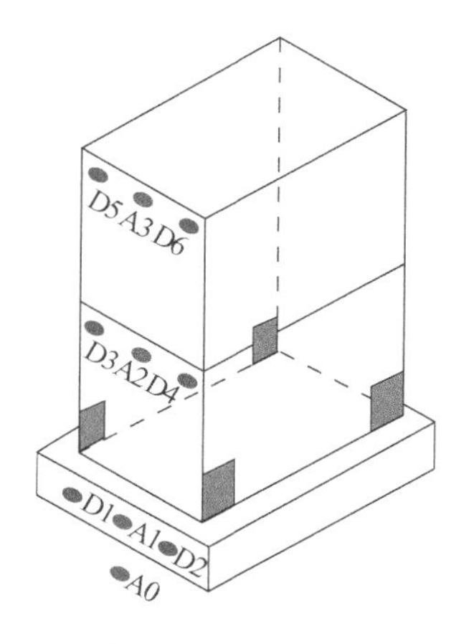

图8.13　加速度及位移传感器布置图

为了研究纵横墙角部冷弯型钢角柱在地震作用下的受力状态，在角部立柱的冷弯型钢上贴应变片，编号及对应的部位为：A 轴与 1 轴角部编号为 Z1，A 轴与 2 轴角部编号为 Z2，B 轴与 1 轴角部编号为 Z3，B 轴与 2 轴角部编号为 Z4。

8.2.2.3 加载方案

1. 地震波的选取及实现方式

地震学和地震工程学研究表明：虽然对建筑物所在场地的未来地震动难以定量预测，但只要选择正确的地震动主要参数，并且所选用的地震波基本符合上述主要参数，则建筑物的地震动时程分析结果可较真实地反映出建筑在未来地震动作用下的结构反应。当今，国际公认的地震动三要素主要包括地震动强度（幅值）、地震动谱特征（频谱）和地震动持续时间（持时）。因此，用于结构振动台试验的地震波应满足这三个要素[4]。

地震动强度包括加速度峰值、速度峰值和位移峰值，其中一般以加速度峰值为强度指标。地震动谱特征包括谱形状、峰值、卓越周期等。研究表明：在强震发生时，建筑物所在场地的地面运动的卓越周期与场地土的自振周期相接近，故在选取地震波时，应使地震波的傅立叶谱或功率谱、谱形状尽可能与场地土的谱特征相一致。地震动的持续时间一般取结构基本周期的 5～10 倍。目前，我国《建筑抗震设计规范》(GB 50011—2010)[5] 5.1.2 条规定，应根据场地类别和设计地震分组选用实际强震记录和人工模拟的加速度时程曲线，其中强震记录的数量不应少于总数的 2/3。

根据《建筑抗震设计规范》，冷弯型钢-高强泡沫混凝土剪力墙结构房屋模型所在场地的抗震设防类别为 9 度(0.40g)，为Ⅱ类场地，设计地震分组为第一组，选出 2 条天然波和 1 条人工波，详见表 8.7。采用 SeismoSignal 软件对波的原始数据进行谱分析，以求得其卓越周期和反应谱曲线。

表 8.7 地震波选取一览表

编号	名称	场地	持续时间(s)	卓越周期(s)
1	El-Centro	Ⅱ	30	0.58
2	TAR_Tarzana	Ⅱ	30	0.38
3	人工波	Ⅱ	15	0.26

注：表格中的持续时间是指截取真实记录的前 30 s/15 s。

(1) El-Centro 波简介

El-Centro 波采用 1940 年 5 月 18 日美国 IMPERIAL 山谷地震(M7.1)在 El Centro 站点测得的 E-W 分量地震记录，卓越周期为 0.58 s。对其进行时间压缩前的时程曲线（截取前 30 s）和阻尼比为 0.05 时的加速度反应谱如图 8.14 和图 8.15 所示。

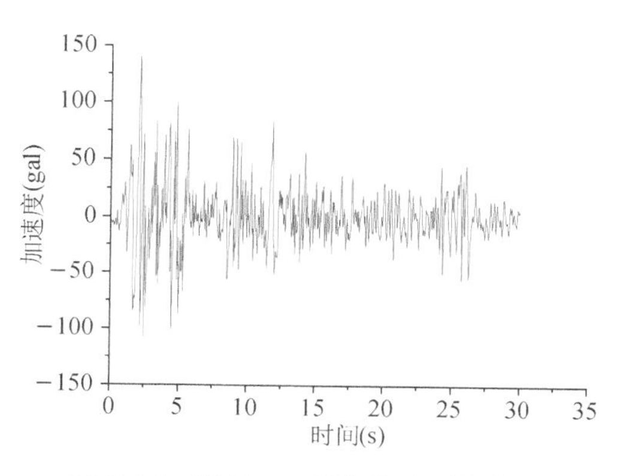

图 8.14　El-Centro 波加速度时程曲线

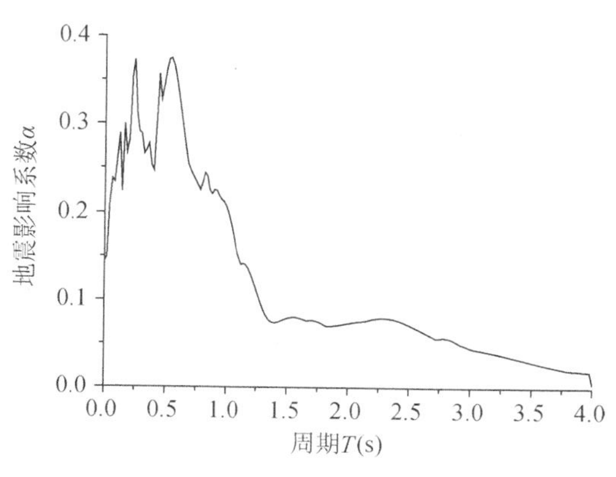

图 8.15　El-Centro 波地震影响系数曲线

（2）TAR_Tarzana 波简介

TAR_Tarzana 波(下文简称 Tarzana 波)卓越周期为 0.38 s。对其进行时间压缩前的时程曲线(截取前 30 s)和阻尼比为 0.05 时的加速度反应谱如图 8.16 和图 8.17 所示。

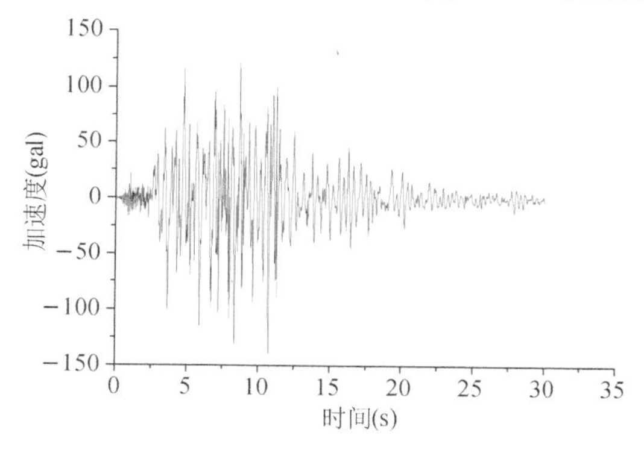

图 8.16　TAR_Tarzana 波加速度时程曲线

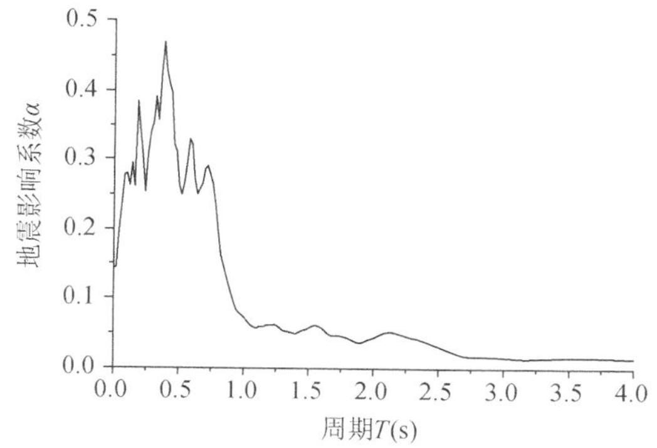

图 8.17　TAR_Tarzana 波地震影响系数曲线

（3）人工波简介

人工波是根据场地类别的反应谱特性拟合得到的，加速度峰值为 140 gal，场地为Ⅱ类，卓越周期是 0.26 s，持续时间为 15 s。人工波加速度时程曲线以及阻尼比为 0.05 时的加速度反应谱(以地震影响系数 α 表示)如图 8.18 和图 8.19 所示。

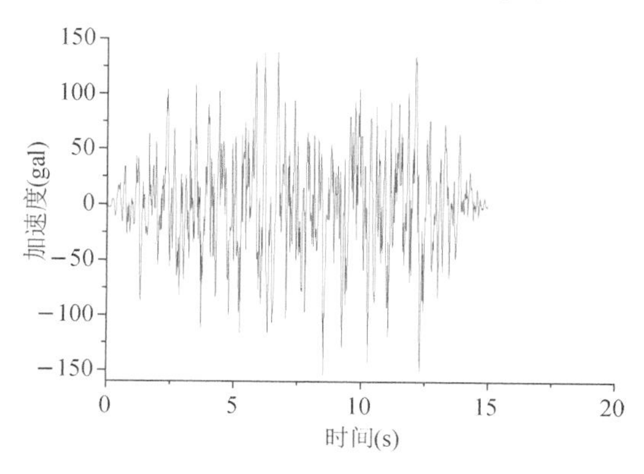

图 8.18　人工波加速度时程曲线

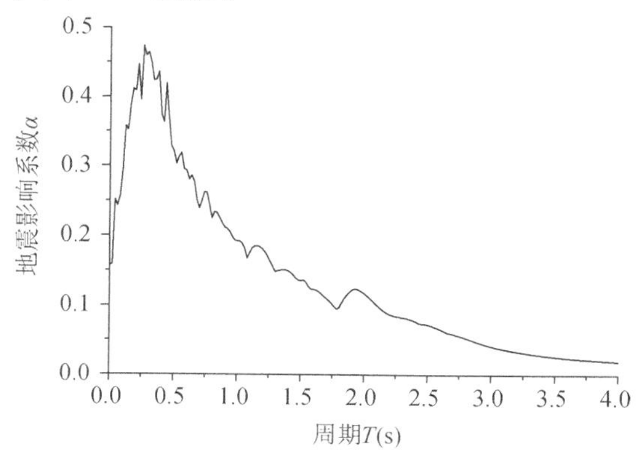

图 8.19　人工波地震影响系数曲线

我国现行的《建筑抗震设计规范》(GB 50011—2010)[5]第 5.1.2 条规定，采用时程分析法时，应按建筑场地类别和设计地震分组选用实际强震记录和人工模拟的加速度时程曲线，多组时程曲线的平均地震影响系数曲线应与振型分解反应谱法所采用的地震影响系数曲线在统计意义上相符。根据此条的条文说明，所谓的“统计意义上的相符”指的是，多组时程波的平均地震影响系数曲线与振型分解反应谱法所用的地震影响系数曲线相比，在对应于结构的主要振型周期点上相差不大于 20%。下面将以《建筑抗震设计规范》[5]中规定的基本烈度下(9 度多遇地震)的地震影响系数曲线(图 8.20)为基准，对文中所取的 3 条地震波进行适用性验证。

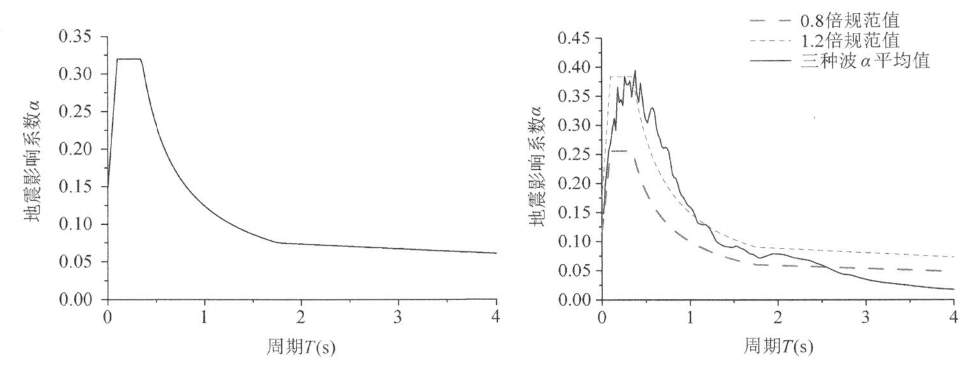

图 8.20　9 度(0.40g)地震影响曲线图　　**图 8.21　地震影响系数 α 曲线对比图**

由图 8.21 可知，所选取的三条地震波时程的平均地震影响系数绝大部分处于 0.8～1.2 倍规范值之间，符合《建筑抗震设计规范》中关于“多组时程曲线的平均地震影响系数曲线应与振型分解反应谱法所采用的地震影响系数曲线在统计意义上相符”的要求[5]。因此，表 8.7中选取的三条地震波能够较真实地反映结构在地震作用下的破坏形态和抗震性能。试验工况及步骤如下：

基于上文选取的三条地震波，本次试验的具体工况和步骤见表 8.8。

表 8.8　试验加载工况及步骤

序号	工况	输入波形	加速度设计值(gal)	测试内容
0	1	白噪声	35	频率、阻尼比
1	2	El-Centro 波	35	加速度、位移、应变
	3	Taft 波		
	4	人工波		
	5	白噪声	35	频率、阻尼比
观察裂缝、记录数据				
2	6	El-Centro 波	100	加速度、位移、应变
	7	Taft 波		
	8	人工波		
	9	白噪声	35	频率、阻尼比
观察裂缝、记录数据				

续表

序号	工况	输入波形	加速度设计值(gal)	测试内容
3	10	El-Centro 波	220	加速度、位移、应变
	11	Taft 波		
	12	人工波		
	13	白噪声	35	频率、阻尼比
观察裂缝、记录数据				
4	14	El-Centro 波	250	加速度、位移、应变
	15	Taft 波		
	16	人工波		
	17	白噪声	35	频率、阻尼比
观察裂缝、记录数据				
5	18	El-Centro 波	300	加速度、位移、应变
	19	Taft 波		
	20	白噪声	35	频率、阻尼比
观察裂缝、记录数据				
重复 18～20 步，每步增加 50 gal，直到模型严重破坏，观察裂缝并记录数据				

所有采集设备连接完毕，先输入加速度峰值为 30 gal 的随机波，待所有采集设备调试完毕后正式开始试验。按照试验工况依次输入表 8.8 中的地震波，同时采集加速度、位移、应变数据。每个工况历时约 20 s，每条波输入结束后停止采集数据，随后用记号笔标记出各个工况对应的新裂缝，便于分析。每三组工况输入完毕后，输入 35 gal 的白噪声，同时采集加速度、位移数据，便于分析结构的自振频率和阻尼比变化。

8.2.3　试验过程及试验现象

8.2.3.1　试验过程及现象

由于装配式冷弯型钢-高强泡沫混凝土房屋模型的外表面覆盖秸秆墙面板，所以无法观察到泡沫混凝土的破坏现象，试验的过程如下：

首先输入 35 gal 的 El-Centro 地震波、Tarzana 波和人工波，相当于 7 度多遇地震，房屋模型没有任何变化；

继续输入 100 gal 和 220 gal 的 El-Centro 地震波、Tarzana 波和人工波，相当于 7 度中遇和罕遇地震，房屋模型均未出现显著现象，但房屋角部处的秸秆板表面出现轻微褶皱；

继续输入 250～400 gal 的 El-Centro 地震波、Tarzana 波和人工波，房屋模型角部处的秸秆板褶皱变多，且出现泡沫混凝土破碎的声响；

继续输入 500 gal 的 El-Centro 地震波、Tarzana 波和人工波，泡沫混凝土破碎的声音变大，房屋顶部位移变形增大。

继续输入 600 gal 的 El-Centro 地震波、Tarzana 波和人工波，接近 9 度罕遇地震，A 轴和 B 轴墙体顶部与一层楼盖连接处出现秸秆板开裂，房屋底部的四个角部秸秆板出现局部裂缝。地震波加速度峰值接近规范规定的 9 度罕遇地震(620 gal)，试验加载停止。

由于房屋模型外表面没有出现显著的破坏，为了进一步验证模型结构的抗震性能，采用正弦波，实现正弦波与模型的共振，分别采用频率 1 Hz、幅值 2 mm，频率 2 Hz、幅值 4 mm 和频率 4 Hz、幅值 4 mm 的三种正弦波进行加载。在最后一次使用频率 4 Hz、幅值 4 mm 的正弦波加载时，房屋模型内部发出巨大的空响声，模型 A 轴二层墙体与 1、2 轴墙体在拼缝处出现竖向通缝，则认为模型内部泡沫混凝土与冷弯型钢龙骨脱离，遂停止加载。

试验结束后拆除墙体表面的秸秆墙面板，观察墙体内泡沫混凝土与冷弯型钢骨架的破坏形态，具体破坏现象如下：

(1) 泡沫混凝土竖向裂缝

在 A 轴墙体(带门洞)底端泡沫混凝土出现明显的多条竖向裂缝，同时门洞两侧冷弯型钢立柱与泡沫混凝土出现黏结滑移裂缝，如图 8.22 所示。除此之外，房屋模型的一层所有墙体的中间立柱与泡沫混凝土均出现分离裂缝，如图 8.23 所示。

(a) A 轴左侧边柱

(b) A 轴右侧边柱

(c) A 轴门洞左侧

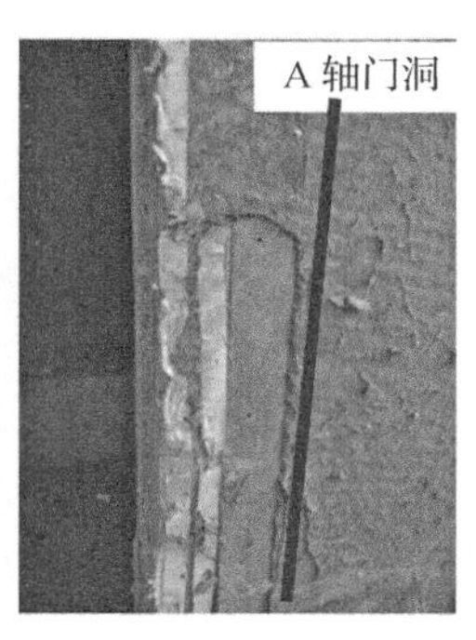

(d) A 轴门洞右侧

图 8.22　A 轴墙体边柱和门洞附近泡沫混凝土竖向裂缝

(a) A 轴墙体中间立柱

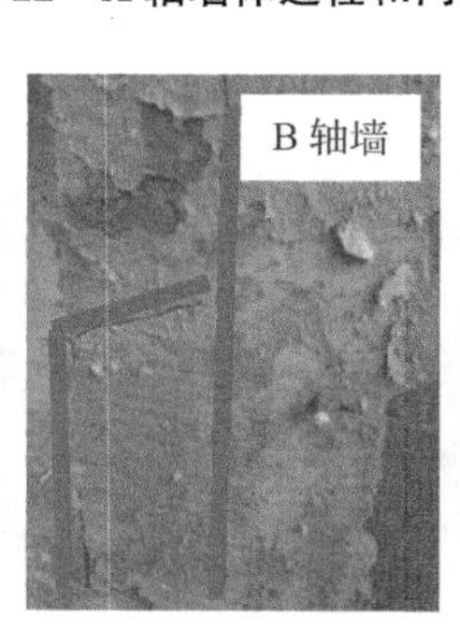

(b) B 轴墙体中间立柱

(c) 1 轴墙体中间立柱

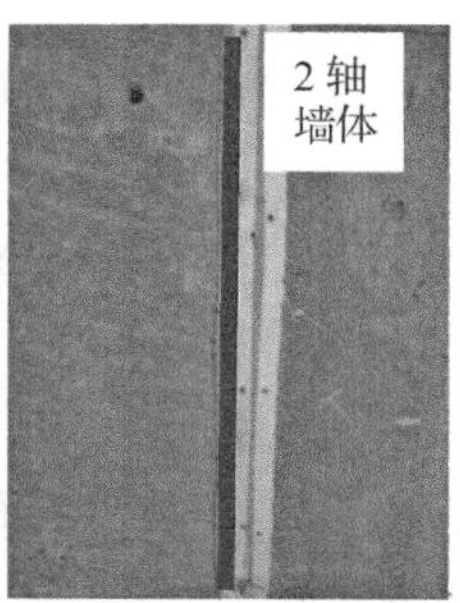

(d) 2 轴墙体中间立柱

图 8.23　A、B 轴及 1、2 轴墙中间立柱周围竖向裂缝

从试验现象可以看出，冷弯型钢立柱和泡沫混凝土之间的竖向分离裂缝主要集中在一层墙体内，特别是 A、B 轴墙体端立柱附近和 1、2 轴墙体一层所有冷弯型钢立柱附近，其中 A、B 轴墙体的竖向裂缝较为显著，A 轴墙体的最长裂缝向上延伸高度在 2 m 范围内。这说明冷弯型钢立柱与泡沫混凝土间的黏结强度较弱，导致两者之间出现黏结滑移甚至分离现象，特别是在门洞两侧这个现象最为显著。

（2）泡沫混凝土水平通缝

泡沫混凝土的水平通缝主要集中于房屋模型的 1 轴和 2 轴的一层墙体，部分水平裂缝出现在 A 轴和 B 轴墙体的端部，如图 8.24 所示。由于竖向冷弯型钢立柱的存在，水平通缝被分割成若干段，距离地梁约 1.5 m。此处靠近一层墙体两次浇筑泡沫混凝土的界面。此外，一层顶部和二层墙体底部泡沫混凝土出现少量的水平裂缝。

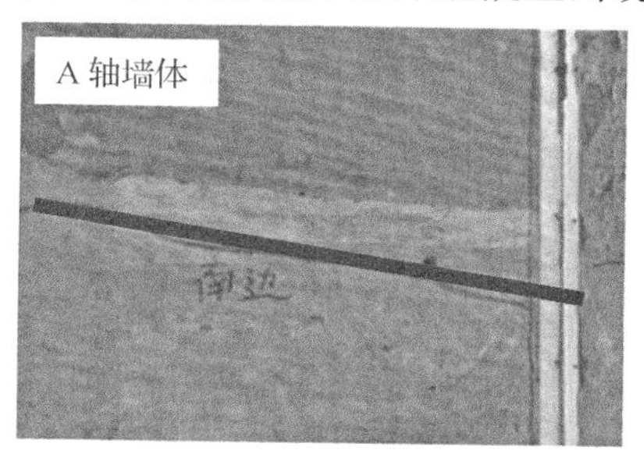

(a) A 轴墙体

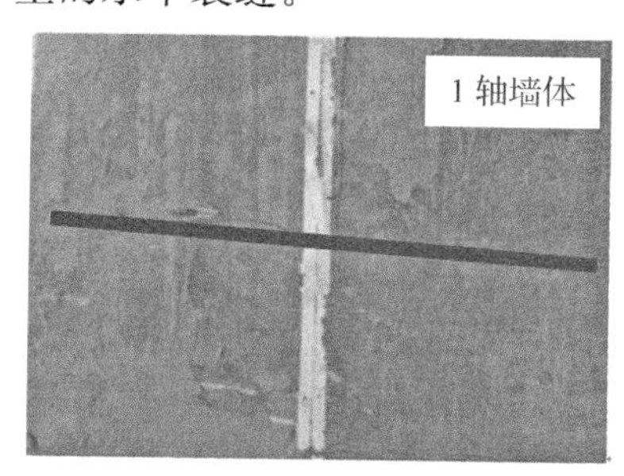

(b) 1 轴墙体

图 8.24　一层墙体泡沫混凝土水平通缝

（3）泡沫混凝土斜裂缝

泡沫混凝土内部除竖向裂缝和水平裂缝外，还存在大量斜裂缝，如图 8.25 至图 8.26 所示。

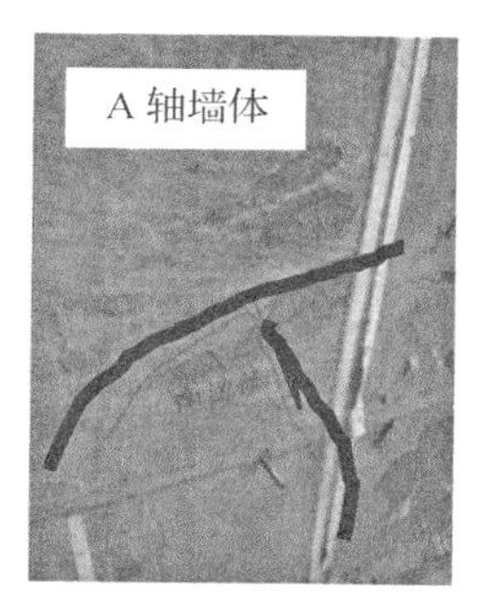

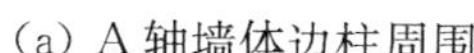

(a) A 轴墙体边柱周围

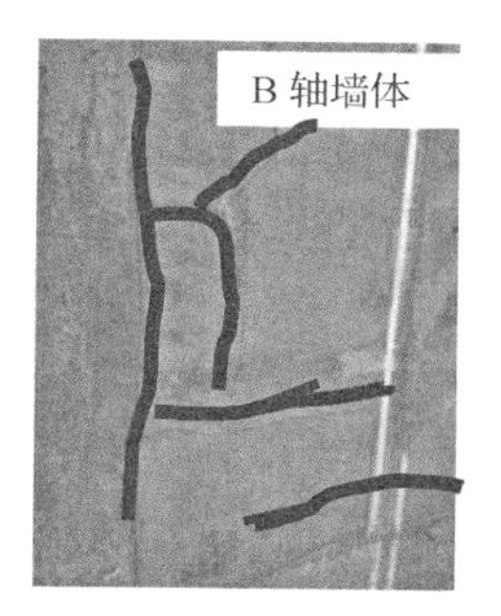

(b) B 轴墙体边柱周围

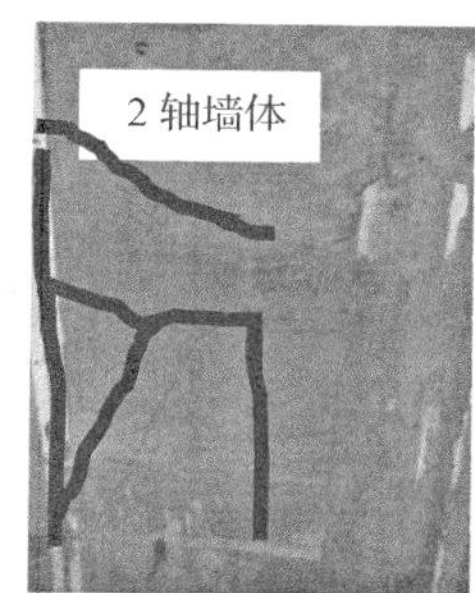

(c) 2 轴墙中间立柱周围

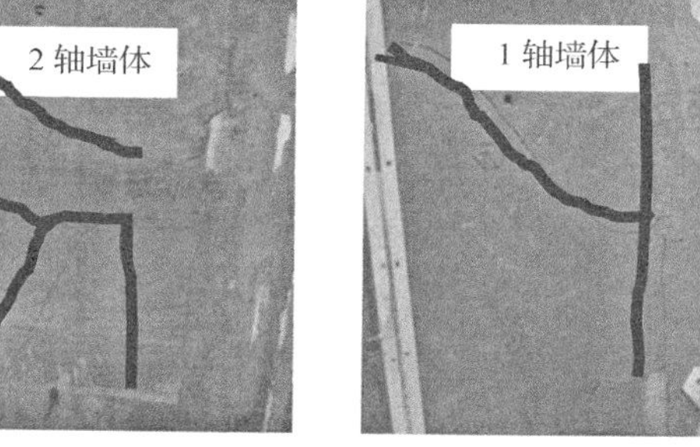

(d) 1 轴墙中间立柱周围

图 8.25　A、B 轴及 1、2 轴墙体边柱周围斜裂缝

(a) A 轴门洞一层顶

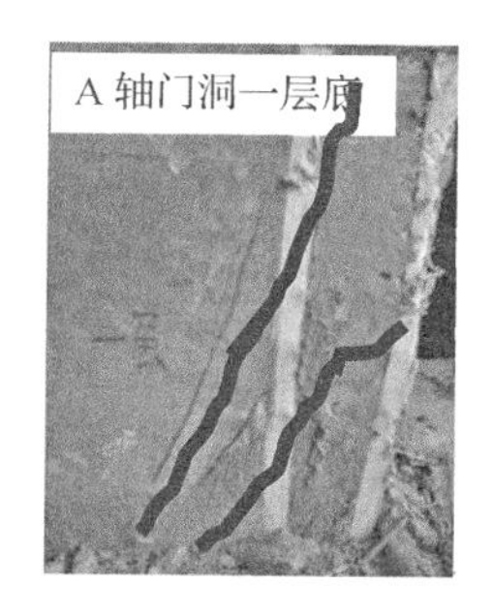

(b) A 轴门洞一层底

图 8.26　门洞周围斜裂缝

泡沫混凝土的大部分斜裂缝主要集中于所有一层墙体的端立柱周围和门洞立柱周围，如图 8.22～图 8.26，少数斜裂缝出现在二层墙体的底端。其中，一层墙体斜裂缝呈现典型的交叉形状，且向墙体中间不断延伸，与中间立柱呈45°角分布。对于A轴和B轴墙体，斜裂缝从端立柱开始向下延伸，集中出现在端立柱和第一中立柱之间区域。

(4) 冷弯型钢立柱与泡沫混凝土间黏结裂缝

冷弯型钢立柱与泡沫混凝土间出现局部分离裂缝，主要集中于A轴和B轴墙体，特别是二层墙体以及墙体端立柱区域。这主要是由于冷弯型钢腹板表面具有镀锌层，表面光滑，与泡沫混凝土之间的黏结强度较低，使得墙体有较大水平变形时冷弯型钢与泡沫混凝土之间出现滑移和脱离现象，如图8.27所示。最终，立柱与混凝土的竖向分离裂缝导致整体墙体被分割成若干泡沫混凝土短肢剪力墙，同时泡沫混凝土的水平和斜裂缝使短肢剪力墙的泡沫混凝土分裂成为若干小混凝土块，如图8.28所示。

相比于冷弯型钢腹板与泡沫混凝土间的偏低黏结强度，冷弯型钢C型卷边对泡沫混凝土具有较强的握裹作用，使得C型卷边与泡沫混凝土间并未出现明显的分离现象(如图8.29)，破坏模式更多地表现为泡沫混凝土因水平和斜裂缝导致的局部破碎。

图8.27　冷弯型钢立柱(无卷边一侧)和泡沫混凝土完全脱开

图8.28　泡沫混凝土破碎成混凝土块　**图8.29　冷弯型钢卷边对泡沫混凝土握裹**

(5) 螺钉锈蚀现象

房屋模型采用现浇泡沫混凝土的方式，且墙体和楼盖构件内的部件拼装绝大多数通过各种类型自攻自钻连接，在秸秆板拆除过程中发现大部分自攻螺钉出现锈蚀现象，如图8.30所示。

图8.30　锈蚀现象严重

8.2.3.2　试验现象分析

1. 破坏模式

由试验现象可以看出，装配式冷弯型钢-高强泡沫混凝土剪力墙房屋结构的破坏模式主要是秸秆板局部开裂、地震作用方向的 A 轴和 B 轴墙体内泡沫混凝土竖向和斜向开裂、垂直于地震作用方向的 1 轴和 2 轴墙体内泡沫混凝土水平开裂、泡沫混凝土与冷弯型钢立柱的黏结滑移和局部脱离、一层墙体顶端端立柱轻微局部屈曲。通过对试验过程现象的分析，得出房屋结构的破坏过程特征如下：(1) 在小烈度的地震作用下，房屋结构中冷弯型钢骨架和高强泡沫混凝土能够共同工作，剪力墙结构自身刚度较大，房屋模型处于弹性状态，其外部和内部基本没有裂缝破坏；(2) 随着地震烈度不断增大，剪力墙外部秸秆板出现褶皱和局部开裂，内部泡沫混凝土发生开裂且与冷弯型钢立柱腹板逐渐分离；(3) 在大震烈度的地震作用下，房屋模型外部变形程度变大，冷弯型钢与泡沫混凝土出现脱离，一层剪力墙顶端立柱出现轻微局部屈曲，同时伴有泡沫混凝土裂缝数量和长度的增加。

泡沫混凝土产生裂缝的原因主要是泡沫混凝土材料本身具有抗拉强度极低的特性。在剪力墙结构受拉区域内，垂直于地震作用方向的 1 轴和 2 轴墙体内的泡沫混凝土产生水平裂缝。其次是因为泡沫混凝土与冷弯型钢立柱黏结强度较低，且在水平地震作用下，强度的快速下降导致泡沫混凝土和立柱腹板出现相对滑移并最终相互脱离，泡沫混凝土和冷弯型钢立柱腹板光滑面产生竖向裂缝。至此，泡沫混凝土在剪力墙结构中不再与冷弯型钢骨架共同工作，混凝土更多是作为填充材料，墙体所承受的拉力主要由冷弯型钢立柱承担。随着水平地震作用的增加，冷弯型钢立柱承担了水平地震作用产生的全部竖向拉力，并主要承担水平地震作用产生的竖向压力，其端立柱在中震和大震作用下进入屈服阶段，房屋角部的楼盖位置处端立柱出现局部轻微屈曲破坏。

由于房屋模型中浇筑的泡沫混凝土抗压强度在 3 MPa 以上，在剪力墙结构受压区，泡沫混凝土仍能够与冷弯型钢立柱共同工作。当泡沫混凝土达到极限抗压强度后，其在墙体端部承受压力和剪力的共同作用，泡沫混凝土内部发生压剪破坏，最终形成压剪斜裂缝。

2. 其他现象分析

(1) 冷弯型钢立柱 C 型卷边对泡沫混凝土的握裹现象

试验现象表明冷弯型钢立柱 C 型卷边对泡沫混凝土具有握裹作用，见图 8.29，因此立柱卷边一侧的泡沫混凝土呈现带裂缝的局部破碎现象，表明泡沫混凝土的力学性能得到充分发挥。尽管冷弯型钢腹板开孔增加了泡沫混凝土的抗剪“销键”作用，但是腹板因具有镀锌层而表面光滑，导致抗剪强度较弱的“销键”未能阻止强震作用下冷弯型钢腹板与泡沫混凝土间的相对滑移。

(2) 自攻螺钉连接件的锈蚀现象

在试验中发现自攻螺钉锈蚀现象较为严重，见图 8.30。其主要原因是现浇的泡沫混凝土具有较多的自由水，且秸秆墙面板的存在使得在水化反应后混凝土剩余的水分未能挥发到空气中，从而引起自攻自钻螺钉的锈蚀。因此，在实际工程中，应加强对自攻螺钉的防锈保护，或者采用泡沫混凝土的平躺浇筑工艺，待混凝土养护 28 天后再覆盖剩余秸秆墙面板。

8.2.4 试验结果与分析

8.2.4.1 试验模型的动力特性分析

动力特性是模型结构本身的固有特性，包括自振频率、阻尼比、振型等参数，取决于结构的材料性质、刚度、质量分布、构造措施等因素[4]。因此,自振频率和阻尼比的变化反映了模型的刚度变化、破坏情况与承载力的变化。

结构的自振频率和振型可根据结构动力学原理简化计算获得,但是由于实际结构形式和材料性质难以精确体现在计算中,导致计算误差较大,故通常通过试验得到结构的动力特性:设法激励结构使其产生振动,然后根据采集到的动力响应结果分析结构的自振特性。根据不同的激励方法,结构动力特性试验可分为自由振动法、共振法和脉动法三种[6]。由结构动力学可知,共振法是指当激振力的频率与结构本身固有频率相等时,结构将出现共振,此时结构响应达到最大。本章采用共振法测量模型的动力特性,试验时采用白噪声激励来获得结构的自振特性。由于模型结构输出的信号会使输入信号发生畸变,因此以各层测点的白噪声反应信号对台面白噪声信号做传递函数[7-8]。传递函数表示系统的固有属性,等于输出量与输入量之比,即用一个函数表示对象的输入与输出之间的关系。传递函数的模等于输出与输入振幅之比,表示振动系统的幅频特性,而其相角等于输出与输入的相位差,表示振动系统的相频特性。因此利用传递函数可以得到模型的幅频特性曲线,该曲线幅值最大点对应模型的固有频率。当获得模型的幅频特性曲线后,由半功率带宽法算得对应的阻尼比,具体做法是从幅频特性曲线上纵坐标最大值的 0.707 倍处做一水平线与曲线交于 A、B 两点,其对应横坐标为 ω_1 和 ω_2,则阻尼比为 $\xi=\frac{\omega_2-\omega_1}{2\omega_0}$。

对每次白噪声扫描后的结构动力响应数据进行分析,做出幅频特性曲线,其峰值对应的频率为结构自振频率,再由半功率带宽法得出结构的阻尼比。220 gal 地震工况对应的幅频特性曲线如图 8.31 所示,各工况输入后对应的结构自振频率和阻尼比如表 8.9 所示。

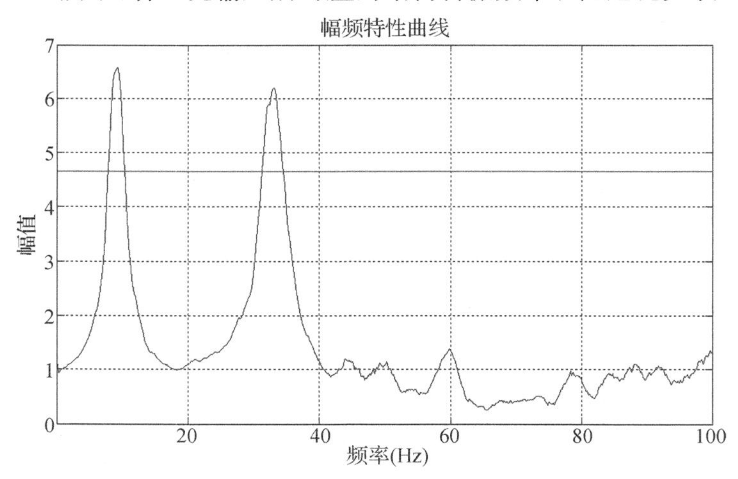

图 8.31　220 gal 地震工况对应的幅频特性曲线

表 8.9　模型自振频率及阻尼比数据表

输入加速度峰值(gal)	自振频率(Hz)	阻尼比(%)
0	12.15	9.27
35	12.00	9.37
100	11.75	9.57

续表

输入加速度峰值(gal)	自振频率(Hz)	阻尼比(%)
220	11.50	10.87
250	11.00	10.79
300	10.25	12.20
350	10.12	11.73
400	9.91	11.25
500	9.50	13.16
600	9.12	13.70

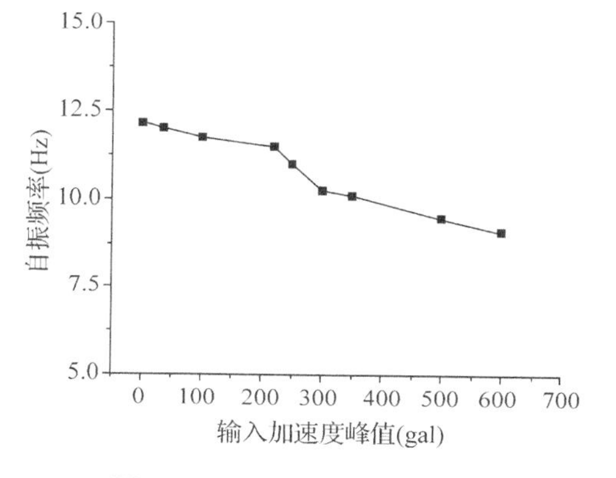

图 8.32　模型自振频率变化图

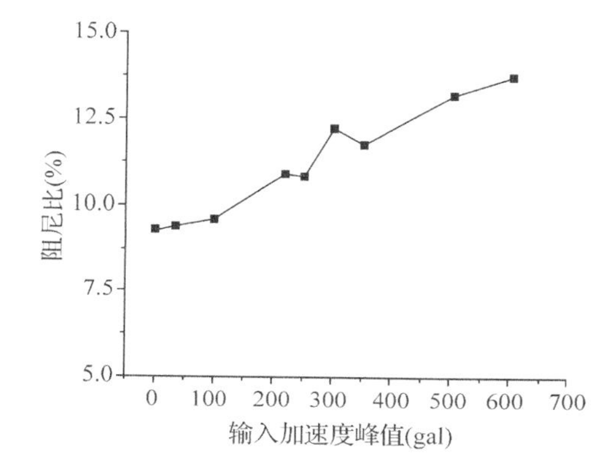

图 8.33　模型阻尼比变化图

从图 8.32 中可看出，房屋模型结构的自振频率随输入地震波加速度峰值的增大呈下降趋势。模型加载前的自振频率为 12.15 Hz，当地震波加速度峰值增加至 220 gal 时，模型自振频率存在较为明显的突然下降，随后模型的自振频率随地震波峰值的增加呈线性下降趋势。从图 8.33 可看出模型阻尼比随输入地震波加速度峰值的增大呈上升趋势。其中，当地震波加速度峰值在 250～300 gal 时，模型阻尼比存在波动，呈现大幅度增加。

在整个模型结构振动台试验的过程中，模型最终的自振频率较试验初始时下降了 24.94%，但模型最终的阻尼比试验初始时上升了 47.49%，说明随着地震波峰值的增大，结构破坏不断增加，侧向刚度变小，自振周期变长，因此自振频率下降，阻尼比提高。

8.2.4.2　试验模型的加速度反应分析

1. 模型输入与台面反馈加速度峰值数据比较

试验中加速度峰值以作动器反馈值作为设计值的控制指标，但是无法精确保证输入结构的地震波加速度峰值与设计值完全吻合，所以实际输入结构的地震波加速度峰值控制在设计值附近即认为满足各工况要求。实际输入结构的地震波的实测数值来源于基础底座编号为 A1 的加速度传感器采集的数据。表 8.10 对比了各工况加速度设计值与基座实测值。

表 8.10 加速度设计输入值与实测值对比

序号	输入波形	设计输入值(gal)	作动器反馈设计值(gal)	底座测量值(gal)	测量值/反馈设计值
1	El-Centro 波	35	35.9	34.3	95.5%
	Tarzana 波		29.7	30.5	102.7%
	人工波		41.0	40.4	98.5%
2	El-Centro 波	100	92.3	111.0	120.3%
	Tarzana 波		93.1	100.9	108.4%
	人工波		120.7	122.2	101.2%
3	El-Centro 波	220	216.3	186.6	86.3%
	Tarzana 波		226.9	212.3	93.6%
	人工波		258.2	247.2	95.7%
4	El-Centro 波	250	248.2	218.4	88.0%
	Tarzana 波		253.6	240.6	94.9%
	人工波		283.3	270.4	95.4%
5	El-Centro 波	300	275.2	268.4	97.5%
	Tarzana 波		304.2	288.4	94.8%
	人工波		294.3	305.1	103.7%
6	El-Centro 波	350	315.5	311.0	98.6%
	Tarzana 波		367.1	366.5	99.8%
	人工波		356.1	386.7	108.6%
7	El-Centro 波	400	394.2	423.3	107.4%
	Tarzana 波		436.7	441.5	101.1%
	人工波		405.2	394.4	97.3%
8	El-Centro 波	500	508.5	523.3	102.9%
	Tarzana 波		558.5	567.9	101.7%
	人工波		475.45	527.85	111.0%
9	El-Centro 波	600	625.2	663.1	106.1%
	Tarzana 波		682.1	710.2	104.1%
	人工波		545.7	661.3	121.2%
平均值					101.3%
标准差					0.08

从表 8.10 可以看出,基座测量得到的加速度峰值与作动器反馈的加速度峰值基本一致。基座测量加速度峰值与作动器反馈设计值的比值平均值为 1.013,误差仅为 1.3%,说明基座测量加速度峰值与作动器反馈设计值吻合良好。基座测量加速度峰值与作动器反馈设计值之间的标准差仅为 0.08,表明基座测量加速度峰值与作动器反馈设计值误差较小,证

明基座测量值准确性是稳定的。以 220 gal 的 Tarzana 波为例，图 8.34 显示了作动器反馈的加速度时程曲线与采集到的输入加速度时程曲线，从图中可以看出，两个加速度时程曲线基本重叠，认为加速度曲线可满足设计工况的要求。此外，上述结果表明房屋模型与振动台面采用锚杆锚固良好，且测量设备和数据仪器是稳定可靠的。

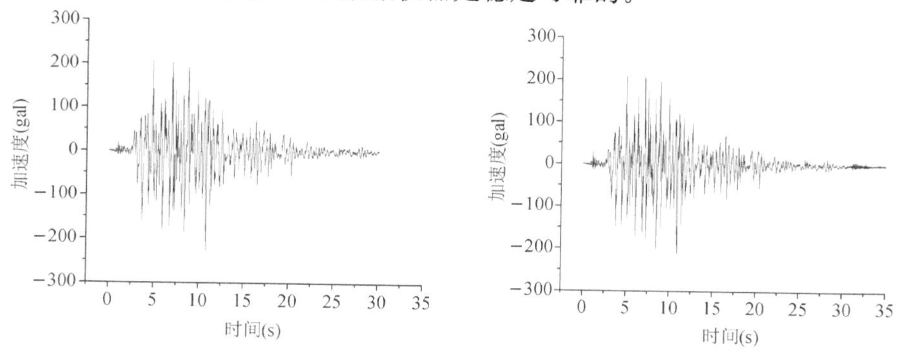

图 8.34 加速度时程曲线对比作动器反馈加速度曲线

2. 加速度动力放大系数

按照设计工况依次将 El-Centro 波、Tarzana 波、人工波三种地震波输入模型结构，并利用加速度传感器采集各测点的加速度数据。对各工况、各测点采集到的加速度数据进行分析，得出不同工况下同一测点的数值变化以及同一工况下不同测点的数值变化，由此分析模型结构在各工况下的加速度响应。以 220 gal 的 Tarzana 波为例，列出各测点的加速度时程曲线，如图 8.35 所示。

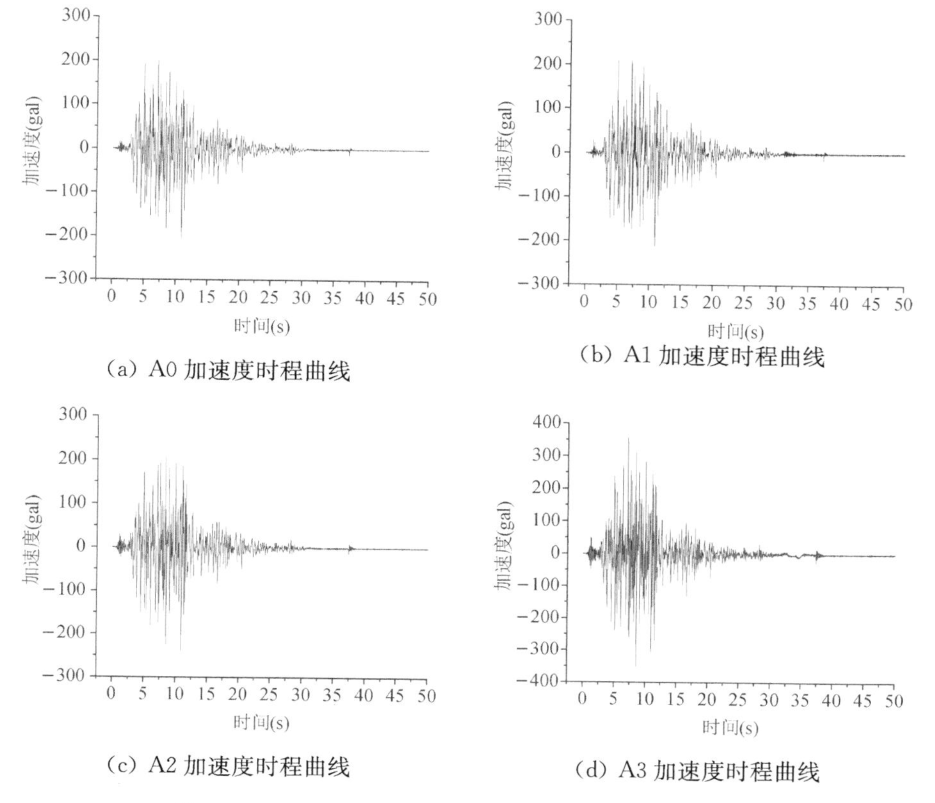

图 8.35 220 gal Tarzana 波下各测点的加速度时程曲线

结构在地震作用下的响应与结构固有属性有关，同时与地震波的频谱特性有关，即同一结构在不同地震波作用下的动力响应可能是不同的。本章对采集到的加速度数据进行处理，分析当加速度峰值相同时，输入的三种地震波对应的模型加速度响应的差别。以加速度峰值为 220 gal 和 600 gal 时对应的三种地震波为例，不同地震波下的加速度包络图如图 8.36所示。

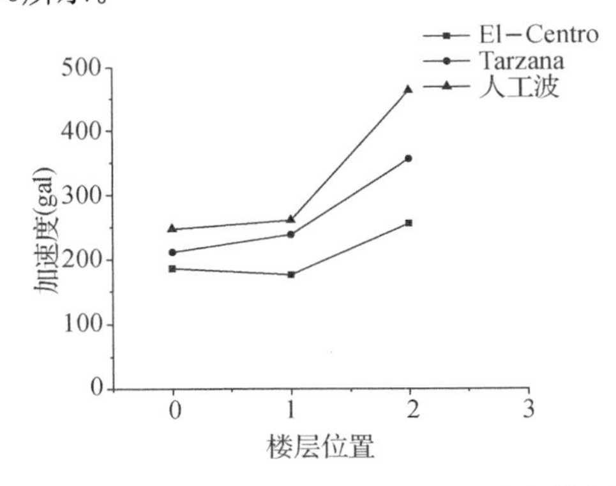

(a) 加速度峰值为 220 gal 时的加速度包络图

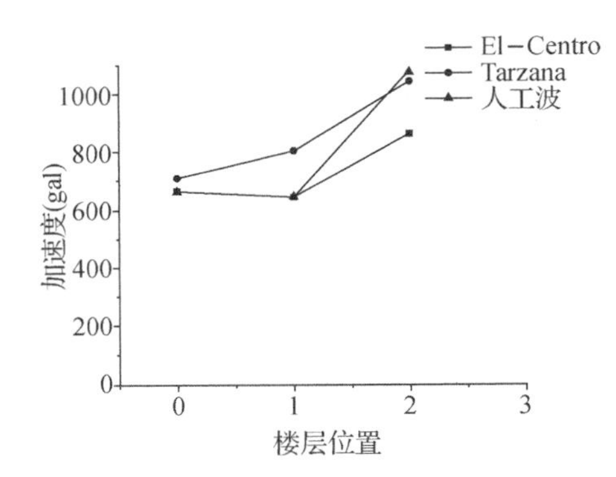

(b) 加速度峰值为 600 gal 时的加速度包络图

图 8.36　不同地震波下的加速度包络图

由图 8.36 可以看出，在不同地震波作用下，当加速度峰值相同时，模型结构产生的加速度响应是不同的。在试验加载的初期，人工波引起的模型结构加速度响应最大，其次是 Tarzana 波和 El-Centro 波。在相同的波作用下，房屋模型的二层结构加速度响应远大于一层结构。随着结构自振频率的减小，Tarzana 波在试验后期使结构产生较大的地震反应。这是因为 Tarzana 波卓越周期与此时的结构自振周期最接近，引起的结构动力响应相对较大。

动力放大系数是指结构动力响应加速度峰值与输入地震波加速度峰值之比，它与模型的结构特性、非弹性变形的发展以及输入地震波的频谱特性有关，可以体现出模型动力响应的变化和模型破坏情况。试验各阶段的动力放大系数计算公式如下：

$$\beta=\frac{\ddot{x}_{\max}}{|\ddot{x}_g|_{\max}} \tag{8-1}$$

式中，β 为动力放大系数；$\ddot{x}_{\max}$ 为实测加速度响应最大值；$|\ddot{x}_g|_{\max}$ 为各工况下输入加速度最大值，本试验数据取自基础底座的加速度传感器数值。

对各级地震作用下采集到的各测点加速度数据进行分析，得出各楼层的动力放大系数，如表 8.11 所示。

表 8.11　各工况下楼层各处的动力放大系数

工况	楼层位置	El-Centro 波	Tarzana 波	人工波
35 gal	0	1.00	1.00	1.00
	1	1.06	0.97	1.01
	2	1.62	1.41	1.32

续表

工况	楼层位置	El-Centro 波	Tarzana 波	人工波
100 gal	0	1.00	1.00	1.00
	1	1.01	0.95	1.02
	2	1.19	1.47	1.53
220 gal	0	1.00	1.00	1.00
	1	0.95	1.12	1.05
	2	1.37	1.68	1.87
250 gal	0	1.00	1.00	1.00
	1	1.01	1.10	1.09
	2	1.38	1.80	2.03
300 gal	0	1.00	1.00	1.00
	1	1.09	1.13	1.21
	2	1.59	1.62	2.11
350 gal	0	1.00	1.00	1.00
	1	1.07	1.11	1.23
	2	1.77	1.63	1.99
400 gal	0	1.00	1.00	1.00
	1	0.90	1.08	1.30
	2	1.42	1.41	2.06
500 gal	0	1.00	1.00	1.00
	1	0.96	1.02	1.11
	2	1.30	1.38	1.51
600 gal	0	1.00	1.00	1.00
	1	0.97	1.13	0.97
	2	1.30	1.47	1.62

基于各工况下的动力放大系数，得出模型的一层、二层随加速度峰值增大的变化规律，如图 8.37 所示。

做出不同加速度峰值作用下模型一层、二层加速度动力放大系数的变化图，如图 8.37(a)至图 8.37(c)所示；图 8.38 表示的是在三条地震波作用下，不同加速度峰值下的模型顶部加速度动力放大系数的变化。

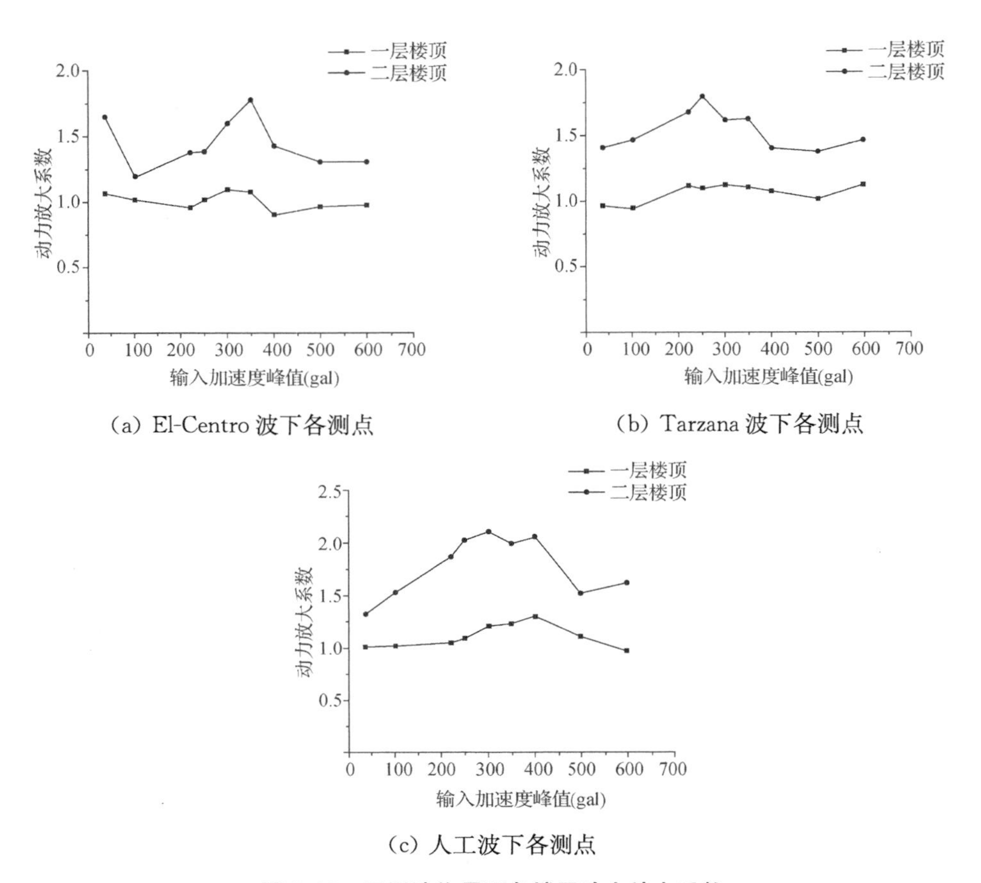

(a) El-Centro 波下各测点

(b) Tarzana 波下各测点

(c) 人工波下各测点

图 8.37 不同波作用下各楼层动力放大系数

从图 8.38 可以看出，尽管房屋模型受到不同地震波的动力作用，但是随着地震波加速度峰值的增大，房屋模型一层和二层测点的动力放大系数均呈先上升后减小的趋势，其中动力放大系数的峰值主要集中在 250～350 gal。这是因为房屋模型的初始刚度较大，在输入地震波加速度峰值达到 250 gal 之前模型基本处于低损伤状态，但当输入地震波加速度峰值达到 250 gal 之后，模型结构的动力放大系数总体上呈现下降趋势，说明结构开始慢慢累积损伤，模型刚度开始减小。而且，在不同地震波作用下，模型结构的动力放大系数随着楼层的增高而增大，即结构的动力响应与高度成正比，表明楼层越高，其动力响应越大，破坏可能越严重。

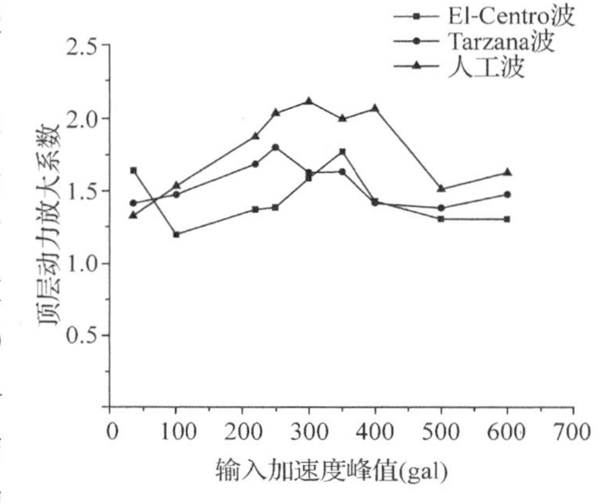

图 8.38 各地震波作用下顶部动力放大系数

为了明确不同地震波对房屋模型结构损失的影响程度，对三条地震波作用下的模型二层楼顶的动力放大系数曲线进行对比分析，如图 8.38 所示。可以看出，在人工波的作用下，二层楼顶对应的动力放大系数最大。从开始加载至加速度峰值达到 250 gal 期间，Tarzana 波对应的动力放大系数高于 El-Centro 波对应的系数，但是随着输入加速度峰值的增大，两者之间的差异逐渐减小。这是因为前期模型的自振周期与 Tarzana 波的卓越周期最接近，动力响应较大，故动力放大系数也相应变大。

8.2.4.3　试验模型的位移反应分析

模型在各工况下的位移响应值由布置于模型上的位移传感器采集而得，在此基础上可得到各测点的位移时程曲线。通过比较不同测点位移数据，可得出房屋结构在各工况下的平动和转动状况。表 8.12 列出了不同地震波不同工况下的测点位移最大值。

表 8.12　各工况下各测点的位移最大值(单位：mm)

输入加速度峰值(gal)	输入波形	D1	D2	D3	D4	D5	D6
35	El-Centro 波	13.40	13.38	12.03	13.50	14.60	13.43
	Tarzana 波	8.25	8.26	7.59	8.38	9.09	8.43
	人工波	27.76	27.70	24.98	27.87	30.23	27.77
100	El-Centro 波	38.38	38.04	34.32	38.30	41.76	38.33
	Tarzana 波	23.68	23.73	21.67	24.04	26.13	24.21
	人工波	78.79	78.53	70.74	78.80	85.20	78.50
220	El-Centro 波	84.36	83.81	75.84	84.41	93.10	84.54
	Tarzana 波	52.41	52.14	47.59	52.70	57.23	52.97
	人工波	171.97	171.72	153.83	172.41	189.96	170.05
250	El-Centro 波	95.83	95.28	86.57	95.87	106.35	96.26
	Tarzana 波	59.72	59.43	54.47	59.77	65.31	60.88
	人工波	195.24	194.90	176.89	195.58	216.59	195.52
300	El-Centro 波	115.32	114.53	104.43	115.10	127.97	116.32
	Tarzana 波	71.81	71.59	65.58	71.93	78.89	73.35
	人工波	124.11	123.99	113.28	124.22	135.95	125.54
350	El-Centro 波	134.59	133.45	121.81	133.87	148.74	135.23
	Tarzana 波	83.73	83.15	76.10	83.50	91.92	85.03
	人工波	144.31	144.28	131.20	144.42	160.82	144.86
400	El-Centro 波	153.79	152.68	139.50	153.09	169.86	154.55
	Tarzana 波	95.76	95.08	87.21	95.77	105.40	97.49
	人工波	165.57	165.05	150.39	165.75	183.18	166.56
500	El-Centro 波	192.58	191.12	174.50	191.75	211.88	193.80
	Tarzana 波	119.97	119.28	110.15	119.99	132.22	122.58

为了便于对房屋模型的位移做反应分析，对上述表格数值进行绘图以表示不同地震波作用下不同测点的位移随输入加速度峰值增大而变化的情况，如图 8.39 所示。总体而言，随着加速度峰值的增加，不同地震波作用下的房屋模型各测点的位移响应均基本呈现递增趋势；在同一工况下，随着房屋高度的增大，模型位移响应同样呈增大趋势，特别是中震和大

震作用下这种趋势尤为明显。此外，人工波作用下的房屋位移反应值最大，其次是 El-Centro 波和 Tarzana 波。

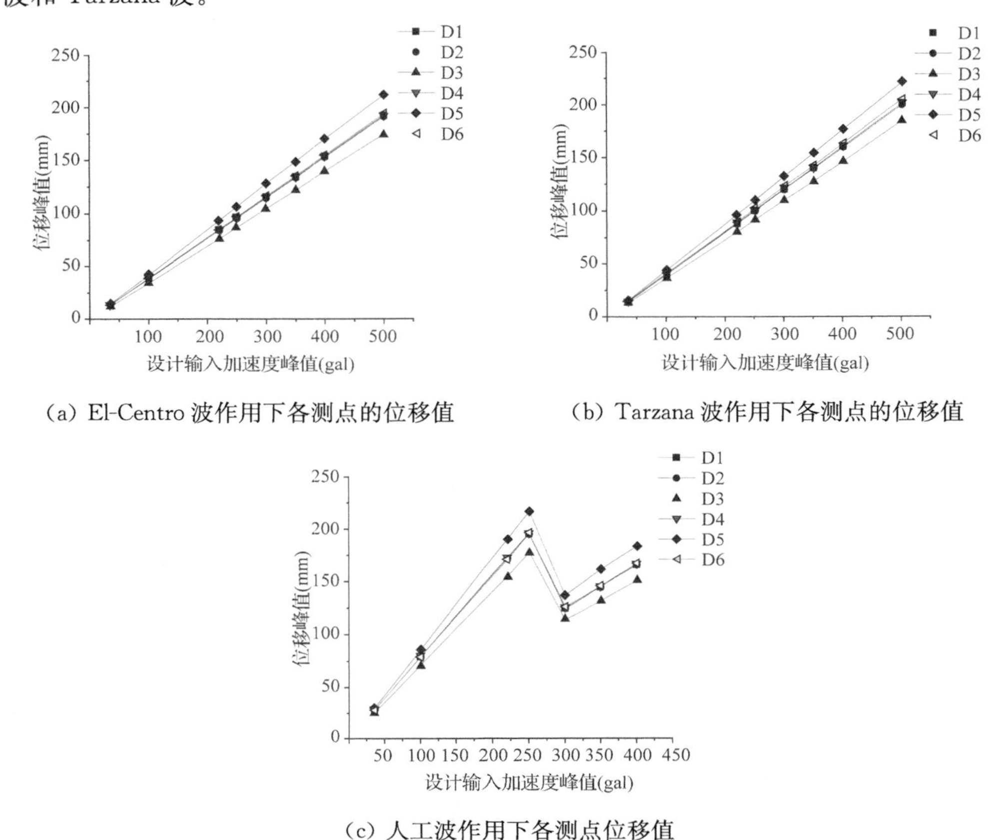

(a) El-Centro 波作用下各测点的位移值

(b) Tarzana 波作用下各测点的位移值

(c) 人工波作用下各测点位移值

图 8.39　不同地震波下各测点位移峰值变化

为了分析模型结构的平动及扭转效应，需要比较各测点位移的差值，因此将各测点处的不同位移传感器采集到的位移时程数据相减。模型结构的平动分析采用的数值为同一侧的 D3 和 D5 两个传感器采集值的差值，即 D5－D3；模型结构的扭转分析采用的数值为 D5 和 D6 两个传感器采集值的差值，即 D5－D6，均取两者最大绝对值，具体数据见表 8.13。为了便于分析房屋模型的平动及扭转效应，将上述表格数值以绘图形式表示，如图 8.40 所示。

表 8.13　模型结构楼层部位的位移差值

加速度峰值(gal)	输入波形	D5－D3(mm)	D5－D6(mm)
35	El-Centro 波	2.67	1.26
	Tarzana 波	1.82	1.11
	人工波	5.47	2.79
100	El-Centro 波	7.53	3.60
	Tarzana 波	4.94	2.75
	人工波	14.82	6.94

续表

加速度峰值(gal)	输入波形	D5－D3(mm)	D5－D6(mm)
220	El-Centro 波	17.47	8.81
	Tarzana 波	10.29	5.14
	人工波	36.61	20.29
250	El-Centro 波	19.87	10.42
	Tarzana 波	11.45	5.63
	人工波	39.99	21.31
300	El-Centro 波	23.62	11.97
	Tarzana 波	13.93	6.65
	人工波	23.16	10.65
350	El-Centro 波	27.03	13.66
	Tarzana 波	16.11	7.92
	人工波	30.31	16.67
400	El-Centro 波	30.75	15.56
	Tarzana 波	18.63	9.25
	人工波	33.37	17.19
500	El-Centro 波	37.58	18.49
	Tarzana 波	23.20	12.36

由图 8.40 可知，B 轴墙体的一二层平动相对位移反应(D5－D3)随着输入地震波峰值的增大而增大，其中人工波作用下的相对位移数值最大，其次是 El-Centro 波和 Tarzana 波。这表明随着地震烈度的提高，房屋结构的层间位移变形不断增大，抗侧刚度逐渐下降，其中人工波对房屋结构的抗侧刚度影响最大。此外，由表 8.13 可知，A 轴墙体的一二层平动相对位移反应(D5－D6)较小，低于同一地震波和同一加速度峰值下的 B 轴墙体相对位移(D5－D3)，表明房屋结构在加载过程中发生了一定的扭转。

从图 8.40 可知，二层墙体顶部的扭转位移反应(D5－D6)随着输入地震波峰值的增大而增大，其中人工波作用下的相对扭转位移数值最大，其次是 El-Centro 波和 Tarzana 波。这验证了房屋结构在地震作用下发生了一定的扭转，其主要原因是 A 轴墙门的洞口对剪力墙侧向刚度进行了削弱，使该刚度与不带洞口的 B 轴墙体的抗侧刚度产生差异，导致房屋结构的质量中心和刚度中心不重合，从而使结构在水平地震作用下产生了一定的扭转，其中人工波作用下的扭转变形最为明显。

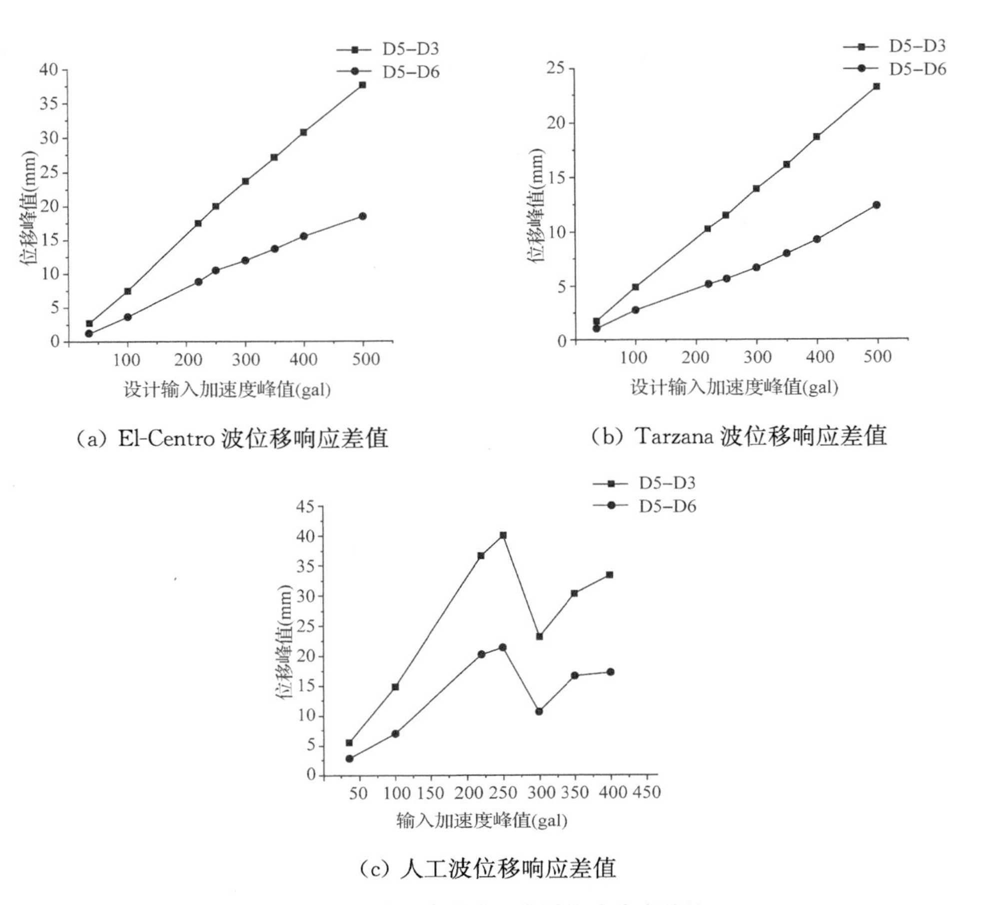

(a) El-Centro 波位移响应差值

(b) Tarzana 波位移响应差值

(c) 人工波位移响应差值

图 8.40　不同地震波下房屋位移响应差值

8.2.4.4　试验模型的应变反应分析

基于试验结果绘制应变时程曲线，得到房屋角部端立柱在每一工况下的最大应变值。在端立柱的四个高度位置处读取 4 个应变片的数值，将这些应变数据按照楼层相对位置进行编号，分别是：一层下部、一层上部、二层下部和二层上部，简称为：1-下、1-上、2-下、2-上，如表 8.14 所示。

表 8.14　房屋角部端立柱各测点的峰值应变($\mu\varepsilon$)

输入加速度峰值(gal)	输入波形	1-下	1-上	2-下	2-上
35	El-Centro 波	85.15	22.60	57.57	30.32
	Tarzana 波	200.12	−13.13	82.62	57.16
	人工波	39.63	44.90	98.38	−6.00
100	El-Centro 波	146.15	−11.97	−54.87	37.83
	Tarzana 波	63.76	6.28	41.90	27.13
	人工波	129.43	31.96	126.08	−18.14

续表

输入加速度峰值(gal)	输入波形	1-下	1-上	2-下	2-上
220	El-Centro 波	53.33	45.85	117.55	−9.24
	Tarzana 波	63.71	−64.95	177.30	−12.41
	人工波	−58.77	50.51	188.44	−11.69
250	El-Centro 波	78.29	38.23	371.34	82.15
	Tarzana 波	80.64	17.60	84.09	−160.60
	人工波	41.95	−19.42	161.01	−155.50
300	El-Centro 波	52.59	−24.46	−69.77	−139.77
	Tarzana 波	51.92	−36.70	−97.18	−172.34
	人工波	53.96	−45.44	−173.15	−74.28
350	El-Centro 波	−36.71	−52.76	−143.99	−81.82
	Tarzana 波	−49.75	−37.55	−190.90	−108.75
	人工波	−42.83	−54.34	−217.49	−94.61
400	El-Centro 波	54.16	−61.31	−284.94	−120.36
	Tarzana 波	73.78	−42.60	−222.69	−151.38
	人工波	54.16	−61.31	−284.94	−120.36
500	El-Centro 波	52.79	−69.99	238.54	−133.35
	Tarzana 波	78.78	−50.06	283.27	−131.06
	人工波	106.55	−57.11	−272.31	−122.61
600	El-Centro 波	74.45	−69.42	335.01	−137.90
	Tarzana 波	115.84	−53.27	330.13	−175.02
	人工波	86.25	−85.23	386.76	−147.50

由表 8.14 可知，随着输入地震波的加速度峰值增大，冷弯型钢立柱各测点应变绝对值基本呈增大趋势。立柱在二层下部和上部区域的应变值最大，其次是一层下部和上部区域。当人工波输入加速度峰值达到 600 gal 时，立柱在二层下部的应变值达到387 $\mu\varepsilon$，对应的应力为 84 MPa，小于冷弯型钢的名义屈服强度 345 MPa，墙体端立柱始终处于弹性阶段。

8.3　剪力墙结构房屋的有限元分析

本节采用 ABAQUS 软件对房屋结构模型进行动力时程分析，分析结构在地震作用下的抗震性能。

8.3.1 有限元计算模型的建立

8.3.1.1 材料模型及单元类型的选择

参考第7.3.1节，剪力墙结构房屋的冷弯型钢立柱采用shell壳单元。由于剪力墙结构模型尺寸较大且构造复杂，为了简化结构的有限元计算模型，对秸秆板和泡沫混凝土采用等效体积单元，即solid单元。

1. 冷弯型钢立柱

房屋剪力墙结构为Q345冷弯薄壁型钢，其弹性模量为2.08×10^5 MPa，屈服强度σ_y为395 MPa，泊松比为0.3。冷弯型钢立柱的本构关系选用理想弹塑性模型，变形过程分为弹性阶段和塑性阶段，一旦截面上的点的应力达到钢材屈服应力，便进入塑性阶段。其本构关系如图8.41所示。

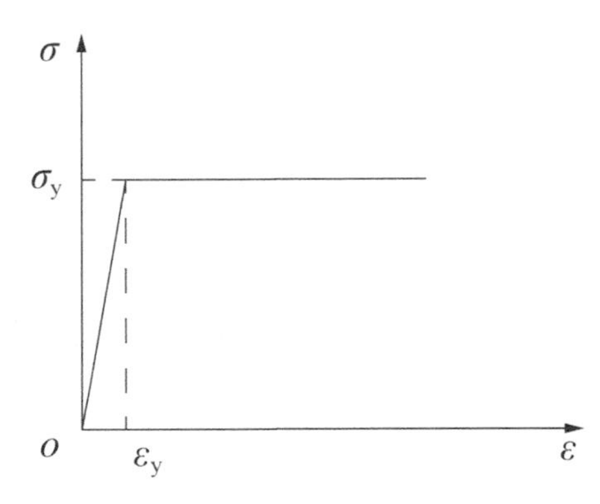

图8.41 理想弹塑性模型本构关系曲线

2. 泡沫混凝土与秸秆板的等效单元

采用ABAQUS中的混凝土损伤塑性模型(CDP模型)对泡沫混凝土和秸秆板等效单元的破坏特征进行研究。根据试验模型预留的立方体标准试块测试结果和相关文献[9-11]建议的换算公式，计算得出泡沫混凝土材料计算参数，见表8.15和表8.16。

表8.15 泡沫混凝土材料计算参数

材料密度(kg/m³)	f_{cm}(MPa)	f_{tm}(MPa)	ε_{tm}(10^{-4})	E_0(MPa)	v_c
700	5.75	1.10	2.40	2 500	0.2

表8.16 发泡混凝土塑性损伤计算参数

受压			受拉		
应力(MPa)	非线性应变	损伤因子	应力(MPa)	非线性应变	损伤因子
2.000 000	0.000 000	0.000 000	0.6000 000	0.000 000	0.000 000
3.095 040	0.000 052	0.006 510	0.328 082	0.000 192	0.389 439
3.416 560	0.000 317	0.034 922	0.240 616	0.000 385	0.607 800
4.206 880	0.000 582	0.057 699	0.188 296	0.000 577	0.719 534

续表

受压			受拉		
应力(MPa)	非线性应变	损伤因子	应力(MPa)	非线性应变	损伤因子
5.027 600	0.000 847	0.077 580	0.153 684	0.000 770	0.780 213
5.750 000	0.001 112	0.097 815	0.129 188	0.000 962	0.815 774
3.346 304	0.002 437	0.221 198	0.110 990	0.001 155	0.838 052
3.000 000	0.003 762	0.328 435			
2.785 542	0.005 087	0.415 964			
2.639 676	0.006 412	0.486 480			
2.534 031	0.007 737	0.543 538			
2.453 988	0.009 062	0.590 194			

8.3.1.2 部件的相互作用与边界条件

在装配式冷弯型钢-高强泡沫混凝土剪力墙结构中，冷弯型钢骨架、泡沫混凝土和秸秆板之间的相互连接状况对其整体结构的抗震性能有着显著影响。因此，合理准确地处理好三者之间的相互连接，是建立剪力墙结构有限元计算模型的关键。

1. 部件的相互作用

房屋试验模型的底部通过高强螺栓与振动台台面紧固连接，故有限元计算模型的底部设置为固结；由于轻钢龙骨上下层连接处是按照等强原则设计的，故将上下层冷弯型钢立柱简化为上下通长布置。由于墙体两侧秸秆板与泡沫混凝土均与冷弯型钢骨架连接，并且泡沫混凝土与秸秆板之间存在黏结作用，为了简化模型，将秸秆板与泡沫混凝土作为一个整体，并将冷弯型钢骨架整体嵌入秸秆板和泡沫混凝土整体内。由于本节主要研究的是剪力墙结构的抗震能力，而且楼面泡沫混凝土与剪力墙泡沫混凝土是一起浇筑的，故可将楼板简化为刚体处理，并且可将楼板与上下层墙体连接简化为固结。

2. 部件的约束条件

上述固结处理的力学模型，均通过 ABAQUS 提供的约束模块中绑定约束(Tie)来实现，这使部件相互之间没有相对运动。冷弯型钢与泡沫混凝土构件的连接采用类似钢筋混凝土的连接处理，通过 ABAQUS 中的嵌入区域(Embedded Region)进行约束，将冷弯型钢骨架整体嵌入高强泡沫混凝土中。

8.3.1.3 荷载施加

本章采用 ABAQUS/Explicit 模块求解，即采用显示动态算法求解，该算法在求解大规模模型时具有明显的优越性，计算分析过程中采用双精度的动力显示解法。为了同时考虑模型自重和地震作用，设置两个分析步来实现求解。

分析步 1：静荷载(重力荷载)的输入与计算

试验房屋模型的静荷载施加采用单调递增平稳加载的方式，该方式以数据表的形式输入静荷载。在该分析步计算完成时，结构在竖向荷载作用下处于稳定状态，此时将模型在静荷载作用下的分析结果延续到分析步 2，以实现两个分析步间的平稳过渡。

分析步 2：地震动时程输入与计算

本章中，地震动的输入是振动台台面反馈得到的加速度数据时程，它由 SeismoSignal 软件截取，以数据表的形式输入。有限元模拟时，地震波加载方向与试验时的加载方向一致。

考虑到计算成本，仅分析模型在加速度峰值为 220 gal、600 gal、1 000 gal 时在 El-Centro 地震工况下的结果。

8.3.2 剪力墙结构房屋有限元计算模型的验证

8.3.2.1 模型的模态计算结果对比

本节对试验房屋模型进行模态分析，通过采用 ABAQUS/Standard 分析模块中的线性摄动分析步(Linear Perturbation Step)的频率提取分析步来实现，计算模型的前 15 阶模态，提取前 3 阶整体振型图，见图 8.42。

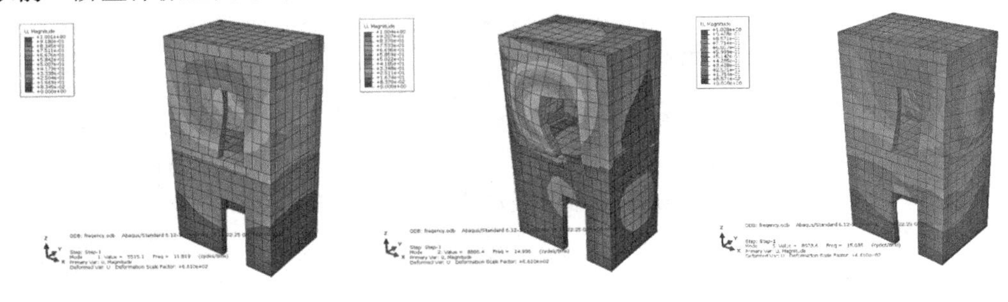

(a) 房屋模型 1 阶振型　(b) 房屋模型 2 阶振型　(c) 房屋 3 阶振型

图 8.42 房屋模型的前 3 阶整体阵型图

试验房屋模型的有限元模态分析结果与试验结果的对比如表 8.17 所示。

表 8.17 房屋模型有限元模态分析结果与试验结果对比

数据类型	一阶自振频率(Hz)	误差
计算结果	11.82	2.72%
实测结果	12.15	

从表 8.17 可知，有限元模态分析结果和试验测试结果吻合良好，初步说明上述建模分析方法是行之有效的。

8.3.2.2 模型的加速度反应对比

图 8.43 对比了有限元模拟模型的加速度时程曲线与试验测得的加速度时程曲线。对比结果表明一层和二层的模拟加速度时程曲线与试验测得的加速度时程曲线吻合良好。该结果进一步说明了装配式冷弯型钢-高强泡沫混凝土剪力墙结构的有限元计算模型的建立方法是可行的。

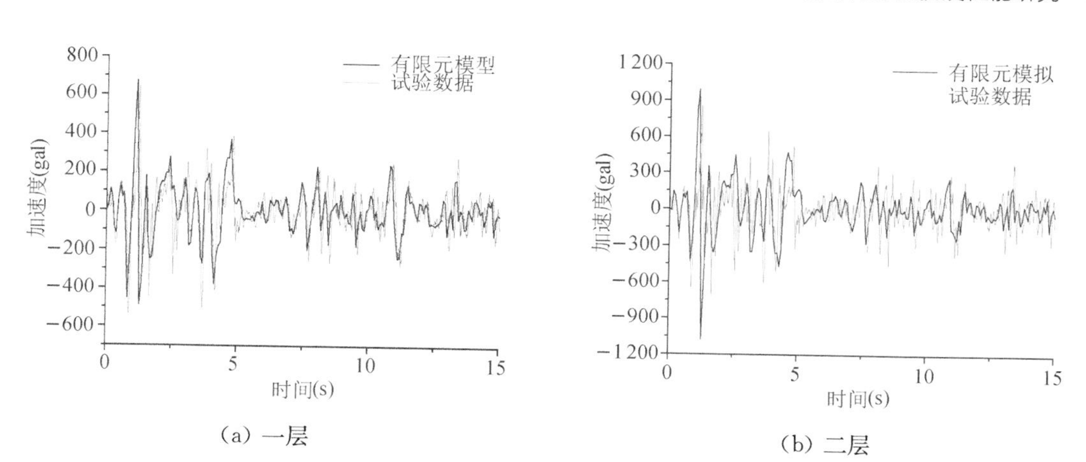

(a) 一层　　(b) 二层

图 8.43　有限元模型与试验的加速度时程曲线对比

8.3.3　剪力墙结构房屋模型的动力时程分析

8.3.3.1　泡沫混凝土秸秆板等效单元损伤分析

由于墙体的试验破坏模式主要是拉剪破坏，因此在对有限元模拟结果进行分析时，需提取结构模型的受拉损伤结果。以下是试验模型在三种不同加速度峰值 El-Centro 波作用下的受拉损伤云图。

1. 加速度峰值为 220 gal 时的受拉损伤分析

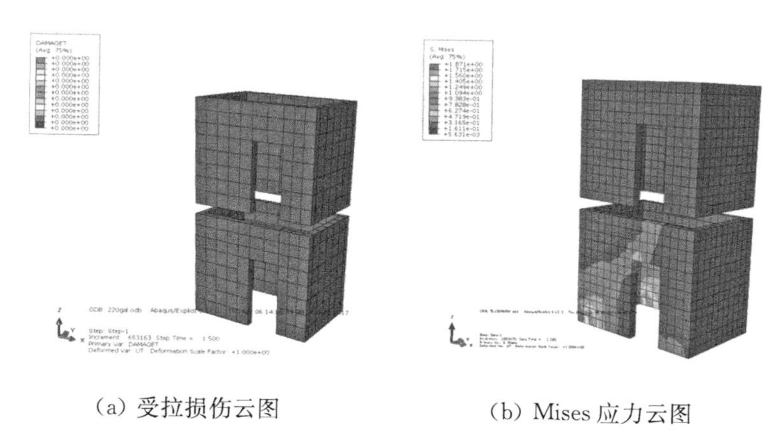

(a) 受拉损伤云图　　(b) Mises 应力云图

图 8.44　220 gal 加速度峰值下模型等效单元的受拉损伤云图和 Mises 应力云图

从图 8.44 可以看出，在加速度峰值为 220 gal 的 El-Centro 波作用下，结果显示模型中泡沫混凝土受拉损伤为 0。并且，Mises 应力云图表明模型中绝大部分泡沫混凝土和秸秆板均未达到其抗压和抗拉强度，即在加载峰值为 220 gal 的工况作用下，泡沫混凝土并未发生受压破坏，房屋结构模型处于弹性阶段。

2. 加速度峰值为 600 gal 时的受拉损伤分析

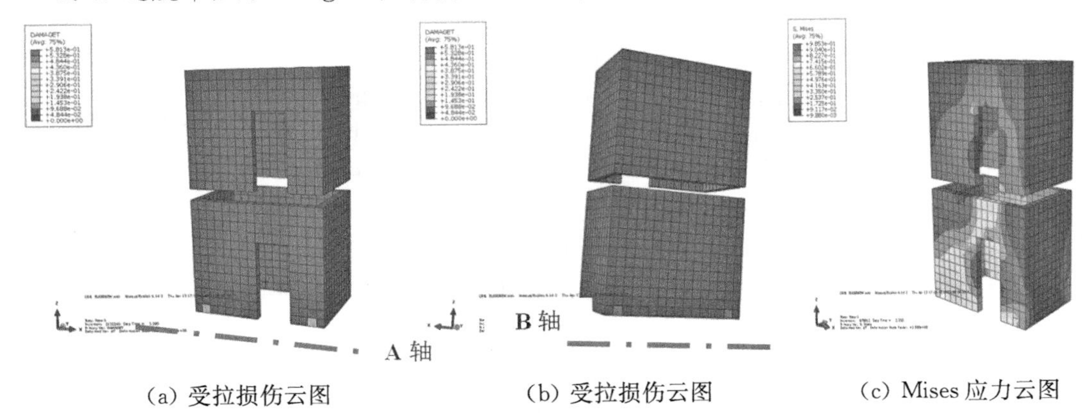

(a) 受拉损伤云图　　(b) 受拉损伤云图　　(c) Mises 应力云图

图 8.45　600 gal 加速度峰值下模型等效单元的受拉损伤云图和 Mises 应力云图

由图 8.45 可知，在加速度峰值为 600 gal 的 El-Centro 波作用下，房屋模型的 A、B 轴墙体底部出现对称式受拉损伤。并且，Mises 应力云图显示受拉损伤部位的等效单元达到泡沫混凝土和秸秆板等效单元的抗拉强度，表明泡沫混凝土和秸秆板在房屋底端出现不同程度的裂缝或其他形式损伤，这与试验过程中观察到的秸秆板局部开裂和发生褶皱的现象基本相同。

3. 加速度峰值为 1 000 gal 时的受拉损伤分析

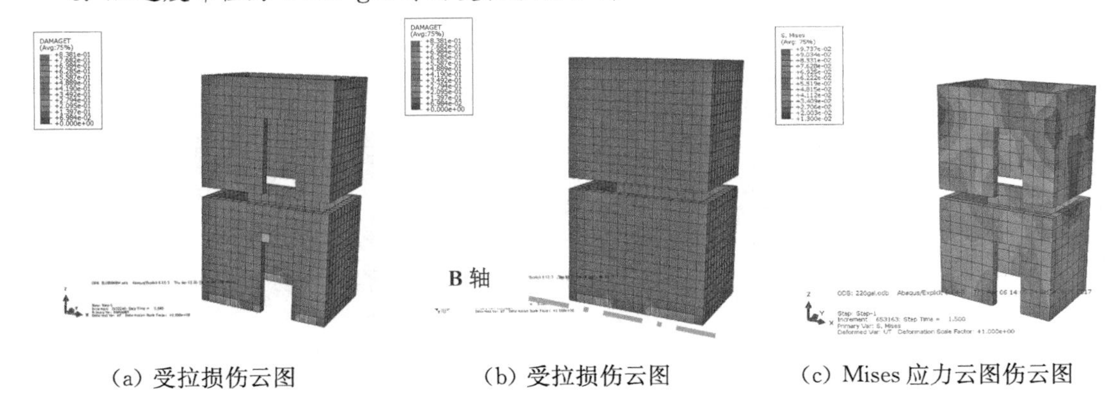

(a) 受拉损伤云图　　(b) 受拉损伤云图　　(c) Mises 应力云图伤云图

图 8.46　1 000 gal 加速度峰值下模型等效单元的受拉损伤云图和 Mises 应力云图

由图 8.46 可知，随着地震波峰值的加大，A 轴和 B 轴一层墙体底部的受拉损伤区域进一步扩大，同时门洞周围出现不同程度的受拉损伤。并且，Mises 应力云图表明一层墙体底端应力超过了泡沫混凝土的抗拉强度，开裂区域变大，特别是 A 轴墙体，这与试验结束拆除秸秆墙面板后观察到的泡沫混凝土开裂区域情况基本一致。此外，房屋结构的底端区域及底端到门洞边缘的斜向区域，均是剪力墙结构在水平地震作用下极易被破坏的部分。随着地震作用的增强，二层墙体的底端因应力大于屈服应力而出现局部破坏。

8.3.3.2　冷弯型钢立柱受力分析

图 8.47 列出了房屋模型中冷弯型钢立柱在加速度峰值为 220 gal、600 gal、1 000 gal 地震作用下的应力云图。

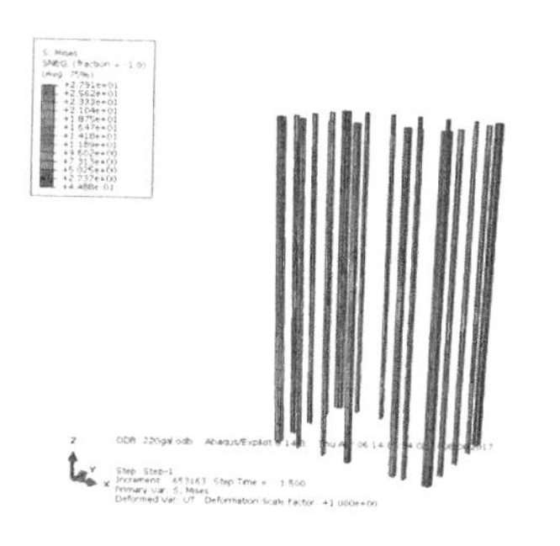

(a) 220 gal 下的应力云图

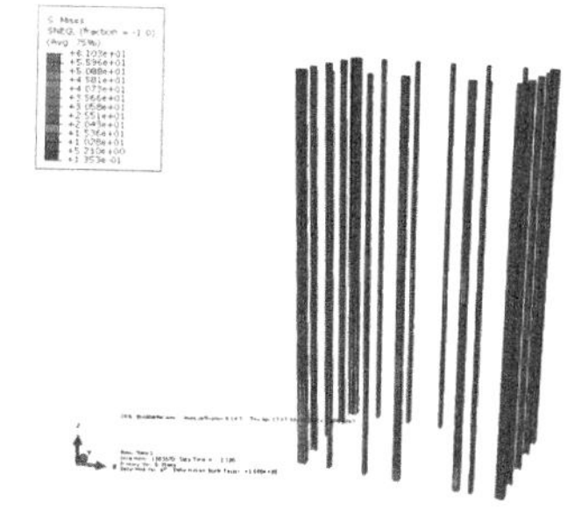

(b) 600 gal 下的应力云图

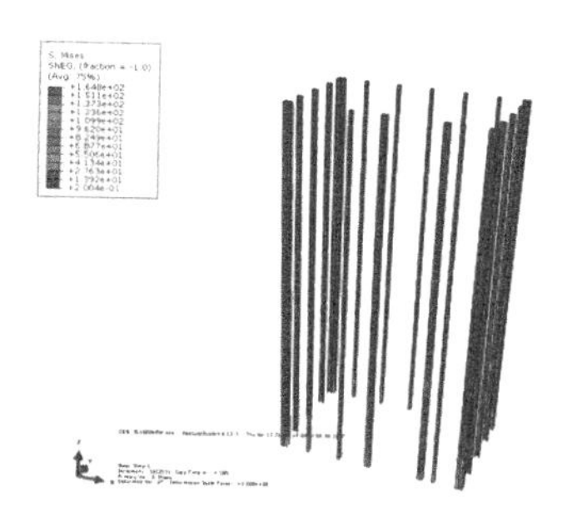

(c) 1 000 gal 下的应力云图

图 8.47　冷弯型钢立柱应力云图(MPa)

由图 8.47 可知,在水平地震作用下,冷弯型钢立柱的最大应力主要集中在一层立柱的底端和顶端,这主要是由于在地震作用下剪力墙结构一层的底端和顶端承受较大的水平地震剪力。因此,冷弯型钢立柱的屈曲破坏主要出现在剪力墙结构的底端区域,以及剪力墙与楼盖连接处。

8.4　剪力墙结构水平地震作用下的抗震承载力计算公式

基于《轻钢轻混凝土结构技术规程》(JGJ 383—2016)[12]中提出的剪力墙承载力计算公式,以及《建筑抗震设计规范》(GB 50011—2010)[5]中提出的水平地震作用计算方法,建立适用于装配式冷弯型钢-高强泡沫混凝土剪力墙结构的抗震承载力计算方法。

8.4.1　冷弯型钢-高强泡沫混凝土剪力墙承载力计算方法

基于本书第 6 章和第 7 章的冷弯型钢-高强泡沫混凝土一字型剪力墙的抗剪和抗弯承载力计算公式,并借鉴《轻钢轻混凝土结构技术规程》(JGJ 383—2016)[12]中剪力墙设计公式的相关规定,提出冷弯型钢-高强泡沫混凝土一字形剪力墙的承载力计算方法。

8.4.1.1　冷弯型钢-高强泡沫混凝土剪力墙偏心受压正截面承载力计算公式

本书第 7 章验证了弯曲破坏为主的冷弯型钢-高强泡沫混凝土剪力墙的抗弯承载力可采用《轻钢轻混凝土结构技术规程》[12]中第 4.2.6 条规定的轻钢轻混凝土剪力墙正截面偏心受压承载力计算公式进行计算。该规程指出轻钢轻混凝土剪力墙的正截面偏心受压承载力计算,是在平截面假定条件下,参考型钢混凝土剪力墙正截面偏心受压承载力计算公式确定的,但是轻钢轻混凝土剪力墙含竖向钢率较低,故在计算公式中没有考虑墙体竖向分布轻钢所承担的轴力值和弯矩值。上述规定符合本书提出的高剪跨比冷弯型钢-高强泡沫混凝土剪力墙的构造形式,且第七章的试验结果表明该剪力墙满足平截面假定。综上所述,冷弯型钢-高强泡沫混凝土剪力墙偏心受压承载力计算公式表述如下:

$$N \leqslant \frac{1}{\gamma_{\mathrm{RE}}}\beta(f_{\mathrm{c}}\xi b_{\mathrm{w}}h_{\mathrm{w0}}+f'_{\mathrm{a}}A'_{\mathrm{a}}-\sigma_{\mathrm{a}}A_{\mathrm{a}}) \tag{8-2}$$

$$Ne \leqslant \frac{1}{\gamma_{\mathrm{RE}}}\beta[f_{\mathrm{c}}\xi(1-0.5\xi)b_{\mathrm{w}}h_{\mathrm{w0}}^{2}+f'_{\mathrm{a}}A'_{\mathrm{a}}(h_{\mathrm{w0}}-a')] \tag{8-3}$$

$$e=e_{0}+\frac{h_{\mathrm{w}}}{2}-a \tag{8-4}$$

$$a=h_w-h_{w0} \tag{8-5}$$

$$\xi_b=\frac{0.85}{1+\dfrac{f_a}{2\varepsilon_{cu}E_s}} \tag{8-6}$$

当 $\xi \leqslant \xi_b$ 时，取 $\sigma_a=f_a$；

当 $\xi > \xi_b$ 时，取：

$$\sigma_a=\frac{f_a}{\xi_b-0.85}(\xi-0.85) \tag{8-7}$$

式中，N 为轴向压力设计值；f_c 为轻混凝土轴心抗压强度设计值；ξ 为相对受压区高度，取 x/h_{w0}；b_w 为剪力墙厚度；h_{w0} 为截面有效高度，即受拉端轻钢合力点至受压边缘的距离；f_a 为轻钢抗拉强度设计值；A_a 为剪力墙受拉端配置的轻钢截面面积；f'_a 为轻钢抗压强度设计值；A'_a 为剪力墙受压端配置的轻钢截面面积；a' 为受压端轻钢合力点到截面近边缘的距离；γ_{RE} 为承载力抗震调整系数；β 为轻钢屈曲影响系数，矩形轻钢取 1.0，B 型轻钢取 0.6；e 为轴向力作用点到受拉轻钢合力点的距离；e_0 为轴向压力对截面重心的偏心矩，取 M/N；a 为受拉轻钢合力点至截面近边缘的距离；ξ_b 为界限相对受压区高度；ε_{cu} 为轻混凝土极限压应变，泡沫混凝土取 0.002 5，聚苯颗粒混凝土取 0.004 5；E_s 为轻钢的弹性模量。

8.4.1.2 冷弯型钢-高强泡沫混凝土剪力墙偏心受压斜截面承载力计算公式

根据第 6 章对冷弯型钢-高强泡沫混凝土剪力墙的抗剪承载力计算公式的研究，该剪力墙的偏心受压斜截面承载力主要采用承载力叠加法计算，其受剪承载力是构件有效抗剪截面和混凝土抗拉强度提供的抗剪能力、轴压力引起的抗剪能力增量、抗剪钢材所提供的抗剪能力三部分之和。因此，根据本书第 6 章第 6.7.4 节，冷弯型钢-高强泡沫混凝土剪力墙的斜截面抗剪承载力计算公式如下：

$$V=\left[\frac{1}{\lambda-0.5}\left(0.4f_tbh_0+0.06N\frac{A_w}{A}\right)+0.12f_{yh}\frac{A_{sh}}{s}h_{w0}\right]\Big/\gamma_{RE} \tag{8-8}$$

式中，λ 为计算截面的剪跨比，当 λ 小于 1.5 时，取 1.5；当 λ 大于 2.2 时，取 2.2；f_t 为轻混凝土轴心抗拉强度设计值；N 为与剪力设计值相应的轴向压力设计值，当 N 大于 $0.2f_cA_c$ 时，取 $0.2f_cA_c$；A 为剪力墙截面面积；A_w 为 T 形、I 形截面剪力墙腹板的截面面积，当截面为矩形时，取 A；A_{sh} 为剪力墙同一截面水平分布轻钢截面面积；s 为剪力墙水平分布轻钢的间距。

剪跨比按下式计算：

$$\lambda=\frac{M}{Vh_{w0}} \tag{8-9}$$

式中，V 为剪力墙的墙肢截面的剪力设计值；M 为剪力墙的墙肢截面的弯矩设计值；λ 为计算截面的剪跨比，其中 M、V 应取同一组合的、未调整的墙肢截面弯矩、剪力计算值，并取墙肢上、下端截面的剪跨比的较大值。

8.4.2 冷弯型钢-高强泡沫混凝土剪力墙结构水平地震作用计算

为了得到每片剪力墙承受的地震作用，需要确定单片剪力墙的等效刚度，为此需要将剪力墙区分为整体墙、整截面剪力墙、整体小开口剪力墙、联肢剪力墙和壁式框架等几种类型，然后采用相应的公式计算单片剪力墙的等效刚度。根据不同类型各片剪力墙等效刚度所占楼层总刚度的比例，把总水平地震作用分配到各片剪力墙，再进行倒三角形分布的水平地震作用下各类墙肢的内力和位移计算，最终求得各墙体中墙肢的内力(弯矩、剪力、轴力)。

1. 模型水平地震作用计算

借鉴《建筑抗震设计规范》中水平地震作用计算方法的规定，可将冷弯型钢-高强泡沫混凝土剪力墙结构简化为多质点体系。在水平地震作用计算中，底部剪力法视多质点体系为等效单质点体系计算模型，如图 8.48 所示。利用第 8.2 节剪力墙结构振动台试验测得的各级加载下的加速度反应最大值计算模型所受到的水平地震作用，确定房屋结构每层承受的水平地震作用。

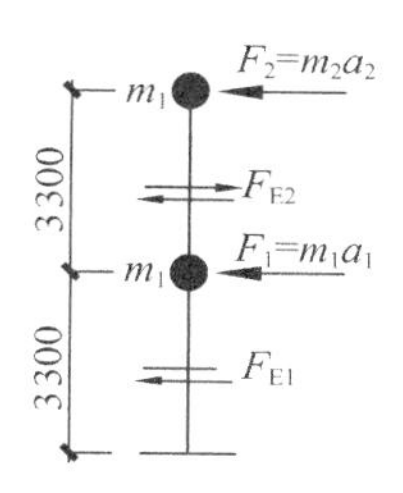

图 8.48　双层剪力墙结构房屋计算模型(单位:mm)

$$F_1=m_ia_i \tag{8-10}$$

$$V_2=m_2a_2 \tag{8-11}$$

$$V_1=m_1a_1+m_2a_2 \tag{8-12}$$

式中，F_i 为第 i 层的地震作用；m_i 为第 i 层的质量；a_i 为第 i 层的加速度；V_2 为 2 层层间剪力；V_1 为 1 层层间剪力。

2. 剪力墙类别判定

剪力墙类别可以根据其整体性系数 α 和墙肢惯性矩比系数 $\zeta=I_n/I$ 两个主要参数进行判定[13-14]，剪力墙的整体性系数公式如下：

$$\alpha=H\sqrt{\frac{12\frac{I_ba^2}{I^3}}{\frac{I_n}{I}h(I_1+I_2)}} \tag{8-13}$$

$$I_b=\frac{I_{b0}}{1+12\mu EI_{b0}/(GA_bl^2)} \tag{8-14}$$

式中，I_b 为连梁的等效惯性矩；I_{b0} 为连梁的截面惯性矩；μ 为截面切应变不均匀系数，矩形截面取 $\mu=1.2$，I 形截面可近似取 $\mu=$全面积/腹板面积；l 为连梁的计算跨度，$l=l_n+h_b/2$；h_b、A_b 为连梁的截面高度和截面面积；H 为墙体总高度；h 为层高；a 为双肢剪力墙墙肢截面中心距；$I_n=I-I_1-I_2$，其中 I 是剪力墙组合截面的惯性矩，I_1、I_2 分别为两个墙肢的惯性矩。

3. 剪力墙的抗侧刚度

剪力墙的变形主要包括弯曲变形、剪切变形和轴压变形。为了简化计算中剪切变形和轴向变形对剪力墙抗侧刚度的影响，可采用等效抗弯刚度的方法，即将等效抗弯刚度按顶点位移相等的原则折算为剪力墙构件只考虑弯曲变形时的刚度。在不同的侧向荷载作用下，

其等效刚度 EI_{eq} 的表达式不同[13-14]。在本试验中，由于地震作用集中在剪力墙结构底部，可以近似参考倒三角形的荷载，所以本试验的剪力墙抗侧刚度 D 可以按下式计算：

$$D=3EI_{eq}/H^3 \tag{8-15}$$

$$EI_{eq}=\frac{EI}{1+3.67\gamma^2} \tag{8-16}$$

式中，$\gamma^2=\mu EI/(GAH^2)$，为剪切参数；EI 为截面的弯曲刚度；GA 为截面的剪切刚度，H 为剪力墙结构高度。

4. 水平荷载在各榀剪力墙之间的分配

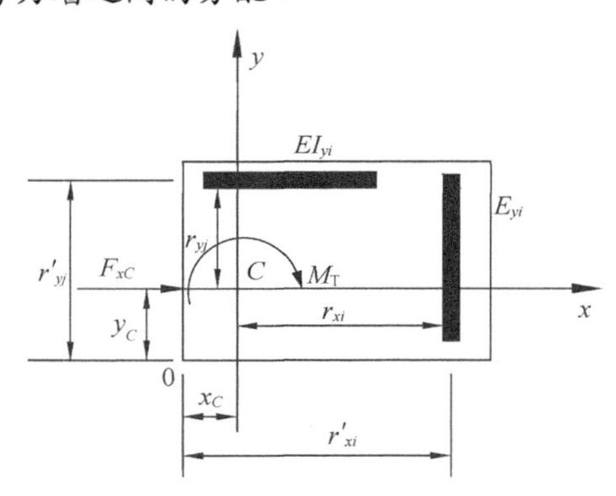

图 8.49 水平荷载在各榀剪力墙之间的分配简图

将本试验中地震作用设为 x 方向，所以仅进行 x 方向水平荷载的分配。假设正交布置的剪力墙结构的抗侧刚度中心为 C 点，如图 8.49 所示。通过 C 点建立直角坐标，y 方向共有 m 榀剪力墙，其中第 i 榀剪力墙的抗侧刚度为 E_{yi}，距 y 轴的距离为 r_{xi}；x 方向共有 n 榀剪力墙，其中第 j 榀剪力墙的抗侧刚度为 E_{xj}，距 x 轴的距离为 r_{yj}。剪力墙结构底部受到的 x 方向水平荷载 F_x 的作用，将等效为通过抗侧刚度中心的水平力 F_{xC} 和扭矩 M_T。

由于本试验的主要研究对象是 x 方向剪力墙的地震作用，所以仅考虑 x 方向剪力墙的地震作用，各榀剪力墙所受的总剪力采用如下公式计算：

$$V_{xj}=V_{xj1}+V_{xj2} \tag{8-17}$$

$$V_{xj1}=\frac{EI_{xj}}{\sum_{j=1}^{n}EI_{xj}}F_{xC} \tag{8-18}$$

$$V_{xj2}=\frac{EI_{xj}r_{yj}}{\sum_{i=1}^{m}EI_{yi}r_{xi}^2+\sum_{j=1}^{n}EI_{xj}r_{yj}^2}M_T \tag{8-19}$$

式中，抗侧刚度中心 C 点的位置可以采用以下方法进行计算，任取一点 O 点作为参考点，设抗侧刚度中心 C 点的坐标为 x_C、y_C。x_C、y_C 的坐标值可以通过计算公式(8-20)与(8-21)求得：

$$x_C=\frac{\sum_{i=1}^{m}EI_{yi}r'_{xi}}{\sum_{i=1}^{m}EI_{yi}} \tag{8-20}$$

$$y_C=\frac{\sum_{j=1}^{n}EI_{xj}r'_{yj}}{\sum_{j=1}^{n}EI_{xj}} \tag{8-21}$$

5. 双肢剪力墙内力计算

剪力墙连续化方法基本假定：忽略连梁轴向变形，即假定两墙肢水平位移相同；两墙肢各截面转角和曲率都相等，因此连梁两端转角相等，连梁反弯点在中点；各墙肢、连梁截面及层高等几何尺寸沿全高是相同的。基于以上假定，连续化方法适用于开洞规则、由下到上墙厚及层高都不变的连肢墙。本章中装配式冷弯型钢-高强泡沫混凝土剪力墙结构，A 轴上的剪力墙门洞规则且上下尺寸和位置相同，二层高度与一层高度相同，故 A 轴墙体在水平地震作用下的内力计算可采用连续化方法。

双肢剪力墙是指沿墙片纵向开有规则的洞口，将一榀完整的剪力墙分割为两个墙肢，墙肢与墙肢之间采用连梁进行连接的剪力墙，因此本章中剪力墙结构中的 A 轴墙体属于双肢剪力墙。采用连续化方法计算双肢剪力墙内力的步骤如下：将每一楼层处的连梁用沿高度连续分布的弹性薄片代替，弹性薄片在层高范围内的总抗弯刚度与原结构中的连梁抗弯刚度相等，从而使得连梁的内力可采用沿竖向分布的连续函数表示；建立连梁的连续函数的微分方程，求解后再换算成实际连梁的内力，其内力反向作用于墙肢上，进而通过力的平衡方程求出墙肢的内力，分析模型如图 8.50 所示。

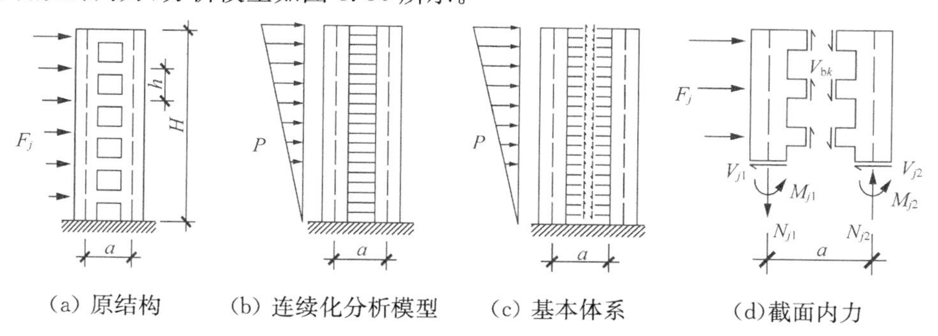

(a) 原结构　(b) 连续化分析模型　(c) 基本体系　(d)截面内力

图 8.50　双肢墙分析模型

连梁跨中分布剪力 $\tau(\xi)$：

$$\tau(\xi)=\Phi(\xi)\times\frac{\alpha_1^2}{\alpha^2}\times V_0\times\frac{1}{a} \tag{8-22}$$

$$\Phi(\xi)=\left(\frac{2}{\alpha^2}-1\right)\left[\frac{\cosh\alpha(1-\xi)}{\cosh\alpha}-1\right]+\frac{2}{\alpha}\frac{\sinh\alpha\xi}{\cosh\alpha}-\xi^2 \tag{8-23}$$

$$\xi=\frac{z}{H} \tag{8-24}$$

$$\alpha^2=\alpha_1^2+6H^2D/(sha) \tag{8-25}$$

$$\alpha_1^2=6H_2D/[h(I_1+I_2)] \tag{8-26}$$

$$s=aA_1A_2/(A_1+A_2) \tag{8-27}$$

$$D=2I_ba^2/l^3 \tag{8-28}$$

式中，V_0 为剪力墙底($z=0$)的总剪力，即全部水平荷载；z 为计算高度。

内力计算时，需还原到实际结构中。第 j 层连梁的剪力按式(8-29)计算：

$$V_{bj}=\tau(\xi)h_j \tag{8-29}$$

j 层墙肢的轴力、弯矩、剪力分别按照式(8-30)计算：

$$N_{j1}=-N_{j2}=\sum_{k=j}^{n}V_{bk} \tag{8-30}$$

$$\begin{cases}M_{j1}=\dfrac{I_1}{I_1+I_2}M_j\\ M_{j2}=\dfrac{I_2}{I_1+I_2}M_j\end{cases} \tag{8-31}$$

$$\begin{cases}V_{j1}=\dfrac{I_{eq1}}{I_{eq1}+I_{eq2}}V_j\\ V_{j2}=\dfrac{I_{eq2}}{I_{eq1}+I_{eq2}}V_j\end{cases} \tag{8-32}$$

其中：

$$M_j=M_{Pj}-\sum_{k=j}^{n}V_{bk}a \tag{8-33}$$

$$I_{eqi}=\frac{I_i}{1+12\mu EI_i/(GA_ih^2)}\quad(i=1,2) \tag{8-34}$$

式中，V_j 为第 j 层截面外荷载产生的剪力；M_{Pj} 为第 j 层截面外荷载产生的弯矩。

8.4.3 剪力墙结构抗震承载力计算

地震作用按频率为 4 Hz、幅值为 4 mm 的正弦波加载下的加速度反应最大值计算，一层楼板处加速度为 $a_1=7.35\ \mathrm{m/s^2}$，二层楼板处加速度为 $a_2=12.86\ \mathrm{m/s^2}$。根据剪力墙整体性系数 α 和肢强系数 ζ，判定 A 轴剪力墙为联肢剪力墙，B 轴剪力墙为整体墙。然后根据第 8.4.2节中水平地震作用计算公式，计算得到 A 轴墙体各墙肢和 B 轴墙体在地震作用下的内力，具体计算过程见表 8.18 至表 8.22。

表 8.18　A、B 轴墙体惯性矩计算

	A 轴墙体		B 轴墙体
	墙肢 1	墙肢 2	
有效翼缘宽度 b_f(mm)	534	534	534
墙肢自身惯性矩 I_i($\mathrm{mm^4}$)	7.43×10^9	5.99×10^{10}	
墙肢面积 A_i($\mathrm{mm^2}$)	1.19×10^5	1.99×10^5	
墙肢形心距离截面形心距离 y_i(m)	1555.8	929.0	
截面惯性矩 I($\mathrm{mm^4}$)	5.26×10^{11}		5.66×10^{11}

表 8.19　剪力墙结构的抗侧中心位置计算

各墙体名称	A 轴墙体	B 轴墙体
墙体截面惯性矩 I($\mathrm{mm^4}$)	5.26×10^{11}	5.66×10^{11}
r_{yj}	−1 100	1 100
y_C(m)	40.12	

注：任意点 O 点选择为截面的几何形心，A 轴为 x 轴正方向，B 轴为 y 轴正方向。

表 8.20　剪力墙结构的水平荷载分配

各墙体名称	一层		二层	
	一层 A 轴	一层 B 轴	二层 A 轴	二层 B 轴
水平分力 F_x(kN)	127.5		70.2	
扭矩 M(kN・m)	5 117.3		2 817.1	
墙体截面惯性矩 I(mm^4)	5.26×10^{11}	5.66×10^{11}	5.26×10^{11}	5.66×10^{11}
r_{yj}(mm)	−1 140.1	1 059.9	−1 140.1	1 059.9
水平荷载引起剪力 V_{xj1}(kN)	61.45	66.10	33.83	36.39
扭矩引起剪力 V_{xj2}(kN)	−1.72	1.72	−0.94	0.94
总剪力 V_{xj}(kN)	63.16	67.82	34.77	37.33

表 8.21　A 轴联肢剪力墙的墙肢剪力计算

墙肢名称	一层		二层	
	墙肢一	墙肢二	墙肢一	墙肢二
ξ	0.500 0		1.000 0	
$\Phi(\xi)$	0.591 0		0.332 0	
$\tau(\xi)$(kN/mm)	0.030 3		0.017 0	
连梁剪力 V_b(kN)	100.11		56.24	
墙肢轴力 N_j(kN)	156.34		56.24	
截面总弯矩 M_j(kN・m)	49.45		−24.99	
墙肢弯矩 M_{ji}(kN・m)	5.45	43.99	−2.76	−22.24
截面总剪力 V_j(kN)	63.16		34.77	
墙肢剪力 V_{ji}(kN)	7.88	55.28	4.34	30.43

表 8.22　各墙体地震作用下内力计算结果

各墙体名称		墙肢剪力(kN)	墙肢轴力(kN)	墙肢弯矩(kN・m)
一层 A 轴	墙肢一	7.88	156.34	5.45
	墙肢二	55.28	156.34	43.99
一层 B 轴		67.82		470.19
二层 A 轴	墙肢一	4.34	56.24	−2.76
	墙肢二	30.43	56.24	−22.24
二层 B 轴		37.33		123.20

在剪力墙结构房屋的振动台试验过程中，A 轴和 B 轴剪力墙除承受水平地震作用外，还承受剪力墙自重荷载、楼屋面自重荷载、活荷载(即质量块荷载)。按照剪力墙结构模型实际的受力情况计算各剪力墙承载能力，如表 8.23 所示。然后按照式(8-2)和式(8-8)计算剪力墙的抗弯和抗剪承载力，计算时取 $\gamma_{RE}=0.85$。最后将剪力墙承载力计算结果和剪力墙实

际内力进行对比,如表 8.24 所示。

表 8.23　各墙体实际内力计算结果

各墙体名称		墙肢剪力(kN)	墙肢轴力(kN)	墙肢弯矩(kN·m)
一层 A 轴	墙肢一	7.88	166.43	5.45
	墙肢二	55.28	177.78	43.99
一层 B 轴		67.82	67.82	42.86
二层 A 轴	墙肢一	4.34	60.39	2.76
	墙肢二	30.43	65.07	22.24
二层 B 轴		37.33	37.33	17.66

表 8.24　各墙肢承载力验算

各墙体名称	各墙体名称	墙肢受剪承载力(kN)	剪力作用/承载力(kN)	墙肢偏心受压承载力(弯矩)(kN)	弯矩作用/承载力(kN)
一层 A 轴	墙肢一	22.97	0.343	165.14	0.033
	墙肢二	50.24	1.100	438.84	0.100
一层 B 轴		64.79	1.047	529.72	0.888
二层 A 轴	墙肢一	14.16	0.307	98.31	0.028
	墙肢二	30.54	0.996	256.23	0.087
二层 B 轴		60.29	0.619	445.25	0.277

从表 8.24 中可以看出,当输入频率为 4 Hz,幅值为 4 mm 的正弦波时,房屋模型中一层 A 轴墙肢二、一层 B 轴墙体超过抗剪承载力,误差在 4.7%～10%,这与试验中所观察到的泡沫混凝土破坏现象基本一致。这说明第 8.4.1 节给出的冷弯型钢-高强泡沫混凝土剪力墙在破坏时的承载力理论公式是可行的。但是,二层 A 轴墙肢二抗剪承载力接近于承受的地震作用,这与试验中二层 A 轴墙体的破坏现象有差别,说明采用剪力墙连续化假定存在一定的计算误差,且地震作用计算值偏大,计算结果偏于保守。这是因为按照第 8.4.1 节给出的冷弯型钢-高强泡沫混凝土剪力墙在破坏时的承载力理论公式计算值低于地震作用下剪力墙承受的剪力和弯矩作用,说明理论计算值具有一定的安全储备,符合剪力墙结构设计的要求。

8.5　典型剪力墙结构农房的抗震性能研究

随着国家乡村振兴战略的深入推进,村镇装配式绿色房屋建筑得到了快速发展,目前乡村农房主要为二层及二层以下建筑,而乡镇房屋主要为多层和小高层建筑。本书提出的装配式冷弯型钢-高强泡沫混凝土剪力墙结构房屋是一种结构、维护、节能、装饰一体化的新型结构房屋,符合目前乡村振兴战略对装配式绿色房屋建筑的要求。因此,有必要对二层乡村农房和多层乡镇房屋建筑进行抗震性能研究。本章第 8.3 节已经验证了有限元模拟方法分析房屋结构抗震性能的合理性,故本节采用该有限元模型建立方法及抗震性能分析方法对乡村农房和乡镇房屋进行抗震性能评估。

8.5.1　典型二层乡村农房的抗震性能评估

8.5.1.1　房屋建筑概况

本书所研究的典型二层乡村农房位于江苏省泰州市高港区，建筑高度为 6.3 m，建筑层数为 2 层，建筑面积约 172 m^2，占地面积 78.42 m^2，其结构构造形式如图 8.51 所示。该房屋的建筑设计平面简图如图 8.52 所示。

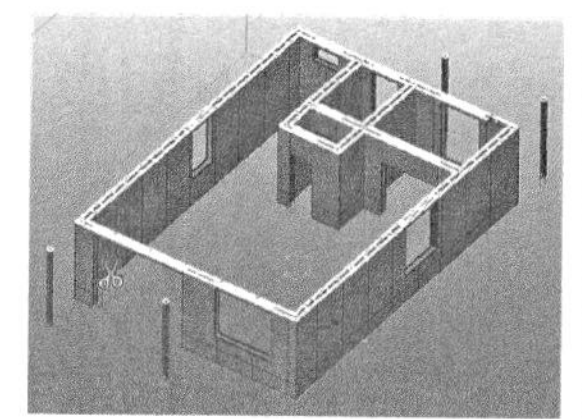
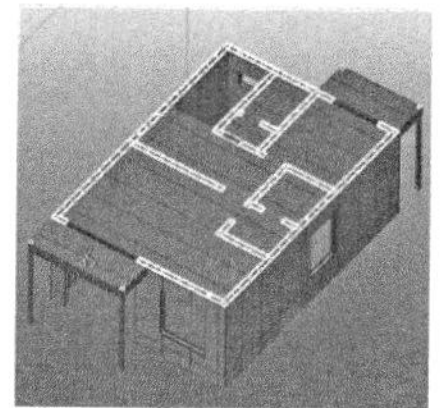
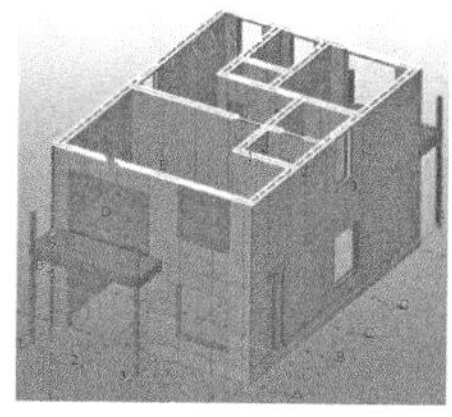
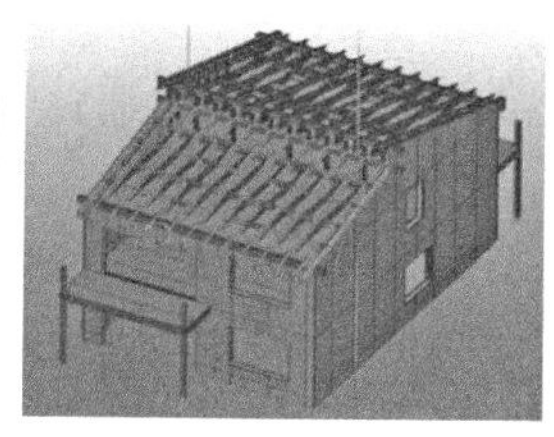

图 8.51　典型二层乡村农房的结构构造

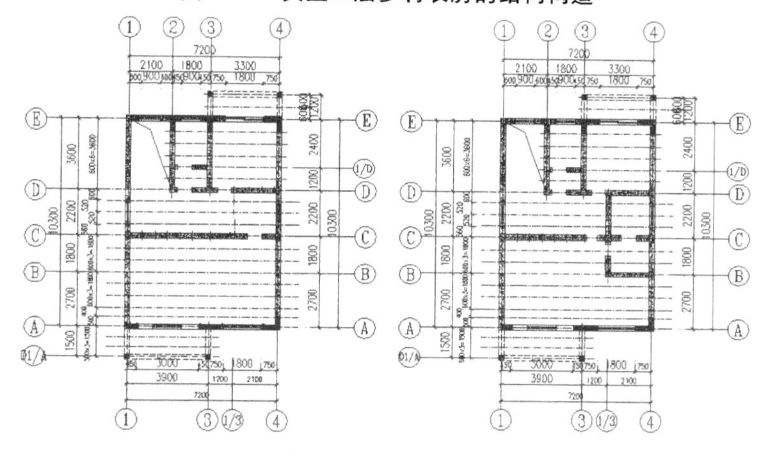

图 8.52　典型二层乡村农房建筑平面图

8.5.1.2　剪力墙结构房屋有限元模型建立

剪力墙结构的剪力墙构件模型中的材料模型、单元类型、部件相互作用和网格划分原则均根据第 8.3.1 节中相关内容确定。由于剪力墙结构中楼屋盖构造形式与剪力墙构件的构造形式相同，所以楼屋盖模型的建立方法可借鉴剪力墙构件模型。同时，为了简化剪力墙结构模型，便于有限元模拟的顺利进行，楼屋盖活荷载通过赋予楼屋盖板折算密度的方式进行考虑。此外，忽略阳台、雨棚和隔墙等非承重构件和附属构件对剪力墙结构抗震性能的影响。典型二层乡村农房有限元最终模型网格划分如图 8.53 所示。

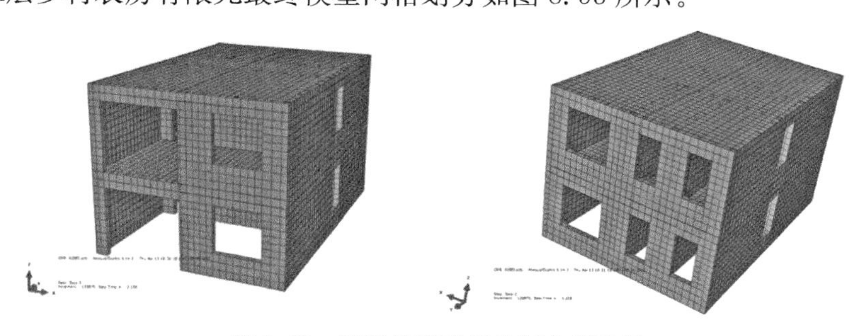

图 8.53　有限元模型网格划分示意图

鉴于振动台试验模型是单向输入地震动时程，因此该典型实际结构依然采取单向水平方向地震动输入。从经典二层乡村农房建筑平面图可以看出，相比于1轴方向的墙体而言，A轴方向墙体的长度尺寸较小，且存在较大门窗洞，导致此农房结构在A轴方向的抗侧承载力较弱，远远低于1轴方向墙体。因此，单向水平地震波输入方向应设置在开洞较多且墙长较短的A轴方向。同时，由第8.2节的振动台试验可知，El-Centro波作用下结构整体的破坏较大，其中A轴墙体损伤最严重。因此，本次典型二层乡村农房模型的地震动输入选用El-Centro波作为输入荷载，地震动峰值选取以《建筑抗震设计规范》(GB 50011—2010)中9度罕遇地震烈度做参考，以600 gal为步长进行峰值缩放。考虑到时间计算成本以及尽量不改变地震动的特性，输入地震波的时间长度按照第8.2节提出的方法进行截取，即取15 s。

8.5.1.3 剪力墙结构房屋的模态分析

对典型二层乡村装配式冷弯型钢-高强泡沫混凝土剪力墙房屋进行模态分析。同第8.2节振动台试验模型一样，通过采用ABAQUS/Standard分析模块中的线性摄动分析步(Linear Perturbation Step)的频率提取分析步来实现。模型中所有单元均选择隐式单元，设置求解器为Lanczos求解器，并采用单精度算法计算模型的前15阶模态。由于该结构模型部分楼板开间过大，造成模态分析前几阶出现楼板处的局部振动，故分析时仅提取整体振型图，见图8.54。

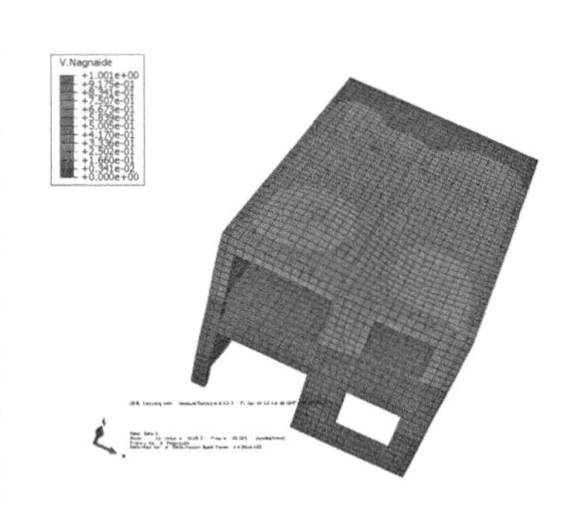

图8.54 房屋有限元模型一阶振型

8.5.1.4 剪力墙结构房屋的时程分析

房屋模型的时程分析依然采用ABAQUS/Explicit模块求解，即采用显示动态算法求解。同时，为了考虑模型自重和地震作用，分析步需设置两个，具体见第8.3.1节。模型是以加速度峰值为600 gal的El-Centro波作为地震作用输入，对时程分析结果中泡沫混凝土的受拉损伤、冷弯型钢立柱应力进行分析。

1. *房屋模型泡沫混凝土的受拉损伤分析*

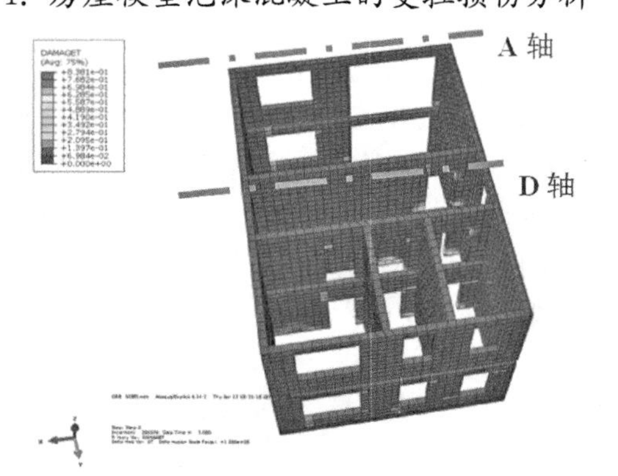

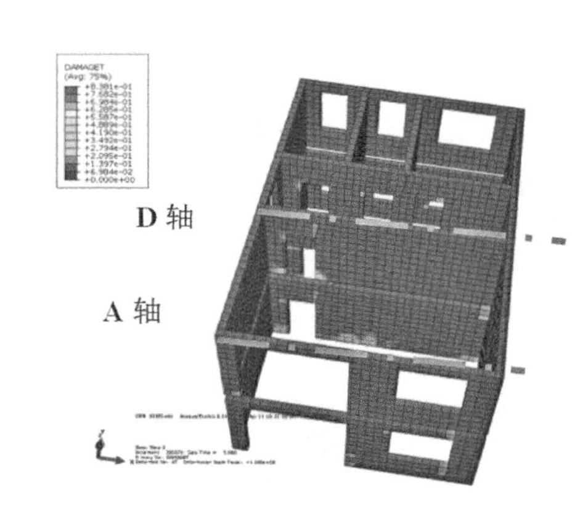

图8.55 模型受拉损伤图

由图8.55可知，房屋模型中开有较大洞口处的墙体受拉损伤较大，特别是A、D轴墙体底部和门窗洞口附近泡沫混凝土受拉损伤严重。这是因为A、D轴墙体开洞较多且洞口面积较大，故墙体有效截面面积减少，抗侧刚度下降，导致其变形增大，抗拉强度低的泡沫混凝土在墙体较大变形下产生受拉破坏，这与振动台试验观察到的类似现象相一致。

2. 冷弯型钢立柱的应力分析

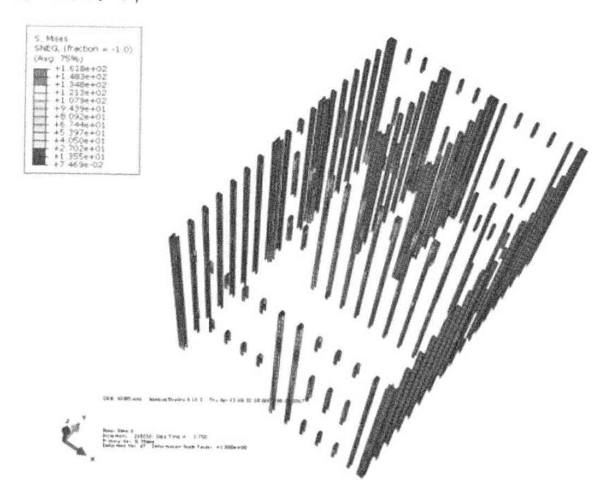

图 8.56　轻钢龙骨应力图

由图 8.56 可知，房屋模型中冷弯型钢立柱的最大应力主要集中于每层墙体底部，特别是一层 A 轴墙体底部。这首先是因为地震作用是通过房屋底部传递给房屋结构的，其次是因为 A 轴墙体门窗洞口较大，削弱了该轴墙体的抗侧刚度，从而导致 A 轴墙体底部在地震的直接作用下变形较大，冷弯型钢立柱受力较大。此外，由于 C 轴墙体承受的楼屋盖传递过来的恒载和活载较大，加之墙体在侧向变形时承受地震作用引起的立柱轴压荷载使得立柱的轴压应力增大，从而使 C 轴墙体立柱的应力偏大。

由图 8.56 整体可知，不同轴线上的冷弯型钢立柱的受力状况是不对称的，因此该房屋模型结构存在一定的扭转效应。但是，在烈度为 9 度罕遇地震、峰值为 600 gal 的地震波作用下，房屋结构基本完好。

8.5.2　典型多层乡镇房屋的抗震性能评估

为了更好地推广该类型剪力墙房屋，本节对不同烈度下多层剪力墙房屋进行了有限元模拟分析，采用 ABAQUS/Explicit 模块求解，即采用显示动态算法求解，其余设置均与第 8.5.1 节相同。以下对多层装配式冷弯型钢-高强泡沫混凝土剪力墙结构模型在加速度峰值为 220 gal 的 El-Centro 波(7 度罕遇)作用下进行时程分析，主要研究该剪力墙中泡沫混凝土密度(对应的泡沫混凝土强度)对房屋的最大高度的影响，采用时程分析结果中的泡沫混凝土受拉损伤反应进行分析，受拉损伤反应如图 8.55 和图 8.56 所示。

此外，对剪力墙房屋模型在加速度峰值为 400 gal(8 度罕遇)和 620 gal(9 度罕遇)的 El-Centro 波下进行时程分析，结果如图 8.57 至图 8.62 所示。此外，以整片墙体出现泡沫混凝土受拉损伤作为剪力墙结构模型最终破坏标准，进而得到多层剪力墙房屋在不同地震烈度下的最大适用高度，结果如表 8.25 所示。

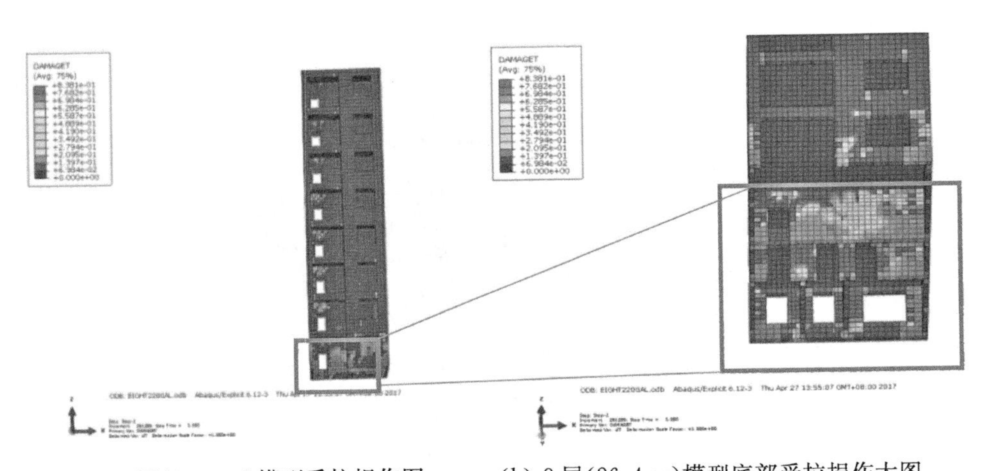

(a) 8 层(26.4 m)模型受拉损伤图　　(b) 8 层(26.4 m)模型底部受拉损伤大图

图 8.57　7 度区(220 gal)泡沫混凝土秸秆板等效强度为 5 MPa 时的模型受拉损伤图

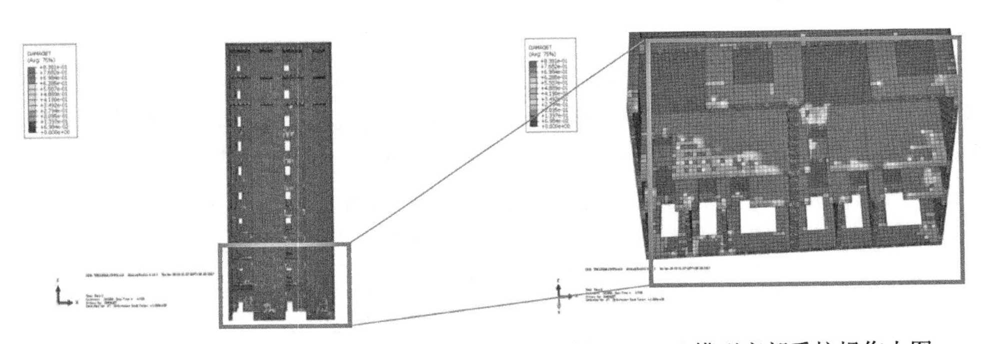

(a) 10 层(33.0 m)模型受拉损伤图　　(b) 10 层(33.0 m)模型底部受拉损伤大图

图 8.58　7 度区(220 gal)泡沫混凝土秸秆板等效强度为 10 MPa 时的模型受拉损伤图

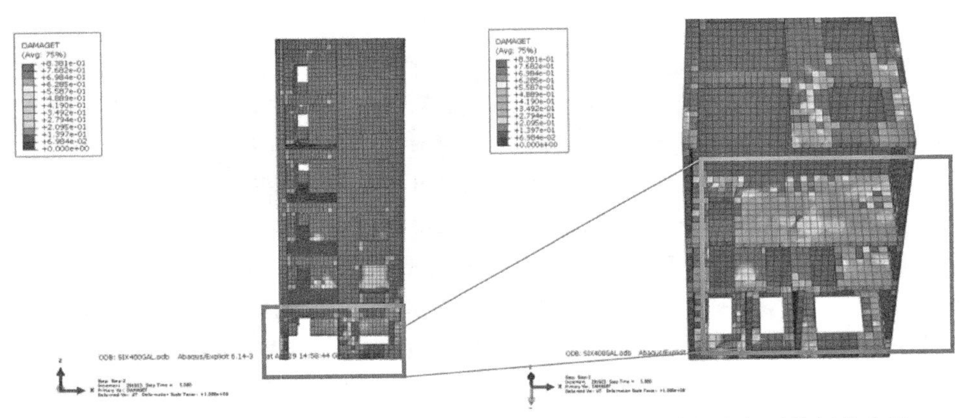

(a) 6 层(19.8 m)模型受拉损伤图　　(b) 6 层(19.8 m)模型底部受拉损伤大图

图 8.59　8 度区(400 gal)泡沫混凝土秸秆板等效强度为 5 MPa 时的模型受拉损伤图

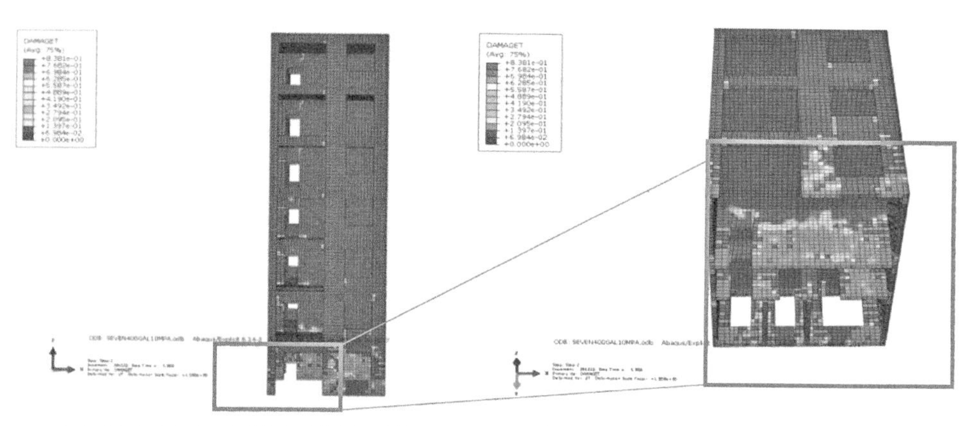

(a) 7层(26.4 m)模型受拉损伤图　　(b) 7层(26.4 m)模型底部受拉损伤大图

图8.60　8度区(400 gal)泡沫混凝土秸秆板等效强度为10 MPa时的模型受拉损伤图

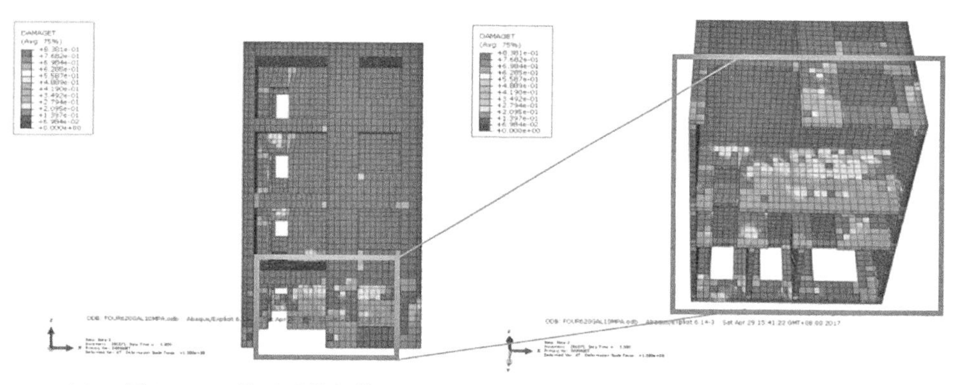

(a) 3层(9.9 m)模型受拉损伤图　　(b) 3层(9.9 m)模型底部受拉损伤大图

图8.61　9度区(620 gal)泡沫混凝土秸秆板等效强度为5 MPa时的模型受拉损伤图

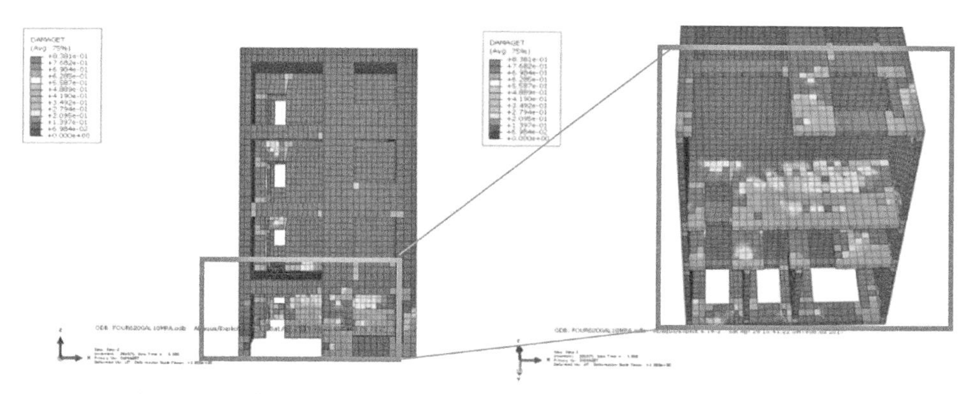

(a) 4层(13.2 m)模型受拉损伤图　　(b) 4层(13.2 m)模型底部受拉损伤大图

图8.62　9度区(620 gal)泡沫混凝土秸秆板等效强度为10 MPa时的模型受拉损伤图

表 8.25 各烈度下多层高强轻钢泡沫混凝土剪力墙房屋的最大高度

地震烈度	泡沫混凝土秸秆板等效强度(MPa)	最大高度
7 度(220 gal)	5	25.4 m/8 层
	10	33.0 m/10 层
8 度(400 gal)	5	19.8 m/6 层
	10	23.1 m/7 层
9 度(620 gal)	5	9.9 m/3 层
	10	13.2 m/4 层

注：在 7 度区，泡沫混凝土秸秆板等效强度为 10 MPa 时，因为楼层过高(10 层)，高宽比超过 4，因此在地震波方向增加一个开间；同时，由于南面墙体一墙肢构造不合理，在自重作用下出现受压损伤，因此取该烈度下最大高度为 33.0 m/10 层。

从表 8.25 可知，在地震烈度相同的情况下，提高泡沫混凝土的强度等级，可以提高多层剪力墙房屋的最大适用高度和层数。在抗震设防烈度为 7 度区，当使用泡沫混凝土抗压强度为 5 MPa 时，墙厚为 256 mm 的剪力墙结构房屋的最大适用高度可达到 26.4 m(即房屋最大层数为 8 层)；在抗震设防烈度为 8 度区，该剪力墙结构房屋的最大适用高度为 19.8 m(房屋最大层数为 6 层)，为多层建筑；在抗震设防烈度 9 度区，该剪力墙结构房屋的最大适用高度仅为 9.9 m(即建筑最大层数为 3 层)。

当剪力墙中泡沫混凝土抗压等级提高 1 倍，即抗压强度为 10 MPa 时，抗震设防烈度为 7～9 度区的建筑房屋的最大适用高度分别提高 7.6 m、3.3 m 和 3.3 m，即建筑层数分别提高 2 层、1 层和 1 层。因此，提高泡沫混凝土抗压强度对提高高抗震设防烈度地区的乡镇房屋高度和增加层数是有效和可行的。

8.6 本章小结

本章对装配式冷弯型钢-高强泡沫混凝土组合剪力墙结构房屋的足尺模型进行了地震模拟振动台试验和有限元模拟分析，研究了不同地震波和烈度下试验模型的破坏形态、动力特性、加速度反应、位移反应，分析了剪力墙结构的抗震薄弱部位，评价了冷弯型钢-高强泡沫混凝土组合剪力墙结构体系房屋的抗震性能。主要结论如下：

(1) 剪力墙结构房屋试件的破坏特征为受拉区泡沫混凝土和秸秆板的水平裂缝、剪压区泡沫混凝土的斜裂缝，泡沫混凝土与冷弯型钢立柱的局部分离。在 600 gal 的地震波作用下，两层房屋模型的冷弯型钢骨架破坏不明显，其应变值表明试件处于弹性阶段，能够满足 9 度抗震设防的“大震不倒”的设防目标。

(2) 模型结构的动力放大系数随着楼层的增高而增大。随着地震波加速度峰值的增大，模型的动力放大系数均呈先增大后减小的趋势，模型损伤积累且刚度下降，其中人工波对应的动力放大系数最大。此外，在加载的地震波加速度峰值未达到 250 gal 时的初始阶段，Tarzana 波对应的动力放大系数大于 El-Centro 波对应的动力放大系数，随后两者差异逐渐减小。

(3) 随地震烈度的提高，模型结构位移反应逐渐增大且结构损伤积累、抗侧刚度下降；El-Centro 波和人工波对结构产生的位移响应比 Tarzana 波产生的响应大。

（4）基于与试验结果中加速度时程曲线和破坏模式的对比，建立了合理且可靠的冷弯型钢-高强泡沫混凝土双层剪力墙有限元计算模型。对剪力墙结构房屋进行了动力时程分析，得出其在地震作用下结构频率的变化和应力云图，确定了门洞角部墙体和结构角部边柱为结构的薄弱部位，在地震波峰值为 600 gal 的情况下（接近 9 度罕遇），边柱出现局部破坏和泡沫混凝土开裂，在地震动强度达到 1 000 gal 时立柱受拉损伤明显。

（5）基于《轻钢轻混凝土结构技术规程》中剪力墙的斜截面受剪承载力计算公式，结合建筑结构底部剪力法计算模型，建立了剪力墙的抗侧刚度计算公式，提出了房屋结构模型中各墙体内力计算公式，公式计算结果与试验结果吻合良好。

（6）通过对多层典型村（乡）镇冷弯型钢-高强泡沫混凝土剪力墙房屋结构有限元分析模型进行时程分析，发现提高泡沫混凝土的强度等级可提高房屋的最大高度：在 7 度地震烈度区，使用抗压强度为 5 MPa 的泡沫混凝土且墙厚为 256 mm 的剪力墙房屋的最大高度为 26.4 m(8 层)，地震烈度 8 度区对应最大高度为 19.8 m(6 层)，地震烈度 9 度区对应最大高度为 9.9 m(3 层)。

参考文献

[1] 中华人民共和国住房和城乡建设部. 泡沫混凝土：JG/J 266—2011[S]. 北京：中国标准出版社，2011.

[2] 国家市场监督管理总局，国家标准化管理委员会. GB/T 228.1—2021. 金属材料 拉伸试验 第 1 部分：室温试验方法[S]. 北京：中国标准出版社，2011.

[3] 中华人民共和国国家质量监督检验检疫总局，中国国家标准化管理委员会. 人造板及饰面人造板理化性能试验方法：GB/T 17657—2013[S]. 北京：中国质检出版社，中国标准出版社，2013.

[4] 刘巍. 再生混凝土砌块砌体房屋振动台试验研究[D]. 南京：东南大学，2014.

[5] 中华人民共和国住房和城乡建设部，中华人民共和国国家质量监督检验检疫总局. 建筑抗震设计规范：GB 50011—2010[S]. 北京：中国建筑工业出版社，2010.

[6] 徐赵东，马乐为. 结构动力学[M]. 北京：科学出版社，2007.

[7] 刘巍，徐明，陈忠范. MATLAB 在地震模拟振动台试验中的应用[J]. 工业建筑，2014，44(S1)：144-148，232.

[8] 张晋. 采用 MATLAB 进行振动台试验数据的处理[J]. 工业建筑，2002，32(2)：28-30，65.

[9] 过镇海. 混凝土的强度和本构关系：原理与应用[M]. 北京：中国建筑工业出版社，2004.

[10] 刘烽. 外包发泡混凝土帽钢片柱轴压承载力有限元分析[D]. 武汉：武汉理工大学，2014.

[11] 中华人民共和国住房和城乡建设部. 混凝土结构设计规范：GB 50010—2010[S]. 北京：中国建筑工业出版社，2011.

[12] 中华人民共和国住房和城乡建设部. 轻钢轻混凝土结构技术规程：JGJ 383—2016[S]. 北京：中国建筑工业出版社，2016.

[13] 陈忠范，范圣刚，谢军. 高层建筑结构设计[M]. 南京：东南大学出版社，2016：129 - 160.

[14] 邱洪兴. 高层建筑结构设计[M]. 2 版. 北京：高等教育出版社，2013.

第 9 章

装配式冷弯型钢-高强泡沫混凝土剪力墙结构的工程应用

9.1 引言

基于装配式冷弯型钢-高强泡沫混凝土剪力墙结构的研究成果，依托江苏省住房和城乡建设厅“绿色农房技术体系研究与示范”（编号：2015SF01）和国家科技支撑“十二五”二期课题“绿色农房适用结构体系和建造技术研究与示范”（编号：2015BAL03B02）两个科研课题，研究团队完成了装配式绿色农房示范工程建设。基于示范工程的设计和建造流程，本章介绍了装配式冷弯型钢-高强泡沫混凝土剪力墙结构的建筑结构设计、抗震构造措施和施工流程，并介绍了该新型剪力墙结构的经济性，为后期该类轻质剪力墙的推广应用奠定了实践基础。

9.2 示范工程概况

江苏泰州市绿色农房住宅单栋单户总建筑面积为 172 m²，建筑共分两层，建筑总高度为 6.3 m，占地面积为 78.42 m²，如图 9.1 所示。该建筑主体结构采用装配式冷弯型钢-高强泡沫混凝土组合轻质剪力墙结构，其中轻质剪力墙是该结构的主要抗侧力构件，其建筑基础采用钢架混凝土条形基础。

该绿色农房采用装配整体式建造工艺，其中轻质剪力墙和楼屋盖构件均在工厂车间内加工完成，然后运输到施工现场经过预制装配成为结构整体，最后在墙体外侧安装装饰材料。江苏省住房和城乡建设厅科技发展中心组织专家组对该绿色农房示范工程项目进行了新技术审查，评价结果为优良。

(a) 效果图

(b) 实物图

图 9.1　绿色农房的效果图和实物图

9.3　示范工程的建筑结构设计和抗震构造措施

9.3.1　建筑结构设计

本示范工程的建筑和结构采用常规的装配式冷弯型钢结构[1-3]和轻钢轻混凝土结构[4]的设计方法进行设计和优化，其设计流程如图 9.2 所示，为后续的构件的高质量制作和房屋的快速装配建造奠定了基础。

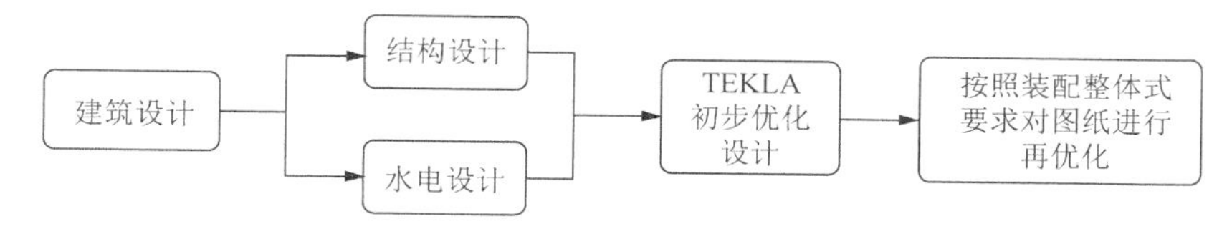

图 9.2　建筑和结构设计流程图

建筑设计方面：该示范工程在建筑设计上力求采用较为成熟的绿色农房的建筑布局技术体系。从布局来看，户型布局合理，方正紧凑，日照充足，保证了功能使用的品质感和居住的舒适度，客厅将主卧与次卧分隔保证了主卧的私密性。方正的设计也保证了房间的居住空间，户型布局紧凑，科学合理，空间利用率高，入户门厅宽敞通透。主卧、次卧视野开阔，南北通透，有利于空气流通，居住舒适性增加。从技术上做到寝居分离、食寝分离、净污分离，符合现代化家庭生活的基本需求，其中部分建筑设计图如图9.3所示。

结构设计方面：该示范项目抗震设防烈度为 7 度，设计基本地震加速度为 0.10g，地震分组为第一组，建筑场地类别为Ⅲ类，剪力墙抗震等级为四级，抗震构造措施按一级考虑[5]。

（1）抗震计算模型。对轻质剪力墙的关键连接部位采用相应构造措施（见第 9.3.2 节）后，认为该冷弯型钢-高强泡沫混凝土剪力墙结构的抗震承载力和抗震性能近似于相同规格的现有轻钢轻混凝土剪力墙结构，故计算模型可采用相应的现有轻钢轻混凝土剪力墙模型。

（2）关键部位的抗震验算。对于上下楼层剪力墙中的冷弯型钢立柱的连接，按照本书第七章中试件连接形式进行，并应满足规范要求（见图 9.9 和图 9.12）。试验结果表明相邻上下层剪力墙可视为一个整体墙，内力计算和结构设计采用实际墙厚模型。由于剪力墙外覆秸秆板之间采用连接钢片进行连接（见图 9.13），因此在建立构件计算模型时将构件一侧秸秆板看作一块整体板材。

（3）房屋整体的设计方法。首先依据冷弯薄壁型钢结构设计规范，按照冷弯型钢组合墙体结构进行结构设计，得出剪力墙和楼屋盖构件的构造形式、材料规格与用量等基础数据。然后，基于传统设计软件 PKPM 中钢结构模块和轻钢轻混凝土结构的设计方法对结构构件的截面形式和材料用量进行校核和调整。最后，通过 ABAQUS 有限元软件建立有限元模型进行抗震性能验算（如第 8 章第 8.5 节），得到结构构件的设计结果，剪力墙构件的设计构造如图 9.4 所示。

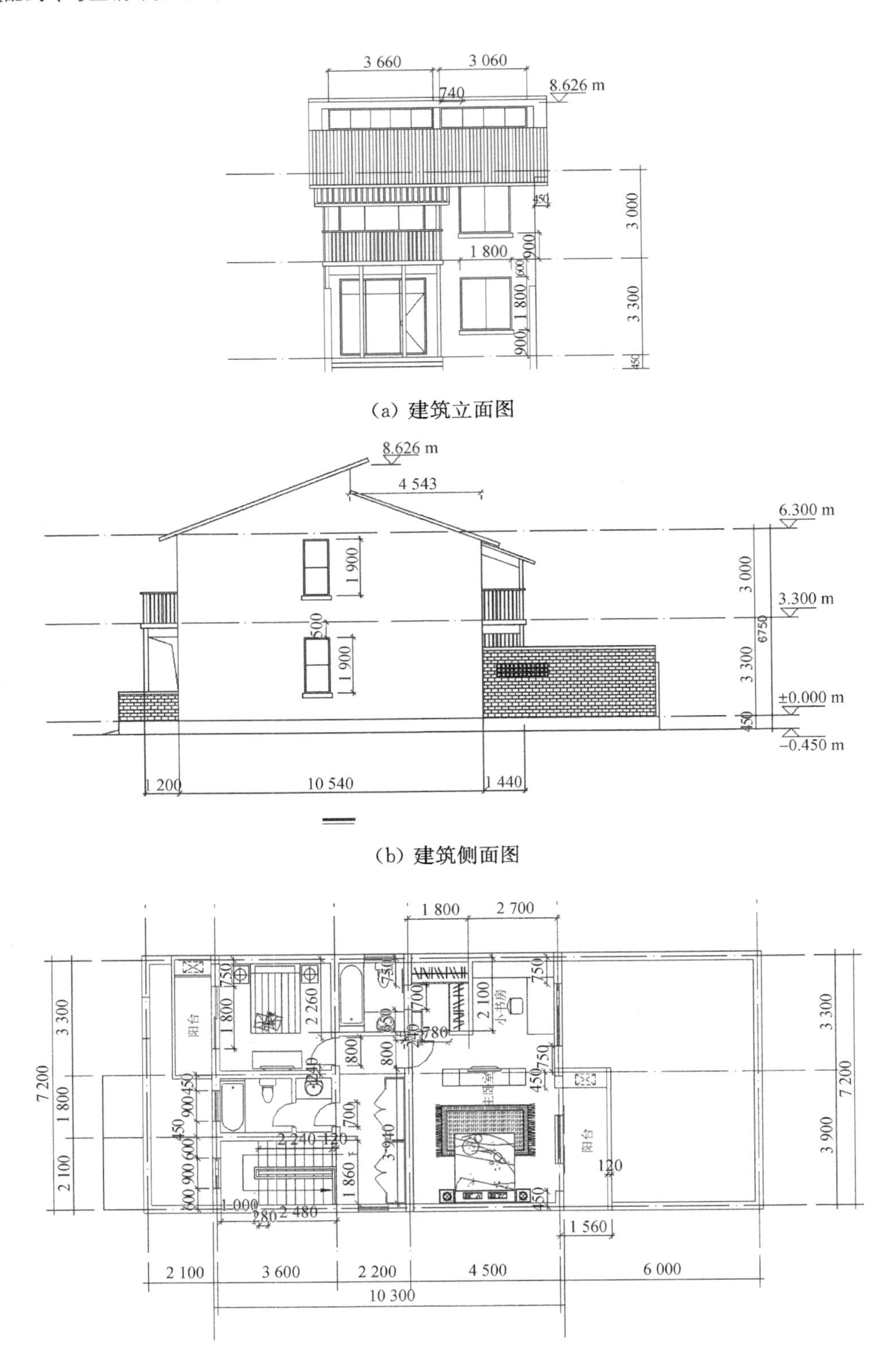

(a) 建筑立面图

(b) 建筑侧面图

(c) 建筑平面图

图 9.3　建筑设计部分图(单位:mm)

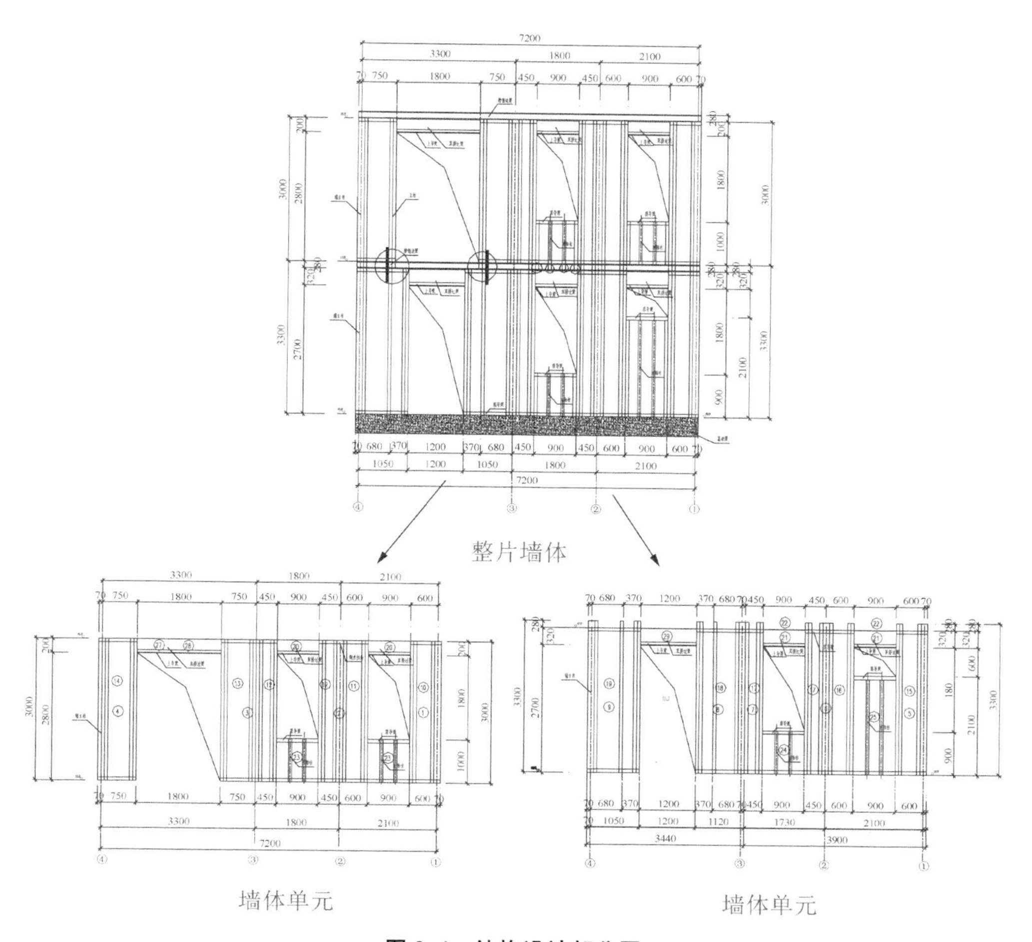

图 9.4　结构设计部分图

(4) 结构设计图纸的装配设计。为了便于剪力墙和楼屋盖等构件的运输，实现示范工程的装配式施工工艺，对构件的结构设计图进行优化。在考虑运输条件和施工工艺的基础上，将部分构件拆减成构件单元，例如将图 9.4 所示整片剪力墙和图 9.5 所示整个屋盖分别拆成两个基本单元，便于构件加工和运输。同时，通过使用各种形式的连接件提高剪力墙和楼盖等构件间的连接性能，实现强节点的设计理念，如图 9.6 所示。

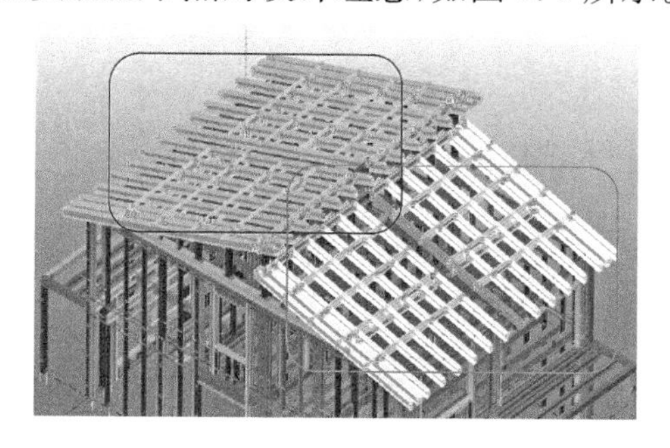

图 9.5　屋盖的装配拆分设计

(a) 墙体立柱与楼盖钢骨架的连接

(b) 楼盖钢骨架与刚性支撑的连接

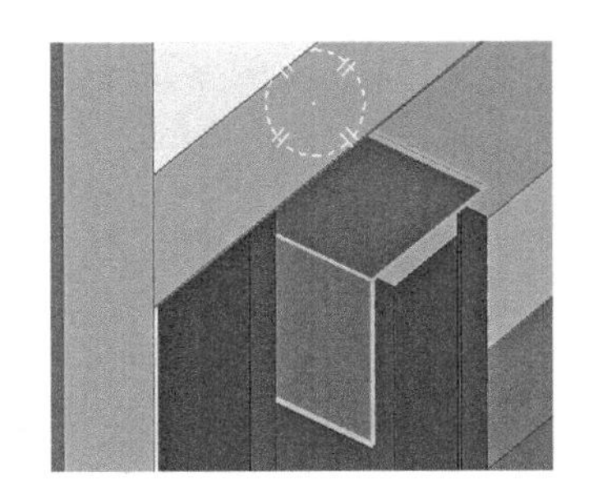

(c) 墙体立柱与刚性支撑的连接

图 9.6　冷弯型钢骨架的连接设计

(5) 结构设计图纸的优化。选用 TEKLA 深化设计软件对建筑、结构、水电图纸进行深化设计，将冷弯型钢骨架、秸秆板、水电预埋管线整合在深化设计模型中，为材料清单拟定、工厂预制和现场装配打下基础，其部分优化设计图如图 9.7 所示。

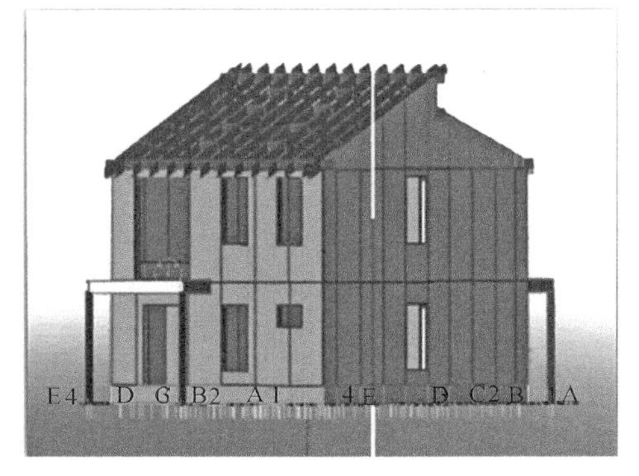

图 9.7　TEKLA 软件优化设计

装配式施工流程设计：将施工流程标准化，为后续建立该类建筑体系行业标准打下基础，图 9.8 为装配标准施工工艺流程示意图。

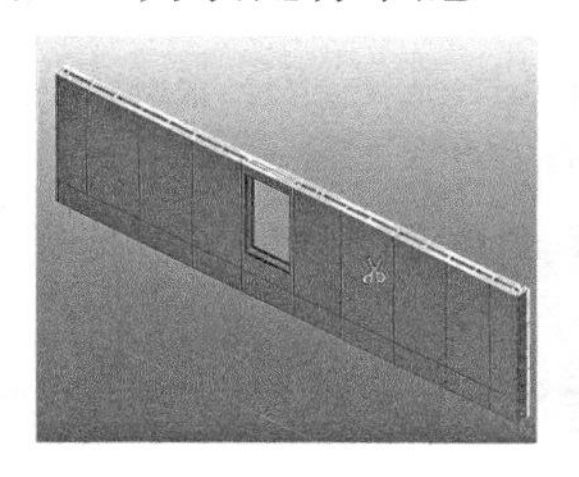

(a) 一层外墙安装

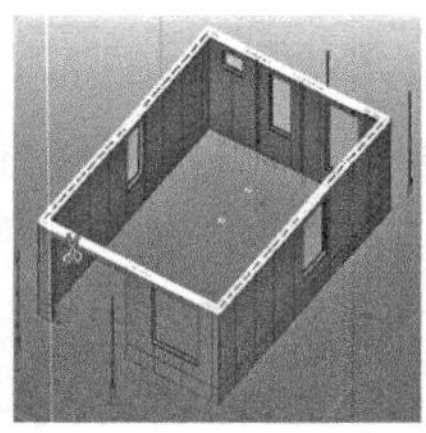

(b)外墙装配连接

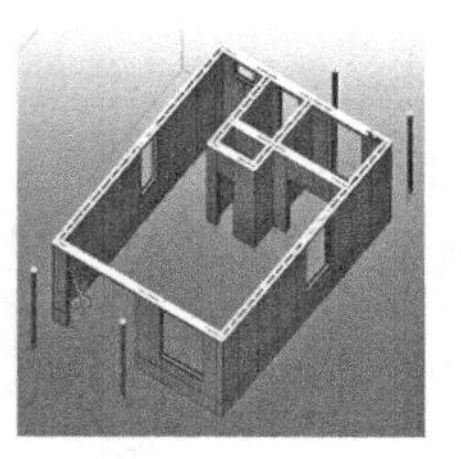

(c) 一层内墙安装

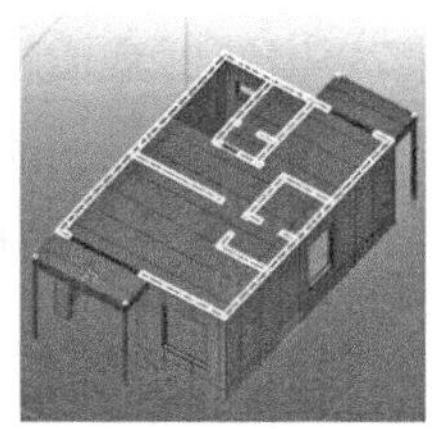

(d) 一层楼盖安装

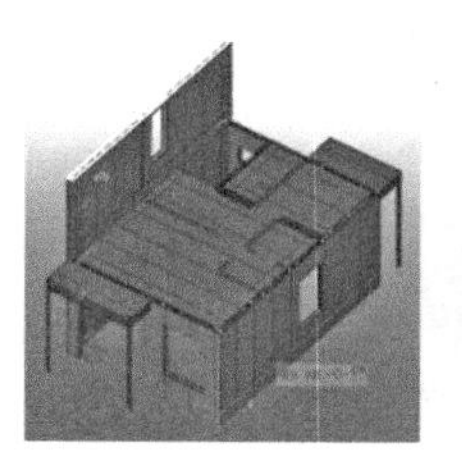

(e) 二层外墙安装

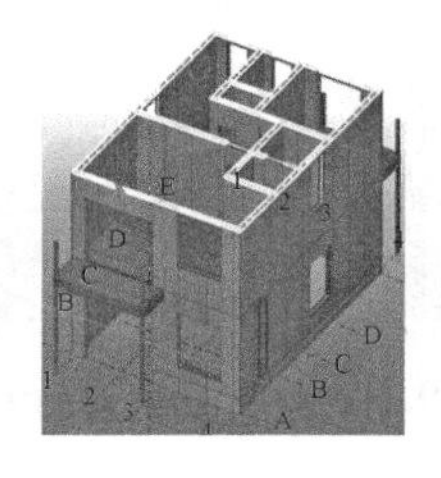

(f) 二层内墙安装

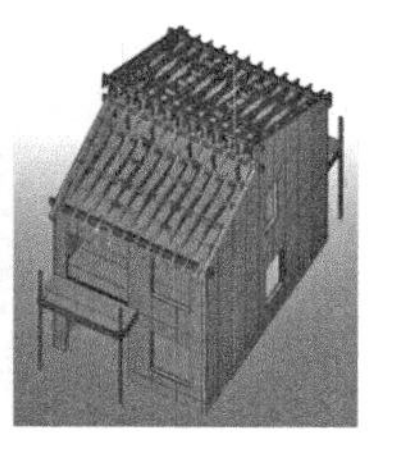

(g) 屋盖安装

图 9.8　房屋结构标准化作业流程

9.3.2　抗震构造措施

9.3.2.1　冷弯型钢立柱构造设计及连接

冷弯型钢骨架中的立柱可采用单拼 C 型立柱[图 9.9(a)]、双拼工型立柱[图 9.9(b)]和双拼箱型立柱[图 9.9(c)]。其中,双拼工型立柱宜由两根 C 型轻钢通过螺钉连接,螺钉竖向间距不应大于 500 mm,不宜小于 200 mm;双拼箱型立柱宜由两根 C 型轻钢通过快装连接件及螺钉连接,快装连接件间距不宜大于 1 000 mm,螺钉间距和螺钉距连接件边缘的距离不宜小于 15 mm,单个连接件上的螺钉数量不应少于 4 个。在立柱的端部,必须安装快装连接件[图 9.9(d)]。

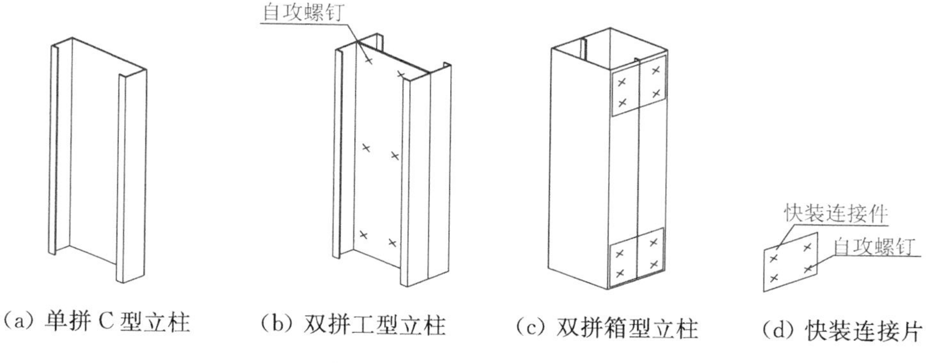

图 9.9　轻钢立柱构造形式

上下层轻质剪力墙中的冷弯型钢立柱连接形式一:可采用薄钢板和外六角头自攻自钻螺钉连接。在轻钢立柱的腹板处覆上薄钢板,考虑到轻钢立柱厚度较小,宜采用螺钉将立柱和钢板连接。其中,薄钢板厚度不宜大于被连接轻钢立柱厚度的 3 倍,不应小于 1.5 倍,长度根据实际受力经相应计算公式求得的螺钉数量确定,具体连接方式如图 9.10 所示。

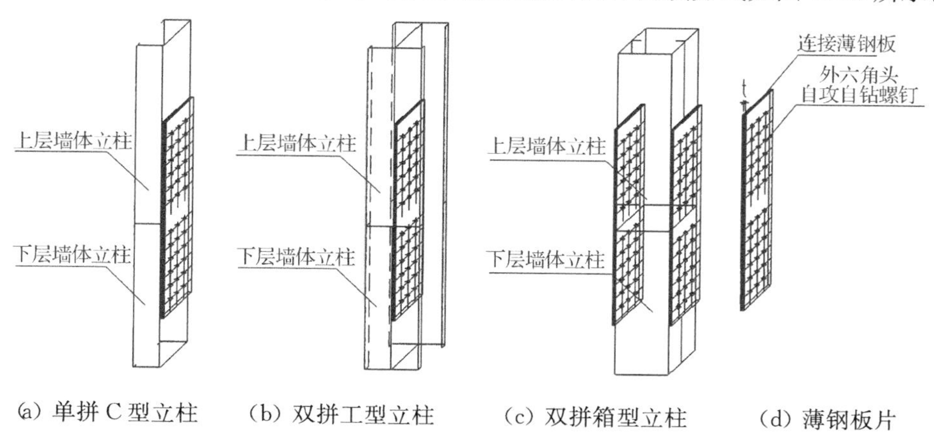

图 9.10　轻钢立柱连接构造形式

上下层轻质剪力墙中的冷弯型钢立柱连接形式二:采用轻钢和外六角头自攻自钻螺钉连接。对于单拼 C 型立柱和双拼箱型立柱,在轻钢立柱的表面覆上轻钢,考虑到轻钢立柱厚度较小,故采用自攻螺钉将立柱和钢板连接;对于双拼工型立柱,在轻钢立柱的内侧和表面均覆上轻钢,考虑到轻钢立柱厚度较小,采用自攻螺钉将立柱腹板和钢板连接。其中,薄钢板厚度不宜大于被连接轻钢立柱厚度的 2 倍,不应小于 1.2 倍,长度根据实际受力和经相应计算公式计算所得的螺钉数量确定。具体连接方式见图 9.11 所示。

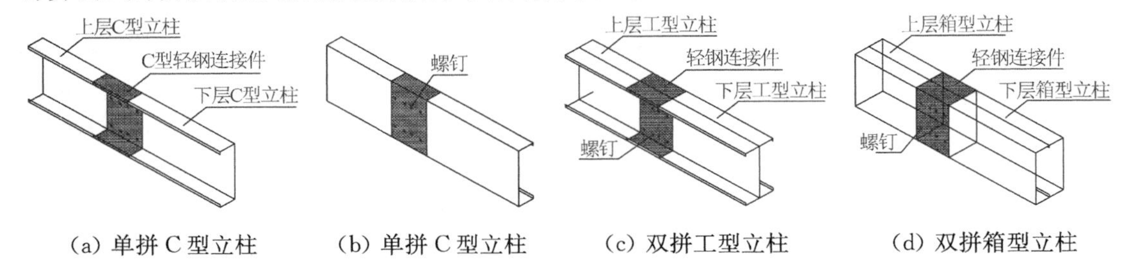

(a) 单拼 C 型立柱　(b) 单拼 C 型立柱　(c) 双拼工型立柱　(d) 双拼箱型立柱

图 9.11　轻钢立柱连接构造形式

上下层墙体内轻钢立柱的连接位置设置在上层立柱距离底部 300 mm 左右处(见第 7 章试验设计图),这样可以有效地避免因连接位置设置在楼层位置处造成的楼层与墙体连接位置处抗震较弱的现象,同时满足"强节点弱构件"的要求。

9.3.2.2　轻钢立柱与基础连接及构造设计

房屋中底层墙体的轻钢立柱与条形基础采用薄钢板和外六角头自攻自钻螺钉连接,其中薄钢板为基础预埋件,其外形最好是 L 型。墙体中的每根立柱与对应于基础处的钢板连接片通过自攻螺钉相连。其中,薄钢板片厚度不宜大于被连接轻钢立柱厚度的 3 倍,不应小于 1.5 倍,长度根据具体所用螺钉数量确定,薄钢板片埋入基础的长度需根据具体计算确定,具体连接方式见图 9.12 所示。

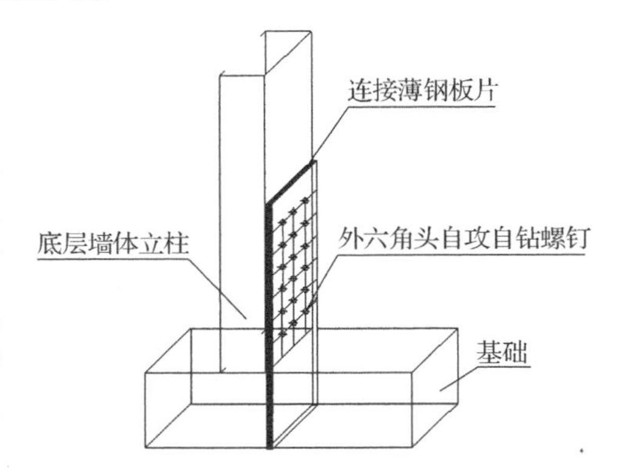

图 9.12　轻钢立柱与基础连接构造

9.3.2.3　秸秆板与轻钢骨架连接及构造设计

冷弯型钢-高强泡沫混凝土剪力墙和楼盖构件的外表面覆盖秸秆板,可采用沉头自攻自钻螺钉与轻钢立柱、轻钢骨架进行连接。在墙体四周边缘处,螺钉间距宜为 150 mm,不宜大于 200 mm;在墙体中部,螺钉间距宜为 300 mm;在秸秆板之间拼缝处,螺钉间距宜为 150 mm。考虑需使所有秸秆板能共同工作,避免秸秆板各自发生旋转产生的不利影响,故在秸秆板之间的拼缝处宜安装连接薄钢片,间距为 500～600 mm,其中墙体顶部和底部必须设置连接薄钢片。每个薄钢片上至少使用 4 个盘头自攻自钻螺钉,螺钉间距和螺钉距连接件边缘的距离不宜小于 15 mm,具体构造形式见图 9.13。

为了提高轻钢龙骨骨架的稳定性和抗侧刚度,墙体立柱可通过扁钢带拉条和刚性支撑进行连接,具体连接方式见图 9.14。其中,扁钢带拉条和刚性支撑的厚度不应小于被连接轻钢立柱的厚度。同时,在扁钢带位置处,通过自攻螺钉将秸秆板与轻钢骨架进行连接,此连接方式提高了秸秆板与轻钢骨架的共同工作性能。

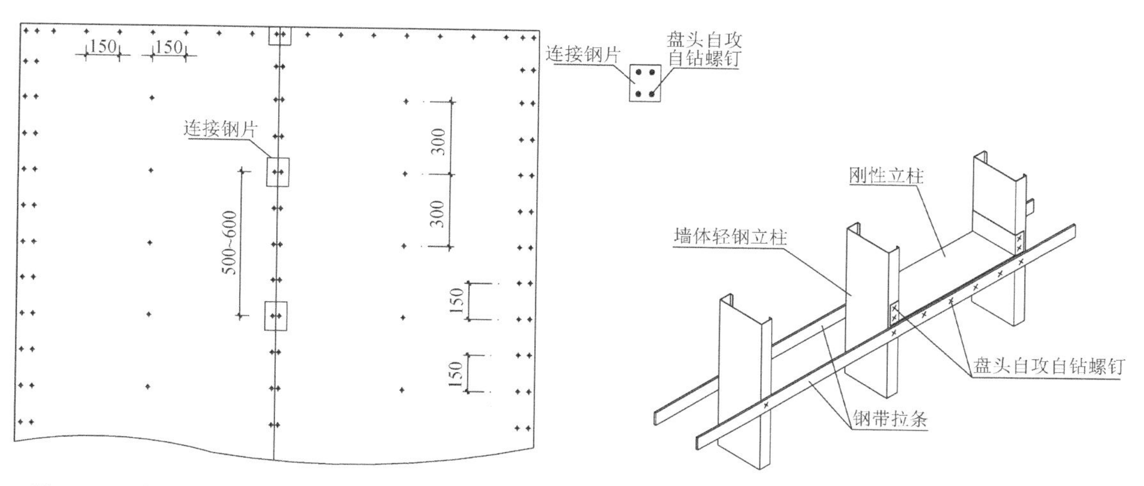

图 9.13　秸秆板与轻钢骨架连接构造(单位:mm)

图 9.14　秸秆板与轻钢骨架连接构造

9.4　示范工程的建造流程

基于上述抗震构造措施和装配整体式施工工艺，采用如图 9.15 所示建造施工流程完成示范工程住宅房屋的建造。

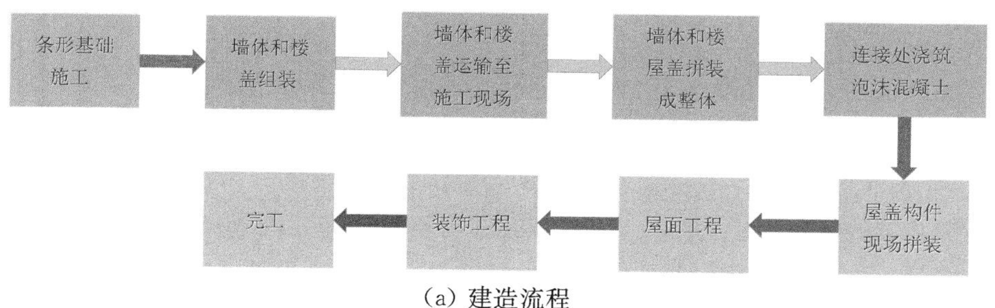

(a) 建造流程

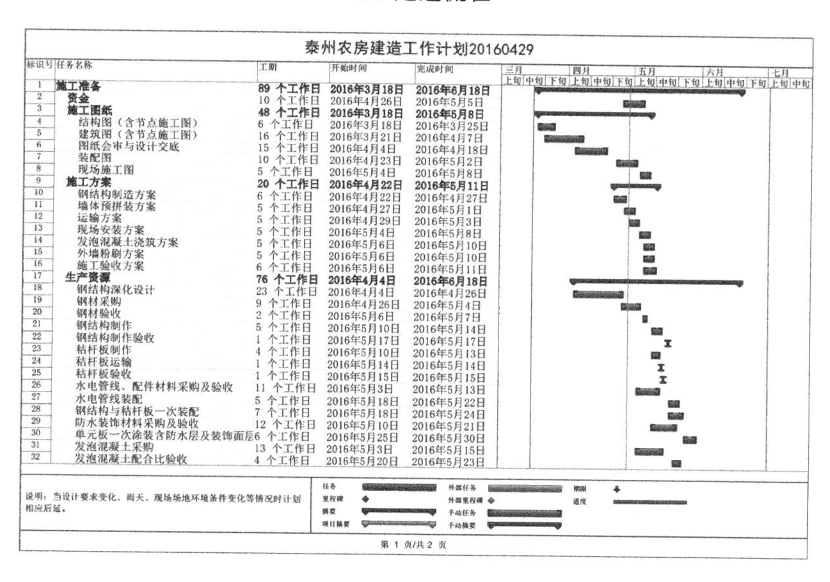

泰州农房建造工作计划20160429

标识号	任务名称	工期	开始时间	完成时间
1	**施工准备**	**89 个工作日**	**2016年3月18日**	**2016年6月18日**
2	**资金**	10 个工作日	2016年4月26日	2016年5月5日
3	**施工图纸**	**48 个工作日**	**2016年3月18日**	**2016年5月8日**
4	结构图（含节点施工图）	6 个工作日	2016年3月18日	2016年3月25日
5	建筑图（含节点施工图）	16 个工作日	2016年3月21日	2016年4月7日
6	图纸会审与设计交底	15 个工作日	2016年4月4日	2016年4月18日
7	装配图	10 个工作日	2016年4月23日	2016年5月2日
8	现场施工图	5 个工作日	2016年5月4日	2016年5月8日
9	**施工方案**	**20 个工作日**	**2016年4月22日**	**2016年5月11日**
10	钢结构制造方案	6 个工作日	2016年4月22日	2016年4月27日
11	墙体预拼装方案	5 个工作日	2016年4月27日	2016年5月1日
12	运输方案	5 个工作日	2016年4月29日	2016年5月3日
13	现场安装方案	5 个工作日	2016年5月4日	2016年5月8日
14	发泡混凝土浇筑方案	5 个工作日	2016年5月6日	2016年5月10日
15	外墙粉刷方案	5 个工作日	2016年5月6日	2016年5月10日
16	施工验收方案	6 个工作日	2016年5月6日	2016年5月11日
17	**生产资源**	**76 个工作日**	**2016年4月4日**	**2016年6月18日**
18	钢结构深化设计	23 个工作日	2016年4月4日	2016年4月26日
19	钢材采购	9 个工作日	2016年4月26日	2016年5月4日
20	钢材验收	2 个工作日	2016年5月6日	2016年5月7日
21	钢结构制作	5 个工作日	2016年5月10日	2016年5月14日
22	钢结构制作验收	1 个工作日	2016年5月17日	2016年5月17日
23	秸杆板制作	4 个工作日	2016年5月10日	2016年5月13日
24	秸杆板运输	1 个工作日	2016年5月14日	2016年5月14日
25	秸杆板验收	1 个工作日	2016年5月15日	2016年5月15日
26	水电管线、配件材料采购及验收	11 个工作日	2016年5月3日	2016年5月13日
27	水电管线装配	5 个工作日	2016年5月18日	2016年5月22日
28	钢结构与秸杆板一次装配	7 个工作日	2016年5月18日	2016年5月24日
29	防水装饰材料采购及验收	12 个工作日	2016年5月10日	2016年5月21日
30	单元板一次涂装含防水层及装饰面层	6 个工作日	2016年5月25日	2016年5月30日
31	发泡混凝土采购	13 个工作日	2016年5月3日	2016年5月15日
32	发泡混凝土配合比验收	4 个工作日	2016年5月20日	2016年5月23日

说明：当设计要求变化、雨天、现场场地环境条件变化等情况时计划相应后延。

第 1 页/共 2 页

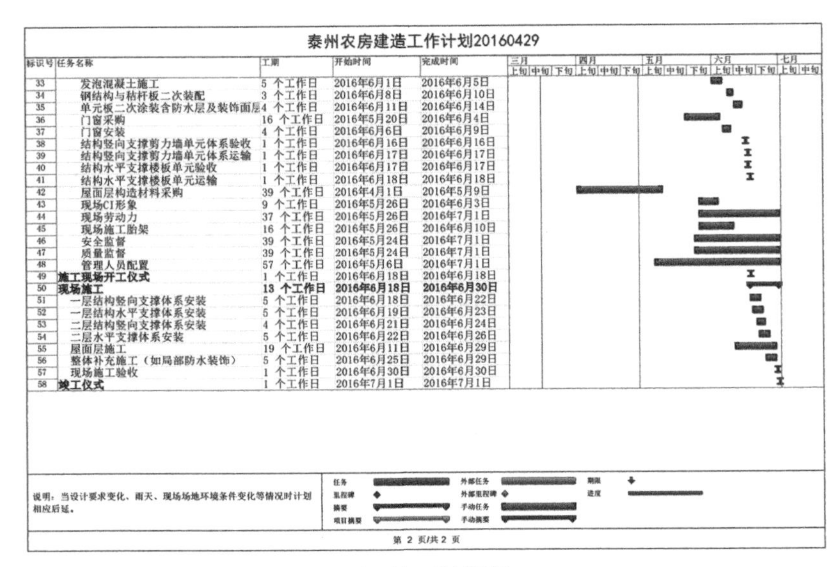

泰州农房建造工作计划20160429

标识号	任务名称	工期	开始时间	完成时间
33	发泡混凝土施工	5 个工作日	2016年6月1日	2016年6月5日
34	钢结构与秸杆板二次装配	3 个工作日	2016年6月8日	2016年6月10日
35	单元板二次涂装含防水层及装饰面层	4 个工作日	2016年6月11日	2016年6月14日
36	门窗采购	16 个工作日	2016年5月20日	2016年6月4日
37	门窗安装	4 个工作日	2016年6月6日	2016年6月9日
38	结构竖向支撑剪力墙单元体系验收	1 个工作日	2016年6月16日	2016年6月16日
39	结构竖向支撑剪力墙单元体系运输	1 个工作日	2016年6月17日	2016年6月17日
40	结构水平支撑楼板单元验收	1 个工作日	2016年6月17日	2016年6月17日
41	结构水平支撑楼板单元运输	1 个工作日	2016年6月18日	2016年6月18日
42	屋面层构造材料采购	39 个工作日	2016年4月1日	2016年5月9日
43	现场CI形象	9 个工作日	2016年5月26日	2016年6月3日
44	现场劳动力	37 个工作日	2016年5月26日	2016年7月1日
45	现场施工胎架	16 个工作日	2016年5月26日	2016年6月10日
46	安全监督	39 个工作日	2016年5月24日	2016年7月1日
47	质量监督	39 个工作日	2016年5月24日	2016年7月1日
48	管理人员配置	57 个工作日	2016年5月6日	2016年7月1日
49	**施工现场开工仪式**	1 个工作日	2016年6月18日	2016年6月18日
50	**现场施工**	**13 个工作日**	**2016年6月18日**	**2016年6月30日**
51	一层结构竖向支撑体系安装	5 个工作日	2016年6月18日	2016年6月22日
52	一层结构水平支撑体系安装	5 个工作日	2016年6月19日	2016年6月23日
53	二层结构竖向支撑体系安装	4 个工作日	2016年6月21日	2016年6月24日
54	二层水平支撑体系安装	5 个工作日	2016年6月22日	2016年6月26日
55	屋面层施工	19 个工作日	2016年6月11日	2016年6月29日
56	整体补充施工（如局部防水装饰）	5 个工作日	2016年6月25日	2016年6月29日
57	现场施工验收	1 个工作日	2016年6月30日	2016年6月30日
58	**竣工仪式**	1 个工作日	2016年7月1日	2016年7月1日

三月 四月 五月 六月 七月
上旬 中旬 下旬

说明：当设计要求变化、雨天、现场场地环境条件变化等情况时计划相应后延。

任务 里程碑 摘要 项目摘要 外部任务 外部里程碑 手动任务 手动摘要 期限 进度

第 2 页/共 2 页

(b) 施工计划图

图 9.15　房屋建造流程图

9.4.1　条形基础施工

冷弯型钢-高强泡沫混凝土组合剪力墙结构宜采用混凝土条形基础[6]。施工前地基应进行夯实或碾压处理，然后按照施工图进行施工放线，严格控制偏差。条形基础采用 C30 混凝土浇筑，如图 9.16 所示。在浇筑混凝土前，将固定一层墙体的预埋件按照预定尺寸位置固定于条形基础的钢筋笼上，保证一层墙体底部与基础顶部准确且可靠连接。图 9.17 为示范工程的混凝土条形基础及预埋件示意图。

图 9.16　示范工程所在场地和条形基础

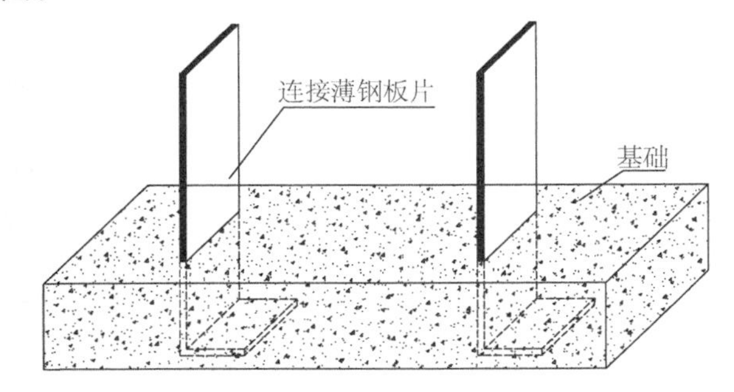

图 9.17　条形基础预埋件示意图

在混凝土条形基础浇筑和养护完成后，应对基础表面进行找平施工，并用水平尺检查平整度，保障墙体基础表面高度一致。同时，对预埋连接件表面进行清理，保障墙体立柱与预埋连接件准确连接。

9.4.2　剪力墙和楼屋盖组装

9.4.2.1　构件介绍

对于冷弯型钢-高强泡沫混凝土剪力墙结构房屋，墙体是最重要的承重构件和保温构件，不仅需具有与普通钢筋混凝土剪力墙相同的承重功能[7]，而且需具有良好的保温隔热和隔声降噪性能。图 9.18 为冷弯型钢-高强泡沫混凝土剪力墙的结构构造形式。相比于现有的传统轻钢结构房屋的组合墙体，此种剪力墙满足多层和小高层建筑对竖向和水平向承载力的要求，其最大的特点在于墙体在被敲击时没有空鼓声，给人一种心理上的安全感，其良好的保温隔热性能还可以有效地防止房屋内的暖气产生的热量或空调产生的冷气或热量向外界传递。

楼盖作为房屋结构的另外一个重要组成部分，不仅应具有普通楼盖具有的承受楼面荷载的功能，而且应具有良好的保温隔热和隔声降噪性能。图 9.19 显示了冷弯型钢-高强泡沫混凝土楼盖的结构构造形式。相比于现有的轻钢结构房屋的楼盖系统，此种复合结构形式的楼盖不仅满足承载力的要求，而且具有良好保温隔热性能，可以有效地防止上下层的暖气或空调产生的热量相互传递，其最大的优点在于楼下居民不能明显感觉到楼上居民的脚步声以及家具移动时的嘈噪声。

屋盖作为房屋结构的重要组成部分，不仅需考虑房屋的保温隔热和耐久性，而且要考虑室内通风和采光的要求，故采用双坡屋顶，如图 9.20 所示。值得注意的是，若屋盖保温隔热性能满足设计要求，则屋盖内部可以不浇筑泡沫混凝土。

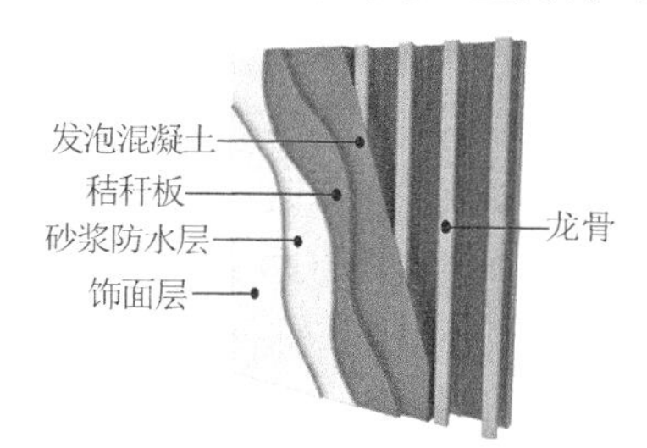

图 9.18　剪力墙的构造形式

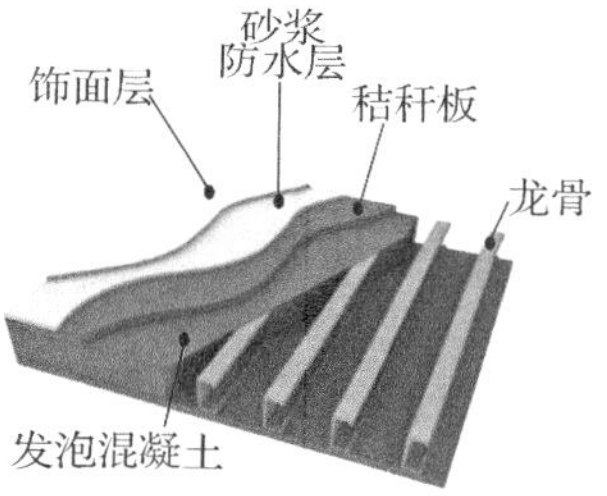

饰面层
砂浆
防水层
秸秆板
龙骨
发泡混凝土

图 9.19　楼盖的构造形式

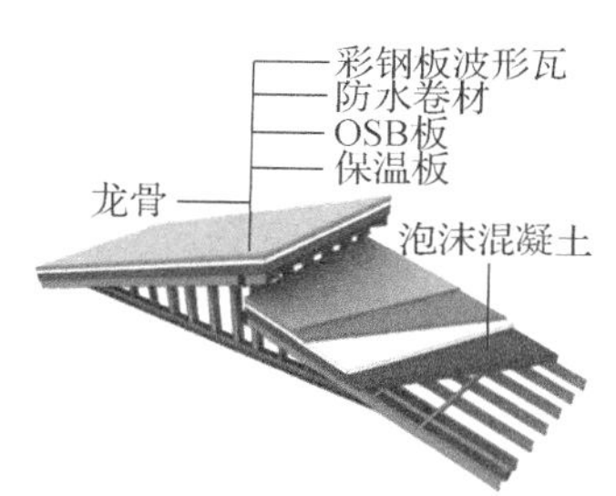

图 9.20　屋盖的构造形式

9.4.2.2　构件的加工

冷弯型钢-高强泡沫混凝土剪力墙和楼盖构件采用工厂内冷弯型钢骨架的拼装、秸秆板的覆盖和泡沫混凝土的浇筑等预制施工工艺，具体预制施工工艺流程如图 9.21 所示。从图中可以看出构件制作流程简单，施工步骤明确，其中关键性施工阶段如图 9.22 所示。

对工厂内构件浇筑泡沫混凝土前，应严格检查秸秆板之间的缝隙、秸秆板与轻钢龙骨之间缝隙是否密封处理，密封是否合格。构件平躺浇筑泡沫混凝土需一次性浇筑完成，但由于房屋所有墙体均在厂房内，采用平面浇筑方法同时浇筑泡沫混凝土会导致浇筑面积较大，泡沫混凝土与空气接触面积较大，水分散失快，所以在浇筑完成后应立即用塑料薄膜进行覆盖保温养护。同时，考虑到养护成本，建议采用一次性农用薄膜。由于泡沫混凝土初凝与空气湿度和温度有很大的关系，薄膜养护时间一般为 1～2 天。当泡沫混凝土达到初凝后，撤除薄膜并覆盖另一侧秸秆板，完成构件在工厂化内的预制。

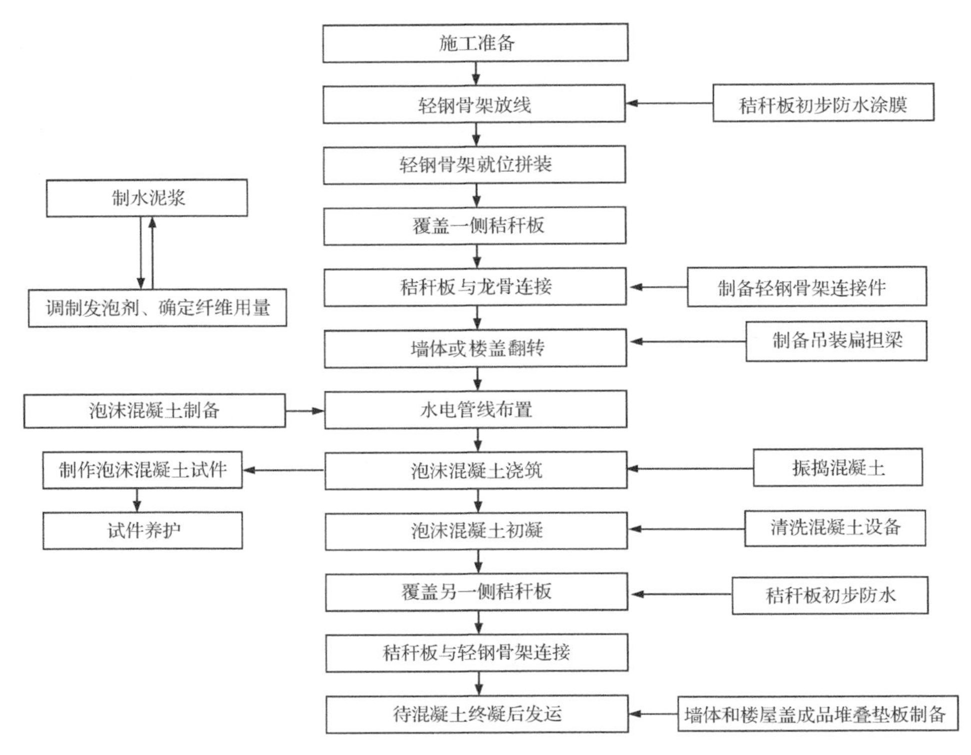

图 9.21　冷弯型钢-高强泡沫混凝土剪力墙和楼盖预制施工工艺流程图

考虑到坡屋顶体积较大，运输和吊装不便，且整体运输和吊装易出现额外的变形和裂缝，不利于屋盖的防水和保温。因此，除了有特殊的施工工艺保障工厂内预制屋盖在有质量保障的情况下被顺利安装到房屋上外，其余情况下建议在工厂内完成屋盖构件的拼装，在现场地面上将整个屋盖组装成整体并吊装到房屋顶部处装配。由于本示范工程采用在二层楼盖内浇筑泡沫混凝土，具有良好的保温隔热性能，能够满足设计要求，因此屋盖内并未浇筑泡沫混凝土，而是采用轻钢组合屋盖构造形式。

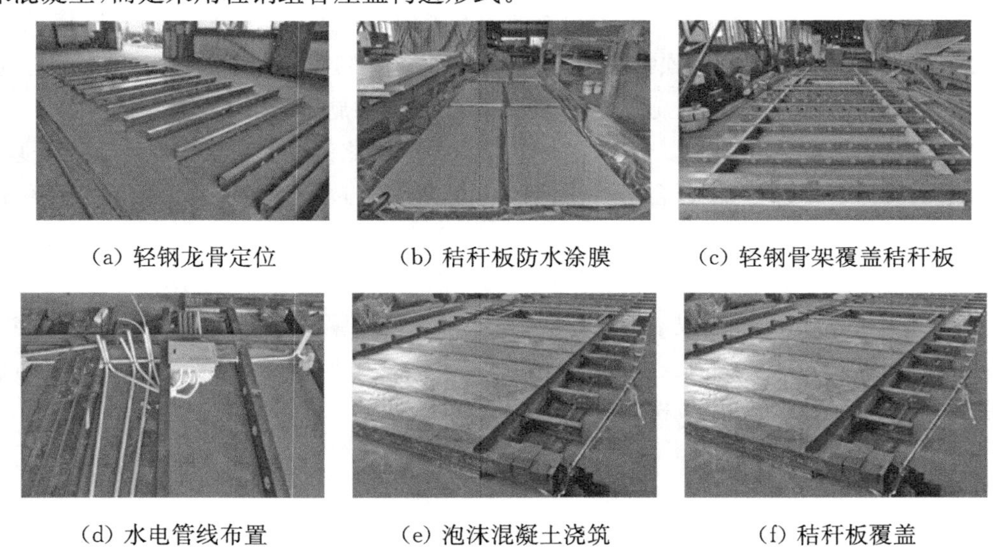

(a) 轻钢龙骨定位　(b) 秸秆板防水涂膜　(c) 轻钢骨架覆盖秸秆板

(d) 水电管线布置　(e) 泡沫混凝土浇筑　(f) 秸秆板覆盖

图 9.22　冷弯型钢-高强泡沫混凝土剪力墙和楼屋盖构件的施工工艺流程

9.4.3　剪力墙和楼屋盖构件的运输与现场安装

所有冷弯型钢-高强泡沫混凝土剪力墙和楼盖构件均使用运输卡车运输到施工现场，采用各种连接件完成墙体和楼盖的安装，主要施工流程如下：在基础上完成一层墙体放线→一层墙体吊装就位并与基础连接件完成连接→楼盖吊装定位并与墙体完成连接→二层墙体吊装就位并与一层墙体完成连接→雨篷吊装就位并与一层墙体和楼盖完成连接→一层墙底后浇带和一层与二层连接处均浇筑高强泡沫混凝土完成构件间的可靠连接→在地面上完成屋盖拼装并整体吊装就位→屋盖与墙柱龙骨连接→房屋整体防水处理→外墙阳角遮边安装→外墙门窗及屋盖檐口遮边件安装→外墙防水装饰用彩钢波形板铺设安装→门窗安装→预制楼梯安装→内墙阳角及门洞遮边安装→内墙装饰用油漆涂抹。其中，关键性施工步骤如图 9.23 所示。

(a) 构件运输

(b) 剪力墙安装

(c) 楼盖安装

(d) 房屋主体安装完毕

(e) 楼盖安装

(f) 屋面工程附属材料安装

图 9.23　冷弯型钢-高强泡沫混凝土剪力墙和楼屋盖的现场安装

9.5　绿色农房的经济性分析

本示范工程建筑高度为 6.3 m，建筑层数为 2 层，建筑面积约为 172 m^2，占地面积为 78.42 m^2。工程投资共计约 30 万元，每平方米造价约 1 750 元，具体见表 9.1 所示。

由于此示范工程为绿色农房，满足夏热冬冷地区建筑节能 65%的要求。考虑长期使用的经济效应，预计在使用时间为 30 年后，可以节省用电费用一项约 15.48 万元，为总造价成本的 51.6%，30 年后房屋的成本变为 14.52 万元，相当于每平方米造价 845 元，完全满足我国农民对房屋造价的需求。同时，由于应用了装配整体式施工技术，现场工期大幅度缩短，人工、机械、工程管理费比传统施工方式减少一半，节省约 10 万元，占总造价成本的 33.3%。此外，随着工人技术水平和工程管理效率的提高，建造时间会进一步缩短，其建造成本将会进一步降低。

总之，相比于传统的普通钢筋混凝土剪力墙结构和轻钢轻混凝土结构，装配整体式冷弯型钢-高强泡沫混凝土剪力墙结构不仅在建造过程中降低了建造成本，而且其自身具有的良好的保温隔热性能，降低了用电量，即降低了使用成本，同时提高了居住的舒适度。因此，在我国大力提倡绿色建筑和装配式钢结构建筑的背景下，装配整体式冷弯型钢-高强泡沫混凝土剪力墙结构具有良好的发展前景和应用市场。

表 9.1　示范工程成本分析

项目	规格	数量	价格(元)
轻钢龙骨	见设计方案	12 t	78 200
厂内施工机具及耗材	—	—	57 700
现场吊装施工机具	—	—	11 050
现场脚手架租赁安装	—	—	4 500
现场零星工具及材料	—	—	14 550
防水涂料采购	—	—	10 300
门窗	—	15 个	13 000
工人劳务费	—	—	90 000
项目管理费及宣传费	—	—	10 300
合计			289 600

9.6　本章小结

本章根据前序系列研究，介绍了装配式冷弯型钢-高强泡沫混凝土剪力墙结构体系的绿色农房示范工程的建设，包括建筑和结构设计要点、抗震构造措施、施工流程和工艺，以及经济性分析，主要内容如下：

(1) 建筑设计方面力求布局方正紧凑，注意采光与通风、寝居分离、食寝分离、净污分离，提高居住的舒适度。结构设计方面采用 TEKLA 软件进行优化设计，采用 ABAQUS 软件进行抗震性能验算，明确了剪力墙构件的构造及装配连接构造，介绍了房屋结构的装配化流程设计。

(2) 介绍了剪力墙结构的抗震构造措施，主要包括冷弯型钢立柱构造形式与连接方式、立柱与基础的连接与构造形式、墙面板与冷弯型钢骨架的连接构造形式。

(3) 详细介绍了剪力墙结构绿色农房的建造流程，包括条形基础施工、剪力墙和楼屋盖加工和制作、剪力墙和楼屋盖的运输与现场安装。

(4) 对剪力墙结构绿色农房的建造成本和节约成本进行了经济分析，这对该装配式剪力墙结构的发展和推广使用具有促进作用。

参考文献

[1] 中华人民共和国住房和城乡建设部. 冷弯薄壁型钢多层住宅技术标准：JGJ/T 421—2018[S]. 北京：中国建筑工业出版社，2018.

[2] 中华人民共和国建设部,中华人民共和国国家质量监督检验检疫总局. 冷弯薄壁型钢结构技术规范:GB 50018—2002[S]. 北京:中国建筑工业出版社，2002.
[3] 中华人民共和国住房和城乡建设部. 装配式钢结构建筑技术标准:GB/T 51232—2016[S]. 北京:中国建筑工业出版社，2016.
[4] 中华人民共和国住房和城乡建设部. 轻钢轻混凝土结构技术规程:JGJ 383—2016[S]. 北京:中国建筑工业出版社，2016.
[5] 中华人民共和国住房和城乡建设部,中华人民共和国国家质量监督检验检疫总局. 建筑抗震设计规范:GB 50011—2010[S]. 北京:中国建筑工业出版社，2010.
[6] 中华人民共和国住房和城乡建设部. 建筑地基基础设计规范:GB 50007—2011[S]. 北京:中国建筑工业出版社，2011.
[7] 中华人民共和国住房和城乡建设部. 混凝土结构设计规范:GB 50010—2010[S]. 北京:中国建筑工业出版社，2010.

附录
软化拉压杆-滑移模型应用算例

附录 A-1　计算整截面墙体的抗剪承载力 V_{wh}

WB-1 的相关参数见第三章

(1) 泡沫混凝土对角压杆面积 A_{str}

$$a_w=\left[0.20+0.80\frac{N}{A_w f'_c}\right]L_w=845.86(\text{mm}) \tag{A-1}$$

$$A_{str}=a_w\times b_w=845.86\times 90=76\ 127.5(\text{mm}^2) \tag{A-2}$$

(2) 对角压杆与水平面的夹角 θ

对于箱型端立柱的 FCCSS 矩形截面剪力墙，墙底力偶的力臂 $L_w=2\ 300$ mm

$$\theta=\arctan\left(\frac{H_w}{L_w}\right)=\arctan\left(\frac{3\ 000}{2\ 300}\right)=52.52° \tag{A-3}$$

(3) 泡沫混凝土的软化系数 ζ

取 $f'_c=0.85f_{cu}=0.85\times 3.43=2.92(\text{MPa})$

$$\zeta=\frac{1.50}{\sqrt{f'_c}}=\frac{1.50}{\sqrt{2.92}}=0.88>0.54 \tag{A-4}$$

取 $\zeta=0.54$

(4) 水平拉杆和竖向拉杆承担水平剪力的比例系数

$$\gamma_h=\frac{2\tan\theta-1}{3}=\frac{2\tan 52.52°-1}{3}=0.536 \tag{A-5}$$

$$\gamma_v=\frac{2\cot\theta-1}{3}=\frac{2\cot 52.52°-1}{3}=0.178 \tag{A-6}$$

(5) 平衡时弹性水平和竖向拉杆指标

$$\overline{K_h}=\frac{1}{1-0.2(\gamma_h+\gamma_h^2)}=1.21\geqslant 1.0 \tag{A-7}$$

$$\overline{K_v}=\frac{1}{1-0.2(\gamma_v+\gamma_v^2)}=1.04\geqslant 1.0 \tag{A-8}$$

(6) 水平拉杆和竖向拉杆的平衡拉力值

$$\overline{F_h}=\gamma_h\times(\overline{K_h}\zeta f'_c A_{str})\times\cos\theta=46.82(\text{kN}) \tag{A-9}$$

$$\overline{F_v}=\gamma_v\times(\overline{K_v}\zeta f'_c A_{str})\times\cos\theta=17.65(\text{kN}) \tag{A-10}$$

(7) 水平拉杆与竖向拉杆的屈服力

$$F_{yh}=A_{sh}f_{yh}=120\times 3.4=408(\text{kN}) \tag{A-11}$$

$$F_{yv}=A_{sv}f_{yv}=0.366\times583.2=213.5(\text{kN}) \tag{A-12}$$

（8）水平和竖向拉杆指标

$$K_h=1+\left(\overline{K_h}-1\right)\frac{F_{yh}}{F_h}=2.72>1.21, \text{取 } K_h=1.21 \tag{A-13}$$

$$K_v=1+\left(\overline{K_v}-1\right)\frac{F_{yv}+\beta N}{F_v}=1.63>1.04, \text{取 } K_v=1.04 \tag{A-14}$$

$$K=K_h+K_v-1=1.25$$

（9）FCCSS剪力墙的极限受剪承载力

$$V_{wh1}=K\zeta f_c' A_{str}\cos\theta=1.25\times0.54\times2.92\times76\ 127.5\times\cos52.52°\div1\ 000=91.88(\text{kN}) \tag{A-15}$$

附录 A-2　计算轻钢与泡沫混凝土发生黏结滑移时的 FCCSS 剪力墙抗剪承载力 V_{wh2}

墙体轻钢孔洞处的泡沫混凝土受到C型轻钢自由卷边的约束作用，其抗压强度得到提高。考虑到轻钢对泡沫混凝土强度提高的有利影响，采用增大轻钢孔洞处泡沫混凝土截面积的方法考虑其影响，对采用C90轻钢的FCCSS剪力墙，将孔洞处的泡沫混凝土截面积提高30%，其值近似于由自由卷边宽度与轻钢腹板宽度之比确定(26 mm/90 mm≈0.30)。基于轻钢立柱的开孔形式、位置和面积，得到孔洞处的泡沫混凝土截面积与墙体截面积(即轻钢腹板截面积)之比 $\delta=0.28$。

假定峰值荷载时水平力为：$V_{wh2}=91.88\times0.89=81.77(\text{kN})$

（1）对角机制、水平机制和竖向机制承受水平荷载的比例

$$R_d=\frac{(1-\gamma_h)(1-\gamma_v)}{1-\gamma_h\gamma_v}=0.42 \tag{A-16}$$

$$R_h=\frac{\gamma_h(1-\gamma_v)}{1-\gamma_h\gamma_v}=0.49 \tag{A-17}$$

$$R_v=\frac{\gamma_v(1-\gamma_h)}{1-\gamma_h\gamma_v}=0.09 \tag{A-18}$$

（2）泡沫混凝土对角压杆的压力

$$D=\frac{1}{\cos\theta}\times\frac{R_d}{R_d+R_h+R_v}\times V_{wh1}=56.65(\text{kN}) \tag{A-19}$$

（3）轻钢立柱腹板滑移面上的水平分力和竖向分力

$$D_x=D\cos\theta=34.47\text{ kN} \tag{A-20}$$

$$D_y=D\sin\theta=44.96\text{ kN} \tag{A-21}$$

（4）泡沫混凝土对角压杆范围内轻钢滑移面长度

$$L=\frac{a_w}{\cos\theta}=1\ 390\text{ mm} \tag{A-22}$$

（5）在整截面墙体的对角压杆范围内的轻钢孔洞处泡沫混凝土剪切面上的受压区高度及对角压杆面积

$$a_{w1}=\left[0.20+0.80\frac{D_x}{Lbf_c'}\right]\delta L=107.28\text{ mm} \tag{A-23}$$

$$A_{str1}=a_{w1}\times b_{w}=9\ 655\ \mathrm{mm}^2 \tag{A-24}$$

(6) 在整截面墙体的对角压杆范围内的轻钢孔洞处泡沫混凝土剪切面上拉杆屈服力

$$F_{yh}=A_{sh}f_{yh}=0(\text{平行于剪切面的轻钢立柱}) \tag{A-25}$$

$$F_{yv}=A_{sv}f_{yv}=189.04\ \mathrm{kN}(\text{垂直于剪切面的秸秆纤维}) \tag{A-26}$$

(7) 轻钢与泡沫混凝土间的竖向裂缝处泡沫混凝土剪切面对角压杆倾角

$$\alpha=\frac{\pi}{2}-\theta=37.48^\circ \tag{A-27}$$

$$\theta_1=\arctan\left(\frac{1}{2}\tan\alpha\right)=21.96^\circ \tag{A-28}$$

(8) 竖向裂缝处泡沫混凝土剪切面上水平和竖向拉杆承担水平剪力的比例系数

由于剪切面上不包括水平传力机制,故 $\gamma_h=0.000\ 1$

$$\gamma_v=\frac{2\cot\theta_1-1}{3}=\frac{2\cot 21.96^\circ-1}{3}=1.32 \tag{A-29}$$

(9) 竖向裂缝处泡沫混凝土剪切面上平衡拉杆指标

$$\overline{K_h}=\frac{1}{1-0.2(\gamma_h+\gamma_h^2)}=1.000\ 02\geqslant 1.0 \tag{A-30}$$

$$\overline{K_v}=\frac{1}{1-0.2(\gamma_v+\gamma_v^2)}=2.579\geqslant 1.0 \tag{A-31}$$

(10) 竖向裂缝处泡沫混凝土剪切面上水平和竖向拉杆的平衡拉力值

$$\overline{F_h}=\gamma_h\times(\overline{K_h}\zeta f'_c A_{str})\times\cos\theta=0.006\ \mathrm{kN} \tag{A-32}$$

$$\overline{F_v}=\gamma_v\times(\overline{K_v}\zeta f'_c A_{str})\times\cos\theta=78.07\ \mathrm{kN} \tag{A-33}$$

(11) 竖向裂缝处泡沫混凝土剪切面上水平和竖向拉杆指标

$$K_h=1+\left(\overline{K_h}-1\right)\frac{F_{yh}}{\overline{F_h}}\approx 1.00,\text{取 } K_h=1.00 \tag{A-34}$$

$$K_v=1+\left(\overline{K_v}-1\right)\frac{F_{yv}}{\overline{F_v}}=4.82>2.579,\text{取 } K_v=2.579 \tag{A-35}$$

$$K=K_h+K_v-1=2.579 \tag{A-36}$$

(12) 竖向裂缝处泡沫混凝土剪切面上泡沫混凝土的受剪承载力

$$V_1=K\zeta f'_c A_{str}\cos\theta_1=2.579\times 0.54\times 2.92\times 9\ 655\times\cos 21.96^\circ\div 1\ 000=36.36(\mathrm{kN}) \tag{A-37}$$

(13) 竖向裂缝处泡沫混凝土与轻钢腹板接触面的摩擦阻力

$$V_2=D_x\mu(1-\delta)=34.47\times 0.2\times(1-0.28)=4.96(\mathrm{kN}) \tag{A-38}$$

(14) 竖向裂缝处轻钢洞口处泡沫混凝土的剪切承载力

$$V_3=f_t A_c=0.2\times 3.43\times\frac{3.14\times 40^2}{4}\times 4\div 1\ 000=3.45(\mathrm{kN}) \tag{A-39}$$

(15) 竖向裂缝处轻钢与泡沫混凝土间的抗滑移承载力

$$V=V_1+V_2+V_3=36.36+4.96+3.45=44.77(\mathrm{kN}) \tag{A-40}$$

(16) 当轻钢与泡沫混凝土间发生黏结滑移时,FCCSS 剪力墙的抗剪承载力

$$V_{wh2}=\sqrt{D_x^2+V^2}\cos\theta_1\frac{R_d+R_h+R_v}{R_d}=\sqrt{34.47^2+44.77^2}\times\cos 21.96^\circ\times\frac{1}{0.42}=81.56(\text{kN}) \tag{A-41}$$

计算结果与假定的峰值荷载时水平承载力基本相当，即 81.56 kN≈81.77 kN，循环计算结束，输出墙体最终抗剪承载力数值；否则增加假定的峰值荷载时的水平承载力，转入步骤(1)重新计算。

(17) WB-1 试件的抗剪承载力

通过整截面墙体的抗剪承载力计算结果 V_{wh1} 与沿竖向裂缝发生黏结滑移时的墙体抗剪承载力 V_{wh2} 的对比，取较小值作为试件 WB-1 的极限抗剪承载力计算值，即 $V_u=\min(V_{wh1},V_{wh2})=81.56$ kN。

(18) 软化拉压杆-滑移模型的计算值与试验值的比值

$$V_u/V_{max}=81.56/87.47=0.932 \tag{A-42}$$